TRAITÉ
DES
Opérations de Banque
de Bourse et de Change

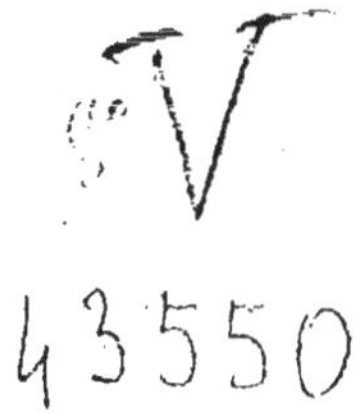

TRAITÉ

DES

Opérations de Banque

de Bourse et de Change

A L'USAGE

**DES BANQUIERS, DES CAPITALISTES,
DES EMPLOYÉS DE BANQUE ET DES CANDIDATS
AUX ADMINISTRATIONS FINANCIÈRES**

PAR

Ch. LEJEUNE (O. I. 🏵)

Sous-chef à la Banque de France,
Professeur à l'École des Hautes Études Commerciales,
Président de la Compagnie
des Experts-Comptables et Organisateurs-Conseils de France.

PARIS

LIBRAIRIE GARNIER FRÈRES

6, RUE DES SAINTS-PÈRES, 6

1923

INTRODUCTION

Les livres qui traitent soit des Banques, soit des Bourses, soit du Change, sont en assez grand nombre ; mais il en est peu qui présentent une étude d'ensemble de ces diverses matières, pourtant étroitement liées dans la pratique des affaires. Encore trouve-t-on malaisément de ces manuels qui ne soient pas en retard sur les événements, et l'on sait de quels bouleversements a été marqué, dans la période de guerre et d'après-guerre, tout ce qui touche au domaine de la finance.

Il a paru opportun, dans de telles conditions, d'offrir au public un ouvrage nouveau qui, tenant compte de la situation actuelle, permette à chacun de suivre facilement les questions, souvent complexes, de banque et de bourse.

Nous ne nous dissimulons pas qu'après tant d'auteurs réputés, il y avait quelque péril à entreprendre une pareille tâche, et non moins de présomption à espérer y réussir.

Nous y avons consacré cependant tous nos efforts, en essayant de rendre un tel livre accessible à tous ceux qui, de près ou de loin, s'intéressent au développement de la fortune privée et publique, soit que leur profession les oblige à s'occuper quotidiennement de crédit et de valeurs mobilières, soit qu'ils aient à surveiller leurs propres capitaux, soit enfin qu'ils éprouvent le légitime désir d'étendre leurs connaissances générales.

Il n'est, en effet, personne qui puisse désormais rester indifférent aux problèmes économiques et financiers que soulève constamment la situation mondiale; leur solution importe à la vie de chaque jour ; le mécanisme et les modalités des opérations dont il s'agit ne peuvent plus être ignorés de qui que ce soit.

La dernière guerre n'a pas seulement, dans cet ordre d'idées, troublé profondément la notion même de la valeur ; elle a été aussi une cause de transformation des modes de règlement et des usages ; elle a mis au premier rang les préoccupations financières qui dominent et qui domineront, longtemps encore, les relations intérieures et extérieures, et le principal souci qui s'impose aux particuliers comme aux Etats, c'est celui d'une bonne administration des deniers personnels ou collectifs.

Or, pour être capable de suivre ces questions, il faut comprendre la théorie des opérations, en connaître les applications pratiques, recevoir, en un mot, ce qu'on a si justement nommé l'initiation financière.

Dans ce but, nous avons tout d'abord donné au chapitre de la Banque de France le développement qui convient à une étude de notre établissement national d'émission, pivot de l'organisation bancaire française, et nous avons noté son rôle prépondérant pendant la guerre et l'après-guerre.

Nous avons de même signalé l'influence des événements récents sur le commerce des valeurs mobilières, des métaux précieux et des changes. Nous avons, d'autre part, spécialement étudié les différentes sortes de banques et les chambres de compensation.

Enfin, la dernière partie de l'ouvrage, qui traite de la législation financière, a été mise à jour par la reproduction intégrale des lois, décrets, arrêtés et règlements qui ont abrogé ou amendé la plupart des dispositions légales d'avant 1914.

Nous avons eu la bonne fortune d'être secondé dans cette tâche, en ce qui concerne certains chapitres, par des spécialistes d'une compétence éprouvée :

M. P. LELARGE, sous-chef à la Banque de France, ancien commis d'agent de change ;

M. MOLINIER DE FOMBELLE, docteur en droit, avocat à la Cour d'Appel ;

M. DEMEURE, contrôleur à la Banque de France.

Nous pensons avoir ainsi acquis le droit d'espérer que le présent traité peut solliciter la faveur du public, qui a fait jusqu'ici, aux ouvrages signés du même nom, un accueil particulièrement bienveillant.

Ch. L.

NOTIONS D'ÉCONOMIE
FINANCIÈRE

I. — L'ÉCHANGE ET LE CRÉDIT

Dans les sociétés primitives et chez les peuples arriérés, les individus vivent du produit de leur chasse, de leur pêche ou de leur récolte, et chaque famille se suffit à elle-même, fabriquant ses armes, ses outils, ses vêtements, en un mot produisant tout ce qui est nécessaire à la satisfaction de ses besoins.

Par la suite, apparaissent certains germes de civilisation qui incitent plusieurs familles à se réunir en tribus, puis en peuplades. Dans ces agglomérations, certains individus commencent à se livrer de préférence aux travaux ou aux occupations qui leur plaisent davantage, ou pour lesquels ils se sentent plus d'aptitude, ou encore auxquels ils ont été initiés par leurs parents. Il y a là un commencement de la division du travail : tandis que certains hommes continuent à chasser, à pêcher, à cultiver la terre, d'autres fabriquent, soit des armes et des outils, soit des vêtements, construisent des habitations, se chargent de la mouture ou de la préparation des graines et des fruits, de la cuisson du pain, etc.

Pour pouvoir subvenir à leurs besoins, ces individus spécialisés troquent leurs produits fabriqués ou échangent leurs services contre le gibier, le poisson ou les produits du sol nécessaires à leur subsistance, ou contre des objets fabriqués par d'autres individus, et dont ils ont besoin. Ce *troc* constitue la première phase de l'échange.

Plus tard, la civilisation se développant, ces premiers échanges, devenant de plus en plus nombreux, deviennent aussi plus difficiles : le fabricant d'armes et d'outils peut bien échanger des armes contre du gibier; mais s'il a besoin de graines ou de farine, le cultivateur ou le meunier n'auront pas besoin indéfiniment d'outils, et le troc avec eux ne sera plus possible. Il devient donc nécessaire de faire intervenir dans les échanges une marchandise intermédiaire dont tout le monde a besoin, et qui est, par conséquent, acceptée par chacun en paiement de ses produits ou de ses services. Suivant les pays et les époques, cette marchandise intermédiaire, servant de commune mesure des valeurs, peut être du blé, du maïs, des moutons, du sel, etc... Il y a quelques années, on se servait encore dans diverses régions du Thibet de plaques de thé comprimé.

Mais de plus en plus les peuples recherchent, comme marchandises intermédiaires des échanges, celles qui remplissent le mieux ce rôle : il faut qu'elles soient parfaitement divisibles pour qu'elles puissent former l'équivalent d'objets de valeur infime, ou marquer une différence à peine sensible dans la valeur de deux objets très peu dissemblables. Il faut que ces marchandises intermédiaires soient en outre d'une nature homogène pour que la même quantité ou le même poids de leur matière ait toujours la même valeur. Il faut aussi qu'elles soient d'une durée indéfinie, pour pouvoir être mises de côté et gardées longtemps sans subir d'altération. Et elles doivent, enfin, le plus possible, représenter une grande valeur sous un faible poids et sous un faible volume pour pouvoir être conservées et transportées facilement. Les hommes arrivent ainsi, en se civilisant de plus en plus, à choisir et à adopter comme marchandises intermédiaires, répondant le mieux à ces exigences, le fer ou le cuivre, puis l'argent et l'or, qui doivent être pesés à chaque échange.

Lorsque les peuples s'organisent en nations, la division du travail s'accentue davantage, surtout dans les agglomérations d'individus, et les échanges deviennent plus nombreux. L'inconvénient d'avoir à peser les lingots à chaque transaction amène les autorités dirigeantes à faire fondre le métal choisi comme commune mesure des échanges, en lingots de valeur fixe. Sur ces lingots, elles apposent des poinçons indiquant le poids et la valeur, et peu à peu ces lingots prennent leur forme définitive qui est celle de la *monnaie*.

Ce stade de l'évolution économique d'un peuple, qu'on pourrait appeler « l'âge de la monnaie », subsiste en général assez longtemps, car cette monnaie suffit pendant une longue période à tous les échanges ou transactions, non seulement entre les négociants et les trafiquants de ce peuple, mais même avec les commerçants des peuples voisins.

De part et d'autre, on a recours à des changeurs spécialisés dans l'achat, l'envoi et l'échange des diverses monnaies. Ces intermédiaires, qui bornent d'abord leur rôle à peser et à titrer les lingots et les monnaies pour les échanger, puis les envoyer à destination, se chargent par la suite d'effectuer des paiements dans telle ou telle localité éloignée. Ils simplifient bientôt cette besogne et évitent les difficultés et les dangers qu'elle comporte, au moyen de *lettres de change*, c'est-à-dire d'écrits invitant un de leurs collègues d'une autre ville, à verser à son destinataire la somme fixée. Le premier changeur vend la lettre de change au négociant qui a l'envoi d'argent à effectuer. Ce négociant envoie donc simplement cet écrit à son fournisseur éloigné qui pourra en toucher le montant chez le changeur de sa résidence.

C'est l'introduction de l'usage de la lettre de change qui inaugure une nouvelle période de l'évolution économique, celle du *crédit*. Elle remonte d'ailleurs assez loin, puisqu'on trouvait en Grèce, puis à Rome, des changeurs fort habiles.

Bientôt, en effet, les changeurs appelés aussi *banquiers* (de ce qu'à leur origine les changeurs italiens se tenaient pendant les foires sur un simple banc : *banca*) étendent le champ de leurs opérations : ils reçoivent des dépôts d'argent pour les faire fructifier ou pour faire des paiements pour leur compte, et les divers négociants d'une même province trouvent commode d'avoir des dépôts chez un ou plusieurs banquiers, et de se régler leurs échanges au moyen de *virements* sur leurs comptes.

Mais par suite du développement et du perfectionnement de la production, en vue des échanges toujours plus nombreux et plus étendus, il faut aux fabricants et aux commerçants des fonds de roulement importants. Les fabricants ont besoin d'acheter des matières premières, de payer leur main-d'œuvre, leurs outils et leurs machines avant de pouvoir écouler leurs produits fabriqués. Les commerçants ont besoin pour satisfaire leur clientèle de stocks considérables, offrant un choix très varié, de vastes maga sins et de personnel nombreux. Pour grossir ce fonds de roulement nécessaire, ils empruntent des capitaux à des commanditaires qui sont souvent des banquiers; mais ils cherchent aussi à ne pas le grossir inutilement et, dans ce but, ils prennent l'habitude de ne régler leurs achats qu'après un certain délai. Ainsi le fabricant aura eu le temps de transformer ses matières premières en objets fabriqués, et, à son tour, le commerçant aura eu le temps de vendre tout ou partie des marchandises achetées, avant que matières premières et marchandises n'aient été payées. La confiance que ces divers fabricants et négociants ont les uns dans les autres pour consentir à se livrer des marchandises non pas contre paiement de bonne monnaie, mais sur simple promesse d'un paiement différé, fut, dès son origine, appelée de son nom actuel : le *crédit* (du latin *credere*, croire, avoir confiance).

Entre temps, les négociants ont trouvé le moyen de s'affranchir de l'entremise des banquiers pour les règlements à distance en créant eux-mêmes des lettres de change payables par un de leurs débiteurs à un de leurs créanciers dans une même localité éloignée.

Mais, comme les factures ou les lettres de change ne sont payables qu'après un délai plus ou moins long, les banquiers trouvent le moyen d'offrir encore leurs services en achetant immédiatement aux fabricants ou négociants leurs factures ou leurs lettres de change qu'ils conservent pour les encaisser le jour de leur échéance.

Ils prélèvent donc sur le prix de la facture ou de la lettre de change, ainsi payées d'avance par eux, une certaine somme appelée « escompte », représentant l'intérêt de l'argent avancé, le coût de l'encaissement, la compensation du risque couru, et le bénéfice légitime de leur entremise. Et par la suite, en se développant, cette opération prend le nom général d'*escompte*, et constitue une des formes les plus perfectionnées du crédit.

II. — LE COMMERCE DU CRÉDIT

En étudiant l'évolution économique d'un peuple en général, chez lequel l'accroissement et le perfectionnement des échanges amène forcément l'usage du crédit, nous avons remarqué que le développement de ce crédit était dû aux banquiers, et, par conséquent, lié au développement du rôle de ces derniers. C'est ce qui a fait dire, de façon plus concise qu'absolument exacte, que le banquier est un « marchand de crédit ». Il est, en effet, plus juste de dire que le « commerce de banque est celui qui consiste à effectuer, pour le compte d'autrui, toutes les opérations dont l'usage du crédit, de la part des États, des divers groupements d'individus ou des particuliers, amène la création ». Ces opérations sont très nombreuses et très variées.

Il peut être intéressant, en décrivant quelles sont les branches du commerce du crédit, d'indiquer à la suite de quelle évolution ces diverses attributions des banques arrivèrent à se généraliser.

Nous avons dit plus haut que les premiers banquiers avaient d'abord été des changeurs de monnaies et de métaux précieux. Leur rôle était d'autant plus important que les systèmes monétaires étaient plus nombreux et aussi plus instables. Mais le crédit proprement dit n'apparaissait pas encore dans leurs opérations.

Dépôts. — C'est à Venise que fonctionna, dès le XIIe siècle, ce que l'on peut appeler la première *banque de dépôts*. Des commerçants de Venise, qui étaient créanciers de l'État et n'arrivaient pas à rentrer dans leurs fonds, dont ils avaient pourtant grand besoin, eurent d'abord l'idée de grouper leurs titres de créance en un dépôt commun pour se répartir les sommes versées à titre d'intérêts et d'acomptes, et peut-être aussi pour former par leur union une puissance susceptible d'en imposer au gouvernement souvent despotique de leur pays. Plus tard, les membres de ce groupe imaginèrent d'utiliser cette comptabilité commune comme une caisse commune, et de se régler les paiements qu'ils avaient à se faire, en raison de leurs opérations commerciales, au moyen de transferts et de virements des sommes portées à leur compte.

Le principe des banques de dépôt était trouvé. L'exemple fut suivi à Amsterdam, où les commerçants fondèrent une caisse commune qu'ils avaient d'abord alimentée de dépôts en monnaie. Cette caisse fonctionnait même sous la surveillance de la municipalité. Le même procédé fut mis en usage à Hambourg, puis fut adopté presque partout. Et l'on peut dire qu'actuellement ce sont les comptes de dépôts qui permettent l'existence de la plupart des banques : car le rôle des banquiers consiste, en substance, à recevoir en dépôt de l'argent pour lequel ils accordent un intérêt assez faible, et à utiliser cet argent à d'autres opérations de banque, escompte, avances, qui leur rapportent un intérêt très supérieur. Leur bénéfice consiste donc dans la différence entre l'intérêt qu'ils donnent et celui qu'ils perçoivent; et le capital des banques, en général très inférieur à la valeur des dépôts, ne sert que comme premier fonds de roulement et de garantie.

Bien que le fait, pour des commerçants ou des particuliers, de confier des sommes d'argent à des banques à titre de dépôts comporte dans une certaine mesure une manifestation de crédit, c'est surtout dans l'utilisation de ces dépôts que le crédit intervient. En effet, les titulaires de dépôts donnent et reçoivent en paiement de leurs achats et de leurs ventes des bons, appelés *chèques* ou *virements*, qui leur permettent de toucher ou de verser, non seulement chez leur propre banquier, mais chez d'autres banquiers, la valeur de ces achats ou de ces ventes. Et il y a bien de leur part une manifestation de confiance, c'est-à-dire de crédit, en acceptant, contre la livraison de leur marchandise, un simple papier qui ne constitue qu'une promesse, un espoir de paiement, car il pourra ne pas être accepté et payé par le banquier auquel il doit être présenté si le montant du dépôt n'est pas suffisant pour permettre le règlement du chèque ou du virement.

L'usage de ces documents, dont le principe est, nous l'avons dit, très ancien, ne se développa pourtant que plus tard, et ne devint général qu'au xixe siècle. En Angleterre, notamment, l'emploi des chèques et virements se répandit à tel point, par suite du développement des « *Joint Stock banks* », que la circulation de la monnaie diminua considérablement, et que, pour des opérations commerciales très importantes, la quantité de monnaie métallique ou fiduciaire en usage descendit environ à la moitié de celle employée dans d'autres pays.

En France, la pratique des dépôts en banque et des règlements par chèques se propagea surtout grâce aux nombreuses agences établies dans toutes les localités et dans tous les quartiers des grandes villes par de puissantes banques, appelées *Établissements de crédit*, comme le *Crédit lyonnais*, la *Société générale*, le *Comptoir d'escompte*, etc., qui se règlent mutuellement le montant des chèques qu'ils ont à payer ou à encaisser, en opérant une compensation et en soldant la différence par des chèques sur la Banque de France, laquelle se trouve donc être le *Banquier des Banquiers*.

Escompte. — Nous avons vu dans le chapitre précédent ce qu'est l'escompte et comment les banquiers avaient été amenés à faire de cette opération le principal emploi de leurs fonds. La tâche des banquiers serait des plus simples s'ils étaient certains que les effets qu'ils achètent en quelque sorte aux commerçants, seront bien payés à leur échéance par ceux sur qui ils sont tirés. Mais ils courent le risque, en cas d'insolvabilité ou de faillite du tiré et du tireur, de perdre le montant de ce qu'ils ont avancé sur l'effet. Ils ont donc à s'entourer de tous les renseignements possibles sur les commerçants dont ils acceptent les signatures à l'escompte, et ils doivent toujours agir avec beaucoup de prudence.

En France, l'escompte est fait par tous les banquiers et surtout par la Banque de France à laquelle souvent les banquiers *réescomptent*, c'est-à-dire rétrocèdent les effets qu'ils ont eux-mêmes pris à l'escompte, lorsqu'ils se trouvent avoir besoin de fonds, par exemple pour répondre à des demandes de retraits de la part de leurs déposants. La Banque de France et les grands Établissements de Crédit, qui ont des succursales ou des agences sur tout le territoire, se trouvent avantagés sur les autres banquiers, en ce qu'ils peuvent, sans passer par des intermédiaires ou des correspondants, encaisser eux-mêmes dans des localités éloignées les effets qu'ils ont pris à l'escompte. Il va sans dire qu'en escomptant des effets payables dans des villes éloignées ou de peu d'importance, ils prélèvent une commission variable suivant les difficultés d'accès de la localité.

En Angleterre, l'escompte n'est pas, en général, fait par les banquiers, qui se bornent à recevoir des dépôts, à être les caissiers des commerçants et particuliers, et à leur faire des avances sur diverses garanties. Ce sont des intermédiaires spéciaux, appelés « *bill dealers* » lorsqu'ils n'opèrent que sur des effets payables en Angleterre, ou « *bill brokers* » lorsqu'ils achètent des traites sur l'étranger, qui se chargent des opérations d'escompte.

Prêts et avances. — Les banquiers pratiquent encore des opérations d'avances non plus sur des effets de commerce comme dans l'escompte, mais sur des valeurs diverses, titres, documents ou marchandises. Le degré de sécurité est alors bien différent. En effet, dans l'escompte, le banquier court le risque de voir l'effet sur lequel il a consenti une avance non payé à l'échéance. Mais, tout en tenant compte de ce risque, il est en droit de compter sur l'encaissement d'une somme fixe qui est celle du montant de l'effet.

Au contraire, lorsqu'un banquier consent une avance sur des titres ou des marchandises, il ne sait jamais sur quelle garantie il est en droit de compter, car la valeur de ces titres et de ces marchandises est sujette à des fluctuations. C'est pourquoi il prend la précaution de laisser une marge entre la somme qu'il avance et la valeur normale des titres ou des marchandises, et surtout de ne consentir d'avances que sur des titres sûrs ou des marchandises aisément réalisables. En outre, il doit s'assurer de façon constante, et jusqu'à l'échéance du prêt, que le cours des titres ou des marchandises ne descend pas au-dessous de la marge qu'il a laissée entre l'avance et leur cours à la date du contrat de nantissement.

Parfois, la garantie offerte au prêteur consiste en une inscription hypothécaire sur un immeuble. Mais dans ce cas l'avance est, en général, faite pour une assez longue durée, pour que les longues et coûteuses formalités hypothécaires à accomplir se trouvent compensées par un contrat durable. Aussi, seuls, certains établissements de crédit spécialisés dans cette opération sont capables de consentir des avances à aussi long terme.

Les prêts et avances n'ont été ouvertement pratiqués en France par les banquiers qu'au XVIIIe siècle. En effet, le prêt à intérêt fut pendant longtemps interdit, le prêt gratuit étant seul autorisé en vertu des principes de l'Eglise : « *Mutuum date nihil unde sperantes.* » Par la suite, le prêt à intérêt fut permis, mais le taux de l'intérêt fut si strictement réglementé que les banquiers n'y pouvaient trouver la compensation des risques de non-remboursement. Et longtemps ces prêts et avances ne furent faits que clandestinement, par des usuriers qui, en raison des dangers courus, demandaient des taux d'intérêt et des commissions si élevés que le qualificatif d'*usuraires* y est resté attaché.

Emission. — Nous avons vu que les banquiers faisaient leurs opérations de virements, d'escompte et d'avances avec les capitaux qu'ils recevaient en dépôt. Vers le XVIIe siècle, certaines banques cherchèrent un moyen d'augmenter l'importance de leurs dépôts, et par conséquent d'étendre leurs opérations. La Banque de Stockholm trouva un procédé qui, en même temps, rendit de grands services à ses clients et au commerce suédois. Elle établit des récépissés de dépôts de fonds dans ses caisses, en les libellant au porteur, de façon à ce qu'ils pussent être acceptés en paiement et circuler comme de la monnaie.

Ces billets, émis pour des sommes rondes, arrivèrent à être considérés comme l'équivalent de la monnaie d'or dans toute la Suède. Et cette manière de faire qui avait été, dit-on, inventée par les Chinois, fut imitée par tous les pays d'Europe qui eurent leurs *billets de banque*.

Par la suite, les gouvernements réglementèrent l'émission de ces billets et en donnèrent souvent le monopole à une ou plusieurs banques privilégiées auxquelles ils imposèrent en compensation quelques charges et services. Parfois même, les gouvernements émirent ces billets eux-mêmes, ou par le canal d'une banque d'Etat, mais se laissèrent aussi aller fréquemment à des abus dont il sera parlé plus loin.

Haute banque. — De tous temps, il avait été d'un usage fréquent que des commerçants s'unissent en sociétés pour exploiter des entreprises commerciales ou industrielles. Ce n'est qu'au xviiie siècle qu'on trouva le moyen de diviser le capital de ces exploitations en de très nombreuses parts d'une valeur minime, appelées actions, qui furent tantôt nominatives, tantôt au porteur. La fièvre de spéculation provoquée par le système de Law témoigne de l'engouement du public à cette époque pour les valeurs mobilières. Et malgré la banqueroute qui fut le résultat de cette spéculation, l'usage des valeurs mobilières continua à être en honneur.

Nous avons vu que tous les banquiers consentent couramment des avances garanties par des titres industriels ou des certificats de rentes émis par les Etats ou les Villes.

Or, certaines banques, appelées parfois « *banques de spéculation* » et qu'on groupe sous le nom générique de « *Haute Banque* », se sont spécialisées dans l'émission de valeurs mobilières, faites pour le compte d'industriels, de sociétés ou même de gouvernements, et dans l'achat ou la vente de ces valeurs. Ces banques se chargent souvent de mettre sur pied certaines industries ou entreprises qu'elles constituent en sociétés, ou de les réorganiser lorsque leur constitution primitive n'a pas donné les résultats qu'on aurait pu espérer. Ces banques prennent fréquemment, pour le compte d'Etats ou de sociétés, la charge d'emprunts qu'elles lancent sur les divers marchés du monde.

Malgré la prudence, la compétence et la perspicacité de ces banquiers, leurs opérations n'en restent pas moins sujettes à certains aléas, à certains dangers pouvant résulter des causes les plus imprévisibles, et qui ont fait donner à leurs maisons ce nom de *banques de spéculation*. Mais de tels établissements n'en jouent pas moins un rôle économique des plus importants, en permettant la constitution de vastes entreprises, ou l'émission de gros emprunts, où ne pourraient réussir des intermédiaires qui ne seraient pas entièrement spécialisés dans ce genre d'opérations.

LES BANQUES

GÉNÉRALITÉS SUR LES BANQUES

Rôle. — Opérations. — Classification.

En examinant succinctement comment s'est développé et comment fonctionne le commerce du crédit dans le monde, nous avons montré quel est le rôle tenu par les banquiers dans les diverses branches de l'activité économique, et en quoi consistent les services rendus par eux au commerce et à l'industrie.

Nous avons vu que dans toutes ses opérations, le banquier n'est qu'un intermédiaire qui reçoit des capitaux en dépôt à diverses fins, en accordant un intérêt minime, mais pourtant suffisant pour attirer des sommes considérables qui, autrement, resteraient improductives pendant des périodes de temps plus ou moins longues. Le banquier rend donc ainsi un premier service à ses déposants. En utilisant ces capitaux aux diverses opérations, virements, escomptes, avances, dont nous avons indiqué le principe, le banquier trouve à la fois le moyen de réaliser un bénéfice sur l'intérêt qu'il perçoit, et de rendre au commerce et à l'industrie, par le crédit qu'il leur accorde, les services les plus appréciables. En jouant le rôle de dépositaire de ses clients, il allège le travail du caissier et du comptable, puisqu'il évite à ses déposants de faire eux-mêmes leurs paiements et leurs recouvrements, et de supporter des frais considérables pour les envois de fonds dans des localités ou des pays éloignés. Il est à même de les renseigner sur l'état des marchés étrangers, aussi bien que sur les tendances du marché national et sur la situation particulière de certaines entreprises de divers pays. Il est donc permis de dire que le rôle du banquier est un effet du principe de la division du travail, principe qui tend à se manifester dans toutes les branches de l'activité économique chez les peuples en voie de progrès.

Le banquier est également un intermédiaire très précieux et très discret pour les commerçants qui ont momentanément besoin d'ouvertures de crédit. Comme ces crédits sont, en général, destinés aux affaires, le banquier est mieux placé que quiconque pour connaître le risque qu'il court de ce chef, et il peut proportionner à ce risque les garanties à exiger ainsi que la rémunération qu'il demande. Par la suite, il pourra surveiller l'emploi des fonds, ce qui lui permettra d'accepter ou de refuser à bon escient les demandes qui pourraient lui être adressées en vue de l'augmentation ou de la prolongation des crédits.

Enfin nous avons signalé le rôle joué par les banques de spéculation dans la constitution d'affaires industrielles ou commerciales, la réorganisation d'affaires en mauvaise posture, l'émission d'obligations pour le compte de sociétés privées et la prise en charge d'emprunts pour le compte de municipalités, de départements ou d'États, et nous avons montré à quel point leur entremise est utile, pour ne pas dire indispensable, dans de telles opérations financières.

Pendant longtemps, les banques se sont livrées de préférence à certaines opérations plutôt qu'à d'autres. Et encore de nos jours en Angleterre, les *joint-stock banks* se bornent à recevoir des dépôts et à effectuer des opérations de caisse pour le compte de leurs clients, tandis que les *private bankers* font des opérations de crédit et notamment des avances sur garanties diverses, et tandis qu'enfin l'escompte est uniquement pratiqué par des banquiers spécialisés, les *bill dealers* ou *bill brokers*.

Mais en France, comme dans la plupart des autres pays moins traditionnalistes que l'Angleterre, une tendance à la centralisation s'est manifestée dans le commerce de banque comme dans toute l'activité économique. Et de plus en plus les banques, comme les grands magasins, ont développé leurs services et étendu leurs opérations. En sorte que les grands Établissements de crédit comme le Crédit Lyonnais, la Société Générale, le Comptoir National d'Escompte de Paris, etc., pratiquent toutes les opérations de banque, sauf l'émission des billets de banque dont le monopole est réservé à la Banque de France. Cette dernière manifeste d'ailleurs une tendance marquée à vouloir se transformer sur le modèle des Établissements de crédit, car depuis le renouvellement de son privilège, en fin 1918, elle augmente sensiblement le nombre de ses agences et accorde plus de facilités qu'autrefois au commerce et à l'industrie.

Malgré cette évolution très caractérisée vers la centralisation, il est possible de classer les banques en trois groupes : les *banques de commerce*, les *banques d'émission* et les *banques de spéculation*.

A ces grandes catégories s'ajoutent certaines spécialisations plus limitées : banques hypothécaires, banques de crédit populaire, etc...

Nous allons étudier comment ces Établissements, selon leur but, traitent pratiquement les affaires, et entrer dans le détail de leurs opérations en indiquant quelle ligne de conduite ils ont à observer et quels dangers ils ont à éviter.

I. — BANQUES DE COMMERCE

Les banques de commerce forment la presque totalité des banques fonctionnant en France ; elles constituent la règle, tandis que les autres sont des exceptions. Les opérations des banques de commerce sont : les dépôts et services de caisse, l'escompte, les avances sur titres et sur marchandises, la transmission des ordres de bourse, la garde des titres et valeurs, la location des coffres-forts, le change des monnaies, le commerce des métaux précieux, le change international, etc....

les opérations de caisse. — Les opérations qui se rattachent à la tenue des services de caisse ou recettes sont des plus importantes; c'est en effet par elles que les banquiers peuvent se procurer les fonds nécessaires à leur activité. Nous avons indiqué déjà que le capital des banques ne sert en général qu'à constituer d'abord un premier fonds de roulement, puis une réserve de garantie; c'est ce qui a fait dire qu'une banque pouvait se passer de capital. Nous réfuterons cette assertion en examinant les banques d'émission auxquelles elle s'appliquerait plus spécialement.

Les comptes de dépôts sont ouverts à toute personne qui justifie de son identité et qui fait un certain versement. Le minimum de la somme à verser varie avec les diverses banques; il est de 500 francs à la Banque de France, mais beaucoup de banquiers ou d'agences d'établissements de crédit acceptent d'ouvrir des comptes pour une somme inférieure à ce chiffre.

Quel que soit le minimum à verser, les banquiers ont intérêt, pour éviter des ennuis ultérieurs, à bien s'assurer de l'identité de chaque déposant. Ils obtiennent les premiers renseignements sur ce point, au moyen d'une demande d'ouverture de compte que le nouveau client doit rédiger sur une formule imprimée qu'on lui donne à remplir.

Souvent les formules imprimées contiennent la mention « Pièces d'identité fournies » en face de laquelle le nouveau client est obligé d'indiquer s'il possède un livret militaire, une carte d'électeur ou d'identité, une carte d'étranger; et à cette occasion le banquier ou ses employés peuvent jeter un rapide coup d'œil sur les pièces justificatives ainsi exhibées. Certaines banques font faire une rapide enquête sur les nouveaux clients qui leur arrivent sans se recommander d'aucune personne connue d'eux; cette précaution se justifie par la multiplicité des escroqueries et falsifications commises au moyen des chèques et des virements.

Lorsque l'ouverture d'un compte est demandé par une femme, le banquier doit exiger la production d'un acte d'état civil récent, afin de savoir s'il s'agit d'une personne célibataire, mariée, veuve ou divorcée. Car en France où le régime légal est celui de la communauté, les femmes mariées sous ce régime ne peuvent se faire ouvrir de compte sans une autorisation spéciale du mari. Seules les femmes commerçantes, ainsi que celles mariées sous le régime de la séparation de biens (régime légal en Angleterre et en Amérique), peuvent se faire ouvrir librement un compte de dépôt. Enfin, depuis la loi du 13 juillet 1907, les femmes pouvant justifier d'une profession indépendante de celle de leur mari, ont la même faculté, en déclarant, sous leur responsabilité, que les sommes déposées sont le produit de leur travail.

Si le compte doit être ouvert au nom d'une société, la banque réclamera l'acte de société ou les statuts, ou l'exemplaire d'un journal d'annonces légales, où les publications ordonnées par la loi ont été faites. S'il s'agit d'une société anonyme, il y a lieu de demander une copie certifiée de la délibération de l'Assemblée générale ayant nommé les administrateurs en fonctions.

En résumé, dans tous les cas qui peuvent se présenter, le banquier doit se faire remettre et *conserver* toutes pièces utiles susceptibles de garantir sa responsabilité au cas où des contestations relatives au pouvoir des déposants viendraient à s'élever dans l'avenir.

Les nouveaux clients reçoivent et ont à remplir des cartes de signatures sur lesquelles ils apposent leur signature et celle des personnes pouvant signer pour eux. Ces cartes, en général au nombre de trois ou quatre, sont des cartons d'environ 10 centimètres sur 15, sur lesquels sont écrits tous renseignements concernant la nature et le fonctionnement du compte; par exemple, pour une société, la carte indique s'il est nécessaire d'exiger plusieurs signatures sur les effets de commerce, chèques, reçus, etc...

On distingue plusieurs sortes de comptes de dépôts.

Il y a d'abord des comptes provisoires appelés *comptes de passage* qui ne sont ouverts qu'en vue d'une seule opération : souscription à une émission, achat ou vente de titres, effets de commerce ou chèques remis à l'encaissement, et qui durent jusqu'à ce que cette opération soit terminée. Pour ces comptes, on se contente en général de noter le nom du déposant sans prendre plus d'informations. Dans aucune banque les comptes de passage ne portent intérêt.

Il y a surtout les *comptes de dépôts à vue* appelés aussi *comptes de chèques*, qui portent un intérêt très variable suivant les banques et l'importance du compte : avant la guerre, cet intérêt était de $\frac{1}{2}$ % à 2 $\frac{1}{2}$ %; depuis, il se tient entre 2 % et 3 $\frac{1}{2}$ ou même 4 %. La Banque de France ne fournit aucun intérêt pour ses dépôts à vue. Elle donne en effet à ses clients la compensation de leur rendre gratuitement et sans aucune commission, de nombreux services : chèques et virements, chèques visés, chèques circulaires, lettres de crédit, etc... D'autre part, la Banque de France qui, comme nous l'avons dit, est la banque des banquiers, n'a pas besoin de soutenir la concurrence avec d'autres banques pour l'intérêt à offrir, étant certaine d'avoir toujours des clients qui sont dans la nécessité d'avoir un dépôt chez elle. Il est à noter que depuis la loi du 25 juin 1920 les intérêts produits par les comptes de dépôts sont passibles d'un impôt de 10 %.

Bien que les dépôts soient libellés « à vue » sur la demande d'ouverture de compte que doit signer le client, les banques stipulent en général qu'elles auront toujours le droit (sans qu'elles en aient jamais usé en fait) de demander un délai de préavis de un ou deux jours pour des retraits dépassant une somme déterminée.

Les titulaires de comptes de dépôts à vue reçoivent un carnet dont chaque feuillet détachable est un chèque portant le nom du titulaire et le numéro de son compte. Presque toutes les banques tiennent leur comptabilité des comptes de dépôts par numéros se succédant suivant l'ordre d'inscription des titulaires.

Dépôts à préavis. — Beaucoup de banques consentent à recevoir en dépôt des sommes que les déposants pourront retirer après un préavis de cinq à sept jours. Dans ces conditions, l'intérêt accordé est un peu plus élevé (par exemple d'un demi pour cent supérieur à celui qui est consenti pour les dépôts à vue) : il va de soi que dans ce genre de dépôts, les retraits ne peuvent être faits au moyen de chèques, les chèques étant, en droit français, essentiellement payables à vue.

Habituellement, les dépôts à préavis ne sont ouverts que pour d'assez grosses sommes. Comme les commerçants peuvent toujours prévoir une semaine à l'avance les gros versements qu'ils auront à effectuer, ils bénéficient d'un intérêt supérieur. De leur côté, les banquiers peuvent utiliser dans de meilleures conditions les capitaux ainsi déposés, car ils ne sont pas obligés, comme pour les comptes de chèques, de conserver toujours en caisse, pour parer aux demandes de remboursement, une somme considérable qui reste inutilisée.

Parfois, le banquier autorise des retraits de fonds à vue, sur des comptes à préavis, pour des sommes inférieures à 3 ou 5.000 francs, et en retenant l'intérêt pour la durée du préavis.

Dépôts à échéance fixe. — Les bons à échéances sont des sortes d'obligations, d'engagements pris par le banquier de payer à l'ordre du déposant ou au porteur, à une échéance distante de trois mois à cinq ans et fixée dès le dépôt, les sommes qui lui sont versées. Les intérêts accordés varient avec l'éloignement de l'échéance. Tantôt ils sont calculés d'avance et ajoutés à la somme que le banquier aura à rembourser; tantôt ces intérêts font l'objet d'un bon à échéance spécial, indépendant de celui délivré contre versement du capital, et tous deux peuvent être présentés à l'encaissement à leur échéance.

Ces bons peuvent circuler par voie d'endossement, ou même être au porteur comme un billet de banque, jusqu'à l'échéance dans les deux cas. C'est par cette forme de bons, émis par la Banque de Stockholm, qu'ont pris naissance les premiers billets de banque, et le Trésor français s'est inspiré de ce mode de dépôt pour créer ses bons du Trésor, puis, depuis la guerre, les bons de la Défense nationale.

Comme le banquier s'engage à rembourser une somme fixe à une personne qui pourra ne pas être le déposant primitif, il peut difficilement retenir l'impôt de 10 % sur l'intérêt des dépôts, perçu en vertu de la loi du 25 juin 1920. Aussi, en général, tient-il compte de cet impôt dans la fixation du taux d'intérêt, et le prend-il à sa charge.

Comptes joints et comptes collectifs. — Les *comptes joints*, appelés aussi *comptes géminés* ou *comptes d'indivision réelle*, sont ceux dans lesquels deux ou plusieurs déposants spécifient pouvoir retirer la totalité du dépôt sans le concours des autres titulaires du compte.

Les *comptes collectifs* ou *comptes indivis* sont ceux dans lesquels les déposants sont liés les uns aux autres par un contrat de société ou d'association. Ils ne peuvent retirer les sommes déposées qu'avec le concours des autres titulaires. Le compte ne fonctionne donc qu'avec la signature de tous les déposants, sauf possibilité pour eux de se donner pouvoir réciproque.

Les comptes joints et les comptes collectifs avec pouvoirs réciproques ont été très demandés vers 1900, époque à laquelle le Parlement se préoccupait des projets d'impôt sur le revenu, et d'augmentation des taxes successorales.

La loi du 25 février 1901 qui oblige les banquiers et tous dépositaires de titres, valeurs et sommes dépendant d'une succession dont ils apprennent l'ouverture, de faire à l'enregistrement une déclaration énumérative de ces valeurs avant de les remettre aux héritiers, a été un premier obstacle aux évasions fiscales de ce genre. Cet obstacle a été aggravé par la loi du 31 mars 1903 qui a décidé que les valeurs ou sommes faisant l'objet de comptes joints ou indivis seraient considérées, en cas de décès d'un des titulaires du compte, comme appartenant par parts égales à tous les titulaires, sauf preuve contraire à fournir à l'Enregistrement.

La même loi de 1903 a encore voulu empêcher les comptes joints ou indivis d'être une cause de fraudes fiscales, en obligeant les banquiers ou dépositaires de ces comptes de faire dans le délai de trois mois, sous leur responsabilité, une déclaration à l'Enregistrement, mentionnant les noms et adresses des titulaires, ainsi que l'énumération des valeurs ou sommes déposées.

Aussi, pour éviter ces formalités et la responsabilité qu'elles pourraient encourir en cas d'omission ou d'inexactitude dans la déclaration, beaucoup de banques refusent d'ouvrir des comptes de cette nature.

Fonctionnement des comptes de dépôt. — Les divers comptes de dépôts fonctionnent tous de la même manière.

Ils sont crédités des versements en espèces, chèques ou virements, des effets de commerce et des factures à recouvrer, des coupons des titres en dépôt, des intérêts sur les sommes déposées.

Ils sont débités des retraits, des chèques payés, des effets domiciliés payés, des commissions et frais divers dus à la banque pour carnets de chèques, timbres-quittance, garde de titres, location de coffres, etc...

Services de caisse proprement dits. — Les opérations de banque qui se rattachent aux services de caisse sont le paiement des chèques ainsi que des effets domiciliés, les virements, l'encaissement des chèques et des effets de commerce, l'émission de chèques visés ou délivrés, de chèques de voyageurs, de lettres de crédit, et accessoirement le change des monnaies, la garde des titres et objets précieux ainsi que la location des coffres-forts.

Tous les reçus *(quel que soit le nombre des exemplaires)* délivrés par les banques ou à des banques, et emportant libération ou décharge de sommes ou de valeurs quelconques, doivent être munis de timbres-quittance en vertu de la loi du 25 juin 1920 à raison de 0 fr. 25 de 10 à 100 francs, 0 fr. 50 de 100 à 1.000 francs et 1 franc au-dessus de 1.000 francs. Les reçus de titres, quelle qu'en soit la valeur, ne doivent être timbrés qu'à 0 fr. 25. Les reçus d'effets de commerce remis à des banquiers pour être acceptés, négociés ou encaissés sont dispensés du timbre-quittance en vertu de la loi du 30 mars 1872.

Le paiement des chèques tirés par des titulaires de comptes dans la banque peut se faire assez rapidement. Il suffit au caissier de vérifier si le chèque est régulier (notamment quant à la date, au timbre, à l'acquit, etc.), si le compte du client a un solde créditeur permettant de faire le paiement, et aussi de contrôler si la signature du titulaire du compte apposée sur le chèque correspond bien à celle qui figure sur les cartes de signatures déposées par lui. Si son carnet de chèques lui a été volé, le titulaire peut faire immédiatement opposition au paiement par la banque, mais la banque est valablement libérée du paiement des chèques présentés avant le moment où l'opposition lui est parvenue, à condition toutefois que la signature ait été assez bien imitée par le porteur de mauvaise foi pour qu'aucune faute d'inattention ou de négligence ne puisse être reprochée au personnel chargé de la vérification.

Conformément à la loi, le banquier exige que le présentateur d'un chèque rédige à la main la formule d'acquit, comprenant les mots : pour acquit, le lieu du paiement, la date et la signature avec l'adresse de celui qui acquitte ce chèque, même lorsqu'il est libellé au porteur. (Il est rappelé pour mémoire que l'acquit d'un chèque est dispensé de l'apposition de timbre-quittance.)

L'obligation d'écrire ces quelques lignes sur le chèque pourrait, a-t-on cru, être de nature à faire hésiter un porteur de mauvaise foi à encaisser ce chèque. Mais l'expérience ayant prouvé que cette précaution était insuffisante, on a eu recours à un autre procédé : on a apposé sur certains chèques deux barres parallèles qui signifient que ces chèques ne peuvent être payables qu'à un banquier. En sorte que le voleur doit se faire ouvrir un compte dans une banque et que cette banque présente pour lui le chèque à l'encaissement dans la banque où il est payable. Or, le banquier chargé de l'encaissement pourrait encourir une certaine responsabilité si son client ayant détenu un chèque indûment, l'avait touché par son intermédiaire, et s'il lui avait ouvert un compte sans vérifier son identité et son adresse qui auraient été reconnues fausses par la suite.

Les paiements de chèques se font gratuitement et sans commission par les banquiers.

Domiciliations. — On appelle ainsi l'opération par laquelle une personne, en général un commerçant, ayant un compte en banque, fait payer par son banquier les effets de commerce ou les factures dont elle est débitrice. Le client spécifie, à côté de son acceptation et de sa signature : payable à la banque X... Souvent, des commerçants ou des industriels habitant la banlieue d'une grande ville ou une localité éloignée, usent de ce procédé et domicilient chez leur banquier, dans la ville la plus proche, les paiements qu'ils ont à faire, de façon à rendre l'encaissement plus facile et moins onéreux pour leurs créanciers et pour eux-mêmes.

Virements. — Les banquiers ne reçoivent pas toujours en argent liquide, soit du titulaire, soit de ses débiteurs, les fonds qui viennent alimenter un compte de dépôt. Il peut arriver qu'un titulaire de compte ordonne à son banquier de débiter son compte d'une certaine somme, et de créditer de pareille somme le compte d'un autre titulaire.

Toute lettre ou tout écrit donnant un ordre de ce genre, qu'on appelle *virement*, doit être timbré comme un chèque avant que l'ordre ne soit exécuté, et le banquier est solidairement tenu avec le client de cette obligation. Aussi doit-il, si le client ne l'a pas fait, apposer, avant d'effectuer le virement, un timbre-quittance de 0 fr. 10 ou de 0 fr. 20 (suivant que les deux titulaires ont leurs comptes ouverts dans la même ville ou dans deux villes distinctes).

Dans certaines grandes banques, les virements étant très nombreux sont réunis en carnets comme des chèques et portent imprimé le nom de leur titulaire. Les règlements les plus importants s'opèrent ainsi sans aucun mouvement de fonds.

Encaissements. — Les banques prennent fréquemment des chèques ou des effets qu'elles se chargent d'encaisser, mais elles n'en portent le montant au crédit du client que lorsque ces effets ou chèques ont été effectivement payés. Les commissions prélevées par les banquiers pour récupérer les frais d'encaissement varient avec le montant des effets et surtout avec l'éloignement ou l'importance de la localité où l'effet doit être présenté à échéance.

Il y a lieu de noter que l'Administration des Postes se charge également de l'encaissement des factures et des effets de commerce à des conditions qui sont plus avantageuses que celles de la Banque de France pour les villes non bancables. D'après le tarif fixé par la loi du 30 mars 1920, le droit d'encaissement est le suivant :

jusqu'à 100 francs : 0 fr. 10 par 20 francs ou fraction ;
de 100 à 500 francs : 0 fr. 60 ;
de 500 à 5.000 francs : 0 fr. 60 pour les premiers 500 et 0 fr. 10 par 500 ou fraction au-dessus ;
au-dessus de 5.000 francs : 1 fr. 50 pour les premiers 5.000 et 1 franc par 5.000 ou fraction au-dessus.

Chèques visés ou délivrés. — On sait que les chèques établis par le titulaire d'un compte ne sont payables que dans le comptoir même où le compte a été ouvert ; si le titulaire d'un compte donne un chèque détaché de son carnet en paiement à un créancier habitant une autre localité, ce créancier devra donc le remettre lui-même à son propre banquier pour le faire retourner et encaisser dans la ville où il est payable. Aussi, pour éviter cette formalité à son correspondant, le titulaire du compte peut, après avoir établi son chèque, le porter au comptoir où il est normalement payable, et demander qu'il soit payé dans la seconde localité, soit dans l'agence de ladite banque, soit dans une banque correspondante. Pour ce faire, la banque sur laquelle le chèque est émis « vise » le chèque en question, c'est-à-dire qu'elle écrit soit à la main, soit au moyen d'un timbre spécial, que le paiement aura lieu dans l'agence, ou la banque correspondante, de la seconde localité; cette mention est signée des représentants qualifiés de la banque.

En général, pour éviter les fraudes possibles sur la somme à payer, la banque qui vise un chèque indique le montant de ce chèque au moyen de chiffres perforés avec une machine spéciale, ou encore en répétant ce chiffre sur un espace préalablement gaufré à la machine, opération rendant les falsifications très difficiles, sinon impossibles.

Les banques prélèvent en général une commission de 0 fr. 25 à 0 fr. 50 pour mille avec minimum de 0 fr. 50 sur le visa des chèques; mais la Banque de France fait cette opération gratuitement à ses titulaires de comptes. Une personne n'ayant pas de compte en banque, ou un titulaire de compte ne voulant pas faire viser par sa banque un chèque détaché de son carnet de chèques, pourraient opérer un règlement dans une autre localité, en se faisant « délivrer » par la banque un chèque payable dans cette autre localité.

La banque rédige le chèque comme s'il était pour elle-même, puis l'endosse à l'ordre du client qui l'envoie en paiement à son créancier. Le chèque est remis contre paiement comptant si la personne n'a pas de compte ou contre débit de son compte dans le cas contraire. Les mêmes précautions que celles indiquées pour les chèques visés doivent être prises contre les falsifications possibles.

Les banques prennent sur les chèques délivrés une commission de 0 fr. 50 pour 1.000 (0 fr. 50 au minimum). Mais également, dans ce cas, la Banque de France remet sans frais des chèques délivrés payables dans toutes les succursales, pour une somme de plus de 50 francs, à ses titulaires de comptes.

Lettres de crédit. — Les banques délivrent aux personnes qui doivent voyager et qui, par crainte de perte ou de vol, ne veulent pas porter sur elles de grosses sommes en argent liquide, des *lettres de crédit* leur permettant de se faire payer jusqu'à concurrence de la somme totale fixée, dans les diverses villes où elles passent, les sommes dont elles ont besoin. Tantôt l'émission de ces lettres de crédit est notifiée aux diverses banques chez lesquelles le voyageur pourra se présenter, et on leur envoie d'avance un spécimen de la signature du bénéficiaire; tantôt, lorsque le voyageur ne connaît pas au départ quel sera son itinéraire, la lettre de crédit est *circulaire*, c'est-à-dire que des paiements peuvent être réclamés jusqu'à expiration du total fixé, dans un grand nombre de villes dont une liste est fournie au voyageur. Dans ce cas, il ne peut être question d'aviser toutes ces banques de l'émission de la lettre de crédit, mais le voyageur reçoit une carte d'identité spéciale portant sa signature et souvent sa photographie, ainsi que la liste des banques correspondantes, qu'il est invité à conserver dans une autre poche ou dans un autre bagage que la lettre de crédit, pour éviter le risque de perte ou de vol de ces deux documents à la fois. La carte d'identité doit être présentée aux diverses banques auxquelles un versement est demandé.

A chaque demande de fonds, le banquier correspondant vérifie si la lettre de crédit permet encore le paiement de la somme réclamée; il inscrit en toutes lettres et en chiffres la somme qu'il verse, et après avoir demandé la signature du porteur de la lettre, signature qu'il compare à celle portée sur la carte d'identité, il opère le versement et fait signer deux reçus : un qu'il conserve et un autre qu'il envoie à la banque émettrice de la lettre de crédit. Le versement est en général diminué de la valeur des timbres des reçus et d'une commission.

Pour éviter les falsifications des lettres de crédit au moyen de grattage ou de lavage, les banques les établissent sur des papiers spéciaux; quelques-unes gaufrent d'avance la place où ces sommes doivent être inscrites, d'autres les écrivent au moyen de chiffres perforés, d'autres enfin établissent sur le côté des talons de chiffres (semblables à ceux des mandats-poste) que les payeurs successifs découpent au fur et à mesure des versements pour ne laisser subsister que les talons correspondant à la somme restant à toucher. Les lettres de crédit sont émises soit contre versement immédiat de la somme totale augmentée d'une certaine commission, soit plus rarement contre dépôt d'un nantissement.

La commission prélevée est, en général, de 0 fr. 50 pour 1.000, mais la Banque de France délivre gratuitement des lettres de crédit d'un montant d'au moins 1.000 francs et payables dans toutes ses succursales et bureaux.

Chèques circulaires et chèques de voyageurs. — Les grandes banques délivrent à toutes les personnes qui en versent le montant des chèques barrés circulaires et à ordre, payables indifféremment dans toutes leurs succursales. La Banque de France délivre des chèques de ce genre au-dessus de 50 francs sans prélever aucune commission.

Les chèques de voyageurs, appelés encore *billets de crédit circulaire* ou *mandats de voyage,* sont des sortes de billets de banque internationaux émis par certaines grandes banques et fort en faveur en Amérique où ils sont dénommés *travelers cheques.* Ils sont établis pour des chiffres ronds de 5, 10, 25, 50 ou 100 dollars, ou de 50, 100, 250, 500 ou 1.000 francs et payables dans tous les pays, dans la monnaie locale, soit à un change fixé d'avance, soit au change du jour.

Les voyageurs qui doivent circuler dans différents pays se munissent de la quantité qui leur convient de ces chèques qu'ils achètent comme s'il s'agissait de billets de banque étrangers, puis qu'ils changent contre de la monnaie, au fur et à mesure de leurs besoins. Ces chèques, qui ont été signés par l'intéressé au moment de leur émission, doivent encore être signés par lui au moment où il les encaisse, car il doit y mettre la formule d'acquit. Pour diminuer les risques d'encaissement par un porteur de mauvaise foi, en cas de perte ou de vol, les *travelers cheques* américains précisent que la formule d'acquit et la seconde signature devra être apposée en présence de l'employé de banque chargé du paiement; cet employé devra contrôler les deux signatures, et ne payer que si leur similitude est suffisante.

Conservation de titres et de valeurs. — On range encore parmi les opérations de caisse la conservation par les banques des titres et des valeurs.

Les banques d'une certaine importance ont presque toujours un service de la conservation des titres spécialement aménagé à cet effet. Comme des coffres, même très vastes, devraient être extrêmement nombreux pour contenir une quantité aussi considérable de titres, et qu'il serait incommode aux employés d'avoir continuellement à ouvrir et à refermer ces coffres pour atteindre les dossiers de titres des clients, on a songé à construire de vastes locaux blindés, généralement dans les sous-sols, fermés par des portes semblables à celles des coffres, et à l'abri de l'incendie, de l'inondation et du vol. On peut donc dire qu'un service de la conservation est un immense coffre dans lequel les employés circulent et travaillent.

Les personnes qui déposent des titres reçoivent immédiatement de la banque un reçu provisoire timbré à 0 fr. 25, qui énumère tous les titres, puis au bout de quelques jours, des récépissés définitifs timbrés à 2 francs, qui sont nominatifs et ne peuvent être cédés. Autrefois, lorsque ces récépissés n'étaient timbrés qu'à 0 fr. 50, on établissait un récépissé distinct pour chaque catégorie de titres, mais actuellement par suite du coût de ces récépissés beaucoup de banques groupent sur un même récépissé des valeurs de catégories différentes.

Les titres ne peuvent être retirés que contre remise du récépissé sur lequel le client doit apposer et signer une mention de décharge à côté de laquelle il doit encore être apposé un timbre-quittance de 0 fr. 25.

En même temps que de la garde pure et simple des titres, les banques se chargent des opérations accessoires qui se rattachent à ces valeurs. La plus importante concerne le détachement et l'encaissement des coupons d'arrérages. Les coupons sont, en général, détachés de quinze à trente jours avant l'échéance et sont portés au crédit du client cinq ou quinze jours après l'encaissement, suivant que cet encaissement a été fait dans la même localité, dans une autre ville ou à l'étranger.

Au cas où les titres seraient retirés entre le moment où les coupons auraient été détachés et leur échéance, les coupons ne pourraient pas être réclamés par le client qui devrait attendre que son compte en soit crédité après l'échéance.

Le tarif de garde de titres est en général le suivant :

0 fr. 10 par an et par titre au-dessous de 500 francs;
0 fr. 20 par an et par titre de 500 à 1.000 francs;
0 fr. 30 par an et par titre de 1.000 à 2.000 francs;
puis 0 fr. 10 par 1.000 francs au-dessus avec minimum de 1 franc.

Quelques banques font des prix plus réduits pour les rentes françaises ainsi que pour les titres nominatifs, ou encore lorsque le dépôt dépasse 200 titres ou 100.000 francs de la même valeur. Par contre, d'autres banques majorent un peu le tarif pour les valeurs qui nécessitent plus de deux détachements de coupons par an.

Caisse des titres. — Outre le Service de la conservation des titres, les banques ont une caisse des titres qui reçoit les souscriptions des clients à des émissions d'actions ou d'obligations ou à des emprunts, sur lesquels une commission est accordée par les sociétés émettrices.

La caisse des titres se charge aussi des versements à opérer sur les titres non libérés, du renouvellement et de l'échange des titres, de l'encaissement des valeurs amorties, du timbrage des titres étrangers, etc. Elle fait souvent le nécessaire auprès des sociétés pour obtenir la conversion au nominatif ou au porteur, ou encore pour faire opérer le transfert de titres nominatifs après mutation.

Le Service de la caisse des titres se charge encore de garantir par une sorte d'assurance les détenteurs de titres amortissables contre les risques de remboursement au pair, c'est-à-dire à la valeur nominale, au cas où le cours en bourse serait supérieur à cette valeur nominale. Suivant les banques, les assurés obtiennent en cas de remboursement au pair soit le prix du titre au cours de la Bourse, soit un autre titre identique à celui qui a été amorti, ou bien ils ont le choix entre ces deux solutions.

Les banquiers se constituent également assureurs pour garantir les clients des risques d'omission ou d'erreur de vérification de tirages en cas d'amortissement de certains titres, qui cessent de porter intérêt depuis la date de l'amortissement, en sorte que les sociétés retiennent sur le lot ou sur le montant du remboursement la valeur des coupons payés indûment.

Encaissement des coupons. — Les banquiers sont parfois chargés par des sociétés, qui ne veulent pas s'embarrasser elles-mêmes du paiement des coupons de leurs titres, d'effectuer ce paiement entre les mains des porteurs. Les sociétés font l'avance à la banque du montant des coupons à verser, augmenté d'une commission pour rémunération du service rendu. C'est la *domiciliation des coupons;* dans ce cas, le banquier ne retient aucune commission aux porteurs de titres.

Mais s'il s'agit de coupons non domiciliés, le banquier prélève presque toujours une commission de 1 franc pour 100 francs de valeur encaissée, avec minimum de 50 centimes.

En général, les clients ont à rédiger eux-mêmes un bordereau énumérant les coupons présentés à l'encaissement, en ayant soin de grouper les coupons des valeurs de même nature.

Lorsque le présentateur des coupons à l'encaissement est bien connu du banquier, celui-ci paie, ou porte au crédit du compte de son client le montant des coupons. Dans le cas contraire, le paiement est différé pour que le banquier puisse vérifier si les coupons n'ont pas été détachés de titres frappés d'opposition.

Par « paiement des coupons », on entend non seulement le paiement des coupons détachés des titres au porteur, mais encore le paiement des dividendes ou des arrérages des titres nominatifs qui, généralement, n'ont pas de vignettes détachables; le versement est alors constaté par l'apposition d'une griffe de la société sur le titre lui-même, que le titulaire est obligé de présenter, ou de confier au banquier chargé de l'encaissement.

Il y a lieu d'indiquer accessoirement que sur le montant des coupons qu'elles paient, les sociétés doivent retenir les impôts sur le revenu des valeurs mobilières qu'elles versent directement à l'enregistrement.

Coupons étrangers. — Les banquiers qui se chargent en France de l'encaissement de coupons de titres étrangers sont obligés, par une loi du 29 mars 1914 suivie d'une instruction du 1er juin 1914 et d'un décret du 22 juin 1914, de retenir sur ces coupons l'impôt sur le revenu qui est, depuis le 25 juin 1920, de 12 % pour les titres étrangers, sans compter le droit de transmission de 0,50 % du cours moyen de l'année précédente, retenue qui doit être versée au Trésor.

De cette réglementation qui a eu pour but de mettre sur le même plan les titres étrangers et les titres français au point de vue de l'impôt sur le revenu et en même temps d'empêcher les fraudes fiscales qui pourraient être commises, résulte pour les banquiers la nécessité de certaines mesures de contrôle. Ils doivent d'abord adresser à l'Enregistrement une déclaration faisant connaître qu'ils se chargent de l'encaissement de coupons de titres étrangers, de chèques, de bons, ou certificats analogues. Ils doivent ensuite faire établir par toutes personnes qui leur remettent des coupons ou autres valeurs pour les faire encaisser, un bordereau des remises à l'encaissement. Le bordereau ne porte pas le nom du client et n'est pas signé par lui. Sur ce bordereau, le banquier doit inscrire le montant de l'impôt retenu.

Les banquiers doivent enfin inscrire toutes les opérations concernant les coupons étrangers sur deux registres cotés et paraphés par l'Administration de l'Enregistrement, qu'ils doivent conserver pendant deux ans pour pouvoir les présenter, ainsi que les bordereaux, à toute réquisition du fisc.

En rémunération du concours qu'ils apportent dans la perception de l'impôt sur le revenu, l'Enregistrement accorde aux banquiers des remises proportionnelles au montant des impôts prélevés : cette remise est de 1 % jusqu'à 100.000 francs et 0, 75 au-dessus de 100.000 francs. Mais les banques ou changeurs qui ne se conformeraient pas à la loi pour le paiement des coupons étrangers seraient passibles de six mois à un an de prison et de 10.000 francs d'amende.

Location de coffres-forts. — La plupart des banques donnent en location à leur clientèle des coffres ou des compartiments de coffres de dimensions variables. Ces coffres sont contenus dans des chambres fortes à l'abri de l'incendie et de l'inondation; elles peuvent être inondées volontairement comme moyen de défense contre un mouvement insurrectionnel ou contre des troupes d'invasion.

Chaque locataire d'un compartiment de coffre a sa signature déposée. Il doit présenter sa clef, puis signer, à chaque visite, après quoi il reçoit un ticket sur le vu duquel les gardiens lui permettent l'accès de la salle des coffres. Sur sa clef de sûreté est indiqué le numéro de son coffre et du compartiment. Cette clef n'existe qu'à un seul exemplaire, en sorte qu'en cas de perte, il faut faire ouvrir la porte du compartiment par des ouvriers spéciaux. Le client remet sa clef à un gardien qui lui ouvre le coffre où se trouve son compartiment. Puis le client ouvre son compartiment en faisant jouer lui-même la combinaison de sa serrure, combinaison qui a été choisie par lui. Des tables et des sièges sont à la disposition des déposants en face des coffres, pour qu'ils puissent écrire, détacher des coupons, etc...

Le locataire peut déposer à la banque une procuration permettant à une autre personne nommément désignée d'avoir accès au coffre en ses lieu et place. Des locations peuvent également se faire conjointement par plusieurs personnes qui peuvent avoir individuellement accès au coffre. Dans ces cas, les locataires peuvent faire reproduire leur clef à plusieurs exemplaires.

Pour empêcher les fraudes fiscales qui pourraient être commises en matière de succession, grâce aux coffres-forts, une loi du 18 avril 1918 a prescrit aux banquiers de faire à l'Enregistrement une déclaration indiquant leur résidence et celle de chacune de leurs agences louant des coffres-forts, de tenir un répertoire alphabétique avec nom et adresse de tous leurs locataires de coffres, et enfin « d'inscrire sur un registre ou carnet avec indication de la date et de l'heure auxquelles elles se présentent, les nom, adresse et qualité de toutes les personnes qui veulent procéder à l'ouverture d'un coffre-fort, et exiger que ces personnes apposent leur signature sur ledit registre ou carnet. Lorsque la personne qui veut ouvrir le coffre n'en est pas personnellement ni exclusivement locataire (cas d'une personne ayant procuration ou d'un membre d'une location collective), cette signature doit être apposée sous une formule certifiant qu'elle n'a pas connaissance du décès soit du locataire, soit d'un des colocataires du coffre-fort, soit du conjoint non séparé de corps de ce locataire ou colocataire. »

Les banques sont tenues de communiquer ces répertoires et registres ou carnets à toute réquisition des agents de l'Enregistrement et des amendes sont prévues en cas d'infraction à ces prescriptions.

En général, les banques font signer les locataires de coffres sur des carnets comportant à chaque feuillet une partie détachable portant le même numéro que le feuillet, et qui sert de ticket d'entrée dans la salle des coffres. Ces carnets sont soit blancs pour être signés par les titulaires de coffres eux-mêmes, soit roses ou jaunes, et munis de la formule requise par la loi, pour être signés personnes qui ne sont que personnellement ou exclusivement locataires du coffre ».

Cette même loi décide encore qu'en cas de décès du locataire unique des colocataires d'un coffre, ce coffre ne peut plus être ouvert qu'en présence d'un notaire, qui doit faire un procès-verbal d'ouverture, et établir un inventaire du contenu du coffre.

En cas de coffre loué conjointement à plusieurs personnes, le contenu du coffre est considéré, s'il y a décès de l'une d'elles, comme appartenant par parts égales à chacune de ces personnes, à moins qu'il ne soit possible de faire la preuve du contraire.

La loi prévoit des amendes de 100 à 10.000 francs contre les héritiers et intéressés et contre les banquiers qui n'auraient pas observé les dispositions ci-dessus.

Il y a lieu enfin de signaler à propos des coffres-forts, qu'en cas d'opposition ou saisie-arrêt générale frappant les comptes et valeurs d'un client dans une banque, le banquier doit, conformément à une jurisprudence nouvelle datant de février 1913, considérer que cette opposition frappe également le coffre-fort du client, et lui en interdire l'accès.

Les tarifs de location des coffres varient suivant les banques et suivant la dimension des coffres. Les compartiments les plus petits qui existent mesurent 18 centimètres de hauteur, 20 centimètres de largeur, et 50 centimètres de profondeur. Ils sont loués environ 10 francs pour trois mois, 20 francs pour six mois, et 40 francs par an. Mais beaucoup de banques ne louent pas de coffres ayant moins de 21 centimètres de hauteur sur 26 centimètres de largeur et 50 centimètres de profondeur, et cela à un tarif d'environ 15 francs pour trois mois, 25 francs pour six mois, et 50 francs pour un an.

Dépôt de métaux et objets précieux. — Les banques acceptent également des dépôts de diamants, bijoux et métaux précieux qui sont conservés dans leurs propres coffres, après avoir été placés dans de petites boîtes fermées et scellées avec le cachet du déposant ; les banques ne sont en général responsables que de l'intégrité du cachet. La commission prélevée est environ de 1 fr. 75 pour mille de la valeur déclarée, avec minimum de 7 fr. 50.

Certaines banques acceptent enfin de conserver dans leurs sous-sols des malles, caisses et colis volumineux contenant notamment des objets d'art. Ces malles, caisses et colis doivent d'abord être visités par un employé du service en présence du déposant qui scelle, et appose ensuite son cachet sur les fermetures ; une telle visite est nécessaire pour la sécurité et la responsabilité de la banque.

Le droit de garde est de 0 fr. 10 pour 100 francs de valeur déclarée et de 5 francs par 50 décimètres cubes.

OPÉRATIONS D'ESCOMPTE

Nous avons défini l'escompte dans un précédent chapitre et nous avons indiqué son rôle économique. Il reste à examiner comment cette opération est pratiquée en fait par les banquiers. Cet examen suppose d'ailleurs la connaissance des règles du droit commercial concernant les effets de commerce ; mais il n'entre pas dans le cadre de cette étude de les rappeler autrement que de façon accidentelle.

La tâche la plus délicate du banquier en matière d'escompte est celle qui consiste à apprécier, préalablement à cette opération, le risque qu'elle peut lui faire courir, puisque l'escompte n'est autre chose qu'une avance sur de simples signatures. Le banquier doit donc, avant tout, avoir à sa disposition un service de renseignements capable de connaître rapidement et de façon sûre la situation exacte des commerçants dont la signature figure sur les effets qui lui sont présentés.

En premier lieu, une enquête très sérieuse doit être faite sur le commerçant qui demande à être admis à l'escompte, c'est-à-dire à faire au banquier des remises d'effets tirés sur ses débiteurs, afin d'en recevoir immédiatement la valeur. Si cette enquête est assez favorable pour justifier l'admission, elle permet déjà au banquier de fixer en toute connaissance de cause les conditions d'escompte, ainsi que les garanties à demander éventuellement. Il faut, d'ailleurs, noter que dans les périodes de tension économique ces garanties sont demandées à tous les clients et même aux meilleures maisons de commerce. Elles consistent, soit dans le dépôt en nantissement de titres ou valeurs mobilières, soit dans la remise en gage de documents représentant des marchandises ou valeurs, soit dans le blocage des fonds disponibles du compte jusqu'à concurrence de la somme jugée nécessaire pour servir de cautionnement aux risques en cours. La garantie peut encore consister dans l'*aval*, c'est-à-dire la signature d'une autre maison notoirement solvable, apposée sur les effets remis à l'escompte. Enfin, quoique plus rarement, un commerçant peut donner à son banquier, en couverture du crédit que celui-ci lui accorde, des garanties spéciales, comme une hypothèque sur ses immeubles, ou un nantissement sur son fonds de commerce.

Le service de renseignements doit se tenir constamment à l'affût des événements ou circonstances qui seraient de nature à modifier le crédit de chacun de ses clients, en sorte que le banquier sait toujours s'il doit réclamer un supplément de garantie et réduire pour l'avenir le crédit accordé, ou, au contraire, s'il peut autoriser un découvert plus large.

Les grandes banques et les établissements de crédit peuvent avoir, grâce à leurs nombreuses agences, des informations qu'ils se communiquent même entre eux à charge de réciprocité et qui sont extrêmement précieuses. Ces renseignements ont une tout autre valeur que ceux que peuvent donner aux simples particuliers certains bureaux ou agences, pourtant spécialisés, mais dont les enquêtes, souvent hâtives et superficielles, sont faites trop fréquemment par des salariés recrutés au hasard et ignorant presque tout de la marche normale des affaires qu'ils sont chargés d'apprécier. En tout cas, depuis la création en 1919 du Registre du Commerce, les renseignements commerciaux sont devenus d'une obtention plus facile et offrent plus de sûreté.

Il est superflu de préciser que le banquier ne se renseigne pas seulement sur la situation de son client admis à l'escompte, mais encore sur chacune des maisons dont la signature figure sur les effets qui lui sont présentés.

Il doit s'assurer, surtout à la veille des périodes de crise ou de tension économique, que ces effets ne sont pas des effets de complaisance tirés et acceptés réciproquement par deux commerçants gênés pour se procurer immédiatement des fonds par la négociation des traites ainsi établies. Il arrive très souvent que la gêne persiste encore à l'échéance de ces effets; pour être en mesure de les payer, les intéressés ont recours au même procédé quelques jours avant la date du paiement, mais pour une somme un peu plus élevée. D'où le nom de *cavalerie* donné à ces traites dont les échéances chevauchent les unes sur les autres. Ces agissements rendent d'ailleurs les commerçants qui s'y laissent entraîner, passibles des peines punissant l'escroquerie.

Les conditions d'escompte appliquées par les banquiers ont comme base celles de la Banque de France. Mais comme ils sont moins exigeants que cette dernière, notamment au point de vue du nombre des signatures, ils prélèvent un intérêt un peu plus élevé, ainsi que des commissions variables suivant que les traites escomptées sont payables ou non dans des localités bancables, c'est-à-dire où la Banque de France fait directement des opérations.

Beaucoup de banques, qui ont escompté à leurs clients des effets portant deux signatures (celle du tireur et celle de l'accepteur) ou même seulement celle du tireur, peuvent réescompter ces effets à la Banque de France qui les accepte, puisque la signature du banquier mise sous le nouvel endos réalise le nombre de trois signatures qui est exigé. Au bénéfice résultant de la différence entre le taux de la Banque et celui appliqué au client, s'ajoutent les commissions et changes de place, ainsi que des frais supplémentaires pour acceptation si celle-ci n'a pas encore été donnée, pour retour d'effets impayés, ou pour avis d'encaissement.

Chacun y trouve son intérêt : le commerçant qui ne pourrait escompter son papier à la Banque de France, le banquier qui reçoit une juste rémunération du service qu'il rend au commerçant, et enfin la Banque de France elle-même qui a, grâce à ces signatures complémentaires de premier ordre, un portefeuille mieux garanti.

Lorsque des bordereaux et des remises d'effets sont apportés aux banquiers, ceux-ci commencent par examiner les signatures afin de refuser celles qu'ils jugent indésirables. Les effets sont ensuite vérifiés au point de vue de leur régularité, du libellé, de l'acceptation, du timbre, etc... Ceux qui sont rendus aux clients sont rayés des bordereaux. Pour ceux qui sont admis à l'escompte, on calcule les intérêts, commissions et changes, dont l'ensemble forme ce qu'on appelle l'*agio*, qui est déduit du montant total ou *nominal*. La valeur ainsi obtenue est portée au crédit du client à la date du lendemain ou du surlendemain. La jurisprudence a décidé que cette inscription au compte du client est toujours faite *sauf encaissement* et qu'elle est annulable au cas où l'effet serait impayé.

Les effets qui, en général, ont été endossés en blanc, c'est-à-dire par une simple signature, sont frappés au composteur-dateur, d'un endos à l'ordre de la banque. Un autre timbrage leur donne un numéro d'ordre. Ils sont ensuite « entrés », c'est-à-dire enregistrés sur des feuilles ou des registres *ad hoc*, et sont classés dans le *portefeuille*.

Les banquiers conservent leur portefeuille d'effets dans un certain ordre. On distingue, tout d'abord, le *papier sur la France* et le *papier sur l'étranger*. Le papier sur la France se subdivise en *papier Paris* et *papier province*. Chacune de ces subdivisions comprend deux catégories : le *papier bancable* et le *papier non bancable* ou *déplacé*, c'est-à-dire celui qui ne répond pas aux conditions exigées par la Banque de France pour le nombre de signatures, la localité où il doit être présenté, l'échéance, etc... On réunit souvent à part les « *broches* » ou effets inférieurs à 20 ou 50 francs, non acceptés, et tirés sur de petits commerçants.

On classe encore les effets en *papier brûlant* (moins de cinq à six jours), *papier court* (moins de trente jours), *papier moyen* et *papier long* (plus de soixante jours).

Beaucoup de banques font en outre un groupement spécial de certains effets d'une négociation particulièrement facile. Ils constituent pour cette raison ce qu'on dénomme *le papier négociable*. Ce papier est donc du papier qui non seulement répond aux conditions exigées pour les effets bancables, mais qui a, de plus, l'avantage d'être tiré sur de grandes banques ou des maisons de commerce de tout premier ordre; il a, en général, moins de trente jours à courir, et le nominal est au minimum de 3.000 francs. Le papier négociable est pris à l'escompte par tous les banquiers à un taux inférieur à celui de la Banque de France. Ce taux s'appelle le *taux hors banque* ou *taux d'escompte privé*.

Si les capitaux disponibles sur le marché sont abondants, le taux hors banque est bas, et l'on dit que *l'escompte est facile*. Si, au contraire, les capitaux disponibles sont rares, le taux hors banque se relève et se rapproche du taux officiel de la Banque de France; il peut même l'égaler; on dit alors que *l'escompte se resserre*.

Échéancier. — Pour faire connaître à tout moment la valeur du portefeuille disponible à une date donnée, les mentions portées sur les feuilles d'entrée des effets (qui sont elles-mêmes classées comme il a été dit ci-dessus) sont reproduites sur des états qui groupent dans chaque catégorie les effets d'une même échéance. L'ensemble de ces états peut être relié et s'appelle *l'échéancier*.

Encaissement. — Les effets sortent du portefeuille, soit avant leur échéance pour être rendus aux tireurs sur leur demande, ou encore pour être réescomptés à la Banque de France ou à une autre banque, soit au moment de l'échéance pour être encaissés. Cet encaissement peut être fait directement, c'est-à-dire par le

de la recette, pour les effets sur la place même, ou par des
banques dans les diverses localités où les effets sont payables. Il
peut être confié à d'autres banques, ou à la Banque de France, ou
même à l'Administration des Postes pour les effets non bancables.

Portefeuille étranger. — Il comprend les effets payables à
l'étranger (en francs ou en monnaie étrangère) et les effets tirés de
l'étranger et payables en France (également en francs ou en monnaie étrangère).

Si l'effet est libellé en monnaie étrangère, sa valeur peut être
d'abord convertie en francs au moment de son entrée dans le
portefeuille. C'est sur ce chiffre provisoire que l'agio est calculé,
et suivant que le cours du change est supérieur ou inférieur au
moment de l'échéance, le compte du client ou du correspondant
est crédité ou débité de la différence.

Beaucoup de banques tiennent pour le portefeuille étranger
des comptes en monnaie étrangère; d'autres achètent des effets
étrangers dans des places où le cours du change est bas et les
revendent sur le même marché ou ailleurs lorsque le cours du
change est élevé. Mais cette opération entre dans le domaine du
Service du change et ne fait plus partie de celui du *Portefeuille
étranger*. Il y a toutefois une relation entre ces deux services,
notamment pour la tenue du *Répertoire des changes* où sont enregistrées les entrées et les sorties de lettres de change étrangères,
et qui a été prescrit par la loi du 31 juillet 1917. Il en sera parlé
au cours de l'étude des opérations de change.

Sauf ce qui a été dit relativement au calcul des effets en monnaie
étrangère, l'escompte des effets étrangers se traite comme celui
des effets français; seule la vérification des effets est plus délicate,
et suppose la connaissance des législations commerciales des divers
pays. En tout cas, les effets tirés de l'étranger et payables en
France doivent être revêtus, avant le premier endossement français, de timbres mobiles à raison de 0 fr. 05 par 100 francs, pour les
effets n'ayant pas plus de six mois à courir, et de 0 fr. 10 par
100 francs pour les autres; les effets circulant en transit en France
ne supportent qu'un timbre de 0 fr. 50 par 2.000 francs ou fraction
de 2.000 francs (loi du 31 décembre 1920).

Les effets sur l'étranger supportent des changes de place assez
élevés qui restent presque toujours acquis pour les effets réclamés
ou impayés. Les clients ou correspondants ont également à supporter les frais d'envoi, d'encaissement, de timbre, qui souvent
n'ont pu être calculés d'avance et qui sont déduits de la valeur
encaissée en même temps qu'on fait un redressement du compte,
en plus ou en moins, lorsque le cours du change a varié entre
l'époque de l'escompte et celui de l'échéance.

Les effets tirés sur des pays d'outre-mer sont la plupart du
temps établis en deux ou trois exemplaires (dont un seul supporte
les droits de timbre).

La Banque de France accepte à l'escompte les effets tirés de
France sur l'étranger et de l'étranger sur la France, mais non les
effets en transit.

Portefeuille documentaire. — Très souvent les effets du portefeuille étranger, et plus rarement ceux du portefeuille français, sont accompagnés de documents représentant des marchandises expédiées au tiré (connaissements, lettres de voiture, accompagnés éventuellement des polices d'assurance de ces marchandises), documents qui ne devront être remis au tiré qu'avec la lettre de change, c'est-à-dire après paiement de cette dernière. On peut dire que, dans ce cas, le banquier escompteur a consenti à son cédant une avance sur les marchandises représentées par les documents. Il en résulte que, si l'effet est impayé ou refusé, le banquier a un droit de gage conformément à l'article 93 du Code de commerce, et que, si la vente des marchandises ne le rembourse pas de la valeur de l'effet ainsi que des frais liés à cette vente, il peut recourir pour la différence contre son cédant.

Nous étudierons ces questions plus en détail à propos des avances sur titres et sur marchandises, et du *crédit documentaire*.

Effets impayés. — Lorsque des effets n'ont pas été payés à l'échéance, le banquier a le devoir de faire constater le refus de paiement au moyen d'un acte dressé par un huissier : c'est le *protêt*, qui doit être établi le lendemain de l'échéance.

Les frais qu'il entraîne sont proportionnels à la valeur de l'effet : ils se composent d'un droit fixe (15 fr. 50), d'un droit proportionnel (0,625 %) et des honoraires de l'huissier (environ 0,10 %).

Seuls, les effets libellés « sans frais » dispensent le porteur de faire dresser le protêt.

La dispense de protêt peut également être donnée de façon expresse, par lettre notamment.

Souvent, les banquiers ne veulent pas garantir la présentation à l'échéance ni le protêt à bonne date, principalement lorsque les effets n'ont pas un nombre suffisant de jours à courir avant l'échéance, lorsque les effets sont tirés sur l'étranger, et enfin dans les cas de force majeure : inondations, neiges, émeutes, etc...

Qu'ils aient été protestés ou non, les effets revenant impayés sont accompagnés d'une fiche de frais où sont totalisés les débours engagés par chacun des endosseurs. Le cédant de l'effet est débité de la valeur de l'effet et des frais de protêt et autres. Si le cédant était devenu insolvable, ou s'il refusait de solder son compte devenu débiteur, le banquier essaierait d'obtenir le remboursement par la voie judiciaire. Les poursuites sont commencées par le Service du contentieux qui assigne solidairement le tireur, l'accepteur et les autres signataires de l'effet devant le Tribunal. Si les signataires tombent en faillite, le banquier produit à la faillite de chacun d'eux pour le montant intégral de l'effet, en vertu du principe de la responsabilité solidaire en matière d'effets de commerce. Au cas où la totalité des dividendes distribués sur ces faillites n'atteindrait pas 100 % de la valeur de l'effet, le solde restant impayé devrait être passé par « profits et pertes ».

Même pour les traites acceptées, la procédure devant les tribunaux de commerce ne peut aboutir à une solution définitive avant

un délai d'au moins six mois, par suite des moyens dilatoires que
peuvent employer les débiteurs de mauvaise foi.

En outre, malgré l'interdiction formelle du Code de commerce
en matière de lettres de change, les tribunaux accordent au débiteur qui en fait la demande en référé, au moment où il est saisi
par huissier, des délais supplémentaires variables allant parfois
jusqu'à six et même douze mois.

SERVICE DES AVANCES ET CRÉDIT DOCUMENTAIRE

Le rôle du banquier consiste presque uniquement, nous l'avons
dit, à accorder du crédit à des commerçants ou à des particuliers
et à recevoir une juste rémunération des services ainsi rendus.
Nous avons déjà étudié la forme la plus importante et la plus courante du crédit en banque, c'est-à-dire l'*escompte*. Nous avons
indiqué que, dans les périodes de tension économique, les banquiers n'accordaient de crédit à l'escompte que moyennant certaines garanties matérielles venant s'ajouter à la garantie personnelle et morale constituée par les signatures qui figurent sur
les effets escomptés.

Nous sommes donc amenés à examiner d'une façon générale,
quelles sortes de garanties les banquiers sont obligés de réclamer
à leurs clients, et comment ils peuvent utiliser celles qui leur
sont ainsi données.

Mais auparavant, il convient d'indiquer sous quelles formes,
autres que l'escompte, le crédit peut encore être accordé par des
banquiers.

Avances simples *(ou crédit par caisse)*. — Dans ce mode d'avance,
qui est la forme la plus simple du contrat de prêt, et qui d'ailleurs
n'est pas spéciale au commerce de banque, le débiteur reçoit en une
seule fois en argent liquide, directement ou indirectement, la
somme que le banquier consent à lui verser, et le contrat prend fin
avec le remboursement de ladite somme.

Le remboursement peut, en général, s'opérer en plusieurs fois.

Une avance de ce genre ne peut donc servir qu'à une opération
isolée, et pour cette raison elle est plutôt utilisée par des particuliers que par des commerçants, sauf dans le cas d'avances sur
documents ou sur marchandises.

Il est bien rare qu'une avance simple soit consentie sur une
simple garantie personnelle. Dans la plupart des cas, le prêt
n'est accordé que contre un dépôt de titres ou de marchandises
donnés en nantissement au moyen d'un acte dont nous indiquerons
plus loin la nature et la teneur.

La Banque de France ne fait d'avances simples que contre nantissement de certains titres de premier ordre, figurant sur une
liste dressée par son Conseil général.

Les autres banquiers qui sont, en général, moins exigeants
que la Banque de France en ce qui concerne le choix des titres
reçus en garantie, prennent, par contre, un intérêt un peu supérieur et prélèvent surtout des commissions diverses.

Avances en compte courant *(ou ouvertures de crédit proprement dites).* — Les commerçants usent beaucoup plus de ce mode d'avances que du précédent. Ils y trouvent l'avantage de pouvoir disposer des fonds dont ils ont besoin, à la date précise où ces fonds leur sont nécessaires. Il leur suffit alors de tirer des chèques sur leur banquier jusqu'à concurrence d'un certain découvert maximum, qui est fixé au préalable.

Dans ce cas, le crédit est ouvert en même temps que le compte et se termine avec lui aux dates fixées d'avance, même si le crédit n'a pas été utilisé pendant ce temps; au contraire, si le crédit a été utilisé en une ou plusieurs fois, le remboursement intégral du découvert n'entraîne pas la fermeture du compte avant la date fixée. Très souvent, il arrive que les banquiers ne veulent pas prendre d'engagement quant à la durée de ces comptes courants d'avances, se réservant de leur faire prendre fin et d'exiger le remboursement des avances lorsqu'ils le jugent désirable.

Comme pour les avances simples, les banquiers demandent habituellement, en couverture des comptes courants d'avances, un nantissement de titres. Ce n'est que très rarement et pour des maisons de premier ordre qu'ils n'exigent pas de couverture, et encore ne font-ils que tolérer provisoirement un découvert dans le compte courant de leur client, à condition toutefois que ce découvert ne dépasse ni une certaine somme ni une certaine durée. Le banquier ne manque pas d'ailleurs, lorsque le fait se produit, de percevoir un intérêt spécial ainsi qu'une commission de découvert.

La Banque de France consent l'ouverture de comptes courants d'avances, moyennant le dépôt en garantie des mêmes titres que ceux exigés par elle pour les avances simples, et le découvert-maximum est égal à la même proportion de la valeur de ces titres. Le remboursement du découvert n'entraîne pas, bien entendu, la fermeture du compte, mais un minimum de cinq jours d'intérêts est prélevé sur le crédit ainsi utilisé.

Crédit par acceptation. — *a)* CRÉDIT NON CONFIRMÉ. — Ce mode d'ouverture de crédit par un banquier est surtout usité dans le commerce international.

Au lieu de verser des fonds à un commerçant contre des documents représentant des marchandises, ou de le laisser tirer des chèques à découvert sur son compte, un banquier peut l'autoriser, pour les achats que ce commerçant fera à l'étranger de marchandises livrables en France, à faire tirer sur sa propre caisse la traite que le vendeur établira pour se couvrir de sa facture.

Un banquier ne consent à mettre son acceptation sur une traite de ce genre que contre de sérieuses garanties données par le commerçant acheteur. La plus courante de ces garanties est constituée par les traites documentaires, c'est-à-dire par des effets auxquels sont attachés des documents impliquant la propriété de la marchandise.

Lorsqu'une traite documentaire est présentée à un banquier,

celui-ci la revêt de son acceptation, et la retourne au vendeur après avoir détaché et conservé les documents annexés.

Le vendeur comme le banquier trouvent un avantage à ce système.

L'acceptation d'une bonne banque étant considérée comme un crédit de tout premier ordre, le vendeur pourra ensuite escompter sa traite à un banquier de son pays, lorsque celle-ci lui reviendra sans les documents, plus facilement et à de meilleures conditions qu'il n'aurait pu le faire, même avec les documents, si elle avait été acceptée par un commerçant supposé honorable, mais, peu connu dans le pays du vendeur. En effet, le banquier escompteur peut toujours craindre d'être obligé, en cas de non-paiement de la traite, à la réalisation des marchandises représentées par les documents, opération difficile et aléatoire puisqu'elle s'effectuerait dans le pays de l'acheteur. Cette crainte de non-paiement n'existe guère, si l'acceptation est donnée par un banquier notoirement solvable.

De son côté, le banquier trouve avantageux d'accorder un crédit qui ne nécessite pas une sortie de fonds avant la date d'échéance, et pour lequel il perçoit néanmoins une commission dès l'ouverture de ce crédit, c'est-à-dire dès l'acceptation.

b) CRÉDIT CONFIRMÉ. — Dans le cas précédent, le banquier a donné à son client (acheteur) une simple promesse verbale d'accepter la traite. Donc, au cas où il recevrait des renseignements fâcheux sur la solvabilité de ce client, il pourrait l'avertir qu'il suspend son crédit et qu'il n'accepte pas les traites tirées par les vendeurs. Cependant, cette annulation du crédit, suivie de non-acceptation des traites, possible en théorie, serait très préjudiciable à l'acheteur, et un banquier ne pourrait souvent agir de la sorte sans risquer lui-même de se créer une réputation défavorable; et, en fait, le banquier pourra d'autant moins refuser l'acceptation qu'il aura fréquemment, sur la demande de l'acheteur, écrit aux vendeurs éventuels pour leur recommander ledit acheteur, son client, et leur signaler, *à titre de simple indication,* que celui-ci leur demandera peut-être de tirer des traites documentaires pour être envoyées à l'acceptation.

Mais l'inconvénient du crédit non confirmé est que le banquier ne peut jamais prévoir l'importance des sommes pour lesquelles il aura à accepter et à payer des traites.

Aussi, préfère-t-il souvent ouvrir à son client un crédit pour une certaine somme et à certaines conditions fixées d'avance.

Ce crédit et ses conditions sont *confirmés,* c'est-à-dire notifiés par lettre aux vendeurs éventuels et surtout aux banquiers du pays d'achat.

La lettre d'avis qui notifie ce crédit et précise dans quelles conditions les traites pourront être tirées et comment les documents représentant les marchandises y devront être annexés, s'appelle : *lettre de crédit* ou *lettre accréditive.*

Cette lettre peut être envoyée soit au vendeur désigné par le client, soit à un banquier de la région. Les lettres de crédit de ce genre, comme celles qui sont données aux personnes faisant un voyage circulaire, et que nous avons étudiées dans le chapitre des opérations de caisse, comportent souvent au verso un espace spécialement réservé pour que le vendeur (ou le banquier correspondant) inscrive, au fur et à mesure de leur émission, la valeur des traites tirées par le banquier accréditeur, de façon à être toujours en mesure de veiller à ce que leur total ne dépasse le montant du crédit ouvert par lui.

GARANTIES EXIGÉES PAR LES BANQUIERS

Les garanties exigées par les banquiers en couverture des avances ou des ouvertures de crédit qu'ils consentent à leurs clients sont ou *personnelles*, ou, plus souvent, *réelles*, c'est-à-dire qu'elles reposent alors sur des valeurs matérielles : titres, effets mobiliers, marchandises (en nature ou représentées par des documents : warrants, connaissements, etc...), droits mobiliers (cession ou délégation de créances, etc...), droits immobiliers (hypothèques), etc.

Garanties personnelles. — Nous en avons eu un exemple dans l'escompte des effets de commerce, où le banquier peut demander au tireur ou à l'accepteur de faire avaliser sa signature par celle d'un autre commerçant honorable. D'une façon générale, les banquiers demandent assez souvent à un débiteur ou au bénéficiaire d'une ouverture de crédit de trouver un autre commerçant notoirement solvable qui consente à se porter caution pour lui. En cas de caution comme en cas d'aval, le tiers ainsi intervenu en faveur du débiteur se trouve personnellement et solidairement responsable du paiement, du remboursement, ou de l'exécution de l'obligation.

Parfois même les banquiers renforcent cette garantie personnelle au moyen d'une autre garantie qui a un caractère mixte : ils font souscrire par leur débiteur, et à leur profit, une police d'assurance sur la vie. De sorte que si la garantie personnelle venait à disparaître par suite de la mort du débiteur, elle serait immédiatement et automatiquement transformée en garantie réelle, du fait que l'indemnité prévue viendrait combler le découvert.

Garanties réelles. — La façon de constituer des garanties réelles varie avec la nature de ces garanties. Les titres, ainsi que les marchandises, nécessitent en général la rédaction d'un acte de nantissement.

Le nantissement du fonds de commerce est soumis à des formalités particulières. Lorsque les marchandises sont représentées par des documents à ordre ou au porteur, la simple tradition, ou un endossement à titre de gage venant s'ajouter à une correspondance antérieure, peuvent suffire. S'il s'agit d'une cession de droits mobiliers, un acte de délégation, de subrogation ou de cession est nécessaire.

Enfin, si la garantie est immobilière, il faut recourir aux formalités de constitution d'hypothèques.

...ment et réalisation de gage. — En ce qui concerne la constitution d'un nantissement, tant sur titres que sur marchandises, il y a lieu de distinguer si cet acte est fait en garantie d'un prêt ou d'une avance commerciale, car les règles de forme et de fond varient suivant le cas.

On considère, d'une façon générale, qu'une avance est présumée commerciale (en vertu de l'article 138 du Code de commerce) si elle est faite à un commerçant, et qu'elle est civile, si elle est faite à un particulier. Lorsque l'opération est commerciale pour une des parties et civile pour l'autre, on doit se baser sur la nature à l'égard de l'emprunteur.

En fait, comme un non-commerçant peut toujours faire de façon accidentelle de véritables actes de commerce, beaucoup de banques stipulent sur tous les actes d'avances sur titres établis aussi bien pour des commerçants que pour des particuliers, la clause « pour les besoins de son commerce », en vue d'éviter toutes les difficultés que peuvent comporter les prêts civils.

Avant la loi du 18 avril 1918, cette distinction offrait un intérêt au point de vue de la limite fixée jusque-là au taux de l'intérêt civil, alors que le taux de l'intérêt commercial était déjà libre. Aujourd'hui que la limitation est supprimée dans les deux cas, la seule utilité de la question réside dans la différence du taux légal (5 % en matière civile et 6 % en matière commerciale) qui s'applique notamment en cas d'intérêts moratoires.

Une autre utilité de cette distinction réside dans l'attribution de la compétence judiciaire en cas de contestation, mais surtout dans la forme fiscale de l'acte de nantissement et dans le mode de réalisation du gage.

Si l'avance sur titres est faite à un particulier, malgré la clause de style « pour les besoins de son commerce », les banques, pour éviter des difficultés avec l'Administration de l'Enregistrement, appliquent la loi du 11 septembre 1919 qui régit les actes synallagmatiques d'avances sur titres.

En vertu de cette loi, l'acte d'avance, qui est établi sur papier libre, doit être revêtu de timbres mobiles et oblitérés, proportionnels au montant de l'avance, à raison de 0 fr. 25 par 100 francs (sanction : amende de 6 % avec minimum de 50 francs).

De plus, lorsque cet acte doit être produit en justice, il doit supporter un droit d'enregistrement de 1 franc par 100 francs sans décimes. Les actes d'avances sur fonds d'Etat français sont dispensés du timbre et de l'enregistrement.

Au contraire, si l'avance est faite à un commerçant pour les besoins de son commerce, il y a lieu d'appliquer la loi du 8 septembre 1830, qui n'a pas été abrogée par celle du 11 septembre et l'article VI de cette dernière loi l'indique de façon formelle : « Les dispositions de la loi du 8 septembre 1830 ne sont pas appliquées aux avances sur titres lorsque ces avances sont inférieures à 50 francs. » Ce qui revient à dire qu'elles subsistent au-dessus de cette somme, quoi qu'on ait prétendu.

La loi du 8 septembre 1830 (qui ne régit, il est vrai, que des actes unilatéraux constituant un nantissement) ne comportait qu'un seul article ainsi libellé :

« Les actes de prêt sur dépôts et consignations de marchandises, fonds publics français et actions des compagnies d'industrie, de commerce et de finance dans les cas prévus par l'article 95 du Code de commerce, seront admis à l'Enregistrement moyennant le droit fixe de 2 francs (6 francs en 1921). »

Comme le texte ne prévoit pas la dispense de papier timbré, celui-ci est donc de rigueur. Et, selon la longueur du nantissement, il convient qu'il soit rédigé sur papier à 2, à 4 francs ou davantage.

Pour être régulier, le nantissement doit être accompagné du dessaisissement par le débiteur des valeurs remises en gage (titres, marchandises ou documents les représentant). Ces valeurs doivent donc être conservées par le créancier gagiste ou au moins être déposées chez un tiers.

Le nantissement confère au créancier gagiste un privilège, c'est-à-dire un droit à être remboursé de sa créance sur la valeur du gage, par préférence aux autres créanciers ordinaires, en cas de non-exécution par le débiteur de ses engagements, ou de sa mise en faillite ou en liquidation judiciaire.

Mais pour pouvoir se payer sur la valeur du gage, le créancier gagiste doit accomplir certaines formalités qui sont rigoureusement prescrites par l'article 93 du Code de commerce. Il doit d'abord faire adresser au débiteur une sommation par huissier lui enjoignant d'avoir à se libérer, et, dans le délai de huit jours après cette sommation ou après la date fixée dans cette sommation, les valeurs remises en gage peuvent être vendues, mais seulement en vente publique et par l'intermédiaire d'un courtier officiel : agent de change ou notaire pour les titres, courtier assermenté pour les marchandises.

Toutefois, mais seulement après la sommation prévue à l'article 93, le créancier gagiste pourrait vendre à l'amiable les valeurs constituées en gage, à condition qu'il obtienne dans ce but l'autorisation du débiteur ou de son représentant (syndic de faillite, etc...).

La Banque de France, le Crédit foncier et le Crédit municipal ont, parmi d'autres privilèges, celui de pouvoir réaliser les gages qui leur ont été fournis, sans avoir à observer les règles de l'article 93 du Code de commerce.

Enfin, il y a lieu de noter que toute convention par laquelle le débiteur autoriserait d'avance le créancier gagiste à conserver pour lui-même le gage en cas de non-paiement ou de non-exécution de l'obligation garantie, est nulle de plein droit et réputée non écrite, en sorte que le gage reste valablement constitué, mais seule cette convention spéciale appelée « pacte commissoire » ne peut être exécutée.

Cependant, en vertu de l'article 2081, les dividendes et intérêts produits par les valeurs affectées en gage peuvent être conservés par le banquier en imputation des intérêts dus sur le montant de l'avance consentie et même en imputation du capital.

Les banquiers doivent prendre certaines précautions en vérifiant l'identité et la solvabilité des clients qui demandent une avance sur titres, car si ces titres avaient été perdus ou volés (même au cas où les numéros de ces titres n'auraient pas été publiés dans le *Bulletin des oppositions*) le prêteur pourrait être tenu, en vertu de l'article 2279, de les restituer à la personne à qui ils auraient été soustraits; il ne garderait qu'un recours peut-être illusoire contre le client auquel il aurait consenti l'avance. Il est bon d'ajouter que cette revendication ne serait pas possible si les titres en question avaient été détournés par abus de confiance et remis à un banquier en garantie d'une avance.

Cession de droits mobiliers. — Il arrive couramment que des banquiers sont sollicités de consentir à certaines personnes, le plus souvent à des entrepreneurs, des avances contre cession en garantie de créances payables à des dates ultérieures.

Le fait se produit pour des entrepreneurs manquant des fonds nécessaires à l'exécution des travaux qui leur sont commandés. Aux banquiers qui leur consentent des avances, ils cèdent donc leurs droits soit sur les personnes qui leur ont confié les travaux, soit sur des personnes pour lesquelles des travaux ont déjà été exécutés, mais dont les mémoires ne sont pas exigibles avant un certain délai (par exemple, le délai que les architectes demandent pour vérifier et régler ces mémoires).

Le banquier, après s'être assuré que les travaux ont été régulièrement faits, ou après s'être fait remettre les marchés de travaux ou les devis acceptés pour des travaux à exécuter, se fait établir, par acte sur papier timbré enregistré, une délégation qui lui donne le pouvoir de se faire payer par le ou les débiteurs aux lieu et place de l'entrepreneur.

La délégation doit être signifiée aux débiteurs par acte d'huissier afin qu'ils n'en ignorent, et qu'ils se considèrent comme valablement libérés envers l'entrepreneur lorsqu'ils verseront les fonds au banquier.

Le principal danger que font courir au banquier ces sortes de délégations consiste en ce que des désaccords peuvent surgir entre l'entrepreneur et ses clients, pour cause de malfaçon; ou l'entrepreneur, ayant touché en argent liquide du banquier la valeur du bénéfice devant provenir des marchés de travaux, ne se presse pas de les exécuter ou même les laisse inachevés, et empêche le banquier de récupérer le montant de son avance malgré une délégation en bonne et due forme.

Garanties immobilières. — Lorsqu'un banquier se fait attribuer une hypothèque sur les immeubles d'un client en garantie d'ouverture de crédit qu'il a pu consentir, l'acte d'hypothèque est habituellement établi par le notaire de la banque, qui se charge d'accomplir toutes les formalités d'inscription ou même de renouvellement auprès de la conservation des hypothèques.

Cependant, certaines banques, dites hypothécaires (comme le Crédit foncier), qui se font une spécialité de ces sortes d'avances garanties par hypothèques remboursables à très long terme, et souvent par amortissement s'ajoutant aux intérêts, accomplissent elles-mêmes toutes les formalités d'actes et d'inscriptions.

Autres opérations des banques. — L'étude des opérations non mentionnées jusqu'ici fera l'objet de chapitres spéciaux dans le cours du présent ouvrage, notamment en ce qui concerne les monnaies, les métaux précieux et le change international.

II. — BANQUES D'ÉMISSION

On appelle banques d'émission celles qui ont pour objet, à côté des opérations ordinaires de banque, l'émission des billets de banque.

Billet de banque. — Le billet de banque est un écrit par lequel une banque s'engage à payer une certaine somme à la personne qui l'aura en sa possession et qui le présentera à une époque quelconque.

On sait que les traits caractéristiques du billet de banque sont :

1° d'être *au porteur*, c'est-à-dire de se transmettre par simple tradition manuelle et d'appartenir à celui qui le détient;

2° d'être *à vue*, c'est-à-dire payable à présentation et sans délai;

3° d'être *imprescriptible*, c'est-à-dire d'avoir une validité indéfinie, quelle que soit l'époque de son émission. C'est par ce dernier point que le billet de banque est différent du chèque, auquel il ressemble par les deux premiers. En effet, le chèque doit dans tous les pays être présenté dans un certain délai : en France, ces délais sont très courts, cinq ou huit jours seulement; 4° d'être toujours émis *pour une somme ronde*, 5, 10, 20, 50, 100, 500 ou 1.000 francs, tandis que le chèque peut être créé pour une somme quelconque.

Suivant les époques et les pays, les billets de banque circulent de diverses manières :

Tantôt les habitants d'une nation ne sont pas obligés par la loi d'accepter ces billets de banque en paiement à la place de monnaie métallique. On dit alors que le cours de ces billets est *libre*. Ce régime a été celui de la France de 1800 à 1848 et de 1853 à 1870;

Tantôt les habitants de ce pays sont obligés par la loi de recevoir les billets de banque en paiement de la même façon que la monnaie métallique, mais ils peuvent, lorsqu'ils le désirent, demander à la banque d'émission d'échanger ces billets contre de la monnaie métallique; on dit alors que ces billets circulent avec le *cours légal*; ce régime est le plus fréquent et il a été celui de la France de 1878 à 1914;

Tantôt enfin les habitants sont non seulement tenus par la loi d'accepter en paiement les billets de banque au lieu de monnaie métallique, mais encore ils ne peuvent exiger l'échange de ces billets contre de la monnaie : ce régime, appelé *cours forcé*, est général celui des pays dont la situation financière est difficile ; c'a été celui de la France de 1848 à 1853, de 1870 à 1878 et il existe depuis le 5 août 1914.

On distingue trois systèmes d'émission des billets qui sont en vigueur suivant les différents pays :

1° *Système de la liberté*. — Sous ce régime, toutes les banques d'un pays ont le droit d'émettre des billets et sont toutes, à ce point de vue, sur le pied d'égalité. Dans presque tous les cas, l'État impose à ces banques de conserver toujours une certaine encaisse proportionnée au montant des billets émis, pour parer aux demandes de remboursement. L'État se réserve également un droit de contrôle. Ce régime a été celui de l'Écosse jusqu'en 1845 et des États-Unis jusqu'en 1913 ;

2° *Système du monopole*. — C'est le régime le plus répandu, dans lequel l'État confère à une, ou à plusieurs banques privées réparties sur le territoire, le droit d'émettre des billets de banque sous certaines conditions : c'est le cas pour la France, l'Angleterre, la Belgique, etc... ;

3° *Système des Banques d'État*. — Dans ce régime, le capital des banques d'émission est fourni par l'État, ou leur administration est confiée à des fonctionnaires. (Quelquefois l'État émet directement les billets qui prennent alors le nom de papier-monnaie.) C'est le cas pour l'Allemagne depuis 1875 et pour la Suisse depuis 1905.

Comme nous le verrons en étudiant les systèmes d'émission dans différents États choisis comme types, les pays qui accordaient à toutes les banques de leur territoire le droit d'émettre des billets librement, ont dû renoncer à ce système pour ne plus conférer ce droit qu'à une ou à quelques banques privilégiées. En effet, dans le régime de la liberté, ou bien les banques n'ont d'autre limite à leur faculté d'émission que leur seule sagesse qui les empêchera d'émettre plus de billets qu'elles n'en ont besoin pour leurs opérations d'escompte, ou bien les émissions sont limitées par la loi, soit à l'encaisse métallique, soit à un montant déterminé en rapport avec l'encaisse.

Dans le premier cas (celui de la liberté absolue), il serait fort à craindre que, parmi toutes les banques du pays, il ne s'en trouvât quelques-unes dont les administrateurs ne fussent pas assez prudents ni raisonnables pour limiter l'émission à leurs besoins véritables. La tentation de se procurer des fonds à des conditions aussi avantageuses serait trop forte pour qu'ils pussent y résister bien longtemps. Aussi aucun État n'a-t-il autorisé cette manière de procéder.

Dans le second cas (celui de la liberté relative), l'obligation pour la Banque d'avoir en caisse du numéraire en quantité presque équivalente à celle des billets émis ferait (comme cela s'est passé aux États-Unis avant 1913) que les banques n'auraient aucun intérêt à émettre des billets et n'useraient pas de la faculté d'émission. D'autre part, si l'État accordait une latitude dans la proportion de l'émission par rapport à l'encaisse, telle que les banques auraient un avantage réel à émettre des billets, le contrôle à opérer sur toutes ces banques pour éviter qu'elles n'abusent de cet avantage serait des plus difficiles et des plus assujettissants. C'est la raison pour laquelle les États sont actuellement tous revenus au régime du monopole.

Il reste donc à choisir entre le monopole accordé à une Banque d'État et celui accordé à une banque privée.

Contre la Banque d'État, on objecte que l'État n'est jamais un bon commerçant, et que par conséquent il peut encore moins être un bon banquier, puisque c'est le commerce le plus délicat et le plus difficile. Il serait à craindre que l'État banquier ne fît des opérations financières plutôt sous la pression d'influences politiques que pour des raisons d'ordre purement économique. Enfin et surtout, il serait à craindre que l'État banquier, n'ayant aucune limitation dans son pouvoir d'émission, n'abusât de ce pouvoir pour essayer de maintenir l'équilibre de ses finances. Comme il est bien rare de trouver un État qui ne soit pas dans une situation financière difficile, il en résulterait que l'État banquier résisterait malaisément à la tentation de se procurer de l'argent d'une manière aussi simple, ce qui provoquerait rapidement une inflation fiduciaire et une dépréciation des billets de banque transformés en papier-monnaie.

C'est ce qui, du moins en théorie, a fait préférer le régime du monopole au profit d'une banque privée. Il est en effet facile pour l'État de contrôler une seule banque pour veiller à ce qu'elle ne dépasse pas son pouvoir d'émission. Ce régime a en outre l'avantage de bien dissocier le crédit de l'État de celui de la Banque : en sorte qu'au cas d'instabilité du régime politique, le crédit de la Banque n'en est pas forcément ébranlé; la Banque peut venir néanmoins au secours de l'État pour soutenir ses finances dans les circonstances difficiles.

Mais en fait, on doit constater que l'État n'accorde et surtout ne renouvelle le privilège d'émission que contre de sérieux avantages, emprunts consentis, droit d'intervenir dans la gestion, que la Banque n'a pas toujours le pouvoir de refuser. Et l'inflation fiduciaire peut se produire aussi bien avec une banque privée à laquelle un État impose des emprunts, qui ne peuvent être alimentés que par des émissions de billets. En sorte qu'en pratique, la distinction est souvent très difficile entre le monopole donné à une Banque d'État et le monopole donné à une banque privée.

Nous avons dit qu'une banque privée ne peut guère résister aux demandes d'argent d'un État en situation financière embarrassée, de peur de se voir retirer ou refuser le renouvellement du privilège, ce privilège étant une source de richesse, et parfois l'unique source de richesse pour cette banque.

C'est ce qui a fait dire qu'une banque d'émission pourrait se passer de capital. Cette théorie avait été émise par Mollien, collaborateur de Napoléon Ier au moment de l'organisation du monopole de la Banque de France, dans une note appelée *Note du Havre*.

« La condition de fournir un capital n'est imposée aux entrepreneurs d'une banque que pour assurer, à ceux qui admettent ses billets comme la monnaie réelle, un *gage* et une *garantie* contre les erreurs, les imprudences que cette banque pourrait commettre dans l'emploi de ses billets, contre les pertes qu'elle essuierait si elle avait admis des valeurs douteuses à ses escomptes, en un mot (pour employer l'expression technique du commerce) contre les avaries de son portefeuille.

« Une banque n'émettant et ne pouvant émettre des billets qu'en échange de bonnes et valables lettres de change, à deux et trois mois de terme au plus, doit avoir constamment dans son portefeuille, en lettres de change, une somme au moins égale aux billets qu'elle a émis; elle est donc en situation de retirer tous ses billets de la circulation dans un espace de trois mois par le seul effet de l'échéance successive de ses billets, sans avoir entamé aucune partie de son capital. Ainsi, après avoir établi que le capital d'une banque n'intervient pas dans ses escomptes comme moyen direct, on peut ajouter qu'il n'intervient plus dans sa liquidation, si elle n'a fait que des escomptes réguliers, c'est-à-dire si elle n'a émis des billets qu'en échange de lettres de change véritables, nécessaires, et représentées par des marchandises que le revenu des consommateurs paiera, si c'est le besoin de la consommation qui les a appelées. Le capital fourni par les actionnaires d'une banque, n'étant à proprement parler qu'une espèce de cautionnement qu'ils donnent au public, on pourrait presque dire qu'une banque qui serait parvenue à se faire une réputation d'infaillibilité *n'aurait pas même besoin de capital pour exploiter son privilège*, c'est-à-dire pour escompter, avec les billets fabriqués par elle, les lettres de change qui lui seraient apportées par le commerce... »

Mais comme il n'est pas possible d'envisager l'hypothèse d'une banque avec un portefeuille toujours réalisable sans aucune perte, et avec des administrateurs infaillibles, on doit considérer que le capital d'une banque d'émission est bien nécessaire comme fonds de roulement et aussi comme cautionnement offert au public.

D'autre part, il semble exagéré de dire, comme le pensait Mollien, qu'une banque d'émission doit se maintenir en état de se liquider à tout moment, car une banque privilégiée peut toujours prévoir par la situation économique le moment où le remboursement des billets pourrait lui être demandé, et prendre légalement toutes mesures utiles pour régulariser et échelonner ce remboursement dans un certain délai, ou même pour le réduire ou le suspendre par des mesures appropriées, si cela devenait nécessaire.

LA BANQUE DE FRANCE

LA BANQUE DE FRANCE

PREMIÈRE PÉRIODE

(1800-1808)

Origine. — A la fin du xviie siècle, aucune disposition législative ne concernait l'émission des billets au porteur. La liberté des banques était complète.

Aussi, dès que le Gouvernement cessa d'émettre du papier-monnaie, lorsque la catastrophe des assignats et des mandats territoriaux fut consommée, le crédit public se développa.

Caisse des comptes courants. — Une association de banquiers créa le 11 messidor an IV (29 juin 1796) une société en commandite dite « Caisse des comptes-courants » au capital de 5 millions, divisé en 1.000 actions de 5.000 francs.

Cette Caisse émit des billets à vue et au porteur, et escompta à 6 % les effets à 3 signatures, à quarante-cinq jours, alors que le taux pratiqué était de 9 %.

La circulation de ses billets atteignit rapidement 20 millions en coupures de 500 et de 1.000 francs; ses opérations se firent normalement, sans abus ni plaintes d'aucune sorte.

Caisse d'escompte du Commerce. — Le 4 frimaire an VI (24 novembre 1797), une association de négociants fonda la « Caisse d'escompte du Commerce », au capital nominal de 24 millions, dont le quart versé. Les émissions ne tardèrent pas à atteindre également 20 millions.

La Banque de France, sa création. — Ces deux établissements et quelques autres similaires — le Comptoir commercial ou Caisse Jabach, la Société générale de Commerce de Rouen — fonctionnaient avec régularité, tant à Paris qu'en province, lorsque, après le 18 brumaire, un arrêté des Consuls décida la formation d'une Compagnie appelée à faire, sous le nom de *Banque de France*, le service du commerce. Le capital devait être de 30 millions, divisé en 30.000 actions nominatives.

Formation du capital. — Toutefois, dans l'état de dispersion où se trouvaient alors les capitaux, il n'était pas possible de trouver rapidement les fonds de la banque par un simple appel d'actionnaires. Sur la demande des régents chargés de préparer la nouvelle institution, un arrêté du 28 nivôse an VIII (18 janvier 1800) fit verser à la banque un capital de 5 millions, provenant pour une moitié des cautionnements des receveurs généraux, et pour l'autre moitié de la Caisse d'amortissement de la Dette publique. Les 5.000 actions correspondantes furent inscrites au nom de la Caisse d'amortissement.

D'autre part, la crainte de troubler le crédit de la place par le fonctionnement de deux établissements concurrents, détermina les régents à provoquer la fusion de la banque en création avec la Caisse des comptes courants, laquelle apportait, avec son crédit sur le public pour l'émission des billets, un portefeuille commercial de 6 millions, et 5 millions ½ d'espèces.

Le 24 pluviôse an VIII (13 février 1800), les actionnaires se réunirent, approuvèrent les statuts, et la « Banque de France » commença ses opérations le 20 février 1800.

Quinze jours plus tard, un arrêté des Consuls ordonnait qu'on y versât les fonds déposés à la Caisse des réserves de la Loterie nationale.

Malgré le concours incessant du gouvernement, le capital se formait difficilement. La première année, 7.447 actions seulement furent souscrites, et le capital n'était encore qu'à moitié trouvé en 1802, quels que fussent les encouragements venus d'en haut : Napoléon Bonaparte, son frère Joseph, Murat, Hortense de Beauharnais, Mallet, Siéyès, Duroc, etc... avaient été les premiers souscripteurs.

Constitution. — La Banque de France était dirigée par un Conseil de régence de quinze membres choisis parmi les personnages les plus considérables dans la banque, l'industrie et le commerce (tels que MM. Perregaux, Mallet, Récamier, Ricard de Lyon, Perrier de Grenoble). Ce conseil désignait un Comité central, composé de trois régents, auquel était adjoint un conseil de trois censeurs. L'Assemblée générale des 200 plus forts actionnaires nommait les régents et les censeurs.

Période d'organisation (1800-1808). — Ainsi constituée, la Banque commença sans délai à fonctionner. Elle admit à l'escompte les effets à 60 jours (au lieu de 45 jours); en l'an IX, ses escomptes s'élevèrent à 89 millions, à 182 millions en l'an X.

Elle émettait des billets payables au porteur et à vue « dans des proportions telles qu'au moyen du numéraire réservé dans les caisses de la banque et des échéances du papier de son portefeuille, elle ne pût dans aucun temps être exposée à différer le paiement de ses engagements ».

Elle escomptait les effets souscrits par des propriétaires fonciers; elle payait des intérêts sur les dépôts, 5 % jusqu'en XII, 4 % ensuite.

De son côté, le gouvernement avait souvent recours à la Banque. Après l'avoir fondée, il entendait s'en servir et en faire l'instrument de son propre crédit, en lui escomptant les obligations des receveurs généraux, et le papier des fournisseurs de l'État.

Tout au contraire, les établissements d'émission libres qui existaient encore à Paris, dont le principal était la Caisse de commerce, se refusaient à rendre au Trésor les mêmes services, et bornaient leurs opérations à l'escompte des effets de commerce.

Une légère crise commerciale qui survint en l'an XI, et qu'ils surmontèrent parfaitement, en n'hésitant pas un instant à remplir leurs engagements, fournit cependant le prétexte d'un changement profond dans le régime des banques.

Loi du 24 germinal an XI. — Une loi promulguée le 24 germinal an XI (14 avril 1803), contenait les dispositions suivantes :

ART. 1er. — L'Association formée à Paris sous le nom de « Banque de France » aura le privilège exclusif d'émettre des billets de banque aux conditions imposées par la présente loi.

ART. 30. — La Caisse d'escompte du commerce, le Comptoir commercial, la Factorerie et autres Associations, qui ont émis des billets à Paris, ne pourront, à dater de la publication de la présente, en créer de nouveaux, et seront tous tenus de retirer ceux qu'ils ont en circulation d'ici au 1er vendémiaire prochain.

ART. 31. — Aucune banque ne pourra se former dans les départements que sous l'autorisation du Gouvernement qui pourra leur en accorder le privilège ; et les émissions de ses billets ne pourront excéder la somme qu'il aura déterminée. Il ne pourra en être fabriqué ailleurs qu'à Paris.

Le privilège ainsi accordé à la Banque avait une durée de quinze ans. Le capital était porté à 45 millions.

Néanmoins, la situation de la Banque de France resta difficile. Elle ne tarda pas à se trouver en désaccord avec Napoléon qui, dans les questions de crédit, comme dans les autres, voulait imposer sa volonté absolue. Les Régents, dès 1804, essayèrent d'enrayer l'escompte des obligations des Receveurs généraux, qui figuraient déjà dans les caisses de la Banque pour 25 à 30 millions. La Banque se refusait aussi à escompter de prétendus effets de commerce tirés par des fournisseurs de l'État.

Elle avait cependant constitué en ce court délai, un fonds de réserve de 225.000 francs de rentes, et fait venir d'Espagne 101 millions d'espèces métalliques. Elle cherchait ainsi à assainir sa situation, tout en se dégageant, autant que possible, de l'emprise gouvernementale.

Crise de 1805. — L'opinion publique n'avait pas cessé d'être ombrageuse à l'égard de la nouvelle institution, lorsqu'en 1805, le bruit se répandit dans Paris que l'empereur avait pris et emporté en Allemagne, pour subvenir aux besoins de son armée, les réserves métalliques de la Banque. Les porteurs de billets s'alarmèrent et se précipitèrent en foule aux guichets pour réclamer l'échange de leurs vignettes.

Thiers expliquait ainsi cette crise, le 20 mai 1840, à la tribune de la Chambre des Députés : « Tandis qu'on donnait à la Banque de France des obligations des Receveurs généraux jusqu'à la somme de 60 millions, on avait pris, avec la permission du Ministre du Trésor, dans les caisses mêmes des Receveurs généraux et sur les lieux, tous les fonds qui s'y trouvaient, et lorsque la Banque vint pour faire réaliser les 60 millions, elle trouva vides les caisses des Receveurs généraux qui lui déclarèrent que, par ordre du Ministre des Finances, ils avaient donné toutes les valeurs qu'ils avaient entre les mains aux banquiers qui faisaient les affaires de l'État. » Ces banquiers ne donnant eux-mêmes en paiement que de nouvelles obligations sur les Receveurs généraux, la Banque ne pouvait réaliser son portefeuille et subvenir aux demandes publiques.

La Banque, pour tenir tête à l'orage, réduisit d'abord ses escomptes, ce qui produisit une crise commerciale. Puis, acculée par la panique à une suspension de paiements, elle limita ses remboursements à 500.000 francs par jour. La circulation, qui s'était élevée à 72 millions, descendit à 48.334.000 francs, et les réserves métalliques, à 1.136.000 francs; les billets perdirent jusqu'à 10 %. L'ordre ne se rétablit qu'au bout d'un mois, par les rentrées du portefeuille; puis les succès de l'armée, la victoire d'Austerlitz (2 décembre 1805), ramenèrent la confiance, le numéraire revint, et la Banque put reprendre ses opérations.

L'intimité des rapports entre la Banque et le Gouvernement avait été l'origine de la panique, bien que Napoléon ne voulût point en convenir :

« Je ne conçois clairement, dans les opérations de la Banque, disait-il à la séance du Conseil d'État du 27 mars 1806, que l'escompte, et j'attribue la dernière crise de cet établissement... à ce que l'escompte a été mal fait... La crise a été fort heureusement attribuée à de prétendues demandes que le Gouvernement aurait faites à la Banque pour les dépenses de l'armée : cette idée a fait prendre patience; mais le fait est que le Gouvernement n'avait pas pris un sou à la Banque... »

Et, plus loin, tout en se défendant de vouloir mettre la Banque dans la main du Gouvernement, il ajoutait : « Je ne demande pas qu'elle lui prête de l'argent, mais qu'elle lui procure des facilités pour réaliser, à bon marché, ses revenus, aux époques et dans les lieux convenables : je ne demande en cela rien d'onéreux à la Banque, puisque les obligations du Trésor sont le meilleur qu'elle puisse avoir... »

La loi du 22 avril 1806 vint cependant rendre ces rapports plus intimes encore et modifier profondément l'Administration de la Banque.

Cette loi conférait la direction de toutes les affaires de la Banque à un Gouverneur, ayant deux suppléants Sous-Gouverneurs, tous trois nommés par l'empereur. Trois Receveurs généraux devaient figurer parmi les quinze Régents. Le capital était porté à 90 millions, et le privilège prorogé pour vingt-cinq ans au delà des quinze premières années (24 septembre 1918 au 24 septembre 1842).

Toutes les dispositions de cette loi de 1806, comme celles des lois et décrets antérieurs, ont été reproduites et refondues dans le décret du 16 janvier 1808, qui fixe les nouveaux statuts. Ces statuts régissent encore la Banque; nous les reproduisons ici dans leur entier.

Statuts fondamentaux de la Banque de France.

LOI DU 16 JANVIER 1808

ART. 1er. — Le capital de la Banque de France se compose de quatre-vingt-dix mille actions, chaque action étant de mille francs en fonds primitif et, de plus, d'un droit d'un quatre-vingt-dix millième sur le fonds de réserve. Chaque action est représentée sur les registres de la Banque par une inscription nominale de mille francs.

ART. 2. — Les actionnaires de la Banque ne sont responsables de ses engagements que jusqu'à concurrence du montant de leurs actions.

ART. 3. — Les actions de la Banque peuvent être acquises par des étrangers.

ART. 4. — La transmission des actions s'opère par de simples transferts sur des registres doubles tenus à cet effet. Elles sont valablement transférées par la déclaration du propriétaire ou de son fondé de pouvoirs, signée sur les registres et certifiée par un agent de change, s'il n'y a opposition signifiée et visée à la Banque.

ART. 5. — Les actions de la Banque pourront faire partie des biens formant la dotation d'un titre héréditaire qui serait érigé par Sa Majesté, conformément au sénatus-consulte du 14 août 1806.

ART. 6. — Les actions de la Banque, au cas de l'article précédent, seront possédées, quant à l'hérédité et à la réversibilité, conformément aux dispositions dudit sénatus-consulte et au paragraphe 3 de l'article 896 du Code Napoléon.

ART. 7. — Les actionnaires qui voudront donner à leurs actions la qualité d'immeubles en auront la faculté, et, dans ce cas, ils en feront la déclaration dans la forme prescrite pour les transferts. Cette déclaration une fois inscrite sur le registre, les actions immobilisées resteront soumises au Code Napoléon et aux lois de privilège et d'hypothèque, comme les propriétés foncières : elles ne pourront être aliénées et les privilèges et hypothèques être purgés, qu'en se conformant au Code Napoléon et aux lois relatives aux privilèges et hypothèques sur les propriétés foncières.

ART. 8. — La Banque ne peut, dans aucun cas, ni sous aucun prétexte, faire ou entreprendre d'autres opérations que celles qui lui sont permises par les lois et les présents statuts.

ART. 9. — Les opérations de la Banque consistent : 1° à escompter à toutes personnes des lettres de change et autres effets de commerce à ordre, à des échéances déterminées qui ne pourront excéder trois mois, et souscrits par des commerçants et autres personnes notoirement solvables ; 2° à se charger, pour le compte des particuliers et des établissements publics, du recouvrement des effets qui lui sont remis ; 3° à recevoir, en compte courant, les sommes qui lui sont versées par des particuliers et des établissements publics, et à payer les dispositions faites sur elle et les engagements pris à son domicile, jusqu'à concurrence des sommes encaissées ; 4° à tenir une caisse de dépôts volontaires pour tous titres, lingots et monnaies d'or et d'argent de toute espèce.

ART. 10. — Il sera établi des Comptoirs d'escompte dans les villes de départements où les besoins du commerce en feront sentir la nécessité. Le Conseil général en délibérera l'organisation, pour être soumise à l'approbation du Gouvernement.

ART. 11. — La Banque, soit à Paris, soit dans les Comptoirs et Succursales, n'admet à l'escompte que des effets de commerce à ordre, timbrés et garantis par trois signatures au moins, notoirement solvables.

ART. 12. — La Banque pourra cependant admettre à l'escompte, tant à Paris que dans ses Comptoirs, des effets garantis par deux signatures seulement, mais notoirement solvables, et après s'être assurée qu'ils sont créés pour faits de marchandises, si on ajoute à la garantie de deux signatures un transfert d'actions de la Banque ou de cinq pour cent consolidés, valeur nominale.

ART. 13. — Les transferts faits en addition de garantie ne devant pas arrêter les poursuites contre les signataires de ces effets, ce ne sera qu'à défaut du payement et après protêt que la Banque se couvrira en disposant des effets à elle transférés.

Art. 14. — L'escompte se fera partout au même taux qu'à la Banque même, s'il n'en est pas autrement ordonné sur l'autorisation spéciale du Gouvernement.

Art. 15. — Il sera pris des mesures pour que les avantages résultant de l'établissement de la Banque se fassent sentir au petit commerce de Paris, et qu'à dater du 15 février prochain l'escompte sur deux signatures avec garantie additionnelle, qui se fait par un intermédiaire quelconque de la Banque, n'ait lieu qu'au même taux que celui de la Banque elle-même.

Art. 16. — La Banque peut faire des avances sur effets publics qui lui sont remis en recouvrement lorsque leurs échéances sont déterminées.

Art. 17. — La Banque peut, avec l'approbation du Gouvernement, acquérir, vendre ou échanger des propriétés immobilières, suivant que l'exigera son service. Elle fera construire un palais proportionné à la grandeur de son établissement et à la magnificence de la ville de Paris. Ces dépenses ne pourront être prises que sur les fonds de réserve.

Art. 18. — La Banque fournit des récépissés des dépôts volontaires qui lui sont faits. Le récépissé exprime : la nature et la valeur des objets déposés; les noms et demeure du déposant; la date où le dépôt a été fait et doit être retiré; le numéro du registre d'inscription. Le récépissé n'est point à ordre, et ne peut être transmis par la voie de l'endossement.

Art. 19. — La Banque perçoit un droit sur la valeur estimative du dépôt. La quotité de ce droit est délibérée par le Conseil général et soumise à l'approbation du Gouvernement.

Art. 20. — La Banque peut faire des avances sur les dépôts de lingots ou monnaies étrangères d'or et d'argent qui lui sont faits.

Art. 21. — Le dividende est réglé tous les six mois, conformément à l'article 4 de la loi du 22 avril 1806. En cas d'insuffisance des bénéfices pour ouvrir un dividende dans la proportion de six pour cent sur le capital de mille francs, il y est pourvu en prenant sur le fonds de réserve.

Art. 22. — Au commencement de chaque semestre, la Banque rend compte au Gouvernement du résultat des opérations du semestre précédent, ainsi que du règlement du dividende.

Art. 23. — La Banque tient une Caisse de réserve pour ses employés. Cette réserve se compose d'une retenue sur les traitements. La quotité, l'emploi et la distribution de la réserve sont délibérés par le Conseil général et soumis à l'approbation du Gouvernement.

Art. 24. — L'Assemblée générale des Actionnaires se réunit dans le mois de janvier de chaque année. Elle est convoquée par le Conseil général. Elle est présidée par le Gouverneur.

Art. 25. — Les Régents et les Censeurs sont nommés à la majorité absolue des suffrages des membres votants, par des scrutins individuels. Si, au premier tour de scrutin, il n'y a pas de majorité, on procède à un second tour de scrutin individuel. Si, au second tour de scrutin, il n'y a pas de majorité, on procède à un scrutin de ballottage entre les deux candidats qui ont réuni le plus de voix. Celui qui, au scrutin de ballottage, a obtenu la majorité, est proclamé. Lorsqu'il y a égalité de voix, le plus âgé est préféré.

Art. 26. — L'exercice des Régents et des Censeurs nommés en remplacement, pour cause de retraite ou de décès, n'a lieu que pour le temps qui restait à courir à leurs prédécesseurs.

Art. 27. — L'Assemblée générale des Actionnaires peut être convoquée extraordinairement : lorsque, par retraite ou décès, le nombre des Régents est réduit à douze et celui des Censeurs à un seul; lorsqu'elle aura été requise par l'unanimité des Censeurs et délibérée par le Conseil général.

Art. 28. — Les actions, dont les Gouverneur et Sous-Gouverneurs sont propriétaires, sont inaliénables pendant la durée de leurs fonctions.

Art. 29. — La Banque pourvoit aux frais de bureau, de logement, d'ameublement et accessoires du Gouvernement de la Banque.

Art. 30. — Le Gouverneur présente, au nom du Conseil général, à l'Assemblée des Actionnaires, le compte annuel des opérations de la Banque.

Art. 31. — Il préside les Comités et Commissions spéciales auxquels il assiste.

Art. 32. — La présence du Gouverneur et des Sous-Gouverneurs est formellement obligatoire à la Banque pour l'expédition des affaires.

Art. 33. — Le Gouverneur se fait assister par le Conseil général et le Conseil d'Escompte pour la classification des crédits. Cette classification est revisée tous les ans.

Art. 34. — Le Conseil général de la Banque est composé : du Gouverneur, des Sous-Gouverneurs, des Régents, des Censeurs. Ils doivent être résidents à Paris. Tous ceux qui assistent au Conseil ont un droit de présence.

Art. 35. — Il détermine le taux des escomptes, ainsi que les sommes à employer aux escomptes. Il détermine les échéances hors desquelles les effets ne peuvent être admis aux escomptes.

Art. 36. — Il lui est rendu compte de toutes les affaires de la Banque. Il se réunit au moins une fois chaque semaine.

Art. 37. — Aucune résolution ne peut être délibérée en Conseil général sans le concours de dix votants au moins et la présence d'un Censeur. Les arrêtés se prennent à la majorité absolue.

Art. 38. — Toute délibération ayant pour objet la création ou l'émission de billets de banque doit être approuvée par les Censeurs. Le refus unanime des Censeurs en suspend l'effet.

Art. 39. — Le compte annuel qui doit être rendu à l'Assemblée des Actionnaires est arrêté par le Conseil général.

Art. 40. — Le Conseil général nomme, remplace et réélit, à la majorité absolue, les membres des Comités et des Commissions spéciales.

Art. 41. — Les Régents et les Censeurs sont tenus, avant d'entrer en fonctions, de justifier de la propriété de trente actions au moins, lesquelles sont inaliénables pendant la durée de leurs fonctions.

Art. 42. — Les Censeurs exercent une surveillance sur toutes les opérations de la Banque. Ils se font présenter l'état des caisses, les registres et les portefeuilles, toutes les fois qu'ils le jugent convenable.

Art. 43. — Les Censeurs n'ont point voix délibérative au Conseil général. Ils proposent toutes les mesures qu'ils croient utiles à l'ordre et à l'intérêt de la Banque. Si leurs propositions ne sont point adoptées, ils peuvent en requérir la transcription sur le registre des délibérations.

Art. 44. — Les Censeurs assistent aux Comités des billets et des livres et portefeuilles.

Art. 45. — La nomination des membres du Conseil d'escompte par les Censeurs sera faite sur une liste de candidats présentés par le Conseil général en nombre triple de celui des membres à élire.

Art. 46. — Les membres du Conseil d'escompte doivent justifier, en entrant en fonctions, de la propriété de dix actions de la Banque, lesquelles sont inaliénables pendant la durée de leurs fonctions.

Art. 47. — Les membres du Conseil d'escompte sont alternativement appelés au Comité, suivant l'ordre du tableau. Ceux qui assistent aux Comités ont un droit de présence.

Art. 48. — Les Régents et membres du Conseil d'Escompte qui doivent former le comité sont alternativement choisis suivant l'ordre du tableau. Leurs fonctions, comme membres du Comité des escomptes, sont de quinze jours. Le Comité des escomptes se réunit au moins trois fois chaque semaine.

Art. 49. — Les Régents et membres du Conseil d'escompte, composant le Comité des escomptes, examinent le papier présenté à l'escompte. Ils choisissent celui qui remplit les conditions voulues et les sûretés de la Banque.

Art. 50. — Tout failli non réhabilité ne peut être admis à l'escompte.

Art. 51. — Il sera tenu un registre où seront inscrits les noms et demeures des commerçants qui ont fait faillite. Ce registre contiendra : la date et l'époque de la faillite ; l'époque de la réhabilitation, si elle a eu lieu.

Art. 52. — Le Comité des billets est renouvelé par tiers tous les six mois. Les membres sortants ne peuvent être réélus qu'après un intervalle de six mois. Les Censeurs y assistent.

Art. 53. — Le Comité des billets est spécialement chargé de toutes les opérations relatives à la confection, à la signature et à l'enregistrement des billets, ainsi que de leurs versements dans les caisses.

Art. 54. — Il est chargé de surveiller la vérification des billets annulés ou retirés de la circulation, et de toutes les opérations, jusques et y compris l'annulation et le brûlement.

Art. 55. — Il dresse procès-verbal de ses opérations sur un registre à ce destiné, en présence du Directeur, du Contrôleur et du Chef de la comptabilité des billets. Il en fait rapport au Conseil général.

Art. 56. — Le Comité des billets est chargé de l'examen et du rapport du Conseil général, de toutes les réclamations ou demandes formées pour des billets altérés par l'usage ou par accident.

Art. 57. — Le Comité des livres et portefeuilles se renouvelle par tiers tous les six mois. Les membres sortants ne peuvent être réélus qu'après un intervalle de six mois. Les Censeurs y assistent.

Art. 58. — Le Comité des livres et portefeuilles est chargé de la surveillance des livres et registres de la Banque. Il examine les effets qui composent les portefeuilles; il prend note de ceux qui auraient été admis en contravention aux lois et statuts. Il dresse procès-verbal de ses délibérations sur un registre à ce destiné. Il en fait rapport au Conseil général.

Art. 59. — Le Comité des livres et portefeuilles est chargé de la surveillance : du registre des faillis, de la classification annuelle des crédits.

Art. 60. — Le Comité des Caisses est renouvelé par tiers tous les mois, suivant l'ordre du tableau.

Art. 61. — Le Comité des Caisses est chargé de vérifier la situation des caisses, au moins une fois chaque semaine. Il en dresse procès-verbal sur un registre à ce destiné. Il en fait rapport au Conseil général.

Art. 62. — Le Comité des relations avec le Trésor public et les Receveurs généraux est renouvelé par cinquième tous les six mois. Il est chargé de la surveillance des relations de la Banque avec le Trésor public et les Receveurs généraux des Contributions publiques. Il dresse procès-verbal de ses délibérations sur un registre à ce destiné. Il en fait rapport au Conseil général.

Art. 63. — Notre Ministre des Finances est chargé de l'exécution du présent décret.

DEUXIÈME PÉRIODE

(1808-1857)

Comptoir d'escompte. — L'article 10 du décret du 16 janvier 1808 avait prévu l'établissement de Comptoirs régionaux. Dès le 18 mai, un décret autorisa la création des Comptoirs de Lyon et de Rouen, ouverts le 10 janvier 1809, et de Lille, ouvert le 29 mai 1810. Les restrictions imposées par les statuts aux escomptes du commerce empêchèrent le développement de ces agences qui furent liquidées en 1813 et 1817.

En 1812, la Banque acheta 5.000 de ses actions. Elle réduisit ainsi son capital, trop élevé, et qui ne pouvait trouver emploi.

Chute de l'empire. — Le crédit de la Banque s'était consolidé, et la circulation atteignait 130 millions en 1814, bien que le commerce n'apportât que peu de papier à l'escompte.

C'est ainsi qu'en 1812, l'encaisse était de 114 millions espèces, pour une circulation de 117 millions, avec un portefeuille réduit à 15 millions, et qui s'abaissa même à 10 millions.

En 1813, les prélèvements effectués pour les besoins militaires amenèrent la réduction de l'encaisse à 26 millions; la circulation était tombée à 85 millions, et le portefeuille commercial s'élevait à 45 millions.

A l'approche des alliés, en janvier 1814, ce fut à nouveau la panique. En une journée, le 19 janvier, la Banque changeait contre espèces 4 millions et demi de ses billets. Peu de jours après, l'encaisse était de 5 millions, la circulation de 10 millions; il fallait limiter les payements à 500.000 francs par jour pour permettre la réalisation du portefeuille et faire face aux engagements. Puis, la Banque elle-même invita ses comptes courants à retirer leurs fonds, et, quand les alliés entrèrent à Paris, ses caves étaient ensablées et les planches à billets détruites.

Restauration. — En novembre 1814, l'Assemblée générale des Actionnaires demanda au Gouvernement une modification des statuts : réduction du capital et droit pour les Actionnaires de nommer le Gouverneur, les Censeurs étant désignés par l'État.

Ces projets n'aboutirent pas, mais 7.100 actions furent rachetées en 1816, ramenant le capital à 67.900.000 francs. Une loi du 5 février 1817 supprima les Comptoirs. Une autre, du 4 juillet 1820, autorisa la répartition du dividende entre les actionnaires.

Les sommes énormes qu'il fallut payer à l'étranger, et les excès de la spéculation, amenèrent une crise très grave en 1818. La Banque prit des mesures habiles ; pour sauver l'encaisse, elle abaissa le maximum de la durée des effets de 90 à 60 jours, puis à 45 jours. Le taux de l'escompte fut maintenu à 5 %, et le remboursement des billets resta assuré. Ces mesures, très critiquées, eurent toutefois le résultat cherché; quatorze jours après, la limite de l'escompte était relevée à 60 jours, et le 12 novembre 1818 à 90 jours, chiffre auquel elle devait rester fixée trente-sept ans.

A cette époque, enfin, des ordonnances autorisèrent l'établissement de banques départementales ayant le privilège d'émettre des billets dans les villes où elles devaient s'établir. Nous y reviendrons plus loin.

Une crise industrielle atteignait l'Angleterre en 1825, sans que la France en ressentît beaucoup le contrecoup. La Banque put avancer 3 millions à la Banque d'Angleterre, sur dépôts de lingots.

La Banque passa sans encombre la période mouvementée de la Révolution de 1830, malgré la perturbation des affaires. Elle prêta 4 millions au Comptoir d'escompte fondé à Paris pour venir en aide au commerce et à l'industrie, et qui fonctionna d'octobre 1830 à 1832.

Une loi, votée le 17 mai 1834, autorisa les avances sur effets publics français à échéance non déterminée, et créa le fonds de réserve.

Banques départementales. — Dès 1817, des établissements d'émission avaient été fondés en province : la banque de circulation de Rouen, le 17 mai 1817; celle de Nantes, le 11 mars 1818; de Bordeaux, le 23 novembre 1818. Puis, après la Révolution de 1830, ce furent successivement Lyon (19 juin 1835); Marseille (29 septembre 1835), Lille (29 juin 1836), Le Havre (25 août 1837), Toulouse (11 juin 1838).

Les opérations réservées à ces banques étaient fort limitées, et, partout, leur action réduite : il leur était défendu d'escompter des effets à deux signatures, de faire des opérations hors de la ville où elles étaient établies, d'avoir des correspondants et, à plus forte raison, des succursales; de bonifier un intérêt à leurs déposants; d'émettre des billets de petites coupures. Aussi, lorsqu'en 1840 le renouvellement du privilège de la Banque de France fut envisagé, demandèrent-elles la modification de leurs statuts et surtout l'extension de leurs opérations. Leur requête fut sans succès, et elles furent absorbées par la Banque en 1848, lorsque le cours forcé entraîna la nécessité d'un billet de banque uniforme.

Renouvellement du privilège (1840). — Le concours donné par la Banque au commerce et à l'industrie était de plus en plus considérable, et sa situation parfaitement équilibrée. En juillet 1839, il lui fut possible d'escompter à la Banque d'Angleterre pour 2 millions de livres, et de l'aider ainsi, pour la seconde fois, à franchir une passe difficile. Les pouvoirs publics ne voulurent pas attendre l'expiration du délai (24 septembre 1843) fixé par la loi de 1806 pour renouveler son privilège.

La loi du 30 juin 1840 prorogea ce privilège jusqu'au 31 décembre 1867, avec la réserve qu'on pourrait le faire cesser ou le modifier dès 1855. La même loi décidait qu'aucune banque départementale ne pourrait être établie qu'en vertu d'une loi. Elle réduisait officiellement le capital de la Banque à 67.900 actions de 1.000 francs, admettait les effets publics français en remplacement de la troisième signature, décidait qu'il serait publié tous les trois mois une situation de la Banque, et tous les six mois, un exposé du résultat des opérations du semestre.

Loi du 30 juin 1840 portant prorogation du privilège de la Banque de France.

Art. 1er. — Le privilège conféré à la Banque de France par les lois des 24 germinal an XI et 22 avril 1806 est prorogé jusqu'au 31 décembre 1867.

Néanmoins, il pourra prendre fin ou être modifié le 31 décembre 1855, s'il en est ainsi ordonné par une loi votée dans l'une des deux sessions qui précéderont cette époque. (Le second paragraphe de l'article 1er a été abrogé par l'article 3 du décret ayant force de loi, du 3 mars 1852.)

Art. 2. — Le capital de la Banque de France, représenté par soixante-sept mille neuf cents actions de mille francs chacune, ne pourra être augmenté ou diminué que par une loi spéciale.

Art. 3. — Les effets publics français de toute nature pourront être admis comme garantie dans le cas prévu par l'article 12 du décret du 16 janvier 1808.

Art. 4. — Les escomptes de la Banque de France auront lieu tous les jours, excepté les jours fériés.

Art. 5. — Le Ministre des Finances publiera tous les trois mois un état de la situation moyenne de la Banque pendant le trimestre écoulé.

Il publiera tous les six mois le résultat des opérations du semestre et le règlement du dividende.

Art. 6. — Les Comptoirs d'escompte de la Banque de France ne pourront être établis ou supprimés qu'en vertu d'une ordonnance royale, rendue sur la demande de son Conseil général, dans la forme des règlements d'administration publique.

Art. 7. — Pourront être autorisées par des ordonnances rendues dans la même forme, et sur la proposition du Conseil général de la Banque, les modifications qu'il serait nécessaire d'apporter aux dispositions du décret du 18 mai 1808, sauf toutefois les articles 42 et 43 dudit décret, qui ne pourront être modifiés que par une loi.

Art. 8. — Aucune Banque départementale ne pourra être établie qu'en vertu d'une loi.

Les Banques existantes ne pourront obtenir que par une loi la prorogation de leur privilège, ou des modifications à leurs statuts.

Art. 9. — A dater de la promulgation de la présente loi, les droits de timbre à la charge de la Banque seront perçus sur la moyenne des billets au porteur ou à ordre qu'elle aura tenus en circulation pendant le cours de l'année.

A partir du 1er janvier 1841, le même mode de perception sera appliqué aux Banques autorisées dans les départements.

Création des succursales. — Après la création de banques départementales, et voyant le succès qu'elles obtenaient, malgré les entraves mises à leurs opérations, la Banque avait tenté de fonder des Comptoirs.

Le premier fut établi à Reims, le 6 mai 1836, puis à Saint-Étienne le 17 juin 1836; à Saint-Quentin, le 16 octobre 1837; à Montpellier, le 19 janvier 1838; à Grenoble, le 31 mars 1840; à Angoulême, le 24 avril 1840.

Ces comptoirs, en relations avec la Banque, escomptaient les effets sur diverses places : en 1840, leur portefeuille était, pour les deux tiers, composé d'effets sur Paris. L'ordonnance royale du 24 mars 1841 fixa les conditions de leur établissement, qui ont peu varié depuis. Leur développement se continua sans arrêt : Besançon, Caen, Châteauroux, Clermont-Ferrand fonctionnèrent en 1841; Mulhouse, en 1843; Le Mans, Nîmes, Strasbourg, Valenciennes, en 1846. Leur action s'étendait tous les jours; chaque comptoir ajoutait à la prospérité des autres.

Crise de 1846-47-48. — Pendant la période qui s'étend de 1840 à 1846, les affaires étaient prospères, le crédit et la considération dont jouissait la Banque étaient immenses. On commençait l'exécution des grands travaux de chemins de fer qui absorbèrent, en 1846, 700 millions.

Cette même année (1846), la récolte des céréales fut déficitaire en Europe; la France et l'Angleterre se virent dans la nécessité de faire des importations considérables, et il en résulta une demande extraordinaire d'espèces métalliques. L'encaisse qui, dans les premiers mois de l'année, avait atteint 252 millions, descendit à 80 millions. Le taux de l'escompte fut élevé à 5 % et la Banque céda au Gouvernement russe 50 millions de rentes françaises.

Cette crise monétaire fut suivie par contre-coup, en 1847, d'une crise de capitaux, cause elle-même d'une crise commerciale. La Banque les surmonta par des mesures habiles, en escomptant largement les présentations des banquiers, en ramenant le taux de l'escompte à 4 %, en achetant elle-même des rentes, opération qui soutint les cours et permit la réalisation des réserves particulières.

C'est pendant cette crise commerciale que survint la Révolution. Dès lors, ce fut la panique, à laquelle la Banque de France résista vaillamment. En quinze jours, elle escompta 153 millions, dont 110 à Paris; elle remboursa 77 millions au Trésor, à Paris, et 11 dans ses comptoirs; elle secourut largement les banques départementales de Rouen et du Havre. Néanmoins, la panique continuait. En un jour, l'encaisse de Paris tombait de 70 à 59 millions, et le Conseil général dut demander que les billets de banque « fussent considérés comme monnaie légale sur tout le territoire de la République ». Le décret du 15 mars 1848 établit alors le « cours forcé ». Les billets devenaient monnaie légale; la Banque était dispensée de les rembourser, et le maximum de l'émission était fixé à 350 millions.

Le même décret autorisait l'émission de coupures de 100 francs, et ordonnait la publication hebdomadaire du bilan de la Banque.

Ces mesures, que la Banque avait elle-même sollicitées, jointes à l'habileté dont elle fit preuve, et qui n'était pas exempte d'une certaine hardiesse, rétablirent rapidement la situation; dès le 6 août 1850, une loi abrogeait le décret du 15 mars 1848, en ce qui concernait le cours forcé.

Cependant, en raison du cours forcé, il devenait nécessaire de rendre le billet de banque uniforme, et les Banques départementales furent absorbées par la Banque de France (décrets des 27 avril et 2 mai 1848). La fusion des actions eut lieu au pair; le capital de la Banque était porté à 91.250.000 francs, la limite de l'émission à 452 millions, puis à 525 millions (loi du 22 décembre 1849).

Ainsi devenue seule Banque d'émission, la Banque de France eut un essor rapide; elle entreprit de soutenir le crédit du commerce et celui de l'État.

Rôle de la Banque. — Il est nécessaire de préciser le rôle de la Banque de France pendant cette période troublée. Son action se manifesta d'abord par l'extension de ses opérations d'escompte, qui, de 96 millions en 1847, s'élevèrent, en 1848, à 436 millions.

Le 31 mars 1848, elle prêtait à l'État, sans intérêt, 50 millions contre dépôt de bons du Trésor. Le 5 mai, la Caisse des Dépôts et Consignations lui empruntait 30 millions sur transfert de rentes; le 3 juin, elle ouvrait au Trésor un compte courant de 150 millions. Elle apporta encore son aide aux villes de Paris et de Marseille, au département de la Seine, aux hospices de Paris et de Lyon, pour une somme globale d'environ 20 millions.

La grande métallurgie subissait alors une crise; la Banque la secourut en lui consentant des prêts sur hypothèques, pour 34 millions. Les prêts sur dépôts de marchandises — autorisés par un décret du 26 mars 1848 — dépassèrent 60 millions. Cependant, les effets en souffrance s'élevèrent, en 1849, à 84 millions.

Pour la première fois depuis sa création, la Banque s'était trouvée soutenue par la confiance générale. Après le premier moment de panique, le crédit des billets s'était rétabli, et dès 1849, alors que le cours forcé était encore en vigueur, le commerce refusait les espèces et réclamait des billets, dont l'émission atteignait la limite légale. La Banque dut obliger ses clients à recevoir en or toute somme inférieure à 5.000 francs; on payait une prime pour obtenir un billet contre des louis.

Les encaisses et les dépôts ne firent qu'augmenter, et en octobre 1851 l'encaisse excédait de 110 millions la somme des billets en circulation.

Le 27 novembre 1851, à la veille du coup d'État du 2 décembre, la Banque dut, sous la pression du Gouvernement, verser au Trésor une somme de 25 millions.

En 1852, divers décrets l'autorisèrent à faire des avances sur les actions et obligations des Chemins de fer français, puis sur des obligations de la Ville de Paris. — Les capitaux abondaient dans ses caisses, qu'elle fit agrandir; le taux de l'escompte fut abaissé à 3 %.

Bientôt, toutefois, les émissions de titres industriels, la guerre, les emprunts, amenèrent de nouveaux besoins, et bien que le privilège n'expirât qu'en 1867, le Gouvernement impérial décida de le renouveler dix ans avant l'époque fixée.

TROISIÈME PÉRIODE

(1857-1914)

Renouvellement de 1857. — La loi du 9 juin 1857 prorogea le privilège de 30 ans, jusqu'au 31 décembre 1897. Le capital était porté à 182.500.000 francs (1), par l'émission de 91.250 actions nouvelles exclusivement attribuées aux porteurs anciens, au cours de 1.100 francs. Cette souscription donna lieu ainsi à un versement de 100.375.000 francs. Sur cette somme, 100 millions furent versés au Trésor en échange de rentes 3 % (2).

La même loi décidait encore que la banque pourrait abaisser à 50 francs la moindre coupure de ses billets, et qu'elle devrait établir, dans le délai de dix ans, une succursale dans les départements où il n'en existait pas encore. On lui accordait la faculté de consentir des avances sur les obligations du Crédit foncier de France. Le taux des escomptes et des avances pouvait être élevé au-dessus de 6 %, sous réserve que les bénéfices qui en résulteraient seraient ajoutés au fonds social (3).

Loi du 9 juin 1857 prorogeant le privilège de la Banque de France.

Le Corps législatif a adopté le projet de loi dont la teneur suit :

ART. 1er. — Le privilège conféré à la banque par les lois des 24 germinal an XI, 22 avril 1806 et 30 juin 1840, dont la durée expirait le 31 décembre 1867, est prorogé de trente ans, et ne prendra fin que le 31 décembre 1897.

ART. 2. — Le capital de la banque, représenté aujourd'hui par quatre-vingt-onze mille deux cent cinquante actions, sera représenté désormais par cent quatre-vingt-deux mille cinq cents actions, d'une valeur nominative de mille francs chacune, non compris le fonds de réserve.

ART. 3. — Les quatre-vingt-onze mille deux cent cinquante actions nouvellement créées seront exclusivement attribuées aux propriétaires des

---

(1) Au bilan : capital.
(2)   —   rentes immobilisées.
(3)   —   bénéfices en addition au capital.

quatre-vingt-onze mille deux cent cinquante actions actuellement existantes, lesquels devront en verser le prix à raison de onze cents francs par action dans les caisses de la banque, trimestre par trimestre, dans le délai d'un an au plus tard, à partir de la promulgation de la présente loi.

L'époque du premier paiement et les conditions auxquelles les actionnaires pourront être admis à anticiper les paiements ultérieurs seront fixées par une décision de la Banque.

ART. 4. — Le produit de ces nouvelles actions sera affecté, jusqu'à concurrence de quatre-vingt-onze millions deux cent cinquante mille francs, à la formation du capital déterminé par l'article 2, et, pour le surplus, à l'augmentation du fonds de réserve actuellement existant.

ART. 5. — Sur le produit desdites actions, une somme de cent millions sera versée au Trésor public dans le courant de 1859, aux époques qui seront convenues entre le ministre des Finances et la Banque.

Cette somme sera portée en atténuation des découverts du Trésor.

Le ministre des Finances est autorisé à faire inscrire sur le Grand-Livre de la dette publique la somme de rentes trois·pour cent nécessaire pour l'emploi de ladite somme de cent millions.

Un fonds d'amortissement du centième du capital nominal desdites rentes sera ajouté à la dotation de la Caisse d'amortissement.

Les rentes seront transférées à la Banque de France au cours moyen du mois qui précédera chaque versement, sans que ce prix puisse être inférieur à soixante-quinze francs.

ART. 6. — Sur les rentes inscrites au Trésor au nom de la Caisse d'amortissement, et provenant des consolidations du fonds de réserve de l'amortissement, il sera rayé du Grand-Livre de la dette publique une somme égale à celle des rentes créées par l'article précédent.

Les rentes seront définitivement annulées en capital et arrérages, à dater du jour où les rentes nouvelles seront transférées à la Banque.

ART. 7. — La faculté accordée à la Banque de faire des avances sur effets publics français, sur actions et obligations de chemins de fer français, sur obligations de la Ville de Paris, est étendue aux obligations émises par la Société du Crédit foncier de France.

Les dispositions générales qui régleront le mode d'exécution du paragraphe précédent devront être approuvées par un décret.

ART. 8. — La Banque de France pourra, si les circonstances l'exigent, élever au-dessus de six pour cent le taux de ses escomptes et l'intérêt de ses avances.

Les bénéfices qui seront résultés, pour la Banque, de l'exercice de cette faculté, seront déduits des sommes annuellement partageables entre les actionnaires et ajoutés au fonds social.

ART. 9. — La Banque de France aura la faculté d'abaisser à cinquante francs la moindre coupure de ses billets.

ART. 10. — Dix ans après la promulgation de la présente loi, le Gouvernement pourra exiger de la Banque de France qu'elle établisse une succursale dans les départements où il n'en existerait pas.

ART. 11. — Les intérêts qui seront dus par le Trésor, à raison de son compte courant, seront réglés sur le taux fixé par la Banque pour l'escompte du papier de commerce, mais sans qu'ils puissent excéder trois pour cent.

ART. 12. — Un règlement d'administration publique déterminera, à l'égard des actionnaires incapables et des actionnaires en retard de versement, les mesures nécessaires à l'exécution de la présente loi.

Un traité du 10 juin 1857 précisa les relations entre la Banque et le Trésor.

La Banque s'engageait à faire au Trésor une avance de 80 millions, au taux de 3 %, en y comprenant les 55 millions restant à rembourser sur les prêts de 1848. Cette avance devrait être réduite à 60 millions par des versements annuels (1).

---

(1) Bilan : Avances à l'État.

De 1857 à 1870. — La Banque prêta un concours actif aux placements des obligations de Chemins de fer, qui dépassèrent 800 millions en 1858, 1859 et 1860.

En 1864, l'élévation inattendue du taux de l'escompte, en corrélation avec celle du taux de la Banque d'Angleterre, provoqua une sorte de panique et souleva le mécontentement contre la Banque au moment même où la Banque de Savoie, associée à la Banque Péreire, prétendait établir des succursales en France et émettre des billets.

Un décret du 8 avril 1865 vint confirmer le principe de l'unité d'émission; la Banque de Savoie, liquidée, fut annexée à la Banque de France qui transforma en succursales les établissements d'Annecy et de Chambéry.

Aucun incident digne de remarque ne se produisit jusqu'au moment de la déclaration de guerre, en 1870.

1870. — Dès le 12 août 1870, une loi institua le cours forcé des billets et fixa la limite de l'émission à 1.800 millions, chiffre porté à 2.400 millions le 14 août. Des coupures de 25, 20, puis de 10 et 5 francs durent être émises pour répondre aux besoins. La Banque, faisant face aux difficultés, prêtait 147 millions à des établissements industriels et aux sociétés de crédit, et consentait des avances qui s'élevèrent, pour l'État, à 1.530 millions au taux de 3 %, et pour la Ville de Paris à 210 millions. Les intérêts de ces prêts furent abaissés à 1 % par un arrangement du 3 janvier 1872; l'État se libéra complètement le 14 mars 1879.

Des décrets avaient prorogé les échéances des effets de commerce; du 12 août 1870 au 12 juillet 1871, les effets prorogés se montèrent à un total de 868 millions de francs.

Afin de faciliter les souscriptions à l'emprunt de 3 milliards, le maximum de l'émission fut porté à 3.200 millions le 15 juillet 1872.

La Banque, remplissant normalement ses fonctions pendant les années difficiles qui suivirent la guerre, facilita de tous ses efforts la reprise des affaires. Dès 1874, l'encaisse rapidement reconstituée lui permettait de reprendre les paiements en espèces, et la loi du 1er janvier 1878 abolit le cours forcé.

La Banque n'avait pas perdu de vue l'exécution du programme qui lui était imposé par les lois de 1857 et de janvier 1873, et toutes les succursales prévues étaient créées.

A plusieurs reprises, elle dut encore intervenir pour conjurer des crises graves. En 1882, à l'occasion du krach de l'Union générale, elle vint, par des escomptes et des avances sur titres, au secours des agents de change de Paris et de Lyon, dont la situation était difficile. En 1889, elle prêta 140 millions au Comptoir d'escompte, qui faillit être entraîné dans l'écroulement de la Société des Métaux. Enfin, en 1891, elle consentit, pour aider à la liquidation de la Société des Dépôts et Comptes courants, une avance de 60 millions à 3 % sur concession d'importants gages et sur garantie des grandes banques parisiennes.

Notons encore qu'en novembre 1890, la maison Baring, de Londres, très fortement engagée dans des opérations avec la

République argentine, succomba sous les demandes de remboursement. La Banque d'Angleterre, dont les réserves d'or s'épuisaient rapidement, fit encore appel à la Banque de France, qui lui consentit un prêt de 75 millions en or, contre escompte à 3 % de bons du Trésor anglais. Notre Établissement national, en évitant à l'Angleterre la crise monétaire qui la menaçait, protégeait le marché français qui en eût inévitablement subi la répercussion.

Renouvellement du privilège (1897). — Bien que le privilège de la Banque ne cessât qu'en 1897, M. Rouvier, Ministre des Finances, présenta un projet de renouvellement dès le 25 janvier 1891. La discussion générale s'ouvrit à la Chambre le 21 juin 1891, sur le rapport présenté par M. Burdeau, mais la législature expira avant le vote du projet.

Un nouveau projet ne fut déposé qu'en 1896 (31 octobre) par M. Cochery, Ministre des Finances. A la Chambre, la discussion dura du 25 mai au 1er juillet 1897, employant 14 séances. Le Sénat vota la loi, après une courte discussion, et elle fut promulguée au *Journal officiel* du 17 novembre 1897.

Principales dispositions. — Le texte complet de la loi du 17 novembre 1897 est donné ci-après. En voici les dispositions à signaler.

Le privilège est prorogé de vingt-trois ans, pour cesser le 31 décembre 1920. Une loi votée en 1911 pourra faire cesser ce privilège fin 1912.

Le papier des « Syndicats agricoles ou autres » pourra désormais être escompté aux mêmes conditions que le papier commercial.

La Banque créera des succursales dans tous les chefs-lieux de département, transformera 18 bureaux en succursales, et ouvrira 30 nouveaux bureaux auxiliaires.

L'État reçoit les avantages suivants :

1o L'avance de 140 millions cessera de porter intérêt à partir du 1er janvier 1896; la Banque ne pourra en réclamer le remboursement pendant la durée du privilège;

2o La Banque met à la disposition de l'État, sans intérêt, pour toute la durée du privilège, une nouvelle somme de 40 millions;

3o A partir du 1er janvier 1897, la Banque devra verser à l'État, chaque année, une redevance égale au produit du huitième du taux de l'escompte par le chiffre de la circulation productive, avec un minimum de 2 millions;

4o Lorsque le taux de l'escompte sera supérieur à 5 %, les produits supplémentaires qui en résulteront seront ainsi partagés : un quart ajouté au fonds social, le surplus revenant à l'État.

Diverses autres obligations ont encore été imposées à la Banque pour faciliter les opérations de trésorerie : elle paiera les coupons des Rentes françaises, concurremment avec les caisses publiques, et elle ouvrira gratuitement ses guichets à l'émission des Rentes françaises.

Enfin, cette même loi portait le maximum de l'émission à 5 milliards.

Loi portant prorogation du privilège de la Banque de France.

Art. 1er. — Le privilège concédé à la Banque de France par les lois des 24 germinal an XI, 22 avril 1806, 30 juin 1840 et 9 juin 1857, dont la durée expirait le 31 décembre 1897, est prorogé de vingt-trois ans et ne prendra fin que le 31 décembre 1920. Néanmoins, une loi votée par les deux Chambres dans le cours de l'année 1911 pourra faire cesser le privilège à la date du 31 décembre 1912.

Art. 2. — Le premier paragraphe de l'article 9 des statuts fondamentaux de la Banque, établis par le décret du 16 janvier 1808, est modifié ainsi qu'il suit : « Les opérations de la Banque consistent : 1° à escompter à toutes personnes les lettres de change et autres effets de commerce à ordre, à des échéances déterminées qui ne pourront excéder trois mois, et souscrits par des commerçants, par des *syndicats agricoles ou autres* et par toutes autres personnes notoirement solvables. »

Art. 3. — Les fonctions de Gouverneur et de Sous-Gouverneur de la Banque de France sont incompatibles avec le mandat législatif.

Art. 4. — L'article 19 de la loi du 22 avril 1806 est complété par l'adjonction, après le deuxième paragraphe, d'un paragraphe ainsi conçu : « Ces agents devront être Français. »

Art. 5. — A partir du 1er janvier 1897, et jusques et y compris l'année 1920, la Banque versera à l'État, chaque année, et par semestre, une redevance égale au produit du huitième du taux de l'escompte par le chiffre de la circulation productive, sans qu'elle puisse jamais être inférieure à deux millions (2.000.000 de francs). Pour la fixation de cette redevance, la moyenne annuelle de la circulation productive sera calculée telle qu'elle est déterminée par application de la loi du 13 juin 1878. Le premier paiement semestriel sera exigible quinze jours après l'expiration du semestre dans lequel la loi aura été promulguée. Les autres paiements s'effectueront le 15 janvier et le 15 juillet de chaque année, le dernier devant avoir lieu le 15 janvier 1921.

Art. 6. — L'avance de 60 millions consentie par la Banque à l'État en vertu du traité du 10 juin 1857, moyennant un intérêt de 3 %, et l'avance de 80 millions consentie par la Banque à l'État en vertu du traité du 29 mars 1878, approuvé par la loi du 13 juin 1878, moyennant un intérêt de 1 %, cesseront de porter intérêt à partir du 1er janvier 1896. La Banque ne pourra réclamer le remboursement de tout ou partie de ces avances pendant toute la durée de son privilège.

Art. 7. — Est approuvée la convention du 31 octobre 1896, en vertu de laquelle, indépendamment des 140 millions spécifiés à l'article 6, la Banque s'engage à mettre à la disposition de l'État, sans intérêt et pour toute la durée de son privilège, une nouvelle avance de quarante millions (40.000.000 de francs). Cette convention est dispensée des droits de timbre et d'enregistrement.

Art. 8. — La Banque payera gratuitement, concurremment avec les Caisses publiques, pour le compte du Trésor, les coupons au porteur des rentes françaises et des valeurs du Trésor français, qui seront présentés à ses guichets, tant à Paris que dans ses succursales et bureaux auxiliaires.

Art. 9. — La Banque devra, sur la demande du Ministre des Finances, ouvrir gratuitement ses guichets à l'émission des rentes françaises et valeurs du Trésor français.

Art. 10. — Les comptables du Trésor pourront opérer, dans les bureaux auxiliaires comme dans les succursales, des versements ou des prélèvements au compte courant du Trésor. — Dans les villes rattachées, la Banque devra faire opérer gratuitement, à toutes les échéances, le recouvrement des traites tirées sur les comptables du Trésor, ainsi que celui des traites des redevables de revenus publics à l'ordre des comptables du Trésor.

Art. 11. — Dans le délai de deux ans à partir de la promulgation de la présente loi, le nombre des succursales sera porté de quatre-vingt-quatorze à cent douze par la transformation de dix-huit bureaux auxiliaires en succursales. — En outre, il sera créé une succursale dans chacun des chefs-lieux de département qui n'en possèdent pas. — Les bureaux auxiliaires non transformés en succursales seront maintenus. — En outre, il sera créé trente nouveaux bureaux auxiliaires. — Les établissements et les services institués par le présent article fonctionneront dans le délai maximum de deux ans à dater de la promulgation de la présente loi. — Indépendamment des créations stipulées ci-dessus, la Banque créera à partir de 1900 au moins un bureau auxiliaire nouveau chaque année, jusqu'à concurrence de quinze. Les localités dans lesquelles ces bureaux devront être établis seront déterminées, d'un commun accord, par le Ministre des Finances et la Banque de France.

ART. 12. — Lorsque les circonstances exigeront l'élévation du taux de l'escompte au-dessus de 5 %, les produits qui en résulteront pour la Banque seront déduits des sommes annuellement partageables entre les actionnaires; un quart sera ajouté au fonds social, et le surplus reviendra à l'État.

ART. 13. — Le chiffre des émissions de billets de la Banque de France et de ses succursales, fixé au maximum de 4 milliards, est élevé à 5 milliards.

ART. 14. — Le cours légal d'un type déterminé de billets pourra, sur la demande de la Banque, être supprimé par décret, la Banque restant d'ailleurs toujours tenue d'en opérer le remboursement, à vue et en espèces, tant à son siège central à Paris que dans ses succursales et bureaux auxiliaires. — En dehors des conditions prévues par le paragraphe 1er du présent article, le cours légal des billets ne peut être supprimé que par une loi.

ART. 15. — La Banque de France versera au Trésor public, dans le mois qui suivra la promulgation de la présente loi, une somme représentant la valeur des billets de banque de tous les anciens types à impression noire qui n'auront pas été présentés au remboursement. — Ces billets seront, en conséquence, retranchés du montant de la circulation, le Trésor prenant à sa charge le remboursement desdits billets qui pourraient être ultérieurement présentés aux guichets de la Banque. — Jusqu'à l'expiration de son privilège, ou tout au moins jusqu'à une prorogation nouvelle, si elle intervient avant 1920, la Banque restera en possession du montant des billets autres que ceux qui sont mentionnés au paragraphe précédent et dont le remboursement ne lui aura pas été demandé.

ART. 16. — La Banque sera tenue de trébucher, dans les caisses de ses succursales et bureaux auxiliaires, et de transporter à ses frais à l'Hôtel des monnaies, les pièces d'or légères dont le Ministre aura prescrit la réfection. Les pièces neuves seront remises à la Banque, à son siège social.

ART. 17. — Est approuvée la convention du 31 octobre 1896 réglant les rapports de l'État et de la Banque de France en ce qui concerne l'exécution de la convention monétaire conclue, les 6 novembre et 12 décembre 1885, entre la France, la Belgique, la Grèce, l'Italie et la Suisse. Cette convention est dispensée des droits de timbre et d'enregistrement.

ART. 18. — Les sommes versées par la Banque par application des articles 5 et 7 seront réservées et portées à un compte spécial du Trésor jusqu'à ce qu'une loi ait établi les conditions de création et de fonctionnement d'un ou de plusieurs établissements de crédit agricole.

De 1890 à 1911. — Jusqu'en 1898, les affaires subirent une période de calme et de stagnation; les capitaux étaient abondants et le taux de l'escompte s'abaissa à 2 ½ pendant trois ans (1892-1895), puis à 2 % jusqu'au 20 octobre 1898, où il passa à 3%.

Une des premières conséquences de la guerre du Transvaal en 1899 fut de tarir une des sources de production de l'or; il en résulta une sortie abondante des caisses de la Banque, et pour défendre l'encaisse, on releva le taux de l'escompte à 3 ½, puis à 4 ½.

La reprise des affaires s'accentua à cette époque, en Allemagne, en Angleterre, aux États-Unis et en France; les capitaux étant recherchés, le loyer s'en trouva relevé, jusqu'en 1900, où il fût ramené à 4 %, puis à 3 ½ et enfin, le 25 mai, à 3 %. Il se maintint ainsi jusqu'en 1906.

En 1900-1901, la région roubaisienne se trouva fortement

secouée par la crise qui sévit sur le marché de la laine; les plus anciennes maisons, les plus solidement assises, subitement ébranlées, ne pouvaient réagir. La Banque, par l'importance des moyens de crédit qu'elle mit avec décision à la disposition de la région désemparée, lui permit de surmonter d'inextricables difficultés.

Des crises se produisirent ensuite sur les places étrangères. Aux États-Unis, le développement des chemins de fer, la reconstruction de San Francisco, d'autres travaux considérables amenèrent un resserrement monétaire. La Banque d'Angleterre se trouva de nouveau dans une passe difficile, et la Banque lui vint encore en aide par l'escompte de son papier.

La tension monétaire s'accentua en 1907, aggravée par la crise aiguë des États-Unis. La Banque facilita alors les envois directs d'or à New-York et assura au marché de Londres une disponibilité de 80 millions en *eagles* américaines.

Enfin, un ralentissement des affaires amena, l'année suivante, une baisse rapide du loyer des capitaux; le taux de l'escompte fut abaissé sur toutes les places. Ce n'était cependant qu'une accalmie, car en 1909 et 1910, la reprise accentuera les demandes de capitaux. La Banque procédera encore à des escomptes d'effets étrangers.

« C'est ainsi que la Banque de France a pu régulariser et modérer le taux de l'escompte sur le marché national; les difficultés venaient de l'extérieur; c'est à leur source qu'elle est allée les conjurer, et assurer sur la place de Londres la stabilité et la modération du taux de l'escompte à Paris. »

Cette tactique, exposée par M. le Gouverneur Pallain, procurait à plusieurs milliards d'effets circulant en France un taux d'escompte inférieur de 3 et parfois 4 % à celui des pays voisins, assurant à notre commerce, à notre industrie, un profit matériel considérable.

Les événements diplomatiques de 1911, entraînant un renforcement notable des réserves individuelles, privèrent le marché de ressources, au moment où il fallait régler les importations de denrées alimentaires nécessitées par l'insuffisance de la récolte de 1910. De nombreuses émissions et introductions de titres augmentèrent encore les demandes de capitaux, et la Banque se trouva contrainte d'élever le taux de ses escomptes à 3 ½ %.

Conventions des 11 et 28 novembre 1911. — Une loi votée dans le cours de l'année 1911 pouvait faire cesser les effets de la loi du 17 novembre 1897 à dater du 31 décembre 1912, mais il n'a pas été fait usage de ce droit de dénonciation.

Cependant, des conventions passées entre le Ministre des Finances et la Banque de France, les 11 et 28 novembre 1911, et approuvées par la loi du 29 décembre 1911, ont apporté quelques modifications aux conditions d'exercice du privilège, et ont stipulé pour la Banque de nouvelles obligations.

Il y a lieu de noter les principales :

— la Banque s'engage à mettre 20 millions à la disposition du Trésor public; les avances permanentes s'élèveront ainsi, au total, à 200 millions, sans intérêts;

— la redevance fixée par la loi de 1897 sera égale au septième du taux de l'escompte (au lieu du huitième) lorsque celui-ci dépassera 3 ½, au sixième lorsqu'il sera supérieur à 4 % ;

— la Banque transformera 10 bureaux auxiliaires en succursales, créera 12 nouveaux bureaux et 50 places rattachées ;

— elle versera au Trésor une somme de 5 millions sur le montant des billets d'anciens types restant en circulation.

Les conventions consacraient également diverses mesures déjà appliquées : escompte du papier sur l'étranger et les colonies ; exonération de commission pour les virements des comptes courants ; encaissement gratuit des chèques barrés ; réduction des droits de garde pour les titres nominatifs en dépôt.

Enfin, il était décidé que les dispositions réglementant les conditions de recrutement, d'avancement et de discipline du personnel, seraient réunies en un statut réglementaire.

De 1911 à 1914. — Cependant, à plusieurs reprises, le développement du portefeuille d'escompte avait entraîné, pendant l'année 1911, un tel accroissement des émissions de billets, que le maximum légal s'était trouvé bien près d'être atteint. La loi du 29 décembre vint remédier à cette situation, en élevant le maximum de l'émission de 5.800 à 6.800 millions.

Cette année avait été marquée par d'importantes négociations internationales (affaires d'Agadir, traité d'Algésiras) qui avaient tenu l'opinion publique assez anxieuse ; il en était résulté un renforcement très notable des réserves monétaires individuelles. L'alerte avait attiré l'attention sur le rôle de l'encaisse en cas de conflit, et la Banque s'appliqua dès lors à accroître ses ressources métalliques.

Les guerres balkaniques qui survinrent en 1912, provoquèrent à nouveau la thésaurisation privée, dans la crainte d'un cataclysme. Pour protéger l'encaisse, il fut nécessaire d'élever à 3 ½, puis à 4 %, le taux de l'escompte.

Ces perturbations persistèrent en 1913, et le cours normal des transactions s'en trouva presque suspendu. La Banque continua énergiquement sa politique, comme si elle pressentait les événements, et, en cette seule année, accrut son encaisse or de 313 millions.

LE ROLE DE LA BANQUE DE FRANCE
PENDANT ET DEPUIS LA GUERRE, DE 1914 A 1921

La situation. — A la fin de l'année 1913, la situation générale était assez troublée ; le budget se soldait par un déficit de plus de 700 millions ; le programme militaire et naval était en suspens. Un projet d'emprunt de 1.300 millions avait été repoussé par les Chambres, en novembre. Il devint toutefois inévitable, et la loi du 20 juin 1914 autorisa l'émission de 805 millions de rentes 3 ½, amortissables en vingt-cinq ans. L'emprunt fut couvert 40 fois, mais la presque totalité des rentes était entre les mains de gros capitalistes et de maisons de banques qui espéraient le classer dans les portefeuilles de la petite épargne.

D'autre part, l'épargne française, mal conseillée, avait placé de grosses sommes, dans les premiers mois de 1914, dans les emprunts de divers pays étrangers. Certains devaient devenir nos adversaires, — la Turquie, la Bulgarie, — et s'étaient procuré ainsi les ressources nécessaires à leurs armements.

C'est au moment où nous nous trouvions dans cette sorte de désarroi que survinrent les événements qui, en quelques jours, allaient amener la déclaration de guerre.

Mesures prises par la Banque. — Depuis de longues années, il était évident que nos ennemis s'organisaient en vue d'un conflit qu'ils déclancheraient quand le moment leur paraîtrait favorable. Les actes de l'Allemagne, dans le domaine financier comme au point de vue militaire, prenaient un caractère de plus en plus agressif et belliqueux. La Banque de France ne méconnaissait pas le rôle qui lui serait dévolu en cas de guerre; se tenir prête en vue de cette éventualité était pour elle un devoir impérieux.

Encaisse. — Elle s'était appliquée, depuis plusieurs années déjà, à constituer et à accroître une encaisse d'or considérable.

En 1897, l'encaisse jaune était de 1.945 millions. En 1905, 2.855 millions; au 1er janvier 1913, 3.194 millions; grâce à un effort énergique, elle était portée à 4.141 millions, le 30 juillet 1914.

Cette progression, si rapide dans les dernières années, montre la volonté arrêtée de la Banque de renforcer le trésor de guerre de la nation.

Dans le même ordre d'idées, la Banque de France, prévoyant la thésaurisation qui ne manquerait pas de se produire et la crise monétaire qui s'ensuivrait, s'était préoccupée d'y remédier. De petites coupures de 20 francs et de 5 francs, fabriquées depuis plusieurs années, étaient réparties par avance sur tout le territoire et prêtes à être mises en circulation pour remplacer les monnaies métalliques. Leur émission commença dès le 31 juillet 1914, et, en dix jours, s'éleva à 600 millions.

Pour épuiser cette question, notons dès maintenant qu'au mois de mai 1916, en vue de faciliter les paiements, la Banque émit des coupures de 10 francs. La circulation, qui comprenait plusieurs centaines de millions de coupures, ne put être alimentée que par la création de nouveaux ateliers de fabrication.

Enfin, la Banque ouvrit ses guichets à la réception, au paiement et à l'échange des bons de monnaie émis par les Chambres de commerce.

Mesures administratives. — Les mesures à prendre pour le fonctionnement des services en cas de mobilisation avaient été minutieusement arrêtées en temps utile, et furent réalisées sans délai et sans trouble au moment opportun, malgré les difficultés innombrables surgies de la situation, difficultés qui ont pu être surmontées grâce à la sagacité et à la compétence de la haute administration de la Banque. Il est juste d'ajouter que celle-ci, par la voix de son Gouverneur, M. Pallain, à l'occasion des comptes rendus aux Actionnaires, a fait ressortir la part de mérite qui revenait à un personnel particulièrement dévoué en ces circonstances exceptionnelles.

Dans les pages qui vont suivre, nous examinerons le rôle de la Banque de France pendant les années de guerre, en indiquant les mesures que les circonstances ont fait naître. Beaucoup des opérations nées de la guerre se poursuivent encore actuellement; nous considérerons donc dans le même ensemble toute la période qui s'étend de 1914 à 1922.

Services rendus à l'Etat. — LES AVANCES. — Des conventions conclues en 1911, en complément d'accords antérieurs, et qui furent ratifiées par la loi du 5 août 1914, avaient fixé les conditions du concours que la Banque de France devait fournir au Trésor en cas de mobilisation.

La Banque s'était engagée, dans cette éventualité, à mettre à la disposition du gouvernement, une avance de 2.900 millions, à verser au fur et à mesure des besoins.

Après la Marne, on comprit que la lutte devait être longue et que les dépenses deviendraient formidables, au delà de toute imagination. Des conventions successives fournirent de nouvelles avances à l'État : le 26 décembre 1914, 3.100 millions ; les 10 juillet 1915, 16 février et 4 octobre 1917, 5 avril et 7 juin 1918, chacune 3 milliards — portant ainsi le total des avances à 21 milliards.

Ces avances étaient productives d'un intérêt de 1 %, réduit en réalité à 0,855 % par le paiement de l'impôt du timbre sur les billets et d'une redevance égale au huitième de l'intérêt.

La loi du 20 décembre 1918 (renouvellement du Privilège, dont nous parlerons plus loin) a fixé à 0,50 % le prélèvement au profit du Trésor sur l'intérêt de 1 %. La part restant à la Banque, après le paiement de l'impôt du timbre sur les billets, était ainsi ramenée à 0,48 %.

Le prélèvement de 0,50 % servait à alimenter un fonds d'amortissement qui, après couverture des pertes éventuelles qu'entraînerait la liquidation des effets prorogés, devait être appliqué à l'atténuation de la dette même de l'État. Il était stipulé que l'intérêt passerait de 1 % à 3 %, un an après la cessation des hostilités, le supplément de 2 % allant au fonds d'amortissement.

Au lendemain de l'armistice, le Gouvernement se trouva en présence de besoins nouveaux et d'une liquidation formidable à organiser, tandis que les besoins anciens allaient, longtemps encore, continuer de peser sur le Trésor. Il y avait lieu, en outre, de retirer les coupures locales émises dans les régions du Nord, et d'établir notre régime monétaire en Alsace-Lorraine. Le Gouvernement dut à nouveau recourir à la Banque, et des conventions approuvées par les lois du 5 mars et du 17 juillet 1919 portèrent à 27 milliards le chiffre global des avances à l'État. L'intérêt de ces deux avances était fixé à 0,75 % l'an, à verser en totalité, sur la demande même de la Banque, au fonds d'amortissement.

Toutefois, la Banque n'avait pas consenti ces avances supplémentaires sans manifester son désir de voir cesser les demandes du Trésor, pour qu'ensuite la liquidation graduelle de la dette fût poursuivie avec persévérance.

Aussi, par l'article 3 de la Convention du 24 avril 1919, approuvée par la loi du 17 juillet, le Trésor s'engageait-il à éteindre cette dernière avance sur le montant du plus prochain emprunt. Cet engagement fut reporté d'abord au 31 décembre 1920, puis au 31 décembre 1921.

A cette dernière date, le premier remboursement était enfin opéré dans le délai fixé; la Banque portait en outre en atténuation de la dette de l'État l'excédent disponible, soit 1.279 millions, du compte spécial d'amortissement. Les avances à l'État se réduisaient ainsi à 23 milliards. Cet effort financier marque une étape décisive vers une liquidation progressive des emprunts nationaux et vers une restauration, sur des bases normales, des éléments d'actif qui garantissent le crédit du billet.

AVANCES AUX GOUVERNEMENTS ALLIÉS. — La Trésorerie a également demandé le concours de la Banque pour la réalisation, par l'escompte de Bons du Trésor français, des avances de l'État à des Gouvernements alliés. A la fin de l'année 1921, ces avances se chiffraient à 4.142 millions.

SERVICES DE CAISSE. — La guerre a fourni à la Banque l'occasion de donner plus complètement à l'État le concours qu'elle lui avait promis pour les services de caisse et de recouvrements du Trésor public.

C'est par l'intermédiaire de la Banque que les besoins des services publics des Trésoreries des armées furent satisfaits, ainsi que ceux des armées alliées opérant sur notre territoire.

La Banque assurait ainsi le service des prélèvements et des versements des comptables du Trésor, les virements de fonds effectués par la Banque à Paris et dans les départements pour le compte du Trésor, les remises d'effets à l'encaissement et les encaissements de mandats, les paiements d'arrérages de rentes, etc. A partir de 1916, ces opérations se multiplièrent : règlement des créanciers de l'État par chèques barrés sur la Banque et, un peu plus tard, par ordonnancement direct au crédit de leur compte en banque; faculté laissée aux redevables de s'acquitter envers les comptables publics par la remise de chèques, etc...

Le total des opérations ainsi réalisées pour le compte du Trésor s'est élevé :

En 1916, à	124.188	millions.
En 1917, à	180.247	—
En 1918, à	268.361	—
En 1919, à	354.536	—
En 1920, à	464.235	—
En 1921, à	455.205	—

Tous ces mouvements de fonds ont été et sont effectués par la Banque à titre gratuit.

ÉMISSIONS. — L'article 9 de la loi du 17 novembre 1897 spécifie que « la Banque devra ouvrir gratuitement ses guichets à l'émission des rentes françaises et valeurs du Trésor français ». Elle avait, en conséquence, largement contribué à l'émission de l'emprunt 3 ½ amortissable. Mais lorsqu'en septembre 1914 on décida d'émettre les Bons de la Défense nationale, et plus tard les Obligations, et enfin les divers emprunts de Rentes, elle ne se contenta pas de recevoir les souscriptions. Elle s'efforça de les intensifier en faisant comprendre au public les avantages des titres offerts et l'intérêt national qui s'attachait à leur souscription : affiches, tracts, prospectus, circulaires, création de comités de propagande, conférences, aucun moyen ne fut négligé. Elle donna aux notaires les plus grandes facilités pour recueillir des souscriptions.

Cet effort a été continué après la cessation des hostilités, et les tableaux ci-dessous permettront d'apprécier l'importance du rôle de la Banque dans les souscriptions :

1° *Emissions d'emprunts.*

	TOTAL DE L'EMPRUNT Capital nominal en millions.	SOUSCRIPTIONS PAR LA BANQUE Sommes.
5 % 1915..............	15.200	2.963 50
5 % 1916..............	11.500	3.948 50
4 % 1917..............	14.875	5.061 80
4 % 1918..............	31.300	13.387 90
5 % 1920..............	15.940	6.600 »
6 % 1920..............	28.000	11.500 »

2° *Placement des bons de la Défense nationale.*

1915..............................	1.902 millions.
1916..............................	3.575 —
1917..............................	8.809 —
1918..............................	18.183 —
1919..............................	21.208 —
1920..............................	23.973 —
1921..............................	30.009 —

Les placements d'obligations, beaucoup moins importants, s'élevaient au total, en 1921, à 1.118 millions.

L'ensemble des bons, souscrits ou renouvelés et des obligations placées par l'intermédiaire de la Banque, depuis le début de la guerre jusqu'à fin décembre 1921, représente un chiffre global de 108 milliards 763 millions.

On sait qu'en vue de faciliter la mobilisation des valeurs du Trésor, et pour en stimuler les souscriptions, la Banque escompte les Bons de la Défense nationale lorsqu'ils n'ont pas plus de trois mois à courir jusqu'à leur échéance, et qu'elle consent des avances, au prorata de 80 %, sur les Bons et Obligations de la Défense nationale, et sur les titres des Emprunts.

LES CHANGES. — La production ne pouvant suffire à l'énorme accroissement de consommation nécessitée par la guerre, il fallut recourir de plus en plus largement à l'importation; il en résulta une hausse des changes étrangers, qui ne tarda pas à s'accentuer d'une manière inquiétante.

Dans l'organisation des mesures de défense contre cette crise qui menaçait de paralyser le règlement de nos achats à l'extérieur, la Banque eut pour ligne de conduite d'aider le marché du change à s'adapter, avec le minimum de trouble, aux conditions anormales créées par la guerre, en encourageant et en appuyant les initiatives privées en vue du rétablissement des crédits internationaux.

Dès 1915, l'excédent de nos importations sur nos exportations dépassait 5 milliards ½; cette différence pesait lourdement sur notre balance économique.

La Banque s'efforça de constituer une importante provision de changes, afin de régulariser les mouvements du marché. Les ventes de changes, subordonnées à la justification des besoins, dépassèrent 800 millions de francs. D'autre part, elle favorisait les négociations des valeurs internationales sur les marchés étrangers et créait un service spécial pour les centraliser. Elle cautionnait à Londres un crédit de 5 millions de livres ouvert pour un an par un groupe de banquiers de Londres à une banque parisienne. Elle garantissait également à New-York une avance de 2 millions de dollars, puis obtenait un premier crédit de 20 millions de dollars de la maison Brown brothers.

La Banque donnait également son concours à l'État. Elle remettait à la Banque d'Angleterre 20 millions de souverains, en contrepartie desquels l'État obtenait un crédit de 62 millions de livres st. pour le paiement des importations effectuées pour son compte.

En 1916, les engagements de change pris dans l'intérêt du commerce français à l'occasion d'opérations de crédit ou de renouvellements négociés en Angleterre, en Amérique, en Suisse, en Danemark, en Norvège, et auxquelles la garantie de la Banque de France était concédée, s'élevaient à plus de 500 millions de francs. Elle avait répondu aux demandes de change pour plus de 3 milliards ½, sans que les prix des principales devises eussent subi de changements importants.

C'est également en mai 1916 que le Trésor, afin d'accroître ses moyens de paiement à l'étranger, fit appel aux porteurs de titres des pays neutres. Cette opération fut suspendue en septembre 1918. La Banque recueillit dans sa clientèle 788.000 titres d'une valeur de 646 millions.

En 1917, malgré les restrictions imposées à l'entrée des marchandises qui ne répondaient pas à un besoin absolu, malgré les difficultés du tonnage, le chiffre des importations augmenta considérablement. Les opérations de crédit négociées avec la garantie de la Banque étaient, pour cette année, de 600 millions. Le total des ventes de change approchait de 15 milliards de francs. Cependant, l'intervention des États-Unis aux côtés de la France et de ses alliés, les avances de la Trésorerie américaine au Gouvernement français, exercèrent une influence favorable; la livre et le dollar se maintinrent à des cours un peu inférieurs à ceux de 1916.

Avec la cessation des hostilités commence une période d'efforts pénibles; les avances des Trésoreries anglaise et américaine sont interrompues; nos moyens de paiement à l'étranger diminuent, et le marché du change reste livré à ses seules ressources. Au même moment, l'insuffisance des récoltes nous oblige à demander aux marchés étrangers une part très large des denrées nécessaires. L'industrie nationale ne peut fournir les énormes quantités de matériaux, d'outillage, de produits de toutes sortes qu'exige notamment la remise en état des régions dévastées. Dès lors, nous assisterons à la hausse des devises étrangères; la Banque de France fournira encore, en 1919, 2.200 millions de change; mais notre balance commerciale présente un déficit de 25 milliards, et, en janvier 1921, la livre sterling et le dollar atteindront leurs cours les plus élevés : 61 fr. 59 et 17 fr. 18.

Cependant, en 1921, le solde déficitaire de notre balance commerciale n'a pas atteint 2 milliards de francs, alors qu'il dépassait 23 milliards en 1920, et les changes se seraient sensiblement améliorés si l'arriéré des exercices antérieurs n'avait pesé encore sur la valeur internationale de notre monnaie.

Le concours de la Banque à ces opérations, si importantes pour le commerce, a toujours été absolument gratuit.

Services rendus au commerce, à l'industrie, au public. — ESCOMPTES ET AVANCES. — La fin de juillet 1914, alors que les événements se précipitaient, fut une période critique pour les établissements de crédit. Les capitalistes effrayés voulant rentrer dans leurs fonds, les ordres de vente de titres se multipliaient. Les guichets des banques étaient assiégés; il leur fallait en toute hâte réescompter leur portefeuille pour satisfaire aux demandes de retraits et éviter la panique.

Aussi, dès le 25 juillet, les présentations à l'escompte à la Banque de France furent considérables. De 1.554 millions le 25 juillet, son portefeuille atteint 3.041 millions le 1er août, pour dépasser 4 milliards le 4 août.

Il était de 4.476 millions au 1er octobre, en effets dont les échéances se trouvaient prorogées. Disons de suite que le commerce français, fidèle à d'anciennes et fortes traditions, s'est libéré dans la plus large mesure. Fin 1921, ce portefeuille prorogé était réduit à moins de 50 millions, dont la liquidation se poursuit graduellement; 4.418 millions avaient été remboursés, soit 98,70 % du total maximum.

Après avoir donné le concours le plus large aux sociétés de crédit pendant la période critique, la Banque dut apporter quelques restrictions aux facilités accordées; notamment, elle éleva le taux de l'escompte à 6 %.

Les avances sur titres s'étaient considérablement accrues. Pendant la dernière semaine de juillet 1914, elles avaient augmenté de plus de 25 millions, et dès le 1er août, la Banque fixa une limite aux prélèvements, afin d'éviter la constitution de réserves individuelles trop importantes. La quotité des prêts fut ramenée à 50 % pour toutes les valeurs engagées, et le taux élevé de 5 ½ à 7 %.

Cependant, désireuse de favoriser l'intérêt général, elle ne cessa pas d'escompter le papier qui lui était présenté ou de consentir les avances lorsqu'il s'agissait de satisfaire à des besoins légitimes du commerce et de l'industrie, dont elle se fit justifier, tels que paiements de salaires ou achats de matières premières. Tous ceux qui contribuaient à assurer la vie économique du pays, qui travaillaient pour la Défense Nationale, trouvèrent toute l'aide nécessaire en s'adressant à la Banque, soit directement, soit par l'intermédiaire de leurs banquiers.

Pour faciliter l'accès de ses guichets à Paris, elle ouvrit, le 24 août 1914, un bureau spécial destiné à toutes les opérations d'escompte ou d'avances intéressant les commerçants et les industriels, bureau dont le chiffre d'opérations devint bientôt considérable. C'était le commencement de la décentralisation dans la capitale, qui se poursuivit dans la suite par la création de nouvelles agences.

Enfin, dès le 20 août 1914, le taux de l'escompte était ramené à 5 %, et celui des avances à 6 %.

Pendant toute la durée des hostilités, puis dans les années qui ont suivi, la Banque de France n'a pas cessé de prêter libéralement son concours au commerce, à l'industrie, à l'agriculture et aux particuliers, sous forme d'escompte ou d'avances.

Dans la crise intense qui commença en 1919, et qui se fait encore sentir profondément, elle s'efforça de donner sans restrictions, au monde des affaires, l'appui le plus complet, dont les chiffres suivants permettront d'apprécier l'importance.

Du 24 décembre 1919 au 24 décembre 1921, le portefeuille commercial passait de 1.268 millions à 2.283 millions; la moyenne, pour 1921, s'élevait à 2.686 millions; le point culminant avait été atteint le 5 janvier avec 3.345 millions.

En ce qui concerne les avances sur titres, qui étaient de 729 millions en 1913 et 1.222 millions en 1916, elles s'élevèrent à 2.314 millions le 7 décembre 1921.

Autres mesures. — La Banque de France prit encore différentes mesures, tant pour faciliter les opérations de sa clientèle que pour enrayer le développement toujours croissant de l'inflation fiduciaire. Elle encouragea l'usage des chèques, des virements et des règlements par écritures, en supprimant toute commission pour ces opérations. Nous avons déjà dit que les créanciers du Trésor, des administrations de l'Etat, des Chemins de fer, des Villes purent, par son intermédiaire, être payés par mandatement direct au profit de leur compte en Banque.

En résumé, quand la guerre a éclaté, la Banque de France était prête à accomplir tout son devoir; sa politique prudente, en consolidant ses ressources, lui en avait fourni les moyens.

Le concours qu'elle a donné à la Trésorerie nationale, les crédits qu'elle a dispensés au commerce et à l'industrie, pendant les hostilités comme dans la période d'instabilité monétaire et de réadaptation qui les a suivies, prouve qu'elle a bien rempli le programme que lui imposait dès 1898 son Gouverneur, M. Georges Pallain : « Faire de la Banque, en cas de péril national, la garantie suprême du salut de la Patrie. »

Le dernier renouvellement du privilège.

(20 DÉCEMBRE 1918.)

La loi du 17 novembre 1897 avait fixé pour terme du privilège concédé à la Banque de France la date du 31 décembre 1920, et les conventions des 11 et 28 novembre 1911, approuvées par la loi du 29 décembre, n'y avaient apporté aucune modification.

La question du renouvellement du Privilège fut donc à nouveau soumise à l'examen des Chambres, dès 1917. Les rapporteurs des Commissions de la Chambre et du Sénat se plurent à proclamer l'importance des services que la Banque avait rendus pendant la guerre à toutes les branches de l'activité nationale. Ils montrèrent aussi comment le crédit propre dont la Banque de France jouit dans le monde entier, quoique distinct de celui de l'État, l'avait cependant renforcé d'une façon qui s'était révélée singulièrement utile.

L'ère des réparations et du travail pacifique réservait à la Banque de nouveaux et impérieux devoirs : il fallait envisager la liquidation graduelle des immobilisations exceptionnelles de la période de guerre, préparer le retour aux paiements en espèces, et, en même temps, seconder par une assistance libérale, la reprise des affaires, la reconstitution et l'essor économique du pays.

Pour que la Banque pût entreprendre sans retard et poursuivre dans la sécurité du lendemain cette tâche longue et délicate, les pouvoirs publics, répondant au vœu unanime des Chambres de commerce et des groupements professionnels, renouvelèrent pour vingt-cinq ans, à partir du 1er janvier 1921, son privilège d'émission.

La loi du 20 décembre 1918, qui proroge le privilège de vingt-cinq ans, c'est-à-dire jusqu'au 31 décembre 1945, sanctionna les conventions des 26 octobre 1917, 11 mars et 26 juillet 1918 avec l'État, et l'avenant du 11 mars 1918, et fixa les conditions de ce renouvellement.

Les principales dispositions de ces conventions sont relatives aux charges financières nouvelles imposées à la Banque.

Fonds d'amortissement. — Aux termes de la convention du 21 septembre 1914, l'intérêt des avances à l'État, un an après la cessation des hostilités, est porté de 1 % à 3 %. Le supplément d'intérêt, 2 %, est destiné à alimenter un fonds d'amortissement qui, après couverture des pertes sur effets prorogés, sera appliqué à l'atténuation de la dette de l'État.

La Banque verse, en outre, à ce fonds d'amortissement, le montant de la contribution qu'elle s'est engagée à payer à l'État et qui est assise sur le produit brut des avances à l'État et de l'escompte de bons du Trésor français à des gouvernements étrangers; puis, à dater du 1er janvier 1918, un prélèvement de 50 % sur l'intérêt de 1 % des avances à l'État, et de 85 % sur le produit de l'escompte des Bons du Trésor français à des gouvernements étrangers.

Le compte d'amortissement est, en outre, bonifié d'un intérêt calculé au taux net des avances à l'État, tous impôts déduits.

Redevance. — Le régime de la redevance sur la circulation productive a été modifié. A la redevance ordinaire dont le tarif reste variable suivant le taux de l'escompte, s'ajoute désormais un prélèvement supplémentaire, progressif suivant l'importance des produits.

a) REDEVANCE PRINCIPALE. — Elle a pour base le produit du solde moyen de la circulation productive par le taux de l'escompte; il est appliqué à ce produit (augmenté du montant des intérêts perçus sur effets prorogés, et diminué des sommes partagées entre la Banque et l'État lorsque le taux de l'escompte dépasse 5 %), une proportion de :

5 %	si le taux de l'escompte est au plus de	3 ½ %.	
7,50 %	—	dépasse	3 ½ %.
10 %	—	—	4 %.
12,50 %	—	—	4 ½ %.

b) REDEVANCE SUPPLÉMENTAIRE. — La redevance principale étant déduite du total qui a servi de base, l'État perçoit encore une redevance de 20 %, calculée :

Sur le 1/4 du montant de la tranche, de	0 à 50 millions.		
— 3/8	—	50 à 75	—
— 4/8	—	75 à 100	—
— 5/8	—	100 à 125	—
— 6/8	—	125 à 150	—
— 7/8	—	150 à 175	—

Ces redevances seront perçues sans préjudice des impôts dus par la Banque, tels qu'ils sont déterminés par les lois existantes.

Pour mémoire, rappelons que la Banque acquitte en outre un « impôt spécial de timbre sur les billets de banque » fixé à 2 °/₀₀ de la circulation dite productive, et de 0,20 °/₀₀ de la circulation non productive.

Dividendes. — Il a été également stipulé que dans le cas où la Banque distribuerait un dividende net supérieur à 240 francs par action, elle devrait verser à l'État une somme correspondant à l'excédent net réparti.

Affectation au crédit agricole. — Le montant des sommes provenant de la redevance supplémentaire, ainsi que de l'attribution d'une part de bénéfice en cas de super-dividende, sera, aux termes de l'article 3 de la loi, attribué au Crédit agricole et à d'autres œuvres de crédit. Les forces productives du pays profiteront ainsi des nouvelles charges imposées à la Banque.

Avances à l'Etat. — Les avances permanentes de la Banque de France à l'État, s'élevant ensemble à 200 millions de francs, sont prorogées jusqu'à l'expiration du privilège et ne porteront pas intérêt.

La Banque versera en outre au Trésor une somme de 5 millions sur le montant des billets d'ancien type à impression bleue sur fond rose restant en circulation; le surplus devra être versé le 2 janvier 1923.

L'article 7 de la convention du 26 octobre 1917 maintient également les diverses mesures prises par la Banque pendant les hostilités, en vue de favoriser les opérations du Trésor, et dont nous avons déjà parlé.

Mesures dans l'intérêt du commerce et du public. — Dans l'intérêt du commerce et du public, la Banque s'engageait à étendre le nombre de ses établissements par la création de 12 succursales, 25 bureaux auxiliaires et 50 villes rattachées.

La loi consacre enfin les mesures que la Banque avait prises spontanément depuis plusieurs années :

— admission à l'escompte et à l'encaissement du papier déplacé;

— accession à la faculté d'escompte pour les sociétés de caution mutuelle du petit et moyen commerce, de la petite et moyenne industrie, instituées par la loi du 13 mars 1917;

— exonération de toute commission pour l'encaissement des chèques barrés tirés sur des banques, pour le paiement des effets domiciliés par ses ayant comptes, pour les déplacements de fonds par virements ou chèques.

La Banque enfin assurait à nouveau le Ministre des Finances de son désir d'appuyer les initiatives qui auraient pour objet de favoriser l'expansion économique de la France au dehors.

Loi du 20 décembre 1918
portant renouvellement du privilège de la Banque de France.

Art. 1er. — Le privilège concédé à la Banque de France par les lois des 24 germinal an XI, 22 avril 1806, 30 juin 1840, 9 juin 1857 et 17 novembre 1897, est prorogé de vingt-cinq ans, à partir du 1er janvier 1921, et prendra fin le 31 décembre 1945.

Art. 2. — Sont approuvés, la convention passée le 26 octobre 1917 et l'avenant à ladite convention en date du 11 mars 1918, ainsi que les conventions additionnelles passées les 11 mars et 26 juillet 1918 entre le Ministre des Finances et le Gouverneur de la Banque de France.

Ces conventions sont dispensées des droits de timbre et d'enregistrement.

Art. 3. — Le produit de la redevance supplémentaire instituée par l'article 4 de la convention du 26 octobre 1917, ainsi que la part de bénéfices revenant éventuellement à l'État, en vertu de la convention additionnelle du 26 juillet 1918, seront affectés, chaque année, au crédit agricole, jusqu'à concurrence de la somme nécessaire pour parfaire la dotation résultant de l'application des lois des 17 novembre 1897 et 29 décembre 1911. Le surplus sera réservé et versé à un compte spécial du Trésor, jusqu'à ce que des dispositions législatives aient déterminé les conditions dans lesquelles ce produit sera affecté à des œuvres de crédit.

ART. 4. — Aucun Régent de la Banque de France ne pourra être administrateur de sociétés financières de pays en guerre avec la France.

Convention du 26 octobre 1917
approuvée par la loi du 20 décembre 1918.

ART. 1er. — Le bénéfice des opérations d'escompte prévues par les statuts fondamentaux de la Banque (art. 9 du décret du 16 janvier 1808) est étendu aux sociétés de caution mutuelle du petit et moyen commerce, de la petite et moyenne industrie.

ART. 2. — A dater du début de l'exercice 1918, les produits exceptionnels résultant de l'escompte des Bons du Trésor français à des gouvernements étrangers et de l'impôt sur les avances temporaires consenties à l'État donneront lieu, au profit de l'État, aux prélèvements ci-après :

85 % du produit de l'escompte des Bons du Trésor français à des gouvernements étrangers;

50 % des intérêts perçus sur les avances à l'État, déduction faite de l'intérêt supplémentaire de 2 % visé aux articles 4 et 5 de la convention du 21 septembre 1914, sanctionnée par la loi du 26 décembre 1914, intérêt qui sera versé intégralement au compte de réserve et d'amortissement institué par l'article 5 de ladite convention.

Cette contribution comprendra la redevance sur les éléments susvisés, lesquels ne seront pas repris dans la circulation productive.

Le montant de la contribution ainsi déterminé sera versé au fur et à mesure de l'encaissement par la Banque des produits correspondants, au compte spécial de reserve et d'amortissement susvisé.

Pour la période écoulée entre le 1er août 1914 et la clôture de l'exercice 1917, la Banque versera audit compte spécial, dès la promulgation de la loi approuvant la présente convocation, une somme de 200 millions, qui comprendra le solde de la redevance pour l'exercice 1917 sur les produits visés au paragraphe 1er du présent article.

Pour le passé, ce versement de 200 millions et, pour l'avenir, les prélèvements prévus au premier alinéa du présent article tiendront lieu, pour la Banque, d'impôt sur les bénéfices de guerre.

ART. 3. — L'article 5 de la convention du 21 septembre 1914 est ainsi complété :

« Le compte spécial sera débité du montant en principal des effets impayés provenant du portefeuille immobilisé par la prorogation des échéances, au fur et à mesure que la Banque, après la cessation de cette prorogation, entrera ces effets impayés en souffrance.

« Le compte sera débité de même, au fur et à mesure de leur entrée en souffrance, du montant en principal des créances résultant des versements effectués chez des correspondants alliés ou neutres en contre-partie du règlement, en France, par l'intermédiaire de la Banque, d'effets ou d'opérations antérieures au 4 août 1914.

« La Banque continuera à gérer le portefeuille des effets et créances en souffrance, elle portera au crédit du compte susvisé les rentrées successives qu'elle obtiendra sur le montant en principal de ces effets et créances.

« A aucun moment, le solde créditeur du compte ne pourra être supérieur au montant des effets prorogés et des créances susvisées; l'excédent, de même que toutes sommes devant être ultérieurement versées au compte spécial, sera porté en amortissement de la dette de l'État, ou directement au compte du Trésor lorsque cette dette sera remboursée. »

ART. 4. — Pour le calcul de la redevance instituée par l'article 5 de la loi du 17 novembre 1897, on ajoutera au produit obtenu en multipliant le solde moyen de la circulation productive par le taux de l'escompte, déduction faite, s'il y a lieu, des sommes partagées entre la Banque et l'État, conformément à l'article 12 de la même loi, le montant des intérêts perçus par la Banque sur des effets prorogés, et on appliquera à la somme ainsi déterminée une proportion de 5 %. Si, pendant une période quelconque, le taux de l'escompte dépasse 3,50 — 4 ou 4,50 %, cette proportion sera pour la période correspondante, respectivement portée à 7,50 — 10 ou 12,50 %.

En outre, il sera perçu, sur le produit déterminé comme ci-dessus des opérations productives de la Banque, pour chaque exercice annuel, après déduction de la redevance visée à l'alinéa précédent, une redevance supplémentaire de 20 %, la tranche comprise entre 0 et 50 millions n'étant comptée que pour un quart de son montant, entre 50 et 75 millions pour trois huitièmes, entre 75 et 100 millions pour quatre huitièmes, entre 100 et 125 millions pour cinq huitièmes, entre 125 et 150 millions pour six huitièmes, entre 150 et 175 millions pour sept huitièmes.

La redevance et la redevance supplémentaire seront perçues sans préjudice des impôts dus par la Banque tels qu'ils sont déterminés par les lois existantes. Toute majoration de ces impôts et toute création d'impôts qui atteindraient les opérations déjà frappées par les redevances seraient compensées avec le montant de ces dernières, l'excédent étant perçu en sus, le cas échéant.

Ces dispositions entreront en vigueur à partir du 1er janvier 1918.

ART. 5. — Les avances permanentes de la Banque de France à l'État résultant des traités des 10 juin 1857, 29 mars 1878, 31 octobre 1896, 11 novembre 1911 et s'élevant ensemble à 200 millions de francs, sont prorogées jusqu'à l'expiration du privilège. Ces avances ne porteront pas intérêt. En garantie de leur remboursement il sera remis à la Banque de France un bon du Trésor, à l'échéance des avances.

ART. 6. — La Banque maintiendra les créations de succursales, bureaux auxiliaires, villes rattachées, réalisées par elle en dehors des obligations prévues par la loi du 17 novembre 1897 et par la convention du 11 novembre 1911.

Dans le délai de dix ans à partir de la promulgation de la loi approuvant la présente convention, il sera créé douze succursales et vingt-cinq bureaux auxiliaires.

La Banque s'engage, en outre, à organiser le service d'encaissement dans ses cinquante villes rattachées parmi lesquelles seront compris les chefs-lieux d'arrondissement et de canton de 6.000 habitants et au-dessus qui ne sont pas bancables.

ART. 7. — La Banque de France continuera d'effectuer gratuitement le paiement des chèques et virements tirés par les comptables du Trésor sur le compte du Trésor et de prêter à l'État son concours gratuit, dans les conditions fixées par les décrets en vigueur pour faciliter le règlement par virements des mandats ordonnancés et visés bon à payer, établis au profit de ceux des créanciers de l'État et des départements qui ont des comptes ouverts, soit à la Banque de France, soit dans une maison de banque titulaire d'un compte à la Banque de France.

Elle prêtera son concours au Trésor gratuitement, dans les mêmes conditions, pour faciliter le règlement, par virements au débit du compte courant du Trésor, des mandats qui lui seront transmis par les comptables du Trésor, après avoir été établis par les communes et les établissements publics au profit de leurs créanciers ayant des comptes ouverts, soit à la Banque de France, soit dans une autre maison de banque titulaire d'un compte à la Banque de France.

Elle procédera sans frais à l'encaissement des chèques tirés ou passés à l'ordre des comptables du Trésor et des régies financières.

ART. 8. — La Banque de France s'engage à exonérer de toute commission pour tous ses comptes, l'encaissement des chèques barrés tirés sur les places bancables et des chèques tirés sur les banques adhérentes à une chambre de compensation ou sur leurs correspondants.

Elle s'engage à maintenir, pour tous ses comptes, la faculté de domicilier sans frais à ses guichets le paiement de leurs effets et d'échanger également sans frais des virements entre comptes résidant sur des places différentes.

ART. 9. — La présente convention est dispensée des droits de timbre et d'enregistrement.

<h3 style="text-align:center">Avenant du 11 mars 1918.</h3>

ART. 1er. — L'article 3 de la convention du 26 octobre 1917 est complété par les dispositions suivantes :

« La Banque bonifiera le solde du compte d'amortissement d'un intérêt calculé au taux net des avances à l'État, déduction faite de l'impôt du timbre et du prélèvement prévu à l'article 2 de ladite convention.

« Cet intérêt sera porté à un compte annexe le dernier jour de chaque semestre.

« Au moment de la liquidation finale du compte d'amortissement, il sera fait un décompte récapitulatif des sommes successivement absorbées par l'amortissement ou attribuées à l'État sur le montant dudit compte.

« La Banque versera au Trésor une part du compte annexe, proportionnelle au total des sommes attribuées à l'État d'après le décompte récapitulatif susvisé. »

Convention additionnelle du 11 mars 1918.

ART. 1er. — Par application du principe général selon lequel l'État a seul droit au bénéfice résultant de ce qu'une partie des billets n'est pas présentée au remboursement, la Banque de France versera au Trésor, aux dates ci-après fixées, une somme représentant le solde des billets de tous les anciens types à impression bleue sans fond rose et des petites coupures de 20 à 25 francs émises antérieurement à 1888, restant en circulation.

Un acompte de 5 millions de francs ayant été versé à titre définitif en exécution de la convention du 28 novembre 1911, un nouvel acompte d'un montant égal sera versé au Trésor dans le mois suivant l'entrée en vigueur de la présente convention.

Le surplus sera versé le 2 janvier 1923.

ART. 2. — A partir du moment où le solde en circulation sera devenu inférieur aux sommes versées au Trésor, l'État prendra à sa charge l'échange des billets qui seraient ultérieurement présentés au remboursement, sans que toutefois son bénéfice final puisse être inférieur à la somme de 5 millions de francs versée en exécution de la convention du 21 novembre 1911.

Convention additionnelle du 6 juillet 1918.

ART. 1er. — A compter de l'exercice 1918, toute répartition d'un dividende annuel supérieur à 240 francs nets d'impôts par action, obligera la Banque à verser à l'État une somme égale à l'excédent net réparti.

Organisation administrative de la Banque de France.

L'organisation administrative de la Banque a été réglée par la loi du 22 avril 1806, complétée par le décret du 16 janvier 1808 (statuts fondamentaux).

Sous l'empire de la loi du 24 germinal an XI (14 avril 1803), l'administration de la Banque appartenait exclusivement à ses actionnaires : la direction était confiée à un comité central composé de trois Régents, dont un Président. Actuellement, elle se compose de deux sortes de membres, les uns nommés par le Gouvernement, les autres par les actionnaires.

L'organisation actuelle de la Banque comprend 3 rouages : la Direction, le Conseil général, l'Assemblée des Actionnaires.

Gouverneurs. — A la tête de l'Administration, sont un Gouverneur et deux Sous-Gouverneurs. Tous trois sont nommés par le Pouvoir exécutif et par lui révocables. L'article 3 de la loi du 17 novembre 1897 a rendu les fonctions de Gouverneur incompatibles avec le mandat législatif. A la suite de cette disposition de la loi, M. Magnin a donné sa démission de Gouverneur, et M. Pallain a été nommé, pour le remplacer, par un décret du 30 décembre 1897.

M. Pallain a dirigé la Banque de France jusqu'au mois d'août 1921. Dès sa désignation au poste de Gouverneur, il entreprit de développer et de consolider toutes les ressources de la Banque, et de la mettre à même de rendre les services que le pays devait en attendre. Pendant la guerre, il montra une prévoyance toujours en éveil, une inlassable volonté, une confiance immuable dans le succès final.

Il a été remplacé par M. G. Robineau qui appartenait à la Banque de France depuis plus de trente années. Les Sous-Gouverneurs actuels sont MM. Morel, ancien Trésorier général, et Ernest Picard qui, pendant près de vingt-cinq ans, occupa les fonctions de Secrétaire général.

En appelant MM. Robineau et E. Picard à ces hauts postes, le Gouvernement a voulu reconnaître les éminents services rendus par les collaborateurs immédiats de M. Pallain, au moment où pesaient sur eux de si lourdes et redoutables responsabilités.

La loi du 22 avril 1806 a donné pour mission principale au Gouverneur d'exercer un contrôle sur les actes de la Banque au nom des intérêts de l'État et du crédit public. Toutes les opérations sont dirigées par lui, et à son défaut par les Sous-Gouverneurs auxquels il délègue ses fonctions.

Le Gouverneur préside le Conseil de régence et l'Assemblée générale des Actionnaires.

Conseil général. — Le Conseil général se compose de quinze Régents et de trois Censeurs, élus par l'Assemblée générale des Actionnaires, renouvelables chaque année, les premiers par cinquième et les seconds par tiers. Cinq Régents sur les quinze et les trois Censeurs doivent être pris parmi les manufacturiers, fabricants ou commerçants actionnaires de la Banque; trois autres Régents doivent être pris parmi les Trésoriers généraux des Finances en exercice.

Régents et Censeurs veillent sur toutes les opérations de la Banque. Leurs attributions sont multiples; elles consistent : à fixer le taux de l'escompte; à délibérer sur l'émission des billets de banque; à arrêter le compte rendu qui doit être présenté à l'Assemblée des Actionnaires.

Le Conseil général se réunit pour l'examen des questions administratives. Ses membres sont répartis en Comités spéciaux qui sont : le Comité d'escompte; le Comité des billets; le Comité des livres et du portefeuille; le Comité des caisses; le Comité des Succursales; le Comité des relations avec le Trésor public et les Trésoriers payeurs généraux.

Assemblée des Actionnaires. — A côté de l'Administration proprement dite est l'Assemblée générale des Actionnaires. Elle est composée de ceux qui sont constatés être depuis six mois révolus les deux cents plus forts propriétaires de ses actions. Elle est investie du droit de nommer les Régents et les Censeurs et d'approuver le bilan des opérations annuelles.

Bilan hebdomadaire. — Nous devons ajouter qu'en vertu du décret du 15 mars 1848, la Banque publie toutes les semaines un état de situation. Cet état est arrêté par le Conseil de régence dans sa séance hebdomadaire du jeudi, et publié chaque vendredi au *Journal officiel*.

Tous les six mois enfin, pendant la dernière semaine de juin et de décembre, la Banque arrête le montant des dividendes à distribuer aux actionnaires.

Le dividende le plus élevé attribué aux actions a été celui de 1873, qui a été fixé à 360 fr. 81. Celui de 1897 a été de 109 francs. Pendant plusieurs années, le dividende se maintint à 140 francs; il passa à 160 francs en 1912, 200 francs en 1913-14-15, puis à 240 francs de 1916 à 1919. En 1920, il a été de 255 francs, et de 270 francs en 1921.

Voici la liste des Gouverneurs de la Banque de France depuis sa fondation.

MM. CRETET...........................	25 avril 1806.
JAUBERT (Comte)...............	9 août 1807.
LAFFITTE (Jacques).............	6 avril 1814.
DE GAETE (GAUDIN, Duc).......	6 avril 1820.
D'ARGOUT (Comte).............	4 avril 1834.
DAVILLIER (Baron J.-C.)........	25 févr. 1836.
D'ARGOUT (Comte).............	5 sept. 1836.
DE GERMINY (Comte)..........	10 juin 1857.
VUITRY.....................	15 mai 1863.
ROULAND.	28 sept. 1864.
DENORMANDIE................	18 janv. 1879.
MAGNIN.....................	18 nov. 1881.
PALLAIN (Georges)............	24 déc. 1897.
ROBINEAU (Georges)...........	1er sept. 1920.

Comptoirs de la Banque. — Le décret du 16 janvier 1808 constituant les « Statuts fondamentaux » de la Banque décide la création de Succursales désignées sous le nom de Comptoirs d'escompte dans les villes de départements où les besoins du commerce en feront sentir la nécessité, et le décret du 8 septembre 1810 stipule que la Banque de France exercera son privilège dans les villes où les Comptoirs d'escompte sont établis, de la même manière qu'elle est autorisée à l'exercer à Paris.

L'ordonnance du 25 mars 1841 détermine les conditions de formation et de fonctionnement des Comptoirs d'escompte. Aux termes de cette ordonnance :

Aucun Comptoir de la Banque ne peut être établi ou supprimé qu'en vertu d'une loi; les opérations des Comptoirs sont les mêmes que celles de la Banque centrale.

L'Administration de chaque Comptoir est composée :

d'un Directeur;

de douze Administrateurs au plus et de six au moins, suivant l'importance du Comptoir;

de trois Censeurs.

Les Censeurs sont nommés par le Conseil général de la Banque.

Les Administrateurs sont nommés par le Gouverneur, sur une

liste de candidats en nombre double de celui des membres à élire.

Les fonctions d'Administrateur et de Censeur sont gratuites et ne donnent droit qu'à l'attribution de jetons de présence.

Le Directeur de chaque Comptoir est nommé par le Chef de l'État; il exécute les arrêts du Conseil général et se conforme aux instructions transmises par le Gouverneur. Il préside le Conseil d'administration, dont il fait partie ainsi que les Administrateurs et les Censeurs. Nul effet ne peut être escompté dans un Comptoir que sur la proposition des Administrateurs composant le Comité des escomptes et avec l'approbation du Directeur.

Les Comptoirs de la Banque furent dénommés Succursales par le décret du 27 avril 1848.

Les Établissements de la Banque de France se subdivisent en Succursales, Bureaux auxiliaires (agences dépendant d'une succursale) et Villes rattachées (où la Banque n'assure qu'un service d'encaissement d'effets).

Au 31 décembre 1921, on comptait :

> 1 Banque centrale;
> 3 Bureaux dans Paris;
> 13 Bureaux dans la banlieue parisienne;
> 147 Succursales;
> 71 Bureaux auxiliaires;
> 370 Villes rattachées;
>
> Ensemble........ 605 Comptoirs ou Villes rattachées.

Le personnel comprenait 5.190 employés titulaires de tous grades et 7.800 agents auxiliaires ou dames employées.

Institutions patronales et mutuelles. — Les dispositions concernant les conditions de recrutement, d'avancement et de discipline du personnel de la Banque de France, font l'objet d'un statut réglementaire approuvé par le Ministre des Finances (Convention du 29 décembre 1911, article 8).

Dès sa création, la Banque de France se préoccupa d'organiser, conformément au vœu des statuts fondamentaux de 1808, « une Caisse de réserve en faveur de ses employés pour leur assurer une pension de retraite et des secours en cas de maladie, ainsi qu'à leurs veuves et orphelins ».

Diverses institutions ont été successivement créées, qui assurent une retraite à tous les agents, tant titulaires qu'auxiliaires :

1° La Caisse de réserve des employés a été instituée et réglementée par les décrets des 16 janvier 1808 et 15 juillet 1874.

La retenue opérée sur les traitements est de 2%.

La pension de retraite est obtenue après trente ans de service (vingt-cinq ans pour le personnel de la Recette); elle est calculée sur la moyenne du traitement des trois dernières années;

2° La Caisse des retraites des dames-employées. La retenue est de 1 %; la retraite peut être obtenue dès vingt ans de service suivant l'âge;

3º Les Caisses spéciales du personnel auxiliaire et des ouvriers et ouvrières des usines à papier.

Le Gouvernement de la Banque apporte en outre son aide à des institutions mutuelles : la Société de prévoyance des employés, la Société d'épargne, la Société des pensionnaires mutuels, l'Union des aides à la Recette, l'Association mutuelle des dames employées la Société de prévoyance dotale des enfants du Personnel de la Banque. Ces Sociétés ont pour but de donner des secours en cas de maladie, des indemnités au décès, des retraites supplémentaires, de constituer des dots.

Ajoutons encore que la Banque manifeste sa sollicitude pour son Personnel en consacrant des sommes importantes aux secours en cas de maladie, primes de naissance, indemnités spéciales pour charges de famille, etc...

OPÉRATIONS DE LA BANQUE

La Banque de France est une Banque d'émission ; elle fait en outre des opérations de banque proprement dites, escompte des effets de commerce, recouvrements, dépôts en comptes courants, avances sur titres, etc...

1º ÉMISSION

Aucune disposition statutaire de la Banque n'impose de limite à l'émission.

Ses opérations étant limitativement déterminées par la loi, il ne peut être émis de billets qu'en contre-partie d'opérations statutaires : dépôt de numéraire, escompte d'effets de commerce, avances sur titres ou sur métaux précieux. Il en résulte que, en temps normal et abstraction faite du concours que la Banque est appelée à donner, le cas échéant, à l'État pour la Défense nationale, tous les billets émis ont leur représentation intégrale dans l'encaisse ou le portefeuille d'escompte et d'avances ; les émissions doivent d'ailleurs être faites, conformément aux dispositions des statuts primitifs du 24 pluviôse an VIII, dans des proportions « telles qu'en aucun temps la Banque ne puisse être exposée à différer le paiement de ses engagements au moment où ils lui sont présentés ».

Des circonstances exceptionnelles ont conduit le législateur à limiter la circulation à 350 millions (15 mars 1848), puis à 452 millions (2 mai 1848) et à 525 millions (2 décembre 1849). La loi du 6 août 1850 abrogea toute limitation. Sous le régime du cours forcé, causé par la guerre de 1870, le maximum fut fixé à 1.800 millions (12 août 1870), 2.800 millions (2 décembre 1871), 3.200 millions (15 juillet 1872), et resta à ce chiffre, après la cessation du cours forcé (1878) jusqu'en 1884.

La limite a été portée ensuite, en raison du développement des besoins de la circulation : en 1884, à 3.500 millions ; en 1893, à 4 milliards ; en 1897, à 5 milliards ; le 29 décembre 1911, à 6.800 millions.

Enfin, du fait de la dernière guerre, des augmentations successives ont fixé ce maximum au chiffre de 41 milliards (décret du 28 septembre 1920).

Au 24 décembre 1921, la circulation s'élevait à 36 milliards 427 millions se décomposant en 524 millions de billets.

Les billets de la Banque de France ont cours légal, et ne peuvent être refusés en paiement des sommes qu'ils représentent. Le cours forcé, qui a été décidé par la loi du 5 août 1914, dispense la Banque, tant que la mesure ne sera pas rapportée, de rembourser à vue ses billets.

A l'origine, les billets ne pouvaient avoir une valeur inférieure à 500 francs. Cette limite a été abaissée à 200 francs en 1847, 100 francs en 1848, 50 francs en 1857, 10 et 5 francs en 1871. Actuellement, la Banque émet des coupures de 5, 10, 20, 50, 100, 500 et 1.000 francs.

2° OPÉRATIONS DE BANQUE PROPREMENT DITES

I. — *Ouvertures de comptes.*

La Banque de France ouvre à Paris, dans ses Succursales ou dans ses Bureaux auxiliaires des départements :
Des comptes de dépôts de fonds;
Des comptes courants simples;
Des comptes courants avec faculté d'escompte;
Des comptes courants d'avances;
Des comptes courants mixtes d'avances et d'escompte.

Les personnes qui ne résident pas dans une ville siège d'une Succursale ou d'un Bureau auxiliaire, peuvent faire fonctionner leur compte par correspondance.

Comptes de dépôts de fonds. — L'ouverture d'un compte de dépôts de fonds peut être accordée à toute personne justifiant de son identité.

Les comptes de dépôts sont crédités des versements et des virements effectués au profit de leurs titulaires, des arrérages, ventes, encaissements de titres, etc... du montant des effets remis à l'encaissement.

Les titulaires de comptes de dépôts disposent des fonds figurant à leur crédit au moyen de chèques endossables. Ces chèques et ces virements sont toujours gratuits.

Comptes courants simples. — Les demandes d'ouverture de comptes courants simples sont soumises, à Paris, au Conseil général de la Banque, et, dans les départements, au Conseil d'administration de la Succursale.

Ces comptes fonctionnent dans les mêmes conditions que les comptes de dépôts de fonds; ils donnent droit à la délivrance de carnets de mandats de virements sur place.

Ils permettent aussi à leurs titulaires de prendre domicile à la Banque pour le paiement de leurs billets ou acceptations, ainsi que de régler, par simple virement au débit du compte, les effets.

présentés à l'échéance par les garçons de recette de la Banque.

Les sommes inscrites au crédit des comptes de dépôts de fonds et des comptes courants ne sont productives d'aucun intérêt.

Autres comptes. — (Voir ci-après § III et IV.)

II. — *Opérations de caisse.*

Chèques et virements. — La Banque de France remet des carnets de chèques timbrés à ses titulaires de comptes.

Ces chèques peuvent être libellés payables sur place ou dans un autre Comptoir de la Banque.

La Banque délivre également des virements permettant d'effectuer, par simple jeu d'écritures, tous règlements entre titulaires de comptes d'un même Comptoir ou de Comptoirs différents.

Par l'emploi des virements ou des chèques, toute somme peut être mise gratuitement, sur toute place où la Banque possède un Comptoir, à la disposition d'une tierce personne, titulaire ou non d'un compte à la Banque.

Chèques barrés circulaires. — Toute personne qui en fait la demande à un guichet de la Banque et constitue la provision nécessaire, peut obtenir des chèques barrés circulaires, à ordre, payables à Paris ou dans l'un quelconque des Comptoirs des départements, sans autres frais que le remboursement du droit de timbre, soit 0 fr. 20.

Billets à ordre. — La Banque délivre à toute personne se présentant à ses guichets, en contre-valeur d'un versement, des billets à ordre payables à Paris ou dans ses Succursales et Bureaux auxiliaires.

Lettres de crédit. — La Banque délivre gratuitement, à toute personne qui en fait la demande à ses guichets et constitue la provision nécessaire, des lettres de crédit dont le montant est payable à vue, en totalité ou par fractions, au titulaire de la lettre lui-même, à Paris, ou dans n'importe lequel de ses divers Comptoirs.

III. — *Escompte et encaissements d'effets.*

Comptes courants avec faculté d'escompte. — L'ouverture des comptes courants avec faculté d'escompte est soumise à l'approbation préalable, à Paris, du Conseil général de la Banque, et, dans les départements, du Comité d'escompte de la Succursale intéressée.

En outre des facilités et avantages attachés aux comptes courants simples, ces comptes donnent à leurs titulaires la faculté de présenter à l'escompte des lettres de change, billets à ordre, warrants commerciaux et agricoles et autres effets de commerce à ordre, revêtus de signatures notoirement solvables, et payables dans l'une quelconque des places bancables, c'est-à-dire où la Banque assure un service d'encaissement.

Les effets et les warrants ne peuvent pas avoir plus de trois mois d'échéance; les premiers doivent être revêtus de trois signatures, les seconds de deux au moins.

Moyennant le transfert ou le dépôt en garantie soit d'actions de la Banque, soit de titres figurant sur la liste déterminée par le Conseil général, la Banque escompte également les effets à deux signatures.

Le montant minimum des effets admissibles à l'escompte est de 5 francs.

L'escompte est perçu d'après le nombre de jours à courir, et au taux officiel (actuellement 5 %) fixé par le Conseil général.

Effets à l'encaissement. — Les titulaires de comptes à la Banque de France ont la faculté de remettre à l'encaissement des effets à ordre ou des chèques payables dans l'une quelconque des places bancables.

Le compte est crédité — dans un délai variable suivant la nature des effets et le lieu du paiement — du montant des effets payés à l'échéance.

La Banque encaisse gratuitement les chèques payables dans l'un quelconque de ses Comptoirs, ainsi que les chèques barrés sur toutes maisons de banque ou sociétés de crédit installées dans des places bancables.

Domiciliations d'effets. — Les titulaires de comptes de toute nature ont la faculté de domicilier à la Banque, jusqu'à concurrence de leur disponible en compte, les effets souscrits ou acceptés par eux.

Il leur suffit, avant chaque échéance, de donner à la Banque l'indication des effets à régler par le débit de leur compte.

Cette opération est effectuée sans frais ni commission.

Effets sur l'étranger. — La Banque accepte à l'escompte les effets payables à l'étranger ou dans les colonies, pourvu qu'ils aient été soit créés en France, soit créés à l'étranger et adressés en règlement à des négociants ou commerçants résidant en France.

Ces escomptes sont soumis, en ce qui concerne les échéances, le nombre et l'appréciation des signatures ainsi que le timbre français, aux mêmes conditions que les escomptes de papier payable en France.

En dehors de l'escompte, les effets sur l'étranger supportent une commission d'encaissement de 0 fr. 50 °/₀₀ perçue en même temps que l'escompte.

Les frais divers d'encaissement et de retour (timbre étranger, perte de place, avis de rentrée, ports de lettres, etc.) sont à la charge des présentateurs.

La Banque accepte également de ses titulaires de comptes la remise à l'encaissement de chèques et d'effets de commerce à ordre de toute nature payables à l'étranger.

Les effets doivent être timbrés conformément à la loi française.

Le compte du présentateur est crédité après réception de l'avis d'encaissement des effets.

IV. — *Avances sur titres.*

Conditions. — La Banque consent, au taux fixé par le Conseil général (actuellement 6 ½ %), sans commission de caisse, des avances sur les titres au porteur ou nominatifs) figurant sur la liste déterminée par le Conseil général.

Les avances sur fonds d'État français et valeurs émises par le Trésor sont exonérées de droits de timbre et d'enregistrement.

Les avances sur autres valeurs sont soumises à un droit de timbre proportionnel de 0,25 % à la charge de l'emprunteur.

Les titres nominatifs doivent être transférés au nom de la Banque. Ces transferts ne sont pas soumis aux droits de mutation.

Dans le cas où l'emprunteur n'est pas connu de la Banque, il doit justifier de son identité, en faisant préalablement certifier sa signature. Si les titres sont nominatifs, la certification doit être donnée par un agent de change ou un notaire.

La proportion du prêt varie, suivant la nature des titres, de 50 % à 80 %.

Comptes courants d'avances. — Les avances sont consenties sous forme de comptes courants d'avances, dans les conditions ci-dessus.

Ces comptes sont crédités d'office de tous arrérages, ventes, encaissements de titres appartenant au titulaire.

Toutes les sommes, quelle que soit leur importance, peuvent être versées par l'emprunteur à son compte courant d'avances, et ce compte peut, de ce fait, présenter un solde créditeur.

Les versements effectués à Paris ou dans les Succursales et Bureaux auxiliaires au profit d'un compte courant d'avances, et dans la limite du solde débiteur de ce compte, ne sont passibles d'aucune commission de transfert de fonds; les intérêts sont bonifiés au destinataire à compter de la date du jour du versement.

Le titulaire d'un compte d'avances effectue ses prélèvements au moyen de chèques ou virements sur place ou de place à place; ces chèques et virements sont toujours gratuits.

Les titulaires de comptes d'avances ont la faculté de domicilier à la Banque de France les effets souscrits ou acceptés par eux.

Le dépôt de garantie peut être fait par un tiers et celui-ci a la faculté de toucher directement ses arrérages, mais sous la réserve expresse que les intérêts dus à la Banque seront acquittés régulièrement par le bénéficiaire du compte. En cas de non-paiement des intérêts, la Banque en prélève le montant sur les arrérages encaissés.

Comptes courants mixtes d'avances et d'escompte. — Tout industriel ou commerçant, toute personne solvable, susceptible de présenter à l'escompte des effets à deux ou plusieurs signatures peut, en produisant les références nécessaires, se faire ouvrir à la Banque de France à Paris, ou dans ses Succursales et Bureaux auxiliaires, un compte courant mixte d'avances et d'escompte.

Le compte mixte doit être garanti par un dépôt de titres admis au bénéfice des avances.

Le dépôt de garantie peut être constitué par un tiers.

Le titulaire d'un compte mixte peut simultanément :

1º Prélever en avances tout ou partie du crédit qui lui a été ouvert; le remboursement de ces sommes s'effectue à sa convenance, en totalité ou par acomptes;

2º Remettre à l'escompte des effets à deux signatures, en proportion de la fraction de titres libres de prélèvements d'avances.

Il fait usage de son compte au moyen de chèques sur place ou de place à place, toujours gratuits.

Tout titulaire de compte mixte bénéficie, en outre, de tous les avantages offerts aux titulaires de comptes courants, notamment de la faculté de virement sur place et de place à place et de domiciliation de tous ses engagements aux guichets de la Banque de France.

V. — *Dépôts de titres.*

La Banque de France reçoit en dépôt, moyennant le paiement d'un droit annuel, les valeurs de toute nature, françaises et étrangères.

Le déposant reçoit, pour chaque nature de valeurs, un récépissé spécial timbré à 2 francs, relatant la nature et les numéros des titres.

Le retrait des titres déposés peut s'effectuer par l'intermédiaire de toutes Succursales ou Bureaux auxiliaires.

Le défaut de vérification des tirages exposant les propriétaires à perdre le revenu de leurs titres et parfois le capital lui-même, la Banque de France prend d'office à sa charge le risque et la responsabilité de la vérification des listes de tirages des titres qui lui sont déposés en garde, et perçoit pour ce service une commission égale au tiers du droit de garde pour les valeurs françaises, et à la moitié du droit de garde pour les valeurs étrangères.

La Banque encaisse gratuitement et d'office les arrérages, dividendes et intérêts des valeurs déposées.

Les arrérages sont payables, sans commission, au porteur du récépissé, à Paris ou dans le comptoir désigné par le déposant.

Les arrérages sont portés en compte, lorsque le déposant est en même temps titulaire de compte.

Opérations diverses. — La Banque se charge d'effectuer, soit d'office, soit sur autorisation spéciale, suivant les cas, les diverses opérations concernant les titres déposés dans ses caisses, toutes les fois que ces opérations ne nécessitent pas l'intervention directe de l'intéressé.

Garantie contre les risques de remboursement au pair. — La Banque de France, sur demande spéciale et moyennant le paiement d'une prime variable selon les valeurs, garantit ses déposants et emprunteurs contre la perte occasionnée par l'amortissement de certains titres français et étrangers, dont le cours en Bourse dépasse le taux de remboursement.

Comptes de capitalisation. — La Banque de France se charge, sur l'ordre écrit de ses déposants, de remployer les arrérages de rentes françaises.

VI. — *Emission de valeurs du Trésor français.*

La Banque de France assure gratuitement son concours à l'État pour l'émission des rentes françaises et autres valeurs du Trésor français.

Elle délivre immédiatement, sans frais d'aucune sorte, des Bons de la Défense nationale, à toute personne qui en fait la demande à ses guichets.

Lorsque les Bons arrivent à trois mois au plus de la date de leur remboursement, elle les accepte à l'escompte.

Elle se charge d'encaisser les Bons à leur échéance ou d'en effectuer le renouvellement.

La Banque reçoit également, sans frais, les souscriptions aux Obligations de la Défense nationale.

Sur les Bons et Obligations de la Défense nationale, la Banque de France prête 80 % de leur valeur.

La Banque de France paie gratuitement les coupons au porteur des rentes françaises et des valeurs du Trésor français. Ces paiements sont effectués à présentation.

Elle escompte les coupons de rentes françaises dans les trois mois qui précèdent leur échéance, au taux de l'escompte, avec minimum de 0 fr. 25.

VII. — *Opérations sur titres.*

Ordres de bourse. — La Banque de France se charge de faire exécuter les ordres d'achat ou de vente de titres qui lui sont donnés par ses clients.

La Banque n'accepte aucune opération à découvert. Ses clients doivent toujours lui remettre une couverture en espèces ou en compte, en cas d'achat, et les titres ou les récépissés de dépôts, en cas de vente.

Pour les ventes, aussi bien que pour les achats, les clients sont crédités ou débités du jour du règlement de la Banque avec l'agent de change.

Les bordereaux des agents de change sont remis aux clients à l'appui de chaque opération effectuée.

Opérations diverses sur titres. — La Banque se charge également, pour le compte de ses clients, de toutes les opérations de régularisation des titres :

Encaissement de titres amortis, avec ou sans remploi;

Versements sur valeurs non libérées;

Renouvellement de feuilles de coupons;

Conversions, échanges, timbrages, transferts, souscriptions, etc., moyennant remboursement des frais de port et d'assurance, s'il y a lieu, et paiement de la commission fixée pour ces opérations par le tarif des dépôts libres.

Ventes de titres à Londres et sur les places étrangères. — La Banque de France se charge de transmettre les ordres de vente de titres cotés à Londres et sur les autres places étrangères. Les titres peuvent être négociés qu'ils soient ou non revêtus du timbre français.

Les donneurs d'ordre doivent justifier que les valeurs à vendre n'ont pas été, depuis le 1er août 1914, en la possession d'un sujet d'une puissance ayant été en état de guerre avec la France.

Les titres doivent être remis à l'appui de chaque ordre. La Banque se charge, s'il y a lieu, de leur régularisation pour le compte du client au point de vue du timbre anglais ou étranger.

Après exécution de la vente, la Banque en avise le client, et le règlement est effectué en francs, au cours moyen du change à vue du jour où la Banque reçoit crédit de ses correspondants.

La date du règlement est subordonnée aux usages de la place étrangère.

VIII. — *Opérations diverses.*

Location de compartiments de coffres-forts. — La Banque de France met à la disposition du public, dans certains de ses Comptoirs, des compartiments de coffres-forts de diverses dimensions destinés à renfermer des titres, objets précieux, pièces d'argenterie, etc.

Chacun de ces compartiments est muni d'une serrure dont l'unique clef est remise au locataire.

Les locations sont mensuelles, semestrielles ou annuelles. Elles se paient d'avance et se continuent par tacite reconduction.

La Banque ne consent pas de location conjointe ou collective. La location est personnelle. Le locataire peut toutefois accréditer un tiers au moyen d'un pouvoir sous seing privé, sur simple feuille timbrée à 2 francs.

La Banque paie sans frais les coupons de titres à ses locataires de coffres-forts.

Dépôts de diamants, de bijoux, de métaux précieux. — La Banque prend en garde les diamants et bijoux à Paris, Bordeaux, Lyon et Marseille.

Les dépôts de cette nature sont faits à découvert, mais la boîte qui les contient est ensuite fermée et scellée avec le cachet du déposant. La Banque n'est responsable que de l'intégrité de ce cachet au moment du retrait.

Elle reçoit transitoirement, à Paris et dans quelques Succursales, des compagnies de navigation, des colis contenant des métaux précieux provenant de l'étranger, lesquels sont livrés aux ayants droit contre la remise des connaissements.

Opérations sur lingots et monnaies étrangères d'or. — La Banque de France achète les lingots et monnaies étrangères d'or.

Elle fait, à Paris et dans quelques Succursales, des avances sur les monnaies étrangères et sur les lingots d'or, au taux fixé par le Conseil général (actuellement 2 %).

La durée du prêt est de 36 jours, dont l'intérêt est acquis à la Banque dans tous les cas et immédiatement prélevé sur la somme avancée.

Au delà de cette période, l'avance peut être continuée; mais les intérêts ne sont plus dus qu'au prorata des jours écoulés.

Le minimum de ces avances est de 10.000 francs.

BANQUES ÉTRANGÈRES D'ÉMISSION

BANQUES D'ÉMISSION AUX ÉTATS-UNIS

Depuis 1863 et jusqu'en 1913, toutes les Banques américaines eurent le droit d'émettre des billets de banque à condition de déposer dans les Caisses du Trésor du numéraire et des titres de la Dette fédérale, rapportant un intérêt de 2 ½ %. Cette émission ne pouvait dépasser 90 % de la valeur des titres de la Dette fédérale déposés, et le dépôt en numéraire devait être de 5 % du montant des billets émis. Les banques émettrices avaient, en outre, à payer une taxe annuelle de 1 % sur le total de l'émission, qui ne pouvait en aucun cas dépasser 60 à 90 % du capital de la banque, selon le chiffre de ce capital.

Les billets étaient fabriqués par l'État, qui les remettait aux banques contre leurs dépôts, et ce, sous la surveillance d'un « Comptroller of the Currency » (contrôleur de la circulation).

Il y avait, en 1913, 7.500 banques américaines qui émettaient des billets; mais, par suite des garanties peut-être trop rigoureuses qui étaient requises par la loi fédérale, la circulation ne dépassa guère 2.750 millions. Les Banques, quoique formées de capitaux privés, s'appelaient » National Banks » par opposition à certaines autres banques désignées sous le nom de « State Banks », au nombre d'environ 14.000, et qui recevaient des divers États le droit d'émettre des billets, en vertu des lois particulières de ces États, et non pas en vertu de lois fédérales, et moyennant le paiement d'une taxe qui atteignait souvent 10 %.

Le système antérieur à 1913 avait eu pour résultat de détourner de l'émission les banques nationales. Aussi la quantité des billets en circulation était-elle très insuffisante pour les besoins de la population des États-Unis (elle était inférieure de plus de moitié à la quantité de billets circulant en France à la même époque).

Pour remédier à cette situation, les divers États émettaient des billets comme nous l'avons vu, et le Trésor avait dû maintenir des billets émis par lui-même ou en émettre de nouveaux : les « Greenbacks », de couleur verte, qui avaient été créés pendant la guerre de Sécession en 1862, et les « Silver certificates », créés au moment d'achats d'argent faits par l'Amérique conformément à deux lois, le « Bland Act » et le « Sherman Act ».

Pendant la crise de 1907, due à l'insuffisance de la circulation métallique, les Chambres de commerce de New-York, de Philadelphie et de Boston créèrent des bons destinés à tenir lieu de billets de banque. D'autre part, de nombreuses banques privées mirent en circulation des chèques tirés sur elles pour des sommes rondes de 5, 10 et 20 dollars, et qui remplacèrent la monnaie fiduciaire. Au cours de cette même crise, le Gouvernement dut même importer pour plusieurs centaines de millions d'or.

Malgré l'insuffisance des émissions, le système américain avait le grave inconvénient, en cas de crise et de panique (« run »), de rendre impossible le remboursement des billets par les banques, en raison de la difficulté de réaliser, toutes en même temps, les titres de la Dette fédérale qui seraient dépréciés par leur jetée en masse et sans contre-partie sur le marché.

Une loi, appelée le « *Currency Bill* », du 23 décembre 1913, organisa douze grandes banques régionales, les « Federal Reserve Banks », réparties sur le territoire des États-Unis, et qui devaient désormais être chargées de l'émission des billets de banque. Les « National Banks » de chaque région devinrent de plein droit actionnaires de ces « Federal Reserve Banks », qui sont administrées par un Conseil de 9 membres comprenant au moins 3 banquiers et 3 commerçants ou industriels. Au-dessus de ces douze « Federal Reserve Banks » se trouve, à Washington, une sorte de Comité central, le « Federal Reserve Board », nommé par le Gouvernement américain et destiné à contrôler leur fonctionnement. Ce Comité a notamment le droit de choisir trois administrateurs sur les neuf de chaque « Federal Reserve Bank ».

Les billets sont fabriqués par le Gouvernement comme avant 1913, mais ils sont remis aux « Federal Reserve Banks » non contre des titres de la Dette fédérale, mais contre des valeurs mobilières industrielles ou autres dont la liste limitative est fixée, ou contre des effets de commerce. Le montant de ces diverses valeurs doit toujours être maintenu à un certain chiffre pour que leur garantie soit toujours la même. De plus, les « Federal Reserve Banks » doivent posséder une encaisse en numéraire se montant à 40 % de la valeur des billets mis par elles en circulation. Elles doivent conserver 35 % de cette encaisse, et déposer 5 % en garantie au « Federal Reserve Board ».

Les billets émis avant 1913 par les « National Banks » doivent continuer de circuler, jusqu'à ce que les « Federal Reserve Banks » aient pu leur racheter les titres de la Dette fédérale qu'elles avaient dû déposer dans les Caisses du Trésor à titre de garantie de leur émission. Ce rachat doit d'ailleurs être progressif et ne pas dépasser 25 millions de dollars par an.

L'encaisse métallique or des États-Unis, qui n'était que de 1.200 millions en 1914, s'est élevée rapidement pendant la guerre et a atteint environ 10.500 millions en 1921.

Outre l'émission des billets, les « Federal Reserve Banks » doivent s'occuper d'escompte d'effets de commerce, comme le fait la Banque de France, mais surtout de réescompte de ces effets aux diverses banques de chaque région, lorsque celles-ci éprouvent le besoin de réaliser leur portefeuille. En outre, les « Federal Reserve Banks » sont chargées d'assurer le service de la Trésorerie du Gouvernement américain et de recevoir ses dépôts pour les conserver. (Ces dépôts sont évalués à environ 225 millions de dollars).

Le dividende versé aux actionnaires des « Federal Reserve Banks » ne peut dépasser 6 % de la valeur nominale de leurs actions. Le surplus du dividende doit être conservé par l'État qui constitue un fonds de réserve avec ces versements.

L'ancien régime de la liberté d'émission a donc fait place, depuis 1913, à un régime qui se rapproche fort de l'émission par l'État.

BANQUE D'ANGLETERRE

La Banque d'Angleterre, fondée en 1694, a obtenu, depuis cette époque, le privilège de l'émission de billets de banque ayant cours légal. Cependant, le cours forcé fut donné aux billets pendant deux périodes de difficulté économique, de 1797 à 1821, et de 1837 à 1886. La Banque est actuellement réglementée par le « Banking Act » du 19 juillet 1844, appelé aussi « Act de Sir Robert Peel ».

En vertu de cette loi, le privilège de la Banque d'Angleterre a été limité à un rayon de 106 kilomètres autour de l'Abbaye de Westminster de Londres. Les banques, au nombre d'une centaine environ, qui avaient jusqu'à cette époque pratiqué l'émission concurremment avec la Banque d'Angleterre, conservèrent ce privilège, mais au delà seulement du périmètre ci-dessus indiqué, et aucune autre banque ne devait pouvoir être autorisée à l'avenir à émettre des billets. Depuis 1844, le nombre des banques ayant ainsi le privilège d'émission a diminué en Angleterre, tantôt par la disparition d'une banque ou par sa fusion avec une autre, tantôt par renonciation d'une banque à son privilège soit de façon pure et simple, soit au profit de la Banque d'Angleterre. Il n'y avait plus, en 1914, que 33 banques en Grande-Bretagne ayant le droit d'émettre des billets, dont 19 en Angleterre, 8 en Écosse et 6 en Irlande où le privilège de la Banque d'Angleterre a été renouvelé.

Le « Banking Act » de 1844 a également fixé les conditions financières de l'émission. D'abord limitée à la valeur totale de l'encaisse métallique et du capital de la Banque d'Angleterre (14.550.000 livres sterling), elle a été portée, vers 1900, à la valeur de l'encaisse augmentée de 18.450.000 livres sterling.

Au point de vue de son organisation intérieure, la Banque d'Angleterre est, malgré son privilège, une société privée complètement indépendante, sous réserve de la limitation du pouvoir d'émission et de l'obligation, où l'a placée l' « Act » de 1844, de publier hebdomadairement sa situation (comme la Banque de France). Son capital n'est pas divisé en actions, mais en un stock d'inscriptions nominatives de 100 livres sterling chacune, qui peuvent chacune appartenir à plusieurs propriétaires. Les propriétaires d'au moins 500 livres sterling de stock se réunissent tous les six mois, et c'est par eux que sont élus tous les ans le Gouverneur et le Sous-Gouverneur ainsi que les 24 Directeurs ou Régents. La Banque d'Angleterre est donc plus indépendante que la Banque de France.

La Banque d'Angleterre ne possédait avant la guerre que 12 succursales : 2 à Londres et 10 en province (en Angleterre seulement); elle représente à Londres la Banque royale d'Écosse et la Banque d'Irlande.

Elle est divisée en trois grands services :

1º *Département de la Dette nationale.* — Depuis le 27 juin 1892, la Banque d'Angleterre est chargée du transfert et du paiement des dividendes ou coupons de la Dette nationale, des Bons du

Trésor et des emprunts des colonies. Elle joue aussi le rôle de banquier du Trésor anglais; elle reçoit en effet les fonds provenant des impôts, sur lesquels elle a dû parfois faire des avances au Gouvernement;

2° *Service de l'émission* (« Issue Department »). Dans ce service qui, malgré l'indépendance de la Banque, est considéré comme une division détachée du Ministère des Finances, la Banque d'Angleterre est chargée de la fabrication et de l'émission des billets, d'une part, et, d'autre part, de la conservation de l'encaisse métallique et des fonds publics ou valeurs industrielles de premier ordre qui garantissent la circulation fiduciaire.

, D'après ses statuts, la Banque est tenue d'acheter et de payer en banknotes tout l'or en lingots qui lui est présenté, à raison de 3 livres 17 shillings 9d. par once standard.

Les billets de la Banque d'Angleterre ont cours légal dans toute l'Angleterre, sauf en Écosse où l'on peut les refuser. Tous les billets qui rentrent à la Banque pour quelque motif que ce soit, sont retirés de la circulation, même s'ils sont encore presque neufs, et sont conservés pendant cinq ans, puis brûlés.

L'État anglais participe aux bénéfices que réalise la Banque d'Angleterre sur l'émission des billets. Mais cette émission n'a jamais été très considérable, par suite de sa limitation à l'encaisse métallique augmentée des 14.550.000 livres sterling, représentant le capital, et des 4 millions environ de livres sterling représentés par des fonds publics ou valeurs industrielles. C'est cette insuffisance de circulation, par rapport à l'activité des opérations commerciales dans le Royaume-Uni, qui y a favorisé l'usage si répandu des dépôts en banque et des paiements par chèques ou virements. Ces dépôts étaient évalués avant la guerre à 21 milliards ½ de francs.

Au cours de plusieurs crises économiques et financières, l'insuffisance d'émission s'est montrée de façon si évidente qu'il a été nécessaire, en 1847, 1857 et 1866, que des lois autorisent la Banque d'Angleterre à dépasser la limite permise. Au début de la guerre de 1914, il fut question de lui permettre d'étendre son pouvoir d'émission. Mais le Gouvernement anglais préféra, pour laisser tout le crédit aux billets de banque, émettre lui-même des billets appelés « *Currency Notes* » ou dans le langage courant « Bradburies » (du nom de lord Bradbury, Chancelier de l'Échiquier, c'est-à-dire Ministre des Finances). De plus, l'exportation de l'or fut interdite. En 1921, les billets émis par la Banque d'Angleterre se montaient à 145 millions de livres sterling avec une encaisse métallique et une réserve de 127 millions de livres (tandis que l'émission était en France à la même époque de 39 milliards de francs);

3° *Le Service de la Banque* ou « Banking Department ». — On peut dire que la Banque d'Angleterre n'est pas une banque de commerce, comme la Banque de France sait l'être. Elle se borne à recevoir des dépôts privés pour lesquels elle ne verse pas d'intérêt, et les chèques ne peuvent être inférieurs à 5 livres. Elle conserve aussi les titres de ses déposants ayant au moins 500 livres sterling à leur compte. Mais elle joue surtout le rôle de banquier de la Chambre de compensation de tous les banquiers anglais.

Elle pratique aussi l'escompte, mais sur une faible échelle, laissant ce rôle à des spécialistes, les « bill dealers » ou « bill brokers ». Elle ne prend pas de papier sur l'étranger. Les traites sont nécessairement non acceptables, revêtues de deux signatures connues, et à moins de 95 jours d'échéance. Le taux officiel de l'escompte n'est pas appliqué à tous les clients de la Banque d'Angleterre, mais il varie selon le crédit des présentateurs. Les « bill dealers » escomptent toujours à meilleur compte que la Banque d'Angleterre, contrairement à ce qui se passe en France.

La Banque d'Angleterre fait le commerce des métaux précieux, comme les changeurs du moyen âge. Elle se chargeait avant la guerre de procurer de l'or, pour les règlements internationaux, à tous ses clients. Malgré cela, elle a souvent été à court de lingots, et elle a dû plusieurs fois en faire venir du Transvaal ou d'Australie. En 1890 et en 1907, elle a été obligée d'en emprunter à la Banque de France (75 et 80 millions).

Avec ses dépôts, la Banque d'Angleterre fait, en dehors de l'escompte, quelques avances à court terme sur garanties à des particuliers, et des avances à long terme à l'État anglais, aux Municipalités et à des entreprises de travaux publics.

BANQUE DE L'EMPIRE EN ALLEMAGNE

La Banque de l'Empire ou « Reichsbank » a été créée en Allemagne pour être substituée aux diverses banques d'émission des États (Bavière, Wurtemberg, Saxe, Bade, etc...).

La loi du 7 avril 1875, qui l'a organisée, s'est inspirée de l'Act de 1844 qui régit actuellement la Banque d'Angleterre.

La « Reichsbank » s'est vu conférer le droit d'émettre, avec cours légal, des billets dans tout l'Empire allemand; mais sur le territoire de la Bavière, du Wurtemberg, de la Saxe et de Bade, les anciennes banques d'émission de ces pays, qui sont des banques privées, ont conservé le droit d'émettre des billets concurremment avec la « Reichsbank ».

La « Reichsbank » a eu son pouvoir d'émission limité à son encaisse métallique augmentée de 550 millions de marks. Au-dessus de cette limite, les billets émis à découvert devaient être frappés d'un impôt de 5 %. En aucun cas, l'émission ne devait pouvoir dépasser le triple de l'encaisse métallique.

Mais, depuis la guerre, les billets de banque allemands ont eu cours forcé et, de plus, l'encaisse métallique a été remplacée par des Bons de Caisse de l'Empire et par des Bons de Caisse de prêts, en sorte que la limite d'émission a dû être indéfiniment élevée; cependant, la taxe de 5 % sur les billets émis au-dessus de cette encaisse métallique a été supprimée. Au début de 1923, il y avait 1.137 milliards de marks de billets de banque en circulation.

La « Reichsbank » est une société par actions au capital de 180 millions de marks; mais les actionnaires n'ont aucun pouvoir d'administration; ils forment simplement un Conseil de surveillance. Elle est gérée par un Conseil de direction dont les membres devaient être nommés à vie par l'Empereur sur la proposition du Conseil fédéral. Cette gestion est de plus contrôlée par la Cour des Comptes et par le Conseil de surveillance composé des actionnaires, sous la présidence du Chancelier de l'Empire.

C'est pourquoi on a pu dire avec raison que la « Reichsbank » était une société en commandite par actions, ayant l'État comme gérant. Les bénéfices devaient d'ailleurs être partagés dans la proportion d'un quart pour les actionnaires et trois quarts pour l'État.

En principe, la « Reichsbank » devait faire, en plus des opérations d'émission, toutes les opérations des banques de commerce, comme la Banque de France. Mais en fait, et comme d'ailleurs la Banque d'Angleterre, elle s'est bornée à ne faire que des opérations de caisse : virements, encaissements, en ne pratiquant qu'assez peu l'escompte des effets de commerce et les avances sur garanties diverses.

BANQUE NATIONALE SUISSE

La Banque nationale suisse (« Schweizerische National Bank ») a été organisée en 1905 pour remplacer les 39 banques d'émission qui existaient antérieurement dans les divers cantons. Ces banques, qui à leur origine n'étaient limitées dans leur émission par aucune réglementation, s'entendirent en 1876 pour conférer à leurs billets le cours légal dans tous les cantons, et une loi de 1881 précisa que l'encaisse métallique de ces banques devait représenter 40 % de leur circulation fiduciaire.

La loi du 6 octobre 1905, qui a créé la Banque nationale suisse, lui a donné le droit d'émettre des billets ayant cours légal dans toute l'étendue de la Confédération helvétique. Mais la réglementation de 1881 a été maintenue en ce qui concerne l'obligation d'avoir toujours une encaisse métallique représentant 40 % de la circulation fiduciaire; la circulation a donc été limitée au chiffre correspondant. Ce maximum n'a d'ailleurs jamais été atteint et, au début de 1921, le total des billets émis s'élevait à 915 millions, tandis que l'encaisse se montait à 666 millions.

La Banque nationale suisse, comme la « Reichsbank », est une sorte de société en commandite par actions ayant le Gouvernement helvétique pour gérant. Le capital, qui est de 50 millions de francs, a été fourni dans la proportion de deux cinquièmes par les cantons, deux cinquièmes par des capitalistes suisses, et un cinquième par les anciennes banques d'émission.

La Banque nationale suisse est dirigée par des fonctionnaires choisis par le Conseil fédéral et renouvelables tous les six ans. Comme pour la « Reichsbank », l'Assemblée générale des Actionnaires n'a aucun pouvoir d'administration et se borne à constituer un Conseil de surveillance présidé par un fonctionnaire.

BANQUE NATIONALE DE BELGIQUE

La Banque nationale de Belgique a été organisée par la loi du 5 août 1850. Auparavant, l'émission des billets de banque était assurée par quatre banques qui en avaient le privilège : la Société générale, la Banque de Belgique (ces deux banques jouaient en même temps le rôle de trésoriers de l'État belge), la Banque de Flandre et la Banque liégeoise.

La loi de 1850 a été modifiée et complétée par celles du 20 mai 1872 et du 26 mars 1900, coordonnées par un arrêté royal du 7 août 1900. Les statuts de 1850 ont également été modifiés et approuvés par un arrêté royal du 16 mai 1900. La Banque nationale de Belgique possède le privilège de l'émission, mais elle n'en a pas le monopole, le Gouvernement belge s'étant réservé la liberté d'accorder également ce privilège à d'autres banques. Le privilège de la Banque nationale a été prorogé jusqu'au 1er janvier 1929, par la loi du 26 mars 1900.

Le capital de la Banque nationale de Belgique, qui avait été en 1850 de 25 millions, a été porté à 50 millions par la loi du 20 mai 1872 et a été maintenu à ce même chiffre en 1900. Il comprend 50.000 actions de 1.000 francs.

Le Gouverneur et le Vice-Gouverneur (ce dernier choisi parmi les Directeurs) sont nommés par le roi pour cinq ans. Ils forment, avec 6 Directeurs, le Conseil d'administration de la Banque. 7 Censeurs constituent un Conseil de surveillance. La réunion de tous ces dirigeants de la Banque a lieu une fois par mois : c'est le Conseil général. Les Directeurs et les Censeurs sont élus par l'Assemblée générale des Actionnaires possédant au moins 10 actions et n'ayant d'ailleurs chacun qu'une voix. Le Gouverneur doit posséder au moins 50 actions et les Directeurs 25. Ces actions sont conservées dans les caisses de la Banque en garantie de leur gestion et sont inaliénables.

En 1919, la Banque nationale de Belgique a été autorisée à créer la Société nationale du crédit à l'industrie au capital de 25 millions composé de 50.000 actions de 500 francs, qu'elle a libérées au moyen de son fonds de réserve et dont elle a distribué à ses actionnaires, titre pour titre, des certificats nominatifs.

La Banque nationale de Belgique a été autorisée à émettre des billets de banque qui ont eu cours légal jusqu'à la guerre de 1914, bien que l'obligation de les recevoir en paiement dans les Caisses publiques ait été considérée comme toujours révocable. Le montant des billets en circulation a progressé constamment, de 1908, où il était de 806 millions de francs, à 1918 (3.210 millions) et à 1919, où il était de 4.785 millions. A noter que pendant l'occupation, ce chiffre est tombé de 1.614 millions (1914) à 1.267 millions (1917).

La circulation est représentée par des valeurs facilement réalisables. L'augmentation de l'émission de 1918 à 1919 correspond surtout à des avances consenties à l'État belge.

Les opérations de la Banque nationale de Belgique sont en tous points comparables à celles de la Banque de France. Cependant, les dépôts contentieux (c'est-à-dire les comptes collectifs, ceux des mineurs, des interdits, des femmes mariées, etc.); ne peuvent être reçus que dans des boîtes de métal fermées à clef et scellées.

En outre, comme la Banque d'Angleterre, la Banque nationale de Belgique joue le rôle de caissier de l'État belge.

AUTRES BANQUES

III. — BANQUES DE SPÉCULATION

Les Banques de spéculation, que l'on groupe souvent sous le nom générique de « Haute Banque », sont celles qui ont pour principal but toutes opérations sur les valeurs mobilières, c'est-à-dire émission, vente et achat de titres, et accessoirement création ou réorganisation des sociétés dont elles prennent les titres en charge.

Comme ces valeurs mobilières sont la représentation du capital fixe (immeubles, outillage, etc.) des sociétés, et comme le capital fixe est très difficilement réalisable en cas de besoin immédiat, les titres qui le représentent peuvent avoir un cours très variable suivant que la société se trouve dans une situation économique plus ou moins favorable.

En dehors des variations liées aux fluctuations de valeur intrinsèque du capital fixe auquel ils correspondent, ces titres sont soumis à la loi de l'offre et de la demande en bourse.

Les transactions basées sur de tels éléments présentent donc une assez grande part d'aléa. L'imprévisibilité du résultat a fait donner le nom de Banques de spéculation aux établissements qui se sont spécialisés dans ce genre d'opérations.

Elles possèdent, pour la plupart, outre un personnel d'agents particulièrement versés dans les questions de bourse, un service dit d'études financières, où se trouvent des ingénieurs, des techniciens, dont le rôle est d'examiner les affaires industrielles ou commerciales pour lesquelles le concours de ces banques est demandé.

La Haute Banque n'intervient pas seulement pour constituer des sociétés en vue de l'exploitation de nouveaux procédés ou de brevets industriels, ou du lancement d'affaires commerciales. Elle est parfois chargée d'émettre des obligations qui permettront à telle ou telle société déjà existante de fonctionner sur de nouvelles bases, et, dans ce cas, la Banque de spéculation préside à la réorganisation de l'affaire en même temps qu'à l'émission des titres. L'intervention de la Haute Banque permet le relèvement ou le développement d'entreprises tombées dans une situation difficile par suite de mauvaise gestion ou de circonstances malheureuses. Parfois enfin, elle sert d'intermédiaire pour préparer et faciliter la fusion de sociétés concurrentes en une seule organisation qui pourra fonctionner avec des moyens plus puissants et à l'abri de la concurrence ruineuse à laquelle les sociétés séparées étaient auparavant soumises.

La Haute Banque se charge encore d'émissions de bons, d'obligations ou de titres de rente pour les États, les Villes, les établissements publics. Dans ces divers cas, les banques ne courent de risques que lorsqu'elles prennent ferme l'emprunt à leur charge, et en avancent le montant avant d'avoir écoulé les titres, car il leur faut parfois consentir des bonifications supplémentaires sur le prix des souscriptions pour arriver à placer toute l'émission.

Les banques de spéculation ne se confinent pas toujours dans leur rôle d'intermédiaires pour le placement de valeurs mobilières; elles cherchent parfois à réaliser des bénéfices sur la hausse présumée des titres.

Aussi, en raison des risques que comportent ces diverses opérations, les banques de spéculation ne doivent pas utiliser pour leurs affaires les capitaux qui leur sont déposés par des clients et qui peuvent être réclamés à vue ou à court délai. Elles ne peuvent travailler qu'avec leurs propres capitaux, ou avec ceux que leur prêtent des commanditaires dans le but de s'intéresser à leurs opérations.

En France, la Haute Banque comprend notamment : la Banque de Paris et des Pays-Bas, la Banque Rothschild, les banques Mallet frères et Cie, Hottinguer, Heine et Cie, J. Stern et Cie, Vernes et Cie, etc...

Mais les grands établissements de crédit comme le Crédit lyonnais, la Société générale et le Comptoir national d'escompte, se chargent de plus en plus d'émission des titres pour le compte de sociétés, d'États, d'établissements publics, se muant ainsi en banques de spéculation, et réalisant dans le commerce de banque le phénomène de concentration et d'intégration qui se manifeste dans toutes les branches de l'activité économique.

IV. — BANQUES POPULAIRES

Les *Banques populaires* ont pour but d'accorder du crédit à de petits fabricants, à de petits commerçants qui, isolément, n'ont aucune « surface » personnelle, mais qui, en se groupant en associations, se prêtent un appui mutuel et offrent une garantie par la responsabilité individuelle et solidaire qu'ils assument pour les engagements pris par chacun d'eux. Un banquier n'escompterait pas du papier tiré par un modeste producteur sans crédit, mais il y consentira si 10, 20 ou 100 autres petits fabricants sont solidairement garants de celui-ci.

Les premières banques populaires, appelées aussi « Caisses de crédit », ont fonctionné en Allemagne, où elles ont été organisées de façon un peu différente, vers 1848, par deux hommes qui leur ont donné leur nom : Schulze (appelé Schulze-Delitsch, du nom de sa ville natale en Saxe prussienne), et Raiffeisen, originaire de la Prusse rhénane.

Les Banques populaires Schulze-Delitsch et Raiffeisen ont comme caractère commun de présenter une application du principe de la mutualité, en vertu duquel tous les membres d'une association, en vue du crédit, sont engagés pour chacun. Ces associés, qui sont souvent du même corps de métier, habitent toujours la même ville ou la même région; ils se connaissent et se groupent en raison de la confiance qu'ils ont à l'égard les uns des autres.

Mais les Banques populaires Schulze-Delitsch se distinguent des Caisses de crédit Raiffeisen en ce que les premières sont de véritables banques mutuelles, ayant pour but de réaliser des bénéfices et d'en faire profiter leurs adhérents, développant ainsi le goût de l'épargne dans les classes populaires, et atténuant les conflits sociaux en faisant de tous les prolétaires autant de petits capitalistes. En effet, les Banques Schulze ont pu distribuer annuellement des dividendes qui se sont élevés à 20, 25, 30 et même 50 % du montant des actions; elles sont constituées par actions de 1.000 marks, que les adhérents peuvent acquérir au moyen de versements échelonnés. Il est à noter que ces banques recrutent leurs membres et par conséquent leurs clients dans l'industrie ou le commerce. On comptait en Allemagne, en 1913, environ 1.200 Banques Schulze groupant 600.000 membres, avec un capital de 1 milliard 600 millions de marks.

Au contraire, les Caisses de crédit Raiffeisen, qui prennent leurs associés parmi les agriculteurs, auxquels elles accordent du crédit pour acheter du bétail, des semences, des engrais, des machines agricoles, ne sont pas constituées comme des banques : ce sont plutôt des organisations de solidarité n'ayant pas pour but de faire des bénéfices, mais d'aider les petits cultivateurs dans une intention philanthropique et charitable. Tous les emplois (sauf parfois celui du caissier qui est permanent) y sont bénévoles et gratuits, n'étant d'ailleurs qu'intermittents. Pendant longtemps, les Caisses Raiffeisen n'ont pas eu de capital et les membres n'ont pas eu par conséquent d'actions à souscrire et à payer. Mais en vertu de la loi allemande sur les sociétés, elles ont été obligées de se constituer un capital minimum formé par des actions d'un prix très réduit (10 marks environ). Jusqu'à ce que cette même loi les y ait obligées, elles n'ont pas distribué de dividendes, tous les bénéfices devant être ajoutés au fonds de réserve, grâce auquel les prêts pouvaient être effectués; lorsque ce fonds de réserve devenait assez important, les prêts nouveaux devaient pouvoir être consentis à un intérêt moindre, et même ces Caisses pouvaient entreprendre des travaux dont bénéficiaient gratuitement les adhérents. Depuis qu'elles sont tenues par la loi de distribuer un dividende, elles créditent chacun des membres d'une somme très réduite (1 mark), puis le débitent de pareille somme comme prix de l'abonnement à une publication éditée par le bureau central des Caisses Raiffeisen. Ces Caisses étaient, en 1913, au nombre de 5.000, réunissant 500.000 membres environ.

Les Banques Schulze, comme les Caisses Raiffeisen, avaient un bureau et une caisse centrale. En 1895, l'État allemand a créé une Caisse centrale des associations de crédit populaire, qu'il a dotée d'un capital de 75 millions de marks et qui sert de Trésorerie centrale régulatrice, répartissant l'argent dans les régions ou dans les corporations où le besoin s'en fait sentir, à la suite de mauvaise récolte, de chômage, etc... En 1911, la Caisse centrale a fait ainsi circuler un total de 26 milliards de marks.

L'exemple donné par les Allemands n'a été malheureusement que peu suivi en France, du moins en ce qui concerne les véritables Banques populaires. Après quelques essais malheureux tentés depuis 1860, il a fallu arriver à 1893 pour voir se former une organisation durable : la Banque coopérative des associations ouvrières de production. On cite encore : le Centre fédératif du crédit populaire en France, comprenant une douzaine de banques populaires urbaines, l'Union des Caisses rurales et ouvrières françaises groupant 900 sociétés, la Banque fédérale de l'alimentation, groupant environ 250 chambres syndicales.

Les Pouvoirs publics ont voulu développer encore le crédit populaire et ont fait, dans ce but, la loi du 13 mars 1917. Le résultat a été satisfaisant, car, de 1919 à 1921, 90 Banques populaires nouvelles ont été formées.

On peut également assimiler aux Banques populaires les *Caisses de crédit agricole*, sortes de caisses locales ou régionales, permettant à des sociétés coopératives les achats en commun d'approvisionnements, d'engrais, de machines, etc..., et surtout les *Caisses de crédit mutuel*, organisées à la manière des Caisses Raiffeisen. Ces Caisses, organisées par la loi du 5 novembre 1894, encouragées par des subventions de l'État (40 millions versés par la Banque de France en 1897, et une redevance annuelle de cette même Banque de France, qui s'élevait avant 1914 à 4 millions de francs environ), ont été développées par de nombreuses lois dont la dernière, celle du 5 août 1920, a abrogé les précédentes. On comptait en 1919 4.500 caisses locales et 97 caisses régionales, ayant un capital de 27 millions et ayant reçu 67 millions à titre d'avances de l'État. Elles ont fait pour près de 80 millions d'escompte en 1919 (au lieu de 210 millions en 1913).

En Belgique, en Italie, en Suisse, en Autriche, au Japon, on a mieux qu'en France imité l'exemple des Banques Schulze et des Caisses Raiffeisen. En général, les Banques populaires organisées dans ces pays tiennent à la fois des deux systèmes allemands.

V. — BANQUES SPÉCIALISÉES

Nous sortirions du cadre de cet ouvrage si nous entreprenions d'étudier le mécanisme de chacune des banques dont le domaine est limité à des opérations strictement déterminées, le plus souvent par le titre même de l'établissement. Nous nous bornerons à en citer quelques-unes, dont le nom est suffisamment explicite :

Banques de crédit mobilier, c'est-à-dire d'escompte d'effets de commerce et d'avances sur titres;

Banques hypothécaires (Crédit foncier), dont l'objet est de prêter aux particuliers et aux collectivités (État, communes, etc.), des fonds sur immeubles et terrains, sur lesquels elles prennent hypothèque;

Banques agricoles;

Banques maritimes, etc.

D'autres s'adressent à une clientèle spéciale : Banques du bâtiment, de l'alimentation, de telles ou telles entreprises commerciales ou industrielles. Mais elles font exactement les mêmes opérations que les banques ordinaires, sauf quelques particularités tenant aux modalités spéciales des transactions auxquelles elles s'intéressent.

VI. — CHAMBRES DE COMPENSATION

Les banquiers d'une place sont porteurs de chèques, mandats et traites payables les uns chez les autres, de telle sorte que tous les jours chaque banquier a, de ce chef, à payer et à recevoir des sommes plus ou moins importantes : il se trouve donc tout à la fois débiteur et créancier des autres banquiers. Pour éviter les pertes de temps et d'intérêts résultant des recouvrements à domicile, il s'est créé à Londres d'abord, dans les principales capitales ensuite, une institution appelée « Clearing House » ou Chambre de compensation, installée dans un local qui porte le même nom, et où se réunissent les banquiers qui en font partie, pour compenser leurs dettes et leurs créances réciproques.

Tous les jours, les délégués de ces banquiers dressent, chacun de leur côté, un état de chèques, mandats et traites qu'ils ont à encaisser, et un état de ceux qu'ils ont à payer. Tous ces états partiels sont réunis au « Clearing House » en un état général d'où il ressort pour chaque banquier un solde débiteur à payer ou un solde créditeur à recevoir. Le règlement de ce solde ne se fait pas en espèces, mais au moyen d'un virement à la Banque nationale, où chacun des banquiers « clearers » a un compte ouvert.

L'ensemble des opérations se trouve ainsi réglé par un simple jeu d'écritures, sans aucun mouvement d'espèces.

Il va sans dire que l'état général établi par la Chambre de compensation se balance toujours. Il en est de même du « Compte Clearing-House » ouvert par la Banque nationale pour y inscrire la contre-partie des écritures qu'elle passe au compte de chaque banquier.

Tels sont les principes sur lesquels repose, dans un « Clearing », la compensation des paiements que les banquiers ont respectivement à se faire.

Prenons maintenant des chiffres pour voir comment on arrive chaque jour à la liquidation finale.

1° Le banquier A établit sur une feuille son compte par débit et crédit avec le banquier B.

	DÉBIT	B		CRÉDIT
Fr.	7.000		Fr.	8.400
	4.800			950
	1.900			1.246
	1.650			600
	16.470			2.874
Fr.	31.820		Fr.	14.070
				17.750 solde débiteur.

A ressort donc créancier de B pour 17.750 francs.

Puis, établissant de même sa situation envers les autres banquiers C, D, E, etc., il en résulte qu'il ressort :

Débiteur de C, pour.................... Fr.   10.556
Créancier de D, pour 4.648
Débiteur de E, pour....................   2.684

Finalement, il reste donc créancier des autres banquiers pour une somme de : (17.750 + 4.648) — (10.556 + 2.684) = 9.158 francs.

Il établit dès lors sa situation globale sur le bordereau de liquidation suivant :

DÉBITS DES BANQUIERS		A		CRÉDITS DES BANQUIERS
		A		
17.750	....	B		
		C	....	10.556
4.648	....	D		
		E	....	2.684
22.398	....	TOTAUX............		13.240
9.158	Solde déb. en faveur de A.			

2º Les autres banquiers établissent de leur côté le bordereau de liquidation, et il en ressort, par exemple, que finalement :

B est créancier de.................... Fr.   4.760
C est débiteur de....................   11.270
D est créancier de....................   1.274
E est débiteur de....................   3.922

3º Tous ces résultats sont communiqués au délégué du « Clearing House », qui s'assure d'abord de l'exactitude des bordereaux partiels; un contrôle réside dans le fait que le solde créditeur ressortant sur la feuille de A en regard de B, doit ressortir comme solde débiteur sur la feuille de B en regard de A, et de même pour les autres. La vérification ainsi faite, le délégué remplit le bordereau de liquidation générale suivant :

DÉBITEURS		BANQUIERS DIVERS		CRÉDITEURS
		A	....	9.158
		B	....	4.760
11.270	....	C		
		D	....	1.274
3.922	....	E		
15.192	....	Totaux...	....	15.192

La somme des soldes débiteurs étant égale à la somme des soldes créditeurs, toutes les compensations ont été exactement faites, et les banquiers sont respectivement débiteurs et créanciers des sommes portées au bordereau général.

Un bon de virement à la Banque nationale est délivré par chacun des banquiers débiteurs à la Chambre de compensation qui, de son côté, en délivre un à chacun des banquiers créditeurs. Tous ces bons sont remis à la Banque nationale où les banquiers « clearers » sont en compte courant : la Banque débite les uns et crédite les autres par le débit ou le crédit de la Chambre de compensation, de telle sorte que tous les comptes sont réglés sans aucun mouvement d'espèces.

Chambre de compensation de Paris. — Entrons dans quelques détails sur la manière d'opérer de la Chambre de compensation créée à Paris en 1872, et qui compte 41 membres.

La liquidation des opérations de chaque jour s'opère de 9 h. 1/2 du matin à 2 h. 1/2 du soir, à 3 h. 1/2 pour les échéances des 15 et fin de mois, dans trois réunions consacrées, les deux premières à l'échange des effets, la dernière à la restitution des impayés et au règlement définitif.

Les écritures sont passées sur des feuilles volantes et non sur des registres comme au « Clearing-House » de Londres. Ces feuilles sont les suivantes :

1º FEUILLES DE DÉBIT sur lesquelles les chèques et effets sont inscrits *dans les bureaux de chaque banque* au débit de chacune des autres banques faisant partie de la Chambre.

De son côté, l'inspecteur de la Chambre établit une feuille de débit, sur laquelle il inscrit le montant de toutes les fiches présentées par la Banque de France au débit de chacune des maisons qui font partie de la Chambre;

2º FEUILLES DE CRÉDIT sur lesquelles les chèques et les effets sont inscrits *à la Chambre* par le représentant de chaque banque, au crédit de chacune des autres banques faisant partie de la Chambre;

3º FEUILLES DE COMPENSATION PARTIELLE sur lesquelles le représentant de chaque banque établit à la fin de la journée la situation de chaque établissement, par rapport aux autres banques faisant partie de la Chambre;

4º FEUILLES DE COMPENSATION GÉNÉRALE sur lesquelles l'inspecteur de la Chambre établit, à la fin de la journée, la situation de chaque établissement par rapport au compte de la Chambre;

5º MANDATS DE VIREMENT des comptes individuels des membres de la Chambre, à la Banque de France, au crédit du compte de la Chambre. Ces mandats sont signés par les banquiers qui se trouvent *débiteurs* à la fin de la journée;

6º MANDATS DE VIREMENT du compte de la Chambre à la Banque de France *au crédit* des comptes individuels des membres de la Chambre. Ces mandats sont signés par l'inspecteur de la Chambre.

Les mandats dont il est fait usage à la Chambre de compensation sont libellés comme tous les mandats de virement à la Banque de France, dont ils ne diffèrent que par la couleur : ce sont les *mandats verts*, timbrés à 0 fr. 10.

Importance des opérations. — En 1921, le total des effets et chèques présentés à la Chambre de compensation de Paris a été de 167 milliards environ, y compris la compensation « Province » inaugurée en 1918, et que 28 membres de la Chambre ont utilisée (la Banque de France, en particulier, avait ouvert jusqu'en 1921 des Chambres de compensation dans 60 Succursales).

Le total des compensations opérées par le Clearing-House de Londres, en cette même année 1921, a été d'environ 35 milliards de livres, soit approximativement 1.750 milliards de francs; pour les Bank Clearings des États-Unis, le montant correspondant est de 6.000 milliards.

Mais pour faire une comparaison équitable entre la France et les deux autres pays, il faut tenir compte de ce fait que la Banque de France est, chez nous, la caisse centrale de compensation, et que les règlements sans espèces qui s'opèrent ailleurs dans les Clearings, s'effectuent en France par virements sur la Banque. Or, en 1921, les virements se sont chiffrés par plus de 735 milliards, qui, ajoutés aux 167 milliards de la Chambre et à 15 milliards compensés dans les succursales de la Banque, donnent un total de 917 milliards, base admissible pour la comparaison cherchée.

LES · BOURSES

LES VALEURS MOBILIÈRES

GÉNÉRALITÉS SUR LES VALEURS MOBILIÈRES

Définition. — Lorsqu'un État, une colonie, un département, une ville, une collectivité quelconque a besoin d'argent, lorsqu'une entreprise nécessitant des capitaux importants est sur le point d'être fondée ou désire développer ses moyens d'action, il est fait appel au public. Celui-ci est invité soit à prêter les capitaux dont il dispose, soit à les engager dans l'entreprise naissante, aux résultats de laquelle il sera directement intéressé.

L'écrit qui représente cette créance ou cette participation est appelé *valeur mobilière* et, dans le langage courant, *titre*. C'est un signe fiduciaire.

Différentes valeurs mobilières au point de vue des droits qu'elles confèrent. — D'après ce qui a été dit plus haut, on distinguera :

1º Les *fonds d'État* ou *rentes*;

2º Les *obligations* (créances sur une collectivité ou une entreprise);

3º Les *actions* (parts de propriété dans une entreprise).

Le montant des sommes versées par les actionnaires constitue le *capital* de la société. Toutes les actions d'une société doivent avoir la même valeur nominale (minimum 100 francs ou 25 francs, suivant que le capital dépasse ou ne dépasse pas 200.000 francs).

Certains auteurs distinguent le *capital actions* et le *capital obligations*.

A notre avis, ce dernier terme n'est pas exact, car le capital est la fortune nette de l'entreprise, l'excédent de l'actif sur le passif réel. Or, les obligations constituent une véritable dette et font partie de ce passif au même titre que les sommes dues aux fournisseurs et aux autres créanciers.

Au point de vue de l'économie politique, on peut dire, il est vrai, que les obligataires ont apporté des capitaux, de même que les actionnaires; mais, dans un bilan, ces capitaux ou leur représentation figurent à l'actif, et le mot capital n'a pas alors la même signification.

Différences entre l'action et l'obligation. — Les principales différences entre l'action et l'obligation sont les suivantes :

1º L'actionnaire touche une répartition qui varie suivant les bénéfices de la société; cette répartition est appelée *dividende*; elle peut être nulle.

L'obligataire a droit à une rémunération fixe et certaine, quel que soit le résultat des opérations : c'est l'*intérêt* de l'argent prêté;

2º L'amortissement des actions est facultatif; les obligations *doivent* être remboursées.

En cas de dissolution, les actionnaires se partagent ce qui reste de l'actif social, après paiement de toutes les dettes y compris les obligations non encore remboursées. Les obligataires ont donc un droit de préférence, mais ne peuvent réclamer que le remboursement de la somme prêtée, avec prime s'il y a lieu. Ils ne subissent pas les pertes et ne participent pas aux bénéfices.

3º Les actionnaires dirigent et contrôlent les opérations de la société au moyen de mandataires nommés par eux en assemblée générale (Conseil d'administration, Conseil de surveillance).

Les obligataires ne peuvent intervenir dans la gestion de la société, ni, en général, exercer aucun contrôle. Toutefois, ils peuvent s'opposer par voie de justice à toute mesure qui léserait leurs intérêts.

La plupart des contrats d'émission actuels prévoient la constitution de sociétés civiles dont les administrateurs représentent les obligataires devant les tribunaux.

Les porteurs de fonds d'État peuvent être assimilés à des obligataires; ils touchent un intérêt fixe, et n'ont en principe aucun droit de contrôle; nous verrons plus loin certains cas particuliers.

En dehors de ce qui précède, les droits des obligataires sont définis par le contrat d'émission et peuvent varier suivant les différents emprunts de la société, notamment en ce qui concerne le nominal, le prix d'émission, le taux d'intérêt, les garanties offertes, le mode et le prix de remboursement.

Les droits des actionnaires sont fixés plus strictement par la loi; on distingue au point de vue de ces droits plusieurs sortes d'actions.

Actions de priorité. — Les actions de priorité ou *privilégiées* donnent certains avantages sur les autres actions ou confèrent des droits d'antériorité soit sur le bénéfice, soit sur l'actif social, soit sur les deux. La création en a été autorisée par la loi du 9 juillet 1902 modifiée par celle du 16 novembre 1903, mais bien des sociétés n'ont que des actions ordinaires.

Dans certains cas, les actions privilégiées ont droit à un dividende fixe, avant toute distribution aux actions ordinaires, et lorsque ce dividende ne peut être payé pour un ou plusieurs exercices, il est reporté sur les suivants jusqu'à paiement complet *(dividende cumulatif)*.

Par contre, tout l'excédent des bénéfices, s'il en existe, est réparti aux actions ordinaires.

Exemple : actions de Beers, Consolidated Mines (Mine de diamants).

Quelquefois, les actions privilégiées ont un droit d'antériorité pour un dividende fixé et touchent en outre sur le solde un certain pourcentage moindre que celui des autres actions.

Exemple : actions des Raffineries et Sucreries Say.

En conséquence, lorsque la société obtient de beaux résultats, les actions ordinaires touchent beaucoup plus que les privilégiées; au contraire, lorsque les bénéfices sont réduits, il peut arriver que l'action de priorité touche seule une répartition. On peut observer qu'en cas de hausse les cours de l'action ordinaire progressent plus rapidement; en baisse ils sont plus dépréciés.

En janvier 1920 :

L'action ordinaire de Beers cotait.................... 1.425
alors que la *préférence* cotait....................... 540

La première avait payé en juillet 1919 un coupon de 30 shillings (1 £ 10), elle allait détacher un coupon de même valeur.

L'action de préférence avait payé en juillet 1919 un coupon de 10 shillings (dividende privilégié) et allait en payer un autre.

En février 1921 :

L'action ordinaire cotait............................. 640
elle avait donné 30 shillings en juillet 1920 et 10 shillings en janvier 1921;

L'action de préférence cotait......................... 547
elle avait donné 2 coupons de 10 shillings.

En décembre 1921 :

L'action ordinaire cotait............................. 530
elle n'avait donné aucun dividende en juillet;

L'action de préférence cotait......................... 490
elle avait donné 10 shillings en juillet.

Aucun dividende n'était annoncé pour janvier 1922 sur l'un et l'autre de ces titres.

Pendant toute la durée de la guerre, l'action ordinaire n'a payé que 3 coupons d'ensemble 45 shillings; elle a coté généralement un cours inférieur à celui de l'action de préférence dont le dividende privilégié a été payé intégralement (6 coupons d'ensemble 80 shillings correspondant aux années 1915-1916-1917-1918).

Dans d'autres sociétés, l'action de priorité a un dividende minimum garanti, mais lorsque les bénéfices permettent de distribuer ce même dividende à l'action ordinaire, l'excédent est partagé également entre tous les titres, qui touchent donc la même répartition.

Exemple : actions mines et usines à zinc de Silésie.

Actions A et B. — Certaines sociétés ont créé, sous la désignation d'actions A et actions B, deux catégories de titres jouissant de droits différents aux points de vue suivants :

VOTE AUX ASSEMBLÉES	Le même nombre de titres n'est pas exigé pour y assister et ne donne pas le même nombre de voix.
FACILITÉS DE TRANSMISSION	Agrément préalable du Conseil d'administration pour une catégorie de titres qui restera toujours sous forme nominative. Aucune restriction pour les autres qui peuvent être mis au porteur après libération totale.
AUGMENTATION DE CAPITAL	Droit de préférence différent.

Actions de dividende. — Lorsque les statuts prévoient le remboursement des actions, ce remboursement s'opère généralement par voie de tirage au sort, mais l'actionnaire remboursé n'est pas exclu de la société, il reçoit un nouveau titre appelé *action de dividende* ou *action de jouissance*.

Les actions de capital (non remboursées) reçoivent en premier lieu une répartition spéciale représentant l'intérêt de la somme versée à la société au taux fixé par les statuts (coupon d'intérêt). Le surplus des bénéfices est partagé également entre les actions de capital et les actions de jouissance (coupon de dividende).

Supposons une société au capital de 5 millions divisé en 10.000 actions de 500 francs dont 1.000 ont été remboursées. Si l'intérêt du capital a été fixé à 4 % et que les bénéfices s'élèvent à 280.000 francs la répartition sera la suivante :

9.000 titres recevront 20 francs à titre d'intérêt, soit 180.000 fr.

Il restera 100.000 francs qui permettront de répartir un dividende de 10 francs à toutes les actions.

En résumé :

Les actions de capital auront touché : 30 × 9.000.. Fr.	270.000
Les actions de jouissance auront touché : 10 × 1.000....	10.000
Ensemble........................... Fr.	280.000

Après remboursement total, il ne reste plus que des actions de jouissance ayant les mêmes droits sur les bénéfices et sur l'actif social.

Actions libérées et non libérées. — Certaines sociétés ont des actions entièrement libérées et des actions sur lesquelles il reste à effectuer des versements.

Les statuts prévoient alors un coupon d'intérêt sur le capital versé, le surplus étant réparti également entre toutes les actions.

Soit une société au capital de 5 millions représenté par 10.000 actions de 500 francs dont 4.000 entièrement libérées, 6.000 n'étant libérées que de 250 francs.

Les statuts fixent à 4 % l'intérêt du capital versé.

Le bénéfice à distribuer est de 300.000 francs.

4.000 actions reçoivent chacune 20 francs à titre d'intérêt, soit................... Fr.	80.000
6.000 actions reçoivent chacune 10 francs à titre d'intérêt, soit....................	60.000
	140.000
Il reste à répartir........................ Fr.	160.000

soit 16 francs par action à titre de dividende.

En résumé :

Les 4.000 titres libérés ont touché : 36 × 4.000..	144.000
Les 6.000 titres non libérés ont touché : 26 × 6.000.	156.000
Ensemble........................ Fr.	300.000

Il ne faut pas d'ailleurs perdre de vue que le dividende réparti aux actions de priorité avant toute distribution aux actions ordinaires, ou le coupon d'intérêt attribué aux actions de capital (lorsqu'il y a des actions de jouissance) ou payé au préalable lorsque le capital versé n'est pas le même pour tous les titres, ne peuvent être prélevés que sur les bénéfices. Ils ne sont pas considérés comme faisant partie des frais généraux et se distinguent en cela de l'intérêt dû aux obligataires, créanciers de la société.

Toutefois, dans la période de formation ou de mise en marche d'une entreprise, il est quelquefois attribué au capital versé un intérêt qui est porté dans les dépenses de premier établissement et s'amortit plus tard par prélèvement sur les bénéfices. Au surplus, sauf le cas de sociétés concessionnaires de services publics et jouissant d'une garantie d'intérêt considérée comme une charge normale de l'exploitation, cette répartition n'est en réalité que le remboursement aux actionnaires, sous le nom d'intérêt, d'une partie du capital qu'ils ont versé. La loi interdit la distribution de dividendes fictifs et aussi le remboursement des actions autrement que par prélèvement sur les bénéfices.

Actions d'apports. — Les actions remises en représentation d'apports en nature (fonds de commerce, brevets, marchandises, etc.) doivent être libérées intégralement dès la constitution de la société ; elles ne sont négociables que deux ans après et doivent rester à la souche pendant ce délai. Elles sont en outre nominatives. On peut d'ailleurs les céder par les voies civiles.

Au point de vue des droits dans la société, elles ne diffèrent pas des actions de numéraire.

La loi du 9 juillet 1902, précisée par celle du 16 novembre 1903, a modifié les dispositions de la loi de 1867 dans le cas de fusion de sociétés.

« Ces prescriptions et ces prohibitions ne sont pas applicables au cas de fusion de sociétés anonymes ayant plus de deux ans d'existence, soit par absorption de ces sociétés par l'une d'entre elles, soit par la création d'une société anonyme nouvelle englobant les sociétés préexistantes. »

Parts de fondateurs ou parts bénéficiaires. — Il convient de signaler une catégorie de titres assez répandus appelés *parts de fondateurs* ou *parts bénéficiaires*, représentant un droit aux bénéfices accordé gratuitement aux fondateurs d'une société ou à des personnes qui ont contribué à sa création par leurs études, leurs travaux ou leurs démarches.

Exemple : Les parts de fondateur de la Compagnie de Suez remises à M. de Lesseps, et qu'il ne faut pas confondre avec les parts émises par une société civile en représentation des 15 % de bénéfices attribués au Gouvernement égyptien qui a concédé le canal.

Dans certaines sociétés fondées sous le régime de la loi belge, on leur donne le nom d'*actions de dividende*.

Elles ne donnent pas droit à une répartition de l'actif social; pourtant on admet que, lors de la dissolution de la société, elles peuvent participer au partage des bénéfices mis en réserve. Les statuts indiquent généralement la solution qui doit être adoptée; quelquefois il y a décision de justice ou d'arbitres.

Les parts de fondateur ont généralement un droit de préférence lors des augmentations de capital; elles sont les plus avantagées par ces augmentations, car si les bénéfices ultérieurs de la société sont plus élevés, le pourcentage reste le même pour chaque catégorie de titres.

- Supposons que, dans une société au capital de 5 millions divisé en 10.000 actions de 500 francs, il existe 2.000 parts de fondateur donnant droit à 40 % des bénéfices après paiement d'un intérêt de 4 % aux actions.

```
Si le bénéfice est de............................... Fr.    400.000
il reste après paiement du coupon d'intérêt soit.......    200.000
                                                          ________
une somme de.......................................        200.000
dont 40 %, soit....................................         80.000
aux parts;
ce qui représente 40 francs par titre.

Il reste aux actions 60 %..........................        120.000
soit 12 francs par titre (dividende).
En tout, 32 francs.
```

Si le capital est doublé, on peut supposer que le bénéfice le sera aussi;

```
il deviendra.......................................        800.000
Le coupon d'intérêt absorbera......................        400.000
                                                          ________
        Reste.................................. Fr.        400.000
dont 40 %..........................................        160.000
pour les parts;
chacune d'elles recevra 80 francs.

Les actions recevront, à titre de dividende..... Fr.       240.000
soit 12 francs par titre.
En tout, 32 francs.
```

La répartition de la part a doublé, celle de l'action n'a pas changé.

Si le bénéfice s'était augmenté d'une somme inférieure au coupon d'intérêt supplémentaire (200.000), la répartition de la part aurait diminué de même que celle de l'action.

Si le bénéfice avait varié entre 600.000 et 800.000, la répartition de la part aurait augmenté, celle de l'action aurait diminué.

Les sociétés qui désirent augmenter leur capital cherchent, en général, à racheter les parts, soit contre des espèces, soit contre des actions nouvelles. Elles évitent ainsi les inconvénients signalés plus haut, c'est-à-dire l'augmentation des risques pour les actionnaires seuls, tandis que l'augmentation des bénéfices profite surtout aux porteurs de parts.

Valeurs à court terme. — On peut assimiler aux fonds d'État les valeurs que le Trésor émet pour se créer des ressources en attendant la rentrée des impôts ou pour parer à des circonstances exceptionnelles (Bons du Trésor, Obligations à court terme). Elles sont remboursables à très brève échéance (un an au maximum) et constituent la Dette flottante par opposition à la Dette inscrite ou consolidée.

Pour faire face aux nécessités financières de la guerre, le Trésor français a, en outre, émis des Bons de la Défense nationale (à 3 mois, 6 mois ou 12 mois) et des Obligations à 5, 6 ou 10 ans.

Certaines sociétés ont aussi émis des Bons ou Obligations de courte durée (Bons des Compagnies de Chemins de fer à 2, 3 ou 10 ans).

Annuités. — On peut assimiler aux Obligations, bien qu'elles figurent sur la cote à la rubrique actions, les titres émis en représentation d'annuités dues par un État à une société d'intérêt public qu'il subventionne. Ainsi l'État français s'est engagé à verser 170 semestres d'annuités de 193.874 francs chacune à la Compagnie qui a construit une ligne de chemin de fer allant de Lérouville à la ligne des Ardennes (près Sedan).

Cette Compagnie ayant été mise en liquidation, la créance sur le Trésor a été cédée à une société qui a émis 15.264 parts de 500 francs rapportant 25 francs par an et remboursables au pair en 84 ans, de 1877 à 1960.

Ces parts sont appelées *annuités Lérouville à Sedan*.

Il existe des titres analogues, émis en représentation d'annuités dues par la Compagnie des Chemins de fer du Nord, pour des lignes que lui a cédées la Compagnie de Lille à Valenciennes.

Différentes valeurs mobilières au point de vue de la forme. — Au point de vue de la forme, on distingue :

1º Les titres *au porteur* transmissibles par simple tradition : les intérêts ou dividendes sont payés sur présentation des coupons.

Ces coupons portent un numéro et une date, lorsqu'il s'agit de fonds d'État et d'obligations. Pour les actions, le plus souvent, ils ne portent qu'un numéro ; l'examen de la cote indique le numéro du dernier coupon payé et la date du paiement ;

2º Les titres *nominatifs* ou *certificats nominatifs* portant le nom du propriétaire (titulaire).

La loi du 4 août 1892 a stipulé que les actions devraient être nominatives jusqu'à complète libération ; cette loi n'ayant pas eu d'effet rétroactif, il existait certaines actions créées avant sa promulgation et qui étaient au porteur, bien que non libérées (actions de la Société marseillaise de Crédit industriel et commercial libérées depuis).

Par contre, bien que libérées entièrement, certaines actions sont nominatives par suite de prescriptions légales ou de stipulation des statuts (actions de la Banque de France, du Crédit foncier, des Compagnies d'assurances...).

La vente de ces valeurs nécessite une déclaration du titulaire qui transfère la propriété à l'acheteur. Dans bien des cas, ce dernier signe une acceptation de transfert ; cette acceptation a une grande importance lorsqu'il s'agit de titres non libérés, car le titulaire est tenu d'effectuer les versements appelés par le Conseil d'administration. Même en cas de cession, il n'est pas dégagé de toute responsabilité et reste tenu pendant deux ans à compter du jour du transfert sur les livres de la Société.

Il s'agit, en cas de vente, d'un *transfert réel*, translatif de propriété.

Le *transfert d'ordre* a pour but de constater un changement dans l'état civil du titulaire (mineur devenu majeur, mariage contracté par une femme, décès du mari, etc.).

Le *transfert de garantie* donne un droit de gage au bénéficiaire, mais n'opère pas mutation de propriété.

La Banque de France a le privilège de pouvoir réaliser, sans aucune formalité, les valeurs qui lui ont été déposées ou transférées en garantie d'avances. De même, le Crédit foncier de France, lorsque le gage est constitué par ses propres obligations. Il est bien entendu que ce droit de réalisation ne peut s'exercer que dans le cas prévu sur l'engagement d'avance.

Indépendamment de ces titres qui ne peuvent être mis sous forme au porteur (valeurs essentiellement nominatives), la plupart des valeurs françaises (rentes sur l'État, obligations, actions) sont susceptibles d'être mises au nominatif à la volonté du possesseur. Elles ne peuvent circuler qu'après conversion au porteur et par conséquent ne sont pas réalisables de suite.

Le délai n'est pas très long (en général quinze à vingt jours), sauf lorsqu'il s'agit d'opérations contentieuses (titres appartenant à des incapables, femmes mariées, mineurs, ou provenant de succession).

Le revenu des valeurs nominatives est payé le plus souvent sur présentation du certificat qui est revêtu d'une estampille constatant le paiement. Quelques Sociétés, se conformant aux usages anglais et américains, envoient des chèques à leurs actionnaires pour le paiement des dividendes. Quelquefois, le certificat porte des coupons au porteur qu'il suffit de détacher (certificat mixte).

Les obligations nominatives de la Ville de Paris n'existent que sous la forme de certificats mixtes ; les rentes françaises peuvent être mises sous cette forme, sauf les rentes amortissables.

Avantages et inconvénients des titres nominatifs. — La perte ou le vol d'un titre nominatif ou mixte entraîne moins de risques que celle d'un titre au porteur. On est à peu près certain qu'il ne peut être vendu, car cette négociation entraînerait des justifications de propriété à fournir à la Compagnie pour changer les noms ou convertir le titre au porteur. D'ailleurs, l'agent de change qui aurait certifié une fausse signature serait responsable. Après certaines formalités, on peut obtenir un duplicata du titre perdu ou volé.

La perte ou le vol d'un titre au porteur oblige à faire opposition, par ministère d'huissier, à la négociation du titre et au paiement des coupons.

Il est à craindre que le titre n'ait été vendu avant l'opposition, ce qui enlève tout recours contre le porteur de bonne foi.

On ne peut obtenir un duplicata qu'au bout de onze années.

A un autre point de vue, les coupons des valeurs nominatives ne subissent que la retenue de l'impôt cédulaire sur le revenu, tandis que sur les coupons au porteur, le fisc prélève en outre le droit forfaitaire de circulation (5 °/₀₀ de la valeur du titre). Cette question a moins d'importance pour l'obligataire lorsque le revenu est net de tous frais et impôts présents ou futurs : c'est la Société qui paie les droits.

Par contre, le titre nominatif exige plus de formalités et un délai plus long pour la négociation ou le règlement.

Ce qui vient d'être dit ne s'applique qu'aux valeurs françaises, car chaque État a sa législation spéciale en matière de valeurs mobilières. Beaucoup de pays n'admettent les oppositions que dans des cas tout à fait spéciaux ; comme, d'autre part, les valeurs étrangères négociées dans notre pays sont rarement nominatives, il suffit au voleur de les vendre sur un autre marché, ce qui se fait sans beaucoup de difficultés.

L'Italie a tenté dans un but fiscal la mise au nominatif des valeurs italiennes détenues par ses nationaux, mais cette mesure ne paraît pas avoir donné les résultats attendus ; elle a surtout entravé les échanges et ralenti les affaires.

Une forme peu répandue du titre nominatif est le *titre à ordre* qui s'endosse comme un effet de commerce. La seule particularité qu'il présente est que le certificat n'est pas annulé en cas de cession, mais le transfert doit être transcrit sur les livres de la Société et nécessite les formalités de certification de signature signalées plus haut.

DES DIFFÉRENTS PLACEMENTS

Placements en valeurs mobilières. — a) *Au point de vue du revenu.* — Nous avons distingué les placements à revenu fixe (fonds d'État et obligations) et les placements à revenu variable (actions, parts de fondateur).

Les obligations et les fonds d'État étrangers, dont les coupons sont libellés en monnaie étrangère, sont devenus par suite des fluctuations du change de véritables valeurs à revenu variable pour les porteurs français.

On peut signaler aussi certaines obligations résultant d'un concordat (ou convenio) entre une société défaillante et ses créanciers.

Exemple. — La *Société ottomane des chemins de fer de Beyrouth-Damas-Hauran*, qui a pris en 1900 la nouvelle dénomination de *Société ottomane du chemin de fer de Damas-Hamah et prolongements*, ayant été déclarée en liquidation judiciaire le 18 juin 1900, a obtenu, en 1901, un concordat en vertu duquel les obligations 3 % émises en 1892 ont été échangées titre pour titre contre des obligations à revenu variable. Ce revenu ne peut être prélevé que sur les bénéfices et après paiement des charges sociales (notamment l'intérêt fixe dû aux obligations 4 % émises postérieurement); il est au maximum de 15 francs.

Par contre, certaines actions sont presque des titres à revenu fixe, quand il est fixé un dividende maximum toujours atteint (actions *Rio préférence*) (1). Ce sont là d'ailleurs des exceptions.

Pour compléter la différence entre les placements à revenu fixe et les placements à revenu variable, signalons que les fonds d'État et les obligations sont souvent émis au-dessous du pair; ils sont remboursables soit au pair, soit à un prix supérieur.

On appelle *pair* ou *valeur nominale* d'un fonds d'État ou d'une obligation, la somme qui sert de base pour le calcul des intérêts et, en général, pour le remboursement du capital, celle dont l'État emprunteur, ou la Société, se reconnaît débiteur.

Les actions ne sont jamais émises au-dessous du pair et jamais remboursables à un prix supérieur. Le pair d'une action est donc, en principe, son prix d'émission qui est aussi celui du remboursement.

Toutefois, quand il s'agit d'une nouvelle émission, le souscripteur est généralement tenu de verser, en plus de la valeur nominale fixée, une prime représentant la part qu'il acquiert dans les bénéfices mis en réserve antérieurement et qui ont augmenté le capital de la Société.

Quant aux parts de fondateur, elles n'ont aucune valeur nominale, puisqu'elles ne représentent pas un apport matériel susceptible d'être évalué.

b) *Au point de vue de la durée du placement.* — On distingue les placements à court terme (représentés par les bons du Trésor et les obligations à court terme dont nous avons parlé) et les placements à long terme.

AMORTISSEMENT ET CONVERSION. — En principe, une Société doit toujours amortir ses obligations, soit progressivement par voie de tirages au sort ou par rachats en bourse, soit en une seule fois.

Elle peut se réserver le droit de diminuer le taux de l'intérêt à partir d'une certaine époque, en offrant le remboursement aux obligataires qui n'accepteraient pas cette réduction. Le contrat d'émission peut aussi stipuler qu'à partir d'une certaine date, l'intérêt sera réduit d'office.

Les fonds d'État sont ou perpétuels (3 % français perpétuel, 5 % 1915-1916, 4 % 1917, 4 % 1918, 6 % 1920) ou amortissables (3 % amortissable, émis en 1878, 3 ½ 1894, tous deux remboursables au pair; 5 % 1920, remboursable à 150 %).

Mais, dans le cas d'un emprunt perpétuel, l'État débiteur a

---

(1) Actions de 5 £ ayant droit à un dividende privilégié de 5 °/o (5 sh.).

toujours le droit de diminuer le taux de l'intérêt en offrant de rembourser les rentiers qui n'accepteraient pas.

En ce qui concerne les emprunts de guerre, l'État français s'est engagé à ne pas les convertir ou rembourser avant une certaine date.

La conversion n'est pas toujours une simple diminution d'intérêt; elle présente quelquefois plus d'avantages pour le rentier que le remboursement.

Par exemple, lorsqu'une rente est au-dessus du pair, le remboursement lui fait perdre la différence et il a peu de chances de pouvoir placer au même taux les capitaux que lui procure ce remboursement, car la hausse des valeurs à revenu fixe est généralement l'indice d'un abaissement du loyer de l'argent. (Une conversion ne peut d'ailleurs réussir que lorsque le cours a dépassé le pair.)

D'autre part, la nouvelle rente peut être offerte à un prix inférieur au pair, de sorte que si l'État profite d'une diminution de l'intérêt à servir, le rentier voit augmenter le capital de sa créance.

En 1825, il a été offert aux porteurs de rente 5 % la conversion en 3 % au cours de 75 % ou en 4 ½ % au pair, avec garantie pour cette dernière rente qu'elle ne serait pas convertie avant 1835. Le porteur de 5 francs de rente eut donc la faculté de demander 4 francs de rente 3 %, représentant un capital nominal de 133,33 ou 4 fr. 50 de rente 4 ½ représentant un capital équivalent à sa créance primitive, mais non convertible avant dix ans.

Comme la rente 5 % était à 106,25, le remboursement au pair aurait fait perdre 6,25 par 100 francs de capital; mais la conversion était facultative, et plus des 5/6 des porteurs conservèrent leur 5 %.

L'opération se traduisit pour le Trésor par une diminution de l'intérêt, mais par une augmentation de la dette, augmentation qu'il aurait pu éviter au moyen de conversions successives faites en temps opportun.

En 1852, au contraire, les porteurs de 5 % durent opter entre la conversion en 4 ½ et le remboursement au pair.

De même, en 1883, le nouveau 5 % créé après la guerre de 1870 fut converti en 4 ½; puis, en 1894, ce 4 ½ fut converti en 3 ½. Enfin, en 1902, les rentes 3 ½ furent converties en 3 % (1).

Le Trésor n'avait bénéficié que progressivement de la réduction d'intérêt, mais n'avait pas augmenté sa dette, comme cela s'était produit en 1825.

EMPRUNTS A LOTS. — Les obligations sont généralement émises au-dessous du pair et par conséquent remboursables avec prime.

Il existe aussi des emprunts dans lesquels un certain nombre de titres sont remboursables, par voie de tirages au sort, par des lots plus ou moins importants (allant de 500 francs à un million), le lot comprenant le remboursement du capital.

---

(1) Les porteurs de 3 ½ dont le chiffre de rente n'était pas multiple de 3 ½ avaient droit à un chiffre de rente 3 % comportant une fraction représentée par une *promesse*, titre spécial dont les intérêts ne sont payés qu'au moment où le porteur a pu en réunir un total de 1 fr. de rente 3 %.

L'émission de ces titres, en France, doit être autorisée par une loi dérogeant en leur faveur à la loi du 21 mai 1836 sur les loteries. Telles sont les obligations de la Ville de Paris, du Crédit Foncier (sauf les Foncières 1883), du Crédit National pour faciliter la réparation des dommages causés par la guerre.

Certains titres à lots ne rapportent rien et constitueraient de véritables loteries s'ils n'étaient tous remboursables à un prix plus ou moins élevé. Tels sont les titres du Canal de Panama (bons à lots et obligations troisième série); les fonds nécessaires au remboursement avaient été versés lors de l'émission à deux sociétés civiles, distinctes de la compagnie émettrice, et par conséquent n'ont pas été englobés dans la liquidation de cette dernière. Telles sont encore les obligations à lots de l'État indépendant du Congo dont le taux de remboursement (indépendamment des lots attribués à certains titres) augmente de 5 francs tous les ans (270 francs en 1921). C'est une sorte de placement à revenu différé.

c) *Au point de vue des garanties.* — Les pays emprunteurs, comme les sociétés qui émettent des obligations, peuvent attacher à leurs titres certaines garanties.

Beaucoup d'États étrangers ont affecté au service d'un emprunt des revenus spéciaux (douanes, tabacs, monopoles). On peut citer la rente Ottomane unifiée, la rente Ottomane gagée sur le Tribut d'Égypte, les Douanes ottomanes, certains emprunts bulgares, chinois, serbes, les obligations Tabacs portugais, etc.

Dans ce cas, le recouvrement et l'emploi de ces revenus sont souvent contrôlés par une commission spéciale, qui comprend des représentants des créanciers ou de la banque chargée du service de l'emprunt.

Il existe des obligations ayant une hypothèque générale sur l'entreprise ou sur certaines parties de son actif (obligations des Chemins de fer du Nord de l'Espagne, des Chemins de fer andalous); les obligations du Crédit Foncier de France ont pour gages les biens des emprunteurs sur lesquels hypothèque a été prise.

Quelquefois, la garantie est donnée par un tiers. Ainsi, l'État Français, par les conventions de 1883, a garanti l'intérêt et le remboursement des obligations des six grandes Compagnies de chemins de fer (cette garantie ne s'exerce plus actuellement pour les Compagnies du Nord et de Paris-Lyon-Méditerranée). Le régime des chemins de fer va d'ailleurs être modifié par suite de la situation spéciale qu'a créée la guerre.

Les obligations du Crédit National jouissent d'une garantie analogue.

Enfin, depuis la guerre, beaucoup d'entreprises ayant à recevoir des indemnités pour sinistres ont émis des obligations dont les propriétaires sont groupés en sociétés civiles. Ces entreprises ont délégué à ces Sociétés le montant des indemnités qu'elles doivent recevoir de l'État et se sont engagées à verser, en cas d'insuffisance, le complément nécessaire pour assurer le service de l'emprunt.

TABLEAU
DES DIFFÉRENTS MODES DE PLACEMENT EN VALEURS MOBILIÈRES

REVENU FIXE

Fonds d'État............ { amortissables ou perpétuels ;
avec ou sans garanties spéciales.

Obligations des diverses Sociétés financières, industrielles, commerciales.... } remboursables au pair ;
remboursables avec lots ;
avec ou sans garanties spéciales.

REVENU VARIABLE

Actions.................. { de capital ;
de dividende (ou de jouissance) ;
ordinaires ;
de priorité.

Parts de fondateur ou parts bénéficiaires.
Obligations concordataires.

Placements autres que les placements en valeurs mobilières.

Nous ne pouvons guère que les énumérer, car leur étude détaillée sortirait des cadres de cet ouvrage ; nous citerons :
Les participations financières, industrielles ou commerciales ;
Les placements en immeubles et en terrains ;
Les prêts hypothécaires ;
Les dépôts à la Caisse d'épargne ;
Les placements en reports (étudiés dans le chapitre suivant) ;
Les constitutions de rentes viagères, à capital aliéné ou à capital réservé (Caisse nationale des retraites pour la vieillesse) ;
Les différentes combinaisons des Compagnies d'assurances sur la vie ;
Les prêts à intérêt avec ou sans garanties.

LA BOURSE DES VALEURS

GÉNÉRALITÉS

Les Bourses et leurs opérations.

Les Bourses de commerce ont pour but de rapprocher les personnes qui ont à traiter des opérations commerciales et, par suite, de faciliter ces opérations.

Définition légale. — La Bourse de Commerce est la réunion, qui a lieu sous l'autorité du Gouvernement, des commerçants, capitaines de navires, agents de change et courtiers (art. 71 du Code de commerce).

Autres acceptions. — 1° Le lieu où se tient la réunion *(aller à la Bourse)*.

À Paris, depuis 1889, il y a un local distinct pour les achats et les ventes de marchandises et pour les opérations sur les valeurs mobilières. On réserve au premier le nom de *Bourse du Commerce*. Le lieu de négociation des valeurs mobilières s'appelle simplement *la Bourse*;

2° La tendance du marché :

Bourse faible;

Bourse animée.

On dira aussi : *acheter au début de la Bourse*, c'est-à-dire au début de la séance.

Les opérations traitées dans les Bourses de Commerce sont :

ou des opérations au comptant, lorsque la livraison et le règlement suivent de très près la conclusion du marché;

ou des opérations à terme, lorsque la livraison et le règlement sont remis à une date ultérieure.

Il ne faut pas confondre l'opération à terme avec l'opération à crédit, dans laquelle un certain délai s'écoule entre la livraison et le règlement. Ce délai est habituellement de un à trois mois; il va même parfois jusqu'à six et douze mois.

NOTIONS PRÉLIMINAIRES

Nous avons vu précédemment ce que l'on désigne sous le nom de valeurs mobilières; nous allons examiner comment elles se négocient.

Les opérations au comptant ont plus généralement le caractère de placement pour celui qui achète et le caractère de réalisation pour celui qui vend; les opérations à terme, au contraire, correspondent plutôt à une spéculation. Mais il y a des exceptions, car, d'une part, sur les valeurs qui ne se négocient pas à terme, on ne peut spéculer qu'au comptant, et, d'autre part, il est souvent avantageux, pour un achat ou une vente importante, de traiter à terme, où les cours seront moins influencés. Toutefois, les ventes à découvert sont difficiles sur le marché du comptant, en raison de la nécessité de livrer dans un délai très court.

L'arbitrage consiste généralement à réaliser une valeur pour en acquérir une autre, soit en vue de toucher une différence tout en conservant le même revenu, soit en augmentant ce revenu sans rien débourser (1).

L'arbitrage-type se fera entre valeurs de même nature; par exemple, on vendra des obligations d'une Compagnie de Chemins de fer pour acheter des titres d'une autre Compagnie cotés moins cher et dont le revenu est équivalent et les garanties analogues; on vendra des obligations anciennes dont le revenu est soumis aux impôts pour acheter des titres nouvellement émis et dont le revenu est généralement garanti net d'impôts, la Compagnie prenant ceux-ci à sa charge. On arbitrera des actions anciennes contre des actions nouvelles de la même Société, des actions ordinaires contre des actions de priorité, ou inversement, si l'écart des cours est plus avantageux que ne le justifient les droits respectifs de ces titres. Il y a quelquefois, par exemple, 100 francs d'écart entre les cours de deux séries d'actions qui doivent être assimilées après paiement d'un dividende de 50 ou 60 francs à l'une d'elles; cet écart résulte souvent d'un marché plus ou moins étendu.

Une autre sorte d'arbitrage est l'arbitrage entre deux places d'un même pays ou de deux pays différents (2).

L'action de Beers ordinaire cote 10 livres à Londres et 530 francs à Paris, la livre valant 52 francs. Il paraît avantageux d'acheter à Londres pour vendre à Paris, mais il faut pouvoir opérer rapidement, de façon à ne pas avoir à craindre une variation des cours.

Ces arbitrages ne peuvent être réalisés avec profit que par des professionnels, d'abord en raison de la surveillance constante des cours qu'ils exigent, ensuite en raison des frais qui sont généralement les suivants :

1º Courtages et impôts à Paris et à Londres;

2º Frais d'envoi de Londres à Paris;

3º Frais de timbrage à Paris des titres achetés à Londres, lorsqu'il s'agit (comme dans le cas cité) d'une valeur non abonnée au timbre.

On peut quelquefois obtenir sur une place étrangère livraison de titres timbrés français, mais le vendeur les fait payer généralement un peu plus cher.

Si l'on achetait à Paris pour vendre à Londres, on aurait à payer les frais de timbre anglais.

---

(1) On peut aussi faire des arbitrages en reports ou des arbitrages de change.
(2) Ces arbitrages sont, pour l'instant, à peu près impossibles en raison des restrictions apportées par la loi du 3 avril 1918 aux exportations et importations de titres et de capitaux.

4º Frais de correspondance et de télégrammes.

Il faudra aussi compter dans les frais l'intérêt du capital engagé, car on devra régler l'achat de suite et on ne sera payé de la vente qu'après livraison.

Dans ces opérations, on doit considérer en outre :

1º L'interprétation des cours exprimés :

Sur certains marchés de l'étranger, le prorata couru du coupon n'est pas compris dans le cours, mais l'acheteur doit en tenir compte au vendeur, ce qui augmente le prix;

2º Le change fixe :

La conversion en livres de la valeur nominale en dollars des titres américains cotés à Londres se fait à un change fixe. Lorsque le cours réel du dollar est supérieur à ce change fixe, le cours de la valeur est plus élevé à Londres qu'à New-York. (C'est un fait analogue qui se passe à Paris où, en raison de la dépréciation de notre franc, les cours des valeurs étrangères libellées en livres, en dollars, en florins, sont plus élevés que dans leur pays d'émission.) Inversement, lorsqu'il faudra plus de dollars pour valoir 1 livre, le cours de Londres sera inférieur à celui de New-York;

3º Les délais de livraison, notamment si l'on opère à terme.

Le règlement de l'achat à Londres se fera par l'envoi d'un chèque en livres acheté à Paris, car l'intermédiaire accepterait plus difficilement de tirer une traite en francs sur Paris.

Si, au contraire, l'on a vendu à Londres, l'intermédiaire enverra une traite en livres que l'on négociera à Paris.

ORGANISATION DES BOURSES DE VALEURS

De même qu'à la Bourse des marchandises les opérations se traitent par l'entremise de courtiers qui rapprochent acheteurs et vendeurs, de même à la Bourse des valeurs il existe des intermédiaires. Certains d'entre eux ont un caractère officiel, ce sont les *agents de change;* d'autres n'ont aucun monopole, ce sont les banquiers en valeurs ou *coulissiers.*

Pendant longtemps, les fonctions des agents de change et des courtiers furent exercées par les mêmes personnes; mais vers 1720, par suite de la création des sociétés par actions et de l'extension des valeurs mobilières, on jugea utile d'affecter à leur négociation des intermédiaires spéciaux.

L'arrêt du Conseil du 25 octobre 1726 établit d'une manière précise la séparation des fonctions d'agent de change, banque, commerce et finances, de celles de courtier de marchandises. (La loi de 1866 a rendu encore plus effective cette séparation, en supprimant le monopole des courtiers de marchandises.)

Avant 1726, les charges d'intermédiaires avaient subi de nombreuses transformations. Exercées d'abord librement, elles furent ensuite soumises au contrôle de l'autorité, tantôt concédées gratuitement, tantôt vendues comme les autres offices, rendues héréditaires ou révocables, suivant les circonstances ou les besoins du Trésor.

En 1724, il y avait 60 agents de change; ils n'avaient rien versé au Trésor pour le prix de leur office.

En 1781, ce nombre fut ramené à 40, et un cautionnement de 60.000 livres fut exigé des titulaires.

En 1786, une ordonnance royale supprima les commissions instituées en 1724, et 60 offices furent accordés à 60 personnes payant une finance. Ces offices n'étaient pas héréditaires, mais à vie.

La Révolution rendit libre la profession d'agent de change sous la seule condition de payer patente (loi du 8 mai 1791), mais la loi du 28 vendémiaire an IV (20 octobre 1795) créa de nouveau des offices au nombre de 25, afin de réglementer les négociations de matières métalliques et de lettres de change sur l'étranger. On pensait ainsi réduire la spéculation résultant de la dépréciation des assignats.

La loi du 28 ventôse an IX organisa les Bourses de Commerce, mais on rendit aux particuliers le droit de négocier par eux-mêmes les lettres de change et les marchandises; néanmoins, il fut entendu que toute personne désireuse d'avoir recours à un intermédiaire pour la négociation de ses valeurs ne pourrait utiliser que l'agent de change.

Nous donnons, dans la cinquième partie de cet ouvrage, la liste des lois et autres dispositions qui régissent actuellement les Bourses de Commerce (valeurs et marchandises). Les principales sont : le Code de Commerce (titre V), la loi du 28 ventôse an IX (19 mars 1801), l'arrêté du 27 prairial an X (16 juin 1802), la loi du 28 avril 1816 qui permit aux agents de change de présenter leurs successeurs, la loi du 28 mars 1885 (sur les marchés à terme), le décret du 7 octobre 1890, la loi du 13 avril 1898 (modifiant celle du 28 avril 1893 sur l'impôt qui frappe les opérations de bourse), le décret du 29 juin 1898 créant 10 nouveaux offices d'agents de change près la Bourse de Paris. Leur nombre, fixé à 60 par la loi du 28 avril 1816, fut ainsi porté à 70.

AGENTS DE CHANGE

Aux termes de l'article 76 du Code de Commerce :

« Les agents de change constitués de la manière prescrite par la loi ont seuls le droit de faire les négociations des effets publics et autres susceptibles d'être cotés, de faire pour le compte d'autrui les négociations des lettres de change ou billets et de tous papiers commerçables et d'en constater le cours. Les agents de change peuvent faire concurremment avec les courtiers de marchandises les négociations et le courtage des ventes ou achats de matières métalliques. Ils ont seuls le droit d'en constater le cours. »

En fait, les agents de change ont laissé aux banquiers la négociation des effets de commerce qui constituait au début leur principale attribution, et d'où leur vient leur nom.

La loi du 18 juillet 1866 ayant aboli pour les matières métalliques le privilège des courtiers de commerce, a également aboli celui des agents de change, d'ailleurs plutôt nominal que réel.

Mais ceux-ci ont conservé la constatation des cours du change et des matières métalliques qui sont mentionnés chaque jour à la cote officielle.

On entend par *valeurs susceptibles d'être cotées* celles qui ont fait l'objet d'une admission par les agents de change à leur *cote officielle*. Nous parlerons plus loin des négociations au marché libre ou *coulisse*.

D'après la loi du 28 ventôse an IX, dans toutes les villes où il y a une Bourse, il devrait y avoir des agents de change et des courtiers de commerce nommés par le Gouvernement.

En fait, il y a des villes pourvues de Bourses qui n'ont point d'agents de change.

Les Bourses de valeurs mobilières ont ou non un *parquet*, suivant leur importance. (Il ne peut y en avoir dans les Bourses comportant moins de 6 offices d'agents de change.)

On appelle *parquet* un emplacement spécial légèrement exhaussé, entouré de barrières, et réservé aux agents de change.

Actuellement, les Bourses de Paris, Bordeaux, Lille, Lyon, Marseille, Nantes, Toulouse ont seules un parquet.

La loi de 1816 qui permit aux agents de change de présenter leurs successeurs donna une valeur aux charges; cette valeur augmenta rapidement avec le développement des opérations de Bourse; de 30.000 francs, prix de début, elle atteignit plus d'un million. La création de 10 charges nouvelles, en 1898, diminua le prix des offices, mais les bénéficiaires durent payer aux agents en exercice une indemnité représentant la dépréciation subie. La valeur des charges est actuellement de 1.500.000 francs.

Les agents de change doivent verser au Trésor un cautionnement affecté à la garantie des négociations dont ils sont chargés. Ce cautionnement, primitivement fixé à 60.000 francs pour la Bourse de Paris, est actuellement de 250.000 francs. Celui des agents de change de province ne dépasse pas 40.000 francs; il varie suivant l'importance de la Bourse.

Nul ne peut être agent de change :

1° S'il n'est citoyen français;

2° S'il n'a 25 ans révolus;

3° S'il ne jouit de ses droits civils et politiques, et s'il n'a satisfait à la loi sur le recrutement;

4° S'il ne justifie, par un certificat régulier, d'un stage de quatre ans au moins chez un agent de change, dans une maison de banque ou de commerce, ou chez un notaire;

5° Enfin, s'il est failli non réhabilité, s'il a été destitué des fonctions d'agent de change, ou s'il a été condamné pour immixtion dans ces fonctions.

Les agents de change, dès leur nomination, prêtent serment d'exercer leur profession avec honneur et probité. Le candidat présenté par un agent de change ou par ses héritiers pour lui succéder doit être agréé par la Chambre syndicale et par le Gouvernement.

En outre de leur monopole pour la négociation des valeurs admises à la cote, les agents de change procèdent à la réalisation des valeurs mobilières données en gage (art. 93 du Code de Commerce); ils délivrent les certifications exigées pour le transfert des inscriptions de rentes sur l'État et pour les opérations concernant tous titres nominatifs.

Enfin, la loi du 15 juin 1872 sur les titres au porteur volés ou perdus et le décret du 10 avril 1873 pour l'exécution de cette loi chargent le Syndicat des agents de change de Paris de la publication du *Bulletin des oppositions*.

A la différence des courtiers qui se contentent de mettre en présence les parties contractantes, les agents de change s'engagent personnellement envers le vendeur et l'acheteur; ils sont tenus au secret professionnel. Ils sont commerçants, paient patente et peuvent être juges au Tribunal de Commerce.

Lorsqu'un agent de change est déclaré en faillite, il est poursuivi comme banqueroutier (art. 89 du Code de Commerce). Il est interdit aux agents de change de faire des opérations pour leur compte personnel, de s'intéresser directement ou indirectement dans aucune entreprise commerciale, sous peine de destitution et d'amende (art. 85, 87, 88 du Code de Commerce).

Toutefois, on ne saurait considérer comme une opération personnelle l'achat ou la vente ayant pour but de faire la contrepartie d'un ordre donné par un client, ordre dont l'exécution a été omise.

Les agents de change, ou les commis qui sont autorisés à les remplacer à la Bourse, inscrivent les opérations traitées sur un *carnet* délivré par la Chambre syndicale; ce carnet fait foi en justice. En pratique, il est surtout consulté pour les contestations entre commis, car le nom du client n'y figure pas, mais seulement le nom de l'agent avec qui l'on a traité. Les opérations dont la contrepartie est faite par un autre client de la charge ne sont donc pas inscrites sur le carnet de Bourse.

L'agent de change doit, en outre des livres imposés à tout commerçant, tenir des journaux spéciaux, journaux des opérations à terme, journaux des opérations au comptant, répertoires pour la perception de l'impôt sur les opérations de Bourse. Les répertoires tiennent lieu de journaux, en général. Les quantités et les cours doivent y être inscrits en toutes lettres; mais la principale garantie du client est la publication de la cote.

Les agents de change ne peuvent se refuser à exécuter un ordre d'achat ou un ordre de vente, lorsque le donneur d'ordre leur remet les fonds ou les titres (dans ce dernier cas, sous réserve des garanties qu'ils doivent exiger), mais ils ne sont pas tenus d'accepter un ordre à découvert.

En raison de l'importance des capitaux nécessaires pour l'acquisition d'une charge (prix de l'office, cautionnement au Trésor, cautionnement à la Chambre syndicale, fonds de roulement), les agents de change sont autorisés à s'adjoindre des bailleurs de fonds et à former une Société d'un caractère spécial (loi du 2 juillet 1862). Toutefois, ils sont seuls en nom et doivent posséder personnellement le quart du prix de l'office, augmenté du cautionnement. Les parts sont, en général, des centièmes.

CHAMBRE SYNDICALE

La Compagnie des agents de change est placée sous l'autorité d'une Chambre syndicale composée de plusieurs d'entre eux, élus chaque année en Assemblée générale. (1 Syndic et un nombre d'adjoints déterminé conformément aux règles ci-après : 2 lorsque le nombre des agents de change est de 9 au plus; 4 lorsque ce nombre est supérieur à 9 et au plus égal à 14; 6 lorsque ce nombre est supérieur à 14 et égal à 60 au plus; 8 lorsque ce nombre est supérieur à 60 [à Paris, 8].)

La Chambre syndicale émet son avis sur les présentations de nouveaux agents; si cet avis n'est pas favorable, il ne peut être donné suite à la demande; elle peut prononcer des peines disciplinaires contre les agents de change ou leurs commis; elle prend contre les tiers la défense de la Compagnie; elle sert de tribunal officieux pour les contestations entre agents, ou même entre un agent et un client.

Elle décide de l'admission des valeurs à la cote officielle, en se conformant aux lois et règlements.

Les adjoints au Syndic veillent à l'observation des règlements, sont chargés de présider à la rédaction de la cote et de fixer les cours de compensation.

Les agents de change ont institué entre eux une *Caisse commune* alimentée par divers prélèvements; la Chambre syndicale a organisé le service de la liquidation centrale; elle remplit, pour les opérations à terme, le rôle d'une véritable Chambre de Compensation, aussi bien pour les valeurs que pour les capitaux.

En ce qui concerne les opérations au comptant, seuls les capitaux sont compensés : les agents de change se livrent effectivement tous les titres négociés.

Nous signalerons enfin que, d'après le décret du 29 juin 1898, dans les Bourses comportant plus de 40 agents, la Chambre syndicale ne peut se refuser à exécuter un marché pour compte d'un agent défaillant, dans la limite de la valeur totale des offices de la Compagnie. C'est le principe de la solidarité.

LA COULISSE

A côté du marché officiel ou parquet, le *marché libre* ou *coulisse* remplit un rôle analogue, en ce qui concerne les valeurs non admises à la cote officielle.

L'arrêté du 27 prairial an X dit expressément qu'il est permis aux particuliers de traiter directement entre eux; mais s'ils s'adressent à un intermédiaire, celui-ci doit être un agent de change, à moins qu'il ne s'agisse de valeurs non cotées officiellement.

L'admission des fonds d'État étrangers à la cote officielle date de 1823, celle des autres valeurs étrangères date de 1858, mais beaucoup de valeurs ne remplissaient pas les conditions imposées par la loi pour être cotées officiellement (1); d'autres ne furent pas admises par la Chambre syndicale; enfin, pour certaines, l'admission ne fut pas demandée. La négociation de ces valeurs fut l'un des motifs du développement du marché libre, qui n'avait jamais cessé d'exister, malgré la création des offices.

Il y eut, en outre, au marché libre, des négociations très importantes sur les rentes françaises.

Des péripéties diverses marquèrent la lutte entre agents de change et coulissiers; signalons, entre autres faits, l'autorisation donnée aux agents de change de s'adjoindre un ou deux commis principaux (décret du 13 octobre 1859) et celle de faire appel à des bailleurs de fonds intéressés (loi du 2 juillet 1862).

Enfin l'article 14 de la loi de finances du 13 avril 1898, modifiant l'article 29 de la loi du 28 avril 1893, qui avait institué un impôt sur les opérations de bourse, obligea les intermédiaires à fournir à toute réquisition des agents de l'enregistrement les bordereaux d'agents de change, lorsqu'il s'agissait de valeurs admises à la cote officielle. A défaut de présentation des bordereaux, il fallait en donner les numéros, les dates, et indiquer les noms des agents.

Certaines valeurs qui donnaient lieu à d'importantes négociations au marché libre (telles que la Rente espagnole extérieure, les actions Rio Tinto), furent cotées officiellement, et les coulissiers devinrent surtout les remisiers des agents de change.

Toutefois, la coulisse de la rente fut maintenue par suite d'un engagement pris à la Chambre des députés lors de la discussion du projet de loi. En raison de la suspension des opérations à terme sur les rentes françaises, il ne s'y traite plus aucune affaire depuis août 1914.

Il subsista toutefois sur la cote du Syndicat des banquiers au comptant des valeurs figurant également à la deuxième partie du bulletin de la cote officielle, mais de négociation assez restreinte.

Cette double cotation suscitait des difficultés lorsque les cours étaient différents et que l'ordre avait été exécuté au prix le moins avantageux. Si le cours était supérieur en coulisse, le client qui achetait sur ce marché et celui qui vendait au parquet, élevaient des réclamations.

---

(1) Le décret du 22 mai 1858 autorisa la cotation au parquet des actions et des obligations de sociétés étrangères de chemins de fer constituées régulièrement suivant les lois du pays où elles avaient leur siège social. La constatation fut laissée à la Chambre syndicale des agents de change.

Le décret du 16 août 1859 restreignit l'admissibilité aux actions dont la valeur nominale n'était pas inférieure à 500 francs.

Le décret du 6 février 1880 (modifié par celui du 1er décembre 1893) régit actuellement la question.

En 1920, ces valeurs furent inscrites à la première partie du bulletin de la cote officielle et disparurent de celle du marché libre. La deuxième partie du bulletin des agents de change continua d'exister; les noms des valeurs conservées y furent inscrits de façon permanente, et non plus, comme auparavant, seulement lorsqu'il y avait cotation de cours.

Les plus importantes des maisons de coulisse de la place s'étaient entendues pour former deux syndicats professionnels : le Syndicat des banquiers en valeurs à terme et le Syndicat des banquiers en valeurs au comptant.

Les règlements de ces Syndicats sont analogues à ceux du Syndicat des agents de change.

Il existe, en outre, des banquiers non affiliés, mais ils offrent moins de garanties.

Il n'y a en coulisse qu'une liquidation par mois au lieu de deux au parquet (avant la guerre, certaines valeurs du parquet ne se liquidaient qu'une fois par mois); le cours moyen ne se pratique pas au marché libre (cette limite a été supprimée au parquet en 1920).

OPÉRATIONS AU COMPTANT

Toutes les valeurs inscrites à la cote peuvent se négocier au comptant et, d'autre part, il n'est fixé aucune condition de quantité.

L'importance de l'opération n'est limitée que par la possibilité de livraison; ainsi, on ne pourrait négocier 16 francs de rente serbe 4 %, car il n'existe que des titres multiples de 20 francs de rente; ni 20 francs de rente française 3 % amortissable, car il n'existe que des titres multiples de 15 francs de rente.

En général, les rentes étrangères se négocient par quantités multiples de 500 francs de capital nominal correspondant à 25 francs de rente en 5 %, 20 francs en 4 %, 15 francs en 3 %. Les actions et les obligations se négocient par quantités quelconques.

Les agents de change n'opèrent pas eux-mêmes sur le marché du comptant, ils sont représentés par des commis principaux.

Livraison des titres. — L'opération au comptant est, pour l'une des parties, un placement, pour l'autre une réalisation. L'agent de change peut donc se refuser à noter un ordre d'achat ou un ordre de vente, si les fonds ou les titres ne lui sont pas remis de suite.

De son côté, il doit livrer les titres à son acheteur dans les quinze bourses qui suivent la négociation ou verser les fonds au vendeur au plus tard le surlendemain de cette négociation. Si les titres n'ont été livrés qu'après vente, le règlement doit se faire le surlendemain du jour de la remise à l'agent de change.

Lorsqu'il s'agit de titres essentiellement nominatifs, les délais sont plus longs; dans la pratique même, les délais réglementaires sont souvent dépassés par suite de la nécessité de réunir les feuilles de transfert, les acceptations, et aussi quelquefois par les lenteurs des compagnies intéressées (1).

Les retards dans la livraison peuvent entraîner pour le vendeur le paiement d'une indemnité à l'acheteur, notamment s'il s'agit de titres amortissables par voie de tirage au sort ou dont la possession comporte des droits particuliers, tels qu'un privilège dans une souscription ou un encaissement de coupons à un change variable.

Coupures. — La plupart des fonds d'État admettent des titres de diverses quotités; la rente française 3 % perpétuelle existe en coupures de 2, 3, 4, 5, 6, 7, 8 francs de rente, etc.; la rente française 3 % amortissable existe en coupures de 15, 30, 60, 150 francs de rente, etc. (toutes multiples de 15); il y a des titres de différente quotité pour les rentes, 5 % 1920 (toutes multiples de 5); 4 % 1917, 4 % 1918, 5 % 1915-1916, 6 % 1920.

A la Bourse de Paris, les différentes coupures de rentes françaises sont cotées le même prix; on achète toujours toutes coupures. Le vendeur de 500 francs de rente 5 % 1915-1916 pourra livrer indifféremment des titres de 10 francs, de 25 francs, de 100 francs. Sur les marchés de province, il n'en est pas de même, car lorsqu'on veut réaliser 50 francs de rente sur une coupure plus forte, il peut être nécessaire d'adresser le titre à Paris à la Dette inscrite qui en opère la division. Cette division se fait gratuitement, mais demande un certain délai et occasionne des frais de port et d'assurance. Aussi, en général, y a-t-il plusieurs rubriques à la cote suivant les coupures; les cours peuvent d'ailleurs être les mêmes.

De même, les Rentes russes 3 % existent en coupures de 15 francs de rente, 75 francs; 375 francs, les rentes 4 % en coupures de 20 francs, 100 francs, 200 francs, 500 francs; la rente portugaise 3 % 1re série en coupures de 20 livres de capital nominal, 100 livres, etc...

Pour les actions et les obligations, surtout pour les actions étrangères, il existe souvent aussi des titres de quotité différente.

Il y a des titres de 1 action Rio Tinto ordinaire, 5 actions, 10 actions , 25 actions, des titres de 1 action de Beers, 5 actions, 10 actions, 20 actions, mais la Société n'en fait pas la division.

Il est donc impossible de réaliser directement 8 actions Rio sur un titre de 10, il faut vendre 10 en 1 coupure et racheter 2.

On conçoit que, dans ces conditions, le prix de l'action diffère suivant la coupure. Pour un achat de 5 actions, on préférera 5 unités à un titre de 5; car, si la valeur a peu de marché, on trouvera plus facilement, lorsque l'on voudra réaliser, 5 acheteurs de 1 titre qu'un acheteur de 5 titres; et, d'autre part, on pourra ne vendre que partie.

Le donneur d'ordre doit donc, lorsqu'il s'agit de la vente d'une valeur comportant diverses coupures et pour une quantité susceptible d'être réalisée de plusieurs façons, indiquer la nature des coupures.

---

(1) En ce qui concerne les titres nominatifs qui peuvent exister au porteur, l'agent de change ne les vend qu'après conversion préalable au porteur.

L'ordre de vente de 4 actions Rio sera passé sans aucune indications de coupures; mais pour 12, il sera nécessaire d'indiquer s'il s'agit de 12 *unités* ou de 2 *unités* et 2 *coupures de* 5, où de 2 *unités* et 1 *coupure de* 10.

L'absence de ce renseignement ne permettra de vendre que 2 titres, à moins que pour les 10 autres, l'agent de change ne trouve un acheteur qui consente à traiter toutes coupures et à condition que l'on cote le même prix (circulaire du 15 juin 1920). Cet acheteur devra dans ce cas accepter ce qu'on lui livrera, mais le seul fait que les cours sont identiques pour les différentes coupures ne permet pas au vendeur de réclamer l'exécution de son ordre, s'il a omis d'indiquer le renseignement.

Pour les fonds d'État, il en est de même; le vendeur de rente russe consolidée 4 % n'indiquera pas les coupures au-dessous de 100 francs de rente, ce sont forcément des coupures de 20 francs, mais s'il s'agissait de Roumain 4 % 1896, le renseignement serait nécessaire, car il existe des coupures de 20 francs, 40 francs, etc..., et il n'est pas possible de les diviser ou de les réunir.

La passation des ordres au comptant est donc quelquefois assez délicate; il ne suffit pas d'indiquer exactement la nature de la valeur, il faut encore ajouter les particularités qu'elle peut présenter.

En ce qui concerne les actions et les obligations françaises, on y rencontre rarement diverses quotités.

Citons toutefois les actions de la Société des mines de Lens et de divers charbonnages qui existent en titres unitaires, en coupures de 10 actions et en dixièmes d'actions; certains emprunts de la Ville de Paris ou du Crédit foncier de France comportent des obligations entières et des cinquièmes ou des quarts d'obligation.

L'acheteur peut demander la livraison de coupures déterminées, à moins que la valeur ne se négocie sans spécification de coupures. Pendant longtemps, les rentes russes 3 % 1891 et 3 % 1896 se sont ainsi négociées.

Si l'acheteur n'a pas précisé, il doit accepter ce qu'on lui livre, à condition, bien entendu, que la livraison corresponde à l'avis d'exécution qu'il a reçu et au prix qu'il a payé. Toutefois, si l'achat de 20 actions Lens peut être exécuté en 2 coupures de 10 ou en titres unitaires, il ne pourrait l'être en dixièmes, pas plus que l'achat de 1 foncière 1885 ne pourrait être exécuté en cinquièmes, les sous-multiples de l'unité étant toujours considérés comme une valeur distincte.

Coupons. — Pour les valeurs ne se négociant qu'au comptant, le coupon se détache en Bourse à la date d'échéance (1).

Pour les valeurs qui se négocient au comptant et à terme, il se détache le dernier jour de la liquidation, si son échéance coïncide

---

(1) Toutefois certaines valeurs, par exemple les obligations de chemins de fer français émises pendant la guerre, figurent à la première partie de la cote, bien que n'ayant jamais été cotées à terme. Le détachement en bourse du coupon n'a pas lieu le jour du paiement par la Compagnie et suit la règle spéciale aux valeurs traitées à terme.

avec la réponse des primes (veille de la liquidation) ou avec un des jours de liquidation; il s'effectue le jour de l'échéance, lorsque la mise en paiement commence entre deux liquidations.

Exceptionnellement, les coupons des rentes françaises se détachent en Bourse, quinze jours avant leur date d'échéance, ceux de la rente anglaise consolidée un mois auparavant.

Des dispositions spéciales régissent les coupons de valeurs payables à un change variable (1).

Les valeurs françaises peuvent être livrées démunies du prochain coupon à échoir, mais seulement dans le mois qui précède l'échéance. Le vendeur doit en payer le montant en espèces sous réserve du droit éventuel de l'acheteur à une indemnité dans le cas où ce mode de règlement lui occasionnerait un préjudice.

Autrefois, l'acheteur avait le droit de réclamer la différence entre le coupon nominatif et le coupon au porteur, lorsque l'absence du coupon ne lui permettait pas de faire convertir les titres avant l'échéance. Actuellement, le vendeur doit livrer les titres avec le coupon attaché.

Souscriptions. — Négociations des droits de préférence. — Lorsqu'une Société augmente son capital, les actions nouvelles sont généralement réservées par droit de préférence aux porteurs d'actions anciennes et quelquefois aussi aux porteurs de parts.

Les conditions de la souscription sont, en effet, le plus souvent avantageuses, car les nouveaux titres sont émis au-dessus du pair, mais à un prix moindre que ne le justifierait la situation de la Société.

Si celle-ci a déjà de longues années d'existence, elle possède des réserves importantes qui ne resteront pas la propriété exclusive des anciens actionnaires, mais vont appartenir également aux nouveaux, proportionnellement au nombre de titres qu'ils posséderont.

Il est donc juste qu'ils remboursent ces réserves; mais, pour les engager à souscrire, on leur laisse une certaine marge.

Par exemple, une Société au capital de 10 millions a 5 millions de réserves : ses actions au nominal de 1.000 francs vaudront donc environ 1.500 francs. Il faut évidemment tenir compte, dans cette évaluation, de l'avenir de la Société, car si l'on envisageait une liquidation prochaine, il pourrait y avoir du déficit sur la réalisation de l'actif, mais, dans ce cas, il serait inutile d'augmenter le capital.

Supposons que cette Société porte son capital à 15 millions en émettant 5.000 actions de 1.000 francs.

Cette augmentation réalisée, le capital se composera de 15.000 actions de 1.000 francs ayant droit chacune à 1/15.000e des réserves, soit environ 333 francs.

Si l'on émettait les nouvelles actions à 1.333 francs, l'opération ne présenterait pas des avantages bien appréciables. On fixera par exemple le prix à 1.200 francs, en réservant un droit de préférence aux actionnaires actuels.

____

(1) Règlement particulier, articles 30 et 35 et circulaire du 28 mai 1920.

La marge entre 1.200 et 1.333 francs sera assez importante pour inciter ces actionnaires à souscrire ; d'ailleurs, après la souscription, la valeur des titres anciens baissera puisqu'ils n'auront plus les mêmes droits sur les réserves (1).

Ceux qui ne désireront pas ou ne pourront pas souscrire auront la faculté de vendre leur droit de préférence.

Autrefois, ce droit s'exerçait en produisant, à l'appui de la demande de souscription, le titre ancien qui était aussitôt revêtu d'une estampille indiquant que le droit était épuisé. On distinguait donc, au point de vue de la négociation, les titres estampillés et les titres non estampillés.

Le porteur d'actions anciennes désireux de réaliser son droit tout en conservant ses titres vendait des actions non estampillées et achetait des actions estampillées.

La personne qui désirait souscrire achetait des titres non estampillés et vendait des titres estampillés.

Dans la plupart des cas, ces arbitrages étaient nécessaires ; dans l'exemple cité, il faut avoir 2 actions anciennes pour souscrire 1 nouvelle ; tout porteur d'un nombre impair doit donc ou acheter ou vendre un droit. A plus forte raison lorsque le droit s'exerce à raison de 1 nouvelle pour 3 anciennes, ou de 2 nouvelles pour 7 anciennes.

Les deux opérations achat et vente devaient se faire simultanément, car elles avaient pour but unique le paiement ou l'encaissement d'une différence. Dans la pratique, la cotation des cours était rendue assez difficile par le fait qu'indépendamment de ces ordres d'arbitrage traités entre un vendeur et un acheteur de droits de souscription, il y avait des ordres simples de vente ou d'achat de titres.

L'agent de change chargé de vendre par exemple 3 actions non estampillées et qui ne trouvait pas d'acheteur, s'opposait à la cotation d'un cours afin d'éviter la réclamation de son client.

En l'absence de cours sur l'action non estampillée, une partie de l'opération conclue en vue de la négociation des droits de souscription devenait nulle ; il fallait aussi annuler celle qui concernait les titres estampillés.

Dans ces conditions, l'opération non exécutable au Parquet sous forme d'arbitrage était réalisée en coulisse sous forme de vente et d'achat de droits dès que la cote officielle ne mentionnait plus les deux rubriques.

Pour éviter ces inconvénients, la Chambre syndicale a décidé que les ordres de vente ou d'achat de droits seraient toujours réalisés sous forme d'arbitrages (affaires liées), mais avec une cotation distincte des opérations simples d'achat et de vente de titres.

Il en résulte que la non-cotation de cours pour ces opérations simples n'empêche pas l'exécution des arbitrages.

La cote mentionne toujours les rubriques : titres estampillés,

---

(1) On doit remarquer en outre que les réserves seront augmentées du montant de la prime d'émission versée par les actionnaires nouveaux ; elles dépasseront donc 333 francs par titre.

titres non estampillés, mais dans bien des cas l'exercice du droit ne nécessite plus la production et l'estampillage du titre. Ce droit s'exerce par la production du prochain coupon que la Compagnie déclare sans valeur pour le paiement de dividende.

Le coupon n° 91 des actions « Banque de Paris et des Pays-Bas » a été payé en avril 1921, le dividende suivant sera payé contre remise du coupon n° 93, le n° 92 ayant été utilisé pour souscrire aux actions nouvelles.

Cette façon de procéder évite la manipulation des titres, les frais et les risques qui en résultent; les numéros ne sont pas changés. Elle a été inaugurée pendant la guerre, à l'occasion d'augmentation de capital de sociétés étrangères pour lesquelles l'envoi des titres aurait été très coûteux en raison des risques.

Opération simulée d'une vente de droits de souscription. — Une Société au capital de 7 millions, le porte à 10 millions; 7 titres anciens donnent donc droit de souscrire 3 nouveaux.

A, porteur de 5 titres anciens, désire acheter 2 droits pour souscrire 3 actions nouvelles.

B, porteur de 2 titres anciens, vendra ses droits.

C, porteur de 10 titres anciens, souscrit à 3 actions nouvelles et se procure les fonds en vendant 3 actions non estampillées.

Supposons que le droit soit évalué 60 francs, B vendra à A 2 actions non estampillées, à 1.500 francs par exemple; il lui livrera les titres pour la souscription.

A vendra à B 2 actions estampillées à 1.440 francs, il les livrera lorsque la Compagnie lui aura rendu les titres après estampille (l'échange des numéros est permis, puisqu'il y a officiellement un achat et une vente; si la souscription est acceptée sur présentation des coupons, aucun mouvement de titres ne se fera en réalité).

C devra trouver acheteur de ses 3 titres non estampillés; mais, dans la négative, il ne pourra, avec le mode actuel de cotation distincte, réclamer à son agent de change l'exécution de l'ordre.

Tirages. — Le droit au tirage appartient à l'acheteur lorsqu'il s'est écoulé plus de 10 bourses avant la date du tirage. La livraison doit être faite par le vendeur à son agent de change au plus tard la veille du tirage avant 10 heures du matin, sinon l'acheteur est en droit d'exiger une indemnité dont le taux est fixé par la Chambre syndicale, en tenant compte des chances de sortie et de la prime de remboursement.

Il est toutefois permis de traiter avec droit au tirage pendant ce délai de 10 bourses.

Régularité des titres. — Pour être régulier, un titre doit être :

1° En bon état au point de vue matériel (les titres mutilés peuvent être refusés s'ils ne sont pas accompagnés d'une déclaration signée d'un adjoint au syndic constatant qu'ils ont été jugés bons);

2° Muni de tous les coupons à échoir dont les numéros correspondent à celui du titre (sauf exceptions prévues pour la période qui précède l'échéance);

3º Non amorti et non frappé d'opposition ou de déchéance. -

L'agent de change ne se charge pas de vérifier les tirages, mais s'il a livré un titre amorti à un client ou à un confrère il doit, au premier avis, en faire l'échange; il poursuit ensuite la régularisation auprès de son vendeur (client ou agent de change).

Il en serait de même si le titre était frappé d'opposition ou de déchéance.

Si le titre est sorti avec une prime ou avec un lot, l'agent de change qui l'a vendu sert d'intermédiaire officieux entre sa contre-partie et son client, mais ce dernier n'a aucun recours contre lui s'il ne peut se faire rembourser par l'acheteur;·

4º Régulièrement timbré s'il n'est pas abonné au timbre.

Aucune action ou obligation étrangère ne peut être admise à la Cote officielle si la société ou la collectivité (ville-province) dont elle émane ne paie pas le droit d'abonnement.

Les fonds d'État étrangers doivent être timbrés réellement, de même que les valeurs étrangères non abonnées; le droit est actuellement de 2 % du capital nominal, il est à la charge du vendeur.

Pourtant, certaines valeurs abonnées au timbre avant août 1914 et désabonnées depuis, figurent toujours à la Cote officielle, mais elles ne peuvent faire l'objet que *d'opérations à terme* liquidant une position qui existait au 31 juillet 1914. Telles sont :

Les *actions Brazil Railways;*

Les *actions Chemins méridionaux Italiens;*

Les *actions dè préférence Chemins nationaux du Mexique;*

Les *actions Chemins de fer de Thessalie*, etc...

En cas de livraison par suite de liquidation à terme, les titres devront être remis sans être timbrés à l'acheteur, tant qu'ils seront inscrits à la Cote officielle (circulaire du 20 novembre 1916).

Les actions ou les obligations des sociétés ou collectivités fran-çaises sont assujetties dès leur émission au droit de timbre pro-portionnel qui peut être payé au comptant ou par abonnement.

Les titres sont donc toujours réguliers à ce point de vue.

Passation des ordres. — Les ordres au comptant sont donnés au mieux, au premier cours, à cours limité.

L'ordre au mieux peut être exécuté aux cours qui se présente-ront, quels qu'ils soient (étant fait observer que la Chambre syndi-cale s'oppose quelquefois à la cotation de cours exagérés en hausse ou en baisse) (1).

Depuis la suppression du cours moyen (janvier 1920), les ordres au mieux transmis avant l'ouverture de la Bourse sont générale-ment faits au premier cours.

L'ordre à cours limité ne peut être exécuté à un prix supérieur à la limite, s'il s'agit d'un achat, ou à un prix inférieur s'il s'agit

---

(1) Quelquefois une opération traitée réellement est annulée si d'autres ordres analogues n'ont pu trouver de contre-partie par suite de la disproportion qui existe entre le nombre de titres à vendre et à acheter. Dans ce cas, les agents de change chargés d'exécuter les ordres qui n'ont pu recevoir même un commencement d'exécution s'opposent à la cotation de cours, ce qui rend nulles les transactions effectuées sur la valeur.

d'une vente. Le client est fondé à réclamer l'exécution si l'on cote des cours plus avantageux que le cours fixé. Lorsqu'un ordre d'achat est limité 1.500 francs, on ne doit pas coter 1499 sans qu'il ait été au préalable exécuté. Cela se comprend : si l'on cote 1499, c'est qu'il y a eu vendeur à ce prix; à plus forte raison y aurait-il eu vendeur à 1.500 francs. De même, s'il s'agit d'un ordre de vente limité 1.500, la cotation du cours de 1500 suppose qu'il a été exécuté.

Cette règle ne souffre d'exception que dans certains cas prévus à l'article 71 du Règlement particulier de la Compagnie des agents de change de Paris.

Si l'on cote strictement le cours fixé, aucune réclamation n'est admise, car il y a eu probablement plusieurs ordres identiques et la contre-partie n'a pas été suffisante pour en permettre l'exécution totale.

Quelquefois les ordres sont donnés avec une limite *environ*, ce qui laisse à l'agent de change une certaine marge, en hausse s'il s'agit d'un achat, en baisse s'il s'agit d'une vente.

Il est préférable d'indiquer exactement le cours, car il peut y avoir contestation sur l'importance de la marge.

Variation des cours. — Les fonds d'État cotés en tant pour cent varient par 2 centimes 1/2 (ou multiples).

Les actions dont le cours est supérieur à 300 francs varient par multiples de 0,50.

Les actions dont le cours est au plus égal à 300 francs, et toutes les obligations, varient par multiples de 0,25.

Validité des ordres. — Il n'y a pas de règle fixe à ce sujet; en général les ordres au comptant sont valables pour le mois courant, sauf stipulations contraires. On pourrait les donner valables pour un jour seulement, pour une semaine, cela dépend des conventions entre l'agent de change et son client. (Les agents de change n'acceptent pas d'ordres *à révocation*, c'est-à-dire qui seraient toujours valables, sauf annulation par le donneur d'ordre.)

Le montant couru du coupon est toujours compris dans le cours; il en résulte que ce cours baisse lorsque la valeur détache un coupon (1); on comprend donc que les ordres doivent être modifiés. En effet, si je veux acheter des actions Suez à 5.900 francs avec droit au coupon, le jour où ce coupon sera détaché en Bourse je ne serai plus acheteur à 5.900.

Tantôt l'agent de change déduit d'office le montant du coupon et note l'ordre à ce nouveau cours; tantôt il ne le fait que pour les ordres d'achat et conserve les ordres de vente à l'ancien cours; l'exécution, si elle a lieu, est plus avantageuse pour le vendeur, puisqu'il encaisse le coupon. Enfin, d'autres agents de

---

(1) Dans certaines Bourses étrangères (par exemple les Bourses américaines, allemandes et hollandaises), le cours ne tient pas compte du coupon; il faut ajouter dans les calculs le prorata couru du coupon. Dans ce cas, le détachement n'influe pas sur le cours.

change considèrent l'ordre quel qu'il soit comme annulé par le détachement du coupon.

Pour éviter toute surprise au sujet de la validité, qu'il y ait ou non un coupon à détacher, il est bon de s'entendre avec l'agent de change.

———————

OPÉRATIONS A TERME

L'opération à terme est celle dont le règlement espèces et titres n'a lieu qu'à une époque fixée d'avance appelée *échéance*.

Toutes les valeurs admises à la Cote officielle peuvent se négocier au comptant, mais un petit nombre seulement sont négociables à terme.

Beaucoup de celles qui étaient inscrites avant août 1914 à la cote du terme ne peuvent faire l'objet que d'opérations de liquidation, c'est-à-dire ayant pour but le règlement d'achats ou de ventes effectuées avant la déclaration de guerre.

Certaines ont été admises de nouveau le 2 janvier 1920 à la réouverture du marché à terme, ou depuis cette date; d'autres, auparavant non négociables à terme, le sont maintenant.

Les pages 1 à 8 de la Cote officielle mentionnent les valeurs précédemment cotées à terme, les pages 19 et 20 celles qui le sont actuellement.

Les négociations à terme ne se font que par certaines quantités; s'il s'agit d'actions, d'obligations ou de fonds d'État cotés par titre, on les négocie par multiples de 25 :

25 actions *Rio* ;

25 obligations *Ville de Paris 1919* ;

25 obligations *Douanes ottomanes* (cette dernière valeur ne figure pas à la nouvelle cote du terme).

S'il s'agit de fonds d'État négociés en quotité de rente ou en capital nominal, ils se traitent par quantités correspondant à 50.000 francs de capital nominal et multiples, c'est-à-dire :

1.500 francs de rente en 3 % ;

2.000 francs de rente en 4 % ;

2.500 francs de rente en 5 % ;

1.500 francs de Rente russe 3 % 1896 ;

2.000   4 % consolidée ;

2.500   5 % 1906 ;

2.000 livres de capital nominal Brésil 4 % 1889.

Par exception, la Rente espagnole extérieure 4 %, autrefois traitée à terme, se négociait par multiples de 1.920 francs de rente. Comme elle n'a pas de coupures de 1.000 francs ou de 500 francs de rente, il aurait fallu, pour livrer 2.000 francs de rente, 2 titres de 960 francs et 1 de 80 francs ; or, il y avait une différence assez sensible entre les cours des grosses coupures et ceux des petites.

On ne peut spécifier de coupures sur le marché du terme, mais la livraison doit toujours pouvoir être fractionnée en quantités négociables à terme. Ainsi, le vendeur de 50 actions *Rio* ne pourrait livrer 5 titres de 10, car les négociations se font par 25.

On appelle *liquidation des opérations à terme* le règlement qui intervient à l'échéance fixée; par extension, cette échéance porte aussi le nom de *liquidation*. Le premier jour de la liquidation, les spéculateurs qui ont conservé des positions font connaître à leur agent de change comment se fera le règlement. Toutes les opérations faites pour une même échéance sont réunies dans un compte unique appelé *compte de liquidation*.

A partir de ce premier jour de liquidation aucune opération ne peut être engagée que pour une échéance plus éloignée; à la date du 15 juin, on peut encore traiter des affaires pour la liquidation du 15, mais le lendemain, on ne peut plus traiter que pour celle du 30.

Avant la guerre, certaines valeurs (toutes celles qui sont cotées en coulisse, et parmi celles du Parquet : les rentes françaises, les actions et les obligations des grandes Compagnies de Chemins de fer, du Crédit foncier de France, les actions de la Banque de France, etc...) n'étaient soumises qu'à une liquidation par mois. Actuellement, les valeurs de la coulisse se liquident toujours mensuellement, mais *toutes* les valeurs du Parquet sont soumises à la double liquidation.

Le premier jour de la liquidation est le 15 ou la fin du mois, à moins que ces dates ne coïncident avec un jour férié (ou un des samedis pendant lesquels la Bourse est fermée), auquel cas la liquidation est reportée au lendemain.

Les deux jours suivants on prépare les règlements espèces et les livraisons des titres; le quatrième jour l'agent de change reçoit le montant des soldes débiteurs et les titres vendus. Le cinquième jour (dernier) il règle les soldes créditeurs et livre les titres achetés; il compense avec ses confrères les capitaux et les titres par l'intermédiaire de la Chambre syndicale (c'est pour ce motif que cette date est appelée *jour du Syndicat*).

Opérations fermes et opérations à primes. — L'opération ferme est celle qui ne peut être résiliée; l'opération à primes, au contraire, peut être maintenue ou résiliée, et dans ce dernier cas, moyennant paiement d'une indemnité fixée d'avance et appelée *prime*.

A la Bourse des marchandises, le droit de résilier peut appartenir soit à l'acheteur, soit au vendeur; à la Bourse des valeurs il est d'usage que l'acheteur seul ait le droit de résilier, mais aucun règlement n'empêche de traiter des primes à la baisse.

Naturellement la prime est à la charge de celui qui a le droit de résiliation.

Les opérations « fermes » ne se traitent que pour la liquidation en cours, sauf le jour de la liquidation où l'on peut également traiter pour la liquidation prochaine. Le 12 janvier on ne peut traiter qu'à l'échéance du 15, mais le 15 on peut traiter au 15 et au 31.

Les opérations à primes peuvent se traiter tel jour pour le suivant (primes au lendemain) (1), ainsi que pour la liquidation en

____

(1) Voir annexe 1ʳᵉ partie, la circulaire du 22 novembre 1921 sur les courtages des primes pour le lendemain.

cours et les suivantes, sans dépasser la quatrième liquidation.

Le dernier jour de Bourse qui précède celui de la liquidation, à 1 h. 1/2, les agents de change acheteurs doivent déclarer si les opérations à primes deviennent des marchés fermes (prime levée) ou si la prime est simplement payée (prime abandonnée).

Le client acheteur de primes doit, en principe, donner des instructions à son agent, mais, en pratique, celui-ci lève ou abandonne, selon l'avantage de l'opération.

On conçoit qu'en raison de la faculté qu'il a de résilier le marché, l'acheteur doit payer plus cher que s'il traitait ferme et d'autant plus cher que la prime convenue est moins élevée et l'échéance plus lointaine.

Ainsi, le 16 mai 1913, le Rio cotait 1834 au plus bas, 1846 au plus haut.

Le cours des primes était :

> Au 30 mai   : 1848/40 ; 1865/20 ; 1875/10 (1).
> Au 15 juillet : 1878/20 ; 1900/10.
> Au 31 juillet : 1880/40 ; 1900/20.
> Au 15 août   : 1918/20 ; 1950/10.

En effet, le vendeur a tous les risques jusqu'à l'échéance fixée, et n'a comme compensation que la prime convenue et l'écart des cours.

Si la valeur baisse, il ne se rachètera pas, car il supposera que le marché sera résilié ; si la valeur monte, il hésitera également, car il ignore quel cours l'on cotera à la réponse. En cas de baisse, son bénéfice est limité à la prime ; en cas de hausse, sa perte est illimitée ; c'est le contraire pour l'acheteur (perte limitée, gain illimité).

Quelquefois, le vendeur de prime sera un propriétaire de titres désireux de profiter de l'écart entre les cours du ferme et les cours des primes. Si la différence est appréciable, il est probable que les cours ne monteront pas suffisamment pour que le marché devienne ferme, il touchera donc le montant de la prime ; au cas où la hausse serait assez sensible pour que la prime soit levée, il aurait vendu à un cours supérieur au cours du ferme au moment de l'opération. Contrairement à ce qui se fait généralement à l'étranger, à la Bourse de Paris la prime est toujours comprise dans le cours ; l'acheteur de 25 Rio à 1290 moyennant une prime de 20 francs paiera :

> 32.250 si l'achat devient ferme ;
> 500 s'il abandonne la prime.

Supposons que l'opération ait été faite pour la liquidation de fin janvier ; si le jour de la réponse (le 30) on cote 1.300 francs, l'acheteur n'hésitera pas, il convertira l'opération en ferme, vendra ses 25 actions Rio et gagnera 10 francs par titre (sous déduction des frais de courtages et d'impôts).

---

(1) C'est-à-dire : 1848 dont 40 fr. de prime, etc.

Si l'on cote 1.200 francs, il préférera résilier le marché et payer la prime de 20 francs que perdre 90 francs sur le cours d'achat.

Si l'on cote 1.280 francs, il ne perdra que 10 francs en levant la prime, et perdra 20 francs en abandonnant. Il lèvera donc la prime et revendra à 1.280 francs.

Si l'on cote 1.270 (1.290 — 20), il perdra 20 francs quoi qu'il fasse, mais les frais seront plus élevés s'il lève, car il aura aussi à payer le courtage sur la revente. Cette limite de 1.270 est appelée le *pied de prime*.

Donc, au-dessus de 1.270, nous lèverons; au-dessous de 1.270 (et même à 1.270), nous aurons avantage à abandonner (1).

A remarquer qu'à partir du moment où la prime est levée, si l'acheteur ne revend pas aussitôt, il a tous les risques d'une opération ferme; aussi l'agent de change exigera-t-il une garantie (ou couverture) supplémentaire.

Il y a des exemples de spéculateurs qui, ayant acheté 25 titres à prime, n'ont pas réalisé leur bénéfice en hausse et ont fini par perdre des sommes assez fortes par suite d'une baisse ultérieure.

Le cours qui sert de base pour décider si les primes seront levées ou abandonnées est le cours pratiqué à 1 h. 1/2 la veille de la liquidation. Il est appelé *cours de réponse*. S'il est supérieur au pied de prime l'opération devient ferme; s'il est inférieur, l'opération est résiliée (toujours à la volonté de l'acheteur).

Stellage. — Le stellage (ou double-prime ou option) consiste en deux opérations inverses simultanées et à des cours différents. Il ne se pratique que sur des valeurs très spéculatives comme l'action Rio Tinto ordinaire.

Si le cours est de 1.300 francs, le preneur de stellage traitera à 1.200/1.400 par exemple, c'est-à-dire qu'au terme fixé il se déclarera :

Ou vendeur au prix le plus faible : 1.200;

Ou acheteur au prix le plus élevé : 1.400.

Le donneur de stellage devra se conformer à sa décision.

On conçoit que le preneur de stellage ne pourra réaliser de bénéfice qu'en cas de variations importantes, lorsque les cours dépasseront l'une ou l'autre des deux limites auxquelles il a traité. Il traitera donc pour une échéance aussi éloignée que possible.

Le stellage peut encore se réaliser d'une autre façon : vendre une certaine quantité ferme et acheter le double à prime.

Si je vends ferme 50 *Rio* à 1.280 et que j'achète 100 *Rio* à 1.300/10, je puis, à l'échéance de ma prime :

Ou la lever : dans ce cas je reste acheteur de 50 *Rio* qui me reviennent à 1.320 francs (1.300 francs + 20 francs, différence de cours sur les 50 qui se compensent à l'achat et à la vente);

Ou l'abandonner : je reste alors vendeur de 50 *Rio* à 1.260 francs

---

(1) Conformément à l'article 49 du Règlement particulier (voir Annexes, 1re partie), le cours d'achat d'une prime doit être diminué du montant du coupon détaché avant la réponse ou du déport coté à l'occasion d'un avantage particulier. Cela se comprend, puisque l'acheteur n'ayant plus les titres n'a pu encaisser le coupon ou profiter de l'avantage.

(1.280 — 20 francs) ; la perte de 10 francs sur 100 titres diminue
de 20 francs le cours de vente des 50.

Le résultat est le même que si j'avais pris un stellage sur 50 *Rio*
à 1.320/1.200.

Échelles de primes. — Les opérations à primes admettent les
combinaisons les plus diverses ; on peut traiter ferme contre prime
par mêmes quantités ou quantités différentes, arbitrer des primes
de valeur différente, etc...

On appelle *échelle de primes* le tableau qui permet de suivre,
avec les variations des cours, le résultat des opérations engagées.

En le consultant, le spéculateur est souvent amené à profiter
de cours avantageux pour améliorer sa position.

La meilleure situation est évidemment celle où l'on est vendeur
de ferme à un certain prix et acheteur de prime à un cours inférieur.
Quel que soit le cours de réponse, que la prime soit levée ou abandonnée le spéculateur doit gagner. Mais cela ne peut résulter que
d'une suite d'opérations, car le cours d'une prime est toujours plus
élevé que celui du ferme *au même moment*.

Liquidation. — Lorsque l'échéance est arrivée, l'acheteur à terme,
s'il n'a pas revendu ses titres, devra en prendre livraison et les
payer (on dit alors qu'il *lève les titres*) ; de son côté le vendeur
livrera. Sauf la stipulation du terme, l'opération se trouvera réglée
comme une opération au comptant.

Mais, le plus souvent, l'acheteur n'a pas les fonds nécessaires
et le vendeur ne possède pas les titres ; d'autre part, ils désireront
attendre des cours plus avantageux pour se liquider.

L'un ou l'autre ou peut-être tous les deux voudront donc proroger le marché ; c'est ce qu'on appelle le *report*.

Il s'opère d'abord une sorte d'entente entre les acheteurs et les
vendeurs désireux de continuer, et de ce fait une partie des opérations se trouve prorogée naturellement.

Mais il y aura certainement des vendeurs qui voudront livrer
ou des acheteurs qui voudront prendre possession de leurs titres.

Nous allons examiner les deux cas :

1er cas. — *Certains vendeurs livrent.*

Supposons que 2.000 titres aient été traités à terme pendant une
liquidation ; que pour 1.200 les acheteurs et les vendeurs aient
décidé de proroger ; que les vendeurs désirent en livrer 800 alors
que les acheteurs ne veulent en régler que 600 ; il restera donc
200 titres à régler.

Les acheteurs chercheront à se procurer les fonds nécessaires,
leur agent de change s'adressera à des banques ou à des capitalistes ayant des disponibilités et qui consentiront à payer ces
200 titres aux lieu et place des acheteurs.

En échange de la somme qu'ils auront déboursée ils prendront
livraison des titres, qui constitueront le gage de leur créance.

Cours de report. — A la liquidation suivante ils les remettront
à l'agent de change qui leur remboursera le montant de leur avance.

augmenté d'une somme représentant l'intérêt pour la quinzaine (ou le mois s'il s'agit de valeurs soumises à une seule liquidation mensuelle). Cet intérêt s'appelle le *cours du report* (on dit en langage courant le *report*); il varie suivant la nature et la valeur des titres (nous en verrons plus loin les raisons) et est fixé pour un titre ou pour 100 francs de capital nominal, suivant la manière dont le titre est coté.

Si le cours de report de l'action Rio est 3 fr. 10, cela veut dire que pour 25 actions Rio (quotité négociable), l'acheteur paiera 25 fois 3 fr. 10.

Si le cours de report de la Rente russe consolidée 4 % est 0,06, pour 2.000 francs de rente (correspondant à 50.000 francs de capital nominal) l'acheteur paiera 500 fois 0,06.

Il en résulte qu'en général le cours de report est d'autant plus élevé que la valeur du titre est plus grande.

Quant au *taux de report*, c'est le taux auquel ressort le placement pour le prêteur. Il s'obtient en multipliant par 24 l'intérêt touché pour la quinzaine (après déduction des frais de courtage et d'impôt) et divisant par la somme avancée.

Si pour 50.000 francs un capitaliste a touché net 92 francs, le taux ressort à $\dfrac{92 \times 24 \times 100}{50.000} = 4{,}41$ %.

Pour le capitaliste, les frais diminuent le taux; pour l'acheteur, ils l'augmentent; il y a donc toujours une marge entre le taux encaissé et le taux payé; quand on parle du taux des reports il s'agit toujours du placement.

Cette opération diffère du prêt sur titres en ce que le prêteur est considéré comme le véritable propriétaire pendant la quinzaine qui sépare les deux liquidations. Il a le droit d'assister aux assemblées d'actionnaires, il participe aux tirages, aux augmentations de capital; il peut vendre les titres, il n'est tenu que de rendre des titres semblables, alors que le prêteur ne peut disposer du gage qu'en cas de non-paiement et après diverses formalités. Dans l'opération de report, l'agent de change s'engage personnellement et doit rembourser la somme avancée; il y a donc à la fois une garantie réelle et une garantie personnelle.

Cours de compensation. — Les titres qui sont remis ainsi en gage n'ont pas tous été achetés au même prix; en outre, le prix peut avoir baissé. Si le prêteur avançait le montant de l'achat, la somme prêtée ne serait pas uniforme pour une même nature de titres, ce qui compliquerait les règlements; on avancerait 1.300 francs sur 100 actions Rio, 1.290 francs sur 50, etc...; de plus, en cas de baisse, la valeur du gage ne correspondrait pas à la somme avancée. Pour ces motifs, l'évaluation est faite le jour même de la liquidation de façon à correspondre le plus possible à la réalité.

Supposons 25 actions Rio achetées au cours de 1.300 francs le 18 février, en liquidation fin février; le 28 février on cote 1.260 francs; le prêteur avancera 1.260 francs par titre; la différence, soit 40 francs, devra être versée par le spéculateur. (Elle représente sa perte.)

Si le cours était 1.350, il resterait en faveur du spéculateur une soulte de 50 francs (bénéfice au jour de la liquidation, mais non réalisé, puisque les titres n'ont pas été vendus).

Toutes les opérations de report se feront à ce cours de 1.260, on l'appelle *cours de compensation ;* nous en donnons plus loin la raison.

2e cas. — *Certains acheteurs désirent prendre possession des titres.* — Il y aura par exemple comme solde 200 titres que les acheteurs désireront lever, alors que les vendeurs ne les possèdent pas.

Dans ce cas les vendeurs, en pratique leurs agents de change, devront chercher des détenteurs de titres qui livreront à leurs lieu et place et toucheront le montant de la vente, ou plutôt la valeur des titres évalués au cours de compensation.

Si celui-ci est inférieur au cours de vente, la différence est touchée par le spéculateur (elle représente un gain); s'il est supérieur, le spéculateur est en perte, il doit payer la différence à l'agent de change.

A l'échéance suivante, l'agent de change rend les titres (ou des titres analogues) au prêteur, qui rembourse la somme reçue, mais généralement sous déduction d'une indemnité représentant le prix du service rendu. Cette indemnité s'appelle *déport.*

D'après ce qui a été dit, on voit que tantôt il y aura des acheteurs qui emprunteront de l'argent pour payer les vendeurs, tantôt il y aura des vendeurs à découvert qui emprunteront des titres pour livrer à leurs acheteurs.

Dans le premier cas on aura besoin d'argent, on paiera un intérêt (prix du report ou report), dans le second cas on aura besoin de titres, on paiera une indemnité (déport).

L'acheteur qui emprunte pour proroger une opération ou le possesseur de titres qui les prête en échange de leur valeur *se font reporter ;* le capitaliste qui reçoit des titres en garantie de son avance ou le vendeur à découvert qui les emprunte pour les livrer *reportent.*

Le report est le loyer de l'argent; son taux suit donc la loi de l'offre et de la demande; il est plus ou moins élevé, selon les besoins du marché et l'abondance des capitaux à employer et selon les garanties offertes.

La valeur des titres est susceptible de hausse ou de baisse, le loyer de l'argent est également variable; les cours de compensation changent donc à chaque liquidation.

En période critique, les capitaux s'abstiennent, le crédit est plus discuté, les reports sont plus chers; il en est de même au moment d'émissions importantes, et en période normale à la fin des mois de juin et de décembre qui précèdent les fortes échéances de juillet et de janvier. Indépendamment de ces considérations d'ordre général, la nature de la valeur, son caractère spéculatif, l'importance des engagements dans un sens ou dans l'autre peuvent influer sur le report. Il faut aussi tenir compte des avantages que peut procurer la disposition des titres pendant la quinzaine.

Lorsque le titre est plus demandé qu'offert, le déport ne tient compte que de la position de place spéciale à ce titre, car s'il est indifférent en général à un capitaliste, en raison de la garantie de l'agent de change, de prêter sur des actions Raffineries Say ou sur des actions Rio, il n'en est pas de même lorsqu'un vendeur doit emprunter des titres déterminés pour livrer à son acheteur.

Arbitrages en reports. — Le déport sera donc plus ou moins élevé suivant que le titre sera plus ou moins demandé; en outre, lorsqu'un prêteur de titres en reçoit la valeur pour la durée d'une liquidation, il lui est possible de prêter cette somme et d'en retirer un intérêt; il touche donc un déport et un report.

On peut quelquefois réaliser cette double opération avec bénéfice, même s'il n'y a pas de déport.

Supposons qu'il ait été vendu à découvert un nombre assez important d'actions Thomson, tous les vendeurs seront désireux de proroger le marché; ils craindront que certains acheteurs ne veuillent prendre possession de leurs titres, et par suite ils consentiront soit à payer un déport, soit à ne toucher qu'un report insignifiant, 0 fr. 25 par exemple; le cours du report sera donc influencé par les positions à la baisse.

Le détenteur de 100 actions Thomson (dont la valeur est 720) obtiendra en les faisant reporter, une somme de 72.000 francs avec laquelle il reportera 50 actions Banque de Paris et des Pays-Bas (valeur 1.420, cours de report 2,75).

Il paiera 100 fois 0 fr. 25, plus les frais de courtage et d'impôt, et recevra 50 fois 2 fr. 75 (moins les frais de courtage et d'impôt).

Le bénéfice est minime, il serait plus élevé si l'on cotait du déport sur l'action Thomson ou si l'on cotait le pair (ni report, ni déport).

Avant la guerre, cette double opération se pratiquait couramment sur certaines valeurs, notamment en faisant reporter des valeurs cotées au Parquet et en reportant des valeurs cotées en coulisse (dont le taux de report était généralement plus élevé, en raison de leur caractère plus spéculatif et de la garantie moins grande offerte par les intermédiaires). C'est un *arbitrage en reports*; on emprunte à un taux minime et on prête à un taux supérieur.

Les détenteurs de titres cotés à terme peuvent aussi les faire reporter, s'ils ont momentanément besoin d'argent. Ils les livrent en liquidation et les lèvent lorsqu'ils sont en mesure de rembourser l'avance.

Ils évitent ainsi de les vendre et paient en général un intérêt moins élevé que s'ils contractaient un emprunt ordinaire, mais l'agent de change qui leur sert de caution ne s'engage que pour des clients offrant toute garantie. Les risques sont en effet pour lui les mêmes que s'il s'agissait de faire reporter la position d'un acheteur en spéculation.

A remarquer que le cours de report est le même lorsque l'acheteur s'adresse à un capitaliste qui paie pour lui, ou lorsqu'il traite avec un vendeur à découvert qui reporte sa position; de même lorsque le vendeur à découvert emprunte les titres, ou trouve un acheteur désireux de se faire reporter.

On peut toutefois coter plusieurs cours de report ou de déport pour la même liquidation; cela se produit généralement lorsqu'une position nouvelle se présente pendant la bourse, alors que la majeure partie des opérations ont été réglées; elle trouve plus difficilement une contre-partie, surtout si c'est une position de vendeur.

On peut aussi coter du report au début et du déport ensuite, ou inversement.

La plupart des opérations se traitent au cours moyen calculé comme suit :

La 1/2 *somme des cours* s'il y a eu deux cours de report ou deux cours de déport, la 1/2 *différence* s'il y a eu un cours dans chaque sens.

Si l'on a coté 2,50 et 3 francs de report ou de déport, le cours moyen est 2,75 de report (ou de déport). Si l'on a coté 2 francs de report et 3 francs de déport, le cours moyen est 0,50 de déport.

$$\left(\frac{3-2}{2}\right).$$

Le déport s'indique sur la cote par la lettre B (bénéfice).

Pair. — Quelquefois, les positions d'acheteurs et de vendeurs s'équilibrent de telle sorte qu'il n'y a ni report ni déport, on dit alors que l'on cote *le pair*.

Le pair peut également résulter de la cotation de cours de report et de cours de déport identiques.

Si l'on cote 2 francs de report et 2 francs de déport, le cours moyen est $\dfrac{2-2}{2} = 0$.

Dans le premier cas, la cote indique pair, dans le deuxième cas, elle mentionne les deux cours (report et déport), car il y a eu des opérations traitées à ces conditions.

Écritures des opérations de report. — Au point de vue des écritures à passer chez l'agent de change, l'opération de report est considérée : pour celui qui se fait reporter, comme une vente en liquidation au cours de compensation et un achat à l'échéance suivante à ce même cours augmenté du prix de report ou diminué du déport; pour celui qui reporte, comme un achat en liquidation et une vente à la liquidation suivante.

On voit l'utilité du cours de compensation, car le compte de liquidation montre alors par son solde le bénéfice ou la perte qui résultent de la différence entre la valeur actuelle et le cours de l'opération réelle d'achat ou de vente.

Bien entendu, ce bénéfice ou cette perte ne sont pas définitifs puisque la position n'est pas liquidée, mais ils indiquent quel serait le résultat aux cours actuels et par suite le supplément de couverture à exiger le cas échéant du donneur d'ordre.

Nous donnons ci-après des exemples d'opérations de reports :

EXEMPLES D'OPÉRATIONS DE REPORTS

1° UN SPÉCULATEUR A LA HAUSSE SE FAIT REPORTER

Achète le 10 Février en liquidation du 15

100 Ville Paris 1919 à 402 ;
50 Actions Chemins de fer de Lyon à 815.

Fait reporter le 15 en liquidation du 28 :

100 Ville Paris 1919 à 399 et 2 francs de report ; le reporteur participe au tirage du 22.
50 Actions Lyon à 813 et 1,425 de report.

COMPTE DE LIQUIDATION AU 15 FÉVRIER

DATE	Paris 1919	Act. Lyon	cours	SOMME	Courtage	Impôt	DATE	Paris 1919	Act. Lyon	cours	SOMME	Courtage	Impôt
10 Février........	100		402	40.200 »	50 25	12 30	15 Février........	100		399	39.900	29 95	4
		100	815	81.500 »	101 90	24 60			100	813	81.300	R	R
Courtages....				182 10	29 95	4 »					121.200		
Impôts.......				40 90			Balance				723		
					182 10	40 90					121.923		
				121.923 »									
Solde débiteur........				723 »									

Ce solde représente la perte du spéculateur basée sur le cours de compensation.
Il est relevé au grand livre général tenu par le service de la Comptabilité.
Le courtage et l'impôt sur le report des obligations Paris 1919 ont été calculés en liquidation du 15 où la somme est plus forte qu'au 28. Le contraire a lieu pour les actions Lyon ; c'est le cas le plus fréquent.

COMPTE DE LIQUIDATION AU 28 FÉVRIER

DATE	Paris 1919	Act. Lyon		cours	SOMME	Courtage	Impôt	DATE	Paris 1919	Act. Lyon		cours	SOMME	Courtage	Impôt
15 Février........	100			397 »	39.500 »	—	—								
		100		814 425	81.442 50	61 10	8 20								

Le spéculateur a perdu 723 francs et se trouve acheteur fin Février de 100 Paris 1919 à 397 ; 100 actions Lyon à 814,425.

Le 28 Février s'il n'a pas revendu, il fera reporter de nouveau sa position.

2° UN SPÉCULATEUR A LA BAISSE REPORTE

Vendu le 4 Février en liquidation du 15 :
100 Actions ordinaires Compagnie Générale Transatlantique à 187.

Reporte le 15 :
100 Actions à 189 et 1,75 de déport.

COMPTE DE LIQUIDATION AU 15 FÉVRIER

DATE	Atlantique ordinaires	COURS	SOMME	Courtage	Impôt	DATE	Atlantique ordinaires	COURS	SOMME	Courtage	Impôt
15 Février.........	100	189	18.900 »	14 20	1 90	4 Février.........	100	187	18.700 »	25 »	5 70
			39 20	25 »	5 70			Balance.......	246 80		
			7 60	39 20	7 60				18.946 80		
			18.946 80								
Solde débiteur (1)...			246 80								

(1). Inscrit au grand livre général.

COMPTE DE LIQUIDATION AU 28 FÉVRIER

DATE	Atlantique ordinaires	cours	SOMME	Courtage	Impôt	DATE	Atlantique ordinaires	cours	SOMME	Courtage	Impôt
						15 Février............	100	187 25	18.725	—	—

Le spéculateur a perdu 26.25, et il est vendeur en liquidation fin Février à 189 25. ... il reporte de nouveau

3· EMPLOI D'ARGENT EN REPORTS

Reporté le 15 Février pour la liquidation du 28 :

25 Actions Canal de Suez à 5.700 et 10 francs de report ;
100 — Compagnie Industrielle du Platine à 550 et 0,97 de report.

COMPTE DE LIQUIDATION AU 15 FÉVRIER

DATE	Suez	Platine		cours	SOMME	Courtage	Impôt	DATE	Suez	Platine		cours	SOMME	Courtage	Impôt
15 Février......	25			5.700	142.500	R	R								
		100		550	55.000	R	R		25	100			Lève.		
Solde débiteur........					197.500										

COMPTE DE LIQUIDATION AU 28 FÉVRIER

DATE	Suez	Platine		COURS	SOMME	Courtage	Impôt	DATE	Suez	Platine		COURS	SOMME	Courtage	Impôt
								15 Février.......	25			5.710 »	142.750	71 40	14 30
										100		550 97	55.097	27 55	5 60
Livre...........	25	100											197.847	98 95	19 90

Si le capitaliste cesse les reports fin Février, le compte de liquidation sera créditeur de 197.847 — 118,85 = 197.728,15. La différence entre les soldes des deux comptes est de 228,15, c'est le bénéfice pour la quinzaine.

Le bénéfice pour un an serait 228,15 $\times$ 24 = 5.475,60, ce qui correspond à un taux de $\frac{5.475}{1.975}$ = 2,77 % l'an.

Si le capitaliste continue d'employer son argent, le compte fin Février sera débité de la valeur des titres qu'il reporte : le solde sera inscrit à son compte au grand livre et ainsi de suite.

4° UN DÉTENTEUR DE TITRES PROFITE DE COURS AVANTAGEUX POUR SE FAIRE REPORTER ; IL EMPLOIE L'ARGENT AINSI OBTENU

Fait reporter à fin Février :

50 Actions libérées Banque Nationale de Crédit à 641 et 2 francs de déport ;
25 — Thomson Houston à 712 et le pair ;
25 — Compagnie Générale d'Électricité à 779 et 7 fr. 50 de déport.

Reporté à fin Février :

50 Actions Banque de Paris et des Pays-Bas à 1.190 et 2 fr. 10 de report ;
25 — Crédit Mobilier Français à 381 et 0 fr. 67 de report.

COMPTE DE LIQUIDATION AU 15 FÉVRIER

DATE	Banque de Paris	B. N. C. libérées	Mobilier	Thomson	Cie Générale d'Electricité	COURS	SOMME	Courtage	Impôt
15 Février.....	50		25			1.190	59.500 »	R	R
						381	9.525 »	R	R
							69.025 »		
Courtage.......							.38 65		
Impôt..........							5 3o		
							69.068 95		
Balance........							256 o5		
							69.325 »		
Livre.........		50		25	25				

DATE	Banque de Paris	B. N. C. libérées	Mobilier	Thomson	Cie Générale d'Electricité	COURS	SOMME	Courtage	Impôt
15 Février.....		50				641	32 o50 »	24 o5	3 3o
				25		712	17.800 »	R	R
					25	779	19.475 »	14 6o	2 »
							69.325 »	38 65	5 3o
Solde créditeur.............							256 o5		
Lève.........	50		25						

COMPTE DE LIQUIDATION AU 28 FÉVRIER

DATE	Banque de Paris	B. N. C. libérées	Mobilier	Thomson	Cie Générale d'Electricité	COURS	SOMME	Courtage	Impôt
15 Février.....		50				639 »	31.950 »	—	—
				25		712 »	17.800 »	13 35	1 80
					25	771 50	19.287 50	34 60	7 »
Courtage							47 95		
Impôt							8 80	47 95	8 80
							69.094 25		
Balance							52 50		
							69.146 75		
Livre........	50		25						

DATE	Banque de Paris	B. N. C. libérées	Mobilier	Thomson	Cie Générale d'Electricité	COURS	SOMME	Courtage	Impôt
15 Février.....	50					1.192 10	59.605 »	29 80	6 »
			25			381 67	9.541 75	4 80	1 »
							69.146 75	34 60	7 »
Solde créditeur............							52 50		
Lève........	50		25	25					

4° (*Suite.*)

Bénéfice pour la quinzaine :

256,05 + 52,50 = 308,55.

Le 28 février, si des cours de report avantageux se représentent, le détenteur de titres pourra encore se faire reporter; il emploiera l'argent en reports, mais peut-être sur d'autres valeurs que la Banque de Paris ou le Crédit mobilier (cela dépendra des cours).

Nota. — Le possesseur des titres en a cédé la disposition pendant la quinzaine; or, il y a en cours une émission d'actions nouvelles Compagnie générale d'Électricité pour laquelle les actions anciennes ont un droit de préférence.

Ces actions anciennes seront donc livrées le 15 février non estampillées, elles seront rendues estampillées; l'opération de report constitue une véritable vente de droits de souscription, d'où cotation de déport.

Cette vente de droits aurait pu être réalisée au comptant. L'action non estampillée cotait environ 811, l'action estampillée 800 francs; l'écart était donc plus important qu'à terme, mais on n'aurait pas disposé pendant une quinzaine de la somme de 19.475 francs qui, employée en reports, a donné un certain bénéfice.

Remarque sur l'exemple n° 3 (emploi en reports).

Les deux comptes donnent d'une façon claire le bénéfice pour la quinzaine (différence entre le solde débiteur du compte 15 février, et le solde créditeur fin février), mais il n'en serait pas de même si l'opération était continuée pour le 15 mars, car le compte fin février serait, d'une part, crédité de la cessation des reports engagés le 15, et, d'autre part, débité pour un nouvel emploi. Si l'on considère en outre que les comptes de liquidation sont quelquefois débités du montant de coupons dont le crédit est passé au Grand-Livre général, on s'explique que bien souvent le client ne voie pas clairement le montant de son bénéfice.

Escompte. — Dans les marchés à terme, l'acheteur a le droit d'exiger la livraison des titres avant l'époque fixée, à condition bien entendu d'en payer le prix (art. 63 du décret du 7 octobre 1890). C'est ce qu'on appelle la *faculté d'escompte;* elle ne peut être exercée par l'acheteur qui a bénéficié d'un avantage quelconque pour effectuer une livraison en report. Il est en effet évident que si un acheteur ou un détenteur de titres participant à un tirage ou à une augmentation de capital les fait reporter en bénéficiant d'un déport, il ne peut avoir droit au tirage ou à la souscription privilégiée.

L'agent de change acheteur qui, aux termes de cet article 63, exerce la faculté d'escompte, en prévient son vendeur avant l'ouverture de la Bourse au moyen d'une affiche visée par le Syndic ou l'un de ses adjoints et apposée sur un tableau placé dans le cabinet de la Compagnie (art. 53 du Règlement particulier).

Pour avoir droit au bénéfice d'un tirage, souscription ou avantage quelconque, l'escompteur doit avoir affiché son escompte au plus tard :

1º A la sixième bourse qui précède le jour du tirage, clôture de souscription, etc..., lorsqu'il s'agit d'effets au porteur;

2º A la huitième bourse qui précède le jour de tirage, clôture de souscription, etc..., lorsqu'il s'agit d'effets transmissibles uniquement par voie de transfert (art. 62 du Règlement particulier).

A part certains cas spéciaux, l'escompte est employé pour provoquer la hausse, car les vendeurs à découvert n'ayant pas de titres sont obligés de se racheter à n'importe quel prix. C'est ce qu'on appelle *étrangler les vendeurs*.

Au point de vue de la comptabilité, l'escompte donne lieu, pour l'agent de change de l'escompteur :

1º *A une écriture d'achat au comptant* qui se traduit, le jour même, par un débit au compte général;

2º *A une écriture de vente à terme* (au même cours), qui liquide l'achat à terme; le compte de liquidation présente un solde créditeur ou débiteur, suivant que le cours d'escompte est supérieur ou inférieur au cours d'achat réel. Ce solde se règle à la liquidation.

Chez l'agent de change de l'escompté, il y a une vente au comptant et un achat à terme.

La double opération qui constitue l'escompte ne donne lieu à aucune perception de courtage ou d'impôt (1).

Compensation. — Il peut arriver qu'un spéculateur à terme ayant pris chez un agent de change une position d'acheteur ou de vendeur la liquide en revendant ou rachetant chez un autre agent; il lui est impossible de livrer les titres vendus, puisqu'il n'en obtiendra lui-même livraison que contre paiement du prix. Il charge donc l'agent de change chez lequel il est acheteur de livrer les titres à son confrère, lequel lui en paiera le prix. C'est ce que l'on appelle une *compensation*.

Si le spéculateur est en bénéfice, c'est-à-dire si le cours de vente est supérieur à celui d'achat, après règlement du prix d'achat, il resterait créditeur chez l'agent de change qui a vendu; cette façon de procéder ne paraît donc, *à priori*, soulever aucune difficulté.

De même, si l'agent qui a vendu versait la totalité de la vente à celui qui a acheté, c'est chez ce dernier que le spéculateur serait créancier.

Mais si le cours d'achat est supérieur au cours de vente, la chose ne sera pas aussi facile.

Supposons qu'un spéculateur A ait vendu 50 Rio à 1.450 chez B et les ait achetés à 1.490 chez C. En faisant abstraction des frais, B aurait à verser à C 1.490 francs par titre, il deviendrait donc créancier de A pour 2.000 francs. Si l'action Rio vaut moins de 1.490 francs, B refusera la compensation dans ces conditions et

____
(1) La faculté d'escompte n'existe pas sur le marché en banque.

préférera racheter les 50 titres pour liquider la position de son client.

Si, au contraire, la compensation s'opère sur le prix de vente, C recevra de B 1.450 francs par titre; il restera créancier de A pour 2.000 francs. Mais si l'action Rio vaut plus de 1.450, C refusera la compensation et préférera revendre les 50 Rio pour liquider.

On voit donc qu'en cas de perte, la compensation intégrale d'une des opérations ne sera pas toujours acceptée.

Même dans le cas où le spéculateur est en bénéfice, la compensation à un cours autre que la valeur au jour de la liquidation pourrait présenter des inconvénients.

Pour que les deux agents de change acceptent de compenser, il est nécessaire que cette compensation laisse leur client dans la même situation à leur égard que s'il liquidait sa position chez chacun d'eux. Par suite, elle doit s'opérer sur la base du cours pratiqué le jour de la liquidation.

Les compensations sont établies d'après un cours uniforme déterminé par le Syndic ou un adjoint de service d'après les cours cotés le jour de la liquidation. Le cours ainsi fixé est également celui sur lequel s'effectuent les reports (art. 67 du décret du 7 octobre 1890).

C'est pourquoi l'on a donné à ce cours choisi d'une façon conventionnelle parmi ceux pratiqués le jour de la liquidation le nom de *cours de compensation*.

Écritures des opérations de compensation. — Chez l'agent de change C qui a acheté, le confrère B avec qui s'établit la compensation achète du spéculateur A.

Chez l'agent de change B qui a vendu, le confrère C vend au spéculateur A.

Soit 1.500 le cours auquel sont compensés l'achat et la vente des 50 actions Rio.

Nous donnons ci-après (pages 168 et 169) les deux comptes de liquidation de A chez B et C.

Délégations. — Il peut arriver qu'un spéculateur ou un reporteur soit créditeur chez un agent de change et débiteur chez un autre; il doit payer le quatrième jour de la liquidation et ne recevra que le lendemain. Pour éviter d'avancer la somme (ce qui lui serait quelquefois impossible), il remet à son créancier un chèque sur son débiteur, chèque qui joue le rôle de virement et se règle entre les deux agents de change avec les opérations de la liquidation. Si la dette est plus élevée que la créance, le client n'aura qu'à verser le solde; dans le cas contraire, il pourra toucher la soulte qui lui revient chez l'un ou l'autre des agents de change. Ce chèque est appelé *délégation*; il ne peut être établi que pour des sommes multiples de 1.000 francs. Il est surtout employé par les banquiers qui traitent fréquemment avec plusieurs agents de change, soit pour des achats et des ventes, soit pour des emplois de capitaux en reports.

Coupons. — Le montant couru du coupon étant compris dans le cours, l'acheteur a droit à tout coupon non encore détaché en bourse le jour de son achat.

Si le détachement en bourse a lieu avant le premier jour de liquidation, les titres sont livrés sans le coupon et l'acheteur en est crédité dans son compte de liquidation; le vendeur en est débité. Si le détachement en bourse n'a lieu qu'après, les titres sont livrés avec le coupon.

Ainsi, l'acheteur de Rente brésilienne 4 % 1889 en liquidation fin septembre recevra des titres munis du coupon d'octobre; l'acheteur en liquidation du 15 octobre sera crédité de son montant au change fixé par la Chambre syndicale (art. 30 du Règlement particulier).

Le capitaliste qui reporte 4.000 livres de capital Brésil 4 % 1889 du 15 au 30 septembre, les livre avec le coupon; s'il les reportait de fin septembre au 15 octobre, il les livrerait coupon détaché; il serait débité le 7 octobre du montant de ce coupon, mais comme il détient les titres, il pourrait encaisser à cette date et ne subirait aucun préjudice.

Sauf la question de change, il en est de même pour toutes les valeurs traitées à terme. Si les titres sont conservés par l'agent de change, celui-ci encaisse les coupons et crédite son client dans son compte général, ce qui compense le débit inscrit au compte de liquidation.

Comme le montant de ce coupon est supérieur au prix de report, les comptes de liquidation présentent de ce fait un solde débiteur, le résultat de l'opération paraît donc être une perte.

Le client peu au courant de ces calculs arrive difficilement à comprendre ses comptes; il faut les lui établir d'une autre façon.

Cette complication pourrait être évitée si, au lieu de débiter le capitaliste reporteur du montant des coupons, on portait ce débit à un compte d'ordre qui serait crédité lors de l'encaissement.

La question ne se pose pas de la même façon, lorsque le client reporteur prend livraison des titres, notamment si c'est un établissement de crédit; il est donc difficile de changer la façon d'opérer.

Variations de cours. — 2 centimes 1/2 ou multiples sur rentes françaises ou étrangères et sur les valeurs se cotant en tant %;

1 franc ou multiples pour les actions et les obligations dont le cours est supérieur à 100 francs;

0 fr. 50 ou multiples pour les actions et les obligations dont le cours est égal ou inférieur à 100 francs.

Validité des ordres. — On admet généralement que, sauf stipulations contraires, les ordres fermes sont valables pour la liquidation pendant laquelle ils sont donnés. Il faut tenir compte également, comme au comptant, du détachement en bourse du coupon, qui fait baisser les cours.

Les ordres à primes sont le plus souvent valables seulement pour le jour même; mais, vu l'absence de règles fixes, il vaut mieux préciser.

COMPTE DE A EN LIQUIDATION 15 FÉVRIER CHEZ B AGENT DE CHANGE

DATE	Rio	COURS	SOMME	Courtage	Impôt	DATE	Rio	COURS	SOMME	Courtage	Impôt
15 Février......	5o	1.5oo	75.0oo »	C	—	2 Février.......	5o	1 45o	72.5oo »	90 65	21 90
		Courtage	90 65								
		Impôt	21 90					Balance........	2.612 55		
			75.112 55						75.112 55		
		Solde débiteur........	2.612 55								

COMPTE DE A EN LIQUIDATION 15 FÉVRIER CHEZ C AGENT DE CHANGE

DATE	Rio		COURS	SOMME	Courtage	Impôt	DATE	Rio		COURS	SOMME	Courtage	Impôt
12 Février.......	50		1.490	74.500 »	93 15	22 50	15 Février.......	50		1.500	75.000 »	C	—
		Courtage.......		93 15									
		Impôt..........		22 50									
		Balance.......		384 35									
				75.000 »						Solde créditeur........	384.35		

Résultat final, perte : 2.612 55 — 384 35 = 2.228 20, soit 2.000 francs (40 francs par titre) + frais.

Ce résultat final est pour le spéculateur indépendant du cours de compensation ; il ne dépend que de l'écart des cours entre l'achat et la vente.

Il n'en est pas de même si l'on considère sa situation vis-à-vis de chacun des agents de change B et C.

COTES DE LA BOURSE DE PARIS

Cote officielle. — La Chambre syndicale des agents de change de Paris publie chaque jour le relevé des cours pratiqués sur les valeurs admises au marché officiel.

Cette cote officielle (remaniée en 1920) fournit, en outre, des renseignements assez complets sur les valeurs, notamment les dates des tirages, les époques de jouissance (dates du paiement des coupons), le dernier cours de la veille ou le dernier cours coté s'il est antérieur, la jouissance courante (date de paiement du dernier coupon détaché en bourse (1), le revenu de l'exercice précédent (intérêt ou dividende), le montant du dernier coupon payé.

La cote est divisée en deux parties :

La première comprend :

1° Les valeurs cotées à terme et au comptant (pages 1 à 8); elle donne les cours au comptant de toutes ces valeurs et les cours à terme pour les opérations de liquidation (d'ailleurs très rares) concernant celles qui étaient cotées à terme avant août 1914;

2° Les valeurs cotées au comptant seulement (pages 8 à 17);

3° Les valeurs actuellement cotées à terme (cours du terme, pages 19 et 20).

La deuxième partie intitulée : « *Cours authentique des valeurs ne figurant pas à la cote officielle* », concerne une série de valeurs n'ayant qu'un marché très restreint (pages 17 et 18). Avant la modification de la cote, on n'indiquait le nom de la valeur que lorsqu'un cours était coté; actuellement, tous les noms sont imprimés.

Les pages 21 à 24 contiennent divers renseignements tels que : la cote à titre spécial (négociations judiciaires, droits de souscriptions), valeurs offertes ou demandées (cours proposés), cours des changes, décisions et avis de la Chambre syndicale, coupons annoncés, tirages annoncés, tarif des droits de courtages et d'impôts, lois sur les titres perdus ou volés (résumé succinct), noms et adresses des agents de change.

Cotes des valeurs en banque. — Chacun des syndicats des banquiers en valeurs publie un bulletin à peu près analogue à la cote officielle.

Toutefois, les deux cotes du marché en banque et la cote officielle pour les opérations à terme indiquent le premier cours, le plus haut, le plus bas et le dernier (2); la cote officielle du comptant donne les cours dans l'ordre où ils ont été pratiqués.

Autres publications. — D'autres publications donnent également les cours de la bourse; les plus connues sont la cote de la Banque et de la Bourse (cote Desfossés) et la cote de la Bourse et de la Banque (cote Vidal).

---

(1) Ainsi que nous l'avons dit, le détachement en bourse ne concorde pas toujours avec la date du paiement du coupon; pour les rentes françaises, le coupon se détache en bourse quinze jours avant l'échéance; pour la plupart des valeurs cotées à terme, il se détache après l'échéance.

(2) Quelquefois le plus haut ou le plus bas se confondent avec le premier ou le dernier.

On y trouve les cours du marché officiel et du marché en banque et aussi les cours de valeurs non admises par le Syndicat des banquiers. En outre, ces cotes contiennent des comptes rendus financiers, des appréciations sur les valeurs, et un aperçu succinct des cours pratiqués dans les bourses de province et de l'étranger.

Mode de cotation. — Pour les actions, les parts de fondateur, les obligations et certains fonds d'État, les négociations se font par titre; que ces titres soient libellés en francs, en livres, en couronnes, la cote indique le prix de l'unité. (Une obligation Orléans 3 % ancienne de 500 francs, une action Rio Tinto ordinaire de 5 livres, une obligation Suède 3,60 % 1887 de 360 couronnes.)

Pour les autres fonds d'État, les quantités s'expriment en rente ou en capital nominal; si les titres sont libellés en francs, elles s'expriment toujours en rente (15 francs de rente belge 3 % 1re série, 20 francs de Rente russe consolidée 1re et 2e séries, 35 francs de Rente norvégienne 3 ½ 1904-1905); si les titres sont libellés en livres ou en florins Pays-Bas, les quantités s'expriment toujours en capital nominal (100 livres de capital Emprunt brésilien 4 % 89; 1.000 livres de capital Emprunt portugais 3 % 1re série, 500 florins de capital Emprunt hollandais 3 % 1896). Pour d'autres monnaies, les quotités s'expriment soit en rente, soit en capital nominal (30 couronnes de Rente danoise 3 % 1894; 200 couronnes de capital Emprunt danois 3 ½ 1886).

Le cours indiqué par la cote correspond toujours à un capital nominal de 100 unités monétaires.

Si la Rente belge 3 % cote 60, cela veut dire que 3 francs de rente (correspondant à un capital nominal de 100 francs) valent 60 francs; si la Rente brésilienne 4 % 89 cote 103, cela veut dire que 100 livres de capital nominal valent 103 livres. Si la Rente danoise 3 % 1894 cote 82, cela veut dire que 3 couronnes de rente (correspondant à 100 couronnes de capital nominal) valent 82 couronnes.

La conversion en francs de la monnaie étrangère se fait à un change fixe très voisin du pair et qui est indiqué par la cote; il n'est pas toujours uniforme pour la même unité; la livre se calcule au change fixe de 25 francs pour la Rente argentine 4 % 1896 rescision, au change fixe de 25,20 pour les Rentes brésiliennes, au change fixe de 25,25 pour la Rente portugaise 3 % 1re série.

Le prix d'une quotité quelconque s'obtient par une règle de trois.

Au cours de 60, 45 francs de Rente belge 3 % 1re vaudront :

$$\frac{60 \times 45}{3}.$$

Au cours de 103, 500 livres de capital Brésil 4 % 1889 vaudront :

$$\frac{103 \times 500}{100} \times 25,20 \text{ (ch. fixe de la livre)}.$$

Au cours de 82, 75 couronnes de Rente danoise 3 % 1894 vaudront :

$$\frac{82 \times 75}{3} \times 1,40 \text{ (ch. fixe de la Kr.).}$$

Influence du change sur le cours des valeurs dont les coupons sont payables en monnaie étrangère. — On s'explique alors qu'en raison du change fixe adopté pour les calculs, les variations réelles du cours de la monnaie entraînent des variations du cours de la valeur.

Lorsque la livre vaut réellement 25,20, si la Rente brésilienne 4 % 89 est au pair de 100, l'acheteur place son argent à 4 % (abstraction faite des impôts); mais si la livre montait à 50,40, sans que le cours de la valeur ait changé, ce serait alors un placement à 8 %, car l'acheteur paierait le même prix et aurait un revenu double. Le cours de la Rente brésilienne devra donc monter avec celui de la livre. D'autre part, à Londres, le revenu n'aura pas varié, les cours de la valeur resteront donc les mêmes (sauf autres circonstances).

Ainsi que nous le disions au sujet des arbitrages de place à place, les cours respectifs d'une même valeur sur deux marchés différents dépendent donc de la relation qui existe entre le change fixe adopté pour les calculs et le cours réel de l'unité monétaire.

$$\text{Cours de Paris} = \frac{\text{Cours de Londres} \times \text{cours de la livre.}}{\text{change fixe.}}$$

C'est ce qui explique les écarts de cours entre les différentes places, écarts parfois assez sensibles; et il n'est pas toujours plus avantageux d'acheter sur la place où le cours est le moins élevé.

Remarque. — Le fait qu'une valeur se négocie à Paris en francs de rente n'implique pas forcément que la variation des changes n'aura aucune action sur ses cours. En effet, bien des fonds d'État sont libellés en plusieurs monnaies, les quantités négociées ne peuvent s'exprimer que d'une seule façon, sur une même place, mais les coupons sont payables au choix du porteur en l'une quelconque de ces monnaies à une parité calculée également à un change fixe. Par exemple, la Rente chinoise 4 % 1895 se négocie à Paris en francs de rente, les coupons sont de 10 francs (par semestre), mais sont payables à Londres à raison de 7 shillings 11; à Amsterdam, à raison de 4 florins 78; à Berlin, à raison de 8 marks 08; à Pétrograd, à raison de 2 roubles 50 or.

Ils sont également payables à Bruxelles en francs belges et à Genève en francs suisses. Mais la baisse des changes étrangers au-dessous du pair n'occasionnerait pas une baisse aussi forte des cours de cette rente, puisque la valeur du coupon ne peut descendre au-dessous de 10 francs.

Il n'en est pas de même lorsque le coupon est payable uniquement en monnaie étrangère, par exemple pour la Rente mexicaine 5 % intérieure qui se négocie à Paris (marché en banque) par multiples de 20 livres de capital nominal, dont les titres sont libellés en livres et en pesos (à raison de 5 pesos pour 1 livre), mais dont les coupons sont uniquement payables en pesos mexicains. Les cours, avant 1914, étaient influencés non pas par les variations de la livre, mais uniquement par celle du peso.

- Depuis 1914 ces coupons n'ont pas été payés; les variations de cours résultent uniquement du plus ou moins d'espoir que l'on fonde sur la reprise des paiements.

Courtage et impôts de bourse. — Les droits de courtage ont été modifiés à plusieurs reprises, tantôt diminués, tantôt augmentés.

Le tarif en vigueur actuellement (voir ci-après) a été établi par la Chambre syndicale en exécution de l'article 38 du décret du 7 octobre 1890 et de l'article 1er du décret du 25 août 1919; il a été approuvé le 25 août 1919 par le Ministre des Finances et est appliqué depuis le 1er janvier 1920.

L'impôt de bourse établi par la loi du 28 avril 1893 a remplacé le droit de timbre qui existait auparavant (les bordereaux devaient être timbrés à 0,60 ou 1,80, suivant que le montant de l'opération était inférieur ou supérieur à 10.000 francs).

Le taux de cet impôt a été diminué pour les rentes françaises; il a été augmenté pour les autres valeurs et porté successivement de 0,05 °/oo à 0,10 °/oo, 0,15 °/oo, 0,30 °/oo pour les opérations d'achat et de vente.

BOURSE DE PARIS

COMPAGNIE DES AGENTS DE CHANGE

TARIF DU DROIT DE COURTAGE
ÉTABLI PAR LA CHAMBRE SYNDICALE

*En exécution de l'article 38 du Décret du 7 octobre 1890
et de l'article 1er du Décret du 25 août 1919.*

Art. 76 du Code de commerce. — Les agents de change, constitués de la manière prescrite par la loi, ont seuls le droit de faire les négociations des effets publics et autres susceptibles d'être cotés; de faire, pour le compte d'autrui, les négociations des lettres de change ou billets et de tous papiers commerçables, et d'en constater le cours.

Négociations effectuées en vertu de pièces contentieuses ou d'actes notariés, à l'exception des procurations générales : (0 fr. 40 % du montant de la négociation, avec un minimum de courtage de 2 francs).

Opérations au comptant.

Rentes françaises	0,15 % du montant de la négociation, avec un minimum de courtage de 0 fr. 50.

Emprunts des Colonies et des Pays de Protectorat, *Emprunts* des Départements et des Communes, *Obligations* des Chemins de fer de l'État, *Obligations* des grandes Compagnies de Chemins de fer français et de la Grande-Ceinture, *Obligations* du Crédit foncier.	0,20 % du montant de la négociation, avec un minimum de courtage de 0 fr. 75.

Autres valeurs :

Actions et Obligations lorsque le cours est inférieur à 50 francs...	0 fr. 15 par action ou obligation........	
Actions et Obligations lorsque le cours est compris entre 50 et 100 francs.....................	0 fr. 30 par action ou obligation...	Avec un minimum de courtage de 1 fr. 50.
Actions et Obligations dont le cours est supérieur à 100 francs, Fonds d'États étrangers et toutes valeurs non dénommées ci-dessus........	0 fr. 30 % du montant de la négocia-tion........	

Dispositions spéciales pour les opérations au comptant.

Pour les valeurs non entièrement libérées, les maxima indiqués ci-dessus sont réduits proportionnellement à la partie non versée.

Lorsque deux opérations en sens contraire ont été effectuées au comptant, en vertu d'un même ordre et dans la même Bourse, pour le compte d'un client particulier, et lorsque l'opération d'achat porte sur la rente française ou sur l'une des valeurs soumises au tarif de 0,20 %, il n'est perçu de courtage que sur celle des opérations qui, par l'application du tarif ci-dessus, donne lieu au courtage le plus élevé.

Opérations à terme.

Rentes françaises...............	0 fr. 04 par 3 francs de rente 3 % ou par 3 fr. 50 de rente 3 ½ %; 0 fr. 05 par 4 francs de rente 4 % ou par 4 fr. 50 de rente 4 ½ % ou par 5 francs de rente 5 %.
Rentes étrangères se négociant en capital ou en rentes :	
Lorsque le cours est inférieur à 60 francs.....................	0 fr. 06 % du capital no-minal.
Dans les autres cas............	0 fr. 10 % du montant de la négociation.

Actions et Obligations, lorsque le cours est inférieur à 200 francs... | 0 fr. 25 par action ou obligation.

Actions et Obligations, lorsque le cours est compris entre 200 et 400 francs... | 0 fr. 50 par action ou obligation.

Actions et Obligations, lorsque le cours est supérieur à 400 francs et toutes valeurs non dénommées ci-dessus... | 0 fr. 125 % du montant de la négociation.

Opérations de report.

Rentes françaises... | 0 fr. 02 par quinzaine et par 3 francs de rente 3 % ou 3 fr. 50 de rente 3 ½ %. 0 fr. 025 par quinzaine et par 4 francs de rente 4 %, 4 fr. 50 de rente 4 ½ % ou 5 francs de rente 5 %.

Autres valeurs... | 1 fr. 80 % l'an du montant de la valeur reportée calculée d'après le cours de compensation pour les opérations donnant lieu à un report. 1 fr. 20 % l'an du montant de la valeur reportée calculée comme ci-dessus pour les emplois de capitaux en report.

Dispositions spéciales pour les opérations à terme.

Pour les valeurs non entièrement libérées, les maxima indiqués ci-dessus sont réduits proportionnellement à la partie non versée.

Les certifications de signatures données par les agents de change dans les cas visés par l'article 76 du décret du 7 octobre 1890 et la loi du 11 juin 1909 donneront lieu à la perception d'honoraires dont le tarif sera, suivant le cas, celui des courtages qui a été fixé ci-dessus, soit pour les négociations effectuées en vertu de pièces contentieuses ou d'actes notariés, soit pour les opérations au comptant. Ces honoraires ne seront pas perçus lorsque les certifications seront corrélatives à l'achat ou à la vente de valeurs négociées par le ministère de l'agent de change certificateur.

Une délibération de la Chambre syndicale, approuvée par arrêté du Ministre des Finances, détermine les négociations effectuées en vertu de pièces contentieuses et d'actes notariés qui donnent lieu à l'application du courtage de 0,40 %.

1er janvier 1920.   *Le Syndic* : P. DESEILLIGNY.

Tarif du droit de timbre

PERÇU AU PROFIT DE L'ÉTAT SUR LES OPÉRATIONS DE BOURSE

(Lois des 28 avril 1893, 28 décembre 1895, 31 décembre 1907, 15 juillet 1914 et 25 juin 1920.)

Sur toute opération d'achat ou de vente au comptant ou à terme :

Pour la Rente française........... $\{$ 0,0125 °/oo ou fraction de 1.000 francs du montant de la négociation.

Pour toutes les autres valeurs (françaises ou étrangères)....... $\{$ 0,30 °/oo ou fraction de 1.000 francs du montant de la négociation.

Sur les opérations de report :

Pour la Rente française........... $\{$ 0,00625 °/oo ou fraction de 1.000 francs sur le cours de compensation.

Pour toutes les autres valeurs (françaises ou étrangères)....... $\{$ 0,10 °/oo ou fraction de 1.000 francs sur le cours de compensation.

Sur les opérations faites à l'étranger :

0,60 °/oo ou fraction de 1.000 francs sur le montant de l'achat ou de la vente.

DISPOSITIONS DIVERSES

Le droit étant établi par 1.000 francs ou fraction de 1.000 francs, le montant de la perception ne peut être inférieur au taux même du droit ou à ses multiples.

Toute fraction de centime dans la liquidation du droit donne lieu à la perception du centime entier.

Pour les valeurs non libérées, le droit est calculé sur le montant de la négociation, déduction faite du non versé.

Pour les opérations à primes, le droit n'est perçu, en cas d'abandon du marché, que sur le montant de la prime abandonnée.

Les opérations d'escompte ou de compensation ne donnent lieu à la perception d'aucun droit.

Taxes fiscales sur les valeurs mobilières.

Sociétés françaises.

Droit de timbre.......... { **10 centimes** % par an du capital nominal des titres.

Droit de transmission..... {
Pour les titres au porteur, **50 centimes** % par an sur la base du cours moyen de l'année précédente.
Pour les valeurs essentiellement nominatives, le droit est de 0,90 %.
Pour la conversion au porteur des titres nominatifs, le droit est de 2 %.
Le transfert du porteur au nominatif est *exempt* de ce droit.

Impôt sur le revenu...... { 10 % sur le revenu, ainsi que sur les primes de remboursement, et 20 % sur les lots.

Fonds d'Etats étrangers.

Droit de timbre.......... { 2 % de la valeur nominale de chaque titre.

Impôt sur le revenu...... { 12 % sur le revenu des rentes, obligations et autres effets publies.

Sociétés étrangères.

En principe, les titres des Sociétés étrangères sont frappés des mêmes droits et impôts que les valeurs françaises.

Il en est particulièrement ainsi pour les Sociétés qui ont contracté un abonnement, c'est-à-dire qui ont fait agréer par le Ministre des Finances un représentant responsable du paiement des taxes.

Le nombre des titres des Sociétés étrangères abonnées passibles des taxes en France, en quotité *imposable*, ne peut être inférieur :

Pour les *actions* à *un dixième*,

Et pour les *obligations* à *deux dixièmes* du capital.

Les titres des Sociétés étrangères non abonnées doivent être timbrés au droit fixé à 2 %.

Ces titres sont en outre soumis à l'impôt de 12 % sur le revenu.

MARCHÉ EN BANQUE

TARIF DES COURTAGES

**fixé par la Chambre syndicale
et applicable depuis le 1er novembre 1918.**

		COURTAGE
Minimum par bordereau...................... Fr.	1	»

Valeurs se négociant en pour cent

Sur le montant du bordereau........................ 4 0/00

Négociations des autres valeurs.

				COURTAGE PAR TITRE
Jusqu'à 25 francs inclusivement.................... Fr.				0 25
Au-dessus de 25 fr. jusqu'à 75 fr. inclusivement.....				0 50
— 75 — 150	—	.....		1 »
— 150 — 250	—	.....		1 50
— 250 — 350	—	.....		2 »
— 350 — 500	—	.....		2 50
— 500 — 650	—	.....		3 »
— 650 — 800	—	.....		3 50
— 800 — 1.000	—	.....		4 »
— 1.000				4 0/00

*Les courtages ci-dessus sont portés au double
pour les opérations concernant les droits.*

N.-B. — Ces courtages sont perçus sur chaque opération, achat
et vente, et sans par contre.

LA BOURSE DE PARIS
PENDANT ET APRÈS LA GUERRE

Les mesures exceptionnelles nécessitées par l'état de guerre n'étant pas toutes rapportées, il a paru utile de ne pas limiter cet aperçu à la période 1914-1918, mais d'y faire figurer également la période de transition qui d'ailleurs n'est pas terminée (mai 1922).

Le marché des valeurs à la déclaration de guerre. — Les graves événements politiques qui marquèrent la deuxième quinzaine du mois de juillet 1914 eurent une répercussion considérable sur le monde des affaires et en particulier sur la Bourse.

Depuis quelque temps déjà, les cours avaient tendance à fléchir, et le succès apparent de l'emprunt 3 ½ % amortissable dont le montant était d'ailleurs jugé insuffisant pour consolider la situation financière, n'avait pas arrêté la baisse de la rente 3 %, le seul de nos fonds publics qui eût un marché étendu.

La dépression générale s'accentua rapidement lorsque, après l'ultimatum de l'Autriche à la Serbie, on se rendit compte que la guerre était imminente et qu'elle risquait d'englober les nations les plus importantes de l'Europe.

Dans ces conditions, la liquidation de fin juillet paraissait impossible à réaliser. D'une part, les ordres de vente destinés à liquider les positions n'auraient trouvé que peu ou pas de contre-partie; d'autre part, les pertes qu'auraient subies les spéculateurs à la hausse, soit en se liquidant, soit en se faisant reporter, auraient été si élevées qu'ils n'auraient pu les régler. Les agents de change, nantis d'une couverture insuffisante ou devenue difficilement réalisable, étaient alors incapables de rembourser les différences aux reporteurs. Il aurait fallu d'ailleurs que ceux-ci, des banquiers pour la plupart, consentissent à leur laisser les capitaux investis, chose peu probable à un moment où ils allaient être assaillis de demandes de remboursements de la part de leurs déposants.

Prorogations de la liquidation. — Pour éviter la débâcle, la Chambre syndicale des agents de change prit la décision de proroger purement et simplement à fin août les opérations engagées pour fin juillet; le Ministre des Finances homologua cette décision le 29 juillet 1914.

Une nouvelle décision, homologuée le 24 août, prorogea la liquidation jusqu'à fin septembre; elle s'appliquait également aux affaires traitées en août.

Le marché en banque ajourna de même les liquidations de juillet et d'août.

Fermeture de la Bourse. — Le 3 septembre 1914, une ordonnance du Préfet de police ordonnait la fermeture de la Bourse et, le 27 septembre, un décret *suspendait provisoirement toutes actions judiciaires relatives aux opérations antérieures au 4 août 1914 ainsi qu'aux opérations de report s'y rattachant. Les sommes dues portèrent intérêt à 5 % l'an* (1).

Auparavant, un décret du 30 juillet avait limité à 50 francs par déposant et par quinzaine les remboursements des Caisses d'épargne (application de la clause dite de sauvegarde) et le 1er août, deux autres décrets avaient prorogé les échéances des effets de commerce et accordé le moratorium aux débiteurs.

Les sociétés de crédit, dispensées de rembourser leurs déposants (jusqu'à concurrence de 95 %), n'éprouvèrent donc aucun inconvénient grave de la prorogation forcée de leurs emplois en reports, mais les particuliers qui avaient engagé leurs capitaux pour une quinzaine ou un mois tout au plus, se trouvaient dans l'impossibilité d'en disposer.

On fit appel à la Banque de France qui, au mois de novembre, consentit à avancer 200 millions aux agents de change sur la garantie de la Chambre syndicale et contre nantissement de titres. Si un reporteur désirait un remboursement partiel, il livrait à son agent de change les titres qu'il avait levés en liquidation fin juin ou 15 juillet; ces titres étaient remis à la Banque de France et servaient de garantie pour l'escompte au taux de 5 % d'effets à 3 signatures (celles de 2 agents de change, et celle du syndic engageant la corporation tout entière).

Le reporteur pouvait recevoir 40 % du montant de sa créance; il restait créancier de la différence sur laquelle l'intérêt à 5 % prévu par le décret du 27 septembre lui était bonifié.

Mais la Banque de France n'acceptait que les valeurs sur lesquelles elle est autorisée à consentir des avances, c'est-à-dire des rentes françaises, les obligations des Colonies, des Protectorats, des Départements, des Villes, du Crédit foncier et des Compagnies de Chemins de fer ainsi que les actions de ces Compagnies, c'est-à-dire, exception faite pour la rente 3 %, des valeurs n'ayant à terme que peu ou pas de marché. La majeure partie des positions du parquet et toutes celles de la coulisse restaient donc en dehors de cette combinaison qui fut peu employée.

Réouverture de la Bourse (7 décembre 1914). — Après la victoire de la Marne et la stabilisation du front, le séjour du Gouvernement à Bordeaux ne pouvait être de longue durée et la réouverture de la Bourse fut fixée au 7 décembre 1914, mais pour les opérations au comptant seulement. Certaines dispositions furent prises toutefois pour permettre la liquidation des opérations à terme (2).

---

(1) Bien que la décision ne fût prise que le 27 septembre, il parut juste de compter les intérêts moratoires à partir du 4 août, date à laquelle les reporteurs auraient dû être remboursés.

(2) Voir aux annexes (6e partie) la circulaire de la Chambre syndicale relative à cette réouverture.

Restrictions et mesures de protection en faveur des porteurs dépossédés du fait de la guerre. — En outre, des restrictions furent apportées aux ventes de façon à empêcher les négociations des titres dérobés dans les régions envahies ou appartenant à des sujets ennemis et qui pouvaient parvenir en France par la voie des pays neutres (1).

La loi du 4 avril 1915 simplifia les formalités d'opposition et réduisit les frais pour les propriétaires dépossédés ou susceptibles de l'être par suite de faits de guerre. Ces oppositions, en rendant presque impossible la réalisation des valeurs, furent probablement un des motifs qui retinrent les Allemands de s'en emparer.

Les cours cotés à la réouverture furent plutôt nominaux, car les transactions n'étaient pas nombreuses; on cota 72,50 sur la rente 3 %, soit une baisse de 2,50 sur le dernier cours pratiqué (75 francs le 27 août); mais, peu à peu, les opérations devinrent plus importantes.

L'emprunt 3 ½ % émis en juillet 1914 n'avait pas été libéré des troisième et quatrième quarts échus les 16 septembre et 16 novembre. Grâce aux avances de la Banque de France, la plupart des souscripteurs purent effectuer ces versements.

Par décret du 11 décembre 1914, le Ministre décida que les titres libérés avant le 1er février 1915 seraient acceptés en paiement des souscriptions aux emprunts que le Trésor aurait à contracter, et repris au prix d'émission 91. Cette décision fit remonter les cours et prépara la disparition progressive de cette rente.

Emission de Bons et d'Obligations de la Défense nationale. — Dès le mois de septembre 1914, le Gouvernement s'était procuré des ressources par l'émission des Bons de la Défense nationale, puis en février 1915 par l'émission d'obligations 5 % à 10 ans (dites décennales).

Mais on prévoyait déjà que la guerre serait longue et qu'il serait nécessaire de recourir à des emprunts à long terme. Il fallait auparavant, pour en assurer le succès, rendre aux reporteurs la disposition de leurs capitaux, garantir aux débiteurs des délais certains pour payer les différences (la liquidation avait bien été prorogée, mais à une date indéterminée), enfin donner plus d'ampleur au marché, en ramenant la confiance de façon que les souscripteurs fussent assurés de pouvoir négocier facilement les nouvelles rentes.

Décret du 15 septembre 1915. Règlement des opérations à terme. — Le décret du 15 septembre 1915 (2) fixa à fin septembre la liquidation des opérations à terme et posa les conditions de règlement des différences (acomptes de 10 % tous les mois, jusqu'à fin juin 1916).

Le moratorium était accordé aux débiteurs mobilisés ou demeurés

____

(1) Voir aux annexes les diverses circulaires à ce sujet.
(2) Annexes, 6e partie.

dans les régions envahies. D'autre part, l'acheteur n'était pas tenu de prendre livraison et le vendeur (détenteur de titres ou reporteur) ne pouvait obliger l'intermédiaire à exécuter le marché à défaut de l'acheteur.

Mais les agents de change obtinrent de la Banque de France une ouverture de crédit de 250 millions (remplaçant celle de 200 millions), la Chambre syndicale émit des bons 6 % pour un capital de 75 millions (la plus grande partie est actuellement remboursée), le Ministre des Finances mit à sa disposition des bons du Trésor à 3 mois (renouvelables pendant deux ans), qu'elle put faire escompter à la Banque de France.

Grâce à ces dispositions, les agents de change remboursèrent tous les reporteurs qui le désiraient (il s'en présenta d'ailleurs de nouveaux) ; ils prêtèrent en outre 35 millions au Syndicat des banquiers en valeurs à terme.

Cette somme permit de régler les différences, mais les reporteurs ne purent être remboursés. Sur ces 35 millions, il fut remis environ 5 millions à la coulisse des rentes dont les opérations n'ayant aucun caractère légal (puisque contraires au monopole des agents de change) ne pouvaient faire l'objet d'aucune réglementation officielle.

Les vendeurs n'eurent aucun recours contre les intermédiaires ; ceux-ci, de leur côté, étaient également désarmés vis-à-vis des acheteurs.

On fixa un cours de compensation tel que les différences qui en résulteraient en faveur des vendeurs pussent être réglées au moyen du prêt consenti par les agents de change.

Ce cours (qui fut en même temps un cours de liquidation) fut établi à 79,85, alors qu'au parquet il était de 66,50. La différence de gain pour les vendeurs à découvert était donc de plus de 13.000 francs par 3.000 francs de rente.

La mesure était encore plus préjudiciable aux spéculateurs, qui, ayant acheté de la rente au parquet et vendu en coulisse, étaient fondés à penser que l'opération se traduirait pour eux par une différence peu importante à verser ou à recevoir. Ils se voyaient rachetés en coulisse à un prix légèrement inférieur au cours de vente (1), alors qu'au parquet le cours de compensation les constituait en perte d'une somme importante (plus de 16.000 francs sur le cours de compensation de fin juin 1914).

Réouverture du marché à terme. — Le marché à terme fut rouvert le 20 septembre 1915, mais seulement pour la liquidation des affaires engagées et avec diverses restrictions qui ont fait l'objet de la circulaire de la Chambre syndicale en date du 16 septembre 1915 (2).

Premier emprunt 5 % 1915. — En novembre 1915 eut lieu l'emprunt 5 % ; les porteurs de rentes 3 ½ amortissables libérées

---

(1) On cotait 83 et 82 dans le courant de juillet.
(2) Annexes, 6ᵉ partie.

avant le 1ᵉʳ février 1915 ou accompagnées d'un certificat spécial de la Direction du mouvement général des fonds (art. 2, loi du 31 mars 1915) purent apporter ces rentes en paiement. Elles étaient reprises au prix de 91 francs augmenté de la portion courue du coupon à la date de clôture de l'emprunt (25 décembre 1915).

On voulut aussi offrir une compensation aux porteurs de rentes 3 % perpétuelles qui ne pouvaient songer à réaliser leurs rentes pour souscrire au nouveau fonds plus avantageux comme revenu. Elles furent acceptées en paiement jusqu'à concurrence du tiers du montant de chaque souscription. La valeur de reprise fut fixée à 66 francs par 3 francs de rente, prix supérieur aux cours cotés au moment de l'emprunt (64,50, 63,75) ce qui permit divers arrangements entre porteurs et souscripteurs.

Le Trésor fit encore appel aux capitalistes à plusieurs reprises; nous donnons plus loin le détail des emprunts; les modalités ne furent pas beaucoup différentes de celles du premier, sauf pour l'emprunt 6 % 1920 où l'on accepta les rentes de guerre jusqu'à concurrence de moitié de chaque souscription, ce qui conduisit à la combinaison ingénieuse en même temps que très compliquée du *marché spécial*.

La loi du 26 octobre 1917 décida la création d'un fonds spécial (1) destiné à faciliter les négociations des rentes, mais, dès 1919, les ventes étaient devenues plus longues à réaliser, surtout pour les rentes 5 %.

Période de 1916 à 1919. — Aucun fait spécial ne marque pour la Bourse la période de 1916 à 1919. Le placement des bons et des obligations de la Défense nationale, les émissions successives d'emprunts du Trésor français (se capitalisant à près de 6 %), la création de nouvelles sociétés par actions, les augmentations de capital des anciennes, leurs émissions d'obligations et de bons (la plupart au taux de 6 % net d'impôts) détournèrent de la Bourse les capitaux disponibles (2).

Les anciennes valeurs ne rapportaient guère que 4 % ou 5 % et les impôts majorés à plusieurs reprises (droit de transmission et impôt cédulaire sur le revenu) diminuaient ce taux d'environ 13 % à 15 % pour les titres au porteur. La loi du 25 juin 1920 devait porter ce prélèvement à près de 20 %. L'activité de la Bourse se tourna vers les actions des sociétés que l'on supposait devoir profiter le plus des circonstances exceptionnelles résultant de la guerre (sociétés métallurgiques, de constructions navales, de produits chimiques, de charbonnages, de mines, de navigation).

---

(1) Le crédit ouvert par la loi du 23 novembre 1917 était de 120 millions pour les mois de novembre et décembre; le 17 janvier 1918, il fut porté à 120 millions par mois.

(2) La loi du 31 mai 1916 avait soumis à l'autorisation préalable du Ministre des Finances toute émission de valeurs françaises et étrangères. Pour les premières, les autorisations furent nombreuses, notamment lorsqu'il s'agissait d'entreprises intéressant la défense nationale. Les sociétés qui bénéficièrent de ces autorisations durent prendre l'engagement de prélever sur le produit de l'émission une somme déterminée pour souscrire au prochain emprunt de l'État.

Leurs cours montèrent de façon sensible et dans bien des cas hors de proportion avec les résultats que l'on pouvait normalement escompter; cette hausse factice facilitait les augmentations de capital, elle en était quelquefois le résultat. Elle ne fit que s'accentuer en 1919 lorsque les principaux changes étrangers commencèrent leur mouvement ascensionnel et que les cours des valeurs étrangères suivirent le mouvement, entraînant la majeure partie des valeurs spéculatives de la cote.

La plupart des changes étrangers avaient déjà, pendant la guerre, atteint des cours élevés, quelquefois 40 % de prime, mais la livre sterling et le dollar avaient rarement dépassé 10 %. En avril 1919, les gouvernements anglais et américain avisèrent le gouvernement français qu'ils ne continueraient pas leurs avances à notre pays.

Il fallut donc acheter les devises nécessaires au règlement de nos importations.

La livre sterling qui cotait 26 en janvier 1919 valait 41 en janvier 1920 et 63,80 en mai 1920. Le dollar passait de 5,30 à 10,80 et 16,60; la couronne suédoise de 1,60 à 2,34 et 3,50; le florin hollandais de 2,25 à 4,05 et 6 francs, le franc suisse de 1,15 à 1,92 et 2,94, la peseta espagnole de 1,12 à 2,06 et 2,80 (1).

Les valeurs dont les coupons et le remboursement étaient payables en l'une ou l'autre de ces monnaies montèrent en conséquence; la hausse fut encore plus accentuée pour certaines de ces valeurs à qui l'on croyait de belles perspectives d'avenir. Telles étaient les actions ordinaires de la Beers Consolidated Mines (mines de diamants) cotées en banque, et dont les cours atteignirent 1.690 en avril 1920. A l'espérance d'une augmentation du dividende en livres sterling, s'ajoutait la perspective de la hausse de la livre, double motif d'accroissement du revenu qui d'ailleurs ne s'est pas réalisé, puisque ce titre n'a pas payé de coupon depuis janvier 1921.

---

(1) La détente des changes commencée en mai 1920 s'accentua en juillet 1920, puis les cours remontèrent jusqu'en janvier 1921 pour redescendre de nouveau. Ils remontèrent en août 1921; à partir de ce moment, ils ont de nouveau baissé, mais se sont à peu près stabilisés en mars 1922 aux environs des cours de juillet 1920 ou 1921.

Les cours cotés en mai 1922 par la livre sterling, le dollar, la piastre argentine, le florin, le franc suisse, la couronne suédoise sont environ le double du pair de ces monnaies; la peseta, la couronne danoise, la couronne norvégienne sont à un taux moins élevé, mais représentant néanmoins une prime assez importante.

Les changes italiens, portugais et russes se sont tenus constamment au-dessous du pair, mais cette baisse n'a pas influencé les coupons des rentes italiennes et russes payables en francs, et des rentes portugaises payables en francs et en livres sterling.

On cote à Paris très peu de valeurs italiennes et portugaises; quant aux valeurs russes, elles n'ont pas distribué de dividendes depuis 1916 ou 1917; les coupons des rentes n'ont pas été payés depuis 1919, les gouvernements alliés ayant cessé de faire les fonds nécessaires.

Le change belge n'a pas été coté pendant la guerre, il s'est tenu en 1919 aux environs du pair pour monter dans le dernier trimestre; depuis juillet 1921, il est au-dessous du pair. Ses variations n'ont pas eu l'ampleur de celles des autres changes (9 % au maximum dans un sens ou dans l'autre); toutefois, les rentes belges dont le marché à Paris est presque nul ont varié de façon assez sensible; elles ont atteint 80 francs en 1919 pour retomber à 55 francs en 1922.

La plupart des valeurs belges cotées en France sont inscrites à la cote de Lille, elles ont été beaucoup plus influencées par la crise industrielle que par les fluctuations du change.

La hausse des changes eut aussi une influence sur certaines entreprises françaises dont l'exploitation était située en pays étranger et dont les recettes se faisaient en la monnaie de ce pays (actions du canal de Suez, par exemple) (1).

Les valeurs russes (rentes et actions industrielles) participèrent à ce mouvement sur les espérances plus ou moins fondées de changement de régime ou d'entente avec les soviets ; elles avaient baissé vers la fin de 1919, après une période de hausse ; elles remontèrent au début de 1920, mais en général dans de moindres proportions.

Avant de parler de la crise qui termina cette campagne de hausse, nous devons signaler la réouverture du marché à terme, qui, abstraction faite de quelques restrictions, marqua pour la Bourse de Paris le retour à la situation d'avant-guerre.

Réouverture du marché à terme (janvier 1920). — Le 2 janvier 1920, le marché à terme fut rouvert ; les opérations furent limitées à une partie seulement des valeurs antérieurement admises et à quelques valeurs nouvelles (au total 55) (2).

Il y eut au parquet deux liquidations par mois pour toutes les valeurs ; au marché en banque, après avoir envisagé cette mesure, on décida de ne pas modifier le règlement ; il n'y a donc sur ce marché qu'une liquidation mensuelle.

Nous donnons plus loin copie de la circulaire que, conformément aux instructions de la Chambre syndicale, chaque agent de change adressa à sa clientèle (3). L'innovation la plus marquante est l'obligation pour le client de constituer une couverture minima de 20 % du montant de l'opération. Avant la guerre, la nécessité d'une couverture avait toujours été admise en principe, mais par crainte d'indisposer leur clientèle, beaucoup d'agents de change n'abordaient ce sujet qu'avec discrétion.

Décret du 3 février 1920. — Le décret du 3 février 1920 (4) fit cesser le moratorium, sauf pour les débiteurs mobilisés ou demeurés en régions envahies dont les positions purent toutefois être liquidées.

La cote officielle a conservé une rubrique spéciale pour les liquidations d'opérations antérieures à août 1914, mais on y trouve rarement des cours, sauf des cours de report et de compensation.

On peut considérer qu'actuellement il ne reste à liquider que très peu de ces positions ; l'opération réelle de liquidation se fait

---

(1) La Compagnie Universelle du Canal maritime de Suez a son siège social à Alexandrie et son siège administratif attributif de juridiction à Paris. Ses titres sont inscrits à la cote officielle sous la rubrique « valeurs françaises », mais au point de vue des différents impôts, l'administration de l'enregistrement les considère comme valeurs étrangères. Ils sont libellés en francs, de même que les coupons ; les réunions d'actionnaires ont lieu à Paris ; la Société fonctionne donc comme une Société française ayant son exploitation à l'étranger.

(2) Parmi ces valeurs, se trouvaient 19 actions de banque, 8 actions de Chemins de fer, 9 fonds d'État, une douzaine de valeurs industrielles. Leur nombre s'est augmenté peu à peu depuis 1920 (87 en mai 1922) ; les rentes françaises n'y figurent pas encore.

(3) Voir annexes, 6ᵉ partie.

(4) dᵒ dᵒ

généralement au comptant et elle est passée à terme par une écriture analogue à celle d'un escompte.

Crise de mai 1920. — Le début de 1920 fut marqué par une spéculation intense favorisée par la hausse des changes; cette spéculation, qui s'exerça surtout au comptant, aboutit à la crise de mai 1920 dont les effets ne firent que s'accentuer lorsque le ralentissement des affaires occasionna une crise industrielle et commerciale.

Si l'on compare les cours de mai 1922 à ceux du début de mai 1920 pour la plupart des valeurs que nous avons signalées plus haut, on constate des écarts sensibles, des baisses qui atteignent souvent plus de la moitié, quelquefois les trois quarts (1).

Nous ne parlons pas seulement des sociétés nouvelles habilement lancées, mais dont les assises étaient peu solides et qui, créées pendant et pour la guerre, ne possédaient pas les ressources financières nécessaires à la transformation de leur outillage.

Beaucoup de sociétés fondées depuis longtemps avaient fait à l'étranger des achats importants de matières premières à des prix élevés, afin d'intensifier leur production en vue des demandes qui devaient affluer pour la reconstitution du pays.

Le renchérissement des prix et l'incertitude politique occasionnèrent l'abstention des consommateurs; des capitaux importants se trouvèrent immobilisés. Le licenciement du personnel ne put se faire que peu à peu; les prix de revient s'élevèrent en même temps que les prix de vente baissaient.

D'autre part, beaucoup de ces sociétés avaient augmenté leur capital pendant la guerre et avaient émis des obligations ou des bons dont les intérêts grevaient les frais généraux; le nombre de titres à rémunérer était plus grand, et il aurait été peu prudent de prélever sur les réserves au moment où les disponibilités diminuaient et où les banques resserraient leurs crédits.

Le revenu devait donc diminuer; cette diminution et les perspectives peu encourageantes de l'avenir immédiat ont eu pour résultat logique la baisse de cours qui avaient été gonflés de façon exagérée.

Les banques furent en général moins touchées par la crise, bien que leur activité s'en soit ressentie fortement; plusieurs cependant durent liquider, mais à part une ou deux exceptions, elles avaient été gérées avec une imprudence peu explicable.

Vers le milieu de mai 1922, une amélioration timide s'est manifestée dans divers groupes à l'issue de la conférence de Gênes.

Quant aux valeurs à revenu fixe dont les coupons sont payables en monnaie étrangère (fonds d'État et obligations), beaucoup sont revenues aux environs des cours élevés cotés en 1920, certaines les ont même dépassés. Elles ont profité du discrédit dans lequel sont tombées les valeurs à revenu variable, et d'autre part on envisage un abaissement du loyer de l'argent ou tout au moins sa stabili-

---

(1) Nous donnons plus loin cinq tableaux comparatifs des cours à diverses époques.

sation au taux actuel (1). Sur les places étrangères où elles sont cotées, leurs cours ont monté, et par conséquent la baisse de la monnaie dans laquelle elles sont exprimées n'a pu occasionner une baisse proportionnelle de leurs cours à Paris.

Il faut tenir compte aussi du fait que les porteurs mieux renseignés sur leurs droits n'acceptent plus le paiement en francs lorsqu'ils peuvent obtenir un règlement plus avantageux; le débiteur doit finalement s'exécuter, le revenu se trouve amélioré et le titre est plus recherché.

Enfin, les remplois de titres amortis occasionnent des demandes qui maintiennent les cours, surtout s'il s'agit de valeurs dont la période de remboursement touche à sa fin (obligations Tabacs portugais 4 ½ en 1926, Rente chinoise 4 % 1895 en 1932).

Toutes ces considérations rendent assez difficile une appréciation d'ensemble sur les mouvements de valeurs en apparence analogues, et qui paraissent devoir être influencées de façon identique par les mêmes événements.

Nous avons signalé, à ce propos, le cas de valeurs payables en plusieurs monnaies au choix du porteur; la baisse d'une seule de ces monnaies n'aura pas d'influence sur le revenu si le cours de l'autre monnaie qui n'a pas varié permet d'encaisser la même somme.

---

(1) De même que la hausse du loyer de l'argent a déprécié les cours des valeurs à revenu fixe, de même sa diminution provoquerait un mouvement en sens inverse. En 1870, le Trésor français fit une émission de rente 3 % perpétuelle à 60,60; en 1892, cette rente dépassa le cours de 100 francs; en 1897, elle atteignit 105,50; la rente 3 % amortissable avait suivi le mouvement, mais l'éventualité de remboursement, favorable lorsque le cours n'atteint pas le pair, devient au contraire un désavantage au-dessus du pair.

TABLEAUX DES COURS COMPARÉS DE DIVERSES VALEURS

A DIFFÉRENTES ÉPOQUES :

COURS COMPARÉS DE DIVERSES VALEURS
A DIFFÉRENTES ÉPOQUES

1° VALEURS FRANÇAISES
A. — *Titres à revenu fixe.*

NOM DE LA VALEUR	10 Juillet 1914	16 Avril 1918	2 Janvier 1920	3 Mai 1920	22 Mai 1922
RENTE FRANÇAISE :					
3 % perpétuelle	83	59 35	59 25	56 80	57 85
3 % amortissable	88	70 75	70 10	67 45	69 10
5 % 1915-1916	Emise en 1915-1916	88 55	88 35	87 50	77 20
4 % 1917	Emise en 1917	69 »	71 15	71 45	63 50
OBLIGATIONS DE :					
400 fr. Ville de Paris 3 % 1871 (à lots)	396	375 »	366 »	358 » 23 Mars 300 » 21 Mai	354 »
500 fr. — 5 ½ 1917 (sans lots, exemptes d'impôts antérieurs à Juin 1920) (1)	Emises en 1917	503 »	510 »	510 »	510 »
500 fr. Crédit Foncier 3 % 1883 (sans lots)	394	331 »	321 »	295 »	296 »
300 fr. Crédit Foncier 5 ½ 1917 (avec lots)	Emises en 1917	347 »	330 »	309 »	267 »
500 fr. P. L. M. 3 % fusion ancienne	404	340 »	317 »	271 »	297 »
500 fr. Orléans 3 % ancienne (garantie de l'Etat)	417	374 »	326 »	307 »	313 »
500 fr. Suez 3 % 1re série	443	453 »	430 »	465 »	454 »
500 fr. Suez 5 % nouvelles	Emises en 1915	525 »	537 »	545 »	500 »
500 fr. Ateliers et Chantiers de la Loire 5 %	510	509 »	494 »	488 »	451 »
500 fr. Ateliers et Chantiers de la Loire 6 % net	Emises en 1917	529 »	540 »	546 »	474 »
500 fr. Forges et Aciéries Marine et Homécourt 4 %	500	475 »	455 »	482 »	472 »
500 fr. Forges et Aciéries Marine et Homécourt 6 % net	Emises en 1918	Emises en Mai	523 »	534 »	505 »
500 fr. Manufacture des Glaces et Produits Chimiques Saint-Gobain 5 % net	Emises en 1919	Emises en 1919	510 »	508 »	479 »
500 fr. Manufacture des Glaces et Produits Chimiques Saint-Gobain 6 % net (gagées par annuités de l'Etat)	Emises en 1921	Emises en 1921	Emises en 1921	Emises en 1921	513 »
500 fr. Chargeurs Réunis 4 %	457	457 »	440 »	445 »	413 »
BONS :					
500 fr. Chargeurs Réunis 6 % net	Emis en 1916	529 »	533 »	537 »	475 »

(1) Les obligations Ville de Paris 5 ½ 1917, dites quinquennales, remboursables le 15 juin 1922, avaient été émises exemptes d'impôts présents. La loi du 25 juin 1920 ayant porté de 5 % à 10 % l'impôt sur le revenu, de 3 ‰ à 5 ‰ le droit de circulation, les coupons ont supporté depuis décembre 1920 une retenue de 5 % calculée sur le coupon et de 2 ‰ par an calculée sur la valeur du titre. L'impôt sur les primes de remboursement ayant été porté de 5 % à 10 %, le remboursement supportera une retenue de 5 % sur la prime de 5 francs, soit 0 fr. 25. Ces titres seront remboursés à 499,75.

B. — *Titres à revenu variable.*

NOM DE LA VALEUR	10 Juillet 1914	13 Avril 1918	2 Janvier 1920	3 Mai 1920	22 Mai 1920
ACTIONS DE :					
1000 fr. Banque de France	4.580	5.250	6.500	5.850	5.500
500 fr. Crédit Foncier de France	676	608	832	860	875
500 fr. Banque de Paris et des Pays-Bas	1.420	915	1.680	1.825	1.135
500 fr. Banque de l'Union Parisienne	810	815	1.150	1.075	812
500 fr. Crédit Lyonnais	1.572	1.050	1.465	1.850	1.362
500 fr. Canal de Suez	4.865	4.815	6.450	9.100	5.945
500 fr. Chemins de fer de Lyon	1.210	942	709	812	865
500 fr. — — d'Orléans	1.300	1.080	935	870	900
500 fr. Chargeurs Réunis	560	1.360	1.965	2.040	970
500 fr. Ateliers et Chantiers de la Loire	1.560	1.980	3.860	3.800	845
500 fr. Forges et Aciéries Marine et Homécourt	1.720	1.435	1.585	1.705	820
500 fr. Manufacture des Glaces et Produits Chimiques de Saint-Gobain	5.750	6.050	8.120	10.790	1.850

Pour tirer une conclusion logique de la comparaison de ces cours, il est nécessaire de connaître les augmentations de capital réalisées pendant la période considérée.

1° Le Crédit Foncier a porté son capital en décembre 1920 de 262.500.000 à 300 millions par l'émission de 75.000 actions à 600 francs (1 pour 7). Le droit a été coté 5 francs environ.

2° La Banque de Paris a porté son capital de 100 millions à 150 millions en septembre 1919 (100.000 actions émises à 750, 1 pour 2); de 150 à 200 millions en septembre 1921 (100.000 actions à 750, 1 pour 3). Le droit de souscription a valu 250 (départ 15 septembre 1919) et 130 (15 septembre 1921).

3° La Banque de l'Union Parisienne a porté son capital de 50 à 100 millions en novembre 1919 (40.000 actions à 650, 1 pour 4); de 100 à 150 millions en juin 1920 (100.000 actions à 750, 1 pour 2). Le droit a valu 92 francs (départ 31 octobre 1919) et 175 (départ 31 mai 1920).

4° La Compagnie des Chargeurs réunis a porté son capital de 25 à 50 millions par l'émission en mai 1919 de 50.000 actions (1 pour 1) et de 50 à 100 millions en juillet 1920 (100.000

à 750, 1 pour 1). Le droit a valu environ 375 francs au comptant en 1919 et 320 francs à terme en 1920 (déport 30 juin 1920);

5º La Compagnie des Chantiers de la Loire a porté son capital de 10 à 20 millions en juillet 1920 (20.000 actions à 1.250). Le droit a valu au comptant environ 250 francs;

6º La Compagnie des Forges et Aciéries de la Marine a porté son capital de 28 à 70 millions par l'émission en février 1918 de 84.000 actions à 550 (3 pour 2). Chaque action ancienne a reçu à cette époque une répartition de 375 francs. Le droit et la répartition ont valu au comptant environ 1.300 francs;

7º La Compagnie de Saint-Gobain avait en 1920 un capital de 60 millions représenté par 34.840 actions sans désignation de valeur nominale (1/34.840e). Le 28 septembre, il a été remboursé 222 fr. 15 par titre, ce qui a ramené le capital à 52.260.000 (1.500 francs par action). Ce capital a été ensuite porté à 120 millions par l'émission de 135.480 actions de 500 francs, à raison de 2 nouvelles pour 1 ancienne à titre irréductible, et le solde à titre réductible (à peu près 2 pour 1). Les souscriptions à titre irréductible se faisaient à 700 francs, les souscriptions réductibles à 1.500 francs; le droit irréductible a valu en moyenne 2.500 francs (il a même atteint 2.600), le droit réductible a valu en moyenne 600 francs (il a même atteint 710 francs). Ensuite, les actions anciennes ont été échangées contre des actions de 500 francs (à raison de 3 nouvelles pour 1 ancienne). Le capital de 120 millions est donc représenté actuellement par 240.000 actions de 500 francs (135.480 émises en 1920 et 104.520 provenant de la division).

Pour pouvoir apprécier les variations depuis l'augmentation de capital, il faut considérer le cours avant cette augmentation et les versements qu'ont dû faire les actionnaires:

Le 27 septembre 1920, l'action ancienne cotait........	11.700
Le paiement de 272 francs (répartition 222 francs + 50 francs coupon) a ramené ce prix à...........	11.428
Souscription de 2 actions nouvelles à titre irréductible.....	1.400
— 2 — réductible.......	3.000
Prix de revient de 7 actions de 500 francs............	15.828
Prix actuel 1.850 × 7............................	12.950
Différence............................	2.878

Si le propriétaire de l'action ancienne avait vendu ses droits de souscription, il aurait encaissé 3.100 francs environ (2.500 + 600), ce qui aurait réduit le prix du titre à............................	8.328
3 actions de 500 francs valent actuellement...........	5.550
Différence............................	2.778

Là perte aurait été un peu moins élevée.

L'acheteur de droits de souscription aurait déboursé 3.100 + 4.400............................	7.500
pour 4 titres valant actuellement.................	7.400

En résumé, la souscription aux actions nouvelles laissait une marge de bénéfice, mais la valeur ayant baissé, l'opération s'est traduite par un léger déficit...

Après avoir détaché ses deux droits de souscription valant 3.100 francs, l'action ancienne cotait 7.000, soit 4.400 francs de baisse; après sa division, l'action de 500 francs cotait 2.090.

Nous allons, au moyen d'un exemple moins compliqué, celui de la Compagnie des Chargeurs réunis, évaluer approximativement la valeur d'un droit de souscription.

En juin 1920, le capital de cette société était représenté par 100.000 actions de 500 francs cotées 1.950 francs à la veille de la souscription, ce qui supposait une estimation très large de l'avenir de la société (le capital et les réserves étant loin d'atteindre ce chiffre). Après l'émission de 100.000 actions à 750 francs, l'actif s'est trouvé augmenté de 75 millions (50 millions au capital, 25 millions de prime d'émission), la valeur de l'affaire pouvait ainsi être estimée 270 millions, ce qui correspondait à 1.350 francs par action.

Le droit de souscription valait donc théoriquement de 500 à 550 francs, il n'a pas dépassé 400 francs (en moyenne 350 francs).

Le 8 juillet, l'action ancienne cotait 1.340 ex-droit, soit une baisse supérieure de plus de 200 francs à la valeur de ce droit; l'augmentation de capital a eu pour résultat une dépréciation des cours.

L'action nouvelle revenait à 1.100 francs (750 francs à verser + 350 francs pour droit de souscription); il y avait par suite un léger avantage pour le souscripteur, car les deux catégories d'actions devaient avoir les mêmes droits après détachement du solde du dividende de l'exercice écoulé, solde représenté par le coupon 79 des actions anciennes.

Ce coupon fut d'environ 60 francs, et le 27 décembre 1920 les actions nouvelles furent admises à la cote sous la même rubrique que les actions anciennes. Mais, à ce moment, on ne cotait plus que 960 francs; le souscripteur se trouvait encore en perte. Il faut presque toujours, dans les augmentations de capital, envisager le délai assez long pendant lequel les nouveaux titres ne seront pas cotés, et seront, par conséquent, difficiles à réaliser. Le bénéfice espéré peut se trouver converti en déficit.

Toutefois, si l'on veut réaliser, il est toujours possible de vendre de suite les actions anciennes et conserver les nouvelles qui seront assimilées plus tard.

2° VALEURS ÉTRANGÈRES

A. — *Titres à revenu fixe.*

	PAIR de la MONNAIE	COURS DES TITRES AU 10 juillet 1914	COURS AU 16 AVRIL 1918		COURS AU 2 JANVIER 1920		COURS AU 3 MAI 1920		COURS AU 22 MAI 1922	
			Change	Titres	Change	Titres	Change	Titres	Change	Titres
Argentin rescision 4 % 1896 (en francs et en £).............................	£ 25,221	84	27,15	88 »	40,97	96 10	63,81	130 »	49,515	142 »
Argentin 4 % 1900 (en francs).........	»	84	francs	80 50	francs	84 »	francs	86 »	francs	76 50
Argentin 5 % 1909. Obligations de 500 fr. (pesos or, francs, £ et doll.).	(1) pesos or 5 fr. £ 25,22 dollar 5,181	503	£ 27,15 dollar 5,70	505 »	peso papier 4,75 £ 40,97 dollar 10,81	670 »	7,24 63,81 16,65	1.040 »	4,05 49,515 11,125	880 »
Argentin 6 %. Cédules hypothécaires (pesos papier) en banque..........	(1) pesos papier 2,20	90	ne figurait pas à la cote	113 »	4,75	179 75	7,24	284 »	4,05	176 »
Chinois 4 % 1895 (à Paris, Londres, Bruxelles, Genève, Amsterdam, Berlin, Pétersbourg)...............	£ 25,221 fl. 2,083	96	£ 27,15 suisse 1,31 fl. 2,70	82 25	40,97 1,925 4,05	114 »	63,81 2,9425 6,04	171 »	49,515 2,12 4.83	171 »
Danois 3 % 1894 (en couronnes, francs et £).............................	couronne 1,389 £ 25,22	72	couronne 1,80 £ 27,15	73 »	2,05 40,97	69 25	2,835 63,81	93 »	2,38 49,515	109 25

Égypte unifiée 7 %. Taux réel 4 % (en francs et £)...............	£ 25,22	100	£ 27,15	95 »	40,97	119 »	63,81	185 50	49,515	138 90
Espagne extérieure 4 % (en pesetas, francs et £)...............	peseta 1 fr. £ 25,22	93	5 pesetas 7,85 £ 27,15	136 20	peseta 2,06 40,97	172 50	2.80 63,81	231 50	1,7775 49,515	150 »
Hollandais 3 % 1896 (en florins).....	fl. 2,083	79	fl. 2,70	84 75	4,05	96 »	6,04	140 25	4,33	125 50
Portugais 4 ½ 1891. Obligations de 500 fr. garanties par la Société des Tabacs (en reis, francs et £).......	(2) escudo 5,55 £ 25,22	505	escudo 3,35 £ 27,15	495 »	3.20 40,97	564 »	3,40 63,81	675 »	0.76 49,515	880 »
Suède 3 ½ 1910. Obligations de 500 fr. de la Caisse Hypothécaire des villes de Suède (en couronnes et francs).	couronne 1,389	395	couronne 1,95	440 »	2,345	490 »	3,53	700 »	2,875	747 »
Suisse 3 ½ 1899-1902 des Chemins de fer (en francs suisses).............	»	91	suisse 1,34	99 »	1,925	126 »	2,9425	173 »	2,12	174 25
Obligations de 500 fr. 4 % du Crédit Foncier Egyptien (à Paris, Bruxelles, Genève, Londres)...............	£ 25,22	497	suisse 1,34 £ 27,15	442 »	1,925 40,97	445 »	2,9425 63,81	658 »	2,12 49,515	687 »
Obligations de 500 fr. 5 % du Crédit Franco-Canadien (à Paris en francs sous déduction des impôts).......	»	507	francs	510 »	francs	494 »	francs	500 »	francs	192 50

(1) Le peso or n'est pas coté à Paris, mais la conversion en pesos papier se fait sur la base de 227 pesos 27 papier pour 100 pesos or.
(2) L'unité monétaire du Portugal est l'écu (ou escudo) valant 1.000 reis (1 milreis).

B. — *Titres à revenu variable.*

NOM DE LA VALEUR	10 Juillet 1914	16 Avril 1918	2 Janvier 1920	3 Mai 1920	22 Mai 1922
ACTIONS :					
Crédit Foncier Egyptien de 500 fr.. 250 fr. payés	730	750	965	1.165	1.098
Crédit Foncier Franco-Canadien de 500 fr......................(1)	728	842	1.240	2 580	1.689
Est Asiatique Danois 500 couron. (2)	904	5.525	3.560	4.805	1 985
Tabacs du Portugal 500 francs.... (3)	580	665	17/12 1919} 855	805	400
Rio Tinto ordinaire 5 £......... (4)	1.730	1.835	1.925	2.305	1.430
Utah Copper 10 dollars	296	607	864	1.180	774
De Beers Ordinaire 2 £ 10....... (5)	418	359	1.278	1 664	575
Société financière des Caoutchoucs 100 francs.................. (6)	75	190	310	426	86
Franco-Néerlandaise de Culture 200 fl...................... (7)	770	880	1.290	1.660	365
Malacce Rubber ordinaire 1 £.. (8)	96	128	248	314	87
Sumatra Capital 100 fl.......... (9)	270	750	1.470	1.740	385
Mexican Eagle ordinaire 10 piastres mexicaines................. (10)	50	90	585	650	182

(En banque.)

(1) L'action Crédit foncier franco-canadien a été libérée en 1920 par prélèvement sur les réserves; jusqu'au 31 décembre 1920 elle se négociait libérée de 250 francs, à partir du 2 janvier 1921 elle se négocie entièrement libérée. Pour avoir sa valeur exacte avant 1921 il faut donc déduire du cours le montant du non versé, c'est-à-dire 250 francs.

Le dernier cours non libéré a été 2.270, le premier cours libéré 2.050.

(2) L'Est asiatique danois a porté son capital de 25 à 50 millions de couronnes en juin 1918 par l'émission à 750 kr. de 50.000 actions de 500 kr. Le droit de préférence a valu environ 2.000 francs; la Compagnie payait d'ailleurs une indemnité de 1.050 kr. aux porteurs qui cédaient leur droit de souscription; à raison de 180 francs les 100 kr. cette indemnité représentait 1.890 francs.

(3) L'action Tabacs du Portugal au nominal de 90.000 reis (90 escudos) ou 500 francs a été libérée en juin et août 1920; auparavant, il fallait déduire du cours : 250 francs en 1914 et 1918; 200 francs en janvier et mai 1920. Le versement de 36 escudos, à un cours déprécié de plus de 50 % (on cotait 2,45 en juillet), a eu pour résultat une baisse de la valeur; de 690 fin juin on tombe à 490 fin août 1920.

(4) Jouissance mai 1920. La Compagnie du Rio Tinto dont l'exploitation est en Espagne, paie en pesetas ses frais généraux et ses frais d'exploitation; elle vend son cuivre à Londres à des prix qui dépendent de la situation mondiale du marché. Indépendamment des prix de vente, le bénéfice est donc influencé par les cours respectifs de la £ et de la peseta. Si la £ dépasse le pair de 25, 22, la Compagnie est avantagée; elle est désavantagée dans le cas contraire.

(5) Jouissance 12 janvier 1921.

(6)   —   12 juillet 1920. La Société financière des Caoutchoucs a doublé son capital (20 à 40 millions) en janvier 1920 par l'émission à 125 francs de 200.000 actions de 100 francs; elle l'a augmenté de 10 millions en janvier 1921 par l'émission de 90.000 actions à 105 francs et 10.000 actions d'apport (actions A).

(7) Jouissance 1er septembre 1920.

(8)   —   6 juillet 1920.

(9)   —   31 janvier 1920.

(10) Le capital émis de la Mexican Eagle est passé de 50 millions de piastres mexicaines en 1917 à 129 millions par augmentations successives en 1919, 1920, 1921; le capital autorisé est de 160 millions de piastres. Ces émissions ont été faites au pair, nécessitant un déboursé de 55 francs ou 80 francs environ par titre souscrit.

Nota. — Les valeurs dont nous n'indiquons pas la date de jouissance ont détaché leur coupon à la date normale.

3° VALEURS RUSSES (*rentes et actions*)

NATURE DE LA VALEUR	10 Juillet 1914	16 Avril 1918	2 Janvier 1920	3 Mai 1920	22 Mai 1922
Russe 4 % Consolidé 1re et 2e séries.	88	37 45	34 »	37 75	16 50
— 3 % 1891-1894................	73	29 »	28 50	29 50	10 80
— 5 % 1906..................	102	45 »	45 50	47 50	19 10
Actions :					
Briansk ordinaire de 100 Rb (Métallurgie)..................... (1)	390	180 »	256 »	295 »	101 »
Le Naphte 100 Rb............... (2)	460	180 »	440 »	780 »	225 »
Dniéprovienne 250 Rb (Métallurgie)..................... (3)	3.200	1.320 »	2.138 »	2.055 »	617 »
Maltzoff 100 Rb. (Métallurgie)... (4)	730	326 »	515 »	645 »	217 »
Toula 500 fr. (Laminoirs et cartoucheries) .... (5)	1.020	408 »	670 »	681 »	145 »
Naphte de Bakou 100 Rb........ (6)	1.670	980 »	1.762 »	4.660 »	1.872 »

Nota. — Toutes les rentes russes sont actuellement jouissance 1918, les coupons à échéance du 1er avril au 31 décembre 1918 ayant été repris à l'emprunt français 4 % 1918. Le 16 avril 1918, les coupons postérieurs au 31 mars n'étaient pas détachés en bourse.

Le marché des rentes françaises de 1920 à 1922. Retour au régime de liberté. — Nous avons dit plus haut que vers 1919 les ventes de rentes françaises étaient devenues difficiles; toutefois, les cours ne baissaient pas, car ils étaient fixés par la Chambre syndicale suivant les instructions du Ministre des Finances (7).

En mai 1920, après l'emprunt 5 % amortissable, les cours de toutes les rentes de guerre étaient supérieurs au prix d'émission.

En septembre 1920, quelques jours avant l'ouverture du marché spécial, le 5 % 1915-1916 jouissance 16 août était descendu à 86, 80 (alors que son prix d'émission était 87,25 ou 87,50); le 4 % 1918 jouissance 16 juillet, à 70,45 (prix d'émission 70,80); le 4 % 1917 jouissance 16 septembre cotait 69,75 (prix d'émission 68,60); le 5 % 1920 émis au pair cotait 101,55 jouissance émission.

Ces cours baissèrent rapidement.

---

(1) Jouissance 26 décembre 1916.
(2)   —   15 mai 1917.
(3)   —   15 février 1917.
(4)   —   6 juillet 1916.
(5)   —   1er novembre 1916.
(6)   —   16 mai 1916.

} Ces 4 valeurs se négocient en banque.

(7) D'après la loi d'octobre 1917, les rachats de la Caisse d'amortissement ne pouvaient se faire à un cours supérieur au prix d'émission augmenté de la portion courue du coupon. Les cours variaient généralement dans ces limites, baissant lors du détachement en bourse du coupon; regagnant ensuite le montant de ce coupon.

Le 7 décembre, jour de clôture du marché spécial, les cours étaient les suivants :

5 % 1915-1916.................... 85,20 ex-coupon novembre.
4 % 1917........................ 68,60 ex-coupon décembre.
4 % 1918........................ 69,25 ex-coupon octobre.
5 % 1920........................ 97,75 ex-coupon novembre.

Fin 1921, les cours avaient baissé respectivement à 80,20, 64,60, 65,25 (à la veille du détachement du coupon de janvier), 92,75 et pour la rente 6 % à 94, soit exactement pour toutes ces rentes, du montant des coupons détachés dans l'année.

Les crédits nécessaires au rachat des rentes ne furent pas inscrits dans le budget de 1922; aussi, dès le début de l'année, les ventes devinrent presque impossibles, mais les cours furent maintenus; ils étaient devenus à peu près théoriques.

Au marché en banque, les négociations étaient assez actives à environ 3 ou 4 points de baisse sur les cours officiels.

Enfin, le 5 avril 1922, la liberté fut rendue au marché des rentes 5 % 1915-1916 et les cours pratiqués furent véritablement le résultat des offres et des demandes. On cota d'abord 76,25 au lieu de 78,95 (dernier cours réglementé), puis la tendance se raffermit.

Successivement, les différentes rentes de guerre bénéficièrent de la même mesure.

Les rentes 4 % 1917 et 4 % 1918, le 19 avril;
—   5 % 1920 amortissables, le 5 mai;
—   6 % 1920, le 19 mai.

Les écarts de cours furent peu sensibles.

Rentes 4 % 1917..................... 63,50 au lieu de 63,60.
—   4 % 1918..................... 63,10   —   63,25.
—   5 % 1920..................... 89 »   —   90,25.
—   6 % 1920..................... 92,40   —   94 ».

Au 22 mai 1922, les cours sont les suivants :

5 % 1915-1916...................... 77,20 ⎫
4 % 1917........................... 63,525 ⎪
4 % 1918........................... 63,125 ⎬ Cours moyen.
5 % 1920 amortissable.............. 90,025 ⎪
6 % 1920........................... 92,95 ⎭

Lorsque les porteurs de rentes auront la conviction qu'ils peuvent les vendre aussi facilement que toute autre valeur, ils s'abstiendront de passer des ordres s'ils n'ont pas besoin de réaliser; ils se trouveront très satisfaits d'un placement présentant des garanties indiscutables.

La plupart des ordres qui pèsent sur le marché ne seront pas renouvelés (leur nombre a déjà beaucoup diminué); d'autre part, il est permis d'espérer que le taux de capitalisation avantageux (plus de 6 % net d'impôts) attirera des acheteurs et que nos fonds d'État remonteront de façon sensible. C'est seulement à ce moment qu'il pourra être question de leur admission au marché à terme.

Toutefois, les désastres causés par la guerre sont encore trop présents à la mémoire pour que le marché de Paris puisse retrouver prochainement toute son activité. Il reste d'ailleurs encore à abroger les lois qui entravent le commerce des changes et les négociations de valeurs sur les places étrangères; ce retour au régime de liberté ne sera pas possible avant que la situation économique et financière de l'Europe et en particulier de notre pays, ne se soit améliorée.

Les événements de la guerre ont montré que le monopole des agents de change, tel qu'il est établi en France, offre des garanties sérieuses et indiscutables; sa forte organisation lui a permis de traverser sans défaillance une période des plus troublées; les intérêts souvent contradictoires de ses clients ont été sauvegardés dans la mesure du possible, et si les agents de change n'ont pu empêcher la crise, ils se sont efforcés d'en rendre les conséquences moins désastreuses pour le public.

Les mesures adoptées par la Chambre syndicale pour seconder les vues du Ministre ont ramené la confiance; les clients ont eu l'impression qu'ils avaient bien devant eux des intermédiaires responsables et que ceux-ci, loin de se prévaloir strictement des dispositions légales, s'efforceraient d'y apporter tous les adoucissements compatibles avec l'intérêt général.

Nous terminons cet aperçu par un examen rapide des moyens employés par le Trésor français pour se procurer à l'intérieur ou à l'extérieur du pays les fonds nécessaires à la Défense nationale.

1° EMPRUNTS INTÉRIEURS

Nous avons parlé des avances de la Banque de France, dans le chapitre spécial consacré à notre banque d'émission, nous nous bornerons aux valeurs mobilières à court terme et à long terme.

A. — *Emprunts à court terme.*

Bons de la Défense nationale. — *Bons à 3, 6 et 12 mois.* — Ces bons dont le placement avait été autorisé par le décret du 13 septembre 1914 présentaient les caractéristiques suivantes :

1° Leur durée n'est pas fixée au gré du souscripteur, il a le choix entre trois, six ou douze mois; ils n'existent qu'en coupures déterminées (100, 500, 1.000...);

2° Au début, le taux était uniforme (5 % net d'impôts); par la suite, il fut modifié;

3° L'intérêt est payé d'avance; le souscripteur d'un bon de 1.000 francs avait à verser 987 fr. 50, 975 francs ou 950 francs, suivant la durée. Le taux du placement ressortait par suite à 5,06; 5,12, 5,26 %.

Depuis le 13 juillet 1918, l'intérêt des Bons du Trésor est également payé d'avance, et la somme à encaisser à l'échéance est toujours multiple de 100 francs.

Les Bons de la Défense nationale sont admis en paiement avec droit de préférence pour la libération des souscriptions aux emprunts. Leur valeur de reprise est calculée en tenant compte du prorata d'intérêt restant à courir jusqu'à l'échéance.

L'arrêté ministériel du 10 décembre 1914 ramena de 5 % à 4 % le taux d'intérêt des bons à 3 mois souscrits à partir du 21 décembre. Toutefois, les bons à 3 mois souscrits avant cette date pouvaient être renouvelés à 5 % lors de l'échéance.

Bons à court terme. — En mai 1918, furent émis des bons dits à court terme autorisés par l'arrêté ministériel du 16 avril 1918.

Ces bons à échéance d'un mois peuvent n'être présentés au remboursement qu'à l'expiration d'un deuxième ou troisième mois et sont considérés, dans ce cas, comme ayant été implicitement renouvelés.

Les intérêts du premier mois sont payés d'avance, ceux des deuxième et troisième mois se payent au moment du remboursement. Ils étaient fixés primitivement à 3,60 % pour le premier mois, 4,20 % pour les deuxième et troisième.

Le souscripteur d'un bon de 1.000 francs versait donc 997 francs, il pouvait encaisser :

Au bout du premier mois...................... Fr.	1.000 »
— deuxième mois......................	1.003 50
A l'expiration du troisième mois (ou plus tard).....	1.007 »

Le taux moyen du placement pour 3 mois ressortait par suite à 4 %, taux identique à celui des bons à 3 mois.

Modifications des taux. — En janvier 1919, le taux des bons à 6 mois fut abaissé à 4 ½ % ; enfin, à partir du 12 mars 1922, tous les taux furent abaissés :

A 4 ½ % pour les bons à 1 an ;
 4 %   —   6 mois ;
3,50 %   —   3 mois ;
3 %   —   court terme (premier mois) ;
3,60 %   —   —   (2e et 3e mois).

Le taux moyen de ces derniers ressort donc à 3,40 % $\left(\dfrac{3 + 3,60 \times 2}{3}\right)$.

Le souscripteur d'un bon de 1.000 francs verse actuellement $997,^{50}$, $991,^{25}$, 980, 955 suivant la durée.

Le bon à court terme est remboursé :

Au bout du premier mois	au pair ;
— deuxième —	à 100,30 % ;
— troisième —	à 100,60 %.

L'économie qui résulte pour le Trésor de cet abaissement des taux est évaluée à 250 millions de francs pour l'année 1922. Cette mesure n'a pas nui au placement, qui a plutôt progressé.

Bons de 5 francs et de 20 francs. — A partir du 12 mars 1922, fut arrêtée l'émission des bons de 5 francs et de 20 francs à 1 an qui avait été autorisée par le décret du 10 août 1915. Ces bons étaient placés uniquement par les bureaux de poste ; les intérêts n'étaient pas payables d'avance, ils s'ajoutaient au nominal. Le souscripteur versait 5 francs ou 20 francs et recevait un an après 5 fr. 25 ou 21 francs.

Bons barrés ou domiciliés. — Les bons de la Défense nationale étaient primitivement au porteur ou à ordre et dans ce dernier cas transmissibles par endossement comme des effets de commerce.

La loi du 25 janvier 1919 autorisa le barrement et la domiciliation.

Les bons barrés ne doivent être payés qu'à un agent de change ou un banquier, ce qui donne des garanties sérieuses aux porteurs dépossédés. Comme pour les chèques, le barrement peut être général ou spécial.

Le bon domicilié ne peut être encaissé qu'à la caisse du comptable du Trésor désigné ; s'il est perdu ou volé, le propriétaire peut donc faire opposition au paiement. Si le bon perdu ou volé n'est pas domicilié, il ne reste que la ressource de l'empêchement administratif. Celui-ci n'arrête pas le paiement d'un bon au porteur dont le paiement, à défaut de domiciliation, peut être demandé chez tous les comptables du Trésor, dans tous les bureaux de poste et aux guichets de la Banque de France. Il permet quelquefois de connaître le présentateur, et par suite facilite les recherches.

Le bon à ordre offre une certaine garantie, mais elle n'est pas absolue.

Quant au bon barré, comme il ne peut être payé qu'à une catégorie de personnes bien spécifiée, il est facile d'en retrouver le présentateur.

La domiciliation ou le barrement sont donc une garantie contre les risques de perte ou de vol et cette sécurité compense les petits inconvénients ou les formalités que nécessite leur encaissement.

La domiciliation est beaucoup moins fréquente que le barrement.

Les bons de la Défense nationale sont acceptés à l'escompte par la Banque de France lorsque le délai à courir jusqu'à l'échéance ne dépasse pas 90 jours. Ils constituent un emploi très commode pour les capitaux provisoirement disponibles ; ils ne sont pas négociables en bourse, mais le souscripteur est assuré de retrouver à l'échéance le capital investi ; il n'a pas cette certitude avec d'autres valeurs.

Aussi, l'émission a-t-elle toujours progressé ; il y avait, fin décembre 1921, 65 milliards de bons en circulation ; le montant net des souscriptions (déduction faite des remboursements et des renouvellements) a dépassé 600 millions en avril 1922.

Toutefois, cette circulation à court terme constitue une dette flottante qui n'est pas sans dangers et que le Trésor s'efforce de consolider par des emprunts à long terme.

Ce but n'est pas toujours atteint ; à l'emprunt 5 % 1920, sur un total d'environ 16 milliards (bons, obligations, rentes 3 ½, numéraire), il y avait 8 milliards de bons, mais à l'emprunt 6 % réalisé six mois après, sur un total de plus de 15 milliards (non compris les rentes de guerre), il y avait seulement 4 milliards 200 millions de bons.

Bons du Trésor à deux ans. — En mai et juin 1921, le Trésor a émis au pair des bons à deux ans productifs d'intérêts au taux de 6 % net. L'intérêt des six premiers mois étant payable d'avance, le prix à verser pour un bon de 500 francs était de 485 francs. Ces bons sont cotés en bourse, ils existent en coupures de diverses quotités munies de coupons à échéance des 8 décembre 1921, 8 juin et 8 décembre 1922; ils sont remboursables le 8 juin 1923. Le montant de l'émission s'élève à environ 4 milliards 500 millions.

Bons du Trésor 6 °/₀ à 3 et 5 ans. — Ils ont été émis le 9 octobre 1922 (décret du 20 septembre 1922) au pair de 500 francs, contre 497 fr. 50 à la souscription, avec choix du remboursement après 3 ans à 500 francs, ou après 5 ans à 507 fr. 50; revenu net d'impôts : 30 francs, payables en deux coupons aux 25 mars et 25 septembre. Admis en libération des souscriptions aux emprunts futurs du Trésor, pour leur valeur augmentée d'une somme au moins égale à 1 fr. 25 par 500 francs. Montant de la souscription arrêtée le 10 novembre : 8 milliards.

Obligations de la Défense nationale. — Toutes ces obligations sont au taux de 5 %; les souscriptions pouvaient être payées en numéraire, en rentes 3 ½ amortissables ou en Bons de la Défense nationale, ces titres étant repris pour leur valeur à la date de la souscription.

Les intérêts étaient payés d'avance par semestre, mais il y avait lieu, dans certains cas, de tenir compte du prorata couru du coupon. Il fut mis en circulation quatre sortes d'obligations de la Défense nationale, nous allons indiquer leurs caractéristiques.

Obligations décennales 1915-1925 (*loi du* 10 *février* 1915, *décret du* 13 *février* 1915). — Émises à 96,50 % à partir du 25 février 1915, remboursables au pair le 15 février 1925, et à toute époque à partir du 15 février 1920, à la volonté du Trésor.

Munies de coupons semestriels à échéances du 16 février et du 16 août, le dernier étant payable le 16 août 1924.

En déduisant six mois d'intérêts, la somme à verser était de 94 %, mais le souscripteur devait payer en outre la portion courue du coupon au moment de sa souscription; celle-ci était considérée faite le premier jour de la quinzaine suivante.

Obligations quinquennales (*décret du* 9 *février* 1917). — Émises au pair à partir du 1ᵉʳ mars 1917, remboursables à 102,50 cinq années après leur date réelle de placement, celle-ci étant toujours supposée le premier jour de la quinzaine.

Munies de coupons semestriels dont le quantième et le mois varient suivant cette date; les obligations souscrites dans la première quinzaine de mars avaient des coupons au 1ᵉʳ septembre et au 1ᵉʳ mars, etc.

Dans ces conditions, il n'y avait pas à calculer de prorata de coupon.

Les porteurs ont le droit de demander, dans la quinzaine qui précède, soit l'expiration de la première année, soit le jour de l'échéance de tout coupon ultérieur, le remboursement au pair (abandonnant par conséquent le droit à la prime).

L'émission des obligations décennales 1915-1925 et quinquennales fut suspendue au moment des emprunts en rentes et définitivement arrêtée le 21 septembre 1918. Toutefois, du 15 septembre au 25 octobre, les porteurs de récépissés négociables constatant le prêt à l'État de titres neutres, purent les céder contre des obligations décennales.

Obligations décennales 1919-1929 (*loi du 16 février 1919, décret du 14 mai 1919*). — Émises à 96,50 % à partir du 16 mai 1919, remboursables au pair le 16 mai 1929.

Munies de coupons semestriels à échéance du 16 mai et du 16 novembre, le dernier étant payable le 16 novembre 1928.

Calcul analogue à celui des décennales 1915 pour le prorata couru du coupon, mais la souscription est supposée faite le premier jour de la quinzaine en cours.

Reprise de coupons russes (*loi du 22 juillet 1919, décret du 12 octobre 1919*). — Les porteurs de coupons russes échus en 1918 qui n'avaient pu souscrire avec ces coupons à l'emprunt 1918 furent autorisés, sous certaines conditions et moyennant justification, à les verser en paiement d'obligations décennales jusqu'à concurrence de moitié de chaque souscription. Ces souscriptions furent reçues du 25 octobre au 24 décembre 1919.

Obligations sexennales (*décret du 14 mai 1919*). — Émises au pair à partir du 16 mai 1919, remboursables à 103 % six ans après leur date de valeur fixée au premier jour de celui des trimestres 16 *mai*-15 *août*, 16 *août*-15 *novembre*, 16 *novembre*-15 *février*, 16 *février*-15 *mai*, pendant lequel s'effectue la souscription.

Les titres sont munis de coupons dont la date varie suivant le trimestre. Une obligation souscrite le 28 mars 1921 a son premier coupon daté du 16 août 1921, le dernier est à échéance du 16 août 1926; elle est remboursable à 103 % le 16 février 1927, six ans après le 16 février 1921, premier jour du trimestre de souscription.

Il y avait donc encore à ajouter au prix de souscription (97,50 %) le prorata couru du coupon entre le 16 février et le 16 mars, premier jour de la quinzaine.

Le remboursement des obligations sexennales peut avoir lieu au pair à la fin du troisième semestre; il peut également être opéré à toute échéance ultérieure à raison de 100,60, 101,20, 101,80, 102,40 %, suivant qu'il se sera écoulé deux, trois, quatre ou cinq années entières depuis la date de valeur de l'obligation définie comme il a été indiqué.

Le placement des obligations décennales 1919-1929 et des sexennales 1919 a été arrêté le 16 février 1922, date à laquelle ces titres ont été admis à la cote de Paris. Toutefois, le Trésor émet encore des obligations sexennales qui sont offertes en paiement de dommages de guerre aux sinistrés qui acceptent ce mode de règlement.

Les obligations décennales 1915-1925 figurent également à la cote, mais les obligations quinquennales 1917 dont le remboursement est commencé ne sont pas cotées.

Conformément à la loi du 10 juillet 1915, les obligations de la Défense nationale peuvent être affectées aux mêmes placements ou remplois que les rentes de l'État. –

Elles existent en titres au porteur ou mixtes et en certificats de dépôt; dans ce dernier cas, la conversion s'opère comme celle des rentes.

Les obligations souscrites ont été, en grande partie, versées comme valeurs de reprise aux différents emprunts. Les plus forts versements ont eu lieu à l'emprunt 5 % 1915 (le premier, qui suivit l'émission des décennales 1915) et à l'emprunt 4 % 1918 (qui suivit l'échange facultatif des certificats de prêts de titres neutres à l'État). Le total s'est élevé à près de 8 milliards.

B. — Emprunts à long terme.

Considérations générales. — A tous ces emprunts, furent admis en paiement :

1º Le numéraire;

2º Les bons et obligations de la Défense nationale et du Trésor;

3º Les rentes 3 ½ amortissables libérées avant le 1er février 1915 ou accompagnées d'une autorisation de la Direction du mouvement général des fonds, les admettant au bénéfice de l'article 12 de la loi du 31 mars 1915 et de l'article 8 de la loi du 30 juin 1917 (1).

Les rentes 3 ½ étaient reprises à leur prix d'émission augmenté des intérêts courus jusqu'à la date de clôture de l'emprunt; de même pour les bons et obligations de la Défense nationale, mais les intérêts ayant été payés d'avance, il fallait en réalité diminuer la portion non courue.

Un bon de 1.000 francs à 1 an était émis au pair, mais le souscripteur ne déboursait que 950 francs; ce bon était repris pour 1.000 francs, moins les intérêts restant à courir (on serait arrivé au même résultat en ajoutant au prix payé 950 francs, le montant des intérêts courus).

On calculait de façon analogue la valeur des diverses obligations de la Défense nationale, en ajoutant en outre la portion courue de la prime de remboursement.

Toutes ces valeurs de reprise étaient relevées sur des barèmes établis par le Ministère des Finances.

A la différence de l'emprunt 3 ½ amortissable dont les coupons sont assujettis à l'impôt cédulaire sur le revenu, les coupons des rentes émises pendant et depuis la guerre sont exempts de cet impôt; toutefois, le montant de ces coupons doit figurer dans les déclarations relatives à l'impôt global.

Toutes ces rentes furent acceptées en paiement de la contribution extraordinaire sur les bénéfices de guerre instituée par la loi du 1er juillet 1916; elles étaient décomptées au cours moyen de

---

(1) En pratique, l'autorisation fut rarement refusée, car on cherchait à retirer ces titres de la circulation; il en reste en 1922 pour 120.000 francs de rente.

la Bourse de Paris de la veille de la présentation en paiement, sans que ce cours pût être inférieur au taux d'émission.

Emprunt 5 % 1915. Reprise des rentes 3 % perpétuelles. — Émis à 87,25 du 25 novembre au 25 décembre 1915.

Remboursable en totalité ou par séries, à partir de 1931.

Les rentes 3 % perpétuelles furent acceptées en paiement au prix de 66 francs par 3 francs de rente jusqu'à concurrence du tiers du montant de chaque souscription.

Elles furent versées dans le courant de janvier 1916 et le coupon échu resta acquis au présentateur. Par contre, toutes les souscriptions comportant reprise de rentes 3 % furent décomptées à 88 francs, taux des souscriptions non libérées.

Le montant de l'emprunt fut d'environ 760 millions de rente représentant un capital nominal de 15 milliards 200 millions et un produit net de 13 milliards 300 millions (dans ce chiffre, les rentes 3 % figurent pour 1 milliard 500 millions de capital effectif, soit 2 milliards 200 millions environ de capital nominal).

Emprunt 5 % 1916. — Émis au cours de 87,50 du 5 au 29 octobre 1916.

Remboursable en totalité ou par séries, à partir de 1931.

Le montant de l'emprunt fut d'environ 576 millions de francs de rente correspondant à un capital nominal de 11 milliards 520 millions, et à un produit net de 10 milliards 80 millions.

Les rentes 5 % 1915 et 5 % 1916 ont été assimilées et se cotent en bourse sous la même rubrique. Les titres des deux emprunts sont identiques, et le Trésor accepte de les réunir à la volonté du porteur.

On peut toutefois remarquer que le dernier coupon des titres définitifs de l'emprunt 1916 est à échéance du 16 novembre 1922, alors que le dernier coupon des titres de l'emprunt 5 % 1915 était au 16 août 1921.

Cette distinction disparaîtra au fur et à mesure de la fusion.

Emprunt 4 % 1917. — Émis à 68,60 du 26 novembre au 16 décembre 1917.

Remboursable en totalité ou par séries, à partir de 1943.

Les souscriptions supérieures à 300 francs de rente étaient réductibles; les intermédiaires en furent quittes pour forcer légèrement leurs demandes.

Elles étaient classées en 9 paliers; la réduction fut de 4 % à 6,50 % suivant le palier.

Le montant de l'emprunt fut d'environ 592 millions de rente correspondant à un capital nominal de 14 milliards 800 millions et à un produit net de 10 milliards 170 millions.

Emprunt 4 % 1918. — Émis à 70,80 du 20 octobre au 24 novembre 1918.

Ne peut être converti ou remboursé avant 1944.

Cet emprunt ne peut donc être assimilé à l'emprunt 4 % 1917.

Furent acceptés en paiement jusqu'à concurrence de moitié du montant de chaque souscription les coupons d'emprunts émis ou garantis par l'État russe, se négociant en France, échus ou à échoir en 1918 (1) et provenant de *titres détenus en France par des Français*. Ces coupons étaient reçus pour leur valeur nette déterminée par le décret du 24 septembre 1917 (prix net d'encaissement).

La condition de négociation en France écartait sans discussion possible les séries non admises (Noblesse 3 ½ 4ᵉ émission, Intérieur 4 % 1894 séries supérieures à 112, 4 ½ 1909 séries 1 à 36 et supérieures à 280, 5 % 1906 séries supérieures à 273). On comprit dans la même exclusion les titres inscrits à la cote du marché en banque (obligations 3,80 % du Crédit foncier mutuel russe, obligations 4 % 1888 et 1890 des Chemins de fer Nicolas). Les porteurs de ces titres, peu nombreux, surtout pour les obligations Nicolas, ne purent obtenir satisfaction, les mots « se négociant en France » ayant été interprétés dans le sens restrictif de négociation au marché officiel.

Le montant de l'emprunt fut d'environ 1 milliard 228 millions de rentes correspondant à un capital nominal de 30 milliards 700 millions et à un produit net de 21 milliards 740 millions. Dans ce chiffre, les coupons russes sont compris pour 260 millions, ce qui représente à peu près les deux tiers des coupons d'avril à décembre 1918 (2).

Les certificats provisoires délivrés aux souscripteurs de rentes 4 % 1918 étaient munis de coupons numérotés mais non datés, car on avait longtemps hésité avant d'en fixer les échéances. On se décida pour les dates des 16 janvier, 16 avril, 16 juillet, 16 octobre, moins chargées que les autres.

Emprunt 5 % 1920 amortissable. — Émis au pair du 19 février au 20 mars 1920.

Divisé en séries d'un montant de 25 millions chacune.

Remboursable en soixante années à 150 % par tirages au sort ayant lieu le 16 mars et le 16 septembre de chaque année, le premier ayant été effectué en septembre 1920.

Il sort actuellement deux séries par tirage, mais l'amortissement augmentera progressivement.

Les séries non sorties au tirage pourront, à toute époque, être remboursées au même prix de 150 %.

La prime de remboursement est, de même que les coupons, exempte d'impôts.

Le montant de l'emprunt fut d'environ 805 millions de rente correspondant à un capital nominal et effectif de 16 milliards 100 millions.

Il y a 646 séries.

Emprunt 6 % 1920. — Émis au pair du 20 octobre au 30 novembre 1920.

Remboursable en totalité ou par séries, à partir de 1931.

---

(1) Les porteurs de fonds russes avaient pu encaisser les coupons échus avant avril 1918, les fonds nécessaires ayant été fournis par le Gouvernement français; la reprise à l'emprunt équivalait au paiement de toute l'année 1918.

(2) On évalue à environ 12 milliards en capital nominal le total des rentes russes circulant en France, au taux de 4 % le revenu annuel est de 480 millions; or, la plupart de ces rentes paient quatre fois par an; il restait donc 360 millions environ à encaisser.

Les caractéristiques de cet emprunt furent l'acceptation de versements anticipés et la reprise, jusqu'à moitié du montant de chaque souscription, des rentes émises pendant et depuis la guerre.

Versements anticipés. — Les personnes qui désiraient souscrire au nouvel emprunt purent verser dès le 25 août leurs fonds disponibles, les versements effectués avant le 20 octobre bénéficièrent d'un intérêt de 5,75 % entre la date du versement et le 30 novembre.

Dès le 1ᵉʳ septembre, les bons et obligations de la Défense nationale, les bons du Trésor et les rentes 3 ½ furent également acceptés.

Un bon échu avant le 20 octobre était encaissé à son échéance et versé comme numéraire; un bon échu entre le 19 octobre et le 30 novembre était augmenté d'intérêts à 5,75 % (calculés de l'échéance au 30 novembre), s'il était versé avant le 20 octobre; il était compté pour sa valeur nominale s'il était versé à partir de cette date.

Quant aux bons non échus avant la clôture de l'emprunt, aux obligations de la Défense nationale et aux rentes 3 ½, ces titres étaient repris pour leur valeur au barème calculée suivant le procédé habituel.

Le montant de ces versements (numéraire et titres) était porté, ainsi que les intérêts bonifiés, à un compte spécial et devait être obligatoirement utilisé pour l'emprunt, soit directement, soit par l'achat de rentes au marché spécial dont nous allons parler. Les versements à ce compte spécial furent reçus pendant toute la période d'émission.

Marché spécial. — Les rentes émises pendant et depuis la guerre étaient acceptées jusqu'à concurrence de moitié de chaque souscription; si le détenteur possédait en numéraire, en bons, obligations ou rentes 3 ½ une somme suffisante, l'opération était des plus simples.

Mais le montant de ces rentes en circulation s'élevait à plus de 60 milliards (valeur de reprise) et beaucoup de porteurs n'en avaient pas la contre-partie; ils devaient donc chercher à vendre une certaine quantité de leurs rentes. Le fait que nous avons signalé pour les rentes 3 %, à propos de l'emprunt 5 % 1915, allait se renouveler.

Pour faciliter les transactions et favoriser le succès de l'emprunt, le Ministre des Finances décida de créer, à côté du marché ordinaire, un marché spécial sur lequel seraient réalisées les ventes de rentes dont le montant devait servir à souscrire.

Les acheteurs seraient des détenteurs de capitaux, bons, obligations ou rentes 3 ½ désireux de profiter, par ces achats, de l'écart entre la valeur de reprise des rentes et les cours de la bourse.

En effet, la valeur de reprise de chaque rente était basée sur le prix d'émission auquel on ajoutait le prorata couru du coupon.

Or, les rentes étaient descendues au-dessous de leur prix d'émission, sauf la rente 4 % 1917 dont la valeur de reprise (71,60 par

4 francs de rente) était basée sur le prix d'émission de la rente 4 % 1918 (70,80) et la rente 5 % 1920 qui cotait 100 fr. 05 à l'ouverture du marché spécial (dans ce cours, étaient compris les deux tiers d'un coupon de 3,50).

S'il ne s'était agi que de procurer aux détenteurs de capitaux ou aux banquiers intermédiaires le moyen de réaliser un bénéfice en apportant au Trésor des rentes au lieu de numéraire pour moitié de leur souscription, il n'aurait pas été nécessaire de créer un marché spécial, car le marché ordinaire était suffisamment pourvu d'ordres de ventes.

Mais la plupart de ces ordres n'émanaient pas de porteurs désireux de souscrire au nouvel emprunt (il existait depuis longtemps un reliquat que n'avait pu absorber le fonds de rachat). Les rentiers qu'on avait voulu avantager ne profiteraient donc de la mesure que dans des proportions minimes, car ils ne pourraient réaliser qu'une faible quantité de leurs rentes sur un marché déjà engorgé ; et par suite, le Trésor ne toucherait pas la plus grande partie du numéraire ainsi employé en achats de rentes.

Les comptes de versements (anticipés ou non) servirent précisément à diriger sur le marché spécial les ordres d'achat de rentes destinées à être versées à l'emprunt.

Supposons qu'un futur souscripteur disposant de 8.000 francs en numéraire veuille acheter de la rente 5 % 1915-1916 cotant 85,45 le 18 septembre. Il emploiera un peu moins de la moitié de son capital de façon que la valeur de reprise ne dépasse pas ce qui lui restera.

Il pourra acheter au marché ordinaire 225 francs de rente 5 % à 85,45 valant.......................... 3.845 25
Courtage et impôt........................... 5 80

     Total de l'achat...................... 3.851 05

La valeur de reprise de 225 francs de rente 5 % est de.. 3.944 25
il n'aura à verser en souscrivant que............... 4.055 75
en ajoutant le montant de l'achat.................. 3.851 05

il aura déboursé en tout......................... 7.906 80

au lieu de 8.000 francs, pour obtenir 480 francs de rente 6 %.

En outre, il encaissera le coupon de novembre sur la rente achetée (56,25) qui représentera l'intérêt de son argent du 18 septembre au 30 novembre.

Le vendeur touchera 3.839,45 (frais déduits) dont il pourra disposer à sa convenance.

Mais si le futur souscripteur a fait, le 15 septembre, un versement anticipé de 8.000 francs sur lequel il lui est bonifié 95 fr. 83 d'intérêts (5,75 % pendant soixante-quinze jours), il ne peut disposer de cette somme qui a été versée au Trésor et ne doit servir qu'à l'emprunt.

Il achètera donc au marché spécial où il aura comme contre-partie, non pas un vendeur désireux de toucher le montant de sa vente, mais un autre futur souscripteur désireux de l'employer à l'emprunt.

Le titulaire du versement anticipé achètera au marché spécial 225 francs rente 5 % 1915-1916 à 86,45 coûtant... 3.890 25

Cette rente sera reprise pour.................... 3.944 25
Il restera à son compte......................... 4.205 58

      Total............................ 8.149 83

Il pourra donc, en déboursant...................   0 17

souscrire 489 francs de rente pour............. Fr. 8.150 »

Le coupon de novembre sur son achat lui appartiendra également.

Si nous comparons ce résultat à celui qui est obtenu par l'achat au marché ordinaire, nous voyons que :

Dans le premier cas :

489 francs de rente 6 % nécessitent un déboursé de 8.056,80 (7.906,80 + 150 francs) dont la moitié environ versée le jour de l'achat, l'autre moitié à volonté du 20 octobre au 30 novembre.

Dans le second cas :

489 francs de rente 6 % nécessitent un déboursé de 8.000 francs à la date du 15 septembre et 6,07 plus tard (0,17 + 5,90 de courtage et impôt réglés à l'agent de change).

La différence représente, à peu de chose près, l'intérêt de 4.000 fr. du 15 septembre au 30 novembre.

L'acheteur au marché ordinaire pourrait d'ailleurs faire, le jour de son achat, un versement anticipé de 4.000 francs qui lui rapporterait près de 48 francs d'intérêts.

D'autre part, l'acheteur au marché spécial pourrait n'avoir versé par anticipation que 4.000 francs et verser le solde à la clôture de l'emprunt ; il toucherait 48 francs d'intérêts de moins.

La somme à débourser ne dépend donc que de la date à laquelle le souscripteur verse ses capitaux ; cela tient à ce qu'au marché spécial, les cours sont plus élevés qu'au marché ordinaire (86,45 au lieu de 85,45). Nous allons voir ce qui justifie cet écart.

Le vendeur de rentes sur le marché ordinaire dispose à sa convenance des capitaux réalisés, il pourrait au besoin faire un versement anticipé qui lui rapporterait intérêt.

Le vendeur de rentes au marché spécial, au contraire, ne touche pas le montant de sa rente en numéraire, mais en un crédit sur le Trésor ou sur un intermédiaire en compte avec le Trésor ; crédit prélevé sur le compte spécial de l'acheteur et qui ne peut être utilisé qu'à l'emprunt.

Ce crédit est valeur 30 novembre ; les intérêts bonifiés restent acquis au premier titulaire qui, par suite, indemnise son vendeur en payant plus cher.

L'écart entre les deux cours qui était, au début, de 1 franc pour les rentes 5 % 1915, 0 fr. 80 pour les rentes 4 %, 1 fr. 20 pour les rentes 5 % 1920, diminua au fur et à mesure que l'on s'approchait du 20 octobre, date à laquelle les versements ne rapportaient plus intérêt.

Si l'on ne tient pas compte des variations résultant des détachements de coupons (1), les cours du marché spécial ne changèrent pas; ceux du marché ordinaire montèrent progressivement jusqu'au 20 octobre; à cette date, ils devinrent identiques à ceux du marché spécial : 86,45, 69,60, 69,25, 97,75.

Les détenteurs de bons non échus, d'obligations ou de rentes 3 ½ ne pouvaient acheter des rentes sur le marché ordinaire, mais en versant ces titres à leur compte, ils pouvaient en employer le montant à des achats au marché spécial, tout comme s'il se fût agi de versements en numéraire.

Les porteurs de rentes de guerre désireux d'en convertir une certaine quantité en 6 %, vendaient la moitié à peu près au marché spécial et versaient l'autre moitié à la souscription; la contrepartie obligatoire était fournie par leur compte spécial.

En résumé, l'opération mettait en présence un détenteur de rentes et un détenteur de numéraire, bons, obligations ou rentes 3 ½; le premier trouvait dans la combinaison la possibilité de souscrire, le second retirait un avantage de l'écart entre la valeur de reprise des rentes qu'il achetait et le cours de son achat (2). Quant au Trésor, il pouvait favoriser ses anciens souscripteurs sans nuire au succès de l'emprunt en cours.

Malgré cette combinaison ingénieuse, qui ne fut d'ailleurs pas comprise par tout le monde (certains intermédiaires hésitèrent à la recommander à leur clientèle, craignant d'être soupçonnés de faire une spéculation), il restait à fin novembre un nombre important de ventes à exécuter au marché spécial.

Celui-ci fut prolongé jusqu'au 7 décembre et grâce à de puissantes interventions, tout fut liquidé à cette date.

Le 1er décembre, la rente 4 % 1917 avait détaché en bourse son coupon de décembre au marché ordinaire et ne l'avait pas détaché au marché spécial (3); elle cotait donc 1 franc de plus sur ce dernier marché.

Le montant de l'emprunt fut d'environ 1.674 millions de rentes correspondant à un capital nominal et effectif de 27 milliards 900 millions (dans ce chiffre, les rentes de guerre figurent pour un nominal de 14 milliards et une valeur nette de 12 milliards 500 millions). Après déduction des rachats en bourse, des remboursements et des reprises à l'emprunt 6 % 1920, le montant des rentes de guerre en circulation en 1922 s'élève à plus de

---

(1) Le 1er octobre sur la rente 4 % 1918, le 16 octobre sur la rente 5 % 1920, le 1er novembre sur la rente 5 % 1915.
(2) Indépendamment de l'intérêt qui lui était bonifié sur les versements anticipés en numéraire ou bons échus. Les achats de rentes sur le marché spécial permettaient d'augmenter la souscription de 1,30 % environ en comprenant les coupons encaissés sur les rentes achetées. L'intérêt des versements anticipés augmentait encore ce bénéfice.
(3) L'emprunt étant clos à la date du 30 novembre, la rente 4 % 1917 devait être livrée avec le coupon du 16 décembre; on jugea plus simple de ne pas le détacher en bourse; il était d'ailleurs compté pour 0 fr. 80 par 4 francs de rente dans la valeur de reprise; l'acheteur en retrouvait ainsi le montant.

4 milliards pour les rentes perpétuelles et à 670 millions pour les rentes 5 % amortissables, représentant un capital nominal de 82 milliards pour les unes et de 13 milliards 400 millions pour les autres.

2° EMPRUNTS INDIRECTS

Obligations et bons du Crédit national. — Le Crédit National a été fondé en vertu de la loi du 10 octobre 1919 pour venir en aide aux sinistrés des régions dévastées par l'ennemi et faciliter la reprise de l'industrie et du commerce.

Il est chargé, dans la limite des ressources dont il dispose, de payer aux particuliers, pour le compte de l'État, les indemnités allouées pour dommages de guerre, et de consentir les avances remboursables prévues par la loi. Il est en outre autorisé à accorder aux commerçants et aux industriels des prêts d'une durée de trois à dix ans.

Les obligations et les bons émis par le Crédit National pour faire face à ces paiements, avances et prêts, bénéficient, dans les conditions précisées par la Convention passée avec l'État et approuvée par la loi du 10 octobre 1919, de la garantie pleine et entière de l'État, en ce qui concerne les intérêts et le remboursement du capital, des primes et des lots.

L'annuité nécessaire au service des titres est inscrite au budget de l'État.

Le Crédit national a émis en 1919 et 1920 des obligations 5 % à lots, en 1921 des bons 6 % à lots et en février 1922 des bons décennaux 6 % sans lots. Ces titres figurent à la première page de la cote, sous la rubrique « fonds garantis par le Gouvernement français », à la suite des emprunts des colonies et des protectorats. Le capital émis était d'environ 15 milliards 500 millions, à la date du 20 mai 1922. Le paiement des intérêts, des primes de remboursement et des lots est net d'impôts.

Emprunts gagés par des annuités de l'Etat. — Diverses collectivités, départements, municipalités, sociétés ou groupements de sociétés, ayant à recevoir des indemnités pour dommages de guerre, ont émis, conformément à l'article 155 de la loi du 31 juillet 1920, des obligations dont l'intérêt et le remboursement sont garantis par des annuités inscrites au budget.

L'intérêt est de 6 % en général, il est payé net d'impôts.

Ces titres figurent à la première page de la cote sous la rubrique « Emprunts gagés par des annuités de l'État », pour un capital total de près de 3 milliards.

Ils peuvent servir, de même que les obligations et les bons du Crédit National, d'emploi pour les fonds des incapables, des communes, des établissements publics et autres particuliers et collectivités autorisés ou obligés à convertir leurs capitaux en rentes sur l'État (lois des 10 octobre 1919, 31 juillet 1920 et 24 mars 1921).

3° EMPRUNTS EXTÉRIEURS

Les réserves d'or dont disposait la Banque de France n'auraient pas suffi à régler les achats faits à l'étranger par le Gouvernement français et par les industriels et les commerçants. D'ailleurs, elles servent de garantie à la circulation fiduciaire et leur disparition totale eût entraîné de graves inconvénients. Grâce à l'empressement mis par le public à répondre à l'appel qui lui avait été adressé, ces réserves ne furent pas diminuées par les envois que l'on dut faire dans certaines circonstances.

L'encaisse de la Banque se montait à 4 milliards 600 millions en juillet 1914, elle était en mai 1922 de 5 milliards 800 millions (y compris 1 milliard 950 millions d'or à l'étranger).

Dès le milieu de 1915, il fallut donc chercher à obtenir des ouvertures de crédit à l'étranger, car nos importations dépassaient nos exportations, et l'intérêt de nos placements était loin de combler la différence.

Nous ne parlerons pas des avances obtenues des gouvernements américain, anglais ou neutres, ni des ouvertures de crédit garanties par des envois de métal ou par les engagements des grands établissements de crédit français.

Nous nous bornerons à signaler les opérations de change qui furent réalisées au moyen des valeurs mobilières.

Emission de rentes. — Les pays neutres, notamment la Suisse, la Hollande, les États Scandinaves, l'Espagne, furent sollicités de participer à chacun des emprunts émis en France; les souscriptions furent réglées en crédits sur ces pays, mais ne produisirent que des sommes peu importantes.

Une tranche spéciale fut placée en Angleterre; elle ne se négocie pas en France; le montant de cette tranche spéciale s'élève en capital nominal à :

600	millions pour l'emprunt	5	%	1915.
450	—	—	5	%	1916.
68	—	—	4	%	1917.
520	—	—	4	%	1918.
7	—	—	5	%	1920.

Soit, au total, un peu plus de 1 milliard 600 millions et 1 milliard 340 millions de produit net.

Ventes de titres à l'étranger. — Les capitalistes français possédaient un portefeuille très important de valeurs étrangères dont une grande partie, composée de valeurs russes, autrichiennes, hongroises, ottomanes, n'était pas réalisable.

Ce portefeuille comprenait aussi des fonds d'États chinois, espagnols, japonais, scandinaves, sud-américains, des valeurs industrielles comme les actions Rio, de Beers, Royal Dutch Shell, les valeurs de mines d'or, de caoutchouc, les actions et les obligations de Chemins de fer américains, valeurs négociables pour la plupart à Londres.

Mais on ne pouvait négocier sur cette place que les valeurs déposées en Angleterre avant le 30 septembre 1914.

Le Gouvernement français obtint en février 1916, que les ventes de titres appartenant à ses nationaux fussent autorisées, sous réserve, pour le donneur d'ordre, de justifier que ces titres étaient restés depuis le 1er août 1914 en possession de Français.

La Banque de France était chargée de la réception des ordres et des titres, qu'elle transmettait à la Banque d'Angleterre.

Par décision spéciale du Ministre des Finances, les titres non timbrés ou timbrés incomplètement furent acceptés; la Banque de France prit à sa charge les frais de port et d'assurance; par la suite, on bonifia même une commission aux intermédiaires.

Le vendeur était réglé en francs au cours moyen de la livre du jour où la Banque d'Angleterre créditait la Banque de France.

Celle-ci disposait donc de crédits à Londres et les vendait aux acheteurs de marchandises anglaises.

Par la suite, l'activité de ce nouveau service fut étendue aux négociations sur les principales places neutres.

Le montant de ces ventes dépassa 300 millions pour la bourse de Londres, à peine une trentaine de millions pour les autres places. Il faut signaler toutefois que beaucoup de valeurs américaines se traitent à Londres et qu'il était plus commode d'opérer sur cette place qu'à New-York. L'écart des cours paraissait quelquefois important, mais il se réduisait en réalité à peu de chose, si l'on considérait les cours respectifs de la livre et du dollar.

Rachat de titres étrangers par le Trésor français. — En 1915, le Trésor français offrit aux porteurs d'obligations Chemins de fer Pensylvania 3 3/4 1906 et d'obligations 4 % Chicago Milwaukee, de racheter leurs titres; en 1916, il racheta dans les mêmes conditions les obligations 5 % Chemins de fer Saint-Louis-San-Francisco General lines; en 1919, les obligations 4 % Cleveland-Cincinnati.

La réalisation de ces titres en Amérique lui procura des dollars.

En 1917, il racheta les obligations de la Compagnie générale madrilène d'électricité (déclarée en faillite) et, par la réalisation de cette créance, se créa des disponibilités en Espagne.

Prêts de titres neutres au Trésor français. — Mais l'opération la plus importante eut lieu en 1916, lorsque les porteurs de titres neutres furent sollicités de les prêter à l'État.

Ces titres devaient être affectés à la garantie des opérations de change qui lui seraient consenties ou des crédits qui lui seraient ouverts.

Un avis inséré au *Journal officiel* du 5 mai 1916 régla les conditions de l'opération.

Les prêts étaient consentis pour un an, mais pouvaient se prolonger d'année en année jusqu'à la fin de la troisième année.

Ils pouvaient prendre fin avant l'expiration de ce délai :

1º Par la dénonciation que le Trésor s'était réservé le droit de faire à toute époque, en totalité ou en partie, moyennant préavis d'un mo' ;

2º Par l'achat que pouvait faire le Trésor de tout ou partie des titres prêtés, moyennant préavis d'un mois (1);

3º Par l'amortissement ou le remboursement de ces titres. Dans ce cas, le Trésor les retournait au prêteur ou lui versait la somme encaissée.

Lorsque le Trésor jugerait nécessaire de vendre tout ou partie des titres prêtés, il devrait en payer la valeur au prix fixé sur les listes arrêtées par le Ministre des Finances, ou au gré du vendeur, au cours le plus élevé du trimestre précédant l'annonce du rachat (2).

Les porteurs avaient droit au montant de leurs coupons et recevaient en outre une bonification égale au quart du revenu annuel sans bénéfice de change. (Pour le calcul de cette bonification, la monnaie étrangère était donc évaluée au pair.) La première bonification était payée lors de la remise des titres, les deux autres étaient mises en paiement respectivement un an et deux ans après la première modification apportée en 1917.

En échange des titres, les prêteurs recevaient un certificat négociable en bourse (3) et pouvant être divisé si besoin était. En raison du droit de rachat que possédait le Trésor, la négociation de ces certificats fut très rare; elle se fit à des cours bien inférieurs à ceux cotés sur les titres libres.

Il n'était pas nécessaire que les titres prêtés fussent régulièrement timbrés, mais la vente des certificats négociables ne pouvait avoir lieu qu'après régularisation.

Le Trésor se réservait le droit d'arrêter à tout moment l'opération de prêt proposée et de modifier la liste des valeurs, ainsi que le prix de rachat éventuel; ces mesures ne pouvaient avoir d'effet rétroactif.

Cession contre des obligations décennales (*septembre* 1918). — L'arrêté ministériel du 13 septembre 1918 suspendit l'opération de prêt à partir du 15 du même mois et autorisa la cession de certaines catégories de titres contre des obligations décennales; les arrêtés des 24 septembre et 12 octobre prolongèrent jusqu'au 25 octobre le délai fixé pour cette cession. Seuls, les titres des pays neutres pouvaient faire l'objet de la cession (à l'exclusion, par conséquent, de toute valeur américaine). Aucune action n'était admise, sauf les actions de priorité de la Société néerlandaise de pétroles (Royal Dutch); ces titres ayant droit à un dividende de 4 ½ % avant toute répartition aux autres actions, peuvent, en raison de la forte situation de l'entreprise, être assimilés à de véritables obligations.

---

(1) On verra plus loin qu'en réalité le rachat ne commença que deux mois après l'avis; de ce fait, les prêteurs qui voulurent reconstituer leur portefeuille eurent à supporter la hausse qui résulta de la tension des changes à l'époque où ils furent payés.

(2) Il faut tenir compte que d'après les usages de la Bourse de Paris, le prorata couru du coupon est contenu dans le cours; il y avait donc une compensation d'intérêts à faire pour évaluer le titre à la date du rachat. D'autre part, il fallait ajouter au prix fixé par les listes, le montant couru du coupon. En pratique, le prêteur n'eut pas à choisir; on lui accorda le prix le plus avantageux.

(3) Voir circulaire de la Chambre syndicale.

Les prêteurs qui usèrent de cette faculté purent verser à l'emprunt 4 % 1918 les obligations attribuées, vendre les rentes souscrites et racheter en bourse les valeurs cédées au Trésor, sans trop perdre sur le prix de cession.

Les titres non timbrés ou insuffisamment timbrés durent être régularisés; ils furent timbrés par déclaration, et mention fut apposée sur le récépissé négociable.

Rachat des titres prêtés. — Par arrêté du 15 mars 1919, le Ministre des Finances, faisant application de l'article 4 de l'avis paru au *Journal officiel* du 5 mai 1916, décida le rachat des titres prêtés à l'État, à l'exclusion d'un certain nombre de valeurs spécialement désignées (1).

L'arrêté du 2 mai détermina les conditions de l'opération, ainsi que le prix de rachat.

Le prêteur pouvait opter (2) entre deux prix de rachat, savoir :

1º Le cours de bourse le plus élevé du titre pendant le trimestre écoulé du 16 décembre 1918 au 15 mars 1919;

2º Le prix minimum indiqué au *Journal officiel* des 5, 24 mai 1916, 21 juillet 1916 et 25 janvier 1917, majoré des intérêts acquis au 15 mars 1919.

Il était tenu compte, dans un cas comme dans l'autre, de la portion courue du coupon à la date du 15 mai. Le remploi pouvait se faire en bons à 1 an 5 % ou en obligations de la Défense nationale; jusqu'au 15 juillet, ces valeurs furent délivrées jouissance 15 mai 1919.

Restitution des titres non rachetés. — Suivant un avis inséré au *Journal officiel* du 31 août 1919, les prêts des valeurs non rachetées prirent fin le 30 septembre 1919, quelle que fût la date du prêt, et les titres furent restitués à leurs propriétaires.

On estime que la valeur de reprise des titres aliénés ne dépasse guère 1 milliard 500 millions.

Le Trésor les réalisa pour rembourser les avances qu'ils avaient servi à garantir.

---

(1) Actions Chemins de fer Nord de l'Espagne, Lérida-Reus-Tarragone, Saragosse, Andalous, actions Suez (de capital et de jouissance), parts civiles Suez, actions Rio (ordinaires et préférence), actions de Beers (de préférence), valeurs nord-américaines (actions et obligations), sauf les titres de la province de Québec.

(2) Ainsi que nous l'avons dit précédemment, les intermédiaires (banquiers ou agents de change) demandèrent pour leurs clients le mode de règlement le plus avantageux.

ADMISSION A LA COTE

A. — ADMISSION A LA COTE OFFICIELLE

I. — *Valeurs françaises.*

Pièces et renseignements à fournir à l'appui de la demande :

1º Demande au syndic (il n'y a pas de formule obligatoire);

2º Deux exemplaires des statuts;

3º Pièces constitutives : expédition notariée de l'acte de déclaration de souscription du capital et de versement effectué sur les actions, avec la liste des souscripteurs y annexée; procès-verbaux d'assemblées générales constitutives; exemplaire imprimé du rapport des commissaires chargés de vérifier les apports, s'il y a lieu;

4º Pièces de publication légale (exemplaire du journal d'annonces légales mentionnant cette publication);

5º Spécimen des titres;

6º Indication du taux d'émission, de la libération actuelle des titres, des époques de jouissance, de la jouissance courante.

(Mêmes justifications, s'il s'agit d'une augmentation de capital);

7º Derniers bilans et comptes rendus d'assemblées générales, s'il y en a eu;

8º Engagement de faire parvenir à la Chambre syndicale un compte rendu de chacune des assemblées générales que pourra tenir la Société;

9º Engagement de fournir à la Chambre syndicale 200 listes de chaque tirage, si les actions s'amortissent par tirages au sort;

10º Adhésion à la formule d'acceptation de transfert spéciale pour les agents de change, si les titres sont nominatifs;

11º Engagement de procéder, sur simple demande appuyée d'un jugement de la Chambre syndicale, à l'échange des titres qui, en raison de leur état matériel, ne pourraient pas être admis dans les livraisons;

12º Si le siège social n'est pas à Paris, engagement d'avoir une caisse chargée, à Paris, du service des titres et des coupons, pendant toute la durée de la Société;

13º Indication de la Caisse chargée du service des titres et des coupons;

Obligations. — 14º Copie certifiée et signée des procès-verbaux d'assemblées générales ou de délibérations du Conseil d'administration qui ont autorisé la création des obligations;

15º Exemplaires du prospectus d'émission.

A défaut d'émission publique, indication du taux d'émission, de la libération actuelle, des époques de jouissance, de la jouissance courante, de la date des tirages et des remboursements;

16º Spécimen des titres;

17º Liste des souscripteurs, certifiée et signée;

18º Engagement de fournir à la Chambre syndicale 200 listes de chaque tirage, lesdites listes devant contenir, intercalés en caractères ou couleurs différentes, les numéros des titres sortis antérieurement et non présentés au remboursement;

19º Engagement de procéder sur simple demande, appuyée d'un jugement de la Chambre syndicale, à l'échange des titres qui, en raison de leur état matériel, ne pourraient pas être admis dans les livraisons;

20º Indication de la Caisse chargée du service des titres et des coupons.

II. — *Fonds d'Etats étrangers.*

Pièces et renseignements à fournir à l'appui de la demande :

1º Demande au syndic (il n'y a pas de formule obligatoire);

2º Lois ou décrets qui ont créé ou autorisé l'emprunt;

3º Certification par l'autorité consulaire établie en France, que la valeur est cotée officiellement dans son pays d'origine, à moins qu'il n'y existe pas de bourse officielle, auquel cas le fait serait constaté par le certificat (cette certification, traduite en français, s'il y a lieu, doit être dûment légalisée par le Ministère des Affaires étrangères à Paris);

4º Spécimen des titres provisoires ou définitifs, avec indication des coupures, s'il y en a et, dans ce cas, des numéros afférents à chacune d'elles.

Nota. — Tous les documents indiqués dans les paragraphes 2º, 3º et 4º ci-dessus doivent être fournis à la Chambre syndicale en deux exemplaires, dont l'un pour ses archives et l'autre pour celles du Ministère des Finances (lettre ministérielle du 12 février 1880);

5º Indication du taux d'émission, de la libération actuelle des titres, des époques de jouissance, de la jouissance courante;

6º Engagement de fournir à la Chambre syndicale 200 listes de chaque tirage, s'il y a lieu; lesdites listes devant contenir, intercalés en caractères ou couleurs différents, les numéros des titres sortis antérieurement et non présentés au remboursement;

7º Engagement de procéder, sur simple demande appuyée d'un jugement de la Chambre syndicale, à l'échange des titres qui, en raison de leur état matériel, ne pourraient pas être admis dans les livraisons;

8º Indication de la Caisse chargée, à Paris, du service des titres et des coupons;

9º Traductions françaises, en due forme de toutes pièces produites en langues étrangères.

III. — *Valeurs étrangères autres que les fonds d'Etat.*

Pièces et renseignements à fournir à l'appui de la demande :

1º Demande au syndic (il n'y a pas de formule obligatoire);

2º Actes publics ou privés, statuts, cahier des charges, etc., en vertu desquels la valeur a été créée dans son lieu d'origine;

avec traductions françaises en due forme de toutes pièces produites en langue étrangère;

3° Certification par l'autorité consulaire établie en France que ces actes sont conformes aux lois et usages de leur pays d'origine, et que la valeur est cotée officiellement dans ledit pays, à moins qu'il n'y existe pas de bourse officielle, auquel cas le fait serait constaté par le certificat (cette certification, traduite en français, s'il y a lieu, doit être dûment légalisée par le Ministère des Affaires étrangères à Paris);

4° Spécimen des titres provisoires ou définitifs, avec indication des coupures, s'il y en a, et, dans ce cas, des numéros afférents à chacune d'elles;

Nota. — **Tous les documents indiqués dans les paragraphes 2°, 3° et 4° ci-dessus doivent être fournis à la Chambre syndicale en deux exemplaires, dont l'un pour ses archives et l'autre pour celles du Ministère des Finances (lettre ministérielle du 12 février 1880).**

5° Justification de l'agrément, par le Ministre des Finances, d'un représentant responsable du payement des droits du Trésor;

6° Indication du taux d'émission, de la libération actuelle des titres, des époques de jouissance, de la jouissance courante;

7° Engagement de faire parvenir à la Chambre syndicale un compte rendu (en langue française) de chacune des assemblées générales que pourra tenir la Société;

8° Engagement de fournir à la Chambre syndicale 200 listes de chaque tirage, s'il y a lieu; lesdites listes devant contenir, intercalés en caractères ou couleurs différents, les numéros des titres sortis antérieurement et non présentés au remboursement;

9° Engagement de procéder, sur simple demande appuyée d'un jugement de la Chambre syndicale, à l'échange des titres qui, en raison de leur état matériel, ne pourraient pas être admis dans les livraisons;

10° Engagement d'avoir à Paris, pendant toute la durée de la Société, une Caisse chargée du service des titres et des coupons, indication de la Caisse chargée de ce service.

B. — ADMISSION AUX COTES EN BANQUE

Les cotes libres procèdent à l'admission des valeurs à négocier au marché en banque sous leur responsabilité, laquelle découle du droit commun. Qu'il s'agisse de valeurs françaises ou étrangères, la preuve de l'existence légale de la Société ou de la régularité de l'emprunt, suivant les cas, est exigée des requérants.

Il leur est également demandé de justifier de l'accomplissement des formalités exigées tant par les lois du pays d'origine que par la loi du 30 janvier 1907. Au cas où l'inscription à la cote est accompagnée d'une publication ayant pour but d'appuyer une introduction sur le marché d'une valeur étrangère, justification doit être fournie qu'il a été satisfait aux conditions d'abonnement au timbre prévues par la loi du 13 avril 1898.

BOURSES ÉTRANGÈRES

Nous nous bornerons à quelques indications succinctes sur les plus importantes : Londres, New-York, Bruxelles, Berlin.

BOURSE DE LONDRES

Intermédiaires. — Il n' y a pas à Londres d'intermédiaires officiels comme à Paris, mais l'admission au Stock Exchange est subordonnée à l'agrément préalable du Comité; le nombre des membres se trouve donc limité en pratique.

Les intermédiaires sont divisés en deux classes bien distinctes : le *broker* qui reçoit les ordres des clients et le *jobber* ou *dealer* qui en fait la contre-partie.

Il arrive souvent à Paris qu'un agent de change ayant à exécuter à terme un ordre de vente ou d'achat s'adresse à un banquier qui accepte d'acheter ou de vendre, mais en fixant un cours.

A Londres, cette façon d'opérer est la règle habituelle, le jobber se rend acheteur ou vendeur en se réservant une marge qui doit lui permettre de liquider son opération avec bénéfice.

Le bénéfice du broker au contraire est fixe et certain, il consiste dans le courtage payé par le client.

Un membre du Stock Exchange peut être tantôt broker, tantôt jobber, mais les règlements intérieurs défendent d'agir à la fois dans les deux capacités; le broker ne peut donc faire la contre-partie de son client.

Opérations à terme et au comptant. — Avant la guerre, la plupart des opérations se traitaient à terme, ce qui laissait au jobber un délai plus long pour se racheter s'il était vendeur ou pour vendre s'il était acheteur.

Les règlements s'opéraient deux fois par mois, mais pas exactement à la quinzaine ou à la fin du mois.

Le mécanisme était à peu près analogue à celui de la Bourse de Paris; toutefois, il n'était pas fixé de quotité pour les négociations.

Depuis août 1914, toutes les opérations se font au comptant (1); lorsqu'il s'agit de valeurs nominatives, le vendeur n'est payé qu'après transfert.

Beaucoup de valeurs anglaises et américaines (notamment les actions) sont nominatives, mais un grand nombre de titres sont endossés en blanc et circulent comme titres au porteur. Il en résulte moins de frais pour l'acheteur et moins de formalités lorsqu'il

____

(1) Le marché à terme a été rouvert le 22 mai 1922; les opérations y sont encore peu importantes.

veut vendre; par contre, le paiement des dividendes est plus compliqué et plus long. Il est d'usage, en effet, que ce paiement se fasse au moyen d'un chèque que la Compagnie adresse directement à l'actionnaire; or, si le transfert n'a pas été inscrit sur ses livres, elle ne connaît que le titulaire au nom duquel le certificat a été primitivement établi, généralement une banque qui avait acheté les titres pour elle-même ou pour un client.

La Compagnie du Chemin de fer Canadian Pacific a ainsi payé à une firme allemande des dividendes sur des actions qui n'étaient plus sa propriété, ce qui a provoqué des réclamations de la part des véritables possesseurs.

Cotation des cours. — Sauf de rares exceptions, les cours se cotent comme à Paris, sans qu'il soit nécessaire de tenir compte en outre du prorata de coupon couru.

Bourse de New-York

Intermédiaires. — Le Stock Exchange de New-York (*Wall street*) est, comme celui de Londres, une association libre; il comprend plus d'un millier de membres (représentant environ 500 maisons). Le nombre ne peut en être augmenté que sur proposition du Conseil d'administration et après ratification par la majorité des adhérents.

La qualité de membre du Stock Exchange, à part l'éventualité de création de nouveaux sièges, s'obtient par l'achat du siège d'un membre démissionnaire, mort ou insolvable.

L'admission est prononcée par un comité spécial; le candidat doit être citoyen américain; avant d'entrer en fonctions, il verse un droit de transfert, indépendamment du prix d'entrée, et qui est assez élevé (plus de 50.000 dollars).

Administration de la Bourse. — L'administration de la Bourse est exercée par un Conseil d'administration élu par tous les membres; ce Conseil nomme dans son sein divers comités chargés d'élaborer les règlements, de les faire appliquer, d'examiner les demandes d'admission à la cote, de faire coter les cours, etc. Le Conseil d'administration et les comités remplissent donc le rôle de la Chambre syndicale des agents de change à Paris et des adjoints au syndic. Les membres du Stock Exchange peuvent, sous certaines conditions, faire la contre-partie de leurs clients.

Opérations au comptant. — Il ne se traite pas à la Bourse de New-York d'opérations à terme, mais les intermédiaires se contentent du versement d'une certaine marge de la valeur des titres, avançant eux-mêmes la différence.

Cette marge peut varier de 10 % à 50 %, suivant la valeur en question et suivant la solvabilité du client. En cas de baisse, elle doit être maintenue par des versements supplémentaires.

Cotation des cours. — Le cours, pour les valeurs à revenu fixe, ne comprend pas le prorata d'intérêt couru, celui-ci doit être ajouté au bordereau; pour les titres à revenu variable, le cours s'entend toujours valeur à la date d'achat.

BOURSE DE BRUXELLES

Intermédiaires. — Les fonctions d'agent de change à Bruxelles ne constituent pas, comme à Paris, un monopole; mais avant de pouvoir opérer à la Bourse, les agents de change sont soumis à l'agrément de ceux qui sont en fonctions (1).

Ils doivent au préalable avoir accompli un stage de deux ans comme liquidateurs et un stage de deux ans comme teneurs de carnet.

Opérations à terme et au comptant. — Les opérations à terme et au comptant se traitent à peu près comme à Paris; les premières sont presque nulles, actuellement; pour certaines valeurs, on peut négocier à terme par 5 titres et multiples.

Les liquidations ont lieu deux fois par mois, généralement le 15 et le dernier jour du mois; lorsque ces dates sont fériées, la liquidation est avancée.

Cote des Cours. — En ce qui concerne les titres à revenu fixe, à part les valeurs à lots, les cours ne tiennent pas compte du coupon; le prorata couru jusqu'au lendemain de l'opération doit être ajouté au bordereau. Pour les valeurs à lots et celles à revenu variable, on cote comme à Paris.

Ventes publiques. — Une des particularités de la Bourse de Bruxelles est la vente aux enchères des valeurs non admises à la cote.

Ces ventes ont lieu les premiers mardi, jeudi et vendredi de chaque mois; les demandes doivent être formulées au moins quinze jours avant le premier mardi, elles sont relevées au « supplément du cours authentique » publié par la Commission de la Bourse. Après la vente, le résultat des adjudications est également annoncé au supplément (liste des valeurs adjugées et prix).

BOURSE DE BERLIN

Les bourses de valeurs allemandes sont régies par la loi du 8 mai 1908 qui a modifié celle de 1896; la situation anormale résultant de la guerre a nécessité en outre diverses mesures provisoires.

Courtiers. — Les courtiers de cours *(kursmakler)* sont des intermédiaires nommés par les autorités de l'État (à Berlin par le Préfet) et assermentés; ils ne sont pas solidaires les uns des autres. Ils ne peuvent traiter pour leur compte ou en leur propre nom que les appoints *(spitzen)*, pour lesquels il ne se trouve pas momentanément de contre-partie.

Pour l'attribution des valeurs, ils se rangent en groupes de deux; les 90 courtiers de la Bourse de Berlin forment donc 45 groupes auxquels est attribuée la cotation de toutes les valeurs.

---

(1) Il y a donc des agents de change qui ne peuvent opérer à la Bourse.

Il existe une autre catégorie de courtiers, les courtiers libres *(freie Makler)*, n'ayant besoin que d'une carte de fréquentation à la Bourse; ils sont groupés en banques de courtiers *(Maklerverein)* et traitent pour leur propre compte.

Rôle des banques. — Les banques servent également d'intermédiaires et, en pratique, les affaires les plus importantes sont conclues par elles, soit sous forme de contrat direct (affaire arrêtée à tel prix), soit sous forme de contrat de commission. Dans ce dernier cas, elles peuvent faire la contre-partie, sous réserve d'observer les prescriptions du Code de commerce (articles 400 et 401).

Lorsque l'exécution d'une commission n'est avisée qu'après clôture, le cours avisé ne saurait être plus défavorable au client que le dernier cours.

Les opérations à terme, qui étaient auparavant limitées à certaines valeurs, sont interdites pour le moment.

Cotation des cours. — Pour la plupart des valeurs négociées en bourse, il y a cotation d'un cours unique qui s'obtient par l'entente des deux courtiers officiels chargés des négociations, et par la comparaison des ordres.

Ce cours unique est celui qui permet l'exécution la plus importante (1).

Pour les valeurs à grosses transactions, les cours sont cotés suivant les affaires traitées et variables dans l'espace d'une même journée.

Comme à New-York et à Bruxelles, il faut ajouter le prorata de coupon couru pour les valeurs à revenu fixe; pour les autres, l'intérêt est compris dans le cours.

Direction de la Bourse. — A Berlin, la surveillance de la Bourse incombe à la Chambre de commerce; elle s'effectue par un comité de Direction de 50 membres dont 12 (6 pour les valeurs, 4 pour les produits, 2 pour les métaux) sont désignés par la Chambre de commerce pour un an et choisis parmi ses adhérents. Les autres membres sont nommés pour trois ans par les personnes admises à la Bourse.

Commissaire d'Etat. — Le Commissaire d'État est chargé, avec le Comité de Direction, de la surveillance de la Bourse; il collabore à la cotation des cours, surveille les transactions, est consulté pour les causes appelées devant les tribunaux d'honneur. Vis-à-vis de l'État, son rôle est celui d'un agent rapporteur.

---

(1) Par exemple, supposons sur une valeur les ordres suivants :
Vendre 20 titres au mieux.
—   20 — à 450 minimum.
—   10 — à 455 —
—   40 — à 460 —
Acheter 10 — au mieux.
—   50 — à 455 maximum.
On cotera 455, car à ce prix on vendra et achètera 50; à 460, on ne négocierait que 10 titres.

Comité d'admission des titres à la cote de la Bourse. — Les emprunts de l'Empire allemand, des États, des villes allemandes sont admis d'office.

L'admission des actions et obligations a lieu par un comité spécial dont la moitié des membres ne s'occupent pas professionnellement de la négociation des valeurs de Bourse.

Il est d'usage d'écarter les personnes ayant un intérêt dans la valeur dont l'admission est demandée. L'office d'admission examine les documents qui permettent d'apprécier la valeur présentée, et fait le nécessaire pour que le public soit renseigné.

Il a le devoir de refuser les émissions pouvant porter préjudice aux intérêts généraux.

Tribunal d'honneur. — Les personnes « visitant la Bourse » sont soumises à l'autorité du Tribunal d'honneur qui s'exerce dans le cas d'actes incompatibles avec l'honneur commercial : affaires fictives ayant pour but d'influencer les cours; fausses nouvelles lancées dans la presse, etc.

Le Tribunal, composé de Membres de la Bourse, peut infliger un blâme ou prononcer l'exclusion temporaire ou définitive.

Il peut être interjeté appel, soit par la personne jugée, soit par le Commissaire d'État, auprès de la Chambre d'appel.

Commission des Bourses. — Il existe une Commission des Bourses pour toute l'Allemagne, composée de 40 membres, dont la moitié élue par les représentants de la Bourse, l'autre moitié par le Conseil fédéral, en tenant compte des intérêts de l'agriculture et de l'industrie. Chaque bourse établit son règlement qui doit être approuvé par le gouvernement de l'État intéressé.

L'instance suprême en matière boursière est le Conseil d'empire *(Reichsrat)*.

———

Ces renseignements sur les bourses allemandes nous ont été obligeamment communiqués par M. A. GOETZ, Docteur en Philosophie, de l'Université de Strasbourg.

LA BOURSE
DES MARCHANDISES

ORGANISATION

Dans la pratique, on réserve la dénomination de Bourse du Commerce à celles où l'on négocie les marchandises proprement dites, et l'on désigne sous le nom de Bourse des-Valeurs ou simplement Bourse, le local réservé à la négociation des valeurs mobilières. D'ailleurs, dans la plupart des villes, c'est.le même local qui sert pour les marchandises et pour les valeurs. Il.n'y a guère de locaux distincts que dans les villes très importantes.

A Paris, les transactions sur marchandises se faisaient, il y a quarante ou cinquante ans, sous le péristyle de la Bourse des Valeurs; les commerçants, jugeant cet endroit peu commode, et d'ailleurs chassés peu à peu par les boursiers proprement dits, se réunirent le matin rue Berger, à midi au Cercle du Louvre, et à 3 heures rue de Viarmes, près de la Halle aux blés. Cet état de choses ne pouvait durer, et, après de laborieuses négociations, on installa la Bourse de Commerce sur l'emplacement de l'ancienne Halle aux blés dont on respecta l'architecture. L'inauguration eut lieu en 1889.

C'est le siège officiel du grand marché des produits agricoles.

La surveillance et le contrôle en sont exercés par la Chambre de Commerce, l'administration de toute bourse de commerce étant placée dans son ressort.

La Bourse de Commerce est fréquentée quotidiennement par 700 ou 800 négociants et le mercredi, jour de grand marché des produits agricoles, l'affluence monte à 3.000 ou 5.000, composés d'agriculteurs de la région de Paris, de chefs d'industrie, fabricants de machines agricoles, négociants en charbons, producteurs d'engrais chimiques, etc... Enfin, il y a les courtiers inscrits qui ont le monopole des ventes publiques de marchandises neuves aux enchères; le chiffre de leurs affaires dépasse 50 millions.

Les différents produits qui sont vendus à la Bourse de Commerce le sont dans des conditions réglées par des syndicats de producteurs.

Chaque syndicat a un bureau et une commission de règlement qui dirige le fonctionnement des marchés, des expertises, etc. Enfin, une commission de six membres de la Chambre de Commerce siège à la Bourse et l'administre.

AFFAIRES QUI SE TRAITENT A LA BOURSE

Dans une Bourse de Commerce, on doit pouvoir acheter ou vendre toutes sortes de marchandises. Dans la pratique, les négociations se bornent surtout à un petit nombre de produits qui ne sont pas forcément les mêmes pour toutes les Bourses, et dont la nature dépend de la production environnante ou de la situation de la ville. Ainsi, on a vainement essayé d'établir à Paris un marché des métaux; c'est Londres qui en est le principal centre, de même que les cafés se traitent notamment au Havre, les corps gras à Marseille, les cotons à Liverpool, etc...

Quant à Paris, on y négocie surtout les farines, les céréales (blé, seigle, avoine), les sucres, les alcools et les huiles.

Les opérations s'effectuent de deux façons :

1º *En disponible*;

2º *En livrable.*

1º **En disponible**, c'est-à-dire **au comptant** : la marchandise doit être livrée et payée dans un délai relativement court. Il n'est pas indispensable pour ce genre de ventes de passer par la Bourse de Commerce;

2º **En livrable**, c'est-à-dire **à terme** : la marchandise est livrée à une date ultérieure déterminée à la Bourse. Ce sont ces opérations à terme qui font l'objet des transactions à la Bourse de Commerce. Elles sont soumises à des règles rigoureuses qui varient suivant les produits. Les opérations en livrable n'ont pas seulement pour but d'obtenir un bénéfice sur les différences de cours; à côté de la spéculation, il y a aussi une question de prévoyance, car l'acheteur peut désirer s'assurer pour plus tard la disposition de marchandises dont il n'a que faire en ce moment et qui, plus tard, pourraient manquer sur le marché au moment où il en aura besoin.

Quantités négociables. — On ne peut acheter ou vendre en disponible qu'une quantité déterminée de marchandises ou un multiple de cette quantité. La qualité est également fixée avec précision par les règlements de chaque syndicat : c'est la *qualité type* en dehors de laquelle les marchés ne peuvent se conclure.

Règlements. — Chaque syndicat de marchandises fait appliquer un règlement qui lui est spécial et qui a fini par avoir force de loi. Nous avons déjà dit qu'une commission dans chaque syndicat surveille l'application de ce règlement. Voici, à titre d'exemple, les points principaux du règlement du Syndicat des farines.

Règlement du Syndicat des farines « Fleur de Paris ».

Art. 10. — Un type de farine, représentant la moyenne de douze farines *fleur* provenant des usines de douze meuniers, fabricants dans le rayon d'approvisionnement de Paris, est établi chaque mois.

Art. 12. — Les meuniers, fabricants-types, s'engagent à déposer chaque mois, du 1er au 5, au Siège de la direction, un sac de 152 kilogrammes brut de farine fleur de leur fabrication la plus récente, telle qu'ils la livrent à la boulangerie. Ce sac, dont le prix leur sera remboursé, doit porter un plomb indiquant le nom du meunier ou la raison sociale, l'année et le mois de fabrication.

Art. 13. — Chaque mois, une expertise de comparaison est faite entre la farine déposée par les meuniers fabricants-types pour la constitution de l'*étalon*, et la farine que ces fabricants livrent à la consommation parisienne. Un échantillon de cette dernière est prélevé en boulangerie par les soins de la direction.

Art. 15. — Les douze farines, après panification, dosage de gluten et dosage de l'humidité, sont soumises à l'examen d'une commission d'expertise, composée de trois boulangers et de deux négociants ou meuniers tirés au sort. Les experts classent les farines à la majorité des voix :

1º Pour la nuance et la panification, par la comparaison des pains ;

2º Pour le gluten et l'humidité, d'après les opérations de dosage faites au laboratoire de la direction.

Les lots classés 5, 6, 7, 8 servent seuls d'étalons dans les expertises préalables d'admission au marché de Paris.

Art. 16. — Les farines, pour être présentées au marché de Paris, doivent être de fabrication française et déposées dans les entrepôts agréés par la Commission, en sacs uniformes réglés à 152 ou à 159 kilogrammes bruts, mesurant environ 1 m. 60 de hauteur sur 0 m. 80 de largeur, ou en sacs réglés à 101 kilogrammes bruts (1 m. 20 × 0 m. 70).

Art. 29. — L'estampille de la Commission n'est accordée qu'aux farines acceptées en expertise préalable ou en expertise de comparaison.

Art. 30. — Pour être reçue en expertise et admise comme farine du marché, toute farine doit remplir les conditions suivantes :

1º Être de la farine fleur de froment, de fraîche fabrication sortant de l'usine où elle a été faite et dont elle porte le plomb ;

2º Être supérieure comme nuance et panification à des farines-types qui, pour la nuance et la panification, ont été placées 5, 6, 7, 8, dans le classement mensuel ;

3º Avoir une quantité de gluten supérieure à celle des farines-types classée septième pour le gluten avec une tolérance de 1 % en moins ;

4º Avoir une quantité d'humidité inférieure à celle des farines-types classée septième pour l'humidité avec la tolérance de ½ % au plus.

Expertise. — On vient de voir que les farines, comme d'ailleurs la plupart des autres marchandises, sont soumises à une expertise de *comparaison* ou à une expertise préalable, avant de pouvoir servir à effectuer les livraisons faites aux conditions de vente des marchés de farine « fleur de Paris »; elles sont aussi soumises à une expertise dite de *conservation* dont le but est de constater si la marchandise est en bon état de conservation, sans goût, sans saveur, etc. (frais : 0 fr. 15 par sac). Les experts sont désignés par voie de roulement. Enfin, des experts spéciaux, désignés en dehors de ceux cités, sont appelés parfois à faire un autre genre d'examen, lorsqu'un lot de farine se détériore dans des conditions qui peuvent faire présumer un vice caché de la marchandise ou une fabrication déloyale ; après plusieurs refus, le producteur peut être exclu du marché. Les frais d'expertise sont toujours à la charge de celui qui succombe.

Autres marchés. — Le règlement de chacun des autres marchés fait l'objet, comme celui qui précède, de brochures spéciales, qu'il est facile de se procurer à la Bourse de Commerce. Voici ce qu'il faut en retenir pour les calculs et l'interprétation des cours.

Marché des grains. — Il comprend le blé, le seigle et l'avoine. Le blé doit peser 75 à 77 kilogrammes l'hectolitre, le seigle 69 à 72 kilogrammes et l'avoine 45 à 47 kilogrammes.

Des tolérances et des bonifications sont accordées pour manque de poids. Les expertises sont de trois sortes et l'expertise préalable est de rigueur. Le règlement fixe la liste limitative des pays de provenance pour le blé, mais les seigles peuvent être de toutes provenances ; les avoines, sauf quelques-unes, sont admises au marché. Les blés d'Angleterre ne sont admis qu'avec un poids de 79 kilogrammes à l'hectolitre, livraisons par 250 quintaux.

Marché des sucres. — Les sucres se négocient d'après une base qui est le sucre blanc indigène n⁰ 3. Les livraisons se font par 100 sacs de 100 kilogrammes chacun.

Marché des alcools. — L'alcool-type doit marquer 90⁰ centésimaux à 15⁰ centigrades, d'après la table de Gay-Lussac ; c'est le 3/6 fin 1ʳᵉ qualité de toute provenance, livrable en cuves de fer dans les magasins généraux de Paris, de Saint-Denis, ou agréés par l'État. Les livraisons s'effectuent par lots de 25 pipes. La pipe est comptée par 620 litres à 90⁰ et 25 pipes sont comptées pour 155 hectolitres.

Marché des huiles. — Le marché a pour base l'huile de colza pure, saine, claire et de bon goût, et l'huile de lin de graines de toutes provenances. Le prix s'entend par quintal et les négociations se font par 50 quintaux. Si les huiles arrivent gelées, il est accordé cinq jours de sursis au livreur pour la mise en cuve.

Cote. — C'est la liste quotidienne des cours auxquels les ventes ont été faites. On lui donne le nom de *mercuriale*, surtout pour les céréales. Elle est divisée en 10 parties correspondant aux 10 espèces de marchandises qui font l'objet des transactions à la Bourse. Elle est publiée par le *Syndicat général des grains, graines, farines, huiles, sucres et alcools.*

Analyse de la cote. — Ce sont les négociants inscrits au Syndicat général qui, tous les jours, fixent entre eux les cours, de 1 heure à 4 heures. Il y a une tribune dans la salle des pas perdus ; un président, désigné séance tenante, monte à une heure à la tribune, appelle à haute voix les cours de clôture de la veille, et la cote est ainsi arrêtée au plus haut ou au plus bas cours, suivant que les négociants présents indiquent par les mots : « je donne », ou « je prends », qu'ils sont vendeurs ou acheteurs. Ce sont les cours qui figurent sous la mention « de 1 à 2 heures ». Mais, en ce qui concerne les sucres, le marché très animé donne lieu à des cours de 1 à 3 heures sans interruption; à 2 heures, les cours s'établissent de la même façon et sont mentionnés comme étant pratiqués de 2 à 3. Les cours une fois arrêtés, la cote est aussitôt imprimée et remise au secrétariat à 4 heures 40.

Chaque espèce de marchandises est cotée sous plusieurs rubriques qu'il est utile d'expliquer :

Disponible : annonce les cours du comptant qui sont très peu pratiqués, sauf deux fois par mois à la veille des liquidations.

Courant du mois : les marchandises sont livrables à la fin du mois courant.

4 premiers : livrables par quart sur chacun des 4 premiers mois de l'année.

4 derniers : livrables par quart sur chacun des 4 derniers mois de l'année.

4 de novembre : livrables par quart en novembre, décembre, janvier, février.

4 de mars : livrables par quart en mars, avril, mai, juin.

Ces expressions sont celles de la cote de Paris et varient suivant les Bourses. En dehors du marché officiel quotidien, qui ne comprend que huit sortes de marchandises, il y a le mercredi un marché *libre* où sont cotés les céréales, farines, huiles, fécules et sucres roux.

La cote marque encore la température et les stocks pour chaque produit mentionné.

L'indication du stock permet au négociant d'avoir une idée de l'importance ou de la rareté de la marchandise. Pour les produits imposés, comme les sucres, la détermination du stock est celle qu'indique le relevé de l'État qui, le premier, a tout intérêt à ne rien oublier. Les autres indications de stocks sont les relevés des agents de la Commission spéciale de la Bourse.

La cote de la veille et la cote du jour sont affichées à la Bourse, accompagnées de tableaux mentionnant les éléments comparatifs des années précédentes : stocks mensuels, prix moyens au marché libre, etc.

DIFFÉRENTES SORTES DE VENTES
A LA BOURSE DE COMMERCE

Nous ne nous arrêterons pas aux ventes en disponible; nous avons vu que la Bourse de Commerce n'est pas indispensable pour effectuer ces ventes et qu'elles peuvent se faire sur des quantités quelconques. Nous ne nous occuperons que des ventes *à terme*, c'est-à-dire des opérations en livrable. Elles sont de deux sortes :

1° *Les ventes à terme ferme;*

2° *Les ventes à prime.*

Marché ferme. — Il engage également vendeur et acheteur, c'est-à-dire qu'en principe le vendeur est tenu de livrer la marchandise à l'époque convenue, et l'acheteur d'en payer le prix à ce même moment. C'est une forme simple sous laquelle les marchés à terme ne se présentent pas toujours. Très souvent, les affaires sont traitées *à prime*.

Marché à prime. — Il y a *prime* quand l'acheteur ou le vendeur peut se délier de son engagement moyennant l'abandon d'une somme appelée *prime*. Si la prime est payée par l'acheteur, celui-ci a le droit de prendre ou de ne pas prendre livraison. C'est une opération *à la hausse*, parce qu'il espère voir monter les cours, prendre les marchandises et les revendre avec bénéfice. Il paiera la prime si son espoir ne se réalise pas, c'est-à-dire s'il ne peut revendre qu'avec perte. La *prime à la hausse* s'appelle encore moins exactement *prime pour lever*, quoique l'acheteur qui paye la prime ne prenne pas livraison des marchandises. Si la prime est stipulée en faveur du vendeur, celui-ci se réserve le droit de livrer ou de ne pas livrer; si les cours baissent, il pourra racheter avec bénéfice pour lui ce qu'il avait vendu, et pourra avoir intérêt à résilier son engagement en payant une prime : c'est la *prime à la baisse* appelée inexactement *prime pour livrer*.

Exemple. — Un acheteur A achète à la Bourse de Commerce 25 tonnes de blé à 73 francs avec prime de 2 francs en sa faveur. A l'expiration du marché, fin du mois par exemple, il peut ou verser 2 francs au vendeur et ne pas demander livraison, ou payer 73 francs + 2 francs et demander livraison. Si le cours, au moment de l'expiration du marché, dépasse 75 francs, il est évident que l'acheteur aura bénéfice à revendre en prenant livraison à 75 francs. Il paiera simplement la prime si les cours baissent, la vente le laissant en perte de plus de 2 francs.

Un avantage du marché à prime est de pouvoir diviser la solution. Nous avons supposé 25 tonnes, si l'achat porte sur 100 tonnes, le payeur de prime pourra exiger l'exécution réelle pour une partie et payer la prime pour l'autre. Il agira ainsi au cas où, redoutant une baisse à la fin du mois après avoir acheté les 100 tonnes, le 2 janvier par exemple, il peut profiter, pour vendre, d'une baisse qui se produit le 10; cependant, ne trouvant acheteur que pour 50, il déclarera à son vendeur qu'il exige livraison de la moitié de son marché.

Réponse des primes. — Il existe à la Bourse un jour de déclaration d'option qu'on appelle *réponse des primes*.

Double prime. — On fait aussi, particulièrement en ce qui concerne les sucres et les grains, des opérations à *double prime* ou *option*. En vertu de ce contrat, le spéculateur peut en même temps acheter et vendre à terme en payant une prime dans les deux cas; mais il a le droit de réclamer l'exécution de l'un ou de l'autre des contrats.

Ainsi, j'achète du sucre livrable sur mars au cours de 148 francs dont 1 franc. Le jour de la réponse des primes, ma situation se présentera comme suit, selon le cours pratiqué à la réponse.

Si l'on cote 148 francs, je perds 1 franc de toute manière : j'abandonne la prime.

Si l'on cote 149 francs, je me porte acheteur et n'aurai ni bénéfice ni perte.

Si l'on cote plus de 149 francs, je me porte acheteur et j'aurai un bénéfice : l'excédent de 149 francs.

Si l'on cote 147 francs, je me porte vendeur et n'aurai ni bénéfice ni perte.

Si l'on cote au-dessous de 147 francs, je me porte vendeur et mon bénéfice sera l'excès de 147 francs sur le cours pratiqué.

Entre 147 et 149 francs, je me porterai acheteur et ma perte sera limitée. A 148 fr. 50, je perdrai 0 fr. 50.

Le mot *double prime*, qui se dit en Angleterre *put and call*, en Allemagne *stellage*, en Amérique *straddle*, vient de ce que la somme à payer est généralement le double de la prime ordinaire. Ce genre d'opération ne se fait que lorsqu'on prévoit des écarts considérables.

Le risque du receveur de prime est de se trouver chargé à un moment donné d'une quantité imprévue de marchandises. L'avantage du payeur de prime est de pouvoir profiter, sans augmentation de risques, mais moyennant une dépense plus élevée, des oscillations qui se produisent en attendant la réponse des primes.

Facultés. — Le marché dit *à faculté* est une opération très courante à la Bourse de Paris et qui résulte d'une combinaison du marché à terme et du marché à prime.

Vendre ou acheter avec faculté, c'est se réserver le droit d'exiger ou de livrer à l'époque convenue le double ou le triple de la quantité achetée ferme.

On paye ce droit d'option, si l'on est vendeur, en vendant au-dessous du cours pratiqué; et si l'on est acheteur, en achetant au-dessus. Le délai au bout duquel le marché devient ferme est assez étendu pour que les parties puissent être en mesure d'exécuter les engagements.

La faculté à la hausse est au profit de l'acheteur, la faculté à la baisse est au profit du vendeur. La faculté se paiera par exemple 1 franc par sac si c'est une faculté du double; 2 francs par sac, si c'est une faculté du triple. Ainsi, le 15 janvier, le cours du ferme sur les sucres livrables en mars est de 148 francs, je veux passer acheteur pour la faculté du double, mon vendeur ne consentira le marché qu'au cours de 149 francs pour la faculté du double et de 150 pour le triple.

Ecarts de prime. — Le risque du receveur de prime est illimité et son bénéfice est borné à la prime. Aussi le cours des primes est-il plus élevé que le cours du ferme, du moins en général. L'écart entre les deux cours représente un avantage pour le receveur de prime, avantage indépendant de la prime elle-même qui est toujours acquise. Il est à noter comme très important que le cours des marchandises à la Bourse de Commerce ne comprend pas cette prime. Ainsi, une marchandise est cotée 30 francs *avec* 1 franc de prime à la Bourse des Marchandises.

FILIÈRES

Généralités. — La *filière* est un document qui sert à effectuer la livraison des marchandises vendues en livrable. C'est un véritable titre de propriété. Le règlement de chacun des marchés de la Bourse donne de la filière une définition précise. Voici les termes dans lesquels il en est parlé dans le *Règlement des marchés de farines.*

Art. 53. — La livraison s'effectue par lots indivisibles de 150 quintaux au moyen de formules imprimées, dites filières, délivrées par la Commission et revêtues de son timbre. Le coût de chaque filière est de 1 franc.

Art. 54. — La filière est la représentation effective de la marchandise. Elle sert d'offre réelle de livraison et se transmet par voie d'endossement. Elle ne peut comporter que 150 quintaux d'un même numéro d'estampille et d'une date de fabrication d'un seul mois. La filière est émise pour un mois désigné et ne peut servir qu'à la livraison des ventes faites sur ledit mois.

Art. 55. — La filière relate les principales obligations du créateur et des endosseurs.

Art. 56. — Une filière pour circuler doit :

1º Porter le timbre de la commission du marché;

2º Émaner d'une maison de commerce patentée de la place de Paris;

3º Porter en tête l'indication du mois de livraison;

4º Indiquer la quantité de sacs dont se compose le lot et leur poids brut, la marque de la farine et la date du plomb du meunier

L'exemple ci-dessus est celui du marché aux blés. Dans ce cas, c'est un cahier jaune qui contient la formule sur la première page de couverture et dont les pages blanches sont destinées aux endossements.

La formule de l'endossement est répétée cinq fois par page dans les termes suivants :

> *Livraison du*......................
> *Bon à livrer à M*......................
> *à Frcs*........
>
> *Bon à livrer à M*......................
> *à Frcs*........
>   *etc.*...

La dernière page de couverture rappelle la partie du règlement relative à la filière.

Le cahier contient une feuille volante composée de deux parties : l'une, le *duplicata*, reproduit exactement la première page de couverture. Ce duplicata est destiné à être remis à la personne qui prend finalement livraison de la marchandise et qu'on appelle l'*arrêteur de la filière*. L'autre partie de la feuille est ainsi conçue :

> *Filière arrêtée le*......................
> *par M*......................
> *sur facture de M*......................
> *à Frcs*......................
>   *Le liquidateur :*

Les autres filières sont disposées un peu différemment, la formule d'arrêt se trouve à la deuxième page de couverture; le duplicata à l'avant-dernière page et une copie intégrale de la formule de la filière (1ʳᵉ page) forment la première page blanche du cahier proprement dit. Cette copie doit être, après l'arrêt, déposée aux archives de la Chambre syndicale.

Pour les huiles, la phrase la plus apparente de la filière sera :

> *Cinquante quintaux huile de lin;*

pour les sucres :

> *Cent sacs sucre blanc indigène de betteraves;*

pour les alcools :

> *Vingt-cinq pipes 3/6 esprit fin première qualité;*

pour les farines :

> *Cent cinquante quintaux de farine « fleur de Paris ».*

Fonctionnement de la filière. — Supposons qu'un négociant A soit vendeur de 100 sacs de blé. Il les vend à B à 71 francs. Il crée une filière et l'on peut déjà noter que la création d'une filière implique l'existence réelle de la marchandise, dans un magasin déterminé. A remplira le livret dont nous avons parlé et endossera la filière à B à qui il la remettra accompagnée d'une facture de vente. Supposons que B vende à C à 72 francs. Il remplira l'endossement suivant sur la filière au bénéfice de C, et lui remettra cette filière accompagnée d'une nouvelle facture. Il en sera de même lorsque C vendra son blé à D à 70, puis D à E à 73 francs. Si ce dernier prend réellement livraison de la marchandise, il *arrêtera la filière*, et cet arrêt s'indique en remplissant la formule qui est généralement à la deuxième page de la couverture; il date la formule d'arrêt et il a jusqu'au lendemain quatre heures pour reconnaître la marchandise et faire savoir à la direction s'il demande l'expertise de conservation ou de comparaison. A ce moment, la filière porte les endossements successifs à A, B, C, D. Le principe est donc simple. C'est d'ailleurs ainsi que les choses se passent sur certaines places, mais presque toujours, et en tout cas à Paris, un intermédiaire devient indispensable pour ces diverses opérations. Cet intermédiaire s'appelle *liquidateur de filière*.

Liquidateur de filière. — On l'appelle aussi *filiériste*. Il procède à l'échange des factures en caisse et paye les différences, touche du réceptionnaire le montant intégral de la dernière facture, et règle sans plus tarder les bénéfices. Grâce à cet intermédiaire, les mouvements de fonds se réduisent à des paiements de différence. Ainsi, voici ce qui se passerait dans l'exemple ci-dessus :

		SOMMES	
	PAR	A RECEVOIR	A PAYER
A vend à B à 71 francs....	A	71	
B — à C à 72 —	B	1	
C — à D à 70 —	C		2
D — à E à 73 —	D	3	
E arrête................	E		73
		75	75

Le liquidateur encaissera chez E 73 francs, il recevra chez C la somme de 2 francs et répartira les 75 francs entre A, B, D, comme il est indiqué ci-dessus.

Liquidation à domicile. — Cette façon de procéder s'appelle la *liquidation à domicile*. Le liquidateur se présente les jours non fériés, de 9 heures à 4 heures, chez les intéressés pour recueillir les endossements et payer les différences. Mais on comprend que la liquidation à domicile devient impraticable dans une ville comme Paris où les filières sont nombreuses et circulent beaucoup. Pour remédier au retard qui en résulterait, le syndicat général a institué à la Bourse de Commerce une *Chambre des liquidations* où les liquidations sont centralisées.

Liquidation centralisée — La liquidation se compose alors de deux opérations : l'endossement des filières et le paiement des factures. Au jour de la réunion (pour les céréales le 10 et le 20 de chaque mois), le nombre des filières mises en circulation est affiché, et chacune d'elles, accompagnée d'un duplicata signé par le créateur et visé par l'entrepôt, est remise à l'un des liquidateurs agréés pour les *liquidations centralisées*. A 2 heures précises, ces liquidateurs doivent être là et s'occuper personnellement des endossements. Le liquidateur appelle le négociant désigné comme acheteur et lui fait endosser la filière au profit de son propre acheteur. Celui-ci vient fournir également son endossement et ainsi de suite jusqu'à ce que la filière soit arrêtée.

Toute personne qui refuse son endossement ou qui ne répond pas à l'appel de son nom, est déclarée *destinataire d'office*. La liquidation centralisée dure naturellement plusieurs jours. Les deux derniers jours ouvrables du mois, une séance d'endossement a lieu, à l'issue de laquelle chaque intéressé doit remettre au liquidateur une fiche de liquidation qui n'est autre chose que l'indication de position de l'intéressé.

Filières tournantes. — Le créateur d'une filière doit posséder réellement la marchandise. Cependant, on admet sur certains marchés, celui des huiles par exemple, que la filière ne soit qu'un avis de livraison ; il faut néanmoins trouver la marchandise pour la livrer et le créateur de la filière a quelquefois recours à un procédé tout spécial.

La fin du délai fixé pour l'émission des filières approchant, il se fait endosser la marchandise, c'est-à-dire qu'il est à la fois vendeur et acheteur, livreur et réceptionnaire. Il n'aura alors qu'à payer une différence au liquidateur. C'est sa propre filière qui lui revient, d'où la dénomination de *filière tournante*.

Compensations. — Lorsqu'un négociant a vendu à un autre une certaine quantité de marchandises sur un certain mois et lui a acheté ensuite une même quantité sur le même mois ou réciproquement, chacune des parties a le droit, en prévenant l'autre, de provoquer la clôture des deux opérations : c'est ce qu'on appelle une *compensation*. La liquidation de ces compensations se fait d'une façon différente suivant les marchés. Ainsi, pour les farines, le 1er du mois fixé pour la livraison, l'un des intéressés, celui qui se trouve débiteur, règle s'il le veut et paye immédiatement sans escompte. S'il ne le veut pas et si l'autre intéressé trouve avantage à se débarrasser d'un lot, il livre du 1er au 4 et la liquidation se fait le 5; il y a échange de factures sans livraison, et paiement de différence dans les vingt-quatre heures.

Accolages et substitutions. — Supposons un vendeur qui crée une filière pour exécuter ses engagements. Trouvant ensuite les cours avantageux, il rachète une certaine quantité de marchandise, que son vendeur lui livre par endossement de filière. Le vendeur *accole* alors la filière qui lui est remise à celle qu'il a créée, c'est-à-dire qu'il conserve sa propre marchandise et qu'il donne à son acheteur et aux autres endosseurs de sa filière la marchandise représentée par la seconde filière. L'avantage de cette opération est d'éviter au vendeur de déplacer sa marchandise pour prendre livraison de celle qu'il a achetée. Cet accolage de filières se fait sur la demande des intéressés, par un liquidateur. Il y a des marchés où cette opération est interdite.

Il peut y avoir encore *substitution* de marchandises, lorsqu'un négociant veut s'éviter de payer les droits de magasinage et remplacer des produits qu'il peut conserver encore sans nouveaux frais, par d'autres produits qui arrivent et pour lesquels il n'a et n'aura rien à débourser.

Détails pratiques sur les liquidateurs. — Les liquidateurs, sauf en ce qui concerne le marché des huiles, sont des personnages officiels choisis par les commissions des marchés, présentant toute garantie de capacité et de probité, et obligés de verser un cautionnement en raison des sommes importantes qu'ils sont appelés à détenir; on peut même les considérer comme des officiers ministériels, car les règlements les chargent :

1º D'arrêter d'office les filières quand il y a lieu;

2º De procéder aux mises en demeure à l'égard des parties qui n'exécutent pas leurs engagements;

3º De fixer les sommes dues par ces parties après achat ou revente en bourse à leurs risques et périls.

La rémunération des liquidateurs se monte à 1 franc par endos, plus 0 fr. 60 par endos si l'acheteur habite en dehors de l'enceinte formée par les anciens boulevards extérieurs. En outre, les factures sont généralement escomptées à ½ %. C'est toujours l'acheteur qui paye; quant au vendeur, il a déjà payé 1 franc à la création de la filière.

Courtiers en marchandises. — On sait que jusqu'en 1866 (loi du 18 juin), la profession de courtier était réglementée.

Les cinq catégories de courtiers (marchandises, assurances, interprètes, transports, gourmets-piqueurs de vins), formaient la *Compagnie des courtiers*, et se trouvaient soumises aux mêmes règles. C'est sur la réclamation des courtiers en marchandises eux-mêmes, gênés par la concurrence des représentants de commerce et des commissionnaires, que la loi de 1866 rendit libre le courtage sur les marchandises. Mais l'article 2 de la loi maintenait une catégorie spéciale de courtiers officiels, ayant seuls le droit de procéder à certaines ventes déterminées. Cet article stipule en effet qu'*il pourra être dressé par le Tribunal de Commerce une liste de courtiers de marchandises de la localité qui auront demandé à y être inscrits.* Les conditions d'inscription sont les suivantes :

1º Etre français;

2º Avoir 25 ans;

3º Avoir satisfait à la loi militaire;

4º Produire un certificat d'aptitude et d'honorabilité;

5º Prêter le serment professionnel;

6º Verser au Trésor un droit de 3.000 francs destiné à rembourser à l'État les indemnités qu'il a versées en 1866 aux anciens titulaires des charges.

Lorsqu'une vente doit avoir lieu, le courtier qui en est chargé se place au centre de l'hémicycle de la Bourse et fait alors office de messager entre le vendeur et l'acheteur, tout en restant rigoureusement impartial et désintéressé dans l'affaire.

Il y a eu pendant longtemps conflit entre les courtiers, les commissaires-priseurs et les facteurs aux Halles. Les commissaires-priseurs n'ont été institués que pour les ventes aux enchères et au détail des marchandises du commerce proprement dit. Leur commission varie de 6 à 16 %. Les facteurs aux Halles sont compétents pour vendre en gros toutes espèces de denrées alimentaires, mais à la condition que la vente soit faite de plein gré, c'est-à-dire sans ordonnance de justice. Il faut, en outre, que la marchandise soit réellement présente et que la vente ait lieu sur le carreau des Halles.

Trois sortes de ventes sont réservées aux courtiers inscrits :

a) les ventes volontaires en gros de marchandises figurant au tableau de 1858;

b) les ventes de marchandises exotiques destinées à la réexportation;

c) les ventes en gros sur protêt de warrant.

Dans les cas suivants, les courtiers et les commissaires-priseurs peuvent légalement intervenir, quoiqu'en pratique la préférence soit réservée aux courtiers :

Ventes volontaires en gros de marchandises ne figurant pas au tableau;

Ventes en gros et en détail après faillite;

Ventes en gros autorisées ou ordonnées par les tribunaux de commerce;

Ventes de marchandises avariées;

Ventes de marchandises mises en gage.

La responsabilité du courtier est limitée à l'exécution des formalités, tandis que celle du commissaire-priseur s'étend jusqu'à l'inexécution de la part de l'acheteur ou du vendeur.

A la Bourse de Commerce, les ventes sont faites sur échantillons, et affichées trois jours avant qu'on ne procède à leur exécution. Elles peuvent n'avoir pas lieu au comptant. Les courtiers ont une déclaration à faire à l'Enregistrement pour que celui-ci perçoive les droits qui lui reviennent. Enfin, ils constatent les enchères et adjudications par procès-verbaux dressés sur registre spécial.

En dehors de ces ventes officielles, les courtiers assermentés traitent les affaires sur le marché public. Nous avons vu que leur rôle se borne à transmettre les offres et les demandes. Si le courtier est responsable du marché, on l'appelle *courtier ducroire :* il agit alors à la fois comme un courtier et comme un commissionnaire.

Lorsqu'une affaire se traite, les courtiers des deux parties échangent, à la fin de la Bourse, des lettres appelées *confirmations.* S'il y a désaccord, ce désaccord doit être réglé dans les vingt-quatre heures.

Vis-à-vis de leurs clients, les courtiers remplissent des contrats imprimés, divisés en deux parties : l'une signée par le courtier et remise au client et réciproquement pour l'autre.

1º La partie signée par le courtier commence par : « J'ai l'honneur de vous confirmer l'achat (ou la vente) que je vous ai fait de ...... »;

2º La partie signée par le client commence par : « Nous vous accusons réception de votre lettre du ... et nous confirmons l'achat (ou la vente)..... »

Si le client a un crédit discutable, ou s'il n'a pas versé de couverture suffisante, le contrat échangé est un contrat *à marge,* également composé de deux parties identiques dont l'une, celle du client, est la confirmation de l'autre, celle du courtier.

Voici celle du courtier dont le texte définit le contrat à marge :

Monsieur,

J'ai l'honneur de vous confirmer l'achat (ou la vente) que je vous ai fait ce jour de....................
livrable....................
au prix de ...... francs
aux conditions et usages du marché de Paris, que vous me déclarez connaître et accepter aux clauses ci-après :

Lorsque les cours présenteront un écart de 2 francs en votre défaveur, vous aurez à m'en couvrir sur ma demande faite par lettre recommandée ou dépêche télégraphique. Il en sera de même pour tout écart ultérieur à 2 francs. Ces couvertures devront m'êtes faites au plus tard le lendemain de la réception de ma demande; faute de ce faire, j'aurais la faculté, sans autre mise en demeure, de résilier le marché présent à vos risques et périls, à seule charge pour moi de vous avertir de la résiliation par lettre recommandée. Dès que, par fluctuation du marché, les écarts en votre défaveur auront disparu, les sommes remises en couverture vous seront remboursées.

Veuillez me confirmer le bon accord de cette affaire, etc....

Courtage. — Le courtage, à la Bourse des Marchandises, est variable, et se fixe de gré à gré entre le courtier et chaque client. Officiellement, le courtage est de 0 fr. 25 % s'il n'y a pas de responsabilité pour l'intermédiaire, et de 0 fr. 50 % s'il y a responsabilité.

CAISSE DE LIQUIDATION
DES AFFAIRES EN MARCHANDISES

Une *Caisse de liquidation* est une institution qui a pour objet de garantir la bonne exécution des marchés enregistrés par elle.

Voici un exemple dans lequel l'utilité de la caisse apparaît. Un négociant achète des marchandises à X..., au cours de 75 francs à terme; il les revend, également à terme, à Y..., au cours de 80 francs.

L'échéance arrive, le négociant croit encaisser un bénéfice de 5 francs, mais X... est déclaré en faillite, et les cours montant à 85 francs, le syndic de la faillite refuse d'exécuter le marché. Cependant, le négociant doit toujours livrer à Y... au cours de 80 francs. Il serait donc obligé d'acheter des marchandises à 85 francs pour les livrer à Y... qui ne les lui payerait que 80, et son opération se traduirait par une perte. C'est pour parer à des accidents de ce genre, de nature à éloigner les négociants du marché à terme, que la Caisse de liquidation a été créée.

Il y a quelques années, au Cercle du Louvre, une caisse fut organisée en société anonyme au capital de 4 millions, mais cette institution ne dura pas. Une autre, presque semblable et appelée *Caisse de garantie,* existe encore aujourd'hui à Paris; la Caisse de liquidation de Marseille, créée en 1889 pour les blés, a disparu.

La *Caisse de liquidation du Havre,* fondée en 1882, a au contraire réussi. Elle est organisée comme suit :

Les adhérents à un marché déterminé prennent l'engagement de faire enregistrer leur contrat par la Caisse. Celle-ci se fait verser par l'acheteur et le vendeur une garantie appelée *original déposit,* dont le minimum est fixé par les statuts. Si l'une des parties est en perte sur son marché par suite des variations des cours, elle doit verser une nouvelle couverture appelée *marge* ou *margine* pour couvrir ces différences. Des cotes affichées dans la Bourse servent de base pour le règlement des marges, et l'affichage tient lieu d'appel. A défaut de versement dans les délais prescrits, la Caisse liquide le marché, aux risques et périls de l'intéressé. Les conséquences de cette organisation sont l'impossibilité, pour le spéculateur, de s'engager au delà de ses disponibilités, la suppression des krachs et la certitude pour celui qui se trouve en bénéfice de l'encaisser.

Voici d'ailleurs les points principaux du règlement de la Caisse du Havre.

Art. 2. — La Caisse enregistre les contrats sur la déclaration écrite du courtier.

Art. 4. — Cet enregistrement n'est valablement fait que moyennant, et après le versement fait à la Caisse, d'un *original déposit* effectué par chacun des contractants à titre de garantie spéciale pour l'opération.

Minimum : 10 francs par balle de coton ;
—   2 fr. 50 par sac de café, pour chaque partie.

Art. 9. — L'enregistrement du contrat se fait sur un registre à souches.

Art. 10. — De la souche sont détachés deux bulletins : un bulletin de vente et un bulletin d'achat, portant les mêmes mentions que la souche et remis par le courtier aux contractants.

Art. 25. — La Caisse règle, dans les vingt-quatre heures, les opérations faites sous sa garantie, sur la présentation par le contractant d'un règlement basé sur les bulletins de vente et d'achat.

Art. 29. — Au règlement d'un contrat, le courtage est perçu par la Caisse qui l'inscrit au crédit du courtier sur un compte spécial de dépôt, sans intérêt, sous déduction d'une retenue de 0 fr. 25 par balle de coton, de 0 fr. 20 par tierçon de saindoux.

Art. 30. — La Caisse est couverte de toutes variations dans les cours par un versement, à titre de marge, fait par les contractants ou par le courtier garant des affaires enregistrées sous son nom. Ces versements sont indépendants de l'original déposit.

Art. 31. — La Caisse reçoit ou restitue ces marges à raison de chaque variation de 1 franc par 50 kilogrammes de café, etc..., d'après les cours affichés par les courtiers, avant 4 heures pour les cours affichés à 11 h. 1/2, et avant midi pour les cours affichés la veille à 4 h. 1/2.

(Le règlement prévoit, dans d'autres articles, l'enregistrement des affaires à prime et des facultés.)

Prime simple. — Le versement doit être opéré par le payeur de la prime, en ce qui concerne le montant de cette prime ; et par le receveur de la prime, en ce qui concerne le déposit et les marges.

Celui-ci satisfait aux marges habituelles jusqu'à la liquidation. Lorsque le contrat devient ferme, on applique le règlement relatif aux affaires à terme.

Double prime. — Le payeur de la prime doit verser le montant de cette prime. Le receveur de la prime verse le déposit et les marges et satisfait aux marges en hausse ou en baisse, en prenant pour base le prix du contrat sans tenir compte de la prime.

Facultés. — Le preneur de facultés verse le déposit sur la quantité simple portée au marché ainsi que les marges nécessaires pour amener le prix à la valeur du jour. Le donneur de facultés verse le déposit sur le maximum de la quantité livrable. Enfin, le preneur satisfait aux marges sur la quantité simple, et le donneur sur le maximum de la quantité livrable ou exigible.

CALCULS SUR LES OPÉRATIONS
A LA BOURSE DES MARCHANDISES

Report. — Lorsqu'à l'échéance du marché à terme, un spéculateur doit prendre livraison de marchandises achetées qu'il n'a pas encore revendues, il doit ou liquider ou proroger son opération, c'est-à-dire la *reporter*, et sa décision se base sur la situation des cours et sur la prévision d'une hausse ou d'une baisse possible. Si les prix, à son jugement, doivent rester stationnaires ou diminuer, il revendra immédiatement les marchandises dont il est acheteur. S'il croit à la hausse, il prorogera son opération, c'est-à-dire qu'il fera *un report*. Il s'adressera à un capitaliste ayant des fonds à placer temporairement et lui vendra en disponible, au cours du jour, la marchandise qu'il ne pourra recevoir lui-même; en même temps, il lui rachètera, à un prix plus élevé, cette même marchandise, mais livrable quelques mois après.

L'écart entre le prix de vente et le prix de rachat s'appelle le *report*. On donne de même nom à l'opération elle-même.

Ce qui est un *report* pour le négociant est un *placement en report* pour le capitaliste, celui-ci est le *reporteur*. Le spéculateur est le *reporté*. Le report n'est pas un bénéfice net pour le capitaliste; il faut, en effet, déduire les frais divers que la détention temporaire des marchandises lui occasionnera (frais de magasinage, d'entrepôt, etc.).

Le courtage est diminué de moitié pour les reports; il ne se calcule que sur la vente et non sur l'achat et la vente.

Déport. — Le déport est la prolongation d'une affaire à la baisse. Un vendeur à découvert qui n'a pas encore acheté la marchandise pour livrer au moment de la liquidation, peut racheter simplement à ce moment si les cours sont en baisse suffisante, ou, s'il croit que les prix trop élevés vont baisser, racheter la marchandise qu'il doit livrer et la revendre en même temps à découvert sur un autre mois.

La différence entre les cours de rachat et de vente est le *déport*.

Le prix de revente est inférieur ou tout au plus égal à celui du rachat. Même s'il n'y a pas de différence, le négociant qui prête ainsi la marchandise économise les frais de magasinage, d'entretien, d'assurance, d'intérêt, etc., qui sont à la charge du détenteur. Le déport est plus difficile à effectuer que le report, parce qu'on ne trouve pas toujours un négociant disposé à se dessaisir temporairement de sa marchandise, c'est-à-dire à l'immobiliser jusqu'à la liquidation.

Le courtage du déport est le même que celui du report.

COMPTE DE LIQUIDATION

Le compte de liquidation est un tableau par doit et avoir des opérations de vente et d'achat de marchandises faites avec le titulaire dudit compte. Il se termine par une balance double donnant, d'une part, un *solde en quantité*, et, d'autre part, un *solde en sommes* qui indique si le titulaire est débiteur ou créditeur; chaque compte est spécial à une liquidation. On y fait intervenir les frais divers qui grèvent tout achat et toute vente de marchandises, comme les courtages, les frais d'expertise, etc.

ARBITRAGES

Les arbitrages sont des opérations faites en même temps et en sens inverse sur deux ou trois places différentes et dont le but est de profiter de l'écart de cours qui existe entre les marchandises de différents marchés.

Ils sont basés sur les parités.

On entend par *parité* l'équivalence de prix pour une même marchandise sur deux places considérées. Les éléments qui entrent dans le calcul des parités sont les cours des marchandises et les cours respectifs du change. On doit tenir compte aussi des différences entre les systèmes de poids et mesures. C'est la *parité brute*.

Pour la *parité nette*, on fait entrer dans le calcul les frais d'achat (courtage, réception, embarquement), les frais de route (transport et assurance), les frais de règlement (achat et vente, paiement et encaissement) et les frais de déchet.

Pour ne nous occuper que de la parité brute, supposons que le coton vaille à New-York 20 cents la livre américaine ou 0 kg. 453; supposons, en outre, que le coton acheté à New-York et envoyé au Havre revienne à 250 francs les 50 kilogrammes. On dira que les deux places sont à la parité, si elles cotent respectivement 20 cents et 250 francs.

Quand les cours ne sont pas à la parité, les négociants achètent en disponible dans l'endroit où la marchandise est le moins cher et la vendent en livrable, là où le cours est le plus haut. Mais, en général, les spéculateurs traitent de façon à ne pas débourser d'argent. Ils achètent à terme là où le prix est le plus bas et vendent à terme en même temps sur l'autre place. Lorsque l'écart diminue, ils liquident l'affaire par une vente où il y a eu achat et *vice versa*.

Il y a différentes façons de faire des arbitrages; on peut noter surtout les arbitrages entre deux ou trois places, et les arbitrages par changement d'articles ou de terme.

1º Arbitrages entre deux places. — Reprenons la parité précédente. Le spéculateur achètera en disponible une certaine quantité de balles de coton à New-York (à 20 cents), si le cours du Havre est supérieur à 250 francs.

Supposons-le de 260 francs; il fera venir le coton d'Amérique en France où il lui reviendra à 250 francs, il le livrera à 260 et gagnera 10 francs par 50 kilogrammes.

Ce cours de 250 francs comprend les frais nécessaires pour faire venir le coton en France. Pour la parité nette, il faudrait tenir compte de frais de vente, de courtage, d'intérêt, etc...

L'arbitrage peut se faire entre deux places et à terme. Ainsi, on peut acheter à New-York à 20 cents sur janvier et vendre au Havre à 265 francs sur janvier. On attend que l'écart diminue et on réalise un bénéfice qui varie suivant les fluctuations de New-York et du Havre.

2º Arbitrages entre trois places. — L'arbitrage peut aussi se faire entre trois places, le spéculateur achète ferme sur une place étrangère, revend à terme sur une autre place; puis, la marchandise étant arrivée sur son propre marché, il la vend en disponible et rachète sur la place où il a vendu à terme. De l'examen attentif des diverses cotes résulte évidemment le plus ou moins d'opportunité de ces combinaisons.

3º Arbitrages par changement d'articles. — Ils existent dans la vente d'un produit accompagnée de l'achat d'un autre produit, le premier semblant avoir atteint son maximum de cours, le second ayant des chances de hausse.

4º Arbitrages par changement de terme. — Ce sont des opérations basées sur la différence de cours et la diversité de chances de hausse ou de baisse d'une même marchandise suivant la date de conclusion du marché.

Ainsi, le café peut être acheté ou vendu sur mars, sur avril, sur mai, etc...

5º Autres spéculations. — D'autres combinaisons sont également intéressantes pour le spéculateur :

Achat ferme contre vente à prime;

Prime contre prime; etc...

Elles sont analogues à celles que nous avons signalées dans l'étude de la Bourse des valeurs.

LE COMMERCE

DES

MÉTAUX PRÉCIEUX

AVIS

Le commerce des métaux précieux est, depuis la guerre, paralysé par les restrictions imposées aux transactions internationales; par conséquent, tout exercice basé sur les cours actuels serait fictif, et ne correspondrait à aucune opération réalisable.

C'est pourquoi, tout au moins dans la présente édition, nous chiffrons la plupart de nos problèmes d'après les cotes antérieures au 1er août 1914.

La théorie des gold-points, notamment, ne peut avoir d'application pratique, car les exportations de numéraire sont réservées aux gouvernements et il ne peut être question de choisir entre divers modes de paiement (remise de papier ou envoi d'or).

En vue de régler une partie des dettes contractées envers ses Alliés ou envers les neutres, la France a dû exporter une quantité importante d'or, seule monnaie admise dans les échanges internationaux; une partie sert de garantie aux avances de l'Angleterre et n'est pas considérée comme aliénée (elle figure au bilan de la Banque de France sous la rubrique : « Disponibilités et avoir à l'étranger », 1.900 millions).

Pour remplacer cet or à l'intérieur du pays, il a fallu émettre des billets de banque; l'augmentation de la circulation fiduciaire a diminué les garanties de cette monnaie et a contribué à sa dépréciation; d'où hausse des prix et nécessité de nouvelles émissions.

Par contre, les Etats-Unis d'Amérique et certains pays neutres sont embarrassés de l'or qu'ils possèdent en excès et qui représente pour eux une richesse improductive; les Etats scandinaves ont même refusé, à un certain moment, le règlement en or de leurs créances.

La crise monétaire actuelle est le résultat de cette disproportion dans la répartition de l'or; tant que la circulation fiduciaire des pays à change déprécié ne sera pas réduite à des proportions plus normales, il ne sera pas possible d'envisager le retour des cours d'avant-guerre. Par suite, les restrictions ne pourront être supprimées que progressivement.

MÉTAUX PRÉCIEUX

GÉNÉRALITÉS

Les métaux précieux : or, argent et platine, sont des marchandises et font l'objet d'un commerce, mais ce qui donne à ce commerce un caractère spécial, c'est la valeur colossale du stock existant, lequel s'accroît constamment. C'est ainsi que la production universelle de l'or et de l'argent a été dans les trente années qui ont précédé la guerre de près de 30 milliards de francs pour chacun de ces métaux. On comprend dès lors l'activité des transactions sur les métaux précieux, activité qui se porte surtout sur trois grands marchés : New-York, Londres, Paris. En France, ce commerce fait légalement partie du monopole des agents de change, mais ceux-ci se bornent à publier, à la dernière page de leur cote (1), les cours pratiqués, et abandonnent les opérations sur métaux précieux à quelques banques, sociétés de crédit, établissements spéciaux, et, en ce qui concerne spécialement les métaux monnayés, aux banquiers et aux changeurs.

Comme les transactions se font généralement au comptant, elles nécessitent des disponibilités considérables, et elles restent pour cette raison l'apanage d'un petit nombre de maisons.

Les métaux or et argent se présentent sous deux formes principales :

1º Les lingots ou barres;
2º Les monnaies.

LINGOTS OU BARRES

Les lingots sont des masses d'alliage d'or ou d'argent ayant la forme d'un tronc de pyramide d'un poids de 6 kilogrammes pour l'or ou de 30 kilogrammes environ pour l'argent. Ce n'est jamais du métal pur, mais quelquefois la quantité d'alliage est très petite. Lorsque l'or contient un peu d'argent on l'appelle *or affinable;* il a alors un ton jaune, tandis que l'or pur est rougeâtre.

Affinage. — L'affinage est l'opération par laquelle on débarrasse un lingot des impuretés qu'il contient; mais là pureté obtenue n'est pas absolue, et l'or fin et l'argent fin sont encore des métaux ayant 2 à $\frac{10}{1000}$ d'alliage.

Pour calculer la valeur d'un lingot, qui dépend du poids et du titre, il faut déterminer ces deux éléments, et remarquer que la moindre négligence entraîne, surtout pour l'or, une erreur élevée d'évaluation. En ce qui concerne le poids, on le détermine à l'aide de balances spéciales, constamment vérifiées et entretenues, et dont on ne confie le maniement qu'à des employés expérimentés. Quant au titre, sa détermination est l'objet d'une profession spéciale, celle des *essayeurs du commerce.* Lorsqu'un essayeur a trouvé le titre d'un lingot soumis à son appréciation, il imprime dans la masse métallique un poinçon spécial qui est sa marque particulière et qui, lorsque l'essayeur est réputé, évite aux intéressés une nouvelle expertise. Chaque lingot soumis à l'essai reçoit un numéro d'ordre gravé sur le métal et correspondant à une fiche,

---

(1) Cotation suspendue depuis la guerre.

bulletin d'essayage, qui porte le nom de l'essayeur et sa signature. Dans le corps du bulletin : le nom du propriétaire du lingot, le numéro, le poids et le titre.

Au commerce des lingots se rattache celui, plus restreint, des résidus d'or et d'argent qu'on recueille dans les bijouteries et orfèvreries à la suite de la fabrication des objets d'or et d'argent. Ce sont les *cendres*.

MONNAIES

Les États possèdent aussi des lingots qu'ils marquent de leur effigie et qu'on appelle des *monnaies*. Si ces États ont une réputation établie, il est évident que l'essayage des monnaies est superflu. Il en est ainsi pour tous les États de l'Europe et pour presque tous ceux des autres parties du monde. D'ailleurs, beaucoup de petits États font frapper leurs pièces en France, à l'Hôtel des monnaies.

On considère dans une monnaie :

la face ou *avers*,
l'opposé ou *revers*,
l'*exergue* : espace réservé pour l'inscription, la devise, la date,
la légende : inscription portée sur l'épaisseur,
le cordon : contour sur l'épaisseur,
le listel : rebord protégeant les reliefs et permettant l'empilage des pièces,
le millésime : date de fabrication,
le module ou diamètre,
le poids,
le titre,
les *différents* ou *déférents*, ou marque du graveur, d'une part, et, d'autre part, signe conventionnel indiquant l'atelier de fabrication.

La Banque de France achète les monnaies étrangères sans exiger de bulletin d'essai, mais elle exige la *fonte d'épreuve* pour les Livres turques, les Guillaumes de Hollande et les Kronor scandinaves.

Dans le commerce des monnaies, il est d'usage de livrer celles-ci en sacs ne contenant que des pièces de même valeur, sauf pour les dollars.

HOTEL DES MONNAIES

A Paris, la frappe des monnaies d'or est autorisée pour le compte des particuliers. On sait que la Monnaie livre 155 pièces de vingt francs par chaque kilogramme d'or au titre de 0,900. Elle n'accepte les lingots qu'au titre minimum de 0,994; encore faut-il que ces lingots seront reconnus propres au monnayage et d'un poids de 6 à 7 kilogrammes.

Pour qu'un lingot soit reconnu propre au monnayage, il faut que le métal en soit doux et non cassant et qu'il ne contienne pas d'éléments déterminés comme de l'iridium, du sélénium, de l'antimoine, de l'arsenic. Les monnaies étrangères sont prises par la Monnaie au *tarif officiel français*. Les ouvrages d'orfèvrerie sont pris à condition qu'ils soient marqués au poinçon français. Toutes les pesées sont faites au décigramme et le règlement se fait en *bons de monnaie* payables à échéance, laquelle varie d'après l'occupation des presses monétaires.

Les frais de fabrication sont de 6 fr. 70 par kilogramme d'or à 0,900 et de 1 fr. 50 par kilogramme d'argent (1).

COTE DE L'OR ET DE L'ARGENT A PARIS

Provisoirement supprimée de la cote officielle de la Bourse, la cote des lingots et monnaies se trouvait à la dernière page, sous le titre : « Matières d'or et d'argent. »

Si nous consultons un exemplaire antérieur au 2 août 1914 (2), nous y trouvons les éléments suivants :

1° *Or en barre*. — Il est coté à raison de 3.437 francs le kilogramme de métal pur. On sait qu'intrinsèquement 4 gr. 50 d'argent valent 1 franc ; il s'ensuit que 1.000 grammes d'argent valent : $\dfrac{1 \times 1.000}{4,5}$ et que l'or valant à poids égal 15 fois ½ plus que l'argent, la valeur d'un kilogramme d'or pur est de :

$$\frac{1.000 \times 15,5}{4,5} = 3.444 \text{ fr. } 44.$$

D'autre part, on doit tenir compte des *frais de monnayage* qui sont de 6 fr. 70 par kilogramme d'or à $\dfrac{9}{10}$. Les frais pour 1 kilogramme d'or pur s'élèvent donc à : $\dfrac{6,70 \times 10}{9} = 7$ fr. 44.

La *valeur au tarif* d'un kilogramme d'or pur sera : 3.444 fr. 44 — 7 fr. 44 = 3.437 francs.

Comme l'or est soumis à la loi de l'offre et de la demande, son cours est variable. On indique les variations par un taux pour mille de prime ou de perte qui augmente ou diminue la base de 3.437 francs. La prime est de règle, ou tout au moins le pair. La perte serait l'exception, il n'y en a pas d'exemple.

---

(1) La frappe des monnaies d'argent pour le compte des particuliers est suspendue depuis longtemps ; celle des monnaies d'or est arrêtée depuis la guerre, la valeur commerciale du métal dépassant sa valeur au tarif (l'or pur vaut en juin 1922, à Londres, 93 sh. l'oz, ce qui correspond à près de 8.000 francs le kilogramme à Paris.

(2) Voir page 252.

Le calcul de la *valeur commerciale* d'un lingot d'or est facile à déterminer et dépend de la prime, du titre et du poids.

PROBLÈME I. — *Calcul de la valeur commerciale d'un lingot d'or de 4 kg. 200 à 0,840, l'or faisant 3 ½ 0/00 prime.*

I. — *Solution* : Ce lingot contient : 4,2 × 0,840 = 3 kg. 528 d'or pur qui, à 3.437 francs le kilogramme, donnent : 3,528 × 3.437 francs. Mais il faut ajouter 3 1/2 0/00, soit les $\dfrac{1.003,5}{1.000}$; nous aurons :

$$\frac{3,528 \times 3.437 \times 1.003,5}{1.000} = 12.168 \text{ fr. } 17.$$

II. — *Conjointe :*

x francs..................	4.200 gr. à 0,840 av. prime.
1.000 gr. à 0,840 av. prime....	840 gr. or pur av. prime.
1.000 gr. or pur avec prime....	1.003 gr. 50 or pur sans prime.
1.000 gr. or pur sans prime...	3.437 francs.

$$x = \frac{4.200 \times 840 \times 1.003,5 \times 3.437}{1.000 \times 1.000 \times 1.000} = 12.168 \text{ fr. } 17.$$

PROBLÈME II. — *La valeur commerciale d'un lingot d'or de 2 kg. à 0,810 est de 5.570 fr. 72397. Quelle est la prime sur l'or?*

Conjointe :

1.000 + x sans prime............	1.000 avec prime.
810 grammes or pur............	1.000 gr. à 0,810.
2.000 — à 0,810............	5.570 fr. 72.397.
3.437 francs..................	1.000 sans prime.

$$1.000 + x = \frac{1.000 \times 1.000 \times 5.570,72397 \times 1.000}{810 \times 2.000 \times 3.437} = 1.000 \text{ fr. } 50.$$

$$x = 1/2 \ 0/00.$$

Frais accessoires. — Dans les problèmes relatifs aux lingots d'or, on peut avoir à tenir compte de certains frais comme : la fonte, l'essai simple, le pesage, l'affinage.

Les lingots se transportent dans de fortes caisses de bois cerclées de fer; les monnaies dans des barils, et les poudres dans des boîtes en zinc soudées.

2º *Argent en barre.* — Avant le 2 janvier 1901, l'argent était coté comme l'or, c'est-à-dire d'après une base fixe de 218,89, $\left(\text{valeur au tarif d'un kilo à } \dfrac{1.000}{1.000}\right)$ moins tant 0/00 perte. (La prime était sans exemple.) Mais la perte ayant atteint plus de 500 0/00, moitié de la base, on a coté simplement le prix en francs du kilogramme d'argent pur; le calcul de la valeur d'un lingot d'argent s'en trouve simplifié.

Il faut retenir que la valeur au pair ou valeur intrinsèque d'un kilogramme d'argent à $\dfrac{1.000}{1.000}$ est de 1 franc pour 4 gr. 5, soit :

$$\frac{1 \times 1.000}{4,5} = 222 \text{ fr. } 22.$$

Pour 1 kilogramme à 0,9, la valeur intrinsèque serait :

$$\frac{1 \times 1.000 \times 9}{4,5 \times 10} \text{ ou } \frac{2 \times 1.000 \times 9}{9 \times 10} = 200 \text{ francs.}$$

Les frais de monnayage étant de 1 fr. 50 pour 1 kilogramme d'argent à 0,9, la valeur au tarif d'un kilogramme à 0,9 est de 200 francs — 1,50 = 198 fr. 50. Pour 1 kilogramme à 1.000/1.000, les frais de monnayage étant de $\dfrac{1,5 \times 10}{9} = 1$ fr. 66, la valeur au tarif est : 222,22 — 1,66 = 220 fr. 56. Le chiffre de 218 fr. 89 qui figurait sur les anciennes cotes était calculé en déduisant 3 francs de frais (ancien taux).

Frais accessoires. — Fonte, essai, pesage, affinage.

Problème. — *Calculer la valeur d'un lingot d'argent de 3 kg. 750 à 0,925, le cours étant 93,25 à 95,25 (prix moyen 94,25).*
La valeur du lingot est : 3,75 × 0,925 × 94,25 = 326 fr. 93.

3° La cote contenait en outre le prix de diverses monnaies étrangères (or, argent, banknotes), prix basé sur la quantité de métal fin contenu dans les pièces et suivant, par conséquent, les variations de cours de l'or et de l'argent en barre.

<hr>

COTE DE MARS 1913

Matières d'or, d'argent, etc.

Or en barre, à 1000/1000......	Le kilogr., 3.437 fr...	Pair à	1 0/00 prime.		
Argent en barre, à 1000/1000...	—	99 » à	101 »		
Quadruples espagnols............		79 50 à	81 50		
— colombiens et mexicains.......		80 50 à	»		
Piastres mexicaines............		2 58 à	»		
Souverains anglais............		25 24 à	25 27		
Banknotes............		25 24 à	25 27		
Aigles des États-Unis............		51 50 à	51 60		
Guillaume (20 marks)............		24 55 à	24 60		
Impériales (Russie), titre 916 millièmes.......		20 55 à	20 60		
— nouveau titre 900 millièmes......		40 » à	»		
— 1/2 Impér., titre 900 mil.		20 » à	»		
Couronnes de Suède............		27 50 à	»		

COTE DE L'OR ET DE L'ARGENT A LONDRES

On sait que l'unité de poids pour les matières précieuses en Angleterre est la *livre troy* qui pèse 373 gr. 2419 et se divise en 12 onces (oz); l'once pèse 31 gr. 1034 et se divise en 20 pennyweights (dwt); le pennyweight se divise en 24 grains (gr.); le grain pèse 0 gr. 0648.

Titre standard. — Pour les titres, on prend pour base, comme étalon des monnaies, le *titre standard.*

Le titre standard pour l'or est de $\dfrac{22}{24}$ ou $\dfrac{11}{12}$ ou 0,916 2/3 (1).

11 oz d'or pur égalent 12 oz standard.

L'or pur est dit *à 24 carats ;* le carat se divise en 4 grains et le grain en 4 quarts.

Pour l'argent, le titre s'évalue en onces et pennyweights (2) $\left(\dfrac{1}{20}\text{ d'once}\right)$; l'argent pur est dit au titre de 12 oz. Le titre standard est 222 dwt, ou 11 oz 2 dwt.

$$\frac{11,2}{12} = \frac{222\text{ dwt}}{240} = \frac{37}{40} = 0,925.$$

Mais les lingots sont à des titres divers, supérieurs ou inférieurs au titre standard. On procède alors pour l'indication du titre comme on le fait chez nous pour la cote de l'or, c'est-à-dire qu'on indique la différence en plus ou en moins avec le titre standard.

Si le titre est supérieur au titre standard, par exemple de 3 dwt, on met B 3 ou 3 B (du mot *better,* mieux). Cela signifie que le titre est de $\dfrac{220 + 3}{240}$ = 223/240, c'est-à-dire que le lingot d'or renferme 223 parties d'or pur pour 240 d'alliage. Un lingot d'or marqué W 3 ou 3 W (du mot *Worse,* pire) est un lingot inférieur au titre standard. Son titre sera :

$$\frac{220 - 3}{240} = 217/240.$$

Le même calcul se fait pour les lingots d'argent.
S'il est marqué B 3 le titre sera :

$$\frac{222 + 3}{240} = 225/240.$$

S'il est marqué W 3, le titre sera :

$$\frac{222 - 3}{240} = \frac{219}{240}.$$

---

(1) On cote maintenant à Londres l'oz d'or pur.
(2) Ne pas confondre les onces, grains, pennyweights représentant les titres **avec** les mesures de poids.

La Monnaie anglaise ne réclame pas de frais de fabrication; elle paye l'oz d'or pur £ 3. 17. 10 1/2 (1); la Banque d'Angleterre la paye £ 3. 17. 9, mais on préfère généralement, pour plus de commodité, s'adresser à cette dernière.

Quant à la cote des matières d'or et d'argent, elle se présentait ainsi :

    Argent en barre...........................   42 d. 5/8 par oz.
    Or en barre...............................   77 sh. 10 d. —
    Dollars mexicains, boliviens.......   41 sh. 7/16. —
    Pièces de 5 francs....................   3 sh. 11 par pièce.

Les autres pièces sont à peu près celles de notre cote et le prix en est indiqué par once (73 à 76 sh. pour l'or).

Cette façon de coter l'or en carats n'est pas uniforme. La Banque d'Angleterre cote maintenant le titre en dix millièmes, et depuis quelque temps on cote souvent des lingots d'or et d'argent en 240e. Il est bon toutefois de connaître l'ancienne cote qu'on peut avoir occasion d'appliquer.

PROBLÈME I. — *Nous achetons à Londres un lingot d'or de 18 lb. 4 oz 10 dwt. au titre B 1 c. gr. 2 $\frac{1}{2}$ au prix de £ 3.17.9 l'oz st. Quel est le prix d'achat?*

Posons d'abord que : 18 lb. 4 oz 10 dwt équivalent à 220 oz 5, et que £ 3.17.9 valent 3 £, 8875.

Le titre sera : $\frac{22}{24} + \frac{1}{24} = \frac{23}{24}$ + 2 gr. $\frac{1}{2}$ ou $\frac{2\,1/2}{4}$ ou $\frac{5}{8}$ de carat.

$$\text{Soit}: \frac{23}{24} + \frac{5}{8 \times 24} = \frac{63}{64}.$$

On aura donc la conjointe :

    £ x.............................   220 oz 5 à B 12 1/2.
    64 oz à B 12 1/2...........   63 oz pur.
    11 oz pur.....................   12 oz standard.
    1 oz standard.............. £   3,8875.

$$x = \frac{220,5 \times 63 \times 12 \times 3,8875}{64 \times 11} = £\ 920,509 = £\ 920.10.2.$$

Nota. — Avec la cote en 240e, le lingot étant au titre B 12 par exemple, son titre serait : $\frac{220 + 12}{240} = \frac{232}{240}$ et la deuxième ligne de la conjointe serait remplacée par :

    240 à B 12.....................   232 pur.

PROBLÈME II. — *Calculer la valeur d'un lingot d'argent de 865 oz 3. Titre W 13 à 4 sh. 11 d. l'oz standard :*

$$\text{Le titre est}: \frac{222 - 13}{240} = \frac{209}{240}.$$

$$£ \; x \ldots\ldots\ldots\ldots\ldots\ldots\ldots\ldots\ldots\ldots \quad 865 \text{ oz } 3 \text{ à } \frac{209}{240},$$
$$\text{ou} \quad 865,15.$$
$$240 \text{ oz à } \frac{209}{240} \ldots\ldots\ldots\ldots\ldots\ldots\ldots \quad 209 \text{ oz fin.}$$
$$222 \text{ oz fin} \ldots\ldots\ldots\ldots\ldots\ldots\ldots\ldots \quad 240 \text{ standard.}$$
$$1 \text{ oz standard} \ldots\ldots\ldots\ldots\ldots\ldots\ldots \quad £ \; 0.4 \text{ sh. } 11.$$
$$\text{ou} \quad 59/240.$$

$$x = \frac{865,15 \times 209 \times 240}{240 \times 222} \times \frac{59}{240} = £ \; 200.4.6.$$

PROBLÈME III. — *Transformer en millièmes le titre B* $12\frac{1}{2}$ *d'un lingot or.*

Le titre sera : $\dfrac{220 + 12,5}{240}$ ou $\dfrac{232,5}{240}$ ou $\dfrac{465}{480} = 0,96875.$

PROBLÈME IV. — *Transformer en millièmes le titre W* 10 *d'un lingot d'argent.*

Le titre sera : $\dfrac{222 - 10}{240} = \dfrac{212}{240} = 0,883333 = 0,883\frac{1}{3}.$

ARBITRAGE SUR LES MÉTAUX PRÉCIEUX

La spéculation sur les métaux précieux a généralement pour base la *prime sur l'or*. Cette spéculation consiste donc à se procurer de l'or au pair pour le vendre où il fait prime. On se procure l'or au pair en échangeant des billets de banque contre du numéraire au guichet de la banque émettrice, ou en présentant à l'escompte des effets de commerce. Une fois en possession de l'or, on l'expédie sur le lieu où il fait prime. Pour que l'opération laisse un bénéfice, il faut que la prime couvre : 1º l'escompte des effets; 2º les frais d'envoi, d'assurance, etc... Ce n'est donc que dans les cas de fortes primes que l'opération est intéressante.

La spéculation peut porter aussi sur l'écart de prime qui existe entre les lingots et les monnaies. On peut alors avoir avantage à transformer les monnaies en lingots si la prime est plus forte sur ceux-ci. Il faut tenir compte des frais de transformation. De toutes façons, les bénéfices ne deviennent appréciables que si les capitaux engagés sont considérables. Ces opérations sont facilitées par la faculté qu'offre la Banque d'emprunter à un taux réduit sur les lingots d'or et d'argent qu'on lui dépose; le détenteur provisoire de métal précieux peut ainsi se procurer des capitaux en attendant un cours favorable.

GOLD-POINTS

Deux pays étant en relations d'affaires, si le total de leurs dettes réciproques est égal au total de leurs créances, c'est-à-dire s'il n'y a pas, dans l'ensemble, un solde débiteur à régler, le change réciproque sera *au pair* ou aux environs du pair : la monnaie d'un des deux pays aura comme valeur chez l'autre le prix du métal fin qu'elle contient.

Si, au contraire, l'un est finalement créancier de l'autre, la monnaie de ce pays créancier augmentera de prix dans le pays débiteur, parce que celui-ci achètera sur place des valeurs en monnaie du pays créancier, valeurs qu'il enverra à ce dernier. Par analogie, la monnaie du pays débiteur baissera dans le pays créancier, où elle sera offerte.

Les valeurs dont il s'agit, représentatives de la monnaie, sont en général des lettres de change, parfois des chèques.

Lorsque la demande de papier est forte, les détenteurs de ce papier de commerce ne consentent à s'en dessaisir qu'à des conditions élevées, en vertu de la loi de l'offre et de la demande, et il peut arriver un moment où le débiteur trouve avantage à régler sa dette en envoyant directement du numéraire à son créancier. La limite à laquelle il est préférable de se libérer en numéraire s'appelle le *gold-point*. S'il s'agit, par exemple, de la France débitrice de l'Angleterre : Paris cherchera à se procurer, sur sa propre place, du papier sur Londres; mais les débiteurs français ne consentiront pas à le payer plus cher que le prix auquel leur reviendrait un envoi de numéraire. Au delà de ce prix, les débiteurs français enverront de l'or à Londres : ce sera le *gold-point de sortie* de l'or. Si Paris est créancier de Londres, le cours du papier offert sur Londres baissera, mais ne descendra pas au-dessous de la limite en deçà de laquelle les vendeurs de papier auraient avantage à faire venir du numéraire : ce sera le *gold-point d'entrée* en France de l'or venant de l'Angleterre.

L'expression *gold-point* (*de sortie* ou *d'entrée*) sera prise en sens inverse si l'on se place au point de vue de l'autre pays (Londres).

Il est à remarquer que le *gold-point* varie selon qu'il s'agit de pièces de 20 francs, de souverains anglais ou de lingots.

EXEMPLES. — I. *Gold-point d'entrée des souverains en France.* On veut faire venir des souverains pour les vendre à Paris. Combien encaissera-t-on par souverain? Titre : 0,916; poids : 7 gr. 988.

x francs.....................	£ 1 or.
£ 1.....................	7 gr. 988 à 0,916.
1.000 grammes à 0,916....	916 grammes or fin.
1.000 — or fin.....	3.437 francs.

$$x = \frac{7.988 \times 916 \times 3.437}{1.000 \times 1.000} = 25 \text{ fr. } 1485 \text{ (valeur au tarif de la livre).}$$

Il faut en déduire 1 1/2 0/00 de frais, soit 0 fr. 0377. Chaque livre envoyée de Londres à Paris fait encaisser 25 fr. 111. Si le chèque sur Londres est à 25,06, on voit qu'il sera avantageux de faire venir des souverains au lieu de se faire envoyer un chèque. On dira que le gold-point d'entrée de l'or en France est de 25,111.

Si l'on veut faire une spéculation sur cette différence, on se fera envoyer de Londres 1.000 souverains, par exemple, et on les paiera en achetant à Paris un chèque que l'on enverra à Londres.

Le bénéfice sur 1.000 livres sera : 25 111 francs — 25.060 francs = 51 francs.

II. *Gold-point de sortie des pièces de 20 francs de Paris vers Londres.* Les pièces de 20 francs, d'après Londres, valent 76 s. 5 d. l'oz en comptant 6 gr. 44 par pièce de 20 francs. Combien de francs en pièces devra-t-on envoyer à Londres, pour qu'en les revendant sur cette place, le résultat produise £ 1? Ce sera le gold-point de sortie de nos pièces de 20 francs.

$$
\begin{aligned}
x &\dots\dots\dots\dots\dots\dots\dots\quad £\ 1.\\
£\ 1 &\dots\dots\dots\dots\dots\dots\dots\quad 240\ d.\\
917\ d &\dots\dots\dots\dots\dots\dots\dots\quad 1\ oz.\\
1\ oz &\dots\dots\dots\dots\dots\dots\dots\quad 31\ gr.\ 1035.\\
6\ gr.\ 44 &\dots\dots\dots\dots\dots\dots\dots\quad 20\ francs.
\end{aligned}
$$

$$x = \frac{240 \times 31,1035 \times 20}{917 \times 6,44} = 25 \text{ fr. } 281.$$

C'est ce qu'on devra remettre à la Banque d'Angleterre pour avoir £ 1. Il faut y ajouter les frais d'envoi : 3 cent. 1/2, soit 25,281 + 0,035 = 25,316. Ce qui signifie que pour se libérer d'une dette de £ 1 payable à Londres, il faut envoyer 25 fr. 316 d'or à 0,900. Si le cours du chèque dépasse 25 fr. 316, l'envoi de numéraire est le plus avantageux; 25 fr. 316 est donc bien le gold-point de sortie de nos pièces d'or. Supposons que le chèque monte à 25 fr. 35, un spéculateur de Paris pourra envoyer des pièces de 20 francs à Londres. S'il en envoie pour 253.160 francs, la différence 340 francs représentera son bénéfice. Il faut noter que ce bénéfice varierait avec le degré d'usure des pièces envoyées.

COTE DES MÉTAUX PRÉCIEUX
SUR LES AUTRES PLACES

États-Unis d'Amérique. — On cote l'or comme à Paris en énonçant la prime ou la perte par rapport au pair. Le pair est de $ 800 pour 43 onces troy d'or au titre de 0,900. L'argent est coté en dollars par once de métal fin. Le dollar or pèse 1 gr. 672. Le dollar argent (titre 0,900) pèse 26 gr. 729.

Allemagne. — L'or et l'argent se cotent comme à Paris, mais en RM et par livre métrique de 500 grammes à 1.000/1.000.

Autriche. — Même façon de coter (en couronnes).

Espagne. — On cote par kilogramme à $\frac{1.000}{1.000}$, en pesetas.

Portugal. — On cote par kilogramme, en milreis, mais par rapport à 24 carats de 4 grains pour l'or, et de 12 dinheiros de 24 grains pour l'argent.

Pays-Bas. — On cote en florins par kilogramme à $\frac{1.000}{1.000}$.

PARITÉS DES MÉTAUX PRÉCIEUX

PARITÉ. — La parité d'une marchandise est l'équivalence de prix de cette marchandise sur deux ou plusieurs places. Comme dans la plupart des cas, le prix de la marchandise sur une place est indiqué en une monnaie et pour un poids différent de ceux qui servent de bases sur les autres places, l'équivalence ne peut se constater que par un calcul tenant compte des rapports entre les poids et les monnaies des divers pays.

La recherche de la parité a pour but, non pas de constater une équivalence qui n'existe que très rarement, mais de profiter, dès qu'on la connaît, de la différence entre les cours. Il s'ensuit que si l'on veut comparer les cours de Paris et de Londres pour une même marchandise, l'or par exemple, on pourra indifféremment ramener la cote de Paris à la base dont se sert la cote de Londres ou, au contraire, calculer en francs et centimes le prix du kilogramme d'or fin tel qu'il se vend à Londres.

Il faut faire la distinction entre la *parité brute* et la *parité nette*. La parité brute compare simplement les cotes entre elles. La parité nette, c'est l'équivalence de prix de revient d'une même marchandise dans deux endroits différents, mais rendue dans les deux cas au lieu même où se trouve le spéculateur; on tient compte, par conséquent, de tous les frais (1).

PARITÉ DU COURS DES LINGOTS D'OR DE LONDRES A PARIS

PROBLÈME I. — *Exportation de lingots or de Londres à Paris. Quel est le produit en francs par livre à Paris, le cours de l'or étant à Londres 77.10 1/2, et à Paris 3.437 ?*

Solution : 77 sh. 10 1/2 est le cours de l'once st. au titre de $\frac{11}{12}$ et 77 sh. 10 d. 1/2 valent 934 d. 1/2.

(1) Pour le développement de ces questions, en ce qui concerne les marchandises en général, nous renvoyons le lecteur aux *Calculs commerciaux et financiers*, du même auteur, 1 vol. in-8°, chez Garnier frères.

Conjointe :

       x fr......................   240 d.
    934 d. 5....................   1 once standard.
      12 onces standard............   11 oz. or fin.
       1 oz or fin.................   31 gr. 1035.
    1.000 grammes................   3.437 francs.

$$x = \frac{240 \times 11 \times 31,1035 \times 3.437}{934,5 \times 12 \times 1.000} = 25 \text{ fr. } 167.$$

Pour chaque livre déboursée à Londres, on touchera à Paris 25 fr. 167; ce prix représente la valeur au tarif de la livre, si elle était comptée à son titre véritable 916 2/3.

PROBLÈME II. — *Recherche du produit en pence par once, le cours de Londres à Paris étant 25,167 et le cours de l'or 3.437 fr.*

       x deniers.................   1 once standard.
      12 onces st.................   11 onces fin.
       1 once fin.................   31 gr. 1035.
    1.000 grammes fin............   3.437 francs.
      25,167 ....   240 d.

$$x = \frac{11 \times 31,1035 \times 3.437 \times 240}{12 \times 1.000 \times 25,167} = 934 \text{ d. } \frac{1}{2} = 77 \text{ sh. } 10 \text{ d. } \frac{1}{2}.$$

Lorsque le change sur Londres est coté à Paris 25,167 et que l'or vaut 3.437 francs le kilogramme, la parité est à Londres de 77 sh. 10 d. 1/2 par once.

PROBLÈME III. — *Recherche du produit en francs par kilogramme fin. Cote de l'or à Londres* $77 \text{ sh. } 10\frac{1}{2}$. *Cours de Londres à Paris* 25,167.

       x fr......................   1.000 grammes fin.
      31 gr. 1035................   1 oz. fin.
      11 oz fin ....   12 oz. standard.
       1 oz st..................   934 d. 5.
     240 d......................   25 fr. 167.

$$x = \frac{1.000 \times 12 \times 934,5 \times 25,167}{31,1035 \times 11 \times 240} = 3.437 \text{ francs.}$$

Lorsque l'or est coté 77 sh. 10 1/2 à Londres et que la livre vaut à Paris 25,167, la parité du prix de l'or est 3.437 francs (1).

PARITÉ DES MONNAIES. — Les calculs précédents s'appliquent aux lingots d'or; pour les lingots d'argent, les procédés sont identiques. Il en est de même pour les monnaies, qui sont des lingots, et dont la valeur d'échange dépend du poids, du titre et du cours du métal. Cependant, il est utile de connaître la valeur intrinsèque

------

(1) A défaut d'indication sur la cote de Paris, on peut ainsi, connaissant le cours à Londres et la valeur de la livre, calculer le prix de l'or ou de l'argent sur notre place.

de quelques unités monétaires étrangères, c'est-à-dire d'établir la parité entre notre monnaie nationale d'or ou d'argent et celles des autres pays. On part dans tous les calculs de la base suivante :

$$9 \text{ grammes d'or pur valent} \ldots \ldots \quad 31 \text{ francs.}$$

$$9 \quad — \quad \text{d'argent pur valent.} \quad \frac{31}{15,5} = 2 \text{ francs.}$$

La valeur qu'on obtient ainsi pour les monnaies étrangères s'appelle *valeur au pair* (parité) ou *valeur intrinsèque*.

VALEUR INTRINSÈQUE
DES PRINCIPALES UNITÉS MONÉTAIRES

Angleterre. — Sachant que l'on taille 1.869 souverains dans 40 livres troy au titre st., cherchons la valeur en francs de la livre sterling.

Valeur en francs de la livre :

$$x \text{ fr} \ldots \ldots \ldots \ldots \ldots \ldots \quad £ \ 1.$$
$$1.869 \ £ \ldots \ldots \ldots \ldots \ldots \ldots \quad 40 \text{ lb. st.}$$
$$1 \text{ lb. st.} \ldots \ldots \ldots \ldots \ldots \quad 373 \text{ gr. } 2419 \text{ à } \frac{11}{12}.$$
$$12 \text{ grammes à } \frac{11}{12} \ldots \ldots \quad 11 \text{ grammes fin.}$$
$$9 \quad — \quad \text{fin} \ldots \ldots \ldots \quad 31 \text{ francs.}$$

$$x = \frac{40 \times 373{,}2419 \times 11 \times 31}{1.869 \times 12 \times 9} = 25 \text{ fr. } 2215.$$

Allemagne. — Sachant que l'on taille 279 pièces de 10 marks (3 gr. 982 à 0,900) dans 1 kilogramme or pur, cherchons la valeur en francs du reichsmark :

$$x \text{ fr} \ldots \ldots \ldots \ldots \ldots \quad Rm. \ 10.$$
$$2.790 \ Rm \ldots \ldots \ldots \ldots \ldots \quad 1.000 \text{ grammes fin.}$$
$$9 \text{ grammes fin} \ldots \ldots \ldots \quad 31 \text{ francs.}$$

$$x = \frac{10 \times 1.000 \times 31}{2.790 \times 9} = 12 \text{ fr. } 345679.$$

D'où : $Rm = 1 \text{ fr. } 2345679.$

Hollande. — L'unité est le florin en argent pesant 10 grammes au titre de 0,945.

Valeur en francs du florin :

$$x \text{ fr} \ldots \ldots \ldots \ldots \ldots \quad 10 \text{ grammes à } 0{,}945.$$
$$1.000 \text{ grammes à } 0{,}945 \ldots \quad 945 \text{ fin.}$$
$$9 \quad — \quad \text{fin} \ldots \ldots \ldots \quad 2 \text{ francs.}$$

$$x = \frac{10 \times 945 \times 2}{1.000 \times 9} = 2 \text{ fr. } 10.$$

États scandinaves. — L'unité est la couronne. Sachant que l'on taille 248 pièces de 10 couronnes dans 1 kilogramme or pur, cherchons la valeur en francs de la couronne :

$$x \text{ fr.} \dots\dots\dots\dots \quad 10 \text{ couronnes.}$$
$$2.480 \text{ couronnes} \dots\dots\dots \quad 1.000 \text{ grammes or fin.}$$
$$9 \text{ grammes or fin} \dots\dots \quad 31 \text{ francs.}$$

$$x = \frac{10 \times 1.000 \times 31}{2.480 \times 9} = 13 \text{ fr. } 88.$$

La couronne des États scandinaves vaut donc : $\dfrac{13,88}{10} = 1$ fr. 388.

La pièce de 10 kr pèse 4 gr. 48 à 0,900.

États-Unis. — L'unité est le dollar or qui pèse 1 gr. 6718 et est au titre $\dfrac{9}{10}$.

$$x \text{ fr.} \dots\dots\dots\dots \quad 1 \text{ gr. } 6718 \text{ à } \frac{9}{10}.$$
$$1.000 \text{ grammes à } \frac{9}{10} \dots\dots \quad 900 \text{ grammes or fin.}$$
$$9 \quad — \quad \text{or fin} \dots\dots \quad 31 \text{ francs.}$$

$$x = \frac{1,6718 \times 900 \times 31}{1.000 \times 9} = 5 \text{ fr. } 18258.$$

Portugal. — L'escudo du Portugal (E) est une pièce d'or pesant 1 gr. 774 et au titre $\dfrac{11}{12}$. Sa valeur intrinsèque est déterminée par la conjointe :

$$x \text{ fr.} \dots\dots\dots\dots \quad 1 \text{ E.}$$
$$1 \text{ E.} \dots\dots\dots\dots \quad 1 \text{ gr. } 774 \text{ or à } \frac{11}{12}.$$
$$12 \text{ grammes à } \frac{11}{12} \dots\dots \quad 11 \text{ grammes or fin.}$$
$$9 \quad — \quad \text{or fin} \dots\dots \quad 31 \text{ francs.}$$

$$x = \frac{1 \times 1,774 \times 11 \times 31}{1 \times 12 \times 9} = 5 \text{ fr. } 60.$$

LE CHANGE

DÉFINITION

Le mot change a plusieurs acceptions :

C'est d'abord l'opération qui consiste à convertir en monnaie nationale des monnaies étrangères : or, argent, billets de banque *change manuel*), ou des effets de commerce (*change tiré*), ou encore des créances représentées par des titres amortis ou des coupons échus.

C'est aussi le prix auquel se fait cette conversion; on dira : *le change sur Londres est* à 48; cela signifie que l'unité monétaire anglaise, la livre sterling, vaut à Paris 48 francs; on devrait dire : *le cours du change sur Londres*.

Lorsque les opérations de change se font entre monnaies ou valeurs d'un même pays, c'est du *change intérieur* qu'il s'agit.

Autrefois, il n'y avait pas concordance entre les monnaies des diverses provinces; de plus, les recouvrements étaient longs et difficiles, le prix des monnaies et le taux de négociation des lettres de change variaient sensiblement pour un même pays. Aujourd'hui, l'intermédiaire se contente d'une légère commission qui l'indemnise de ses frais et de ses dérangements; cette commission a été également appelée *change*, on devrait l'appeler *perte au change;* elle n'est guère perçue que pour les localités peu importantes.

Lorsqu'il s'agit d'effets de commerce ou de créances sur l'étranger, comme ils sont exprimés en une autre monnaie que la monnaie nationale, le banquier s'indemnise de ses frais en les achetant à un prix légèrement inférieur au cours pratiqué, indépendamment, bien entendu, de l'escompte qu'il retient si l'effet n'est pas échu.

Le cours du change dépend d'abord de la quantité de métal fin contenu dans les pièces de monnaie; lorsqu'il correspond exactement à la valeur du métal, on dit qu'il est *au pair*.

Il dépend aussi de la situation financière du pays débiteur et de sa circulation fiduciaire; le prix de la monnaie de papier diffère souvent du prix de la monnaie métallique.

Enfin, entre pays offrant les mêmes garanties, il varie comme le prix de toute marchandise, suivant l'offre et la demande.

Supposons qu'un commerçant anglais soit débiteur d'un négociant parisien. Comment s'acquittera-t-il? Il choisira, évidemment, le règlement qui lui reviendra le moins cher. Il pourra envoyer de l'or à Paris; il pourra aussi s'acquitter en adressant à son créancier une lettre de change payable à Paris et à l'aide de laquelle le négociant parisien devra pouvoir toucher le montant de sa créance. Le commerçant anglais, s'il use de ce dernier procédé, trouvera toujours à Londres des personnes bénéficiaires et détentrices de lettres de change payables à Paris. Ces bénéficiaires représentent pour les Parisiens, des créanciers anglais; le débiteur dont nous parlions au début fait partie du groupe de nos débiteurs anglais.

Les créanciers anglais, pour encaisser le montant de leurs traites, peuvent les faire encaisser directement à Paris, moyennant quelques frais; mais si les débiteurs anglais ont avantage à se libérer envers Paris en y envoyant des lettres de change payables à Paris, lesdits débiteurs achèteront simplement aux créanciers anglais leurs lettres de change, les créanciers anglais y trouveront une économie en ce qui concerne les frais d'encaissement.

En résumé, il y aura à Londres, d'une part, des acheteurs de lettres de change sun Paris (nos débiteurs en francs), d'autre part, des vendeurs de la même marchandise (nos créanciers en francs). Il se produira donc des fluctuations qui dépendront du plus ou moins de besoin des débiteurs et du plus ou moins grand désir de vente de la part des créanciers. Il en serait de même des créances et des dettes en livres.

On voit maintenant que le cours du change va dépendre de la situation commerciale réciproque des deux pays. Si nous avons acheté beaucoup à l'Angleterre et vendu moins, nous aurons en Angleterre plus de créanciers que de débiteurs; à Londres, le papier sur Paris sera plus offert que demandé et le cours tendra vers la baisse. Par réciproque, le cours à Paris des traites sur Londres aura tendance à la hausse.

Dans le cas contraire, le papier sur Paris sera en hausse à Londres et le papier sur Londres en baisse à Paris. Enfin, en cas d'équivalence des dettes et des créances, le papier sera *au pair* sur les deux places.

Le cours du change n'est pas forcément au pair entre deux pays ayant la même unité monétaire; la pièce de 1 franc contient le même poids d'argent en Belgique, en France, en Suisse, mais le franc belge, le franc français, le franc suisse sont en réalité trois monnaies bien distinctes.

La balance du commerce n'est pas le seul élément qui influe sur les dettes et les créances respectives de deux places.

Parmi les autres causes, on peut signaler :

1° Les dettes contractées dans un pays par les étrangers qui viennent le visiter (frais de transport, frais de séjour, achats sur place); ces dettes se règlent, soit par un apport de monnaie étrangère, soit par la négociation de chèques, soit par des ouvertures de crédit. Pour des contrées qui, comme la France, l'Italie, la Suisse, offrent aux touristes l'attrait de paysages pittoresques, d'un climat agréable, d'une vie facile ou de curiosités artistiques, cette source de revenus est appréciable;

2° Le prix du fret payé à une nation dont la marine est très florissante et transporte non seulement ses propres marchandises, mais aussi les marchandises des autres pays. Telle, la marine anglaise.

3° Le revenu des capitaux nationaux placés à l'étranger et la vente de ces créances.

Les nécessités de la guerre ont obligé les Français à réaliser une partie de leurs valeurs mobilières étrangères pour aider le Trésor (soit par ventes directes sun les marchés alliés ou neutres, soit sous forme de prêts de titres qui ont été réalisés par le Trésor français).

De ce fait, nous avons pu, sans trop affecter notre change, régler à l'étranger une partie des dettes contractées pour achats de denrées ou de matériel; mais nos revenus en monnaie étrangère ont diminué de façon notable.

4° Le placement d'emprunts à l'étranger, constituant une créance immédiate du pays émetteur et une dette à terme pour le prêteur.

Mais, de même que la vente des créances sur l'étranger nous prive de leur revenu ultérieur, de même le placement d'emprunts nous rend tous les ans débiteurs de l'intérêt et, à une date plus ou moins éloignée, débiteurs du capital.

Les dettes contractées par la France, notamment envers les États-Unis et l'Angleterre, ne permettent pas d'envisager rapidement une stabilisation de notre change au cours d'avant-guerre, qui se tenait aux environs du pair.

Change favorable. — Le change est dit *favorable* pour un pays, lorsque le cours du papier se rapproche de la limite où l'importation du métal dans ce pays devient imminente. Par exemple, si à Londres le papier sur Paris est très demandé, il pourra y avoir un moment où le débiteur préférera se libérer par un envoi de numéraire à Paris.

Il en résultera un afflux d'or vers Paris; c'est un avantage, d'où l'expression *change favorable*.

Cette limite est appelée *gold-point*; on distingue le *gold-point d'entrée* et le *gold-point de sortie*.

Change défavorable. — Le change est défavorable dans le cas contraire, c'est-à-dire lorsque le cours du papier s'éloigne de la limite d'importation du métal. Dans l'exemple précédent, il est évident que si le change entre la France et l'Angleterre est favorable pour nous, il est défavorable pour l'Angleterre, car il est arrivé au gold-point de sortie.

Utilité des opérations de change. — Les opérations de change ont une grande utilité, celle de restreindre les envois de numéraire et par là même les frais et les complications qui en résultent, en compensant dans la limite du possible les dettes et les créances exprimées dans la même monnaie.

LE COMMERCE DU CHANGE — LES COTES

Puisque le papier fait l'objet d'offres et de demandes, on comprend qu'il existe, comme pour les marchandises, des marchés où se retrouvent acheteurs et vendeurs. Les plus importants sont à New-York, Londres, Paris, Amsterdam, Berlin.

Chaque marché a une cote quotidienne qui donne, entre autres renseignements, le nom des villes sur lesquelles le papier est payable, le cours (qui est variable), la base qui sert de terme de comparaison pour les cours, l'échéance (qui est celle du papier dont le cours est donné), et le taux qui est usité dans les calculs d'escompte. On désigne sous le nom de *devises* les lettres de change sur l'étranger. Enfin, on distingue, dans la façon de coter, deux procédés qui sont : l'*incertain* et le *certain*.

Incertain. — On dit qu'une place *donne l'incertain*, lorsque, pour une quantité fixe de monnaie étrangère, elle offre une quantité variable de sa propre monnaie. Ainsi, on lit sur la cote de Paris :

Hollande 450, ce qui veut dire que pour avoir une lettre de change de Fl. 100 payable en Hollande, il faut payer 450 francs ; hier on ne payait que 446,75, demain on paiera peut-être 452,25, c'est donc notre monnaie qui varie, la *base* du change restant fixe.

On dira que Paris *donne l'incertain*.

Certain. — Une place *donne le certain* dans le cas contraire, c'est-à-dire lorsque la quantité de monnaie nationale reste fixe, la quantité de monnaie étrangère variant.

Ainsi, sur la cote de Londres, on voit :

Amsterdam 12,1, ce qui signifie que pour 1 livre on aura à Londres une lettre de change de 12 fl. 10 payable en Hollande ; les jours suivants, avec la même somme de 1 livre, on obtiendrait une traite de 12 florins ou 12 fl. 4, etc...

Cette différence dans la manière de coter, qui n'est pas sans inconvénient pour le calcul, a une origine. Les places donnant le certain sont généralement celles dont l'unité monétaire a une valeur assez considérable. Supposons que Londres donne l'incertain pour le papier sur Paris ; par exemple Londres donnerait, la base étant supposée 25 fr. 20, tantôt £ 1,03, tantôt £ 0,19,11. Les différences des cours seraient évidemment plus difficiles à apprécier que dans le cas réel 25 fr. 20, 25 fr. 22, 25 fr. 28, etc...

Places cotant l'incertain et le certain. — Paris, New-York, Vienne, Berlin, Pétrograd donnent l'incertain à toutes les places ; Londres donne le certain à toutes les places, sauf à l'Inde, au Japon et à Lisbonne.

COTE DE PARIS

Description. — La cote des changes de Paris figure à la page 21 de la cote officielle des agents de change, à la suite de la cote des matières d'or et d'argent. On sait que les agents de change, en principe, devaient monopoliser le commerce des lettres de change, mais en fait ils n'ont comme privilège que celui d'en constater et d'en publier les cours.

Avant le 1er mai 1907, la cote des changes de Paris avait une disposition différente et moins claire que celle qu'on lui a donnée à cette date. Certaines devises étaient *cotées à vue*, c'est-à-dire que le cours s'entendait pour effets à vue ; d'autres *étaient à 3 mois*, c'est-à-dire qu'on prenait comme base une lettre de change à

90 jours d'échéance. Dans le premier cas, il y avait un calcul d'escompte à faire pour évaluer un effet non échu; dans le deuxième cas, il fallait ramener les effets à l'échéance de la cote, en ajoutant l'intérêt pendant le temps restant à courir depuis l'échéance réelle jusqu'au 90e jour à compter de la négociation. Un effet de 100 roubles ayant 50 jours à courir valait le prix indiqué par la cote, augmenté des intérêts pendant quarante jours. Dans ce cas, les intérêts étaient toujours calculés à 4 %.

La distinction a disparu, toutes les devises se cotent maintenant à vue et voici comment se présente la cote.

Elle se divise en quatre colonnes :

1re colonne : *changes ou devises.* — C'est l'indication de la place étrangère sur laquelle le papier est tiré. On remarque que pour certaines devises, c'est le nom du pays qui est indiqué au lieu de celui de la capitale.

2e colonne : *chèque, versement, papier court.* — Les cours indiqués sont communs à ces trois sortes de règlement.

Pour l'Angleterre, on opère souvent par chèques qui présentent un avantage au point de vue du timbre. Pour l'Espagne et pour la Russie, on fait d'assez nombreuses opérations de versement, c'est-à-dire que pour payer une dette dans un de ces pays, on verse directement à un banquier de Paris, lequel télégraphie à son correspondant espagnol ou russe de faire le paiement au créancier. Il faut ajouter les menus frais de correspondance.

Quant au papier court, c'est le papier dont l'échéance ne dépasse pas 30 jours à compter de la date de négociation.

3e colonne : *papier à 3 mois, papier long.* — La cote du papier à 3 mois ne signifie pas que les cours inscrits dans cette colonne sont ceux des effets ayant trois mois d'échéance. Il s'agit toujours du prix des effets à vue; mais lorsque l'effet que l'on veut négocier a une échéance dépassant trente jours, c'est dans la troisième colonne que l'on prend le cours, et non dans la deuxième dont les cours servent de base au calcul du papier court. La délimitation entre le papier court et le papier long n'est pas très précise. Dans certaines banques, on ne considère comme papier long que celui dépassant 45 jours. Le papier de 30 à 45 jours n'ayant pas de cote spéciale aura un cours fixé à l'amiable.

Cette distinction est sans intérêt dans la pratique, attendu que les cours, quels qu'ils soient, sont le résultat d'une entente entre vendeur et acheteur. Toutefois, lorsque Paris cotait certaines devises à 3 mois et d'autres à vue, elle avait son importance, car la différence des cours du papier long et du papier court s'expliquait par la différence du taux d'escompte à Paris et dans les places étrangères. Le cours du papier long était inférieur à celui du papier court, toutes les fois que l'escompte à l'étranger était supérieur à 4 % et inversement. Il y avait une autre raison qui existe toujours et qui amène une différence entre le papier court et le papier long, c'est que tantôt c'est celui-ci, tantôt c'est celui-là qui est le plus demandé. Indiquons seulement que les prévisions de hausse et de baisse, dans un temps plus ou moins éloigné, guident la préférence des intéressés.

4e colonne : *escompte*. — La quatrième colonne donne les escomptes à l'étranger. C'est en effet le taux de l'étranger qui sert de base pour modifier la valeur d'un effet selon son échéance.

Autrefois, on se servait d'un taux uniforme qui était 4 % pour les places cotées à trois mois, de sorte qu'il suffisait d'ajouter 1 % au cours de la cote pour avoir le cours à vue.

Pendant la période de guerre, et jusqu'au 10 septembre 1919, la cote de Paris a encore été réduite; elle n'a plus comporté que deux colonnes : 1° devises; 2° cours extrêmes du chèque, du versement et du papier court.

Depuis le 10 septembre 1919, elle ne donne que le cours moyen, mais elle indique aussi celui de la veille.

Nous donnons ci-après les aspects successifs de la cote officielle qui doit être considérée actuellement comme présentant une disposition toute provisoire :

COTE OFFICIELLE DES CHANGES EN 1909

CHANGES	CHÈQUE-VERSEMENT PAPIER COURT	PAPIER A 3 MOIS	ESCOMPTE à L'ÉTRANGER
Londres........	25 12 1/2 à 25 15 1/2	25 15 1/2 à 25 18 1/2	4 o/o
Allemagne	122 1/2 à 122 3/4	122 3/4 à 123	5 1/2 o/o
Belgique........	99 11/16 à 99 13/16	99 13/16 à 99 15/16	5 o/o
Espagne........	450 à 455	450 à 455	4 1/2 o/o
Hollande	209 1/8 à 209 5/8	209 1/8 à 209 5/8	5 1/2 o/o
Italie	99 5/16 à 99 7/16	99 13/16 à 99 15/16	5 o/o
New-York	516 1/2 à 519 1/2	515 à 518	5 o/o
Portugal........	559 à 569	557 à 567	5 1/2 o/o
St-Pétersbourg..	262 1/4 à 264 1/4	261 3/4 à 263 3/4	7 o/o
Suisse	99 11/16 à 99 13/16	99 13/16 à 99 15/16	5 o/o
Vienne.........	103 1/4 à 103 1/2	103 1/4 à 103 1/2	4 1/2 o/o.

COTE OFFICIELLE DES CHANGES EN 1918
(Période de guerre).

CHANGES	CHÈQUE-VERSEMENT PAPIER COURT	CHANGES	CHÈQUE-VERSEMENT PAPIER COURT
Londres......	27 13 à 27 18	New-York....	567 1/2 à 572 1/2
Danemark....	176 1/2 à 180 1/2	Norvège.. ...	179 à 183
Espagne......	811 à 817	Portugal......	..... à ....
Hollande.....	286 à 290	Petrograd	... .. à ....
Italie.........	58 3/4 à 60 3/4	Suède........	193 1/2 à 197 1/2
Canada.......	... .. à	Suisse........	143 1/4 à 145 1/4

Observations sur la cote. — Les cotes de 1909 et de 1918 donnent deux cours dans chaque colonne et pour chaque devise; le plus élevé est réservé aux effets des maisons de première importance, le plus bas aux autres établissements.

Le timbre étranger des lettres de change est à la charge du vendeur, la connaissance des lois fiscales étrangères est donc nécessaire pour effectuer les calculs de change.

COTE OFFICIELLE DES CHANGES EN 1923
Chèque. Versement. Papier court.

VERSEMENT TÉLÉGRAPHIQUE

COURS de LA VEILLE		COURS MOYEN	COURS de LA VEILLE		COURS MOYEN
87 80	Londres	87 75	71 80	Italie	72 10
1455	New-York	1457 50	»	Japon	»
0 1375	Allemagne	0 1375	271 50	Norvège	272
»	Argentine	»	»	Petrograd	»
91 50	Belgique	91 70	0 08	Pologne	0 08
»	Brésil	»	»	Portugal	»
»	Bulgarie	»	41 80	Prague	»
»	Canada	»	8	Roumanie	8
465	Danemark	»	»	Serbie	»
228 75	Espagne	228	693 50	Suède	701
36 50	Finlande	»	275 75	Suisse	274 25
»	Grèce	16	»	Uruguay	»
577	Hollande	575 50	22	Vienne (100.000 cour.)	21 80
»	Hongrie	0 60			

Bases des changes. — Les cours de la cote de Paris s'entendent presque toujours pour 100 unités monétaires étrangères; ils sont établis comme suit :

Unités de négociation.

DEVISES	MONNAIES	UNITÉS	DEVISES	MONNAIES	UNITÉS
Londres	Livre Sterling	1	Italie	Lires	100
New-York	Dollars	100	Japon	Yen	100
Allemagne	Marks	100	Norvège	Kroner	100
Argentine	Pesos	100	Petrograd	Roubles	100
Belgique	Francs	100	Pologne	Marki	100
Belgrade	Dinars	100	Portugal	Escudos	100
Brésil	Milreis	100	Prague	Couronnes	100
Canada	Dollars	100	Roumanie	Leis	100
Danemark	Kronor	100	Suède	Kronor	100
Espagne	Pesetas (or fin)	100	Suisse	Francs	100
Finlande	Markka	100	Uruguay	Piastres	100
Grèce	Drachmes	100	Vienne	Couronnes	100.000
Hollande	Florins	100			
Hongrie	Couronnes	100			

CALCULS SUR LA COTE DE PARIS

En raison des difficultés financières et économiques, et des restrictions législatives qui paralysent actuellement les échanges internationaux, les opérations de change ne présentent plus la diversité qu'elles avaient auparavant.

Les seules questions que l'on puisse avoir à résoudre d'après la cote actuelle se ramènent à l'escompte ordinaire d'effets libellés en monnaie étrangère à convertir en francs, et réciproquement.

1er *exemple* : calculer la valeur à Paris au 2 avril d'un effet de 200 livres à échéance du 20 avril, le cours de la livre étant 49,85 et le taux de l'escompte à Londres 5 %.

Il suffit de retrancher 18 jours d'intérêt à 5 % et de multiplier par 49,85.

Valeur nominale.......... £   200
— 18 jours à 5 %......... · 0,50

Valeur au 2 avril........ £   199,50 × 49 fr. 85 = 9.945 fr. 07.

Remarque. — Il est souvent préférable de calculer l'intérêt sur le cours donné par la cote, de faire le net sur ce cours et de multiplier par le montant de l'effet. On peut encore calculer l'effet comme s'il était à vue et déduire l'escompte sur la somme en francs.

Ainsi, dans le problème précédent :

£ 200 à vue = 49,85 × 200 =........ Fr.   9.970   »
— intérêts de 18 jours à 5 %..............   24 93

Net.............................   9.945 07

2e *exemple* : Convertir 12.500 francs à vue en pesetas à 45 jours, autrement dit : quel sera le montant nominal de l'effet sur l'Espagne à 45 jours que l'on pourra obtenir en versant à Paris 12.500 francs?

Cours du change 175; taux d'escompte à Madrid 6 %.

Le diviseur correspondant à 6 % est 6.000.

Donc, au taux de 6 %, 6.000 pesetas rapportent 1 peseta par jour et 45 pesetas en 45 jours.

D'où la conjointe :

x pesetas à 45 jours = . 12.500 francs à vue.
175 francs à vue = ...   100 pesetas   —
5.955 pesetas   — = ... 6.000   —   à 45 jours.

$$x = \frac{12.500 \times 100 \times 6.000}{175 \times 5.955} = 7.196 \text{ ps. } 83.$$

Preuve : 7.196,83 à 45 jours valent :

$$\frac{7.196,83 \times 175}{100} - \text{int. à 6 \% pendant 45 jours.}$$

$$= 12.594,46 - 94.46 = 12.500 \text{ francs.}$$

Dans ces deux problèmes, nous avons calculé par l'escompte en dehors; nous avons converti l'effet à échéance en un effet à vue.

Bordereau d'aval. — L'*aval* est un bordereau spécial présenté à l'escompte et se composant d'effets payables sur l'étranger.

Le bordereau d'aval a une grande analogie avec le bordereau ordinaire.

Les différences, pour Paris du moins, sont :

1º Les jours sont comptés du jour de la négociation et l'aval est présenté le lendemain;

2º Le vendeur doit bonifier à son acheteur les timbres étrangers pour les effets non timbrés;

3º La négociation porte souvent sur des secondes de change, les premières étant à l'acceptation;

4º Le vendeur est responsable des effets envoyés directement à l'acceptation; au bas de l'aval figure une formule spéciale : « Au besoin, je fournirai à (nom de l'acheteur)..... le duplicata des effets ci-dessus, en ayant reçu la valeur contre le présent aval. »

Presque toujours, l'aval porte le nom du courtier de change, lequel prend souvent le papier à ses risques et périls avant même d'avoir trouvé un acheteur.

Exemple : le 22 janvier, nous négocions, à la Société générale de Crédit industriel et commercial :

£ 345.14.6 au 10 février sur Londres.
£ 528.9.5 au 28 —   —
£ 642.18.6 au 20 mars   —

Change de Paris sur Londres à vue 50 francs, taux 5 %.

Pour les effets sur l'Angleterre, on augmentait de trois le nombre de jours à courir, à cause du délai de grâce. Depuis le 1er mai 1907, on n'en tient plus compte, du moins dans la plupart des banques.

Dans les avals sur Londres, les calculs peuvent se faire rapidement par les nombres, en négligeant les deniers des capitaux et en remplaçant les shillings par des nombres décimaux. On peut même négliger les shillings dans le calcul et forcer la somme en livres si elle indique plus de 10 shillings; la différence finale n'est pas sensible.

Bordereau de négociation.

SOMMES			VILLES	ÉCHÉANCES	JOURS		NOMBRES	
345	14	6	Londres	10 février......	19		6.574	»
528	9	5	—	28 —	37		19.536	»
642	18	6	—	20 mars........	57		36.651	»
1.517	2	5					62.761	»
8	11	9	Escompte 5 o/o s/nombre 62.761.					
1.508	10	8	Au change de £ 1 = 50. Net :				75.426	66

Paris, le 22 janvier 1922,

LE DIRECTEUR,

Francs 75.426,66 à recevoir chez M...
Société générale de Crédit industriel et commercial.

Frais accessoires. — Dans les calculs précédents, nous n'avons pas tenu compte de deux sortes de frais qui modifient les résultats : d'une part, les timbres étrangers que le vendeur doit payer à l'acheteur lorsque l'effet n'en est pas revêtu ; d'autre part, le courtage, qui a bien un taux officiel pour chaque pays, mais qui subit si souvent des réductions, par suite d'une entente amiable, que toute introduction du courtage dans un calcul reste purement théorique. Il est cependant utile de connaître les timbres et les courtages ; on trouve ces renseignements détaillés dans des ouvrages de droit fiscal et de finances et dans les agendas financiers.

COTES ÉTRANGÈRES

Les opérations de change nécessitent souvent la consultation des cotes des places étrangères. Ces cotes diffèrent de celle de Paris sur plusieurs points.

Certaines places, considérant comme nous que la monnaie étrangère est une marchandise, en donnent le cours en monnaie nationale pour une quantité fixe de cette monnaie étrangère ; ces places donnent l'incertain ; c'est le cas le plus fréquent.

D'autres places, au contraire, indiquent quelle quantité de monnaie étrangère on peut obtenir avec une quantité fixe de leur propre unité monétaire ; elles donnent le certain.

Voici, à titre d'exemples, la cote de Londres (qui donne le certain à diverses places, l'incertain à d'autres), et la cote de New-York.

Cote des changes de Londres du 20 mars 1922.

PLACE	COURS NORMAL (pair)	DERNIERS		PRÉCÉDENTS		
Paris	25,22 1/2	48,80	48,90	48,51	48,58	
New-York	4,86 21/32	4,37 1/2	4,38	4,39	4,40	
Montreal	4,86 21/32	4,52 1/2	4,53	4,54	4,55	
Brussels	25,22 1/2	51,60	51,90	51,50	51,60	
Amsterdam	12,10	11,55	11,58	11,58	11,60	
Italy	25,22 1/2	86	86,50	85,50	86	
Madrid	25,22 1/2	28,19	28,23	28,05	28,10	
Berlin	20,43	1.300	1.310	1.225	1.230	
Austria	24,02	30000 about		29.000	30.000	
Prague	24,02	250	256	245	255	
Warsaw	20,43	17.000	18.000	16.600	18.500	
Bucarest	»	570	590	575	605	
Belgrade	»	345	355	345	335	
Sofia	»	850	800	650	800	
Constantinople	»	645	670	645	670	
Greece	25,22 1/2	102	104	100	102	
Switzerland	25,22 1/2	22,45	22,60	22,55	22,60	
Lisbon	53 1/4 d	4 7/8 d	5 1/8 d	4 3/4 d	5 1/4 d	
Helsingfors	25,22 1/2	205	208	206	212	
Copenhagen	18,159	20,60	20,85	20,65	20,75	
Stockholm	18,159	16,70	16,75	16,85	16,75	
Christiania	18,159	25	25 d	25,36	25,60	
Alexandria	97 7/2	97 3/8	90 5/8	99 5/8	97 5/8	
Bombay	2sh od	1/3 1/4	1/3 5/16	1/3 5/16	1/3 3/8	
Calcutta	2sh od	1/3 1/4	1/3 5/16	1/3 5/16	1/3 3/8	
Singapore	»	2/3 11/16	2/3 11/16	2/3 11/16	2/3 11/16	
Hong Kong	»	2/5 1/2	2/5 1/2	2/5 5/8	2/5 5/8	
Shanghai	»	3/2	3/3 1/2	3/2	3/3 1/2	
Yokohama	24,58 d	2/1 7/8	2/2 1/16	2/1 3/8	2/1 15/16	
Kobe	24,58 d	2/1 1/2		2/2 7/2		
Rio de Janeiro	27 d	7 21/32		7 11/16		prices below
Buenos Aires	47/32 d	45 d	45 3/4 d	45 3/4 d	45 3/4 d	
Montevideo	[illegible] d	47 3/4 d	47 1/4 d	47 3/4 d	47 1/2 d	
Valparaiso	[illegible]	38,40		38,50		
Mexico	[illegible] d	25 1/2 d	7 1/2 d	25 1/2 d	7 1/2 d	

Argent 32 3/8 par once, au comptant, 33 1/4 d à terme.

Remarque. — Pour les places qui reçoivent [...] correspond à la cote la plus basse; pour les places qui [...] nombre le plus élevé correspond à la cote la plus haute.

Cote de New-York du 24 mars 1922.

Londres 60 jours à vue....	4.3650	(1 £).
— papier à vue....	4.3950	
— câble transfert....	4.39875	
Paris....................	9.08	100 francs.
Brussels.................	8.53	100 francs.
Amsterdam................	37.85	100 fl. P.B.
Milan....................	5.14	100 lires.
Madrid...................	15.60	100 pesetas.
Athens...................	4.36	100 drachmes.
Geneva...................	19.45	100 francs.
Copenhagen...............	21.35	100 couronnes.
Montreal.................	97.20	100 dollars.
Rio de Janeiro...........	13.85	100 milreis.
Buenos-Aires.............	36.75	100 pesos.
Valparaiso...............	11.32	100 pesos.

ARBITRAGES

On entend par arbitrage la recherche du procédé le plus avantageux pour régler une dette, encaisser une créance, ou se livrer à une spéculation.

1º Paiement d'une dette. — Supposons que Paris soit débiteur de Londres, il pourra régler sa dette de quatre façons :

a) Acheter sur sa place un effet payable à Londres, l'adresser à son créancier qui l'encaissera, c'est la *voie de remise*.

b) Demander à son créancier anglais de tirer sur lui une traite en francs, d'un montant tel qu'en la négociant à Londres, il reçoive exactement le montant de sa créance. Le débiteur acquittera l'effet à son échéance : c'est la *voie de traite*.

Remarque. — Paris donnant l'incertain à Londres et Londres le certain à Paris, l'examen des deux cotes permet de se rendre compte sans aucun calcul du procédé le plus avantageux (la place sur laquelle le cours de la livre est le moins élevé).

c) Acheter à Paris un effet payable sur une place C (autre que Londres) et d'un nominal tel que le créancier en le négociant obtienne le montant de sa créance.

Dans la pratique, pour que le créancier soit assuré d'encaisser exactement ce qui lui est dû, il faudra procéder comme suit : le créancier fera traite sur un correspondant commun de la place C. Ce correspondant de son côté fera traite sur le débiteur (*méthode de la double traite*); ou bien le débiteur adressera une remise au correspondant (*méthode de la parité*).

d) Faire acheter par le correspondant habitant la place C une traite en livres qui sera adressée au créancier.

Le correspondant fera traite sur Paris *(méthode de l'ordre en banque)* ou bien le débiteur achètera à Paris une traite sur la place C *(méthode du prix de revient)*.

- Quel que soit le procédé employé, le créancier doit encaisser en livres une somme égale à la valeur actuelle de sa créance.

Toutefois, si la créance est à terme et que la libération anticipée n'ait pas été prévue, il pourra exiger une remise en livres à l'échéance fixée, de façon à ne pas subir l'escompte.

Les règlements (*a*) et (*b*) constituent *l'arbitrage direct*; (*d*) et (*c*), *l'arbitrage indirect*; la place C est dite *place médiate*.

2° Règlement d'une créance. — Supposons Paris créancier de Londres en livres.

Le créancier pourra :

Arbitrage direct.

a) Demander une remise sur Paris et l'encaisser (*voie de remise*);

b) Fournir une traite sur Londres et la négocier (*voie de traite*).

Arbitrage indirect.

c) Demander au débiteur l'envoi d'une traite sur C et la négocier, ou bien la faire adresser au correspondant qui achètera une traite sur Paris;

d) Faire tirer par le correspondant sur le débiteur une traite en livres.

Le correspondant adressera au créancier une remise en francs, ou bien le créancier fera traite sur lui.

Dans ces modes de règlement, nous supposons que Paris est débiteur ou créancier d'une somme libellée en monnaie anglaise; si elle était libellée en monnaie française, c'est au correspondant anglais qu'appartiendrait le choix du règlement.

3° Spéculation. — La spéculation consistera à acheter du papier à Londres et à le vendre à Paris ou réciproquement, suivant les cours cotés sur l'une et l'autre place (*arbitrage direct*), ou à faire intervenir une place médiate (*arbitrage indirect*).

Indépendamment des fluctuations de cours, il faut tenir compte des frais supplémentaires qu'occasionneront les diverses opérations.

Pour comparer les cours des différentes places, on doit ramener les devises à une échéance unique; il y a donc lieu de faire quelques calculs d'escompte, c'est ce qu'on appelle le *nivellement des cours*.

Il se fait généralement à vue (1).

______

(1) Pour les applications numériques des principes exposés, se reporter aux *Calculs commerciaux et financiers*, du même auteur (1 vol. in-8°, chez Garnier frères.

CONSIDÉRATIONS SUR LA PÉRIODE ACTUELLE

Malgré les atténuations apportées au début de 1922, les restrictions qui entravent encore les opérations de change (1) ne permettent pas à celles-ci de reprendre leur importance d'avant-guerre.

En ce qui concerne les échanges internationaux, les variations brusques des devises étrangères sont une cause de risques pour les importateurs, le cours du change étant un des principaux éléments du prix de revient.

Ces risques ont pour conséquence une élévation du prix de vente, sorte de prime d'assurance du commerçant.

Les variations des cours du change ont donc eu sur le prix des matières premières et des marchandises importées la même influence que nous avons signalée à propos des valeurs mobilières, influence souvent exagérée.

Depuis mars 1922, les fluctuations sont beaucoup moins sensibles, mais l'incertitude qui subsiste encore au sujet des paiements de l'Allemagne et au sujet du règlement des dettes de la France envers ses alliés, empêche une amélioration rapide de notre franc. Il est probable qu'avant le retour à la situation normale, il se produira encore des périodes de hausse, de durée plus ou moins longue.

Par suite de ces fluctuations, les fonds d'Etats et les obligations dont les coupons sont payables en monnaie étrangère sont devenus de véritables titres à revenu variable, d'autant plus que certains de ces coupons sont libellés en plusieurs monnaies dont les variations n'ont pas forcément la même ampleur.

Aussi, l'encaissement des coupons étrangers présente-t-il plus d'imprévu qu'autrefois. Avant la guerre, les cours se tenaient aux environs du pair; la prime étant peu importante, le présentateur ne s'en préoccupait guère; il en laissait le plus souvent le bénéfice au banquier ou au changeur; il n'en est plus de même aujourd'hui; et cela est vrai non seulement à l'égard des Français, mais souvent aussi à l'égard des nationaux du pays émetteur.

Ainsi, les coupons de certains fonds japonais ou chinois sont libellés en livres et en dollars, la parité entre ces deux monnaies étant calculée à un change fixe sur la base du pair (4 dollars 87 = 1 livre).

Si, à Londres, le dollar cote 4.23, il est au-dessus du pair par rapport à la livre, il sera donc préférable d'encaisser 4 dollars 87 que d'encaisser 1 livre.

A Paris, les cours de la livre et du dollar seront à peu près dans le rapport de 4,23 à 1; et si le dollar cote 12 francs, la livre vaudra :

$$12 \times 4,23 = 50 \text{ fr. } 76.$$

---

(1) On trouvera aux annexes, 5° partie, le relevé des principales dispositions réglementant le commerce des changes.

Le coupon de 1 livre vaudra 50 fr. 76, si on le fait encaisser par Londres; mais au change fixe de 4 dollars 87 pour 1 livre, il pourra être encaissé en passant par New-York à raison de :

$$12 \times 4,87 = 58 \text{ fr. } 44.$$

Certains fonds scandinaves sont libellés en couronnes et en livres; d'autres en couronnes et en francs; suivant les cours respectifs de l'une et de l'autre monnaie, le porteur fera encaisser ses coupons sur telle ou telle place.

Le nominal de 500 francs correspond à 360 couronnes (au pair de 1.389); les coupons sont donc (s'il s'agit d'emprunt 3 %) de 7 fr. 50 ou 5 kr. 40; toutes les fois que la couronne est cotée au-dessus du pair, il est préférable d'encaisser en cette monnaie.

Pour ceux qui sont aussi libellés en livres, il sera plus avantageux de les encaisser par Londres lorsque le cours de la kr. sera inférieur au change fixe de 18 kr. 15 pour 1 livre (1).

La comparaison des divers cours est donc nécessaire pour l'encaissement des coupons; lorsque l'on connaît les diverses places sur lesquelles on peut encaisser et la parité des monnaies, on voit facilement le mode de règlement le plus avantageux.

Il faut remarquer toutefois que les délais d'encaissement sont plus longs pour certaines places, et que par suite le banquier intermédiaire doit se réserver une marge plus importante pour couvrir ses risques et payer l'intérêt des sommes qu'il avance.

Certaines sociétés ou certains États ne reconnaissent pas à leurs créanciers le droit d'option et prétendent payer en la monnaie qui leur plaît les coupons ou le remboursement de leurs titres.

Des actions diplomatiques ou des instances en justice deviennent alors nécessaires pour les forcer à respecter leurs engagements. D'ailleurs, lorsque les coupons sont libellés uniquement en leur monnaie nationale, les variations du change leur sont indifférentes, mais s'ils sont libellés en une autre monnaie, ils subissent une perte ou réalisent un bénéfice suivant les cours respectifs.

Un fonds d'Etat ou une obligation peuvent donc, dans bien des cas, être considérés comme étant à revenu variable à la fois par le débiteur et par le créancier.

Cette alternative ne se présente pas pour les valeurs françaises, car elles sont très rarement exprimées en monnaie étrangère.

Ce que nous venons de dire au sujet du choix du lieu de paiement ne s'applique pas aux coupons payables en une monnaie bien déterminée avec faculté pour le porteur d'encaisser sur une autre place au cours du change (par exemple des coupons libellés en livres et payables à New-York au cours du change sur Londres).

La conversion se faisant au change réel, l'encaissement d'un coupon libellé uniquement en livres doit donner sur n'importe quelle place une somme équivalente au cours de la livre.

---

(1) Comme Londres donne le certain, le prix marqué sera supérieur à 18,15, car il faudra plus de 18 kr. 15 pour valoir 1 livre sterling.

Affidavit. — On appelle affidavit la déclaration qui permet d'encaisser des coupons à l'étranger sans déduction des impôts qui frappent les nationaux de ce pays (surtout employé pour l'Angleterre, afin de ne pas supporter l'income-tax).

L'affidavit n'est pas accepté pour les rentes et les valeurs anglaises.

On appelle aussi affidavit la déclaration faite par le porteur d'un fonds d'Etat étranger qui désire encaisser les coupons ou le remboursement du capital en sa monnaie nationale et non en la monnaie de l'Etat débiteur lorsqu'elle est dépréciée par rapport à la sienne.

Il faut un affidavit pour encaisser les coupons de la rente italienne et de la rente finlandaise; il en fallait autrefois pour la rente espagnole extérieure.

Le déclarant atteste sa nationalité et certifie que les titres lui appartiennent; quelquefois, la déclaration est faite par un tiers sous sa responsabilité.

LÉGISLATION
FINANCIÈRE

PRINCIPALES DISPOSITIONS LÉGISLATIVES
ET RÉGLEMENTAIRES CONCERNANT
LES MARCHÉS A TERME,
LES BOURSES DE COMMERCE, IMPOTS,
SOCIÉTÉS, etc., EN FRANCE

PREMIÈRE PARTIE

ORGANISATION DES BOURSES
INTERMÉDIAIRES

Code pénal.

ART. 419. — Tous ceux qui, par des faits faux ou calomnieux semés à dessein dans le public, auront opéré la hausse ou la baisse du prix des papiers et effets publics au-dessus ou au-dessous des prix qu'aurait déterminé la concurrence naturelle et libre du commerce, seront punis d'un emprisonnement d'un mois au moins, d'un an au plus, et d'une amende de 500 francs à 10.000 francs. Les coupables pourront de plus être mis par l'arrêt ou le jugement sous la surveillance de la haute police pendant deux ans au moins et cinq ans au plus.

Arrêt du Conseil portant établissement d'une bourse dans la Ville de Paris, pour les négociations de lettres de change, billets au porteur et à ordre, d'autres papiers commerciables et des marchandises et effets, et pour y traiter les affaires de commerce, tant de l'intérieur que de l'extérieur du royaume. (Fontainebleau, 24 septembre 1724.)

Le roi, s'étant fait rendre compte de la manière dont se font à Paris les négociations de lettres de change, billets au porteur et à ordre, et autres papiers commerçables, et des marchandises et effets, a jugé qu'il serait non seulement avantageux au commerce, mais encore très nécessaire pour y maintenir la bonne foi et la sûreté convenables, d'établir dans la ville de Paris une place où les négociants puissent s'assembler tous les jours à certaine heure, pour y traiter des affaires de commerce, tant de l'intérieur que de l'extérieur du royaume, et où les négociations de toutes lettres de change de place en place et sur les pays étrangers, billets au porteur ou à ordre, et autres papiers commerçables, et des marchandises et effets, puissent être faites à l'exclusion de tous autres lieux, entre gens connus, ou par le ministère de personnes que Sa Majesté commettra pour faire les fonctions des soixante agents de change créés par édit du mois de janvier 1723, dont les offices n'ont pas été levés ; à quoi Sa Majesté voulant pourvoir, ouï le rapport du sieur Dodun, conseiller ordinaire au conseil royal, contrôleur général des finances, le roi étant en son conseil, a ordonné et ordonne ce qui suit :

ART. 1er. — Il sera incessamment établi dans la ville de Paris une place appelée *la Bourse*, dont l'entrée principale sera rue Vivienne et dont l'ouverture sera indiquée et faite par le sieur lieutenant général de police, que Sa Majesté a commis et commet pour avoir juridiction sur la police d'icelle, et dont les jugements seront exécutés provisoirement, nonobstant opposition ou appellation quelconques.

2. La Bourse sera ouverte tous les jours, excepté les jours de dimanches et fêtes, depuis dix heures du matin jusqu'à une heure après-midi, après laquelle heure l'entrée en sera refusée à ceux qui s'y présenteront, de quelque état et condition qu'ils puissent être.

3. Il sera établi à la porte de la Bourse une garde commandée par un exempt, et composée du nombre d'archers que le sieur lieutenant général de police jugera à propos, pour empêcher les désordres.

4. L'entrée de la Bourse sera permise aux négociants, marchands, banquiers, financiers, agents de change et de commerce, bourgeois et autres personnes connues et domiciliées dans la ville de Paris, comme aussi aux forains et étrangers, pourvu que ces derniers soient connus d'un négociant, marchand ou agent de change et de commerce, domicilié à Paris.

5. Pour empêcher qu'il ne s'introduise à la Bourse d'autres personnes que celles qui auront droit d'y entrer, veut Sa Majesté qu'il soit distribué par le sieur lieutenant général de police, ou celui qu'il commettra à cet effet, une marque à chacun de ceux qui seront dans le cas de l'article précédent et sur la réquisition qu'ils en feront, lesquelles marques seront représentées à l'entrée de la Bourse sans être obligé de les laisser, par celui au nom duquel elles auront été délivrées et non autrement; et, si aucune desdites marques était représentée par une autre, elle sera arrêtée, ainsi que celui qui en sera porteur.

6. Ceux qui seront porteurs desdites marques les ayant perdues, en avertiront celui qui sera préposé pour cette distribution par le sieur lieutenant général de police, et il leur en sera délivré de nouvelles, et à l'égard de ceux qui cesseront de vouloir faire usage de celles qui leur auront été distribuées, ils seront tenus de les rapporter audit préposé; et dans l'un et l'autre cas, il en sera fait mention sur le rôle de distribution desdites marques.

7. Il ne sera délivré des marques aux forains et étrangers, pour avoir entrée à la Bourse, que sur le certificat d'un négociant, marchand, banquier ou agent de change et commerce domicilié à Paris.

8. Si d'autres particuliers trouvent le moyen d'entrer à la Bourse, sans avoir présenté une marque à leur nom, veut Sa Majesté qu'ils soient arrêtés, et en soient mis hors pour la première fois, avec défense de s'y représenter; et, en cas de récidive, à peine de prison et 1.000 livres d'amende au profit de l'hôpital général de Paris, et payable avant d'être élargis.

9. Si un particulier se sert du nom qui sera inscrit sur le billet dont il sera porteur pour entrer à la Bourse, et qu'il y soit arrêté, pour contravention à aucun des articles du présent règlement, ordonne Sa Majesté que, où il y aura preuve du prêt dudit billet, celui qui l'aura sera condamné en 1.500 livres d'amende, payable par corps et applicable à l'hôpital général, sans que cette peine puisse être remise ni modérée, et il ne pourra rentrer à la Bourse où son nom sera inscrit.

10. Si l'exempt ou les gardes à la porte de la Bourse y font entrer quelqu'un sans marque, ils seront destitués de leurs emplois et seront en outre, les gardes, condamnés à un mois de prison.

11. Les femmes ne pourront entrer à la Bourse, pour quelque cause ou prétexte que ce soit.

12. Toutes les négociations de lettres de change, billets au porteur ou à ordre, marchandises, papiers commerçables et autres effets, se feront à la Bourse, de la manière et ainsi qu'il en sera expliqué. Défend Sa Majesté à tous particuliers, de quelque état et condition qu'ils soient, de faire aucune assemblée et de tenir aucun bureau pour y traiter des négociations, soit en maisons bourgeoises, hôtels garnis, chambres garnies, cafés et limonadiers, cabaretiers, et partout ailleurs, à peine de prison et de 6.000 livres d'amende contre les contrevenants, payable avant de pouvoir être élargis, et applicable, moitié au dénonciateur et l'autre moitié à l'hôpital général; et seront tenus les propriétaires, en cas qu'ils occupent leurs maisons, ou les principaux locataires, aussitôt qu'ils auront connaissance de l'usage qui en sera fait en contravention au présent article, d'en faire déclaration au commissaire du quartier, et d'en requérir acte; faute de quoi, ils seront condamnés par corps en pareille amende de 6.000 livres, applicable comme ci-dessus.

13. Défend très expressément Sa Majesté aucuns attroupements dans les rues aux environs de la Bourse, et dans toutes les autres rues de la ville et faubourgs de Paris pour y faire aucunes négociations et sous quelque cause ou prétexte que ce soit; enjoint Sa Majesté au sieur lieutenant général de police de faire arrêter les contrevenants, et de les faire constituer prisonniers.

14. N'entend Sa Majesté comprendre dans les défenses portées par les deux précédents articles, les traités ou négociations pour marchandises seulement qui, outre la Bourse, pourront continuer de se faire dans les foires, halles ou marchés à ce destinés, et sans néanmoins qu'il puisse être fait aucune négociation d'autres effets.

15. Afin d'établir l'ordre et la tranquillité à la Bourse, et que chacun y puisse traiter de ses affaires sans être interrompu, Sa Majesté défend d'y annoncer le prix d'aucun effet à voix haute, et de faire aucun signal ou autre

manœuvre pour en faire hausser ou baisser le prix, à peine les contrevenants d'être privés d'entrer pour toujours à la Bourse, et condamnés par corps en 6.000 livres d'amende, applicable moitié au dénonciateur et l'autre moitié à l'hôpital général.

16. S'il arrive à la Bourse des contestations entre les particuliers, suivies de menaces et de voies de fait, celui qui aura levé la main pour frapper sera sur-le-champ arrêté et constitué prisonnier, pour être jugé suivant les ordonnances, et pour s'assurer des coupables, on sonnera une cloche au premier avertissement qui en sera donné, et les portes seront à l'instant même fermées, sans qui que ce soit puisse exiger qu'elles soient ouvertes, jusqu'à ce que les auteurs du désordre soient arrêtés, à peine contre ceux qui, par violence ou autrement, voudraient faire ouvrir lesdites portes, d'être traités comme complices du désordre.

17. Sa Majesté permet à tous marchands, négociants, banquiers et autres qui seront admis à la Bourse, de négocier entre eux les lettres de change, billets au porteur ou à ordre, ainsi que les marchandises, sans l'entremise des agents de change; et à l'égard de tous les autres effets et papiers commerciables, pour en détruire les ventes simulées qui en ont causé jusqu'à présent le discrédit, ils ne pourront être négociés que par l'entremise des agents de change, de la manière et ainsi qu'il sera ci-après expliqué, à peine de prison contre ceux qui en feront le commerce, et de 6.000 livres d'amende payable par corps, dont la moitié appartiendra au dénonciateur, et l'autre à l'hôpital général, laquelle ne pourra être remise ni modérée.

18. Toutes négociations de papiers commerçables et effets faites sans le ministère d'un agent de change seront déclarées nulles en cas de contestation, faisant Sa Majesté défenses à tous les huissiers et sergents de donner aucune assignation sur icelles à peine d'interdiction et 300 livres d'amende, et à tous juges de prononcer aucun jugement, à peine de nullité desdits jugements.

19. Les soixante offices d'agents de change, banque et commerce, créés par édit du mois de janvier 1723, n'ayant pas été levés, Sa Majesté ordonne qu'il sera commis à l'exercice desdits offices pour les exercer en la forme qui sera prescrite par le présent règlement.

20. Il sera fait choix de dix notables, bourgeois et négociants de la ville de Paris, lesquels examineront la capacité de ceux qui se présenteront pour être pourvus des soixante commissions d'agents de change, banque et commerce, et, sur l'avis desdits notables et négociants, Sa Majesté leur fera délivrer des lettres en la grande chancellerie pour exercer lesdites commissions.

21. Les agents de change seront tous de la R. C. A. et R. (religion catholique, apostolique et romaine) et Français, ou regnicoles au moins naturalisés, ayant atteint l'âge de vingt-cinq ans accomplis, et d'une réputation sans tache; ceux qui auront obtenu des lettres de répit, fait faillite ou contrat d'atermoiement, ne pourront être agents de change.

22. Les agents de change prêteront serment de s'acquitter fidèlement de leurs commissions entre les mains du sieur lieutenant général civil de Paris, après information par lui faite de leurs vie et mœurs, et ils ne payeront aucun droit de serment ni de réception.

23. Les commissions d'agents de change pourront être exercées sans aucune dérogeance à noblesse, Sa Majesté permettant à ceux qui en seront pourvus de les exercer conjointement avec les offices de conseiller-secrétaire du roi, tant en la grande chancellerie que dans les autres chancelleries du royaume, sans qu'il leur soit besoin d'arrêt, ni de lettres de comptabilité dont Sa Majesté les a dispensés et déchargés.

24. Arrivant un changement, par mort ou autrement, dans le nombre des soixante agents de change qui auront été nommés pour exercer lesdites commissions, l'examen de ceux qui lui succéderont sera renvoyé aux syndics des agents de change en place, sur l'avis desquels il leur sera expédié de nouvelles commissions.

25. Les agents de change seront tenus de se trouver tous les jours à la Bourse depuis dix heures du matin jusqu'à une heure après-midi, à l'exception des dimanches et fêtes, sans qu'ils puissent s'en dispenser pour quelque cause que ce soit, si ce n'est en cas de maladie.

26. Ils tiendront chacun un registre, journal qui sera coté et paraphé par

les juges et consuls de la ville de Paris, sur lequel Sa Majesté leur enjoint de garder une note exacte des lettres de change, billets et autres papiers commerciables, et des marchandises et effets qui seront par eux négociés, sans y enregistrer aucuns noms, mais en distinguant chaque partie par une suite de numéros et de délivrer à ceux qui les emploieront un certificat signé d'eux, de chaque négociation qu'ils feront, lequel certificat portera le même numéro et sera timbré du folio où la partie aura été inscrite sur leur registre.

27. Les agents de change auront foi et serment devant tous juges pour les négociations qu'ils auront faites; auxquels juges, ainsi qu'aux arbitres qui pourront être nommés, ils seront tenus, lorsqu'ils en seront requis, d'exhiber l'article de leur registre qui fera le sujet de la contestation.

28. Lorsque les négociations de lettres de change, billets au porteur ou à ordre et de marchandises, seront faites à la Bourse par le ministère des agents de change, le même agent pourra servir au tireur et au preneur des lettres ou billets, et au vendeur et à l'acheteur des marchandises.

29. A l'égard des négociations de papiers commerçables et autres effets, elles seront toujours faites par le ministère de deux agents de change; à l'effet de quoi les particuliers qui viendront acheter ou vendre des papiers commerçables et autres effets, remettront l'argent ou les effets aux agents de change avant l'heure de la Bourse, sur leurs reconnaissances portant promesse de leur en rendre compte dans le jour, et ne pourront néanmoins lesdits agents de change porter ni recevoir aucuns effets ni argent à la Bourse, ni faire leurs négociations, autrement qu'en la forme ci-après marquée; le tout à peine contre les agents de change qui contreviendront au contenu du présent article, de destitution et de 3.000 livres d'amende payable par corps, dont la moitié appartiendra au dénonciateur et l'autre moitié à l'hôpital général.

30. Lorsque deux agents de change seront d'accord à la Bourse d'une négociation, ils se donneront réciproquement leurs billets, portant promesse de se fournir dans le jour, savoir : par l'un les effets négociés, et par l'autre le prix desdits effets; et non seulement chaque billet sera timbré du même numéro sous lequel la négociation sera inscrite sur le registre de l'agent de change qui fera le billet, mais encore il rappellera le numéro du billet fourni par l'autre agent de change, afin que l'un serve de renseignement et de contrôle à l'autre, lesquels billets seront régulièrement acquittés de part et d'autre dans le jour, à peine d'y être contraints par corps, même poursuivis extraordinairement en cas de divertissement de deniers ou effets.

31. Les agents de change seront pareillement tenus, en consommant leurs négociations avec ceux qui les auront employés, de leur représenter le billet au dos duquel sera l'acquit de l'agent de change avec qui la négociation aura été faite, et de rappeler dans le certificat qu'ils en délivreront, conformément à l'article 26, le nom dudit agent de change et les deux numéros du billet, aussi bien que la nature et la quantité des effets vendus ou achetés et le prix desdits effets.

32. Sa Majesté fait très expresses défenses aux agents de change de faire aucune société entre eux, sous quelque prétexte que ce puisse être, ni avec aucun négociant ou marchand, soit en commandite ou autrement, même de faire aucune commission pour le compte des forains ou des étrangers, à moins qu'ils ne soient à Paris lors de la négociation, sous les peines portées par l'article 29.

33. Sa Majesté leur défend de se servir, sous quelque prétexte que ce soit, d'aucun commis, facteur ou entremetteur, même de leurs enfants, pour aucunes négociations de quelque nature qu'elles puissent être, si ce n'est en cas de maladie, et seulement pour achever les négociations qu'ils auront commencées, sans qu'ils puissent en faire de nouvelles, sous les peines portées par l'article 29.

34. Lesdits agents de change ne pourront, sous les mêmes peines, faire aucun commerce, directement ni indirectement, de lettres, billets, marchandises, papiers commerçables et autres effets, pour leur compte.

35. Nul ne pourra être agent de change, s'il tient les livres ou s'il est caissier d'un négociant ou autre.

36. Les agents de change ne pourront nommer dans aucun cas les personnes qui les auront chargés de négociations, auxquelles ils seront tenus de garder

un secret inviolable et de les servir avec fidélité dans toutes les circonstances de leurs négociations, soit pour la nature et la qualité des effets, ou pour le prix d'iceux; et ceux qui seront convaincus de prévarication, seront condamnés de réparer le tort qu'ils auront fait, et en outre aux peines portées par l'article 29.

37. Défend Sa Majesté auxdits agents de change de négocier aucunes lettres de change, billets, marchandises, papiers et autres effets appartenant à des gens dont la faillite sera connue, sous les peines portées par l'article 29.

38. Leur défend Sa Majesté, sous les mêmes peines, d'endosser aucunes lettres de change, billets au porteur ou à ordre, ni d'en donner leur aval; mais seulement pourront, quand ils en seront requis, certifier les signatures des tireurs, accepteurs ou endosseurs des lettres et de ceux qui auront fait des billets.

39. Leur défend pareillement Sa Majesté sous les mêmes peines, de faire ailleurs qu'à la Bourse aucune négociation de lettres, billets, marchandises, papiers commerçables et autres effets.

40. Il sera attribué auxdits agents de change pour les négociations en deniers comptants, lettres de change, billets au porteur ou à ordre et autres papiers commerçables, 50 sous par 1.000 livres payables, savoir : 25 sous par l'acheteur et 25 sous par le vendeur, ainsi qu'il est d'usage; et à l'égard des négociations pour fait de marchandises, ils en seront payés sur le pied de demi pour 100 de la valeur d'icelles, dont un quart pour 100 par l'acheteur, et un quart pour 100 par le vendeur, sans que, sous aucun prétexte, ils puissent exiger aucun autre ni plus grand droit, à peine de concussion.

41. Les noms des agents de change qui tomberont en contravention, et qui auront été destitués, seront inscrits à la Bourse, dans un tableau, afin que le public soit informé de ne plus se servir de leur ministère.

Arrêt du Conseil qui renouvelle les ordonnances et règlement concernant la Bourse et proscrit les négociations à terme (7 août 1785)

Le roi est informé que, depuis quelque temps, il s'est introduit dans la capitale un genre de marchés ou de compromis, aussi dangereux pour les vendeurs que pour les acheteurs, par lesquels l'un s'engage à fournir, à des termes éloignés, les effets qu'il n'a pas, et l'autre se soumet à les payer sans avoir les fonds, avec réserve de pouvoir exiger la livraison avant l'échéance, moyennant l'escompte; que ces engagements, qui, dépourvus de cause et de réalité, n'ont, suivant la loi, aucune valeur, occasionnent une infinité de manœuvres insidieuses, tendant à dénaturer momentanément le cours des effets publics, à donner aux uns une valeur exagérée et à faire des autres un emploi capable de les décrier; qu'il en résulte un agiotage désordonné, que tout sage négociant réprouve, qui met au hasard les fortunes de ceux qui ont l'imprudence de s'y livrer, détourne les capitaux de placements plus solides et plus favorables à l'industrie nationale, excite la cupidité à poursuivre des gains immodérés et suspects, substitue un trafic illicite aux négociations permises et pourrait compromettre le crédit dont la place de Paris jouit à si juste titre dans le reste de l'Europe. Sa Majesté, par suite de l'attention qu'elle donne à tout ce qui intéresse la foi publique et la sûreté du commerce de son royaume, a voulu prévenir les suites pernicieuses que pourrait avoir un tel abus s'il subsistait plus longtemps, et s'étant fait représenter les ordonnances et règlements rendus sur cette matière, notamment l'édit du mois de janvier 1723 et l'arrêt du Conseil du 24 septembre 1724, elle a reconnu que ce n'est qu'en éludant leurs sages dispositions, qui proscrivent toute négociation faite hors de la Bourse et par des personnes sans qualité, qu'on est parvenu à établir dans des cafés et autres lieux ce jeu effréné, consistant en paris et compromis clandestins sur les effets publics, lequel, dans les pays mêmes où il est toléré, paraît avilissant aux yeux de tout négociant ou banquier jaloux de conserver sa réputation. Sa Majesté a donc jugé nécessaire, pour y remédier, de renouveler les règles déjà prescrites par les anciennes lois et d'ordonner que leur exécution sera maintenue avec la plus grande sévérité. A quoi voulant pourvoir : Ouï le rapport, etc.; le Roi, étant en son Conseil, a ordonné et ordonne ce qui suit :

Art. 1er. — Les édits de décembre 1705, août 1708, mai 1713, novembre

1714, août 1720, janvier 1723; les déclarations des 3 septembre 1709, 13 juillet 1714; les arrêts du Conseil des 10 avril 1706, 24 septembre 1724 et 6 février 1726, seront exécutés selon leur forme et leur teneur : en conséquence, fait Sa Majesté défense à toutes personnes, de quelque état, qualité et condition qu'elles soient, sujets du roi ou étrangers, autres que les agents de change, de s'immiscer dans aucunes négociations publiques, de banque, de finance et de commerce.

2. Leur fait Sa Majesté pareillement défense de s'assembler à cet effet et de tenir aucun bureau, pour y traiter de semblables négociations, en aucun lieu public ou particulier et notamment dans les cafés, à peine de prison, et de 6.000 livres d'amende applicable moitié aux dénonciateurs, l'autre moitié à l'hôpital général; et seront tenus les propriétaires, en cas qu'ils occupent leurs maisons, ou les principaux locataires, aussitôt qu'ils auront connaissance de l'usage qui en serait fait en contravention au présent arrêt, d'en faire déclaration au commissaire du quartier, à peine de pareille amende, applicable comme dessus.

3. Veut Sa Majesté que, conformément aux articles 17 et 18 de l'arrêt du 24 septembre 1724, les négociations d'effets royaux et autres effets publics ne puissent être faites validement que par l'entremise des agents de change, ni en d'autres lieux qu'à la Bourse, où le cours d'iceux sera coté, aux termes des règlements, par deux desdits agents de change : permet seulement aux courtiers de change, compris dans la liste arrêtée par le contrôleur général pour être admis dans la suite au nombre des agents de change, de suivre la Bourse comme par le passé, et d'y négocier des lettres de change et billets au porteur.

4. Fait défense Sa Majesté auxdits agents de change, de coter à la Bourse d'autres effets que les effets royaux et le cours des changes.

5. Leur défend de faire aucune négociation d'effets royaux ou autres papiers commerçables pour leur compte personnel, à peine de destitution et de 3.000 livres d'amende.

6. Ordonne aux agents de change de signer et certifier les bordereaux de leurs négociations et d'en tenir registre dûment paraphé pour y recourir en cas de contestations; les déclare garants et responsables de la réalité desdites négociations et de la vérité des signatures aux termes des ordonnances et règlements.

7. Déclare nuls Sa Majesté les marchés et compromis d'effets royaux et autres quelconques, qui se feraient à terme et sans livraison des dits effets, ou sans le dépôt réel d'iceux, constaté par acte dûment contrôlé au moment même de la signature de l'engagement. Et néanmoins les marchés et compromis de ce genre, qui auraient été faits avant la publication du présent arrêt, auront leur exécution sous la condition expresse de les faire contrôler par le premier commis des finances, dans la huitaine, à compter de ladite publication; et de délivrer ou déposer par acte en bonne et due forme, dans l'espace de trois mois, les effets dont la livraison aurait été promise; passé lequel délai de trois mois, leurs marchés et compromis d'effets livrables à terme, seront et demeureront nuls et comme non avenus. Défend expressément Sa Majesté d'en faire de semblables à l'avenir, à peine de 24.000 livres d'amende au profit du dénonciateur, et d'être exclus pour toujours de l'entrée de la Bourse, ou si c'étaient des banquiers, d'être rayés de la liste.

8. N'entend Sa Majesté par la disposition de l'article 3, préjudicier à la faculté accordée aux marchands, négociants, banquiers et autres qui seront admis à la Bourse, de négocier entre eux les lettres de change, billets au porteur ou à ordre, les actions de la Nouvelle Compagnie des Indes et autres effets de commerce, sans l'entremise des agents de change, en se conformant aux arrêts du Conseil du 24 septembre 1724 et du 26 février 1726.

9. Enjoint Sa Majesté aux agents de change et courtiers admis à suivre la Bourse, d'avertir des contraventions dont ils auraient connaissance au préjudice des dispositions du présent arrêt. Seront tenus les syndics et adjoints des agents de change d'y veiller avec exactitude et d'en rendre compte au lieutenant général de police, auquel Sa Majesté enjoint de tenir la main à l'exécution du présent arrêt, qui sera imprimé, publié et affiché partout où besoin sera, notamment aux portes et dans l'intérieur de la Bourse; et seront, sur le présent arrêt, toutes lettres patentes nécessaires expédiées.

Arrêt du Conseil concernant le règlement des opérations à terme en cours (12 octobre 1785).

ART. 1ᵉʳ. — Les porteurs de marché à terme et compromis, contrôlés en exécution de l'arrêt du 7 août dernier, qui seront en état d'effectuer le dépôt ordonné par l'article 7 dudit arrêt, déposeront, avant le 20 du présent mois, entre les mains de l'un des syndics des notaires, les effets dont ils auront promis la livraison; et aussitôt après, l'acte de dépôt contenant la qualité et les numéros desdits effets sera par eux représenté aux sieurs... que Sa Majesté a commis et commet pour procéder, en la présence tant des vendeurs que des acheteurs qui seront appelés par eux, à la liquidation des sommes qui pourront revenir aux uns et aux autres, pour perte ou bénéfice et à la fixation des époques auxquelles devront se faire les payements.

2. Ceux des porteurs desdits marchés ou compromis, qui seront hors d'état de satisfaire avant le 20 de ce mois au dépôt ordonné des effets à livrer, seront tenus de représenter, dans le même délai, lesdits marchés ou compromis auxdits sieurs commissaires, auxquels ils feront, en présence des parties intéressées, leurs déclarations et propositions sur les moyens de remplir leurs engagements ou sur les engagements de liquidation qui pourraient y suppléer.

3. Autorise Sa Majesté lesdits sieurs commissaires à liquider et régler les intérêts respectifs des parties contractantes, elles présentes ou dûment appelées, aux conditions qu'ils jugeront les plus équitables, et à prononcer sur la validité ou nullité des engagements, ainsi qu'il appartiendra, en se faisant assister, pour lesdites liquidations et règlements, tant par le premier commis des finances que par tels financiers ou banquiers qu'ils voudront appeler.

4. Dans le cas où aucune des parties refuserait d'accéder aux arrangements proposés, ou à ce qui aurait été réglé par lesdits sieurs commissaires, il sera dressé procès-verbal des dires respectifs, lequel sera remis au contrôleur général des finances, pour en être rendu compte à Sa Majesté, et y être statué par elle en son Conseil.

5. Les marchés à terme et compromis, pour effets royaux ou autres quelconques, à l'égard desquels les parties n'auront pas effectué, avant le 20 de ce mois, le dépôt ordonné par l'arrêt du 7 août dernier, et ne se seront mises, ni l'une ni l'autre, en devoir de faire liquider et régler leurs intérêts par lesdits sieurs commissaires, dans le même délai, seront et demeureront nuls et de nul effet; défend Sa Majesté d'en suivre en aucune manière l'exécution.

6. Ordonne pour l'avenir Sa Majesté que la disposition de l'article 7 de son arrêt du 7 août dernier, par laquelle, conformément aux anciennes ordonnances, elle a déclaré nuls les marchés et compromis d'effets royaux et autres quelconques qui se feraient à terme, sans livraison desdits effets ou sans le dépôt réel d'iceux sera exécutée selon sa forme et teneur dans tout son royaume, entend Sa Majesté qu'il pourra être seulement suppléé au susdit dépôt par ceux qui, étant constamment propriétaires des effets qu'ils voudraient vendre, et ne les ayant pas alors entre leurs mains, déposeraient chez un notaire les pièces probantes de leur libre propriété.

7. A évoqué et évoque Sa Majesté à elle et à son Conseil, toutes les contestations nées et à naître, à l'occasion du présent arrêt et de celui du 7 août dernier, s'en réservant la connaissance, icelle interdisant à ses cours et juges.

Loi du 28 ventôse an IX (19 mars 1801) relative à l'établissement des bourses de commerce.

ART. 1ᵉʳ. — Le gouvernement pourra établir des Bourses de commerce dans tous les lieux où il n'en existe pas, et où il le jugera convenable.

2. Il pourra affecter à la tenue de la Bourse les édifices et emplacements qui ont été et sont encore employés à cet usage, et qui ne sont pas aliénés.

Il pourra assigner à cette destination tout ou partie d'un édifice national, dans les lieux où il n'y a pas de bâtiments qui aient été ou soient affectés à cet usage.

Les banquiers, négociants et marchands pourront faire des souscriptions pour construire des établissements de ce genre, avec l'autorisation du gouvernement.

3. Le gouvernement pourvoira à l'administration des édifices et emplacements où se tiennent les bourses, et de ceux qui seront affectés ultérieurement à la même destination, ou construits par le commerce.

4. Les dépenses annuelles relatives à l'entretien et réparations des Bourses seront supportées par les banquiers, négociants et marchands; en conséquence, il pourra être levé une contribution proportionnelle sur le total de chaque patente de commerce de première et deuxième classe, et sur celles d'agents de change ou courtiers.

Le montant en sera fixé chaque année, en raison des besoins, par un arrêté du préfet du département.

5. Le gouvernement réglera le mode suivant lequel seront faits la perception et l'emploi et rendra le compte des fonds provenant de cette contribution.

6. Dans toutes les villes où il y aura une Bourse, il y aura des agents de change et des courtiers de commerce nommés par le gouvernement.

7. Les agents de change et courtiers qui seront nommés en vertu de l'article précédent auront seuls le droit d'en exercer la profession, de constater le cours du change, celui des effets publics, marchandises, matières d'or et d'argent et de justifier, devant les tribunaux ou arbitres, la vérité et le faux des négociations, ventes ou achats.

8. Il est défendu, sous peine d'une amende qui sera au plus du sixième du cautionnement des agents de change ou courtiers de la place et au moins du douzième, à tous individus autres que ceux nommés par le gouvernement, d'exercer les fonctions d'agents de change et courtiers.

L'amende sera prononcée correctionnellement par les Tribunaux de première instance, payable par corps et applicable aux enfants abandonnés.

9. Les agents de change et courtiers de commerce seront tenus de fournir un cautionnement.

Le montant en sera réglé par le gouvernement, sur l'avis des préfets de département.

Il ne pourra excéder, pour les agents de change, la somme de soixante mille francs, ni être moindre de six mille francs en numéraire.

Pour les courtiers de commerce, il ne pourra excéder la somme de douze mille francs, ni être moindre de deux mille francs.

Le montant en sera versé à la Caisse d'amortissement (*présentement au Trésor*).

L'intérêt en sera payé à 5 % (*actuellement 2 %*).

10. En cas de démission ou décès, le cautionnement sera remboursé par la Caisse d'amortissement à l'agent de change ou courtier, ses héritiers ou ayants cause.

11. Le gouvernement fera, pour la police des Bourses, et en général pour l'exécution de la présente loi, les règlements qui seront nécessaires.

N. B. — Les règlements dont il est question à l'article 11 ci-dessus ont été : l'arrêté du 29 germinal an IX (19 avril 1801) qui pourvut au mode de désignation des officiers ministériels; l'arrêté du 3 messidor an IX (22 juin 1801) qui fixa le nombre des agents à 80, et l'arrêté du 27 prairial an X (16 juin 1802).

Arrêté concernant les Bourses de commerce
(27 prairial an X, 16 juin 1802).

§ 1er. — *Dispositions générales.*

ART. 1er. — Les Bourses de commerce seront ouvertes à tous les citoyens et même aux étrangers.

2. A Paris, le Préfet de police réglera, de concert avec quatre banquiers, quatre négociants, quatre agents de change et quatre courtiers de commerce désignés par le Tribunal de commerce, les jours et heures d'ouverture, de tenue et de fermeture de la Bourse.

Dans les autres villes, le commissaire général de police ou le maire fera cette fixation, de concert avec le Tribunal de commerce.

3. Il est défendu de s'assembler ailleurs qu'à la Bourse et à d'autres heures que celles fixées par le règlement de police pour proposer et faire des négociations, à peine de destitution des agents de change ou courtiers qui auraient contrevenu et, pour les autres individus, sous les peines portées par la loi contre ceux qui s'immisceront dans les négociations sans titre légal.

Le Préfet de police de Paris et les maires et officiers de police des villes des départements sont chargés de prendre les mesures nécessaires pour l'exécution de cet article.

4. Il est défendu, sous les peines portées par les articles 13 de l'arrêt du conseil du 26 novembre 1781 et 8 de la loi du 28 ventôse an IX, à toutes personnes autres que celles nommées par le Gouvernement, de s'immiscer en aucune façon quelconque, et sous quelque prétexte que ce puisse être, dans les fonctions des agents de change et courtiers de commerce, soit dans l'intérieur, soit à l'extérieur de la Bourse. Les commissaires de police sont spécialement chargés de veiller à ce qu'il ne soit pas contrevenu à la présente disposition.

Il est néanmoins permis à tous particuliers de négocier entre eux et par eux-mêmes les lettres de change ou billets à leur ordre ou au porteur, et tous les effets de commerce qu'ils garantiront par leur endossement, et de vendre aussi par eux-mêmes leurs marchandises.

5. En cas de contravention à l'article ci-dessus, les commissaires de police, les syndics ou les adjoints des agents de change et courtiers de commerce feront connaître les contrevenants au Préfet de police à Paris et aux maires et officiers de police dans les départements, lesquels, après la vérification des faits et audition du prévenu, pourront, par mesure de police, lui interdire l'entrée de la Bourse.

En cas de récidive, il sera, par le Gouvernement, déclaré incapable de pouvoir parvenir à l'état d'agent de change ou courtier, le tout sans préjudice de la traduction devant les tribunaux pour faire prononcer les peines portées par la loi et l'arrêt du conseil ci-dessus cités.

6. Il est défendu, sous les peines portées contre ceux qui s'immiscent dans les négociations sans être agents de change ou courtiers, à tout banquier ou marchand, de confier ses négociations, ventes ou achats, et de payer des droits de commission ou de courtage à d'autres qu'aux agents de change et courtiers.

Les syndics et adjoints des agents de change et courtiers, le Préfet de police de Paris et les maires et officiers de police des autres places de commerce sont spécialement chargés de veiller à l'exécution du présent article et de dénoncer les contrevenants aux tribunaux.

Le commissaire du Gouvernement sera tenu de les poursuivre d'office.

7. Conformément à l'article 7 de la loi du 28 ventôse an IX, toutes négociations faites par des intermédiaires sans qualité sont déclarées nulles.

8. Les compagnies de banque ou de commerce qui émettent des actions sont comprises dans la disposition des articles précédents et ne pourront exiger d'autre garantie que celle prescrite par les lois et règlements.

9. Les agents de change pourront faire concurremment avec les courtiers de commerce, les négociations en ventes ou achats des monnaies d'or ou d'argent et matières métalliques.

§ II. — *Obligations des agents de change et courtiers.*

ART. 10. — Les agents de change et les courtiers de commerce ne pourront être associés, teneurs de livres ni caissiers d'aucun négociant, marchand ou banquier; ils ne pourront pareillement faire aucun commerce de marchandises, lettres, billets, effets publics et particuliers, pour leur compte, ni endosser aucun billet, lettre de change ou effet négociable quelconque, ni avoir entre eux ou avec qui que ce soit aucune société de banque ou en commandite, ni prêter leur nom pour une négociation à des citoyens non commissionnés, sous peine de 3.000 francs d'amende et de destitution.

Il n'est pas dérogé à la faculté qu'ont les agents de change de donner leur aval pour les effets de commerce.

11. Les agents de change et courtiers de commerce seront tenus de consigner leurs opérations sur des carnets et de les transcrire, dans le jour, sur un journal timbré, coté et parafé par les juges du Tribunal de commerce, lesquels registres et carnets, ils seront tenus de représenter aux juges ou aux

arbitres; ils ne pourront, en outre, refuser de donner des reconnaissances des effets qui leur seront confiés.

12. Lorsque des agents de change ou courtiers de commerce auront consommé une opération, chacun d'eux l'inscrira sur son carnet et le montrera à l'autre.

13. Chaque agent de change, devant avoir reçu de ses clients les effets qu'il vend ou les sommes nécessaires pour payer ceux qu'il achète, est responsable de la livraison et du payement de ce qu'il aura vendu et acheté; son cautionnement sera affecté à cette garantie et sera saisissable en cas de non-consommation dans l'intervalle d'une bourse à l'autre, sauf le délai nécessaire au transfert des rentes ou autres effets publics dont la remise exige des formalités.

Lorsque le cautionnement aura été entamé, l'agent de change sera suspendu de ses fonctions jusqu'à ce qu'il l'ait complété entièrement, conformément à l'arrêté du 29 germinal an IX. Les noms des agents de change ainsi suspendus de leurs fonctions seront affichés à la Bourse.

14. Les agents de change seront civilement responsables de la vérité de la dernière signature des lettres de change ou autres effets qu'ils négocieront.

15. A compter de la publication du présent arrêté, les transferts d'inscription sur le grand livre de la dette publique seront faits au Trésor public en présence d'un agent de change de la Bourse de Paris qui certifiera l'identité du propriétaire, la vérité de sa signature et des pièces produites.

16. Cet agent de change sera, par le seul effet de sa certification, responsable de la validité desdits transferts en ce qui concerne l'identité du propriétaire, la vérité de sa signature et des pièces produites; cette garantie ne pourra avoir lieu que pendant cinq années à partir de la déclaration du transfert.

17. En cas de mort, démission ou destitution d'un agent de change, il ne pourra, ainsi que ses héritiers et ayants cause, demander le remboursement du cautionnement par lui fourni qu'en justifiant d'un certificat des syndics des agents de change constatant que la cessation de ses fonctions a été annoncée et affichée depuis un mois à la Bourse et qu'il n'est survenu aucune réclamation contre.

18. Ne pourront les agents de change et courtiers de commerce, sous peine de destitution et de 3.000 francs d'amende, négocier aucune lettre de change, billet, vendre aucune marchandise appartenant à des gens dont la faillite serait connue.

19. Les agents de change devront garder le secret le plus inviolable aux personnes qui les auront chargés des négociations, à moins que les parties ne consentent à être nommées ou que la nature des opérations ne l'exige.

§ III. — *Des droits à percevoir par les agents de change ou courtiers jusqu'à ce qu'il en ait été autrement ordonné par le Gouvernement.*

ART. 20. — Ne pourront les agents de change et courtiers de commerce exiger ni recevoir aucune somme au delà des droits qui leur sont attribués par le tarif arrêté par les tribunaux de commerce sous peine de concussion, et ils auront la faculté de se faire payer de leurs droits après la consommation de chaque négociation ou sur des mémoires, qu'ils fourniront de trois en trois mois, des négociations faites par leur entremise aux banquiers, négociants ou autres pour le compte desquels ils les auront faites.

§ IV. — *Dispositions concernant la discipline intérieure des agents de change et courtiers.*

ART. 21. — Les fonctions des syndics et adjoints des agents de change et courtiers de commerce, conformément aux dispositions de l'article 15 de l'arrêté du 29 germinal an IX, dureront un an. Extrait de la délibération portant nomination sera, à chaque élection, envoyé dans les vingt-quatre heures au Préfet de police à Paris et au commissaire général de police ou au maire dans les autres places.

Les syndics et adjoints des agents de change donneront leur avis motivé sur les listes des candidats qui seront présentés au Gouvernement.

22. Les agents de change et courtiers de commerce de chaque place sont autorisés à faire un règlement de discipline intérieure, qu'ils remettront au ministre de l'Intérieur pour être par lui présenté à la sanction du Gouvernement.

§ V. — *Dispositions particulières pour la ville de Paris.*

Art. 23. — Il sera établi à la Bourse de Paris un lieu séparé et placé à la vue du public, dans lequel les agents de change se réuniront pour la négociation des effets publics et particuliers, en exécution des ordres qu'ils auront reçus avant la Bourse ou pourront recevoir pendant sa durée; l'entrée de ce lieu séparé, ou parquet, sera interdite à tout autre qu'aux agents de change.

Il sera également établi un lieu séparé convenable pour les courtiers de commerce.

24. Les agents de change étant sur le parquet pourront prononcer à haute voix la vente ou l'achat d'effets publics et particuliers, et lorsque deux d'entre eux auront consommé une négociation, ils en donneront le cours à un crieur qui l'annoncera sur-le-champ au public.

25. Ne sera crié à haute voix que le cours des effets publics : quant aux actions de commerce, lettres de change et billets, tant à l'intérieur que de l'étranger, leur négociation en exigeant l'exhibition et l'examen, elle ne pourra être faite à haute voix, et les cours auxquels elle aura donné lieu seront recueillis, après la Bourse, par les syndics et adjoints et cotés sur le bulletin des cours.

26. Les syndics et adjoints des courtiers de commerce se réuniront également pour recueillir le cours des marchandises et le coter, article par article, sur le bulletin.

27. Chaque agent de change pourra, dans le délai d'un mois, faire choix d'un commis principal, qu'il présentera aux agents de change assemblés spécialement, lesquels au scrutin et à la majorité l'agréeront ou le rejetteront. La liste des commis ainsi agréés sera remise au Préfet de police.

28. Ces commis ne pourront faire aucune négociation pour leur compte, ni signer aucun bulletin ou bordereau; ils opéreront pour, au nom et sur la signature de l'agent de change. En cas d'absence ou de maladie, ils transmettront chaque jour les ordres qu'ils auront reçus pour leur agent à celui de ses collègues fondé de sa procuration. Ils seront dans la dépendance et révocables à la volonté tant de leur agent que de la Compagnie.

29. Les ministres de l'Intérieur, de la Police, de la Justice et des Finances sont chargés, chacun en ce qui le concerne, de l'exécution du présent arrêté, qui sera inséré au *Bulletin des lois.*

CODE DE COMMERCE

LIVRE Ier. — TITRE V. — **Des Bourses de Commerce, agents de change et courtiers.**

(Promulgué le 10 septembre 1807) (1).

SECTION I. — *Les Bourses de Commerce.*

Art. 71. — La Bourse de Commerce est la réunion, qui a lieu sous l'autorité du Gouvernement, des commerçants, capitaines de navire, agents de change et courtiers.

72. Le résultat des négociations et des transactions qui s'opèrent dans la Bourse déterminent le cours du change, des marchandises, des assurances, du fret ou nolis, du prix des transports par terre ou par eau, des effets publics et autres dont le cours est susceptible d'être coté.

73. Ces divers cours sont constatés par les agents de change et courtiers, dans la forme prescrite par les règlements de police généraux ou particuliers.

---

(1) Art. 74, 75 et 90 modifiés par la loi du 2 juillet 1862.

SECTION II. — *Des agents de change et courtiers.*

ART. 74. — La loi reconnaît, pour les actes de commerce, des agents intermédiaires, savoir : les agents de change et les courtiers.

Il y en a dans toutes les villes qui ont une Bourse de Commerce.

Ils sont nommés par le Gouvernement (ancien article 75).

75. Les agents de change près des Bourses pourvues d'un parquet pourront s'adjoindre des bailleurs de fonds intéressés, participant aux bénéfices et aux pertes résultant de l'exploitation de l'office et de la liquidation de sa valeur. Ces bailleurs de fonds ne seront passibles des pertes que jusqu'à concurrence des capitaux qu'ils auront engagés.

Le titulaire de l'office doit toujours être propriétaire en son nom personnel du quart au moins de la somme représentant le prix de l'office et le montant du cautionnement.

L'extrait de l'acte et les modifications qui pourront intervenir seront publiés, à peine de nullité à l'égard des intéressés, sans que ceux-ci puissent opposer aux tiers le défaut de publication (loi du 2 juillet 1862).

76. Les agents de change constitués de la manière prescrite par la loi ont seuls le droit de faire les négociations des effets publics et autres susceptibles d'être cotés : de faire pour le compte d'autrui les négociations des lettres de change ou billets, et de tous papiers commerçables, et d'en constater le cours.

Les agents de change pourront faire, concurremment avec les courtiers de marchandises, les négociations et le courtage des ventes ou achats des matières métalliques. Ils ont seuls le droit d'en constater le cours.

77. Il y a des courtiers de marchandises,

Des courtiers d'assurances,

Des courtiers interprètes et conducteurs de navires,

Des courtiers de transports par terre et par eau.

78. Les courtiers de marchandises, constitués de la manière prescrite par la loi, ont seuls le droit de faire le courtage des marchandises, d'en constater le cours ; ils exercent, concurremment avec les agents de change, le courtage des matières métalliques.

79. Les courtiers d'assurances rédigent les contrats ou polices d'assurances concurremment avec les notaires ; ils en attestent la vérité par leur signature, certifient le taux des primes pour tous les voyages de mer ou de rivière.

80. Les courtiers interprètes et conducteurs de navires font le courtage es affrètements : ils ont, en outre, seuls le droit de traduire, en cas de contestations portées devant les tribunaux, les déclarations, chartes-parties, connaissements, contrats et tous actes de commerce dont la traduction serait nécessaire ; enfin, de constater le cours du fret ou du nolis.

Dans les affaires contentieuses de commerce, ou pour le service des douanes, ils serviront seuls de truchement à tous étrangers, maîtres de navire, marchands, équipages de vaisseau et autres personnes de mer.

81. Le même individu peut, si l'acte du Gouvernement qui l'institue l'y autorise, cumuler les fonctions d'agent de change, de courtier de marchandises ou d'assurances et de courtier interprète et conducteur de navires.

82. Les courtiers de transports par terre et par eau, constitués selon la loi, ont seuls, dans les lieux où ils sont établis, le droit de faire le courtage des transports par terre et par eau ; ils ne peuvent cumuler, dans aucun cas et sous aucun prétexte, les fonctions de courtiers de marchandises, d'assurances, ou de courtiers conducteurs de navires, désignés aux articles 78, 79 et 80.

83. Ceux qui ont fait faillite ne peuvent être agents de change ni courtiers, s'ils n'ont été réhabilités.

84. Les agents de change et courtiers sont tenus d'avoir un livre revêtu des formes prescrites par l'article 11 (1). Ils sont tenus de consigner dans ce livre, jour par jour, et par ordre de dates, sans ratures, interlignes ni transpositions, et sans abréviations ni chiffres, toutes les conditions des ventes,

---

(1) Voici cet article 11 : Les livres dont la tenue est ordonnée par les articles 8 et 9 ci-dessus seront cotés, paraphés et visés, soit par un des juges des tribunaux de commerce, soit par le maire ou un adjoint, dans la forme ordinaire et sans frais. Les commerçants seront tenus de conserver ces livres pendant dix ans.

achats, assurances, négociations et, en général, de toutes les opérations faites par leur ministère.

85. Un agent de change ou courtier ne peut, dans aucun cas, et sous aucun prétexte, faire des opérations de commerce ou de banque pour son compte.

Il ne peut s'intéresser directement, ni indirectement, sous son nom, ou sous un nom interposé, dans aucune entreprise commerciale.

86. (Abrogé par la loi du 28 mars 1885, art. 3.)

87. Toute contravention aux dispositions énoncées dans les deux articles précédents entraîne la peine de destitution et une condamnation d'amende, qui sera prononcée par le tribunal de police correctionnelle et qui peut être au-dessus de trois mille francs, sans préjudice de l'action des parties en dommages et intérêts.

88. Tout agent de change ou courtier destitué en vertu de l'article précédent ne peut être réintégré dans ses fonctions.

89. En cas de faillite, tout agent de change ou courtier est poursuivi comme banqueroutier.

90. Il sera pourvu par des règlements d'administration publique à ce qui est relatif : 1º au taux des cautionnements sans que le maximum puisse dépasser deux cent cinquante mille francs (loi du 2 juillet 1862); 2º à la négociation et la transmission de la propriété des effets publics, et généralement à l'exécution des dispositions contenues au présent titre.

Extrait de la loi du 28 avril 1816.

Art. 91. — Les... agents de change, courtiers... pourront présenter à l'agrément de Sa Majesté des successeurs, pourvu qu'ils réunissent les qualités exigées par les lois. Cette faculté n'aura pas lieu pour les titulaires destitués.

Il sera statué, par une loi particulière, sur l'exécution de cette disposition, et sur les moyens d'en faire jouir les héritiers ou ayants cause desdits officiers.

Cette faculté de présenter des successeurs ne déroge point, au surplus, au droit de Sa Majesté de réduire le nombre desdits fonctionnaires, notamment celui des notaires dans les cas prévus par la loi du 25 ventôse an XI sur le notariat.

Nota. — Par cette loi, le cautionnement maximum des agents de change fut fixé à 125.000 francs et le taux de l'intérêt servi fut abaissé à 4 %.

Extrait de l'ordonnance royale du 29 mai 1816, qui conserve dans les attributions du Ministre des Finances la Compagnie des agents de change, banque, finance et commerce de la Ville de Paris, et contient règlement sur cette Compagnie.

Art. 1er. — La Compagnie des agents de change, banque, finance et commerce de notre bonne Ville de Paris, reste placée dans les attributions de notre Ministre Secrétaire d'Etat des Finances.

2. S'il est nécessaire de compléter le nombre desdits agents de change fixé par l'arrêt du Conseil du 10 septembre 1786, les nominations aux charges complémentaires seront, sur une liste triple du nombre des vacances à remplir, proposées par la Chambre syndicale de la Compagnie à notre Ministre Secrétaire d'Etat des Finances, qui nous soumettra la liste des candidats qu'il jugera dignes de notre choix.

3. La Chambre syndicale aura sur les membres de la Compagnie la surveillance et l'autorité d'une chambre de discipline; elle veillera avec le plus grand soin à ce que chaque agent de change se renferme strictement dans les limites légales de ses fonctions; elle pourra, suivant la gravité des cas, censurer, suspendre les contrevenants de leurs fonctions et provoquer auprès de notre Ministre des Finances leur destitution.

4. Les agents de change qui voudront, conformément à l'article 91 de la loi sur les finances du 28 avril dernier, disposer de leurs charges, seront tenus de faire agréer, provisoirement, leurs successeurs par la Chambre syndicale, qui exprimera son adhésion motivée et les présentera à notre

Ministre des Finances, chargé de les agréer définitivement, pour être, sur sa proposition, nommés par nous.

La même faculté est, aux mêmes conditions, accordée aux veuves et enfants des agents de change qui décéderont dans l'exercice de leurs fonctions.

5. En cas de vacance d'un office dont il n'aura point été disposé conformément à l'article précédent, il y sera pourvu dans les formes prescrites par l'article 2.

6. Les édits, déclarations, lettres patentes et arrêts de notre Conseil qui déterminent les attributions des agents de change et interdisent à tout individu non pourvu de leurs offices, de s'immiscer dans leurs fonctions, et tous autres règlements qui régissent actuellement la Compagnie, sont maintenus, sauf les changements et modifications que la Chambre syndicale croira nécessaire de proposer à notre Ministre Secrétaire d'Etat des Finances, pour être par lui soumis à notre approbation.

7. Les dispositions contraires à la présente ordonnance sont abrogées.

Ordonnance royale du 3 juillet 1816 qui règle le mode de transmission des fonctions d'agent de change et de courtier de commerce dans tout le royaume en cas de démission ou de décès.

ART. 1er. — Dans le cas de transmission prévu par l'article 91 de la loi du 28 avril dernier, les agents de change et courtiers de commerce pourront présenter leurs successeurs, à la charge, par ces derniers, de justifier, de la manière ci-après déterminée, qu'ils réunissent les qualités requises.

La même faculté est accordée aux veuves et enfants des titulaires qui décéderaient en exercice.

2. Les demandes de transmission seront adressées aux préfets et par eux renvoyées aux tribunaux de commerce du ressort. Ces tribunaux donneront leur avis motivé sur l'aptitude et la réputation de probité du candidat présenté en se conformant d'ailleurs aux articles 88 et 89 du Code de commerce, et aux articles 5 et 7 de l'arrêté du 29 germinal an IX (19 avril 1801).

Les demandes seront ensuite communiquées par le Préfet aux syndic et adjoints des agents de change et des courtiers, pour avoir leurs observations.

Partout où il n'existe pas de syndic et adjoints, l'avis favorable du Tribunal de commerce sera suffisant.

3. Ces formalités remplies, la demande sera adressée à notre Ministre Secrétaire d'Etat de l'Intérieur par le Préfet, qui y joindra son avis.

Notre Ministre Secrétaire d'Etat agréera définitivement le candidat et le proposera à notre nomination.

4. Les agents de change ou courtiers de commerce, leurs veuves et enfants, ne pourront jouir du bénéfice de l'article 91 de la loi du 28 avril dernier, s'ils ne justifient du versement intégral du cautionnement, tant en principal qu'à titre de supplément.

5. Il n'est rien changé au mode actuel de nomination des agents de change et des courtiers de commerce, toutes les fois qu'il n'y aura pas lieu à l'application de l'article 91 de ladite loi.

Ordonnance du roi portant autorisation de coter sur le cours authentique de la Bourse de Paris les emprunts des Gouvernements étrangers (12-18 novembre 1823).

Louis, etc.;

Sur le compte qui nous a été rendu par notre Ministre Secrétaire d'Etat des Finances, des diverses demandes qui lui ont été adressées pour obtenir l'autorisation de porter, sur le cours authentique de la Bourse de Paris, les emprunts des Gouvernements étrangers;

Vu l'arrêt du Conseil du 7 août 1785, portant défense aux agents de change de coter à la Bourse de Paris d'autres effets que les effets royaux et le cours des changes; considérant que la permission de coter sur le cours authentique de la Bourse de Paris les effets publics des emprunts des Gouvernements étrangers, n'implique, de la part de notre Gouvernement, ni approbation desdits emprunts ni obligation d'intervenir en faveur de ceux de nos sujets qui, de leur plein gré, y placeraient leurs capitaux;

Considérant que, depuis plusieurs années, les opérations de banque, de finance et de commerce, ont reçu, dans tout le royaume, mais plus particulièrement à Paris, une très grande extension; qu'il en est résulté un accroissement de capitaux qui rend désormais sans objet les dispositions de l'arrêt du Conseil ci-dessus relaté;

Considérant, enfin, qu'il ne peut qu'être utile de donner un caractère légal et authentique aux opérations nombreuses qui se font déjà sur les emprunts des Gouvernements étrangers, les lois actuelles suffisant pour prévenir la fraude et l'insertion des conditions illicites ou illégales dans leur négociation;

Notre Conseil entendu, nous avons, etc.

ART. 1ᵉʳ. — A l'avenir, les effets publics des emprunts des Gouvernements étrangers seront cotés sur le cours authentique de la Bourse de Paris.

2. L'arrêt du Conseil, du 7 août 1785, est rapporté en ce qu'il renferme de contraire à la présente ordonnance.

Décret du 2 juillet 1862, qui rattache aux attributions du Ministre des Finances les agents de change institués près des Bourses départementales pourvues d'un parquet pour la négociation des effets publics.

ARTICLE UNIQUE. — Les agents de change institués près des Bourses départementales pourvues d'un parquet pour la négociation des effets publics sont rattachés aux attributions du Ministre des Finances.

Décret du 1ᵉʳ octobre 1862, concernant les agents de change.

ART. 1ᵉʳ. — Les agents de change ne peuvent user de la faculté de présenter leurs successeurs qu'en faveur des candidats qui ont obtenu préalablement l'agrément de la Chambre syndicale de la Compagnie, et avec lesquels ils ont traité des conditions de leur démission par un acte soumis au Ministre des Finances et approuvé par lui.

2. Nul ne peut être agent de change s'il n'est Français;

S'il n'a vingt-cinq ans accomplis;

S'il ne produit un certificat d'aptitude et d'honorabilité signé par les chefs de plusieurs maisons de banque et de commerce.

3. La présentation des candidats par les Chambres syndicales est adressée : à Paris, au Ministre des Finances directement; dans les départements, au Préfet qui transmet les demandes au Ministre avec son avis motivé.

Cette présentation est accompagnée de la démission du titulaire, du traité passé avec lui et des pièces établissant que les conditions prescrites par les articles 1 et 2 ont été remplies.

4. L'agent de change nommé par l'Empereur ne peut être admis à prêter le serment prescrit par l'article 16 du sénatus-consulte du 25 décembre 1852, ni entrer en fonctions, qu'autant qu'il a justifié du versement au Trésor de son cautionnement.

Ce cautionnement est fixé ainsi qu'il suit :

à Paris, 250.000 francs;

à Lyon, 40.000 francs;

à Marseille et à Bordeaux, 30.000 francs;

à Toulouse et à Lille, 12.000 francs.

5. Les titulaires actuellement en possession des offices d'agents de change sont tenus de compléter le cautionnement exigé par l'article 4 en deux termes égaux; le premier dans les six mois qui suivront la promulgation du présent décret, et le second six mois après.

6. Les agents de change sont tenus, lorsqu'ils en sont requis par les parties, de délivrer récépissé des sommes qui leur sont versées et des valeurs qui leur sont déposées.

7. Il est interdit aux agents de change d'avoir, soit en France, sur une place autre que celle pour laquelle ils auront été nommés, soit à l'étranger, des délégués chargés de les représenter ou de leur transmettre directement des ordres.

8. Lorsque les agents de change se sont adjoint des bailleurs de fonds intéressés, les actes qui ont été passés à cet égard, après avoir été commu-

niqués à la Chambre syndicale et au Ministre des Finances, sont publiés par extrait, conformément aux dispositions des articles 42 et suivants du Code de commerce.

Décret du 5 janvier 1867 qui réunit dans chaque place, sous la juridiction d'une seule Chambre syndicale les courtiers d'assurances, les courtiers interprètes et conducteurs de navires et les agents de change autres que ceux institués près des Bourses départementales pourvues d'un parquet.

ART. 1er. — Les courtiers d'assurances, les courtiers interprètes et conducteurs de navires et les agents de change autres que ceux institués près des Bourses départementales pourvues d'un parquet sont réunis, dans chaque place, sous la juridiction d'une seule Chambre syndicale.

2. Le nombre des membres composant la Chambre syndicale est fixé comme il suit : sept membres, y compris le syndic lorsque le nombre des titulaires appelés à nommer la Chambre syndicale est de quatorze et au-dessus; cinq membres, y compris le syndic, lorsque le nombre des titulaires est de dix à treize; trois membres, y compris le syndic, lorsque le nombre des titulaires est de six à neuf; si le nombre des titulaires est inférieur à six, le Tribunal de commerce remplit les fonctions de la Chambre syndicale.

Décret concernant la négociation, en France, des valeurs étrangères (6 février 1880).

Le Président de la République française,

Sur les rapports des Ministres des Travaux publics et des Finances;

Vu l'ordonnance royale du 29 mai 1816, qui place dans les attributions du Ministre des Finances la Compagnie des agents de change de la Ville de Paris;

Vu le décret du 2 juillet 1862, qui rattache aux attributions du Ministre des Finances les agents de change institués près des Bourses départementales pourvues d'un parquet;

Vu le décret du 22 mai 1858, concernant la négociation, en France, des valeurs des Compagnies étrangères;

Vu le décret du 16 août 1859, qui modifie l'article 4 du décret du 22 mai 1858, précité;

Vu la loi du 23 juin 1857, établissant un droit de transmission sur les actions et obligations des sociétés, compagnies et entreprises françaises et étrangères, et notamment l'article 9 de ladite loi;

Vu le décret du 17 juillet 1857, portant règlement pour l'exécution de la loi du 23 juin précédent;

Vu l'article 11 de la loi du 16 septembre 1871, modifiant le taux du droit de transmission;

Vu la loi du 30 mars 1872, relative aux droits établis sur les titres émis par les villes, provinces et établissements publics étrangers;

Vu le décret du 24 mai 1872, portant règlement pour l'exécution de la loi du 30 mars précédent;

Vu la loi du 29 juin 1872, relative à l'impôt sur le revenu des valeurs mobilières;

Vu le décret du 6 décembre 1872, portant règlement pour l'exécution de la loi du 29 juin précédent;

Vu l'article 5 de la loi du 21 juin 1875, qui assujettit à l'impôt sur le revenu des valeurs mobilières établi par la loi du 29 juin 1872 les lots et primes de remboursement attachés aux obligations et autres titres d'emprunt;

Vu le décret du 15 décembre 1875, portant règlement pour l'exécution de l'article 5 de la loi du 21 juin 1875;

Le Conseil d'Etat entendu,

Décrète :

ART. 1er. — Les Chambres syndicales des agents de change, à Paris ou dans les départements, accordent, refusent, suspendent ou interdisent la négociation, à leurs Bourses respectives, des actions, obligations, titres d'emprunts, quelle que soit d'ailleurs leur dénomination, émanant de sociétés, compagnies, entreprises, corporations, villes, provinces étrangères et tous autres établissements étrangers.

2. La Chambre syndicale près la Bourse où l'admission d'une valeur étrangère est demandée se fait remettre les pièces et justifications suivantes :

1° Les actes publics ou privés, statuts, cahiers des charges, etc., en vertu desquels cette valeur a été créée dans son lieu d'origine ;

2° La certification, par l'autorité consulaire établie en France que ces actes sont conformes aux lois et usages de leur pays d'origine et que la valeur est officiellement cotée dans ledit pays, à moins qu'il n'y existe pas de Bourse officielle ; auquel cas, le fait serait constaté par le certificat ;

3° La justification de l'agrément, par le Ministre des Finances, d'un représentant responsable du payement des droits du Trésor.

3. La Chambre syndicale peut demander, en outre, toutes pièces, justifications et renseignements qu'elle juge nécessaires.

4. Les actions admises à la cote ne peuvent être de moins de 100 francs lorsque le capital des entreprises n'excède pas 200.000 francs, ni de moins de 500 francs si le capital est supérieur à 200.000 francs (1). Elles doivent être libérées jusqu'à concurrence du quart.

5. Le Ministre des Finances peut toujours interdire la négociation, en France, d'une valeur étrangère.

6. Sont abrogés les décrets des 22 mai 1858 et 16 août 1859, concernant la négociation, en France, des valeurs étrangères.

Loi sur les marchés à terme (28 mars 1885).

ART. 1er. — Tous marchés à terme sur effets publics et autres, tous marchés à livrer sur denrées et marchandises sont reconnus légaux.

Nul ne peut, pour se soustraire aux obligations qui en résultent, se prévaloir de l'article 1965 du Code civil (*la loi n'accorde aucune action pour une dette de jeu ou pour le paiement d'un pari*) lors même qu'ils se résoudraient par le paiement d'une simple différence.

2. Les articles 421 et 422 du Code pénal sont abrogés.

3. Sont abrogées les dispositions des anciens arrêts du Conseil des 24 septembre 1724, 7 août, 2 octobre 1785 et 22 septembre 1786, l'article 15, chapitre Ier ; l'article 4, chapitre II de la loi du 28 vendémiaire an IV, les articles 85, paragraphe 3, et 86 du Code de commerce.

4. L'article 13 de l'arrêté du 27 prairial an X est modifié ainsi qu'il suit :
« Chaque agent de change est responsable de la livraison et du paiement de ce qu'il aura vendu et acheté. Son cautionnement sera affecté à cette garantie. »

5. Les conditions d'exécution des marchés à terme par les agents de change seront fixées par le règlement d'administration publique prévu par l'article 90 du Code de commerce (2).

---

(1) Cette disposition appliquait aux valeurs étrangères les bases fixées par la loi de 1867 sur les sociétés. Le législateur, en effet, n'avait pas cru devoir accorder à des titres étrangers, bien que réguliers d'après la loi de leur pays d'origine, un traitement plus favorable qu'aux valeurs françaises. La loi du 1er août 1893 ayant abaissé le minimum du capital des actions des sociétés françaises, un décret est intervenu, le 1er décembre 1893, pour modifier celui du 6 février 1880 et le mettre en harmonie avec la nouvelle loi. Voici le texte de l'article nouveau : « Les actions admises à la cote ne peuvent être de moins de 25 francs lorsque le capital des entreprises n'excède pas 200.000 francs, ni de moins de 100 francs si le capital est supérieur à 200.000 francs. Elles doivent être libérées de 25 francs, lorsqu'elles sont inférieures à 100 francs, et au moins jusqu'à concurrence du quart, lorsqu'elles sont supérieures à 100 francs. »

(2) Ce décret est du 7 octobre 1890.

Décret du 7 octobre 1890, portant règlement d'administration publique pour l'exécution de l'article 90 du Code de commerce et de la loi du 28 mars 1885 sur les marchés à terme.

TITRE Ier. — ORGANISATION

CHAPITRE Ier. — *Dispositions générales.*

ART. 1er. — Nul ne peut être agent de change :

1° S'il n'est Français;

2° S'il n'a vingt-cinq ans accomplis;

3° S'il ne jouit de ses droits civils et politiques, et s'il n'a satisfait aux obligations de la loi sur le recrutement.

2. Les agents de change sont nommés par décrets contresignés, soit par le Ministre des Finances, soit par le Ministre du Commerce et de l'Industrie, suivant qu'ils exercent leur ministère près d'une Bourse pourvue ou non d'un parquet.

3. Les présentations faites conformément à l'article 91 de la loi du 28 avril 1816 doivent être accompagnées :

1° D'un certificat établissant que le candidat a travaillé, pendant quatre ans au moins, chez un agent de change, dans une maison de banque ou de commerce ou chez un notaire;

2° Du traité qu'il a souscrit, ledit traité appuyé, s'il y a lieu, de la démission du titulaire, de la déclaration signée par les diverses parties en cause, qu'il n'a été stipulé aucun avantage en dehors du prix indiqué au traité, et, dans les Bourses non pourvues d'un parquet, d'un état des produits bruts de l'office pendant les cinq dernières années;

3° S'il y a lieu, du projet de convention relatif à l'adjonction de bailleurs de fonds.

Les présentations sont, ainsi que les traités et les conventions qui les accompagnent, soumises à l'approbation de la Chambre syndicale; s'il n'y a pas de Chambre syndicale, les agents de change exerçant leur ministère dans la même ville, réunis à cet effet en assemblée générale, doivent, ainsi que le Tribunal de commerce, émettre leur avis. Les présentations sont transmises au ministre compétent, à Paris, directement par la Chambre syndicale, dans les départements par le Préfet, qui y joint son avis motivé.

4. Au cas où dans le délai de quatre mois à partir de l'ouverture du droit de présentation, ce droit n'a pas été exercé, il peut être pourvu d'office à la nomination, sur une liste triple de candidats remplissant les conditions déterminées au numéro 1 de l'article 3. La liste est dressée par la Chambre syndicale, ou, s'il n'y a pas de Chambre syndicale, par le Tribunal de commerce. Le prix dû par le nouveau titulaire est fixé par le décret de nomination et versé à la Caisse des dépôts et consignations.

5. Les agents de change ne peuvent entrer en fonctions qu'après avoir justifié du versement de leur cautionnement et avoir prêté, devant le Tribunal de commerce ou, à défaut de Tribunal de commerce, devant le Tribunal civil, le serment de remplir leurs fonctions avec honneur et probité.

6. Les actes relatifs, à l'adjonction, en cours d'exercice, de bailleurs de fonds intéressés sont soumis à l'approbation de la Chambre syndicale et communiqués au Ministre des Finances, suivant le mode déterminé à l'article 3.

Il en est de même des actes relatifs aux modifications apportées dans le personnel des bailleurs de fonds ou dans la répartition des parts d'intérêts.

7. En cas de suspension, destitution, décès, disparition ou autre circonstance de nature à faire considérer un office comme vacant, l'agent de change est remplacé, tant pour les négociations que pour les certifications prévues à l'article 76, par un de ses confrères, désigné par la Chambre syndicale, et, s'il n'y a pas de Chambre syndicale, par le Président du Tribunal civil.

Le Président du Tribunal commet, dans tous les cas, à la requête de la partie la plus diligente, un administrateur provisoire.

8. Les livres obligatoires des agents de change, y compris ceux sur lesquels ils inscrivent les numéros des titres négociés en exécution de la loi du 15 juin 1872, sont, en cas de mutation, laissés entre les mains du successeur, et, en cas de suppression d'office, déposés à la Chambre syndicale, ou s'il n'y a pas de Chambre syndicale, au greffe du Tribunal de commerce.

9. L'agent de change qui se retire après quinze ans d'exercice peut être nommé agent de change honoraire.

Les années passées à la Chambre syndicale comptent double.

L'honorariat est conféré, par décret, sur la proposition de la Chambre syndicale, ou, s'il n'y a pas de Chambre syndicale, du Tribunal de commerce.

10. L'agent de change honoraire assiste, avec voix consultative, aux assemblées générales annuelles de la Compagnie, ainsi qu'aux autres assemblées générales auxquelles il est spécialement convoqué par la Chambre syndicale.

11. L'honorariat demeure acquis aux agents de change qui en avaient été investis, en vertu des règlements particuliers de leur Compagnie, antérieurement à la promulgation du présent décret.

12. Le retrait de l'honorariat peut, après avis de la Chambre syndicale, ou, s'il n'y a pas de Chambre syndicale, du Tribunal de commerce, être prononcé par décret à l'égard de tout agent de change qui se trouvera, postérieurement à son admission à l'honorariat, en état de cessation de paiements, ou contre lequel auront été relevés des faits portant atteinte à l'honneur ou à la dignité.

Chapitre II. — *Création et suppression d'offices.*

Art. 13. — Il ne peut être créé d'office d'agent de change qu'en vertu d'un décret contresigné, suivant la distinction spécifiée à l'article 2, par le Ministre des Finances ou par le Ministre du Commerce et de l'Industrie, après avis du Tribunal de commerce, de la Chambre de commerce et de la Chambre syndicale, ou, s'il n'y a pas de Chambre syndicale, après l'avis des agents de change exerçant dans la même ville, réunis à cet effet en assemblée générale.

14. Les formalités prévues à l'article qui précède sont applicables à la suppression d'un office existant. Toutefois, lorsque la suppression d'un office doit avoir pour effet d'abaisser au-dessous de six le nombre des agents de change, il est procédé suivant les règles indiquées à l'article 15.

Chapitre III. — *Création et suppression de parquet.*

Art. 15. — Dans les Bourses comportant au moins six offices d'agent de change, il peut être créé un parquet en vertu d'un décret rendu sur la proposition du Ministre des Finances et du Ministre du Commerce et de l'Industrie, après avis des agents de change réunis en assemblée générale, du conseil municipal, du Tribunal de commerce et de la Chambre de commerce, ou, s'il n'y a pas de Chambre de commerce, de la Chambre consultative des arts et manufactures, du sous-préfet et du préfet.

16. Les formalités prévues à l'article qui précède sont applicables à la suppression d'un parquet existant.

Chapitre IV. — *Chambres syndicales.*

Art. 17. — Les agents de change qui exercent leur ministère auprès d'une Bourse pourvue d'un parquet, élisent, chaque année, une Chambre syndicale composée d'un syndic et d'un nombre d'adjoints déterminé conformément aux règles ci-après : deux, lorsque le nombre des agents de change est de neuf au plus; quatre, lorsque ce nombre est supérieur à neuf et inférieur à quatorze; six, lorsque ce nombre est supérieur à quatorze.

L'élection est faite à la majorité absolue des suffrages et au scrutin secret, séparément pour le syndic et par bulletin de liste pour les adjoints.

Le procès-verbal de l'élection est adressé au Ministre des Finances, au Préfet du département, au Préfet de police à Paris et au maire dans les autres villes, au Président du Tribunal de commerce et au Président de la Chambre de commerce (1).

----

(1) L'article 17 du décret du 7 octobre 1890 a été modifié par décret du 29 juin 1898. Le nouvel article 17 est conçu comme suit :

Art. 17. Les agents de change qui exercent leur ministère auprès d'une bourse pourvue d'un parquet élisent, chaque année, une chambre syndicale composée d'un syndic et d'un nombre d'adjoints déterminé conformément aux règles ci-après : deux, lorsque le nombre des agents de change est de neuf au plus; quatre, lorsque ce nombre est supérieur à neuf et de quatorze au plus; six, lorsque ce nombre est

18. La Chambre syndicale ne peut valablement délibérer que si la majorité de ses membres est présente. En cas d'absence ou d'empêchement d'un ou de plusieurs de ses membres, elle est autorisée à se compléter en appelant les membres les plus anciens de la Compagnie suivant l'ordre du tableau.

19. La Chambre syndicale est présidée par le syndic.

En cas de partage, la voix du Président est prépondérante.

20. La Chambre syndicale tient registre des ses délibérations. Chaque procès-verbal est signé par tous les membres qui ont assisté à la séance.

21. Les attributions générales de la Chambre syndicale sont :

1º De prononcer ou de provoquer, suivant les cas, l'application des mesures disciplinaires prévues à l'article 23;

2º De prévenir ou concilier tous les différends que les agents de change peuvent avoir à raison de leurs fonctions, soit entre eux, soit avec des tiers, et d'émettre, s'il y a lieu, son avis en cas de non-conciliation;

3º De représenter collectivement tous les membres de la Compagnie pour faire valoir leurs droits, privilèges et intérêts communs, et d'administrer la Caisse commune prévue à l'article 26.

22. La Chambre syndicale peut mander devant elle tout agent de change, lui ordonner la production de son carnet et de ses livres, et lui prescrire toutes mesures de précaution qu'elle juge utiles, et, en particulier, la constitution, dans la Caisse syndicale, d'un dépôt de garantie.

Elle ne peut se refuser à cette enquête lorsqu'elle est réclamée par trois membres de la Compagnie.

23. La Chambre syndicale peut, suivant la gravité des cas, soit d'office soit sur l'initiative du syndic ou d'un de ses membres, soit sur une plainte, blâmer les membres de la Compagnie, les censurer, leur interdire l'entrée de la Bourse pendant une durée qui ne peut excéder un mois, et provoquer leur suspension ou leur destitution.

La suspension est prononcée par arrêté du Ministre des Finances. Elle ne peut excéder deux mois.

La révocation est prononcée par décret. Ces deux peines peuvent être prononcées d'office, après, toutefois, que la Chambre syndicale a été appelée à émettre son avis.

24. Aucune peine disciplinaire ne peut être prononcée ou provoquée par la Chambre syndicale qu'à la majorité absolue des membres présents et qu'après que l'agent de change inculpé a été entendu ou dûment convoqué.

25. Dans le cas où un membre de la Chambre syndicale se trouve directement intéressé dans une affaire soumise à la Chambre, il doit s'abstenir de siéger.

26. Il est institué, dans les Compagnies ayant une Chambre syndicale, une Caisse commune administrée par la Chambre et dont le mode de gestion est déterminé par les règlements particuliers mentionnés à l'article 82. A cette Caisse sont versés les prélèvements sur les courtages, contributions diverses, fonds de réserves et dépôts de garantie prévus soit par le présent règlement, soit par les règlements particuliers.

27. Le syndic est chargé de l'exécution des délibérations de la Chambre syndicale et de la Compagnie.

Il représente la Compagnie en justice et dans les actes de la vie civile.

Il ne peut ester en justice, soit en demandant, soit en défendant, qu'en vertu de l'autorisation de la Chambre syndicale.

Il peut toujours, sans autorisation préalable, faire tous actes conservatoires et interruptifs de prescriptions. Il peut de même, sans autorisation, interjeter appel de tout jugement et se pourvoir en cassation. Mais il ne peut suivre sur son appel, ni suivre sur le pourvoi, qu'en vertu d'une nouvelle autorisation.

28. En cas d'absence ou d'empêchement, le syndic est remplacé dans ses

---

supérieur à quatorze et de soixante au plus; huit, lorsque ce nombre est supérieur à soixante. — L'élection est faite à la majorité des suffrages et au scrutin secret, séparément pour le syndic et par bulletin de liste pour les adjoints. — Le procès-verbal de l'élection est adressé au Ministre des Finances, au préfet du département, au préfet de police à Paris et au maire dans les autres villes, au président du tribunal de commerce et au président de la Chambre de commerce.

diverses attributions par un adjoint, dans l'ordre des nominations de la dernière élection.

29. Les Chambres syndicales peuvent déléguer à un ou plusieurs de leurs membres, désignés sous le nom d'adjoints de service, certaines attributions d'ordre et de police intérieure déterminées par les règlements prévus à l'article 82. Ces adjoints peuvent, en outre, être appelés à exercer, aux lieu et place du syndic, les attributions spéciales déterminées aux articles 53 et 67 du présent décret.

30. Les dispositions du présent chapitre sont applicables aux Chambres syndicales mixtes prévues par le décret du 5 janvier 1867, sous cette réserve que les attributions conférées au Ministre des Finances par les articles 17 et 23 sont exercées par le Ministre du Commerce et de l'Industrie.

CHAPITRE V. — *Des assemblées générales.*

ART. 31. — Les agents de change se réunissent chaque année, en assemblée générale, pour l'élection des membres de la Chambre syndicale.

En dehors de cette séance annuelle et des cas prévus soit par le présent règlement, soit par les règlements mentionnés à l'article 82, ils ne peuvent se réunir en assemblée générale que sur l'ordre du Ministre, ou en vertu d'une décision de la Chambre syndicale.

La Chambre syndicale ne peut se refuser à convoquer l'assemblée générale, lorsque cette convocation a fait l'objet d'une demande écrite et motivée de la moitié plus un des membres de la Compagnie.

32. L'assemblée générale est constituée lorsque la moitié plus un des membres de la Compagnie sont présents.

Elle est présidée par le syndic.

33. La Chambre syndicale tient un registre particulier des délibérations de l'assemblée générale. Les noms des membres présents sont inscrits en tête de chaque procès-verbal, qui est signé par le Président et par les membres de la Chambre syndicale qui ont assisté à la séance.

CHAPITRE VI. — *Des auxiliaires des agents de change.*

ART. 34. — Tout agent de change peut constituer, pour les actes autres que la négociation, la signature des bordereaux et les certifications prévues à l'article 76, des fondés de pouvoirs en vertu de procurations qui sont soumises, s'il y a une Chambre syndicale, à l'approbation de cette Chambre, et dont une expédition est, dans tous les cas, déposée au Tribunal de commerce et affichée dans les bureaux de l'agent de change.

Tous les écrits émanés de l'agent de change doivent être revêtus, à défaut de sa propre signature, de la signature de ses fondés de pouvoir précédée de la mention qu'ils agissent en vertu de leur procuration.

35. Les agents de change près les Bourses pourvues d'un parquet peuvent avoir, sous le nom de commis principaux, des mandataires spéciaux chargés de prendre part aux négociations dans la limite déterminée par leur mandat, au nom et sous la responsabilité de leurs mandants.

Toute négociation pour leur propre compte est interdite à ces mandataires.

Le nombre des commis principaux que chaque agent de change peut s'adjoindre est déterminé, pour les divers parquets, par les règlements prévus à l'article 82.

36. Les commis principaux sont soumis à l'action disciplinaire de la Chambre syndicale, qui statue sur leur admission et qui peut prononcer d'office leur suspension ou leur révocation.

37. Il est interdit aux agents de change et aux commis principaux de vendre ou de céder les fonctions de commis principal moyennant un prix ou une redevance quelconque.

TITRE II. — DES NÉGOCIATIONS

CHAPITRE Ier. — *Dispositions générales.*

ART. 38. — Les négociations sont effectuées par les agents de change moyennant un courtage dont le taux est déterminé, pour chaque place, par la Chambre syndicale, ou, s'il n'y a pas de Chambre syndicale, par le Tribunal de commerce, dans les limites d'un tarif maximum fixé, sur la proposition de la Chambre syndicale et après avis de la Chambre et du Tribunal de commerce, par un décret rendu dans la forme des règlements d'administration publique et contresigné, suivant la distinction spécifiée à l'article 2, par le Ministre des Finances ou par le Ministre du Commerce et de l'Industrie.

Le taux du courtage ainsi déterminé est obligatoire pour les agents de change.

Jusqu'à ce que les droits de courtage aient été, s'il y a lieu, fixés conformément à ces dispositions, les droits actuels continueront à être perçus.

39. Les agents de change ne peuvent former entre eux aucune association particulière pour les opérations de leur ministère.

40. Les agents de change doivent garder le secret le plus inviolable aux personnes qui les chargent de négociations, à moins que les parties ne consentent à être nommées ou que la nature de l'opération ne l'exige, et sans préjudice du droit d'investigation qui appartient à la Chambre syndicale aux termes de l'article 22, et qu'elle n'exerce elle-même que sous le sceau du secret professionnel.

41. Toute opération conclue par un agent de change est portée, au moment où elle est faite, sur un carnet dont le modèle est déterminé par les Chambres syndicales, et qui est indépendant du registre prévu à l'article 84 du Code de commerce.

Il en est de même en ce qui concerne les négociations conclues par les commis principaux dans les conditions déterminées à l'article 35.

42. Les agents de change sont tenus de délivrer un reçu des fonds ou des valeurs qui leur sont remis.

CHAPITRE II. — *De la négociation des effets publics ou autres susceptibles d'être cotés.*

SECTION I. — *Règles communes aux marchés au comptant et aux marchés à terme.* — ART. 43. — Lorsqu'une Bourse a été instituée, les agents de change se réunissent à cette Bourse, pour y procéder entre eux aux négociations, aux heures déterminées par l'autorité municipale après avis de la Chambre syndicale, ou, s'il n'y a pas de Chambre syndicale, après avis du Tribunal de commerce.

Les prix offerts et demandés sont, pour les négociations au comptant, préalablement inscrits sur un registre spécial. Les règlements prévus à l'article 82 peuvent appliquer les mêmes règles aux négociations à terme. Les prix offerts et demandés sont, dans tous les cas, dans les Bourses pourvues d'un parquet, annoncés à haute voix. Les mêmes règles doivent être suivies pour l'exécution par voie d'application des ordres en sens contraire reçus par le même agent de change. L'agent de change, avant de réaliser l'application, fait constater par un des membres de la Chambre syndicale l'absence de demandes ou d'offres plus favorables.

44. Les dispositions de l'article précédent ne sont pas applicables aux marchés au premier cours, au dernier cours ou au cours moyen.

45. La Chambre syndicale, ou, lorsqu'il n'y a pas de Chambre syndicale, le Tribunal de commerce peut toujours autoriser ou ordonner l'emploi, pour des valeurs déterminées, de la procédure spéciale indiquée au paragraphe 3 de l'article 70.

46. Les négociations ne portent que sur des quantités, sans aucune spécification, par voie d'indication de numéros ou autrement, des titres négociés.

47. Les agents de change ne se livrent entre eux que des valeurs au porteur, sauf en ce qui concerne les valeurs qui ne peuvent, d'après la loi ou d'après les statuts de l'établissement émetteur, affecter d'autre forme que la forme nominative et les autres valeurs qui seraient spécialement déterminées par les règlements prévus à l'article 82.

48. L'agent de change qui aurait livré un titre irrégulier, amorti, frappé d'opposition entre ses mains ou figurant au *Bulletin officiel des oppositions*, est tenu, indépendamment de tous dommages et intérêts, s'il y a lieu, de livrer un autre titre dans les trois jours, au plus tard, à partir de la réclamation.

49. Les agents de change peuvent faire effectuer en leur nom, sous la dénomination de transferts d'ordre, des transferts provisoires. Ces transferts ne conservent leur caractère provisoire que pendant un délai de dix jours, à l'expiration duquel ils sont considérés comme définitivement opérés au nom de l'agent de change.

Si, avant l'expiration de ce délai, l'agent de change acheteur a notifié à l'établissement émetteur par acte extrajudiciaire le nom de son donneur d'ordre, le transfert effectué au nom de cet agent de change sera considéré, à partir du moment où le transfert aura été réalisé au nom du donneur d'ordre ainsi désigné, comme n'ayant jamais été opéré.

Les transferts d'ordre peuvent être effectués même au profit des agents de change porteurs de la procuration du vendeur.

50. Le point de départ de la jouissance pour l'acheteur des valeurs négociées est déterminé, suivant le cas, par les règlements prévus à l'article 82, sous la réserve des dispositions arrêtées par le Ministre des Finances en ce qui touche la négociation des rentes sur l'Etat et autres valeurs du Trésor.

51. Les règlements prévus à l'article 82 déterminent l'époque à partir de laquelle, avant chaque tirage, les valeurs amortissables par voie de tirage au sort ne sont, sauf convention contraire formellement exprimée, négociées que livrables après tirage.

En ce qui concerne les valeurs dont la possession vient à comporter, soit un avantage particulier, tel qu'un droit privilégié de souscription, soit une charge déterminée, telle qu'un appel de versement, les mêmes règlements déterminent les époques à partir desquelles les négociations ne peuvent plus porter, sauf convention contraire formellement exprimée, que sur des valeurs ayant bénéficié de cet avantage ou ayant satisfait à cette charge.

Ces règlements déterminent de même les époques à partir desquelles, en cas de conversion, les négociations ne peuvent plus porter, sauf convention contraire formellement exprimée, que sur les nouveaux titres.

52. Les délais de livraison, d'acceptation et de paiement, soit en ce qui concerne les rapports des agents de change entre eux, soit en ce qui concerne les rapports entre les agents de change et leurs donneurs d'ordres, sont déterminés par les règlements prévus à l'article 82.

53. A défaut, soit d'acceptation ou de paiement par l'agent de change acheteur, soit de livraison par l'agent de change vendeur, la revente ou l'achat des valeurs négociées peuvent être, à la requête de l'agent de change avec lequel la négociation a été faite, effectués, par l'intermédiaire du syndic ou d'un adjoint de service, aux risques et périls de l'agent de change en défaut.

Les formalités et les délais de la revente ou de l'achat d'office, qui peuvent être exécutés suivant conventions particulières, sont déterminés par les règlements prévus à l'article 82.

54. Sauf convention contraire, l'agent de change qui effectue une négociation répond envers son donneur d'ordre de l'exécution de cette négociation par l'agent de change avec lequel elle a été effectuée.

55. Si, en dehors de toute contestation sur le fond du droit, la livraison ou le paiement n'est pas effectué par l'agent de change dans les délais réglementaires, le donneur d'ordre peut, après l'avoir mis en demeure par acte extrajudiciaire, notifier en la même forme dans le délai de vingt-quatre heures cette mise en demeure à la Chambre syndicale.

Au reçu de cette notification, la Chambre syndicale prend, à l'égard de l'agent de change, les mesures propres à assurer l'exécution du marché. Elle l'exécute elle-même au besoin, au mieux des intérêts du donneur d'ordre et pour le compte et aux risques et périls de l'agent de change en défaut. Elle ne peut s'y refuser qu'en dénonçant la situation, dans le délai de quinze jours, au Président du Tribunal de commerce.

56. Lorsque la Chambre syndicale a constaté qu'un agent de change cesse d'exécuter les marchés qui le lient à ses confrères, ces marchés sont liquidés dans les conditions déterminées par les règlements prévus à l'article 82, en prenant pour base le cours moyen du jour de cette constatation. Les créances que cette liquidation peut faire ressortir en faveur de l'agent de change défaillant ne sont exigibles qu'à l'échéance primitive de chacune des opérations liquidées.

Les donneurs d'ordres sont mis par l'Administrateur provisoire de la charge en demeure d'opter sans délai entre la liquidation de leur marché dans les conditions ci-dessus spécifiées et le maintien de leur position chez l'agent de change défaillant (1).

57. Les négociations faites par les Chambres syndicales et les transferts effectués en leur nom sont soumis aux dispositions du présent règlement.

SECTION II. — *Règles spéciales aux marchés au comptant.*

ART. 58. — L'agent de change est en droit d'exiger que le donneur d'ordre lui remette, avant toute négociation, les effets à négocier ou les fonds destinés à acquitter le montant de la négociation.

59. Dans le cas où, après avertissement par lettre recommandée, le donneur d'ordre n'a pas, dans le délai de trois jours à partir de l'envoi de cette lettre, remis, soit les valeurs accompagnées, s'il y a lieu, d'une déclaration de transfert, soit les fonds destinés à acquitter le montant de la négociation, et accompagnés, le cas échéant, de son acceptation, l'agent de change a le droit de procéder sans autre mise en demeure, aux risques et périls du donneur d'ordre, à l'achat de valeurs semblables ou à la vente des valeurs acquises.

SECTION III. — *Règles spéciales aux marchés à terme.*

Art. 60. — Les négociations à terme se font pour les échéances et pour les quotités déterminées par les règlements prévus à l'article 82.

61. L'agent de change est en droit d'exiger, avant d'accepter un ordre et sauf à faire compte à l'échéance, la remise d'une couverture.

Lorsque cette couverture consiste en valeurs, l'agent de change a le droit de les aliéner et de s'en appliquer le prix, faute de livraison ou de paiement à l'échéance par le donneur d'ordre.

62. Lorsque le donneur d'ordre s'est réservé la faculté d'abandonner le marché, moyennant une prime, la couverture exigée ne peut être supérieure au montant de la prime, sauf à l'agent de change à exiger qu'il lui soit remis le jour de la réponse et dans un délai déterminé avant l'heure fixée, comme il est dit à l'article 64, un supplément de couverture. Faute par le donneur d'ordre de satisfaire à cette demande, l'agent de change est en droit de liquider l'opération à l'expiration du délai imparti au donneur d'ordre.

63. L'acheteur a toujours la faculté de se faire livrer par anticipation, au moyen de l'escompte, les valeurs négociées, soit qu'il ait traité ferme, soit qu'il ait traité à prime. Les escomptes donnent lieu à une liquidation anticipée dont les conditions sont fixées par les règlements prévus à l'article 82.

---

(1) Les articles 55 et 56 du décret du 7 octobre 1890 ont été modifiés par le décret du 29 juin 1898. Voici le nouveau texte des articles 55 et 56 :

ART. 55. Si, en dehors de toute contestation sur le fond du droit, la livraison ou le paiement n'est pas effectué par l'agent de change dans les délais réglementaires, le donneur d'ordre peut, après l'avoir mis en demeure par acte extrajudiciaire, notifier, en la même forme, dans le délai de vingt-quatre heures, cette mise en demeure à la Chambre syndicale. — Au reçu de cette notification, la Chambre syndicale prend à l'égard de l'agent de change les mesures propres à assurer l'exécution du marché. Elle l'exécute elle-même au besoin, au mieux des intérêts du donneur d'ordre et pour le compte et aux risques et périls de l'agent de change en défaut. Elle ne peut s'y refuser qu'en dénonçant la situation, dans le délai de quinze jours, au président du Tribunal de commerce. — Dans les Bourses comportant plus de quarante agents de change, la Chambre syndicale ne peut se refuser à exécuter le marché pour le compte de l'agent de change en défaut, dans la limite de la valeur totale des offices de la Compagnie, calculée d'après les dernières cessions, du fonds commun et du montant des cautionnements.

56. Lorsque la Chambre syndicale a constaté qu'un agent de change cesse d'exécuter les marchés qui le lient à ses confrères, ces marchés sont liquidés dans les conditions déterminées par les règlements prévus à l'article 82, en prenant pour base le cours moyen du jour de cette constatation. Les créances que cette liquidation peut faire ressortir en faveur de l'agent de change défaillant ne sont exigibles qu'à l'échéance primitive de chacune des opérations liquidées. — Les donneurs d'ordre sont mis par l'administrateur provisoire de la charge en demeure d'opter sans délai entre la liquidation de leur marché, dans les conditions ci-dessus spécifiées, et le maintien de leur position chez l'agent de change défaillant, sous réserve, en ce qui concerne les Bourses comportant plus de quarante agents de change, des dispositions du paragraphe 3 de l'article 55.

Dans aucun cas, celui qui a bénéficié d'un avantage quelconque pour effectuer une livraison en report ne peut user de la faculté d'escompte.

64. Les règlements prévus à l'article 82 fixent les jours et les heures auxquels les déclarations de consolidation ou d'abandon des marchés à prime doivent intervenir.

Du moment où le marché est consolidé, la convention est, sous réserve des dispositions prévues à l'article 62, soumise à toutes les règles des négociations fermes.

65. A chacune des échéances fixées, comme il est dit à l'article 60, il est procédé, dans les délais déterminés par les règlements prévus à l'article 82, à la liquidation générale des opérations engagées pour cette échéance.

66. Toutes les opérations engagées chez chaque agent de change par un même donneur d'ordre sont compensées en deniers et en titres de même nature.

Les opérations engagées chez plusieurs agents de change par un ou plusieurs donneurs d'ordres peuvent de même être compensées, si les diverses parties intéressées y consentent.

67. Les compensations sont établies d'après un cours uniforme déterminé, par le syndic ou un adjoint de service, d'après les cours cotés le premier jour de la liquidation des différentes valeurs. Le cours ainsi fixé est également celui sur lequel s'effectuent les reports.

Il est immédiatement affiché à la Bourse.

68. Toutes les opérations entre agents de change sont soumises à une liquidation centrale effectuée par les soins de la Chambre syndicale.

Par l'effet de cette liquidation, toutes les opérations entre agents de change sont compensées, de façon à faire ressortir le solde en deniers ou en titres à la charge ou au profit de chacun d'eux; les différents soldes débiteurs ou créditeurs sont réglés par l'intermédiaire de la Chambre syndicale.

69. Lorsque le donneur d'ordre n'a point, le premier jour de la liquidation des diverses valeurs et avant la Bourse, remis à l'agent de change, suivant les cas, les titres accompagnés, s'il y a lieu, de la déclaration de transfert, ou les fonds accompagnés, le cas échéant, de son acceptation, l'agent de change peut exercer, sans qu'il soit besoin d'une mise en demeure préalable, et à l'égard de toutes les opérations engagées par le donneur d'ordre en défaut, les droits spécifiés à l'article 59.

Les droits de l'agent de change sont les mêmes à l'égard du donneur d'ordre dont les opérations ont été reportées en tout ou en partie, s'il ne remplit ses obligations avant la fin de la liquidation.

SECTION IV. — *Dispositions spéciales aux négociations judiciaires ou forcées et à la négociation de valeurs appartenant à des mineurs ou à des interdits.* — ART. 70. — Lorsqu'un agent de change est commis par justice à l'effet de négocier des valeurs, il doit faire apposer, vingt-quatre heures au moins avant la négociation, une affiche signée de lui dans l'intérieur de la Bourse, dans ses bureaux ou dans tout autre endroit désigné par le juge.

Cette affiche indique la nature des valeurs à négocier, leurs quantités, la décision en vertu de laquelle la négociation est effectuée, le nom de l'agent de change chargé de la négociation et les jours auxquels cette négociation aura lieu.

Pour les valeurs qui ne figurent pas à la partie officielle de la cote, des enchères sont ouvertes et reçues avec faculté de surenchère pendant les délais et sous les conditions déterminées par la Chambre syndicale, ou, s'il n'y a pas de Chambre syndicale, par le Tribunal de commerce.

La Chambre syndicale, ou, s'il n'y a pas de Chambre syndicale, le Tribunal de commerce peut toujours décider que cette procédure sera appliquée même à des valeurs figurant à la partie officielle de la cote.

71. Les formalités prescrites par les deux premiers paragraphes de l'article précédent s'appliquent : 1° à la négociation des valeurs réalisées en vertu de l'article 93 du Code de commerce, après que l'agent de change s'est fait justifier de l'accomplissement des formalités prévues par cet article; 2° à la négociation des valeurs réalisées pour défaut de versement des termes appelés, à moins que les statuts de l'établissement qui exige la réalisation ne contiennent, sur ce point, des dispositions particulières.

La Chambre syndicale ou, s'il n'y a pas de Chambre syndicale, le Tribunal de commerce peut toujours, pour ces diverses négociations, autoriser ou ordonner l'emploi de la procédure spéciale indiquée au paragraphe 3 de l'article précédent.

72. Avant de procéder à la négociation de valeurs appartenant à des mineurs ou à des interdits, l'agent de change doit s'assurer que la négociation a été autorisée dans les conditions déterminées par la loi du 27 février 1880.

73. Dans les divers cas prévus aux articles 70 à 72, le bordereau de l'agent de change constitue le procès-verbal de la vente. Il contient la spécification des titres vendus.

CHAP. III. — *Des négociations d'effets commerçables et de valeurs métalliques.*

ART. 74. — Les bordereaux auxquels donnent lieu les négociations de lettres de change ou de billets constatent la quantité, la nature, l'échéance et le prix des effets.

75. Les mêmes règles s'appliquent à la négociation par les agents de change des matières métalliques.

TITRE III. — DES CERTIFICATIONS ET LÉGALISATIONS

ART. 76. — Les agents de change délivrent les certifications exigées pour le transfert des inscriptions au Grand-Livre de la Dette publique dans les conditions prévues par l'arrêté des consuls du 27 prairial an X, l'ordonnance royale du 14 avril 1819 et les décrets des 12 juillet 1883 et 10 juin 1884.

Ils délivrent toutes autres certifications prévues par des dispositions de lois ou de règlements d'administration publique.

Ils peuvent délivrer toutes les certifications et légalisations autres que celles déterminées ci-dessus que comporteraient, d'après les statuts des établissements qui les ont émises, les opérations diverses relatives aux valeurs mobilières.

Le tarif applicable aux certifications émanées d'agents de change qui n'ont pas participé à la négociation est déterminé dans les mêmes conditions que le taux de courtage mentionné à l'article 38.

TITRE IV. — DE LA COTE DES COURS

ART. 77. — Les cours successivement déterminés par les négociations au comptant sont, au fur et à mesure qu'ils se produisent, inscrits sur un registre spécial. Les règlements prévus à l'article 82 peuvent prescrire le même procédé pour les négociations à terme. Dans tous les cas, les agents de change se réunissent à l'issue de la Bourse pour vérifier et arrêter la cote des cours pour les valeurs, le change et les matières métalliques.

78. Aussitôt que le bulletin de la cote a été arrêté dans les conditions fixées au deuxième paragraphe de l'article précédent, il est signé par le syndic, affiché dans l'intérieur de la Bourse, et publié par les soins de la Chambre syndicale.

Une copie de ce bulletin est adressée immédiatement au Préfet, ainsi qu'au Ministre des Finances ou au Ministre du Commerce et de l'Industrie, suivant la distinction spécifiée à l'article 2.

79. Le bulletin de la cote indique au moins le premier et le dernier cours, ainsi que le plus haut et le plus bas des cours auxquels des marchés ont été conclus.

Il mentionne en outre les autres indications propres à intéresser le public et fait connaître, en particulier, les valeurs qui ne sont livrables que nominatives et les époques de jouissance déterminées comme il est dit à l'article 50.

Il peut également mentionner le cours moyen des effets cotés au comptant. Ce cours moyen est établi en prenant la moyenne entre le cours le plus haut et le cours le plus bas.

80. Dans les Bourses pourvues d'un parquet, le bulletin de la cote comporte une partie permanente dite » officielle », comprenant les valeurs qui ont été préalablement reconnues par la Chambre syndicale donner lieu ou pouvoir donner lieu sur la place à un nombre suffisant de transactions. Les fonds d'Etat français y sont portés de droit.

Les valeurs non comprises dans cette partie officielle figurent à la seconde partie du bulletin de la cote. Les règlements prévus à l'article 82 décident si ces deux parties seront publiées séparément ou donneront lieu à une publication unique.

TITRE V. — DISPOSITIONS PARTICULIÈRES

ART. 81. — Il n'est pas dérogé aux règlements actuels en ce qui concerne les valeurs étrangères.

82. Il est statué par des règlements particuliers délibérés par les Compagnies d'agents de change, homologués, suivant les cas, par le Ministre des Finances ou par le Ministre du Commerce et de l'Industrie, et publiés au *Journal officiel*, sur les points spécifiés aux articles 26, 29, 31, 35, 43, 47, 50, 51, 52, 53, 56, 60, 63, 64, 65, 77 et 80, ainsi que sur les conditions d'exécution des marchés non réglées par le présent décret.

83. Toutes dispositions contraires au présent décret sont et demeurent abrogées.

Décret du 29 juin 1898 relatif à la création de dix charges d'agents de change.

Le Président de la République française :
Vu le rapport du Ministre des Finances;
Vu les articles 2, 4 et 13 du décret du 7 octobre 1890;
Vu les avis du Tribunal de commerce de la Seine et de la Chambre de commerce de Paris;
Vu l'avis de la Chambre syndicale des agents de change,
Décrète :

ART. 1er. — Il est créé dix nouveaux offices d'agents de change près la Bourse de Paris.

2. Les titulaires des offices créés en vertu de l'article qui précède seront nommés par des décrets rendus sur la proposition du Ministre des Finances. Ils seront choisis sur une liste triple de candidats établie par la Chambre syndicale des agents de change.

Fait à Paris, le 29 juin 1898.

Félix FAURE.

Pour le Président de la République :
Le Ministre des Finances,
P. PEYTRAL.

Règlement particulier de la Compagnie des agents de change de Paris (30 janvier 1899).

Vu l'article 82 du décret du 7 octobre 1890, portant qu'il sera statué par des règlements particuliers délibérés par les Compagnies d'agents de change, homologués, suivant les cas, par le Ministre des Finances ou par le Ministre du Commerce et de l'Industrie, et publiés au *Journal officiel*, sur les points spécifiés aux articles 26, 29, 31, 35, 43, 47, 50, 51, 52, 53, 56, 60, 63, 64, 65, 77 et 80, ainsi que sur les conditions d'exécution des marchés non réglées par le présent décret,

La Compagnie des agents de change de Paris, réunie en assemblée générale, arrête les dispositions suivantes :

TITRE Ier. — ORGANISATION DE LA COMPAGNIE

CHAPITRE Ier. — *Caisse commune* (1).

ART. 1er. — La Caisse commune comprend :
1° Un fonds commun alimenté par les recettes ci-après détaillées :—
Premièrement : une partie de courtages acquis par chaque agent de change sur les négociations dont il est chargé;

---

(1) Article 26 du décret du 7 octobre 1890.

Deuxièmement : le prix des carnets à l'usage des agents de change et des commis principaux;

Troisièmement : les produits éventuels, tels que droits de rachats et de reventes d'office, taxes de réception, certifications de cours, etc., etc.;

Les tarifs des prélèvements divers énumérés ci-dessus sont déterminés par les délibérations de la Compagnie;

Quatrièmement : le produit des valeurs mobilières et immobilières appartenant à la Compagnie;

Cinquièmement : le produit des courtages du service des Trésoreries générales.

2° Un fonds spécial de garantie pour parer aux responsabilités pouvant incomber à la Chambre syndicale, du chef des opérations d'achat et de vente de rentes françaises et autres valeurs du Trésor, qui se font par l'entremise des trésoriers-payeurs généraux, et qui sont concentrées à la Chambre syndicale et effectuées par ses soins.

Dans le cas où ce fonds de réserve viendrait à être entamé, il serait complété le plus tôt possible suivant le mode fixé par délibération de la Compagnie.

3° Un fonds de réserve au compte de chaque agent de change (l'importance de ce fonds est fixée par la Compagnie réunie en assemblée générale).

2. Les bénéfices de la Caisse commune sont répartis entre tous les agents de change dans la même proportion.

3. Les recettes de la Caisse commune sont encaissées contre des reçus signés par le syndic.

Les dépenses sont payées sur ses ordonnancements.

Il peut aussi, mais avec autorisation de la Chambre syndicale, acquérir et aliéner toutes valeurs mobilières, consentir toutes transactions, tous compromis ou désistements, toutes mainlevées, radiations, même à titre gratuit.

Il peut également, mais avec l'autorisation de la Compagnie réunie en assemblée générale, contracter tous emprunts, acquérir tous immeubles, les vendre, échanger ou hypothéquer.

Il peut enfin constituer des mandataires pour un ou plusieurs objets déterminés, et par des mandats spéciaux.

4. La Chambre syndicale peut toujours mettre à la disposition d'un agent de change sa part de la réserve pour un délai qui ne peut excéder six mois.

5. Lorsque la Chambre syndicale ou la majorité de la Compagnie propose de disposer de tout ou partie du fonds commun, cette proposition, pour être convertie en résolution de la Compagnie et devenir par là obligatoire pour chacun de ses membres, doit obtenir en assemblée générale les suffrages, recueillis au scrutin secret, des deux tiers des membres présents à la séance.

6. Par exception, la Chambre syndicale peut, lorsqu'elle le juge convenable, et sans en référer préalablement à la Compagnie, faire faire par la Caisse commune, aux agents de change qui en font la demande :

1° Une avance de fonds égale à l'importance de la portion du cautionnement sur laquelle il aura été conféré à la Compagnie, soit le privilège de bailleur de fonds, soit un transport en garantie;

2° Une avance de 100.000 francs à valoir sur le prix de la charge.

Lesdites avances ne peuvent être faites que pour six mois.

7. L'agent de change qui se trouve dans la situation prévue par l'article 56 du décret du 7 octobre 1890 cesse, par ce fait, d'avoir droit aux répartitions de la Caisse commune à partir du jour spécifié au même article. Son compte est réglé et arrêté; il ne concourt plus, dès lors, aux dispositions qui sont faites sur le fonds commun.

8. Toutes les fois qu'il se produit une mutation de titulaire ou de bailleurs de fonds, la Chambre syndicale fait l'évaluation du fonds de réserve et de la part des bénéfices réalisés.

9. Le montant de cette évaluation est remboursé par le nouveau titulaire à l'agent de change démissionnaire ou à ses ayants droit, qui ne conservent aucun intérêt dans l'actif de la Caisse commune.

Si l'agent de change démissionnaire a cessé ses fonctions et reçu sa part de la réserve, le nouveau titulaire effectue son versement dans la Caisse de la Compagnie.

Ce versement ne peut, en aucun cas, être inférieur au montant du fonds de réserve tel qu'il est déterminé conformément au dernier paragraphe de l'article 1er.

10. Dans le cas où, par suite d'une disposition de la Compagnie, le compte de réserve serait réduit à une somme inférieure à celle fixée, il serait reconstitué, dans le plus bref délai possible, par les voies et moyens arrêtés par la Compagnie réunie en assemblée générale.

11. Il est institué près la Caisse commune une commission de surveillance dite : *Commission de comptabilité.*

12. Elle est présidée par un adjoint au syndic, et composée de trois agents de change qui sont nommés par l'assemblée générale, au scrutin de liste, pour un an, en dehors du syndic et des adjoints; l'un d'entre eux doit être renouvelé chaque année.

13. Cette commission doit veiller à la stricte observation des statuts de la Caisse commune.

Elle est chargée, en outre, de la vérification des écritures, de la caisse et du portefeuille.

14. Elle se réunit aussi souvent qu'elle le juge nécessaire, et au moins une fois chaque mois.

Elle a le droit de déléguer un ou plusieurs de ses membres pour faire telles vérifications qu'elle juge opportunes.

Tous les livres de comptabilité, ainsi que toutes les pièces de caisse sont mis à sa disposition.

Elle consigne, dans un procès-verbal, le résultat de ses vérifications et y joint ses observations.

15. Au 10 novembre de chaque année, le syndic vérifie les encaisses et fait dresser un état de toutes les valeurs, tant actives que passives, de la Caisse commune.

Il est établi un compte de la gestion de la Caisse commune, depuis le 10 novembre précédent, faisant ressortir les valeurs en caisse et en portefeuille et le détail des opérations faites pendant l'année écoulée.

Ces comptes sont annexés à un rapport que la Commission de comptabilité est chargée de présenter à la Compagnie dans son assemblée générale du mois de décembre, au sujet de l'administration de la Caisse commune pendant l'année écoulée.

16. La surveillance de la Caisse commune étant attribuée à une Commission spéciale, tout droit de vérification et de contrôle individuel est interdit aux membres de la Compagnie.

CHAPITRE II. — *Adjoints de service* (1).

ART. 17. — La Chambre syndicale délègue chaque mois, sous le nom d'adjoints de service, trois adjoints au syndic qui doivent veiller à l'observation des règlements et au maintien de l'ordre dans la Compagnie; toutes les difficultés entre agents de change qui auraient besoin d'une prompte solution peuvent leur être soumises.

Ils sont chargés de présider à la rédaction et à la vérification de la cote des cours des valeurs, de faire le service des trésoreries générales, d'opérer les reventes et rachats officiels, et de fixer les cours de compensation.

Un quatrième adjoint préside la Commission de comptabilité.

CHAPITRE III. — *Assemblées générales.*

ART. 18 (2). — En dehors de l'Assemblée générale de fin d'année et des assemblées réunies dans les cas prévus par l'article 31 du décret du 7 octobre 1890, la Compagnie est convoquée : 1° pour l'installation d'un nouvel agent de change; 2° pour délibérer sur les modifications à apporter aux règlements; 3° toutes les fois que la Chambre syndicale aura à la consulter, soit sur des questions graves pouvant l'intéresser, soit pour se conformer à des prescriptions de ses règlements.

---

(1) Article 29 du décret du 7 octobre 1890.
(2) Article 31 du décret du 7 octobre 1890.

CHAPITRE IV. — *Auxiliaires des agents de change.*

ART. 19. — L'agent de change qui constitue un ou plusieurs fondés de pouvoirs chargés d'agir, soit collectivement, soit séparément, doit déposer à la Chambre syndicale une expédition de la procuration portant en marge la signature du ou des fondés de pouvoirs. Il doit, en outre, adresser à tous les agents de change une circulaire leur faisant connaître la procuration donnée et la signature du ou des fondés de pouvoirs.

20 (1). Les agents de change sont autorisés à s'adjoindre des commis principaux dont le nombre ne peut être supérieur à dix.

21. Nul ne peut être commis principal s'il n'est Français, s'il n'a 25 ans accomplis, s'il ne jouit de ses droits civils et politiques, et s'il n'a satisfait aux obligations de la loi sur le recrutement.

22. La liste des commis principaux est affichée dans l'intérieur de la Bourse et dans le cabinet de la Compagnie.

23. Les commis principaux tiennent un carnet dont le dépouillement se fait chaque jour, après la clôture des opérations, dans les bureaux et sur les livres de l'agent de change. Ce carnet est distribué par la Chambre syndicale, sur la demande de l'agent de change.

24. Les nominations, suspensions et révocations de fondés de pouvoirs et de commis principaux doivent être portées à la connaissance de la Compagnie.

TITRE II. — NÉGOCIATIONS, LIVRAISONS ET PAIEMENTS

CHAPITRE Ier. — *Dispositions générales.*

ART. 25 (2). — Toutes valeurs autres que celles essentiellement nominatives se négocient, entre agents de change, en titres au porteur, à l'exception des rentes françaises.

26. Le donneur d'ordre a toujours le droit d'exiger un bordereau.

27. Au point de vue de l'état matériel des titres, toute réclamation entre agents de change, relative à une livraison résultant de négociations au comptant, doit être faite le jour même. Pour les livraisons en liquidation, la réclamation peut être faite pendant toute la journée du lendemain.

28. Les agents de change peuvent refuser les livraisons partielles, sauf pour les valeurs qui se trouvent dans un des cas prévus à l'article 51 du décret du 7 octobre 1890.

29 (3). Pour les valeurs qui se négocient seulement au comptant, le détachement du coupon en bourse s'effectue le jour de sa mise en paiement.

Pour les valeurs qui se négocient à terme, les fonds d'Etat français exceptés, lorsque l'échéance du coupon coïncide, soit avec le jour de la réponse des primes, soit avec l'un des jours de la liquidation, le détachement a lieu le dernier jour de cette liquidation.

Il s'effectue, au contraire, le jour de l'échéance, lorsque la mise en paiement commence entre deux liquidations.

Exceptionnellement s'il s'agit de valeurs pour lesquelles le change est variable, le détachement a lieu à la deuxième bourse qui suit le dernier jour de la liquidation ou celui de l'échéance.

Lorsque ladite échéance coïncide avec l'avant-veille ou la veille de la réponse des primes, le détachement s'effectue également à la deuxième bourse qui suit le dernier jour de la liquidation.

30. A chaque détachement de coupon des effets pour lesquels le change est variable, la Chambre syndicale fixe le prix auquel les coupons doivent être calculés, en prenant pour base le cours moyen du change au jour du détachement.

Cette fixation une fois arrêtée, un avis signé par le syndic et indiquant le prix ainsi fixé est affiché dans le cabinet de la Compagnie et dans l'intérieur de la Bourse.

31. Sauf l'autorisation de la Chambre syndicale, aucun titre ne peut circuler, s'il n'est muni d'un coupon au moins.

---

(1) Article 35 du décret du 7 octobre 1890.
(2) Article 47 du décret du 7 octobre 1890.
(3) Article 50 du décret du 7 octobre 1890.

32. Le coupon échu demeuré impayé doit rester attaché au titre, à moins de décision contraire de la Chambre syndicale.

33. Les titres dont un ou plusieurs coupons portent des numéros différents de celui du titre auquel ils sont attachés peuvent être refusés par l'acheteur.

34. Si, dans une livraison de valeurs françaises, le premier coupon à échoir a été détaché, il peut être, mais seulement pendant le mois qui précède l'échéance, remplacé par sa valeur en espèces, sous réserve du droit éventuel de l'acheteur à une indemnité dans le cas où il justifierait que ce mode de règlement a pu lui occasionner un préjudice.

35. Les titres de valeurs étrangères peuvent être refusés s'ils ne sont pas munis de leur coupon en nature.

Toutefois, ledit coupon peut être remplacé par un autre coupon de même échéance portant un numéro différent de celui du titre lorsque son encaissement ne donne pas lieu à la présentation d'un affidavit.

Les livraisons de titres étrangers comportant des coupons échus dont le numéro sera différent de celui du titre ne doivent être acceptées que sous condition d'être accompagnées d'une lettre du vendeur garantissant expressément l'acheteur contre toute recherche et toute responsabilité éventuelles (1).

36 (2). Le paiement doit être fait par l'agent de change acheteur contre la remise des titres, soit au porteur, soit transférés au nom de l'acheteur, alors même que ces titres seraient livrés avant l'expiration des délais réglementaires.

A défaut de paiement contre la présentation des titres, la revente peut en être faite le jour même, sans affiche, par le syndic ou un adjoint de service à la requête de l'agent de change vendeur.

37. La livraison des titres résultant d'un rachat officiel doit être faite dans les vingt-quatre heures pour les titres au porteur.

S'il s'agit de titres nominatifs, ces titres transférés doivent être livrés à l'agent de change acheteur au plus tard avant la septième bourse qui suit celle du rachat.

38. Les délais résultant de la combinaison des articles 37, 45, 59 et 60 du présent règlement doivent être étendus d'un jour quand il s'agit de livraison ou de paiement réclamés à l'agent de change par le donneur d'ordre.

39 (3). Lorsqu'un agent de change, par suite d'embarras dans ses affaires, est forcé de quitter le Parquet, le syndic en avise immédiatement la Chambre syndicale et la Compagnie, et demande à tous les agents de change qui ont contracté avec le confrère embarrassé d'envoyer à la Chambre syndicale le relevé de la position dudit confrère chez eux.

Ils doivent liquider, sans retard, toutes les affaires engagées, soit à terme ferme, soit au comptant, et les écritures sont passées au cours moyen, à terme ou au comptant, du jour déterminé par le décret du 7 octobre 1890.

Si l'agent de change défaillant est acheteur de primes, on revend des primes de même nature. Ces opérations de revente sont passées au cours moyen du jour des primes de même nature et de même échéance, à la condition, toutefois, que la revente ainsi passée ne soit pas inférieure comme cours aux opérations primitives diminuées du montant de la prime. Toutes les primes dont l'agent de change défaillant est acheteur, et qui ne se trouvent pas revendues, suivant la règle posée ci-dessus, sont abandonnées par lui. Pour les primes revendues, au contraire, la réponse s'effectue à leurs échéances respectives.

Si l'agent de change défaillant est vendeur de primes, on rachète des primes de même nature et pour les mêmes échéances. Ces opérations sont passées au cours moyen de la cote des primes de ce jour, et la réponse s'effectue aux diverses échéances des opérations.

Si, lors des réponses des primes, dans les hypothèses prévues aux deux paragraphes précédents, partie des primes se trouve levée et partie abandonnée, les opérations ainsi consolidées doivent être liquidées par une opé-

---

(1) Voir circulaire du 28 mai 1920.
(2) Article 53 du décret du 7 octobre 1890.
(3) Article 56 du décret du 7 octobre 1890.

ration ferme en sens contraire, et ces opérations sont passées au cours moyen du ferme.

CHAPITRE II. — *Marchés au comptant.*

ART. 40 (1). — Les effets au porteur ou transmissibles par voie d'endossement, négociés au comptant doivent être livrés par l'agent vendeur avant la dixième bourse qui suit celle de la négociation.

Si la livraison n'a pas eu lieu, l'agent acheteur doit lorsqu'il en est requis par le donneur d'ordre et, au plus tôt après la dixième bourse, sous réserve de l'application des pénalités prévues par l'article 23 du décret du 7 octobre 1890, afficher son vendeur.

L'affiche est apposée d'une manière apparente dans un endroit de la Bourse accessible au public.

Elle reste apposée pendant trois bourses pleines. A la Bourse suivante, il est procédé sans remise au rachat officiel par les soins de la Chambre syndicale.

41. Les fonds provenant de la vente d'effets au porteur ou transmissibles par voie d'endossement doivent, quand les titres sont livrés au porteur ou dûment endossés, être à la disposition du donneur d'ordre dès le surlendemain du jour de la négociation ou, s'ils n'ont été livrés qu'après cette négociation, dès le surlendemain du jour où ils ont été remis à l'agent de change.

Les titres provenant de l'achat d'effets au porteur ou transmissibles par voie d'endossement doivent être à la disposition du donneur d'ordre dès le lendemain de la livraison à l'agent acheteur.

Ces délais expirés, les donneurs d'ordre peuvent recourir aux mesures prévues à l'article 55 du décret du 7 octobre 1890.

42. La négociation des effets transmissibles par voie de transfert est soumise aux règles ci-après :

L'agent de change acheteur d'effets soumis au transfert donne au vendeur, avant la cinquième bourse qui suit celle où leur négociation a été faite, un bulletin indiquant les noms et prénoms auxquels le transfert doit être fait, ou les acceptations dans le cas où elles seraient nécessaires.

Si les noms, prénoms ou acceptations n'ont pas été remis dans ces délais, le vendeur est en droit de déposer les titres et la feuille de transfert, signée et remplie au nom de son confrère acheteur, à la Chambre syndicale, qui requiert de ce dernier la remise immédiate des noms ou d'une acceptation au cas où elle serait nécessaire.

La feuille d'acceptation doit être remise dans les vingt-quatre heures à la Chambre syndicale, qui fait procéder d'office au transfert et exige le montant de la négociation, sauf à l'agent de change acheteur à prendre les mesures et à exercer les recours prévus par l'article 49 du décret du 7 octobre 1890.

43. Le transfert s'opère par les soins de l'agent de change vendeur.

Il doit être déposé, au plus tard, le surlendemain du jour de la remise des noms ou acceptations, et les titres doivent être livrés à l'agent acheteur le lendemain de la consommation du transfert.

A la quinzième bourse qui suit celle de la négociation, l'agent de change acheteur peut afficher son confrère vendeur. Le rachat doit avoir lieu à la troisième bourse qui suit celle de l'apposition de l'affiche, et, s'il y a eu remise d'une acceptation, elle doit être restituée par l'agent de change racheté, à ses risques et périls.

Ces délais sont prolongés de huit jours en ce qui concerne les actions de compagnies d'assurances dont les nouveaux titulaires doivent, aux termes des statuts, être agréés par le Conseil d'administration.

Dans le cas de transfert d'ordre, l'agent de change vendeur doit remettre à son confrère acheteur les titres inscrits provisoirement au nom de celui-ci au plus tard le troisième jour du transfert d'ordre. Toute infraction à cette prescription est soumise à la Chambre syndicale, qui peut imposer à l'agent de change vendeur un versement de garantie.

44. Les fonds provenant de la vente d'effets transmissibles par voie de transfert doivent être à la disposition du donneur d'ordre dès le surlendemain de la consommation du transfert.

---

(1) Article 52 du décret du 7 octobre 1890.

Les titres provenant de l'achat d'effets transmissibles par voie de transfert doivent, à moins qu'il ne s'agisse d'actions de compagnies d'assurances pour lesquelles un délai supplémentaire de huit jours est accordé, être à la disposition du donneur d'ordres dès le lendemain de la livraison à l'agent acheteur, et, au plus tard, le jour de la vingtième bourse qui suit celle de la négociation.

Passé ces délais, les donneurs d'ordres peuvent recourir aux mesures prévues à l'article 55 du décret du 7 octobre 1890.

45 (1). Par dérogation aux prescriptions du premier paragraphe de l'article 40, les valeurs au porteur amortissables par voie de tirage au sort négociées avant les dix bourses qui précèdent le jour du tirage doivent être livrées pour le tirage.

Les valeurs nominatives négociées avant les quinze bourses qui précèdent le tirage doivent être également transférées pour le tirage.

Les valeurs dont la possession comporterait soit un avantage particulier, soit une charge déterminée et qui seraient négociées avant les dix ou quinze bourses qui précèdent la date annoncée comme devant être celle de la clôture de l'opération doivent être livrées ou transférées pour cette date.

Il est permis pendant les délais prévus aux trois paragraphes précédents de traiter suivant conventions particulières.

46. Les livraisons de valeurs soumises à un tirage doivent être faites par les agents de change entre eux, au plus tard la veille du tirage avant une heure.

L'agent de change doit, la veille du tirage au plus tard, tenir à la disposition du donneur d'ordre les titres achetés pour son compte.

Les livraisons de valeurs soumises à un tirage doivent être faites par le donneur d'ordre à la Caisse de l'agent de change, au plus tard, la veille du tirage avant dix heures du matin.

Chapitre III. — *Marchés à terme.*

Section I. — *Négociations.* — Art. 47. — Les négociations à terme ferme se liquident deux fois par mois aux dates et de la manière fixées par le présent règlement.

48. L'agent de change doit, lorsque la Chambre syndicale l'aura reconnu nécessaire dans l'intérêt du marché, exiger pour toute affaire ou toute catégorie d'affaires, une couverture dans les conditions prévues par l'article 61 du décret du 7 octobre 1890.

La Chambre syndicale fixe pour la couverture une quotité minima, quotité qui peut être modifiée à toute époque et varier suivant les valeurs. Elle a le droit d'exiger le dépôt de la couverture dans ses caisses. Le donneur d'ordre est tenu le premier jour de la liquidation avant la Bourse de compléter, s'il y a lieu, la couverture par lui fournie antérieurement. Faute par le donneur d'ordre d'exécuter cette obligation dans le délai indiqué ci-dessus, l'agent de change doit exercer à son égard les droits spécifiés à l'article 69 du décret du 7 octobre 1890.

49. Les négociations à primes peuvent se traiter du jour pour le lendemain ainsi que pour la liquidation en cours et les liquidations suivantes, sans pouvoir dépasser le terme de la quatrième liquidation, à partir du jour où le marché est conclu.

D'autres modalités de primes telles que les primes à la baisse, les stellages et les options sont également autorisées.

Lorsqu'un déport aura été coté dans une liquidation à l'occasion soit d'un droit de souscription, soit d'un avantage particulier, le cours moyen de ce déport sera déduit du montant des opérations à primes traitées avant le jour de la liquidation où a été coté le déport.

La Chambre syndicale peut toutefois, selon les besoins du marché, modifier les modalités des primes et en étendre les échéances dans les limites qu'elle jugera nécessaires.

50 (2). Le dernier jour de bourse qui précède celui de la liquidation, à une heure et demie, les agents de change doivent se déclarer réciproquement si

---

(1) Article 51 du décret du 7 octobre 1890.
(2) Article 64 du décret du 7 octobre 1890.

les opérations à primes deviennent des marchés fermes ou si la prime est simplement payée.

51 (1). La Chambre syndicale détermine les quotités et les multiples de négociation pour les marchés à terme.

52. En ce qui concerne les valeurs amortissables par voie de tirage au sort, si le tirage doit s'effectuer le jour de la liquidation, après la livraison des titres à la Chambre syndicale, l'inscription des titres sur les livres de l'agent de change immédiatement après la livraison faite par la Chambre syndicale mettra en possession régulière de ces titres le donneur d'ordre, qui aura le droit de se faire remettre immédiatement, dûment certifiés, les numéros qui lui ont été attribués. Dans le cas où il n'userait pas de cette faculté, ces numéros devront lui être adressés le jour même de la clôture de la liquidation.

Si le tirage doit s'effectuer le lendemain ou les jours suivants, l'agent de change doit, le jour de la livraison, ou, dans tous les cas, la veille du tirage, adresser au donneur d'ordre, à défaut des titres eux-mêmes, les numéros de ces titres.

En ce qui concerne les valeurs dont la possession viendrait à comporter, soit un avantage particulier, soit une charge déterminée, la Chambre syndicale fixera, à partir du jour où l'opération aura été annoncée, les conditions dans lesquelles se feront les négociations au point de vue de la livraison des titres.

SECTION II. — *Escomptes.* — ART. 53 (2). — L'agent de change acheteur qui, aux termes de l'article 63 du décret du 7 octobre 1890, exerce la faculté d'escompte, en prévient son vendeur avant l'ouverture de la Bourse, au moyen d'une affiche visée par le syndic ou l'un de ses adjoints, et apposée sur un tableau placé dans le cabinet de la Compagnie. Cette affiche détermine la nature, le prix, la quotité des effets et la date de négociation.

Elle doit être conforme au modèle arrêté par la Chambre syndicale, sous peine de refus de visa.

L'escompteur doit être nanti des fonds destinés au paiement des effets escomptés. Il en verse le montant à la Caisse commune, qui lui en délivre récépissé et le porte à son crédit à un compte spécial.

Le visa n'est donné que sur la production du récépissé, accompagné, s'il y a lieu, des feuilles d'acceptation pour les valeurs transmissibles par voie de transfert nécessitant l'acceptation de l'acheteur.

L'escompte peut avoir lieu dès la quatrième bourse qui suit celle de la liquidation des valeurs.

54. L'escompte affiché peut se transmettre d'agent à agent par les fractions les plus minimes autorisées pour les marchés à terme. Cette circulation dure jusqu'à deux heures et demie.

55. L'escompte par affiche est qualifié de direct pour le premier escompté; il devient indirect pour les escomptés subséquents.

56. Toute compensation acceptée pendant la bourse comporte la faculté d'escompte indirect le jour même.

57. L'agent de change qui, par suite de la circulation établie aux articles 54 et 55, se trouve être l'escompté définitif, opère à l'égard de l'escompteur la livraison des effets dans les délais prévus à l'article 60.

58. Le paiement des effets escomptés se fait au moyen d'un chèque tiré par l'escompteur sur la Caisse commune, au profit de l'agent de change qui opère la livraison; il doit être accompagné du récépissé et emporte quittance des fonds figurant au crédit du compte spécial de l'agent de change escompteur.

59. Les différences résultant de la transmission des escomptes sont exigibles dès le lendemain de l'affiche, avant la Bourse (3).

60. Les effets escomptés, tant au porteur que transmissibles par voie de transfert, doivent être livrés dans les délais ci-après :

A la cinquième bourse, au plus tard, à partir de celle de l'escompte, pour

---

(1) Article 60 du décret du 7 octobre 1890.
(2) Article 63 du décret du 7 octobre 1890.
(3) Voir article 38.

les effets au porteur ou transmissibles par voie de transfert sans nécessité d'acceptation;

A la septième bourse, au plus tard, à partir de celle de l'escompte, pour les effets transmissibles par voie de transfert nécessitant l'acceptation de l'acheteur.

A la sixième bourse, ou à la huitième bourse, suivant les cas, l'escompté peut être affiché et le rachat peut avoir lieu à la bourse suivante par les soins de l'adjoint de service, pour le compte et au risque de l'escompté.

61. Dans les escomptes d'effets sur lesquels les coupons ont été détachés depuis la négociation, le montant de ces coupons doit être déduit du chiffre sur lequel se règle l'opération.

62. Pour avoir droit au bénéfice d'un tirage, souscription ou avantage quelconque, l'escompteur doit avoir affiché son escompté, au plus tard :

A la sixième bourse qui précède le jour du tirage, clôture de souscription, etc., lorsqu'il s'agit d'effets au porteur ou transmissibles par voie d'endossement;

A la huitième bourse qui précède le jour du tirage, clôture de souscription, etc., lorsqu'il s'agit d'effets transmissibles uniquement par voie de transfert.

SECTION III. — *Liquidations centrales.* — ART. 63 (1). — La liquidation ou compensation des affaires engagées à terme se fait deux fois par mois pour toutes les valeurs y compris les rentes françaises.

La liquidation dure cinq jours.

A la bourse du dernier jour du mois ou à celle du 15 ou, si ces jours sont des jours fériés, à la première bourse qui suit : opérations de reports et liquidation générale de toutes les valeurs.

Le cinquième jour de la liquidation, la remise des effets et le paiement des capitaux entre agents de change s'opèrent par l'intermédiaire de la Chambre syndicale.

La liquidation prévue par le présent article pourra être prorogée en cas de circonstances exceptionnelles, soit pour une partie seulement des valeurs, soit pour leur totalité. Ces prorogations feront l'objet de décisions spéciales de la Compagnie des agents de change qui devront être homologuées par le Ministre des Finances.

64. L'agent de change doit tenir à la disposition du donneur d'ordre, dès le lendemain de la clôture de la liquidation, soit les fonds, soit les titres, s'il s'agit de titres se négociant au porteur. En ce qui concerne les titres qui ne se négocient que nominatifs, ils doivent être à la disposition du donneur d'ordre le jour de la quatrième bourse qui suit la clôture de la liquidation.

65. Le donneur d'ordre, dont le compte est créditeur en liquidation et qui veut faire verser chez un autre agent de change, peut disposer des fonds au moyen d'un chèque tiré sur son agent de change et visé par celui-ci. Ce chèque n'est valable que s'il est tiré au profit d'un autre agent de change.

66. La Chambre syndicale peut décider que les livraisons en liquidation, pour les valeurs essentiellement nominatives, s'effectuent par des transferts d'ordre à ses noms, et, pour les rentes françaises, en inscriptions à son compte courant.

CHAPITRE IV. — *Dispositions spéciales aux négociations judiciaires ou forcées.*

ART. 67. — Les enchères prévues par l'article 70 du décret du 7 octobre 1890 se font au parquet des agents de change à l'issue de la Bourse, aux jours, heures et conditions déterminés par la Chambre syndicale, mais au plus tard dans un délai de huit jours à partir de la demande de négociation.

Nul ne peut enchérir ou surenchérir que par ministère d'agent de change.

Une demi-heure après la clôture de la deuxième bourse suivant l'adjudication provisoire, seront reçues les surenchères qui ne pourront être inférieures au vingtième pour les fonds d'Etats et au dixième pour les valeurs.

S'il ne se produit pas de surenchère dans ce délai, l'adjudication provisoire deviendra définitive.

S'il s'en produit, l'agent vendeur procédera à de nouvelles enchères sur la

---

(1) Article 65 du décret du 7 octobre 1890.

mise à prix fixée par le surenchérisseur et les enchères se feront comme il a été dit ci-dessus.

L'adjudication sera, cette fois, définitive, et le prix en figurera à la cote.

Un adjoint au syndic est chargé de la police de la salle.

TITRE III. — *Cote.*

ART. 68. — Les deux parties du bulletin de la cote prévues à l'article 80 du décret du 7 octobre 1890 font l'objet d'une publication unique, à moins que la Chambre syndicale n'en décide autrement.

69. Des délibérations de la Chambre syndicale détermineront les **valeurs** qui seront cotées au comptant seulement à la partie officielle de la cote et celles qui y seront cotées au comptant et à terme.

70. La quotité des variations des cours des marchés au comptant et à terme est déterminée par des délibérations de la Compagnie des agents de change sur la proposition de la Chambre syndicale.

71. Dans le cas où l'intérêt du marché le commande, la Chambre syndicale peut faire procéder d'office à la cotation d'un cours unique sur une valeur, alors même que tous les ordres donnés sur ladite valeur ne pourraient pas être exécutés.

Le cours ainsi coté ne peut servir de base à la réclamation ultérieure d'un donneur d'ordre pour défaut d'exécution.

Ce cours sera indiqué par une mention spéciale à la cote.

72. Il ne peut être fait de rectifications, après la publication de la cote, que pour les cours omis. Ces rectifications doivent être autorisées par les adjoints de service.

Elles ne peuvent pas modifier le cours moyen du jour auquel elles se rapportent.

Ce cours moyen est définitif; il ne peut être modifié que dans le seul cas d'une erreur matérielle, après qu'elle a été soumise à l'examen des adjoints de service.

73. Les rachats et reventes officiels peuvent se traiter même à des cours non cotés : il en est de même des négociations de valeurs comportant, soit un avantage particulier, soit une charge déterminée, qui sont effectuées avec conventions particulières.

74. Une commission désignée chaque année par la Chambre syndicale est spécialement chargée, sous sa surveillance, de la préparation de la cote des changes et des matières d'or et d'argent (1).

Paris, le 30 janvier 1899.

Le syndic de la Compagnie
des agents de change de Paris,
DE VERNEUIL.

Approuvé
Le Ministre des Finances,
PEYTRAL.

Loi du 12 mars 1900 ayant pour objet de réprimer les abus commis en matière de vente à crédit des valeurs de bourse.

ART. 1--. — Sera déclarée nulle, sur la demande de l'acheteur, sans préjudice de tous dommages-intérêts, même s'il y a eu commencement d'exécution, toute cession, quelque forme qu'elle emprunte, consentie par acte sous signatures privées, de valeurs ou parts de valeurs cotées à la Bourse, moyennant un prix payable à terme en totalité ou en partie, si elle contrevient à l'une des prescriptions des articles 2 et 3 ci-après :

2. L'acte doit être fait en double original et chacun des originaux en contenir la mention.

Chaque original doit indiquer clairement, en toutes lettres et d'une façon apparente : 1° l'un des cours cotés à la Bourse de Paris dans les quatre jours précédant la cession et, à défaut, le dernier cours coté; 2° le numéro de châ-

---

(1) Les présentes dispositions modifient le règlement particulier de la Compagnie des agents de change de Paris approuvé le 3 novembre 1891, par M. Rouvier, ministre des Finances, et déjà modifié le 29 juin 1898.

cune des valeurs vendues; 3° le prix total de vente de chacune des valeurs y compris tous frais de timbre et de recouvrement par la poste ou autrement; 4° le taux d'intérêt, les délais et conditions de remboursement.

3. Les payements fractionnés ne pourront être échelonnés sur une durée de plus de deux ans.

4. Le vendeur est tenu de conserver le titre vendu. Il ne peut ni s'en dessaisir ni le mettre en gage. Il doit le représenter à toute réquisition de l'acheteur.

Toute stipulation contraire est nulle.

Il en est de même de toute clause ou de toute mention dérogeant directement ou indirectement aux règles générales de la compétence.

5. Le vendeur qui aura détourné, dissipé ou mis en gage, au préjudice de l'acheteur, le titre qu'il avait vendu, sera puni des peines portées en l'article 406 du Code pénal. L'article 463 pourra être appliqué.

6. Il est interdit aux établissements qui se livrent à la vente à cours des valeurs de bourse de faire entrer dans leur dénomination les mots » Caisse d'épargne ». Leurs directeurs sont, en cas de contravention à cette défense, passibles d'une amende de 25 à 30.000 francs.

7. Les dispositions de la présente loi ne sont pas applicables aux ordres de bourse.

N. B. — Cette loi ne vise que les ventes ayant trait à des titres spécialisés. Quand une personne vend tel titre *à crédit*, elle est soumise à cette loi. Il est à remarquer que la loi n'est pas applicable à la *vente à terme* sous laquelle la possession préalable par le vendeur n'est pas la condition même de la vente, dans laquelle il y a, non indication de tel ou tel titre vendu, mais engagement de titres à telle échéance. C'est cette vente à terme que le législateur a entendu viser par l'article 7. L'expression *ordres de bourse* est, dans l'espèce, mal employée, mais le législateur a envisagé la vente de titres sans spécification sous la forme qui lui est la plus habituelle.

Loi du 11 juin 1909 concernant la signature et la certification des transferts de rentes sur l'État.

Art. UNIQUE. — Les déclarations et certificats de transferts d'inscriptions de rentes sur l'État sont dressés, signés et scellés dans les bureaux d'un agent de change exerçant près d'une Bourse pourvue de parquet, qui vérifiera la régularité de la négociation.

Toutefois, les agents de change exerçant près la Bourse de Paris pourront seuls certifier tous les transferts; les agents de change exerçant près les autres Bourses ne pourront certifier que les transferts ayant pour objet la délivrance d'inscriptions nominatives.

Loi du 18 juillet 1866 sur les courtiers de marchandises.

TITRE Iᵉʳ. — DE L'EXERCICE DE LA PROFESSION DE COURTIER DE MARCHANDISES

Art. 1ᵉʳ. — A partir du 1ᵉʳ janvier 1867, toute personne sera libre d'exercer la profession de courtier de marchandises, et les dispositions contraires du Code de commerce, des lois, décrets, ordonnances et arrêtés actuellement en vigueur seront abrogées.

2. Il pourra être dressé par le Tribunal de commerce une liste des courtiers de marchandises de la localité qui auront demandé à y être inscrits.

Nul ne pourra être inscrit sur ladite liste s'il ne justifie : 1° de sa moralité par un certificat délivré par le maire; 2° de sa capacité professionnelle par l'attestation de cinq commerçants de la place faisant partie des notables chargés d'élire le Tribunal de commerce; 3° de l'acquittement d'un droit d'inscription une fois payé au Trésor. Ce droit d'inscription, qui ne pourra excéder trois mille francs, sera fixé, pour chaque place, en raison de son importance commerciale, par un décret rendu en la forme des règlements d'administration publique et cessera d'être exigé à l'époque où sera amortie l'avance du Trésor, dont il sera parlé à l'article 17.

Aucun individu en état de faillite, ayant fait abandon de biens ou atermoiement, sans s'être depuis réhabilité, ou ne jouissant pas des droits de citoyen français, ne pourra être inscrit sur la liste dont il vient d'être parlé.

Tout courtier inscrit sera tenu de prêter, devant le Tribunal de commerce, dans la huitaine de son inscription, le serment de remplir avec honneur et probité les devoirs de sa profession.

Il sera également tenu de se soumettre, en tout ce qui se rapporte à la discipline de sa profession, à la juridiction d'une Chambre syndicale, qui sera établie comme il est dit à l'article suivant.

3. Tous les ans, dans le courant d'août, les courtiers inscrits éliront parmi eux les membres qui devront composer, pour l'année, la Chambre syndicale. L'organisation et les pouvoirs disciplinaires de cette Chambre seront déterminés dans un règlement dressé pour chaque place par le Tribunal de commerce, après avis de la Chambre de commerce ou de la Chambre consultative des Arts et Manufactures.

Ce règlement sera soumis à l'approbation du Ministre de l'Agriculture, du Commerce et des Travaux publics.

La Chambre syndicale pourra prononcer, sauf appel devant le Tribunal de commerce, les peines disciplinaires suivantes :

L'avertissement ;

La radiation temporaire ;

La radiation définitive, sans préjudice des actions civiles à intenter par les tiers intéressés, ou même de l'action publique, s'il y a lieu.

Si le nombre des courtiers inscrits n'est pas suffisant pour la constitution d'une Chambre syndicale, le Tribunal de commerce en remplira les fonctions.

4. Les ventes publiques de marchandises aux enchères et en gros qui, dans les divers cas prévus par la loi, doivent être faites par un courtier, ne pourront être confiées qu'à un courtier inscrit sur la liste dressée conformément à l'article 2, ou, à défaut de liste, désigné, sur la requête des parties intéressées, par le Président du Tribunal de commerce.

5. A défaut d'experts désignés d'accord entre les parties, les courtiers inscrits pourront être requis pour l'estimation des marchandises déposées dans un magasin général.

Si le courtier requis dans le cas prévu par le paragraphe qui précède réclame plus d'une vacation, il sera statué par le Président du Tribunal de commerce sans frais et sans recours.

6. Le courtier chargé de procéder à une vente publique, ou qui aura été requis pour l'estimation de marchandises déposées dans un magasin général, ne pourra se rendre acquéreur, pour son compte, des marchandises dont la vente ou l'estimation lui aura été confiée.

Le courtier qui aura contrevenu à la disposition qui précède sera rayé par le Tribunal de commerce, statuant disciplinairement et sans appel, sur la plainte d'une partie intéressée, ou d'office, de la liste des courtiers inscrits, et ne pourra plus être inscrit de nouveau, sans préjudice de l'action des parties en dommages-intérêts.

7. Tout courtier qui sera chargé d'une opération de courtage pour une affaire où il avait un intérêt personnel, sans en prévenir les parties auxquelles il aura servi d'intermédiaire, sera poursuivi devant le Tribunal de police correctionnelle et puni d'une amende de cinq cents francs à trois mille francs, sans préjudice de l'action des parties en dommages-intérêts. S'il était inscrit sur la liste des courtiers dressée conformément à l'article 2, il en sera rayé et ne pourra être inscrit de nouveau.

8. Les droits de courtage pour les ventes publiques, et la quotité de chaque vacation due au courtier pour l'estimation des marchandises déposées dans un magasin général, continueront à être fixés, pour chaque localité, par le Ministre de l'Agriculture, du Commerce et des Travaux publics, après avis de la Chambre et du Tribunal de commerce.

9. Dans chaque ville où il existe une bourse de commerce, le cours des marchandises sera constaté par des courtiers inscrits, réunis, s'il y a lieu, à un certain nombre de courtiers non inscrits et de négociants de la place dans la forme qui sera prescrite par un règlement d'administration publique.

TITRE II. — DE L'INDEMNITÉ A PAYER AUX COURTIERS DE MARCHANDISES ACTUELLEMENT EN EXERCICE

ART. 10. — Les courtiers de marchandises actuellement en exercice seront indemnisés de la perte du droit de présenter leur successeur, qui avait été accordé par l'article 91 de la loi du 28 avril 1816.

11. Dans chaque place, l'indemnité sera égale à la valeur des offices de courtier de marchandises de la place, déterminée d'après le prix moyen des cessions d'offices de cette catégorie, effectuées dans les sept années antérieures au 1er juillet 1864.

Toutefois, dans les villes où la commission dont il sera ultérieurement parlé, aura constaté que la clientèle était habituellement comprise dans les éléments qui servaient à déterminer le prix de cession des offices, la commission pourra décider qu'une quote-part des indemnités fixées, comme il est dit ci-dessus, qui ne pourra excéder 20 %, sera mise en commun et répartie entre les différents courtiers de la place, au prorata des produits de leur office de courtiers de marchandises, pendant les sept années antérieures au 1er juillet 1864.

12. Dans les villes où aucune cession d'office n'aurait eu lieu dans les sept années, ainsi que pour les offices qui au 1er juillet 1864, étaient encore entre les mains d'un titulaire de la création, la Commission fixera l'indemnité sans qu'elle puisse être supérieure à quatre fois la moyenne annuelle des produits de l'office pendant les sept années antérieures au 1er juillet 1864.

13. Dans le cas où le même individu aurait été autorisé à cumuler les fonctions de courtier de marchandises avec celles d'agent de change, de courtier d'assurances ou de courtier conducteur et interprète de navires, et où il exercerait ces diverses fonctions en vertu d'un titre unique, l'indemnité déterminée conformément aux articles précédents sera réduite dans la proportion de la valeur du titre réduit aux fonctions non supprimées.

14. Les droits privilégiés existant aujourd'hui sur le prix des offices s'exerceront sur les indemnités allouées en vertu de la présente loi.

15. Le montant de l'indemnité à payer aux courtiers sera fixé sur les bases ci-dessus indiquées, la Chambre syndicale entendue, et après avis du Préfet, de la Chambre de commerce et du Tribunal de commerce, par une commission instituée à Paris par un décret de l'Empereur et composée de neuf membres.

Trois membres seront désignés par le Ministre des Finances. Trois autres seront choisis dans chaque département, et pour les affaires de ce département, par les courtiers faisant partie des Chambres syndicales, réunies par les soins et sous la présidence du Préfet.

Les trois derniers membres nécessaires pour compléter la Commission devront être choisis à l'unanimité, par les six premiers.

Faute par ceux-ci de s'entendre dans le mois de la notification à eux faite de leur nomination, le choix de ceux des trois derniers membres qui n'auront pas été désignés à l'unanimité sera fait par le premier Président et les présidents réunis de la Cour impériale de Paris.

Ses opérations commenceront dans les trois mois qui suivront la promulgation de la présente loi.

16. Le décret impérial qui instituera la Commission en nommera le président et le secrétaire.

La Commission ne pourra délibérer si elle ne compte au moins sept membres présents. En cas d'égalité de voix, celle du président sera prépondérante.

17. Les indemnités dues aux courtiers de marchandises en vertu des décisions de la Commission nommée conformément à l'article 15 seront payées :

1° Un quart comptant le 1er janvier 1867;

2° Et les trois autres quarts, valeur au 1er janvier 1867, en dix annuités négociables composées, chacune, de l'intérêt à 4 1/2 % et du fonds d'amortissement nécessaire pour opérer en dix ans, au même taux, la libération de l'État.

18. Le paiement du quart des indemnités effectué par le Trésor lui sera remboursé en capital et intérêts à 4 % à partir de l'année 1867, et le service des annuités sera assuré au moyen des ressources suivantes :

1° Le montant des droits d'inscription qui seront payés par les courtiers inscrits, par application de l'article 2; 2° l'excédent du produit, en principal et centimes additionnels établis au profit de l'Etat, des taxes des patentables mentionnées en l'article 20, réglées conformément audit article sur le produit des taxes des mêmes patentables réalisées en 1866.

En cas d'insuffisance desdites ressources, il sera pourvu aux voies et moyens par une loi spéciale.

19. Il sera dressé, tous les ans, dans la forme à déterminer par un règlement d'administration publique, un compte spécial dans lequel les ressources énoncées au précédent article seront appliquées :

1° Au service des annuités;

2° Aux intérêts de l'avance faite par le Trésor pour le quart payé comptant;

3° A l'amortissement de ladite avance jusqu'à concurrence du montant des ressources de l'année. Ce compte sera l'objet d'un rapport à l'Empereur, qui sera communiqué au Corps législatif.

20. Les patentables qui sont actuellement compris dans la législation des patentes sous la dénomination de *commissionnaires en marchandises, courtiers de marchandises, facteurs de denrées et marchandises et représentants de commerce*, ainsi que tous les individus qui prêtent leur entremise pour l'achat et la vente des marchandises, ou qui achètent ou vendent des marchandises pour le compte de tiers, et dont la profession n'est pas spécialement dénommée dans les tableaux annexés aux lois de patentes, seront assujettis, à partir de 1867, aux droits de patentes fixes comme suit :

	fr.
A Paris..	400
Dans les villes de 30.000 âmes et au-dessus.....................	300
Dans les villes de 30.000 âmes et dans les villes de 15.000 à 30.000 âmes qui ont un entrepôt réel............................	200
Dans les villes de 15.000 à 30.000 âmes et dans les villes d'une population inférieure à 15.000 âmes qui ont un entrepôt réel.............	150
Dans les autres communes	75

Droit proportionnel au quinzième.

Si les opérations que font les patentables ci-dessus énumérés ou auxquelles ils prêtent leur entremise ont pour objet habituel la vente aux marchands détaillants, aux consommateurs, les droits de patentes seront ceux de la quatrième classe du tableau A annexé à la loi du 25 avril 1844.

Décret du 22 décembre 1866, portant règlement d'administration publique pour l'exécution de l'article 9 de la loi du 18 juillet 1866, sur les courtiers de marchandises.

ART. 1er. — Dans les villes où il existe une liste de courtiers de marchandises dressée par le Tribunal de commerce, le cours des marchandises est constaté par les courtiers inscrits sur ladite liste.

2. Toutefois, dans le cas où les courtiers inscrits ne représenteraient pas suffisamment tous les genres de commerce ou d'opérations qui se pratiquent sur la place, la Chambre de commerce, après avis de la Chambre syndicale des courtiers inscrits, peut décider qu'un certain nombre de courtiers non inscrits et des négociants de la place se réuniront aux courtiers inscrits pour concourir avec eux à la constatation du cours des marchandises. Elle fixe, en ce cas, le nombre de courtiers non inscrits et de négociants de la place qui feront partie de la réunion chargée de constater le cours et les désigne.

3. Il est procédé chaque année à l'exécution du précédent article.

Les courtiers non inscrits et les négociants de la place, désignés conformément aux dispositions qui précèdent, ne peuvent faire partie que pendant une année de la réunion chargée de constater le cours des marchandises. Ils peuvent être désignés de nouveau après un intervalle d'une année.

4. Si, dans le cours de l'année, un des courtiers non inscrits et des négociants de la place désignés pour procéder, avec les courtiers inscrits, à la constatation du cours, vient à décéder, à donner sa démission ou n'assiste pas à trois réunions successives sans s'être fait excuser, il en est donné immédiatement avis à la Chambre de commerce, qui procède à une nouvelle désignation.

5. Dans les villes où il n'existe pas de courtiers inscrits, le cours des marchandises est constaté par des courtiers et des négociants de la place, désignés chaque année par la Chambre de commerce. Le deuxième paragraphe de l'article 3 et l'article 4 est applicable au cas prévu par le paragraphe qui précède.

6. La Chambre de commerce détermine les marchandises dont le cours doit être constaté ainsi que les jours et les heures où la constatation doit avoir lieu.

7. La constatation du cours est faite, pour chaque spécialité de marchandises, par les membres de la réunion qui la représentent, réunis en section. Le tableau des membres qui composent chaque section est arrêté tous les ans par la Chambre de commerce, sur la proposition de la Chambre syndicale des courtiers inscrits. La Chambre de commerce peut, si elle le juge convenable, décider que la constatation du cours sera faite par la réunion générale sans division par spécialité.

8. La présidence de la réunion générale des membres chargés de constater le cours des marchandises appartient au Président de la Chambre syndicale des courtiers inscrits. S'il n'y a pas de Chambre syndicale, le Président de la réunion générale est désigné chaque année par la Chambre de commerce. Le Président de la réunion générale désigne celui qui le remplace en cas d'absence.

9. Lorsque la réunion se divise par section, conformément aux dispositions du paragraphe 1er de l'article 7, le Président de la réunion générale préside la section dont il fait partie et désigne les présidents des autres sections.

10. Les décisions sont prises dans les réunions générales ainsi que dans les réunions de sections, à la majorité des membres présents. En cas de partage, la voix du Président est prépondérante.

11. Les mesures d'exécution que pourrait exiger l'application des règles ci-dessus prescrites seront prises par arrêté du préfet, sur la proposition de la Chambre de commerce, après avis du Tribunal de commerce et de la Chambre syndicale des courtiers inscrits.

12. Jusqu'à ce que l'organisation du service de la constatation du cours des marchandises soit établie sur les bases ci-dessus déterminées, il sera pourvu à ce service par les courtiers de marchandises actuellement en exercice et suivant le mode en usage.

Marchés à terme à la Bourse des marchandises.
Loi du 13 juillet 1911.

ART. 10. — Les courtiers, les commissionnaires et toutes autres personnes faisant commerce habituel de recueillir des offres et des demandes relatives à des marchés à terme ou à livrer de marchandises et denrées dont le trafic à livrer est réglementé dans les bourses de commerce doivent tenir un répertoire où sont consignées les opérations d'achat ou de vente à livrer ou à terme, traitées aux conditions intégrales des règlements établis dans lesdites bourses. Le répertoire ci-dessus prescrit doit être coté et paraphé par le Président du Tribunal de commerce (loi du 27 février 1912, art. 8).

Quiconque ne s'occupe pas professionnellement de l'achat ou de la vente des marchandises et denrées dont le trafic à livrer est réglementé dans les Bourses de commerce ne peut traiter des marchés à terme ou à livrer sur ces marchandises et denrées aux conditions des règlements établis dans lesdites Bourses que par l'entremise d'un courtier ou d'un commissionnaire restant soumis aux obligations qui dérivent de sa qualité de mandataire.

Toute opération d'achat ou de vente faite contrairement aux prescriptions du paragraphe précédent est nulle et ne peut engendrer aucun lien de droit.

Les opérations doivent y être inscrites jour par jour à leurs dates, sans blanc ni interligne et par ordre de numéros, en indiquant la nature des marchandises ou denrées, leur quantité et leur prix, les noms des parties en présence ou des donneurs d'ordres et l'époque de la livraison.

Un extrait du répertoire portant les mentions ci-dessus prescrites sera remis aux contractants par les intermédiaires visés au premier paragraphe du présent article, dans les vingt-quatre heures qui suivent la conclusion du marché.

11. A partir du 1er janvier 1912, tout achat ou vente de marchandises à terme ou à livrer, visés à l'article précédent et inscrits au répertoire seront soumis à un droit de timbre proportionnel, dont la quotité et le mode de perception seront déterminés par une loi.

Loi du 27 février 1912.

ART. 8. — Modifie le premier alinéa de l'article 10 de la loi du 13 juillet 1911.

9. Trois mois après la promulgation du règlement d'administration publique prévu à l'article 11 de la présente loi, toute opération d'achat ou de vente de marchandises à terme ou à livrer, traitée aux conditions des règlements établis dans les Bourses de commerce et de nature à être inscrite au répertoire dont la tenue est prescrite par l'article 10 de la loi du 13 juillet 1911 modifié conformément aux dispositions de l'article précédent, est assujettie à un droit fixé à 2 centimes par 5 quintaux ou 5 hectolitres de marchandises ou denrées faisant l'objet de l'opération, suivant que l'unité marchande est exprimée en poids ou en volume.

Ce droit est réduit à 1 centime pour les marchandises et denrées dont la moyenne des cours pratiqués pendant les cinq dernières années est inférieure à 40 francs par quintal ou hectolitre.

Le droit est dû pour chaque achat et chaque vente. Il n'est pas soumis aux décimes.

10. Les courtiers, les commissionnaires et toutes autres personnes astreintes à la tenue du répertoire doivent faire une déclaration préalable au bureau désigné par l'Administration et acquitter personnellement les droits établis par l'article précédent, à moins qu'ils ne justifient du payement de ces droits par l'autre partie, sauf leur recours contre celle-ci si elle n'est pas assujettie à la déclaration prescrite et dans tous les cas contre le donneur d'ordre.

La perception des droits s'effectue au vu d'extraits du répertoire déposés périodiquement au même bureau et contenant les indications qui seront déterminées par le règlement d'administration publique prévu à l'article ci-après.

Les courtiers, les commissionnaires et toutes autres personnes visées à l'article 10 de la loi du 13 juillet 1911 sont tenus de communiquer leur répertoire, à toute réquisition, aux agents de l'Administration, sous les peines édictées à l'article 11 ci-après.

L'Administration aura, en outre, le droit d'exiger sous les mêmes sanctions, la communication des filières pendant un délai de trois ans à partir de la date à laquelle elles auront été arrêtées.

11. Toute inexactitude ou omission, soit au répertoire, soit à l'extrait de répertoire, est punie d'une amende égale au vingtième du montant des opérations sur lesquelles a porté l'inexactitude ou l'omission, sans que cette amende puisse être inférieure à 3.000 francs.

Toute autre infraction aux dispositions des articles qui précèdent ou du règlement d'administration publique prévu au présent article est punie d'une amende de 100 francs à 5.000 francs.

L'action de l'Administration pour le recouvrement des droits et amendes est prescrite par un délai de trois ans, à compter du jour de la négociation ou de l'infraction commise.

Un règlement d'administration publique déterminera les mesures nécessaires pour assurer l'exécution des articles 8, 9 et 10 ci-dessus, ainsi que du présent article.

Décret du 21 juin 1913.

ART. 1er. — Dans les trois mois qui suivront la publication du présent décret, les règlements des marchés à terme ou à livrer dont le Ministre du commerce aura reconnu la conformité avec les marchés en vigueur, seront insérés au *Journal officiel*.

Ces règlements ne peuvent être modifiés qu'en vertu de délibérations des Chambres de commerce prises après avis des groupements intéressés suivant la procédure qui sera déterminée par un arrêté du Ministre du Commerce;

elles sont adressées au Ministre et sont exécutoires, si, dans un délai qui ne peut excéder deux mois, le Ministre n'a pas signifié son opposition, à la Chambre de commerce intéressée.

Lorsque le Ministre ne s'oppose pas à leur exécution, il en ordonne l'insertion au *Journal officiel*. Cette insertion doit avoir lieu au plus tard à l'expiration du délai ci-dessus prévu.

Sont soumis aux mêmes dispositions l'établissement des règlements nouveaux et l'abrogation des règlements en vigueur.

2. Chaque année, avant le 15 janvier, un arrêté du Ministre du commerce, publié au *Journal officiel*, fixe la nomenclature des marchandises faisant l'objet d'un trafic à livrer réglementé dont la moyenne des cours pratiqués pendant les cinq dernières années, telle qu'elle résulte des cours de la marchandise en disponible, arrêtés par les courtiers assermentés, a été inférieure à 40 francs par quintal ou hectolitre.

Cet arrêté sera pris et inséré au *Journal officiel*, pour 1913, dans le délai de trois mois à compter de la publication du présent décret.

3. Les déclarations prescrites par l'article 10 de la loi du 27 février 1912 sont faites sur un registre spécial, tant au bureau de l'enregistrement du siège de l'établissement principal des assujettis qu'au bureau du siège des agences, succursales ou autres établissements faisant directement des opérations d'achat ou de vente.

Ces déclarations sont signées, soit par l'assujetti lui-même justifiant de son identité, soit par son mandataire en vertu d'une procuration, soit enfin, s'il s'agit d'une société, par ses représentants légaux ou leurs mandataires.

Elles font connaître, s'il y a lieu, les noms des associés solidairement responsables et rappellent le titre constitutif de la société.

La déclaration faite au bureau du siège de l'établissement principal contient la désignation des agences, succursales, ou autres établissements faisant directement des opérations. Les déclarations qui sont souscrites au bureau du siège de ces annexes font connaître le siège de l'établissement principal.

En cas de changement de siège soit de l'établissement principal, soit des agences, succursales, ou autres établissements faisant directement des opérations, de même qu'en cas de création de ces annexes, des déclarations doivent être faites par les assujettis aux bureaux et dans les formes ci-dessus déterminées.

Une déclaration doit être faite dans les mêmes conditions si l'assujetti cesse de se livrer aux opérations prévues au présent décret ou d'y affecter un des établissements annexes ci-dessus visés.

4. Le répertoire dont la tenue est prescrite par les articles 10 de la loi du 13 juillet 1911 et 8 de la loi du 27 février 1912 et dont le modèle est annexé au présent décret, doit présenter pour chaque opération d'achat ou de vente, dans les colonnes distinctes, les indications ci-après.

5. Les extraits du répertoire prévus par l'article 10 de la loi du 27 février 1912 sont établis à la date du 15 et du dernier jour de chaque mois.

6. Les extraits reproduisent les mentions du répertoire sauf celles qui se rapportent à la désignation du donneur d'ordre, quand ce donneur d'ordre n'est pas un assujetti.

Ils sont totalisés.

7. Les extraits du répertoire sont déposés au bureau de l'enregistrement où la déclaration préalable a été souscrite :

1° Entre le 10 et le 15 ;

2° Entre le 25 et le dernier jour du mois.

Ce dépôt est accompagné........................

8. Si aucune opération ne figure au répertoire, il est remis au bureau de l'enregistrement un extrait portant la mention : néant.

9. Celles des personnes désignées à l'article 8 de la loi du 27 février 1912 qui possèdent, en dehors de leur établissement principal, des agences,

succursales et autres établissements faisant directement des opérations d'achat ou de vente doivent y faire tenir un répertoire semblable à celui dont la forme est déterminée à l'article 4 du présent décret. Ce répertoire reçoit l'inscription des opérations effectuées par l'agence, succursale ou autre établissement de même nature.

Chacun de ces établissements doit, en outre, effectuer aux dates indiquées à l'article 7, la production des extraits prévus aux articles 5 et 6 accompagnés, s'il y a lieu, du versement des droits.

10. Les assujettis devront, dans la période comprise entre le 10 et le 15 du mois qui suivra celui au cours duquel aura expiré le délai de trois mois prévu par l'article 9 de la loi du 27 février 1912, d'une part, souscrire les déclarations préalables dans les formes prévues par l'article 3 du présent décret; d'autre part, présenter au receveur de l'enregistrement chargé de recevoir ces déclarations le répertoire dont l'Administration a le droit d'exiger la communication en vertu de l'article 10 de la loi du 13 juillet 1911 et effectuer le premier dépôt des extraits du répertoire.

Arrêté ministériel du 21 juin 1913.

ART. UNIQUE. — Sont considérées comme opérations d'ordre et exemptes, à ce titre, du versement de droits prévu à l'article 7, paragraphe 2, du décret du 21 juin 1913, les opérations suivantes :

Compensation d'opérations antérieures entre plusieurs maisons (tournante);

Prêt ou échange, sur la même place, de filières par voie d'endos (prêt d'endos);

Liquidation de deux opérations (achat et vente), se balançant et faites chez des assujettis différents (passages);

Option de vente ou d'achat faite par le payeur en matière de contrat à prime (réponse de prime);

Remplacement d'une filière dont la marchandise a été refusée à l'expertise de conservation;

Rectification d'erreur.

Décret du 12 novembre 1913 déterminant la procédure à suivre pour la modification des règlements relatifs aux marchés à terme ou à livrer.

ART. 1er. — Les modifications aux règlements des marchés à terme ou à livrer en vigueur dans les Bourses de commerce seront proposées par les Chambres syndicales, ou, le cas échéant, par les caisses de liquidation desquelles émanent lesdits règlements.

Toutefois, dans les Bourses de commerce où ces règlements sont l'œuvre d'une Caisse de liquidation, des modifications pourront aussi être proposées par les groupements qui participent au fonctionnement des divers marchés réglementés de la Bourse de commerce.

2. Les demandes de modifications seront adressées au Président de la Chambre de commerce de la ville où est instituée la Bourse de commerce, sous forme d'une délibération prise par la Chambre syndicale du groupement intéressé ou par le Conseil d'administration de la Caisse de liquidation, selon le cas. Cette délibération, signée de tous les membres qui y auront pris part, contiendra l'exposé des motifs justifiant les modifications proposées ainsi que le texte de ces modifications.

Dans le délai maximum d'un mois à partir de la date à laquelle il aura été saisi, le Président de la Chambre de commerce devra soumettre à cette Compagnie les propositions de la Chambre syndicale ou du Conseil d'administration de la Caisse de liquidation, puis adresser au Ministre du Commerce, de l'Industrie, des Postes et Télégraphes, un extrait certifié conforme de la délibération qui aura été prise par la Chambre de commerce dans les conditions fixées par l'article 9 de la loi du 9 avril 1898 et à laquelle sera annexée la demande de la Chambre syndicale ou de la Caisse de liquidation.

Cette délibération mentionnera les noms des membres présents, ainsi que le nombre des membres en exercice.

3. Lorsque l'initiative des modifications aux règlements susvisés sera prise par la Chambre de commerce elle-même, cette Compagnie devra provoquer au préalable l'avis des Chambres syndicales ou de la Caisse de liquidation de qui émanent les règlements et, de plus, si le règlement émane d'une Caisse de liquidation, des syndicats qui participent au fonctionnement des marchés intéressés.

La délibération adressée par la Chambre de commerce au Ministre, qui sera prise dans la forme prévue à l'article précédent, contiendra l'exposé des motifs invoqués à l'appui des modifications proposées et visera expressément les avis des Chambres syndicales ou du Conseil d'administration de la Caisse de liquidation qui devront, d'ailleurs, être annexés à cette délibération.

4. La procédure déterminée aux articles précédents sera également observée lorsqu'il s'agira soit d'établir des règlements nouveaux, soit d'abroger les règlements en vigueur.

5. En cas d'urgence, le délai prévu au paragraphe 2 de l'article 2 ci-dessus pourra être abrégé par le Ministre.

CIRCULAIRES ET AVIS DIVERS
DE LA CHAMBRE SYNDICALE DES AGENTS DE CHANGE DE PARIS

Circulaire du 2 janvier 1920 sur les opérations au cours moyen.

A partir du 15 janvier, il ne sera plus traité sur le marché du comptant à la Bourse de Paris d'opérations au cours moyen, sauf pour les rentes françaises.

En ce qui concerne les autres valeurs, il n'en sera traité que dans les cas où les opérations au cours moyen sont prévues par une loi, elles continueront donc à être pratiquées pour la négociation des biens des mineurs et des interdits, conformément à la loi du 27 février 1880.

Sauf les exceptions ci-dessus indiquées, les ordres devront donc dorénavant être libellés soit au mieux, soit au premier cours, soit à des cours limités.

Règlement en espèces des coupons étrangers détachés par anticipation et payables au change. — Circulaire du 28 mai 1920 modifiant celle du 6 avril 1916.

Faute de pouvoir disposer des coupons en nature dans le délai de trois jours qui suit la livraison des titres, le vendeur devra payer à son acheteur le montant dudit coupon calculé sur le prix moyen officiel du change au jour du détachement de la cote officielle majoré de 25 %.

Cette majoration, en outre de son caractère de pénalité, a pour but de mettre dans une large mesure l'acheteur à l'abri de la fluctuation des cours du change et de lui éviter ainsi toute cause de préjudice.

Circulaire du 15 juin 1920 sur les négociations de titres comportant diverses coupures.

1º Dans le cas où les mêmes cours sont cotés sur toutes les coupures, les vendeurs peuvent livrer indistinctement toutes espèces de coupures sauf stipulation spéciale.

2º Lorsqu'une valeur est inscrite à la cote officielle sous une seule rubrique, bien que comportant plusieurs coupures, le vendeur a le droit de livrer des coupures quelconques, sauf stipulation spéciale.

3º Ces dispositions s'appliquent même au cas particulier où le cours auquel a été fait une négociation n'est inscrit que sur une partie des coupures.

En ce cas, les coupures sur lesquelles le même cours est coté peuvent être livrées indifféremment, sauf stipulation spéciale.

Circulaire du 22 novembre 1920 sur les négociations de droits de souscription.

A partir du 1er décembre et pour les souscriptions ouvertes postérieurement à cette date avec droit de préférence, au profit des anciens actionnaires, les négociations de titres en vue de souscriptions (affaires liées) feront l'objet de deux cotes distinctes :

L'une, dite des Attributions, sera réservée aux négociations portant sur les quotités de titres donnant droit d'après le barème établi pour les souscriptions irréductibles à une ou plusieurs actions nouvelles ;

L'autre, dite des Rompus, comprendra les négociations sur une quantité quelconque de titres.

Sur le marché des attributions, l'acheteur, en cas de non-livraison aura droit au nombre de titres nouveaux prévus par le barème de la souscription et il devra accepter toute livraison partielle à condition qu'elle corresponde à une attribution de ce barème ; en outre, si la souscription comporte des attributions à titre réductible, il recevra pour chaque titre ancien non livré une indemnité fixée par la Chambre syndicale.

Le règlement de la double négociation (titre non estampillé contre titre estampillé), le versement du prix de souscription et, en cas de souscription à titre réductible, le paiement de l'indemnité supplémentaire due s'effectuent au moment de la livraison des titres nouveaux.

Sur le marché des rompus, l'acheteur, en cas de non-livraison, recevra pour chacun des titres anciens non livrés quel qu'en soit le nombre, une indemnité fixée par la Chambre syndicale ; il ne sera jamais obligé d'accepter une livraison partielle ; en cas de souscription réductible, il en sera tenu compte dans le calcul de l'indemnité.

Le paiement des indemnités, le règlement de la double négociation (titre non estampillé contre titre estampillé) s'effectuent aussitôt que l'acheteur en fait la demande au vendeur.

Les donneurs d'ordres devront spécifier s'ils désirent acheter ou vendre sous l'une des deux rubriques : attributions ou rompus.

A défaut d'indication spéciale, les ordres seront exécutés sur le marché des attributions pour les multiples du nombre correspondant à une souscription irréductible et pour le surplus sur le marché des rompus.

Note du 8 mai 1921 relative aux « Affaires liées ».

Afin de remédier aux difficultés qui résultent de la livraison tardive ou de la non livraison des titres ou coupons représentant des droits de souscription, la Chambre syndicale a décidé de créer des « Bons de souscription » qui seront établis et utilisés dans les conditions et délais ci-après. Ces Bons, dont la création a déjà reçu l'adhésion des principales banques, seront vraisemblablement acceptés par toutes les Sociétés qui procéderont à l'augmentation de leur capital.

Il est rappelé que le but à atteindre est essentiellement de mettre à la disposition de l'acheteur, en cas de non-livraison, le nombre exact de titres nouveaux auxquels sa souscription totale peut lui donner droit, et en même temps de l'obliger à chiffrer lui-même le montant de sa souscription, tant irréductible que réductible, pendant le délai fixé et sans que ces chiffres puissent être modifiés en raison des cours pratiqués par la suite.

En conséquence, et sauf avis contraire pour le cas où une Société émettrice n'accepterait pas les Bons de souscription, les affaires liées se régleront comme suit :

Tout acheteur de droits à qui les titres ou coupons n'auront pas été remis en temps utile, devra réclamer à son agent de change des « Bons de souscription » au moyen desquels il pourra exercer une souscription irréductible et réductible dans les conditions prévues ci-après :

Les « Bons de souscription » imprimés par la Chambre syndicale sur un modèle uniforme, comprendront trois parties :

1o Une souche à conserver par l'agent de change émetteur ;

2o Un talon que l'agent de change doit adresser à la Chambre syndicale au lendemain de la clôture de la souscription ;

3° Le Bon proprement dit qui est destiné au client acheteur et devra lui être livré la veille de la clôture de la souscription au plus tard.

Muni de ce Bon de souscription et des titres ou coupons qu'il peut posséder d'autre part, l'acheteur fera sa souscription irréductible et, s'il y a lieu, réductible, en effectuant le versement correspondant.

La Société acceptera la souscription sous réserve que les Bons produits à l'appui seront échangés en temps utile contre des titres ou coupons.

L'échange aura lieu exclusivement par les soins de la Chambre syndicale qui remettra, elle-même, à la Société ou à l'Etablissement centralisateur, dans les quelques jours supplémentaires qui lui seront réservés, les titres ou coupons livrés tardivement par les agents de change vendeurs.

Dans le cas où, par suite de non-livraison d'un certain nombre de titres ou coupons, l'échange ne serait que partiel, la Société annulera les souscriptions correspondant aux Bons non échangés.

La Société ou l'Établissement centralisateur prendra note des souscriptions ainsi réduites ou annulées, elle en fera un relevé pour la Chambre syndicale qui, après vérification, achètera sur le marché les titres manquant dans les souscriptions indiquées.

Les titres ainsi achetés seront remis aux souscripteurs ayant droit après versement du prix d'émission, en tenant compte des sommes appelées sur les actions.

La Chambre syndicale se fera rembourser par les vendeurs en défaut le principal et les frais d'achat, déduction faite du prix d'émission.

Livraison des titres ou coupons par les clients avant la clôture de la souscription. — Les clients ayant vendu des droits devront livrer les coupons ou les titres à l'agent de change au plus tard la veille de la clôture de la souscription avant 10 heures (art. 46 du Règlement particulier).

Un client qui a acheté des droits chez un agent et vendu chez un autre peut faire compenser son achat et sa vente en prévenant au plus tard la veille de la clôture de la souscription avant 10 heures.

Livraison des titres ou coupons entre agents avant la clôture de la souscription. — Les agents devront se livrer les titres ou coupons la veille de la clôture de la souscription avant 1 heure.

Règlement des négociations de droits de souscription. — Dans tous les cas, que le droit de souscription soit représenté par un coupon ou par un titre ancien non estampillé, les deux opérations : achat et vente, doivent être réglées simultanément.

Lorsque le droit de souscription est représenté par le titre non estampillé, l'acheteur du titre non estampillé doit remettre au vendeur un Bon de titre estampillé qui devra être échangé, dans un délai maximum de huit jours.

Livraison des coupons ou titres qui n'auront pas été remis dans les délais fixés ci-dessus. — Les clients n'ayant pas livré des droits de souscription la veille de la clôture de la souscription avant 10 heures, pourront les présenter à l'agent à qui ils les doivent, pendant un délai supplémentaire qui sera fixé pour chaque souscription par la Chambre syndicale; dans ce cas, ils auront à payer une indemnité égale au courtage correspondant aux titres ou coupons non livrés.

Pendant ce délai supplémentaire, les agents vendeurs déposeront directement à la Chambre syndicale, sans passer par leurs confrères acheteurs, ces titres ou coupons livrés en retard.

La Chambre syndicale délivrera en échange un reçu dont la division pourra, s'il est nécessaire, être demandée ultérieurement.

Lorsque la souscription se fera au moyen des titres anciens, la Chambre syndicale remettra à l'agent de change, en sus des reçus de titres non estampillés, un Bon de titres estampillés qui sera échangé aussitôt que ces titres seront, après estampillage, rentrés en sa possession.

Chaque reçu délivré par la Chambre syndicale pour les titres ou coupons livrés en retard entraîne le reversement à son profit de l'indemnité ci-dessus prévue, que l'agent de change a reçue de son client.

Règlement des négociations au moyen des reçus délivrés par la Chambre syndicale. — L'agent qui, contre reçu, a remis des titres ou coupons à la Chambre syndicale règle avec son confrère acheteur, le reçu de la Chambre syndicale valant titre ou coupon. Les reçus circulent entre agents jusqu'à ce qu'ils arrivent à celui qui a émis un Bon de souscription; ce dernier les dépose à la Chambre syndicale qui annule les talons et Bons correspondants.

Dans le cas ci-dessus, pour les souscriptions s'effectuant au moyen des titres eux-mêmes, il n'y aura pas lieu à remise de Bon de titre estampillé.

Ces règlements devront être effectués dans le plus bref délai possible.

Règlement des négociations lorsque les coupons ou titres n'ont pas été livrés. — La Société émettrice remettra le solde des Bons non échangés à la Chambre syndicale qui, après accord avec les agents signataires desdits Bons, achètera, aussitôt qu'il lui sera possible, les titres nouveaux qui manquent et fixera l'indemnité à payer par droit non livré en se basant sur les débours qu'elle aura effectués pour l'achat de ces titres nouveaux.

Cette indemnité une fois fixée, la Chambre syndicale restituera, contre paiement de l'indemnité, les Bons qui lui restent aux agents qui les ont émis. Ceux-ci régleront avec leurs confrères vendeurs les droits restés en suspens en leur réclamant l'indemnité et ainsi de suite jusqu'à ce qu'on arrive au client vendeur qui n'a pas livré.

Dans tous les cas, le règlement des deux négociations de titres non estampillés et de titres estampillés devra se faire simultanément.

Formalités à remplir par le client et règlement des titres nouveaux non attribués par la Compagnie. — Tout client qui aura reçu de son agent de change un Bon de souscription, fera sa souscription comme il l'entendra.

Si tout ou partie des Bons n'a pas été remplacé par des coupons ou des titres anciens, la Société avisera la personne qui aura déposé la souscription.

Pour la souscription ou pour la partie de souscription annulée par la Société, cette personne aura recours à l'agent de change qui lui a remis le Bon de souscription. Elle devra verser les sommes correspondant aux titres qui lui manquent et, si les titres émis sont nominatifs, signer une feuille d'acceptation de transfert. L'agent lui livrera les titres nouveaux quand ils seront en circulation.

De son côté, la Chambre syndicale aura fait connaître aux agents les clients auxquels ils devront remettre des titres nouveaux.

Pour cette remise de titres, l'agent n'est qu'un intermédiaire entre la Chambre syndicale et son client, recevant du client le montant de la souscription pour le verser à la Chambre syndicale et recevant de la Chambre syndicale les titres nouveaux pour les livrer au client.

Il convient de remarquer que la Chambre syndicale verse à la Société les coupons ou les titres en bloc, et que celle-ci les échange contre des Bons sans s'occuper de leur origine, de telle sorte qu'un agent pourra être dans le cas d'avoir à remettre des titres nouveaux à un client, quand bien même il aurait retiré de la Chambre syndicale le Bon qu'il avait émis.

Indemnités pour non-livraison. — La Chambre syndicale se chargeant de centraliser, en cas de non-livraison, le règlement des « affaires liées », les indemnités particulières et les livraisons de titres nouveaux d'agent vendeur à agent acheteur sont supprimées.

Toutes les affaires ayant donné lieu à la création de Bons de souscription passeront par la Chambre syndicale qui livrera les titres nouveaux et en réclamera le montant aux intéressés.

Dans aucun cas, les clients vendeurs en défaut ne pourront livrer des titres nouveaux, ils devront verser le montant de l'indemnité fixée.

Suppression du marché des rompus et attributions. — Comme conséquence de la création des Bons de souscription, la double cote des Rompus et Attributions, devenue inutile, sera supprimée : il n'y aura plus qu'un seul marché de droits, sauf dans le cas où une Société refuserait d'admettre les Bons de souscription dans une émission faite par elle.

Courtage. — Pour les « affaires liées » relatives aux émissions dans lesquelles les Bons de souscription seront admis par la Société émettrice, le courtage réglementaire sera appliqué comme suit :

1° Maintien du franco actuel sur l'opération portant sur le titre ex-droit;

2° Perception du courtage au tarif réglementaire de trois pour mille sur la valeur du titre droit attaché. Toutefois, si l'application de ce tarif de trois pour mille faisait ressortir une perception supérieure à 10 % de la différence entre la valeur du titre droit attaché et celle du titre ex-droit, le courtage serait réduit à 10 % de ladite différence, sans pouvoir en aucun cas être inférieur à un pour mille de la valeur du titre droit attaché.

Le minimum réglementaire de 1 fr. 50 par bordereau continuera à être appliqué en tout état de cause.

Nota. — Le mode de cotation sous deux rubriques (Rompus et Attributions) sera maintenu et le courtage sera perçu dans les conditions anciennes pour les émissions dans lesquelles les Bons de souscription ne seront pas admis par la Société émettrice.

Circulaire du 22 novembre 1921.
Primes pour le lendemain.

1° En cas d'abandon, ne donnent lieu à courtage que les primes pour le lendemain de 5 francs et au-dessus (sur les titres dont le cours est inférieur à 1.000 francs) ou de 10 francs et au-dessus (sur les titres dont le cours est égal ou supérieur à 1.000 francs).

2° Le par contre est autorisé en ce qui concerne les affaires à prime (ferme contre prime ou prime contre prime) quel que soit le donneur d'ordre.

Lorsqu'il s'agit de primes pour le lendemain, il y a par contre même si les opérations sont faites à deux bourses successives.

Bourses de province.

Les règlements des Compagnies d'agents de change de province (Bordeaux, Lille, Lyon, Marseille, Nantes, Toulouse) sont, dans leurs grandes lignes, semblables à ceux des agents de change de Paris.

La principale différence est que les négociations à terme se traitent par plus petites quotités (généralement dix mille francs de capital nominal pour les valeurs cotées en tant pour cent, et cinq titres pour les autres).

L'importance de ces marchés est d'ailleurs limitée aux valeurs locales (1), la plupart des ordres étant transmis par l'agent de change de province à un confrère de Paris lorsqu'ils concernent des valeurs se négociant sur cette place.

Marché libre ou marché en banque.

Il existe sur le marché libre deux syndicats professionnels, l'un pour les opérations au comptant, l'autre pour les opérations à terme.

Les maisons qui, avant août 1914, s'occupaient d'opérations à terme sur les rentes françaises (coulisse de la rente) ne pouvaient se constituer en syndicat, puisque ces opérations n'avaient pas de caractère légal en raison du monopole des agents de change.

Nous donnons ci-après les statuts et les règlements des deux syndicats.

Les statuts et le règlement du Syndicat des banquiers en valeurs à terme avaient été modifiés en 1913 en prévision d'une fusion avec le Syndicat des valeurs au comptant.

Cette fusion n'ayant pas eu lieu, le règlement du Syndicat des valeurs au comptant est seul en vigueur pour les opérations au comptant; le règlement du Syndicat des banquiers en valeurs (nouvelle dénomination du Syndicat du terme) n'est appliqué que pour ce qui concerne les opérations à terme,

---

(1) Bordeaux : valeurs de navigation et valeurs coloniales; Lille : charbonnages, valeurs industrielles, métallurgiques, pétroles; Lyon : charbonnages, valeurs industrielles, métallurgiques, automobiles; Marseille : valeurs de navigation, valeurs coloniales, valeurs industrielles, produits chimiques; Nantes : valeurs industrielles de la région, constructions navales; Toulouse : valeurs locales d'électricité, charbonnages.

SYNDICAT

DES

BANQUIERS EN VALEURS AU COMPTANT

PRÈS LA BOURSE DE PARIS

——

ASSOCIATION SYNDICALE

Constituée conformément à la loi du 21 mars 1884

——

STATUTS

Constitution. — Objet. — Siège.

ART. 1er. — Il est constitué entre tous les membres du Marché dénommé *Marché des banquiers en valeurs au comptant près la Bourse de Paris* un Syndicat professionnel dans les termes de la loi du 21 mars 1884 et des présents statuts, et dénommé *Syndicat des banquiers en valeurs au comptant près la Bourse de Paris*.

2. Ce Syndicat a pour objet l'étude et la défense des intérêts économiques et commerciaux des adhérents et notamment la défense et l'amélioration du Marché des valeurs mobilières près la Bourse de Paris.

3. Le siège du Syndicat est à Paris, 5, rue du Helder.

Il peut toujours être changé par décision de la Chambre syndicale.

Conditions d'admission.

4. Pour être admis, il faut :

1º Etre Français ;

2º Jouir de tous ses droits civils et politiques ;

3º Justifier de la possession d'un capital social ou personnel de 500.000 francs au moins et entièrement versé ;

4º Avoir pendant trois années exercé une profession ou emploi de bourse.

5. Tout candidat devra, en formant sa demande d'admission, signer un acte d'adhésion aux statuts du Syndicat et aux règlements établis par lui pour l'application ou le développement des présents statuts, pour l'administration du Marché et pour les affaires de ses membres, soit entre eux, soit à l'égard des tiers.

6. Il devra, en outre, faire appuyer sa demande par deux membres du Syndicat, pris en dehors de la Chambre syndicale, lesquels pourront être appelés à compléter les indications fournies par le postulant.

La demande d'admission sera accompagnée d'une note signée par les parrains relatant les différents emplois ou les différentes fonctions que le postulant a pu remplir jusqu'au jour de sa présentation et tous autres renseignements réclamés par la Chambre syndicale.

7. Avis de la demande d'admission devra être envoyé à tous les membres du Syndicat, et ceux-ci, pendant un délai de huit jours, pourront présenter confidentiellement à la Chambre syndicale leurs observations ou oppositions.

Toute candidature peut être écartée par la Chambre syndicale qui a tous pouvoirs d'appréciation en matière d'admission.

Après l'admission prononcée par la Chambre syndicale, un deuxième avis sera envoyé aux membres du Syndicat pour les en informer.

Les Sociétés par actions ne sont pas admises ; les autres Sociétés ne le sont qu'à la condition d'être constituées conformément aux conditions du Code de commerce.

8. Un droit d'entrée sera versé par tout membre nouveau ou par toute maison ou raison sociale admise dans les conditions et suivant le montant déterminés par la Chambre syndicale.

9. L'un des originaux de tout acte constitutif de Société ou de toutes modifications ultérieures, ainsi que tout acte de dissolution devront toujours être remis et rester déposés à la Chambre syndicale.

L'admission de la raison sociale entraîne de plein droit l'admission personnelle de chacun des associés responsables; par contre, la transformation, la liquidation ou la dissolution entraîne de plein droit leur sortie du Syndicat, sauf demande nouvelle d'admission.

Toute modification comportant retrait ou adjonction d'un ou de plusieurs associés nécessite également une demande d'admission du ou des nouveaux membres responsables.

Chambre syndicale. — Administration.

Art. 10. — L'Association est dirigée par une Chambre syndicale de cinq membres au moins et de neuf au plus.

Leurs fonctions sont gratuites et n'emportent pour eux aucune responsabilité personnelle. Ils sont élus par l'Assemblée générale, constituée conformément à l'article 18, au scrutin secret et à la majorité absolue des suffrages exprimés aux deux premiers tours de scrutin et au troisième à la majorité relative.

Les scrutins rendus nécessaires pour l'élection des membres de la Chambre syndicale ont lieu et se poursuivent après l'Assemblée aux endroits, jours et heures annoncés par le Président.

11. Chaque année, tous les membres sont rééligibles, sauf deux qui, par roulement établi par la Chambre syndicale, devront rester une année sans être candidats. Exception est faite pour le Président qui est toujours rééligible.

Les membres de la Chambre syndicale sont toujours révocables par l'Assemblée générale et à la majorité absolue des maisons syndiquées.

12. La Chambre syndicale nomme son bureau, composé d'un Président, d'un Vice-Président et d'un Trésorier qui sont élus au scrutin secret et à la majorité des voix des membres présents.

L'Association et la Chambre syndicale sont représentées par le Président, ou, à son défaut, par le Vice-Président.

13. La Chambre syndicale se réunit toutes les fois qu'il est nécessaire sur la convocation de son Président ou sur la demande de trois de ses membres. Ces réunions ne sont valables que si la majorité des membres est présente.

Les délibérations sont prises à la majorité des membres présents.

En cas de partage, la voix du Président est prépondérante.

14. La Chambre syndicale délègue un ou plusieurs de ses membres pour l'administration intérieure et pour tous objets spéciaux ou généraux.

Le Président est de droit chargé de l'application de ses décisions, de la direction des services et généralement de l'exécution des statuts et des règlements.

15. La Chambre syndicale a tous pouvoirs de surveillance et de discipline pour l'intérêt commun et le bon renom de l'Association.

A cet effet, elle pourra désigner, quand il y aura lieu, deux de ses membres, nommés au scrutin secret dans une réunion spéciale et à la majorité des membres présents, qui rendront compte à la Chambre syndicale de leur mission spéciale.

Elle peut arrêter toutes mesures générales ou particulières, établir et imposer l'exécution de tous règlements de nature à assurer le bon fonctionnement du commerce des valeurs, soit entre les membres du Syndicat, soit à l'égard des tiers.

Elle peut demander sa démission à tout membre du Syndicat qui aura cessé d'exercer sur le marché depuis trois mois.

En cas de refus, elle peut prononcer la radiation de ce membre conformément à l'article 16 des statuts.

Elle fixe les cotisations à verser.

Elle délibère sur toutes les contestations entre des membres du Syndicat et les solutionne, s'il y a lieu. Elle peut également accepter d'être appelée par des tiers à donner son avis et d'être choisie comme arbitre.

16. Toutes les décisions d'ordre général ou individuel de la Chambre syndicale sont immédiatement exécutoires, sous peine, pour les contrevenants, d'amende, de suspension temporaire ou de radiation. Il en sera de même pour tout manquement soit aux usages commerciaux du Marché, soit aux prescriptions des présents statuts et des règlements.

Aucune peine ne peut être prononcée par la Chambre syndicale qu'après convocation de l'intéressé, avec faculté pour lui de présenter sa propre défense, mais en personne seulement et sans assistance, sauf celle d'un membre du Syndicat.

La suspension et la radiation ne peuvent être prononcées par la Chambre syndicale qu'à l'unanimité des membres présents.

Toutefois, pour la radiation, la Chambre syndicale ne peut délibérer et statuer qu'en s'adjoignant par voie de tirage au sort neuf membres pris parmi les adhérents faisant partie du Syndicat depuis cinq ans au moins.

Pour les amendes, la Chambre syndicale statue à la majorité ordinaire conformément à l'article 13.

17. La Chambre syndicale a seule le droit de disposer des fonds du Syndicat pour les besoins ou dépenses quelconques qu'elle juge convenables. Les fonds du Syndicat pourront être déposés à la Banque de France ou dans tous autres établissements de crédit.

Ils ne pourront être retirés que par le Président et le Trésorier conjointement.

En cas d'empêchement, chacun d'eux pourra être remplacé par un membre spécialement délégué par la Chambre syndicale.

Assemblées générales.

Art. 18. — L'Assemblée générale se réunit tous les ans dans la seconde quinzaine de janvier.

La Chambre syndicale peut toujours la convoquer extraordinairement. Elle doit le faire si la demande lui en est adressée par écrit par le tiers au moins des membres du Syndicat.

Les convocations aux Assemblées générales sont faites par avis individuels adressés au moins quinze jours à l'avance et contenant l'ordre du jour.

A titre exceptionnel, la Chambre syndicale a le droit de convoquer l'Assemblée générale dans un délai moindre, et au besoin dans les vingt-quatre heures, sur simple avis en Bourse.

L'Assemblée générale n'est valablement constituée que si elle réunit la majorité des maisons du Syndicat.

Toutefois, si une première Assemblée ne réunit pas cette majorité, une deuxième Assemblée sera convoquée par avis individuels, adressés au moins ving-quatre heures à l'avance, et pourra délibérer quel que soit le nombre des présents.

Dans les Assemblées générales, chaque maison ou raison sociale n'a droit qu'à une voix, quel que soit le nombre des associés.

L'Assemblée, constituée conformément au présent article, nommera les membres de la Chambre syndicale ou prononcera leur révocation, et généralement délibérera souverainement sur tous les intérêts de l'Association.

Elle désignera deux de ses membres pour recevoir les comptes de la Chambre syndicale à la fin de l'exercice.

Les comptes de l'exercice seront mis à la disposition des deux membres désignés pour les vérifier, huit jours au moins avant l'Assemblée qui aura à les approuver.

L'Assemblée ne peut délibérer que sur les questions à l'ordre du jour arrêté par la Chambre syndicale.

Néanmoins, toute motion signée de vingt membres du Syndicat et adressée à la Chambre syndicale huit jours francs avant l'Assemblée, devra être jointe d'office à l'ordre du jour déjà arrêté.

Les résolutions sont prises dans les assemblées à la majorité absolue des suffrages exprimés. Elles obligent tous les syndiqués absents ou dissidents.

Le scrutin secret, par appel nominal, est de droit dès qu'il est demandé, par écrit, par vingt membres de l'Association.

Dispositions diverses.

ART. 19. — Toutes modifications ou additions aux présents statuts pourront être décidées par une Assemblée générale spécialement convoquée à cet effet, mais seulement par une majorité réunissant plus de la moitié des maisons syndiquées.

20. La transformation ou la dissolution de l'Association pourra être décidée par une Assemblée spécialement convoquée à cet effet, mais seulement par une majorité comprenant les deux tiers des maisons faisant partie du Syndicat.

En cas de dissolution de l'Association pour quelque cause que ce soit, le partage de l'actif net aura lieu également entre toutes les maisons admises.

Tout adhérent ayant perdu cette qualité, de même que les héritiers de tout adhérent décédé avant la dissolution, n'auront aucun droit dans l'actif.

21. Pendant la liquidation, et sur une demande formée par le tiers au moins des membres du Syndicat, une Assemblée générale peut être de nouveau convoquée par le ou les liquidateurs; ses pouvoirs sont entiers et elle statuera souverainement.

Les décisions seront prises à la majorité déterminée à l'article 18.

22. La Chambre syndicale est chargée de faire les dépôts et déclarations prescrits par l'article 4 de la loi du 21 mars 1884.

RÈGLEMENT DU MARCHÉ

ART. 1er. — Sont soumis aux conditions ci-après :

L'inscription des maisons admises à faire partie du Marché du Syndicat des banquiers en valeurs au comptant près la Bourse de Paris;

L'admission des valeurs à la Cote de ce Marché;

Les opérations qui y sont traitées;

La cotation des valeurs,

Et le règlement des opérations

CHAPITRE PREMIER

Inscription des Maisons sur le Marché.

ART. 2. — Ne sont inscrites au Marché du Syndicat des banquiers en valeurs au comptant près la Bourse de Paris, que les maisons faisant profession de traiter des opérations sur ledit Marché et ayant satisfait aux conditions d'admission imposées par les statuts pour faire partie du Syndicat.

La qualité de membre du Marché et celle de membre de ce Syndicat sont indivisibles : quiconque cesse de faire partie du Syndicat, pour quelque cause que ce soit, cesse également de faire partie du Marché.

CHAPITRE II

Admission des Valeurs à la Cote du Marché.

ART. 3. — La Chambre syndicale assurera la publication de la *Cote du Syndicat des banquiers en valeurs au comptant près la Bourse de Paris* et de tous annuaires, journaux, imprimés, qu'elle croira susceptibles de servir à la défense ou au développement des intérêts professionnels.

4. Sont seules inscrites à la Cote du Marché les valeurs qui, après examen, ont été admises par la Chambre syndicale.

L'inscription d'une valeur à la Cote du Marché n'entraîne aucune responsabilité, ni vis-à-vis des membres du Syndicat, ni vis-à-vis des tiers.

La Chambre syndicale peut toujours accepter, refuser ou supprimer l'inscription d'une valeur, sans être tenue de donner les raisons qui motivent ses décisions.

5. A l'appui de toute demande d'admission d'une valeur, la Chambre syndicale se fera remettre toutes justifications nécessaires.

Elle constituera pour chaque valeur un dossier spécial contenant toutes les pièces qu'elle se sera fait remettre.

Le dossier de chaque valeur admise à la Cote sera tenu, au siège du Syndicat, à la disposition des membres du Marché.

Avis de l'admission leur sera donné avant la cinquième Bourse qui précédera celle de l'inscription à la Cote, par avis adressé individuellement ou affiché en Bourse.

Toutefois, à titre exceptionnel, la Chambre syndicale peut décider l'inscription immédiate d'une valeur en prévenant les membres du Marché à l'ouverture de la Bourse.

6. La Chambre syndicale aura le droit de décider l'inscription d'office de toute valeur qui lui paraîtrait susceptible de constituer un élément d'activité pour le marché.

Elle pourra, à titre exceptionnel, établir une cotation pour les rachats d'office de valeurs ou pour tout autre usage.

CHAPITRE III

Les Opérations.

ART. 7. — Les opérations entre les membres du Marché sont directes et personnelles.

Elles sont traitées aux lieux et heures déterminés par la Chambre syndicale. Elles se traitent et se liquident sous sa surveillance, et conformément aux prescriptions ci-après.

8. La Chambre syndicale organise les groupes suivant la nature et l'importance des opérations, et elle surveille leur fonctionnement.

Sont seules admises à traiter dans les groupes les maisons faisant partie du Syndicat.

Les membres du Marché ne peuvent traiter dans l'enceinte des groupes qu'*avec les maisons syndiquées* : toute infraction à cette disposition devra entraîner, la première fois, une amende qui ne pourra pas être supérieure à 500 francs, et, en cas de récidive, la suspension temporaire.

9. Les opérations se font au comptant.

Pour les opérations à l'émission, la Chambre syndicale peut décider qu'il sera fait une liquidation spéciale, dont elle réglera les conditions.

10. Les opérations sont traitées, soit par les chefs de maisons, soit par des employés teneurs de carnets, dont les noms doivent être donnés à la Chambre syndicale.

Elles sont inscrites au carnet (et non sur des fiches) au moment où elles sont traitées, et sans blanc ni surcharge.

Le carnet est fourni par le Syndicat; il porte sur la couverture le nom du Syndicat et le nom de la maison.

Il est exigible pour tous les teneurs de carnets.

Les affaires doivent être refusées aux maisons qui ne se conformeraient pas à cet article du règlement.

11. Chaque opération effectuée entre membres du Syndicat, même sur des valeurs non inscrites à la Cote, doit être confirmée.

A cet effet, chaque partie établit sur papier délivré par la Chambre syndicale, moyennant tarif déterminé par elle, un engagement spécial indiquant la date de l'opération, son objet, et, s'il y a lieu, son échéance et toutes autres conditions spéciales. Chaque engagement doit être échangé avant la Bourse du lendemain, puis retourné dans les vingt-quatre heures avec indication du numéro du répertoire et revêtu du cachet de la maison qui le retourne.

12. L'établissement d'un engagement sur papier autre que celui délivré par la Chambre syndicale sera passible d'une amende de 50 francs au moins et de 200 francs au plus.

13. Tous différends pour faits professionnels entre membres du Marché doivent être obligatoirement soumis à la Chambre syndicale et sont tranchés

souverainement par elle, même s'il s'agit de valeurs ne figurant pas à la Cote du Marché.

En cas de contestation au sujet d'une opération, le carnet seul fait foi.

Il est soumis à la Chambre syndicale qui statue seule et définitivement.

S'il y a désaccord sur la nature des titres, leur quantité, leur cours, la différence est attribuée par moitié à chacune des deux parties.

S'il y a désaccord sur le sens de l'opération, achat ou vente, l'opération est annulée.

Aucune maison ne peut se refuser à pointer une opération dans le courant de la Bourse où elle a été faite, sous peine d'assumer la responsabilité entière de l'erreur éventuelle.

14. Il est formellement interdit à toute maison faisant partie du Syndicat de traiter des opérations pour le compte personnel d'un employé d'une autre maison syndiquée.

Tout membre du Syndicat qui, une première fois, aura enfreint le présent article, pourra être condamné à une amende dont le maximum ne pourra dépasser 5.000 francs.

En cas de récidive, la Chambre syndicale pourra prononcer la suspension de la maison incriminée et même, s'il y a lieu, sa radiation.

CHAPITRE IV

De la Cotation.

ART. 15. — **Commission de la Cote.** — Une Commission spéciale composée de deux membres de la Chambre syndicale, désignés chaque mois, et de deux membres du Marché, choisis chaque semaine par la Chambre syndicale, suivant roulement établi par elle, est chargée de la surveillance de la cotation.

Elle a tous pouvoirs sur l'enregistrement des cours et doit trancher tous les différends nés à son sujet.

Elle peut toujours, à cet effet, se faire communiquer les carnets des maisons syndiquées.

16. Les cours sont appelés publiquement sur le Marché par des préposés de la Chambre syndicale, aux heures fixées par elle et en présence de l'un au moins des membres de la Commission.

17. **Mise des oppositions.** — Chaque membre du Marché ou son représentant devra remettre chaque jour de Bourse, à l'employé de la Chambre syndicale, avant *midi*, pour les valeurs figurant également à la Cote du Marché à terme, et avant midi quinze pour les valeurs exclusivement traitées au comptant, les fiches des oppositions qu'il pourrait avoir à mettre, soit à l'achat, soit à la vente, sur les valeurs inscrites à la Cote du Marché.

Chaque opposition mise dans le courant de la Bourse devra porter l'heure à laquelle elle a été remise.

Ces oppositions devront être inscrites sur des fiches fournies par la Chambre syndicale et portant le nom de la maison qui les a délivrées.

Ces fiches sont personnelles aux maisons.

18. **Surveillance des oppositions.** — Chaque maison ayant formulé une opposition sur une valeur doit avoir, sur le groupe où elle se traite, un employé chargé de la défendre tant que ladite opposition subsiste.

L'absence du groupe constatée pendant plus de quinze minutes, du représentant de la maison ayant mis une opposition, amène de plein droit l'annulation de l'opposition.

En cas de nécessité, la Chambre syndicale peut réduire ou supprimer ce délai pour toutes valeurs par elle préalablement désignées.

S'il s'agit d'une opposition sur une valeur également cotée à terme, le représentant de la maison qui l'a formulée ne pourra s'*absenter* sous peine de nullité de l'opposition.

Toute opposition devra être soutenue par une offre ou une demande d'au moins un titre et la Commission de la Cote pourra en demander justification à la maison ayant mis l'opposition.

19. **Enregistrement des cours.** — La Cote ne doit mentionner que le plus bas et le plus haut cours enregistrés sur le Marché.

La cotation se fait par échelons ou multiples de :

    0 fr. 25 pour les titres au-dessous de 100 francs ;
    0 fr. 50   —   de 100 à 500 francs ;
    1 fr.   —   au-dessus, quel que soit le cours.

Pour les rentes étrangères ou titres similaires, elle se fait par échelons ou multiples de 0 fr. 05.

Les coteurs doivent enregistrer tous les cours au fur et à mesure que les transactions sont effectuées et, à la première requête des membres du Syndicat.

Ces cours doivent être donnés aux coteurs sur les fiches des maisons.

20. Les cours inscrits à la Cote et appelés ne peuvent être modifiés, soit en hausse, soit en baisse, que pour des opérations postérieures à l'appel des cours ; ils ne peuvent également être *annulés* à moins de consentement exprès de toutes les parties intéressées.

Lorsqu'un écart important de cours se présente sur une valeur n'ayant pas de transactions suivies, la cotation doit en être soumise à l'appréciation des membres de service de la Chambre syndicale, et, en aucun cas, l'inscription à la Cote de ce ou ces cours ne pourra avoir lieu après le premier appel de la Cote.

Au coup de cloche annonçant la fermeture de la Bourse, les coteurs ne doivent plus prendre de fiches de cours.

Les cours ne *s'entendent*, pour les affaires faites, que sur les numéros ou la quantité des titres inscrits à la Cote.

21. **Cours offerts ou demandés.** — Pour les valeurs n'ayant pas été traitées depuis un certain temps, la Chambre syndicale pourra, à titre exceptionnel, autoriser l'inscription de cours offerts ou demandés.

La demande de cette inscription devra lui être adressée par lettre et appuyée d'une offre ou d'une demande réelle. L'inscription sera portée à une rubrique spéciale.

22. **Rappels des cours.** — Les demandes de rectification de cours ne sont recevables que si elles sont formulées avant midi quarante-cinq et affichées au tableau des rappels. En cas de protestation, le rappel ne pourra être admis.

Il ne sera pas accepté de rappel de cours, remontant à plus de deux bourses franches.

Toute rectification ou annulation de rappel est interdite.

Les rappels sur les coupures de 25 des valeurs inscrites à la Cote du Marché à terme ne sont admis qu'après avis conforme de la Chambre syndicale.

23. **Disposition spéciale.** — La Chambre syndicale se réserve le droit de déclarer, suivant avis porté à la Cote de la veille, qu'il ne sera coté de cours sur certaines valeurs que pour des négociations en titres livrables le lendemain de leur négociation, avant *onze heures*.

CHAPITRE V

Règlement des Opérations et Rachats pour non-livraisons.

ART. 24. — Les opérations se règlent directement entre les contractants.

Toutefois, pour les affaires à l'émission, il pourra, mais suivant décision spéciale de la Chambre syndicale, être procédé à une liquidation centrale comportant établissement et règlement des soldes, en titres et espèces, entre tous les membres du marché.

25. Chaque adhérent doit avoir un compte de virements à la Banque de France.

Les adhérents doivent tenir leurs caisses ouvertes tous les jours de Bourse, de 9 heures à 11 heures.

L'acheteur est tenu de verser son prix contre livraison des titres achetés.

26. Les titres au porteur vendus au comptant doivent être livrés par le vendeur avant la dixième bourse qui suit celle de l'opération.

Ce délai expiré, l'acheteur pourra mettre en demeure son vendeur par lettre recommandée, en avisant la Chambre syndicale le même jour par simple lettre.

Dix bourses après la date de la mise en demeure, l'acheteur pourra racheter lui-même d'office son vendeur sous sa responsabilité personnelle et sous la surveillance de la Chambre syndicale.

Tout rachat qui n'aura pu être effectué à la date fixée sera poursuivi jusqu'à exécution.

Les titres rachetés doivent être livrés le lendemain avant 16 heures par la maison qui a fourni le rachat.

27. Au point de vue de l'état matériel des titres, toute réclamation doit être faite avant la bourse du lendemain.

La Chambre syndicale juge souverainement.

28. La Chambre syndicale fixe les dates de détachement des coupons en Bourse.

Le vendeur peut livrer un titre démuni du prochain coupon, s'il s'agit d'un coupon dont le paiement est annoncé, à condition d'en payer le montant, et à sa valeur maximum s'il en est requis.

Le vendeur n'aura, à raison du coupon par lui non livré en nature, aucun recours ultérieur pour quelque cause que ce soit (1).

29. Sauf conventions particulières, pour les titres soumis à un tirage, les opérations traitées dans les dix bourses qui précèdent le jour du tirage ne comporteront pas le droit à ce tirage.

Les livraisons doivent être faites au plus tard la veille du tirage, avant onze heures.

L'acheteur a toujours le droit de refuser le numéro au lieu du titre lui-même.

La Chambre syndicale fixe les indemnités de tirage.

30. En cas de non-livraison en temps utile de titres donnant droit à une souscription, l'acheteur devra toujours être mis dans la situation où il se serait trouvé s'il avait pu exercer ses droits.

La Chambre syndicale fixe l'indemnité pour les rompus.

31. La Chambre syndicale surveille le bon fonctionnement de la Chambre de compensation. Elle établit tous règlements et prend toutes mesures générales ou particulières la concernant.

Elle pourra également après entente avec tous établissements financiers ou autres, organiser pour le compte des adhérents du Marché, l'échange ou la livraison des titres, et généralement, toutes combinaisons pour la liquidation des affaires entre eux ou avec des tiers.

<h3 style="text-align:center">Chapitre VI</h3>

Versements à la Chambre Syndicale.

Art. 32. — Il est pourvu aux dépenses du Marché :
1º Par les droits fixés suivant l'article 8 des statuts du Syndicat ;
2º Par la vente des engagements et des fiches d'opposition ;
3º Par le produit des amendes encourues ;
4º Par toutes contributions générales ou individuelles reconnues nécessaires par la Chambre syndicale, et par tous versements volontaires.

<h3 style="text-align:center">Chapitre VII</h3>

Dispositions diverses.

Art. 33. — La Chambre syndicale peut, en vertu d'une délibération prise à l'unanimité des membres présents, réunis dans une séance spécialement convoquée à cet effet, demander à tout membre du Syndicat, toutes garanties avec affectation spéciale aux opérations traitées par lui sur le Marché.

L'importance, la durée et les conditions d'affectation ou autres de ces garanties sont, dans chaque cas, déterminées par la Chambre syndicale.

34. La Chambre syndicale est chargée des relations avec l'Administration pour les divers impôts frappant les opérations et les titres.

Chaque membre du Marché est libre d'acquitter directement les droits.

35. La Chambre syndicale fixe, et modifie quand il y a lieu, le tarif de courtages applicable aux valeurs inscrites à la Cote du Marché du Syndicat

---

(1) Voir avis du 22 novembre 1921.

Ce tarif est obligatoire pour toutes les affaires visées aux clients comme traitées sur le Marché.

Quant aux autres valeurs et aux autres opérations, elles peuvent se traiter à forfait ou à commission.

36. Il est interdit aux maisons de donner à tout ou partie de la clientèle des promesses ou garanties spéciales, soit de cours, soit d'exécution d'opérations à des conditions qu'il leur est impossible d'obtenir sur le Marché pour toute valeur cotée.

37. Pour les infractions au présent règlement, ou à toutes dispositions ou mesures prises par la Chambre syndicale, chaque membre du Marché se soumet à sa juridiction et aux pénalités prononcées par elle suivant l'article 16 des statuts.

38. Par le seul fait de son inscription sur le Marché, chaque adhérent se soumet expressément au présent règlement et à toutes les obligations quelconques en résultant.

39. Les membres du Marché seront responsables, sous les sanctions édictées à l'article 16 des statuts, des agissements de toute personne faisant partie de leur maison, qui se sera rendue coupable d'un manquement aux règlements et usages du Marché ou de tous autres actes apportant le trouble dans les groupes.

40. D'accord commun et réciproque, l'exécution du présent règlement est expressément confiée à la Chambre syndicale des banquiers en valeurs au comptant près la Bourse de Paris, à laquelle chacun des membres du Marché déclare donner mandat et pleins pouvoirs à cet effet.

41. Les sommes perçues par la Chambre syndicale, par application du présent règlement, deviennent la propriété du Syndicat des banquiers en valeurs au comptant près la Bourse de Paris, qui en dispose librement aux fins des statuts et du présent règlement et au mieux de l'intérêt général.

Elles sont immédiatement réputées dépensées par le Syndicat, et ne peuvent, en aucun cas, être réclamées par ceux qui les ont versées.

42. Toutes modifications peuvent être apportées au présent règlement, mais seulement par l'Assemblée générale du Syndicat des banquiers en valeurs au comptant près la Bourse de Paris, suivant la majorité fixée par l'article 19 des statuts.

Toutefois, la Chambre syndicale pourra, à titre transitoire, y apporter les modifications et additions qu'elle jugerait utiles à la bonne marche des affaires.

43. La mission confiée à la Chambre syndicale pour l'exécution du présent règlement ne comporte aucune responsabilité des membres qui la composent.

44. Pour tout ce qui concerne l'exécution des présentes, attribution exclusive de juridiction est faite aux Tribunaux ordinaires de la Seine.

SYNDICAT DES BANQUIERS EN VALEURS

PRÈS LA BOURSE DE PARIS

STATUTS

Constitution du Syndicat. Son objet. Son siège.

ART. 1er. — Il est constitué entre tous les membres du Marché des banquiers en valeurs près la Bourse de Paris, ou Marché à terme et au comptant des valeurs en banque, un Syndicat professionnel dans les termes de la loi du 21 mars 1884, régi par les présents statuts.

2. Cette Association a pour objet l'étude et la défense des intérêts économiques et commerciaux des adhérents et notamment la défense et l'amélioration du Marché des valeurs mobilières près la Bourse de Paris. Elle reste étrangère à toutes négociations de valeurs.

3. Le siège du Syndicat est à Paris, rue Rossini, n° 3.

Il peut toujours être changé par décision de la Chambre syndicale.

4. Les conditions d'admission dans le Syndicat, de démission et de radiation sont déterminées par le règlement du Marché des banquiers en valeurs près la Bourse de Paris ou Marché à terme et au comptant des valeurs en banque.

La qualité de membre du Syndicat est subordonnée à l'exercice de la profession sur le Marché.

Cette profession consiste à traiter toutes opérations de Bourse en général comme membres du Marché des banquiers en valeurs près la Bourse de Paris.

Administration et Direction.
Chambre syndicale. — Président du Syndicat.

Art. 5. — L'Association est administrée et dirigée par une Chambre syndicale et un Président.

La Chambre syndicale est composée de neuf membres au moins et de onze au plus, élus par bulletins de liste, au scrutin secret, à la majorité absolue des maisons faisant partie du Syndicat, au premier tour de scrutin, et à la majorité relative au second tour.

Le Président du Syndicat est élu séparément, et à la majorité absolue; il préside la Chambre syndicale, avec voix délibérative. En cas de partage, sa voix est prépondérante.

Le Président du Syndicat et les membres de la Chambre syndicale sont toujours révocables par l'Assemblée générale, à la majorité absolue des maisons faisant partie du Syndicat.

Ils seront renouvelables tous les ans à l'issue de l'Assemblée générale prévue à l'article 14. Toutefois, il sera établi entre les membres de la Chambre syndicale un roulement en vue d'assurer, chaque année, le remplacement de deux membres sortants. En outre, tout membre qui aura fait partie de la Chambre syndicale pendant une période ininterrompue de cinq années à compter du renouvellement de janvier 1913, ne pourra pendant une année entière être réélu.

Les fonctions des membres de la Chambre syndicale et du Président du Syndicat sont gratuites et ne comportent pour eux aucune responsabilité personnelle.

6. Le Président du Syndicat, ou, à son défaut, le Vice-Président de la Chambre syndicale, nommé ainsi qu'il est dit à l'article 8, représente et dirige le Syndicat en assurant l'exécution des statuts, des règlements et des décisions de la Chambre syndicale.

Le Président a droit de contrôle et de surveillance sur les membres du Syndicat.

Il a tous pouvoirs de vérification dans les maisons, avec faculté pour lui de déléguer lesdits pouvoirs à l'expert comptable désigné par la Chambre syndicale.

Au cas où ces pouvoirs de vérification ne pourraient pas normalement et efficacement s'exercer, pour une cause quelconque, le Président en référera à la Chambre syndicale qui, l'intéressé entendu ou dûment convoqué, pourra lui interdire totalement ou partiellement l'accès du Marché pendant une période qui ne pourra dépasser six mois.

Cette décision devra être prise par six voix au moins : elle sera immédiatement communiquée à tous les membres du Syndicat.

A l'expiration du délai accordé, et, faute de mise en règle, les prescription de l'article 7 deviendront applicables.

La Chambre syndicale délègue un ou plusieurs de ses membres pour l'administration intérieure. Elle constitue dans son sein tels comités spéciaux qui lui paraissent nécessaires.

Elle peut prescrire toute mesure d'investigation et exiger toute production en vue d'assurer l'exécution des engagements contractés par les membres du Syndicat.

7. La Chambre syndicale fixe les cotisations à verser.

Elle est investie de pleins pouvoirs pour tout ce qui concerne l'intérêt syndical et pour élaborer tout règlement de nature à déterminer et assurer le bon fonctionnement des opérations professionnelles des banquiers en valeurs près la Bourse de Paris, tant entre les membres du Marché qu'à l'égard de leurs clients, ainsi que pour surveiller l'exécution de ces règlements.

Pour les infractions soit au règlement, soit aux présents statuts, soit à ses propres décisions ou aux règles de la probité commerciale, elle peut prononcer :

Un simple avertissement;

Un blâme;

Toutes amendes jusqu'à concurrence de 25.000 francs au maximum;

La radiation.

Aucune peine disciplinaire ne peut être prononcée par la Chambre syndicale sans que l'intéressé ait été entendu ou dûment convoqué.

Il devra présenter ses observations en personne, sans assistance. Dans le cas où la Chambre syndicale estimera qu'il y aurait lieu à radiation, cette dernière ne pourrait être prononcée que par une nouvelle délibération de la Chambre syndicale à laquelle il sera adjoint douze membres tirés au sort parmi les adhérents faisant partie du Syndicat depuis dix ans au moins.

Ces décisions sont en dernier ressort. Le refus d'exécution immédiate constitue une infraction nouvelle soumise aux pénalités du présent article et susceptible d'entraîner la radiation.

8. La Chambre syndicale est présidée par le Président du Syndicat; elle complète son bureau par la nomination d'un Vice-Président, d'un Trésorier et d'un Secrétaire.

9. La Chambre syndicale se réunit toutes les fois qu'il est nécessaire, sur la convocation du Président ou sur la demande de trois de ses membres. Elle ne peut délibérer que si la majorité des membres est présente.

Sur invitation du Président, tout membre du Syndicat peut assister à la réunion avec voix consultative.

Il est tenu un registre spécial relatant les procès-verbaux de ses réunions.

En cas de besoin, la Chambre syndicale est autorisée à se compléter par l'adjonction d'un ou plusieurs membres, dont les pouvoirs dureront jusqu'à l'expiration de son mandat.

10. La Chambre syndicale donne son avis dans toutes les contestations concernant les membres du Syndicat et dans toutes celles qui lui sont soumises par des tiers.

Elle peut régler tous différends comme arbitre ou comme amiable compositeur jugeant en premier ou en dernier ressort, avec ou sans dispense des formes ordinaires de la procédure.

Toutes les contestations entre les membres du Syndicat sont obligatoirement jugées par la Chambre syndicale.

En cas de contestation entre un tiers et un membre du Syndicat, celui-ci devra toujours lui proposer l'arbitrage de la Chambre syndicale, ou l'accepter si le tiers le demande.

11. Les fonds du Syndicat seront déposés dans une ou plusieurs banques d'où ils ne pourront être retirés que par le Président et le Trésorier conjointement.

En cas d'empêchement, chacun d'eux pourra être remplacé par un membre spécialement délégué par la Chambre syndicale.

12. La Chambre syndicale dispose des fonds du Syndicat pour les emplois ou dépenses quelconques qu'elle juge convenables.

L'expiration du délai d'un mois après l'époque fixée par l'article 14 ci-après, pour la réunion de l'Assemblée générale, emporte de plein droit et en tant que de besoin, de la part tant du Syndicat que de ses membres, renonciation à toute action ou réclamation quelconque non encore intentée contre les membres de la Chambre syndicale.

Assemblées générales.

ART. 13. — Les convocations aux Assemblées générales sont faites par avis individuels adressés au moins trois jours à l'avance et contenant l'ordre du jour. En cas d'urgence, l'Assemblée générale peut être réunie dans un délai moindre de trois jours.

L'Assemblée générale, ainsi convoquée, ne peut délibérer que si elle réunit la majorité des maisons faisant partie du Syndicat.

Si une première Assemblée ne réunit pas cette majorité, une deuxième Assemblée sera convoquée par avis individuels envoyés au moins vingt-quatre heures à l'avance, et pourra délibérer quel que soit le nombre des maisons présentes.

Dans les Assemblées générales, chaque maison ou raison sociale n'a droit qu'à une voix quel que soit le nombre des associés en nom.

Le scrutin secret sera de droit, s'il est demandé, par écrit, par dix membres de l'Assemblée.

Il est établi, par les soins du Président, une feuille de présence et un procès-verbal de toute Assemblée générale.

Pour la nomination du Président du Syndicat et des membres de la Chambre syndicale, toute maison du Syndicat non présente peut faire parvenir son bulletin de vote sous enveloppe fermée, au Président de l'Assemblée, lequel déposera le bulletin dans l'urne après l'avoir retiré de l'enveloppe en présence de l'Assemblée.

Mention sera faite au procès-verbal des noms de ceux qui auront ainsi fait parvenir leur vote.

14. Les membres du Syndicat se réunissent chaque année, dans la seconde quinzaine de janvier, en Assemblée générale :

Pour élire la Chambre syndicale et le Président;

Pour désigner deux membres du Syndicat à l'effet de recevoir les comptes de la Chambre syndicale à élire et de lui donner quitus; tout pouvoir, en cas d'empêchement de l'un d'eux, étant conféré à l'autre d'agir seul et valablement;

Enfin et généralement pour délibérer sur tous les intérêts de l'Association.

Elle ne peut délibérer que sur les questions à l'ordre du jour. Les propositions dont la Chambre syndicale sera saisie par dix membres du Syndicat, dans un délai de quarante-huit heures avant la réunion de l'Assemblée générale, seront inscrites d'office à l'ordre du jour.

Les scrutins rendus nécessaires pour l'élection des membres de la Chambre syndicale et du Président du Syndicat, ont lieu et se poursuivent après l'Assemblée, aux endroits, jours et heures annoncés par le Président.

15. En dehors de l'Assemblée annuelle de la seconde quinzaine de janvier, et de toutes Assemblées prévues à l'article 16, le Président du Syndicat ou la Chambre syndicale peut toujours convoquer les membres du Syndicat en Assemblée générale.

Ils doivent le faire si une demande motivée leur en est adressée, par écrit, par le tiers des maisons du Syndicat.

L'Assemblée générale, ainsi constituée, ne peut délibérer que sur l'ordre du jour établi par la Chambre syndicale et, en outre, sur l'objet précisé par les membres du Syndicat dans leur demande de réunion de l'Assemblée.

Dispositions diverses.

ART. 16. — Il pourra être apporté toutes modifications ou additions aux présents statuts, soit sur la proposition de la Chambre syndicale, soit sur la demande de la moitié au moins des maisons syndiquées.

Le projet de modification ou d'addition est imprimé et envoyé à tous les membres quinze jours au moins avant la séance de l'Assemblée générale, convoquée extraordinairement à cet effet.

Cette Assemblée générale ne délibère que si elle réunit la moitié des maisons.

Les modifications ou additions ne pourront être votées que par une majorité égale aux deux tiers des maisons présentes.

17. Le Syndicat ne peut créer d'honorariat, ni pour les membres qui se retirent du Syndicat, ni pour les membres qui se retirent de la Chambre syndicale.

18. La dissolution de l'Association pourra être décidée par une Assemblée générale spécialement convoquée à cet effet, mais seulement à la majorité des deux tiers des maisons faisant partie du Syndicat.

19. En cas de dissolution de l'Association pour quelque cause que ce soit, le partage de l'actif net aura lieu également entre toutes les maisons faisant alors partie du Syndicat.

RÈGLEMENT DU MARCHÉ

Art. 1er. — Le Marché des banquiers en valeurs près la Bourse de Paris, ou Marché à terme et au comptant des valeurs en banque, se compose exclusivement de Français faisant profession de traiter des opérations sur le Marché du Syndicat des banquiers en valeurs près la Bourse de Paris, conformément aux règles fixées par les statuts, par le présent règlement et par celui qui, en vertu de l'article 7 des statuts et de l'article 26 ci-après, a été établi afin de fixer les clauses et conditions générales auxquelles sont soumis les rapports avec les tiers.

2. Sont soumis aux conditions ci-après :

1° L'Administration du Marché des banquiers en valeurs près la Bourse de Paris ;

2° L'admission de nouveaux membres sur le Marché ;

3° Les démissions et radiations des membres inscrits ;

4° La Cote des valeurs du Marché ;

5° L'inscription et la radiation de valeurs à ladite Cote ;

6° Les opérations qui sont traitées sur le Marché entre banquiers adhérents ;

7° Le règlement desdites opérations entre eux.

CHAPITRE PREMIER

Administration du Marché.

Art. 3. — L'Administration du Marché des banquiers en valeurs près la Bourse de Paris et l'exécution du présent règlement sont expressément confiées à la Chambre syndicale du Syndicat des banquiers en valeurs près la Bourse de Paris, à laquelle chacun des membres du Marché déclare donner mandat et pleins pouvoirs à cet effet.

CHAPITRE II

Conditions d'admission sur le Marché.

Art. 4. — Tout membre nouveau, pour être admis, doit satisfaire aux conditions suivantes :

1° Etre Français, né Français ;

2° Jouir de ses droits civils et politiques ;

3° N'avoir que des commanditaires Français ;

4° N'avoir que des fondés de pouvoirs Français, nés Français.

Ces quatre dispositions ne pourront être modifiées qu'après deux délibérations prises à la majorité des trois quarts des voix, avec intervalle minimum de quinze jours séparant les deux délibérations.

Il devra en outre justifier, suivant qu'il a ou non formé une Société, d'un capital minimum social ou personnel, entièrement versé, de 1.000.000 de francs s'il veut être inscrit à la feuille du terme et de 500.000 francs s'il veut traiter exclusivement des opérations au comptant. Dans le cas de Société, il devra justifier d'un capital personnel de 200.000 francs sur le montant de 1.000.000 de francs ou de 50.000 francs sur le montant de 500.000 francs exigé suivant la distinction ci-dessus.

Il devra enfin posséder une expérience suffisante des affaires de Bourse.

Les Sociétés par actions ne sont pas admises.

5. La Chambre syndicale pourra admettre, soit comme membres du Syndicat, soit comme fondés de pouvoirs, ceux qui, bien que n'étant pas nés Français, auront servi dans l'armée française au cours de la campagne 1914-1918 ou auront, dès leur majorité, satisfait aux obligations de la loi militaire française.

Elle pourra également, dans des cas exceptionnels, admettre des capitaux autres que des capitaux français, mais à la condition qu'ils n'appartiennent pas à des ressortissants des puissances ayant été en guerre contre la France.

6. Les maisons faisant partie du Syndicat avant le 1er août 1914 auront à

porter leur capital à 1.000.000 ou à 500.000 francs, suivant les distinctions établies, dans le cas où elles viendraient à s'adjoindre un ou plusieurs co-gérants nouveaux.

Si le capital d'une maison a été porté à 1.000.000 ou à 500.000 francs, suivant la nature de ses opérations, il ne pourra plus être inférieur à ces sommes.

En aucun cas un membre du Syndicat ne pourra, après dissolution de Société, traiter des affaires à terme, soit seul, soit sous une raison sociale, s'il ne justifie pas d'un capital personnel ou social entièrement versé au moins égal au capital de la Société à laquelle il appartenait.

Il ne pourra, néanmoins, lui être imposé la formation d'un capital supérieur à 1.000.000 de francs.

7. Une copie certifiée conforme de tout nouvel acte emportant constitution, prorogation ou modification de Société devra être préalablement soumise en projet à l'admission de la Chambre syndicale, qui pourra toujours exiger les additions ou changements dont elle aura reconnu l'utilité dans l'intérêt général.

8. Toute demande d'admission devra être adressée à la Chambre syndicale, laquelle a pouvoir de statuer à cet effet, dans les conditions indiquées à l'article 10.

Cette demande doit indiquer si la maison entend être inscrite au comptant seulement, ou si elle entend être également inscrite au Marché à terme avec les obligations et avantages y attachés.

9. Tout candidat devra, en formant sa demande d'admission :

1° Signer un acte d'adhésion au présent règlement ainsi qu'aux statuts du Syndicat des banquiers en valeurs près la Bourse de Paris;

2° Faire appuyer sa demande par deux membres du Syndicat pris en dehors des membres de la Chambre syndicale;

3° Fournir un extrait de son acte de naissance et de son casier judiciaire et donner communication de son livret militaire;

4° Fournir les pièces ou documents nécessaires pour établir l'existence du capital énoncé, social ou personnel, lequel doit être au minimum de un million ou de 500.000 francs, suivant la distinction fixée par l'article 4 et par l'article 6;

5° Présenter, s'il s'agit d'une raison sociale, un projet de son contrat de Société, et, après la constitution de la Société, déposer une copie certifiée conforme de l'acte en s'engageant, en cas de modifications de ladite Société, à déposer le texte des modifications projetées;

6° Enfin se présenter en personne à la Chambre syndicale, afin de fournir verbalement le complément des renseignements demandés pour l'admission.

10. Avis de toute demande d'admission, prise en considération par la Chambre syndicale, sera donné à tous les membres du Marché quinze jours au moins avant qu'il soit statué par la Chambre syndicale.

Toute observation au sujet de l'admission du postulant par un membre du Syndicat devra être formulée dans ledit délai, soit verbalement, soit par écrit.

La Chambre syndicale statue sur l'admission définitive; elle conserve, à cet effet, libre pouvoir d'appréciation.

Un avis de l'admission du nouveau membre devra être envoyé immédiatement aux adhérents.

11. Un droit d'entrée sur le Marché est dû par chaque nouvel adhérent n'ayant jamais fait partie du Syndicat ou ayant cessé d'en faire partie. En cas d'admission d'une raison sociale, ce droit sera acquitté par chacun des associés en nom collectif n'ayant jamais fait partie du Syndicat ou ayant cessé d'en faire partie. Ce droit sera déterminé par la Chambre syndicale.

La Chambre syndicale fixera également le capital en Bons de délégation de la Caisse des règlements que chaque maison nouvelle devra posséder en en faisant l'acquisition suivant dispositions prescrites par elle; hors le cas où il s'agira d'une maison nouvelle succédant à une maison qui se retire, cette acquisition devra être effectuée à la Caisse des règlements.

Chapitre III

Démissions et Radiations.

Art. 12. — La qualité de membre du Marché des banquiers en valeurs près la Bourse de Paris se perd :

1º Par la démission ;

2º Par la radiation.

La démission est adressée par écrit à la Chambre syndicale.

La radiation est prononcée par la Chambre syndicale, conformément à l'article 7 des statuts.

Toutefois, la radiation pourra être prononcée d'office par la Chambre syndicale contre tout membre :

1º Qui n'aura pas effectué l'un quelconque des versements dont il est parlé aux articles 41 et 42 ;

2º Ou qui se trouvera en état de défaillance ;

3º Ou qui, se trouvant soit à fin de Société, soit après vérification de son capital dans un cas de dissolution, ne procédera pas à la reconstitution immédiate du capital réglementaire, la Chambre syndicale pouvant toutefois accorder, sous toutes conditions qu'elle appréciera, tel délai par elle reconnu nécessaire, mais en informant par circulaire les membres du Marché ;

4º Ou qui ne se sera pas soumis, pour les actes concernant sa Société, aux prescriptions des articles 4, 6, 7 et 9 du règlement.

Pour procéder à la radiation d'office, la Chambre syndicale délibérera sans l'adjonction de membres prévue à l'article 7 des statuts.

13. L'article 12-3º du règlement est applicable à toute maison au cas de perte de moitié de son capital déclarée par la Chambre syndicale, après vérification dans les termes de l'article 6 des statuts.

Chapitre IV

Cote du Marché.

Art. 14. — Il est établi, par les soins de la Chambre syndicale, une Cote du Marché à terme et au comptant des valeurs en banque. La Chambre syndicale pourvoit à ce qui est nécessaire pour l'organisation, la publication et la réglementation de cette Cote.

La cotation se fait, sauf décision spéciale de la Chambre syndicale, par échelons ou multiples de 1 franc pour les titres au-dessus de 500 francs, de 0 fr. 50 centimes pour ceux de 100 à 500 francs et de 0 fr. 25 centimes pour ceux au-dessous de 100 francs. Pour les rentes étrangères et valeurs similaires, elle se fait par échelons ou multiples de 0 fr. 02 1/2 à terme et de 0 fr. 05 centimes au comptant.

15. Sont seules inscrites à la Cote du Marché, les valeurs ne figurant pas à la Cote officielle des agents de change de Paris qui, après examen, ont été admises par la Chambre syndicale.

Les valeurs sont au porteur ou nominatives.

En ce qui concerne les titres nominatifs de Sociétés étrangères, il sera exigé qu'elles aient à Paris un bureau pour les transferts.

16. La Chambre syndicale surveille la régularité des cours sur le Marché ; elle peut, à cet effet, se faire communiquer en Bourse les carnets des parties intéressées, sans préjudice de toutes autres communications.

17. Les cours des opérations et ceux des reports sont enregistrés publiquement sur le Marché par les agents de la Chambre syndicale et sous sa surveillance.

Celle-ci désigne un ou plusieurs de ses membres qui reçoivent toutes réclamations relatives aux cours enregistrés et les tranchent souverainement en la présence des contestants.

Les demandes de rectification des cours ne sont recevables que jusqu'à la Bourse suivante avant midi.

18. Il pourra être déposé entre les mains de l'employé de la Chambre syndicale, chargé de l'enregistrement des cours, des demandes d'opposition aux cours, soit à l'achat, soit à la vente.

Ces demandes doivent être remises avant midi.

Elles ne peuvent être formées qu'au nom d'une des maisons faisant partie du Marché et seulement par les chefs des maisons ou par l'un des teneurs de carnet.

Elles sont transmises, par écrit, sur des fiches datées, portant le nom de la maison. Ces fiches seront conservées jusqu'au lendemain par la Chambre syndicale pour servir en cas de réclamation.

Le dépôt d'une demande d'opposition ne dispense pas l'intéressé de la surveillance de la cote. Il en conserve, au contraire, la charge, l'efficacité de l'opposition dépendant de sa vigilance personnelle et permanente.

Les contestations relatives aux oppositions sont tranchées souverainement par les membres de la Chambre syndicale, comme il est dit au paragraphe 2 de l'article 17 du présent règlement.

CHAPITRE V

Inscription de nouvelles valeurs à la Cote du Marché.

ART. 19. — Toute demande pour l'inscription d'une nouvelle valeur doit être adressée par écrit à la Chambre syndicale.

S'il s'agit des titres d'une Société, la demande ne peut émaner d'une des maisons faisant partie du Syndicat.

Cette demande doit être accompagnée :

D'un numéro du *Bulletin des annonces légales obligatoires* contenant l'insertion de la notice exigée par la loi;

Des derniers bilans de la Société;

D'un exposé général de la situation de l'affaire, signé par la maison demanderesse;

Des statuts, traduits en français s'il s'agit d'une Société étrangère,

Et dans ce dernier cas :

D'une copie de la lettre agréant le représentant responsable auprès de l'Administration, si cette Société est abonnée au Timbre;

De l'engagement écrit, soit de la Société, soit de la maison demanderesse, de se conformer aux usages du Marché de Paris et, notamment pour les valeurs cotées à terme, de prévenir la Chambre syndicale, huit jours au moins avant la prochaine liquidation, des droits et avantages de souscription, d'augmentation de capital, etc., etc., réservés éventuellement aux titres cotés, et de fixer, pour le dépôt des actions au porteur donnant droit à la souscription, un délai qui devra s'étendre au minimum jusqu'au septième jour de Bourse du mois suivant inclus.

La Chambre syndicale peut exiger tous engagements de la Société demanderesse, toutes autres garanties et justifications qu'elle jugera utiles.

S'il s'agit d'un fonds d'Etat ou d'une valeur similaire, la demande pourra être formée par tout membre du Syndicat. Elle sera accompagnée de tous les renseignements jugés nécessaires par la Chambre syndicale.

La Chambre syndicale peut ordonner d'office l'inscription de toute valeur.

20. La Chambre syndicale statue sur l'admissibilité de la demande et sur l'opportunité de l'admission sans motiver sa décision, laquelle ne peut être prise qu'au scrutin secret et à la majorité des membres composant la Chambre syndicale tout entière.

En cas d'admission, elle avisera les membres du Marché aussitôt sa décision prise et devra les informer au moins deux jours de Bourse avant l'inscription de la valeur à la cote, sauf pour les valeurs inscrites à une liquidation spéciale.

21. La Chambre syndicale constituera, pour chaque titre admis, un dossier spécial contenant toutes les pièces requises par l'article 19, et ce dossier sera tenu au siège du Syndicat à la disposition des membres du Marché.

22. L'admission d'une valeur à la cote ne peut entraîner aucune responsabilité, ni vis-à-vis des membres du Marché, ni vis-à-vis des tiers.

La Chambre syndicale peut prononcer la suppression de la cote d'une valeur.

CHAPITRE VI

Des opérations traitées sur le Marché.

ART. 23. — La Chambre syndicale n'a de pouvoirs que pour les opérations sur valeurs admises à la cote du Marché.

24. Les opérations entre les membres du Marché sont directes et personnelles. Elles sont traitées aux lieux et heures déterminés par la Chambre syndicale.

Elles se traitent et se liquident sous la surveillance de celle-ci et conformément aux prescriptions ci-après.

25. La Chambre syndicale organise les groupes suivant la nature et l'importance des opérations traitées.

Elle exerce surveillance et discipline sur le fonctionnement des groupes.

26. Les opérations sur le marché se traitent à terme et au comptant.

Elles seront assujetties, dans les rapports avec les clients, aux clauses et conditions générales obligatoires fixées et réunies en un règlement établi par la Chambre syndicale sur la proposition du Président.

27. Les opérations à terme, fermes ou à primes, se traitent à une seule liquidation par mois, le terme stipulé pouvant franchir une ou plusieurs liquidations.

Toutefois la Chambre syndicale pourra autoriser la négociation et l'inscription à la cote de primes pour le lendemain et pour le 15 du mois. Le résultat de ces opérations, soit la position ferme, soit le montant des primes abandonnées, sera passé au compte de liquidation de fin de mois.

28. Pour les opérations à l'émission, la Chambre syndicale peut décider qu'il sera fait une liquidation spéciale, dont elle réglera les conditions.

29. Les opérations sont traitées soit par les chefs de maisons, soit par leurs teneurs de carnet; ceux-ci devront être Français et agréés par la Chambre syndicale.

Les opérations sont inscrites au carnet au moment où elles sont traitées.

Chaque maison ne peut avoir plus de deux teneurs de carnet par groupe.

30. Il est interdit aux membres du Marché, sous les sanctions portées à l'article 7 des statuts, de faire, soit directement, soit indirectement, des affaires pour tout employé d'un membre du Marché.

31. Pour chaque opération, chaque partie établit, sur papier délivré par la Chambre syndicale, moyennant tarif déterminé par elle, un engagement spécial indiquant sa date, son objet, le numéro sous lequel elle figure au répertoire établi par la loi du 28 avril 1893, et, s'il s'agit d'une affaire à terme, son échéance.

Les engagements sont échangés après chaque Bourse.

Chacun de ces engagements devra porter le numéro de répertoire de la maison qui l'établit.

La non-observation de cette prescription pourra donner lieu à une amende.

32. L'emploi d'un engagement autre que celui délivré par la Chambre syndicale sera passible d'une amende de cent francs au moins et de cinq cents francs au plus.

33. En cas de contestation entre les membres du Marché, le carnet seul fait foi. Il est soumis à la Chambre syndicale qui statue souverainement.

Elle a notamment pouvoir de trancher, comme amiable compositeur, de la façon suivante :

S'il y a désaccord sur le sens, achat ou vente, de l'opération, ou sur le titre qui en fait l'objet, l'opération est annulée, qu'il s'agisse de ferme ou de prime.

Toutefois, si de cette annulation il résulte une perte pour l'une des parties et un bénéfice pour l'autre, ce bénéfice appartiendra au perdant jusqu'à concurrence de sa perte.

Pour les opérations fermes, s'il y a désaccord :

Sur l'échéance, — l'affaire est maintenue au terme le plus rapproché, et la différence, basée sur le cours moyen du report, est partagée entre les deux parties;

Sur la quantité, — le solde est immédiatement liquidé et la différence partagée par moitié entre les deux parties;

Sur le prix, — la différence est partagée entre les deux parties.

Pour les opérations à primes, s'il y a désaccord :

Sur la quantité, — il est procédé ainsi qu'il est dit ci-dessus pour les opérations fermes.

Sur toutes autres causes :

— Si les parties sont d'accord sur l'échéance, l'affaire est maintenue entre les deux parties et la différence, constatée à la réponse des primes, est partagée par moitié;

— Si les parties ne sont pas d'accord sur l'échéance, les deux parties liquident chacune leur opération et en partagent la différence après la réponse des primes de l'échéance la plus éloignée;

Aucune maison ne peut se refuser à pointer une opération dans le courant de la Bourse où elle a été faite, sous peine d'assumer la responsabilité entière de l'erreur éventuelle.

CHAPITRE VII

Règlement des opérations.

ART. 34. — La liquidation des affaires à terme est centralisée par la Chambre syndicale et se fait par ses soins.

Toutes les opérations entre les adhérents sont de droit compensées au jour de la liquidation, de façon à faire ressortir en argent et en titres les soldes réciproques entre chacun d'eux.

35. Les cours de compensation sont fixés par la Chambre syndicale d'après les cours cotés le jour de la liquidation.

Les cours ainsi fixés sont également ceux sur lesquels s'effectuent les reports.

36. La réponse des primes est toujours à une heure et demie.

Pour les primes fin courant, elle a lieu à la bourse précédant celle de la liquidation.

Pour les primes au 15, elle a lieu le jour même, ou à la bourse précédente si, le 15, la Bourse est fermée.

La liquidation commence le dernier jour du mois ou, si ce jour est un jour férié, à la première bourse du mois suivant et dure cinq jours.

Le premier jour, il est procédé à la liquidation et aux opérations de reports.

Le jour de bourse suivant, deuxième jour de liquidation, les soldes de la liquidation entre les membres du Marché sont pointés et les feuilles remises rue Rossini, 3, à midi.

Cette remise faite, le solde général en argent et en titres de chaque maison est établi le même jour dans les conditions fixées par la Chambre syndicale.

Le quatrième jour, les débiteurs en argent doivent verser leur solde en un mandat sur la Banque de France.

Les créditeurs touchent le leur le cinquième jour.

Pour les soldes en titres, les livraisons se font également le cinquième jour, suivant les indications de la Chambre syndicale.

Le cinquième jour, les Caisses des maisons adhérentes doivent être ouvertes de sept heures et demie du matin à une heure, sauf décision contraire de la Chambre syndicale.

37. Toute livraison en liquidation par un confrère ou à un confrère, avec lequel aucune des opérations y donnant lieu n'a été faite directement, peut être refusée. Le refus doit être le jour même notifié à la Chambre syndicale.

Aucune livraison partielle ne peut être refusée le jour de la liquidation.

Toutes les livraisons doivent être terminées le jour de Bourse qui suit celui fixé à l'article 36 pour les livraisons.

En cas de retard, les rachats d'office sont effectués après avis de la Chambre syndicale et à la Bourse qui sera fixée par elle, les deux parties entendues.

Les rachats sont opérés par l'acheteur sous la surveillance d'un délégué de la Chambre syndicale. Ils pourront, s'il est besoin, être effectués à des cours spéciaux qui devront être inscrits à la cote sous la mention « au comptant ».

Pour les valeurs comprenant des coupures de quotités différentes, les livraisons sont faites suivant les indications données par la Chambre syndicale.

Le vendeur au comptant ou à terme peut livrer un titre démuni du prochain coupon, s'il s'agit d'un coupon dont le paiement est annoncé.

condition, s'il en est requis, d'en payer le montant à sa valeur intégrale. Celle-ci, en cas de désaccord, sera fixée par la Chambre syndicale. Le vendeur n'aura, à raison du coupon par lui non livré, aucun recours ultérieur, pour quelque cause que ce soit (1).

Les réclamations concernant la détérioration d'un titre doivent être faites dans les huit jours de la livraison pour le terme, et avant la bourse du lendemain pour le comptant.

38. L'acheteur au comptant est tenu de verser son prix contre livraison des titres achetés.

Le vendeur est tenu de livrer avant la septième bourse suivant celle de l'opération.

Le délai de livraison expiré, l'acheteur met en demeure son vendeur par lettre recommandée et avise immédiatement la Chambre syndicale.

Dès la cinquième bourse qui suivra le jour où elle aura reçu l'avis, le rachat pourra être effectué par l'acheteur sous la surveillance de la Chambre syndicale.

Sauf conventions particulières, pour les titres soumis à un tirage, les opérations traitées dans les cinq bourses qui précèdent le jour du tirage ne comporteront pas le droit à ce tirage.

L'acheteur a toujours le droit de refuser le numéro au lieu du titre lui-même, et celui-ci doit être livré la veille du tirage avant quatre heures.

La Chambre syndicale fixe souverainement les indemnités de tirage.

39. Pour les opérations sur titres nominatifs, le vendeur doit remettre la feuille d'acceptation de transfert à son acheteur dans les deux jours de bourse qui suivent celui de l'opération.

Avant la septième bourse qui suit le jour où l'opération a été faite, l'acheteur doit avoir retourné au vendeur les acceptations de transfert dûment régularisées.

Le vendeur est tenu des formalités de transfert.

En cas de retards, la Chambre syndicale statue souverainement; elle peut prononcer le rachat ou la revente d'office, sous le délai prescrit aux articles 37 et 38 ci-dessus.

40. La Chambre syndicale peut, par entente avec tous établissements financiers ou autrement, organiser pour le compte des adhérents du Marché, l'échange ou la livraison de titres soit entre eux, soit avec les tiers, et généralement toutes combinaisons pour la liquidation des affaires des adhérents entre eux ou avec des tiers, à terme et au comptant.

Chapitre VIII

Caisse commune. — Appels de garantie.
Liquidation d'office.

Art. 41. — Il est pourvu aux dépenses du Marché :

1° Par les droits d'entrée fixés à l'article 11 du règlement;

2° Par un droit annuel de 10.000 francs par maison;

3° a) Par le produit de la vente du papier des engagements;

b) Par une taxe sur les affaires à terme traitées entre membres du Marché;

c) Par une contribution proportionnelle pour chaque maison au montant des sommes payées à titre d'impôt sur les opérations de bourse; le tout suivant tarifs établis par la Chambre syndicale;

4° Par tous appels de fonds reconnus nécessaires par l'Assemblée et par tous versements volontaires;

5° Par les amendes encourues pour infraction au présent règlement.

42. Chaque mois, quand elle le jugera nécessaire, la Chambre syndicale appellera un versement de garantie de 100.000 francs ou de somme supérieure s'il y a lieu, jusqu'à concurrence de 200.000 francs au maximum.

Ce versement, effectué à titre de paiement anticipé et éventuel, est porté au crédit de chaque maison dans le règlement des opérations de chaque liquidation.

En cas de non-versement de la part d'un membre du Marché, la Chambre syndicale devra en aviser tous les adhérents.

---

(1) Voir avis du 22 novembre 1921.

Ne sont pas assujetties à ce versement les maisons inscrites seulement au comptant, et celles qui, avant la liquidation précédente, ont remis à la Chambre syndicale la déclaration écrite qu'elles entendent ne plus traiter que sur le marché au comptant.

Toutefois, la Chambre syndicale peut demander à tout membre du Syndicat un versement spécial à titre de garantie des opérations traitées par lui sur le Marché au comptant.

Elle déterminera l'importance, la durée et les conditions de ce versement.

Les versements de garantie pourront être effectués, en tout ou en partie, au moyen d'une remise de Bons de délégation de la Caisse des règlements : ces bons constitueront couverture à titre de paiement anticipé et éventuel et seront restitués après le règlement.

43. En cas de défaillance d'un adhérent, la Chambre syndicale avise immédiatement tous les membres du Marché.

Les affaires engagées par ceux-ci sont liquidées au cours moyen, à terme ou au comptant, de la bourse du jour où l'avis de défaillance a été donné.

Si le défaillant est acheteur de primes, on revend des primes de même nature. Ces opérations de revente sont passées au cours moyen des primes de même nature et de même échéance, à la condition toutefois que la revente ainsi passée ne soit pas inférieure comme cours aux opérations primitives diminuées du montant de la prime.

Toutes les primes dont le défaillant est acheteur, et qui ne se trouvent pas revendues, suivant la règle posée ci-dessus, sont abandonnées par lui.

Pour les primes revendues, au contraire, la réponse s'effectue à leurs échéances respectives.

Si le défaillant est vendeur de primes, on rachète des primes de même nature et pour les mêmes échéances.

Ces opérations sont passées au cours moyen de la cote des primes et la réponse s'effectue aux diverses échéances des opérations.

Si le défaillant est soit acheteur, soit vendeur de ferme contre prime, l'opération ne sera défaite que si les cours moyens de la journée de liquidation permettent une diminution du risque; sinon l'opération restera engagée jusqu'à son échéance.

Dans le cas où le défaillant serait acheteur ferme contre prime, la faculté serait laissée aux membres du Syndicat de liquider la position en escomptant purement et simplement la prime, sous l'obligation d'en faire le jour même la déclaration par lettre recommandée à la Chambre syndicale et au défaillant.

Si lors des réponses des primes, dans des hypothèses prévues aux paragraphes précédents, partie des primes se trouve levée et partie abandonnée, les opérations ainsi consolidées doivent être liquidées par une opération ferme en sens contraire, laquelle sera passée au cours de la réponse des primes.

Dans tous les cas non prévus par le présent article, les intéressés auront à en référer à la Chambre syndicale et à se conformer à sa décision.

Il peut être désigné au défaillant deux membres du Marché pour l'aider et l'assister dans la liquidation de sa maison.

44. Audit cas de défaillance, le versement déterminé par l'article 42 et les soldes résultant de la compensation prévue à l'article 34, dus au défaillant par ses collègues, constitueront le gage commun de tous ses créanciers.

45. En cas de décès d'un membre du Syndicat :

La Chambre syndicale s'efforcera de sauvegarder les intérêts de sa maison, dans tout ce qui ne serait pas en opposition avec les intérêts des autres maisons du Marché.

Elle s'enquiert des dispositions prises soit par les associés, soit par les héritiers ou ayants droit du défunt, en vue de la nomination d'un administrateur ou représentant de la succession ou d'un liquidateur social. Elle se fera remettre, en même temps que l'avis de cette nomination, communication des pouvoirs conférés.

A défaut de diligence faite par les ayants droit, en vue de l'une ou l'autre de ces nominations, la Chambre syndicale aura le droit d'y pourvoir provisoirement par la nomination de deux personnes chargées de liquider et de régler les opérations en cours de la maison, avec les pouvoirs les plus étendus à cet effet pour payer et recevoir en son nom, leur mission devant prendre fin par la nomination soit d'un administrateur à la succession, soit d'un liquidateur social.

Dans tous les cas, elle avisera immédiatement les membres du Marché de la nomination qui aura été faite, en leur faisant connaître la nature des pouvoirs du liquidateur ou de l'administrateur.

Elle remettra les fonds de garantie, dont elle pourrait être détentrice, soit au liquidateur, soit aux représentants du défunt suivant le cas, et après délibération spéciale de la Chambre syndicale.

Elle sera seule juge du moment opportun de se dessaisir des fonds. Elle pourra notamment en garder tout ou partie, si elle le croit convenable, pour la garantie des opérations engagées à termes éloignés.

La Chambre syndicale, quoi qu'il ait été fait, aura cependant toujours le droit, si elle le juge utile, d'adresser à tous les membres du Marché un avis portant que les opérations en cours de la maison devront être liquidées à la date fixée audit avis, conformément aux règles déterminées par l'article 43.

46. En cas de dissolution d'une raison sociale pour toute autre cause, la Chambre syndicale devra être immédiatement avisée, et communication devra lui être faite de la nomination et des pouvoirs des liquidateurs.

Elle en informera à bref délai les membres du Marché, et elle aura toujours le droit, si elle le juge utile, d'adresser aux maisons du Marché un avis portant que les opérations en cours seront liquidées, conformément à l'article 43, à la date fixée audit avis.

47. Chaque maison du Marché s'interdit par elle-même ou pour tous intéressés, représentants, héritiers ou ayants droit, soit de son chef, soit du chef de l'un de ses membres, toute réclamation à raison de l'exécution des dispositions des articles 43, 45 et 46.

CHAPITRE IX

Dispositions diverses.

ART. 48. — La Chambre syndicale devra veiller à ce que les membres du Marché observent toujours entre eux les règles d'une bonne confraternité.

49. Il est interdit aux maisons de donner à tout ou partie de la clientèle des promesses ou garanties générales, soit de cours, soit d'exécution d'opérations à des conditions qu'il leur est impossible d'obtenir sur le Marché.

50. Les membres du Marché seront responsables, sous les sanctions édictées à l'article 7 des statuts, de toute personne faisant partie de leur maison, qui se sera rendue coupable d'un manquement aux règlements et usages du Marché, qui aura provoqué des désordres dans les groupes, ou qui aura manqué aux égards dus aux chefs des maisons du Marché, et particulièrement aux membres de la Chambre syndicale dans l'exercice de leurs fonctions, ainsi qu'aux représentants de celle-ci.

51. La Chambre syndicale est chargée des relations avec l'Administration pour les divers impôts frappant les opérations et les titres.

Chaque membre du Marché est libre d'acquitter directement les droits, mais il reste soumis au contrôle et à la surveillance de la Chambre syndicale pour l'application des lois fiscales.

52. Pour toute infraction aux dispositions et aux mesures prises en vertu du présent règlement ou à celles résultant du règlement prévu à l'article 26, paragraphe 2, chaque membre du Marché se soumet à la juridiction et aux pénalités de l'article 7 des statuts du Syndicat des banquiers en valeurs près la Bourse de Paris.

53. Par le seul fait de son admission sur le Marché, chaque membre adhère expressément au présent règlement et à toutes les obligations quelconques en résultant.

54. Les sommes perçues par la Chambre syndicale, par application de l'article 41, deviennent la propriété du Syndicat des banquiers en valeurs près la Bourse de Paris. La Chambre syndicale en dispose librement aux fins du présent règlement et au mieux de l'intérêt syndical.

Elles sont immédiatement réputées dépensées par le Syndicat et ne peuvent, en aucun cas, être réclamées par ceux qui les ont versées.

55. Toutes modifications ou additions pourront être apportées au présent règlement, soit sur la proposition de la Chambre syndicale, soit sur la demande de la moitié au moins des maisons constituant le Marché.

Les propositions de modification ou d'addition doivent être imprimées et envoyées à tous les membres quinze jours au moins avant la séance de l'Assemblée générale, convoquée extraordinairement à cet effet.

Cette Assemblée générale ne délibère que si elle réunit la moitié des maisons du Marché.

Les modifications et additions ne pourront être votées que par une majorité égale aux deux tiers des maisons présentes, sauf dans le cas prévu à l'article 4.

Toutefois, la Chambre syndicale pourra, à titre transitoire, apporter au présent règlement les modifications accessoires qu'elle jugerait utiles à la bonne marche des affaires.

36. La mission confiée à la Chambre syndicale pour l'exécution du présent règlement ne comporte aucune responsabilité des membres qui la composent.

37. Pour tout ce qui concerne l'exécution des présentes, attribution exclusive de juridiction est faite aux tribunaux ordinaires de la Seine.

RÈGLEMENT

Fixant les Clauses et Conditions des Opérations traitées
par l'intermédiaire des Membres du Syndicat

(OPÉRATIONS A TERME)

ART. 1er. — Tous les rapports d'affaires entre les membres du Syndicat des banquiers en valeurs près la Bourse de Paris et leurs clients sont soumis aux clauses et conditions générales suivantes :

CHAPITRE PREMIER

Des Opérations.

ART. 2. — **Caractères généraux des opérations.** — Les opérations des banquiers en valeurs avec leurs clients sont traitées par eux à titre de commissionnaires et suivant les règles et facultés ci-après.

Elles constituent des Marchés comportant toujours le droit de livrer et de lever les titres à l'échéance et sont réglées d'une façon absolue par toutes les dispositions du présent règlement.

Elles impliquent, en outre, de part et d'autre, acceptation des règles édictées par les statuts et le règlement du Syndicat des banquiers en valeurs près la Bourse de Paris ainsi que de toutes décisions pouvant dériver du pouvoir réglementaire de la Chambre syndicale, et pour le reste sont régies par les usages généraux du Marché.

3. **Effets des opérations.** — Les opérations ne créent de liens de droit qu'entre le banquier, membre du Syndicat, et celui dont il a reçu l'ordre. Elles ne produisent effets qu'entre eux.

4. **Secret professionnel.** — Les membres du Syndicat des banquiers en valeurs sont strictement tenus au secret professionnel à l'égard de leurs clients.

5. **Ordres de Bourse.** — Tout ordre de Bourse, c'est-à-dire toute demande verbale ou écrite d'opération, adressé par un de ses clients à un membre du Syndicat, oblige celui-ci, à défaut de refus ou de réserves de sa part en même forme, à la réception.

L'ordre avec fixation ou limite de cours qui n'a pas été exécuté, bien que le cours ait été dépassé pendant la durée de validité, oblige le banquier. L'ordre au premier ou au dernier cours n'oblige pas le banquier. Si l'ordre au premier cours arrive après cotation, il est noté à cette limite pour être exécuté, si possible, pendant la séance.

6. **Durée des ordres.** — Les ordres sans indication de durée ne sont valables que pour le jour même.

Les ordres à révocation fermes ou à prime, quelle que soit leur durée, expirent à la fin du mois pendant lequel ils ont été donnés.

OPÉRAT. DE BANQUE.

Lorsque le report est déjà fait, les ordres fermes, devenant exécutables le jour de la liquidation, seront effectués en liquidation suivante, en tenant compte du prix du report.

7. **Modes d'exécution des ordres.** — Les ordres sont exécutés à titre de commissionnaire, soit sur le Marché avec tout membre faisant partie du Syndicat, soit par application de client à client.

Toutefois, le banquier a le droit d'appliquer par lui-même :

1º Les arrêtés avec des professionnels ou avec des clients fréquentant habituellement la Bourse; dans ce cas, la lettre d'avis portera la mention « opération arrêtée sur votre demande »;

2º Les affaires résultant d'omissions, erreurs ou rectifications d'opérés qui doivent être passées à un « Compte erreur ».

8. **Opérations personnelles des banquiers.** — Nonobstant les ordres reçus de ses clients, le banquier peut toujours traiter librement pour lui-même sur le Marché toutes opérations sur les mêmes valeurs.

9. **Détachement des coupons.** — Les ordres à révocation à des cours limités, reçus antérieurement au détachement d'un coupon, sont notés à partir du détachement en déduisant le montant net de ce coupon, tel qu'il est indiqué à la cote.

Tous les ordres reçus le jour du détachement du coupon sont notés à leur limite.

10. **Reports.** — Les reports par application entre clients acheteurs et vendeurs se font au cours moyen.

Le banquier a toujours le droit d'effectuer les reports de ses clients directement lui-même au cours moyen et avec courtages; les conditions auxquelles il se procure les capitaux ou les titres à cet effet, par reports hors Bourse ou autrement, sont à ses risques et périls et demeurent étrangères aux clients.

En cas de levée des titres reportés, le reporteur en est propriétaire et peut toujours en disposer.

Le jour de la liquidation, les ordres pour fin prochain peuvent être réalisés soit par des opérations directement fin prochain, soit par des opérations en liquidation avec reports au cours moyen.

11. **Courtages.** — Les courtages applicables aux opérations sont fixés par un tarif adopté par la Chambre syndicale du Syndicat des banquiers en valeurs. Ils doivent toujours être conformes à ce tarif.

12. **Avis d'opéré.** — Toute opération donne lieu à l'envoi d'une lettre d'avis, conforme au modèle accepté par la Chambre syndicale et qui doit être adressée au client le jour même.

Les fiches ou réponses données en Bourse ainsi que les avis par télégramme n'ont qu'un caractère provisoire et doivent être confirmés par la lettre d'avis, qui seule fait foi.

La passation de la lettre d'avis au copie de lettres fait preuve de son envoi.

Réception sans protestation. — L'arrivée de la lettre d'opéré à l'adresse du client sans protestation vaut acceptation définitive des opérations de la part de celui-ci.

Absence d'avis d'opéré. — Au cas où le client n'a pas été avisé de l'exécution d'un ordre, il doit immédiatement faire connaître au banquier la non-réception de l'avis d'opéré.

13. **Réclamations.** — Toute réclamation, pour être valable, doit être faite avant la bourse du lendemain.

Au cas de réclamation du donneur d'ordre comportant refus de l'affaire, le banquier doit liquider immédiatement, pour compte de qui il appartiendra, l'opération contestée et aviser le client.

14. **Des couvertures.** — Les ordres ne peuvent être exécutés par le banquier qu'après réception d'une couverture qui doit être au minimum de 20 % du montant de l'opération. Elle doit être constamment maintenue intacte.

Les titres achetés ou déposés par le client et tous crédits à son compte constituent de plein droit des couvertures à titre de paiement anticipé de tous débits éventuels.

Les titres en couverture sont, sauf stipulation contraire, en tout temps réalisables pour tout solde débiteur. Il est donné avis de cette réalisation.

15. **Absorption de la couverture.** — Le client est essentiellement tenu de suivre ses opérations.

Lorsque, à raison de la fluctuation des cours, la couverture se trouve absorbée à concurrence de moitié, il doit la reconstituer immédiatement, conformément au tarif réglementaire. A défaut de cette reconstitution, le banquier a le droit, après mise en demeure par lettre recommandée ou dépêche mise à la poste l'avant-veille au plus tard, de liquider d'office la position et de réaliser les titres remis en couverture.

CHAPITRE II

Des Liquidations de fin de mois.

Art. 16. — **Ordre et durée de la liquidation.** — La liquidation commence le dernier jour du mois ou, si ce jour est un jour férié, à la première bourse du mois suivant et dure cinq jours.

Le premier jour, il est procédé à la liquidation et aux opérations de reports.

Les clients débiteurs règlent le quatrième jour de Bourse et les clients créditeurs sont réglés le cinquième jour.

La réponse des primes a lieu à la bourse précédant le premier jour de la liquidation.

17. Réponse des primes. — Les opérations à prime sont répondues par l'acheteur.

Lorsque le cours de la réponse est à pied de prime ou aux environs, le client qui n'a pas donné d'instructions s'interdit toute contestation concernant la levée ou l'abandon des primes.

Sauf entente contraire, tout achat à prime, toute vente ferme contre achat à prime et généralement toute opération à prime comportant un risque limité doit être liquidée à la réponse.

18. Levée ou livraison. — Le premier jour de la liquidation, en cas de levée ou de livraison, le client doit, à moins d'entente préalable, avoir remis, avant midi, les titres à livrer ou les fonds nécessaires pour lever.

Liquidation ou report. — A défaut d'ordre, soit de lever ou de livrer, soit de compenser, le banquier a le droit ou de liquider, ou, si le client a couverture réglementaire dans les termes de l'article 14, de reporter. En aucun cas, le banquier n'est obligé de reporter.

Compensation. — Les compensations offertes peuvent toujours être refusées par le banquier; elles ne sont faites que sous réserve de bonne fin.

CHAPITRE III

Des Règlements.

Art. 19. — **Comptes de liquidation.** — Les opérations à terme de chaque contractant sont portées pour chaque liquidation à un compte de liquidation unique et indivisible.

Les affaires en sens inverse sont compensées de plein droit, à due concurrence.

Ce compte de liquidation est arrêté le jour de la liquidation.

Le deuxième jour de la liquidation, il est envoyé au client.

20. Paiements et livraisons. — Le quatrième jour de la liquidation, les clients débiteurs doivent verser leurs soldes avant midi.

Les créditeurs touchent le leur le cinquième jour.

Les livraisons sont faites le cinquième jour seulement.

Tous les soldes, titres ou espèces, sont payables ou livrables à Paris et aux caisses du banquier.

21. Liquidations d'office. — Tout client qui n'a pas versé son solde débiteur le quatrième jour, avant midi, peut être liquidé d'office sans mise en demeure et sans autre avis à partir de ce même jour, suivant les possibilités du marché.

Si le banquier consent à surseoir à cette liquidation d'office, sur la promesse du client de verser le solde débiteur en retard, à une date déterminée, le banquier, à défaut de paiement à cette date, doit liquider la position à partir de la bourse du lendemain suivant les possibilités du marché.

22. Si la liquidation d'office a pour objet des achats à prime, le banquier vend des primes de même nature et de même échéance, à la condition toutefois que les cours ne soient pas inférieurs à ceux des opérations primitives, diminués du montant de la prime.

Si le client est vendeur de primes, le banquier effectue la liquidation d'office en achetant des primes de même nature et pour les mêmes échéances.

Si le client est acheteur ou vendeur de ferme contre prime, son opération pourra être défaite dès qu'il en résultera une diminution du risque.

La réponse s'effectue aux diverses échéances des opérations.

CHAPITRE IV

Des Livraisons.

ART. 23. — Toute livraison doit être en titres conformes à ceux admis dans les livraisons effectuées entre les banquiers faisant partie du Marché des banquiers en valeurs suivant l'article 37 du règlement dudit marché.

En cas de difficulté concernant la conformité, il est statué par la Chambre syndicale, dont la décision est souveraine.

24. La livraison d'un titre antérieurement frappé d'opposition ou sorti au tirage est non avenue. Le livreur doit, à première réquisition, un titre régulier et libre.

25. Quiconque a livré un titre sorti au tirage est en droit d'exiger la restitution du titre, ou sa valeur, lot ou prime compris; en ce cas, si le preneur a lui-même livré le titre, il est déchargé en faisant connaître celui à qui il l'a livré.

26. **Vérification des tirages et oppositions.** — Le banquier n'est pas tenu aux vérifications des tirages, ni des oppositions, ni des avantages concernant les titres laissés ou déposés, ou ne faisant que passer dans ses caisses.

CHAPITRE V

Des Affaires spéciales et des Affaires à l'émission.

ART. 27. — Toute opération traitée, suivant la lettre d'avis, soit pour une liquidation spéciale, soit à l'émission ou autrement, est soumise à la condition de la réalisation de l'émission ou des autres éventualités prévues.

CHAPITRE VI

Des Opérations autres que celles négociées sur le Marché à terme des Valeurs en banque.

ART. 28. — Les opérations sur valeurs ne figurant pas à la Cote du Syndicat des banquiers en valeurs, et en général toutes opérations concernant une autre place, sont soumises à toutes les dispositions du présent règlement.

Les délais de livraison ou de transfert sont subordonnés aux usages de place et aux conditions particulières qui les régissent.

CHAPITRE VII

Dispositions diverses.

ART. 29. — **Faculté d'escompte.** — La faculté d'escompte n'existe pas au profit de l'acheteur, en ce qui concerne les opérations sur les valeurs du Marché en banque.

30. **Défaillance ou décès du banquier.** — En cas de défaillance du banquier, les opérations de ses clients chez lui sont liquidées de plein droit aux mêmes conditions que ses opérations en cours sur le marché l'ont été avec ses collègues, en exécution de l'article 43 du règlement du Marché des banquiers en valeurs près la Bourse de Paris.

Il en sera de même, en cas de décès, si les opérations en cours de la maison sur le Marché viennent à être liquidées par voie de mesure générale, en exécution du paragraphe final de l'article 45 du même règlement.

31. Décès, défaillance ou incapacité du client. — En cas d'interdiction, dation de conseil judiciaire, liquidation judiciaire ou faillite, défaillance ou disparition du client et autres cas analogues, ses opérations en cours sont liquidées par le banquier dès qu'il en est informé et compensées en un solde unique et indivisible.

En cas de décès, il devra en être ainsi, à moins de conventions spéciales prises par le banquier avec les ayants droit.

Chapitre VIII

Caractère obligatoire du Règlement.

Art. 32. — **Caractère général.** — Le présent règlement n'apporte aucune modification aux dispositions contenues dans le règlement du Marché des banquiers en valeurs, lequel régit entièrement les relations des membres du Marché entre eux et est applicable dans tous les cas non prévus aux présentes, spécialement en ce qui concerne les conditions générales des opérations traitées sur le Marché.

33. **Force obligatoire.** — Le présent règlement est obligatoire pour toutes les parties. En conséquence, il est tenu affiché dans les locaux ouverts au public dépendant de chaque maison faisant partie du Syndicat des banquiers en valeurs près la Bourse de Paris ; et, dans chacune desdites maisons, un exemplaire imprimé est remis gratuitement à tout intéressé qui en fait la demande.

Son application au contractant est la condition *sine qua non* des opérations. Elle résulte, à défaut même de tout écrit, de l'ordre donné et est constatée sur les lettres d'avis, comptes et reçus émanant de la maison syndiquée.

34. **Applicabilité. Modifications ou additions.** — Ce règlement, délibéré et adopté par la Chambre syndicale du Syndicat des banquiers en valeurs, est applicable à partir du 2 janvier 1920.

Toutes modifications ou additions pourront y être apportées par la Chambre syndicale délibérant conformément aux statuts et au règlement du Syndicat.

Avis du Syndicat des banquiers en valeurs
et du Syndicat des banquiers en valeurs au comptant
en date du 22 novembre 1921.

Les Chambres syndicales des banquiers en valeurs et des banquiers en valeurs au comptant ont décidé, dans leur réunion du 15 novembre 1921, de modifier ainsi que suit, à partir du jeudi 24 courant, les prescriptions de leur circulaire du 13 juillet 1920 concernant le *Règlement des coupons soumis aux fluctuations des changes* :

1° Pour les négociations faites avec le coupon attaché et lorsque la livraison est faite sans le coupon, l'acheteur est en droit d'exiger le paiement du coupon en espèces, sans aucune retenue au plus haut cours moyen du change coté depuis et y compris la date du détachement du coupon jusqu'à la veille de celle de la livraison ;

2° Pour les négociations de titres sur lesquels un coupon a été détaché entre la date de négociation et celle de la livraison, si celle-ci est faite coupon attaché après les délais réglementaires (10 bourses), l'acheteur sera tenu de prendre livraison, mais aura le droit de réclamer éventuellement à son vendeur une indemnité.

Cette indemnité sera égale à la différence qui pourrait résulter à son profit, entre le montant brut du coupon calculé au plus haut cours moyen du change coté depuis et y compris la date d'expiration des délais réglementaires de livraison (10 bourses) et le montant brut de ce coupon calculé au cours de la veille de la livraison.

La demande d'indemnité devra être formulée dans les cinq bourses qui suivront la livraison des titres.

DEUXIÈME PARTIE

LOIS FISCALES CONCERNANT LA NÉGOCIATION, LA CRÉATION, LA CIRCULATION DES VALEURS MOBILIÈRES, ET LA PERCEPTION DE LEUR REVENU

A. — L'IMPOT SUR LES OPÉRATIONS DE BOURSE

I. — Loi du 28 avril 1893 (*Loi de finances, art. 28 à 35*).

ART. 28. — A partir du 1er juin 1893, toute opération de Bourse ayant pour objet l'achat ou la vente, au comptant ou à terme, de valeurs de toute nature, donnera lieu à la rédaction d'un bordereau soumis à un droit de timbre dont la quotité est fixée à 5 centimes par 1.000 francs ou fraction de 1.000 francs du montant de l'opération calculé d'après le taux de la négociation.

Ce droit n'est pas soumis aux décimes.

Il est réduit de moitié pour les opérations de report (1).

29. Quiconque fait commerce habituel de recueillir des offres et des demandes de valeurs de Bourse doit, à toute réquisition des agents de l'enregistrement, soit représenter des bordereaux d'agents de change ou faire connaître les numéros et les dates des bordereaux, ainsi que les noms des agents de change de qui ils émanent, soit, faute de ce faire, acquitter personnellement le montant des droits.

30. Les personnes désignées à l'article qui précède sont tenues de faire une déclaration préalable à l'Administration de l'enregistrement. Un délai d'un mois à partir de la mise en vigueur de la présente loi est accordé pour l'accomplissement de cette formalité à celles d'entre elles qui exerceront à cette époque.

Les mêmes personnes doivent tenir un répertoire visé et paraphé par le Président ou par l'un des juges du Tribunal de commerce, et sur lequel elles inscriront chaque opération, jour par jour, sans blanc ni interligne, et par ordre de numéros.

Ce répertoire est communiqué à toute réquisition aux agents de l'Administration, sous les peines portées dans l'article 22 de la loi du 23 août 1871.

En outre, lorsqu'un procès-verbal de contravention aura été dressé, ou lorsque le répertoire de l'un des assujettis ne mentionnera pas la contrepartie d'une opération constatée par le répertoire de l'autre, l'Administration aura le droit de se faire représenter, sous les mêmes peines, les écritures des deux assujettis, à la condition de limiter l'examen à une période de deux jours au plus.

31. La perception des droits s'effectue au vu d'extraits du répertoire déposés périodiquement au bureau désigné par l'Administration. Ces extraits ne mentionnent, indépendamment du numéro du répertoire, que la date et le montant des opérations.

Si l'une des deux parties concourant à l'opération est seule assujettie à la déclaration prévue par l'article 30, le total des droits applicables à l'opération sera payé par elle, sauf un recours contre l'autre partie.

---

(1) Le droit a été porté à 0,10 0/00 par la loi du 31 décembre 1907, à 0,15 0/00 par la loi du 15 juillet 1914 et à 0,30 0/00 par la loi du 25 juin 1920; pour les reports, l'impôt a été porté à 0,0375 0/00 et à 0,10 0/00 (lois de juillet 1914 et juin 1920).

32. Toute inexactitude, ou omission, soit au répertoire prévu par l'article 30, soit à l'extrait prévu par l'article 31, est punie d'une amende du vingtième des valeurs sur lesquelles a porté l'inexactitude ou l'omission, sans que cette amende puisse être inférieure à 3.000 francs.

Toute autre infraction tant aux dispositions des articles de la présente loi qu'à celles du règlement d'administration publique prévu par l'article 34 est punie d'une amende de 100 à 5.000 francs.

Les contraventions pourront être constatées par tous agents ayant qualité pour verbaliser en matière de timbre.

33. L'action de l'Administration pour le recouvrement des droits et amendes est prescrite par un délai de deux ans.

34. Un règlement d'administration publique déterminera les mesures d'exécution des dispositions des articles 30 et 31 qui précèdent.

35. Il n'est apporté par les articles qui précèdent aucune dérogation aux dispositions de l'article 76 du Code de commerce.

Sont abrogés, en ce qu'ils ont de contraire aux dispositions qui précèdent, les articles 13 de la loi du 5 juin 1850 et 19 de la loi du 2 juillet 1862.

II. — Règlement d'administration publique déterminant les mesures d'exécution des articles 30 et 31 de la loi du 28 avril 1893. (*Décret du 20 mai 1893. Journal officiel du 21 mai 1893*).

Le Président de la République française,
Vu le rapport du Ministre des Finances;
Vu les articles 28 à 35 de la loi de finances du 28 avril 1893 ainsi conçus :
(*Suit le texte de la loi*).

ART. 1er. — Les déclarations prescrites par l'article 30, paragraphe 1er, de la loi du 28 avril 1893 sont faites sur un registre spécial, tant au bureau de l'enregistrement du siège de l'établissement principal des assujettis qu'au bureau du siège de chacune des agences et succursales qu'ils possèdent.

Les déclarations qui sont faites au siège de l'établissement principal sont signées par le chef de l'établissement ou en vertu de sa procuration. S'il s'agit d'une Société, elles sont signées par ses représentants légaux ou en vertu de sa procuration. Elles font connaître, s'il y a lieu, les noms des associés solidairement responsables, et rappellent le titre constitutif de la Société. Elles contiennent la désignation de chacune des agences et succursales.

Les déclarations qui sont faites au siège des agences et succursales contiennent la désignation de l'établissement principal.

En cas de changement de siège, soit de l'établissement principal, soit d'une agence ou succursale nouvelle, des déclarations préalables en sont faites par les assujettis aux bureaux et dans les formes ci-dessus déterminées.

Les nominations d'agents de change sont consignées au registre prévu au présent article. Cette mention équivaut, en ce qui les concerne, à la déclaration.

2. Le répertoire dont la tenue est prescrite par l'article 30, paragraphe 2, de la loi du 28 avril 1893, et dont le modèle est annexé au présent décret (modèle A), présente pour chaque opération, dans des colonnes distinctes, les indications ci-après :

1º Numéro d'ordre;
2º Date de l'opération;
3º Nom du donneur d'ordre;
4º Catégorie à laquelle appartient l'opération, savoir :
Achat ou vente au comptant;
Achat ou vente à terme ferme,
Achat ou vente à prime,
Report.
Opération d'ordre ayant pour objet de compenser entre elles, au point de vue du règlement des comptes, deux ou plusieurs opérations antérieures;
5º Lorsqu'il s'agit d'une opération à terme, date de l'échéance;
6º Nature des titres;
7º Nombre ou montant des titres;
8º Taux de l'opération;
9º Valeur totale des titres sur lesquels a porté l'opération;

10° Valeur totale des titres, déduction faite des versements restant à effectuer sur les titres non entièrement libérés;

11° S'il y a lieu, soit le nom de l'agent de change qui a concouru à l'opération, soit le nom et le domicile du mandataire substitué par l'intermédiaire duquel l'opération a été faite, soit le nom et le domicile de la personne qui en a fait la contre-partie lorsque ces deux derniers sont au nombre des personnes désignées dans l'article 29 de la loi du 28 avril 1893;

12° Montant du droit afférent à l'opération, sauf en ce qui concerne : *a)* les opérations à prime; *b)* les opérations d'ordre prévues au n° 4; *c)* les opérations qui donnent lieu à la désignation de l'agent de change qui a effectué l'opération ou du mandataire substitué.

3. Le répertoire peut être divisé en deux volumes, l'un destiné à l'inscription des opérations au comptant, l'autre destiné à l'inscription des opérations à terme et des reports.

4. Les extraits du répertoire prévus à l'article 31 de la loi du 28 avril 1893 et dont le modèle est annexé au présent décret (modèle B) sont établis le 10 et le 25 de chaque mois. Ils sont certifiés par le débiteur et comprennent, dans l'ordre des numéros, toutes les opérations portées au répertoire entre ces deux dates. N'y sont toutefois portées que pour mémoire les opérations au comptant ayant moins de dix jours de date et les opérations à terme dont l'échéance ne serait pas survenue depuis dix jours au moins.

Les opérations qui ne figurent sur l'extrait que pour mémoire, aux termes de la disposition qui précède, sont reprises en tête de l'extrait suivant.

5. Les extraits présentent pour chaque opération, dans des colonnes distinctes, les indications ci-après :

1° Numéro du répertoire;

2° Date de l'opération;

3° Catégorie à laquelle appartient l'opération spécifiée comme il est dit au n° 4 de l'article 2;

4° Lorsqu'il s'agit d'une opération à terme, date de l'échéance;

5° Valeur des titres sur lesquels a porté l'opération, déduction faite des versements restant à effectuer sur les titres non entièrement libérés, ou, lorsqu'il s'agit de marchés à prime et que les primes ont été abandonnées, valeur de ces primes.

Les extraits sont totalisés.

6. Dans le cas prévu à l'article 3, il est établi deux extraits, l'un présentant les opérations au comptant, l'autre présentant les opérations à terme et les reports.

7. Les extraits du répertoire sont produits :

1° Entre le 10 et le 15;

2° Entre le 25 et le dernier jour de chaque mois.

Le dépôt des extraits est accompagné de la consignation des droits, calculés sur le pied de 1 franc pour 10.000 francs du montant des opérations qui y sont portées, si le redevable ne préfère produire des extraits comportant la perception immédiate des droits, c'est-à-dire présentant, pour chaque opération, le décompte des droits accompagné, le cas échéant, de l'indication, soit du nom de l'agent de change qui a concouru à l'opération, ainsi que de la date et du numéro du bordereau qu'il en a délivré, soit du nom et du domicile du mandataire substitué par l'intermédiaire duquel l'opération a été faite, ainsi que de la date et du numéro sous lesquels l'opération figure au répertoire de ce dernier, soit du nom et du domicile de la personne qui a fait la contre-partie de l'opération, ainsi que de la date et du numéro sous lesquels l'opération figure à son répertoire, soit, en ce qui concerne les opérations d'ordre prévues au n° 4 de l'article 2, des numéros sous lesquels figurent, au répertoire, les opérations qu'il s'agit de compenser.

Les versements afférents aux opérations fermes qui porteraient sur des valeurs cotées à terme à la Bourse de la place sur laquelle l'assujetti exerce son industrie et qui figureraient à l'extrait pour une échéance plus éloignée que celle qui est prévue, pour ces valeurs, par les règlements des agents de change de ladite place, doivent, si ces opérations ne sont appuyées d'un bordereau d'agent de change certifiant la date de l'échéance, être effectués sur le pied d'un bordereau pour chacune des échéances prévues par les règlements ci-dessus mentionnés.

8. Celles des personnes désignées à l'article 29 de la loi du 28 avril 1893, qui possèdent, indépendamment de leur établissement principal, une ou

RÉPERTOIRE (Modèle A). — ARTICLE 3 DU DÉCRET

NUMÉRO D'ORDRE	DATE de L'OPÉRATION	NOM du DONNEUR D'ORDRE	NATURE de L'OPÉRATION (1)	ÉCHÉANCE	NATURE des TITRES	NOMBRE ou MONTANT des titres	TAUX de L'OPÉRATION	VALEUR des TITRES	VALEUR des TITRES déduction faite du non libéré	NOM ou de l'agent de change ou du mandataire substitué ou de la personne qui a fait la contre-partie de l'opération	MONTANT du DROIT
1	2	3	4	5	6	7	8	9	10	11	12

(1) Achat au comptant, ou vente au comptant, ou achat à terme ferme, ou vente à terme ferme, ou achat à prime ou vente à prime ou report, ou achat compensation, ou vente compensation.

EXTRAIT (Modèle B). — ARTICLES 5 ET 7 DU DÉCRET

MENTIONS OBLIGATOIRES					DÉSIGNATION (3) ou de L'AGENT DE CHANGE ou du mandataire substitué ou de la personne qui a fait la contre-partie de l'opération	NUMÉROS au RÉPERTOIRE des opérations composées	MONTANT du DROIT
NUMÉRO du RÉPERTOIRE	DATE de L'OPÉRATION	NATURE de L'OPÉRATION (1)	ÉCHÉANCE	MONTANT de L'OPÉRATION (2)			
1	2	3	4	5	6	7	8
Total des opérations.........					Total des droits.........		

(1) Opération au comptant, ou opération à terme, ou prime abandonnée, ou report, ou compensation.
(2) Valeur des titres, déduction faite du non libéré, ou valeur des primes abandonnées.
(3) Avec numéros de bordereau ou de répertoire.

plusieurs agences ou succursales, doivent y faire tenir un répertoire semblable à celui dont la forme est déterminée à l'article 2. Ce répertoire reçoit l'inscription des opérations effectuées par l'intermédiaire de l'agence ou succursale.

Chaque agence ou succursale doit en outre effectuer, aux dates indiquées à l'article 7, la production des extraits prévus aux articles 4 et 6, accomgagnés, s'il y a lieu, du versement des droits.

9. Les bordereaux visés aux articles qui précèdent sont extraits de registres à souche portant une série unique de numéros et qui doivent, à toute réquisition, être représentés aux préposés de l'Administration de l'enregistrement.

Ils indiquent à la souche le montant des opérations et le numéro sous lequel elles figurent au répertoire.

Ils doivent être délivrés, savoir : en ce qui concerne les opérations au comptant, dans les dix jours de la négociation; en ce qui conerne les opérations à terme, dans les dix jours de l'échéance.

10. Dans le cas prévu à l'article 3, il peut être établi deux registres de bordereaux, l'un destiné aux opérations au comptant, l'autre destiné aux opérations à terme et aux reports.

11. Les assujettis ont un délai d'un mois à dater de la promulgation du présent décret pour représenter à l'Administration de l'enregistrement le répertoire dont ses agents, aux termes de l'article 30 de la loi du 28 avril 1893, ont le droit d'exiger la communication, et pour opérer le premier dépôt des extraits du répertoire prévus par l'article 31 de la même loi.

12. Le Ministre des Finances est chargé de l'exécution du présent décret, qui sera publié au *Journal officiel* et inséré au *Bulletin des lois.*

Fait à Paris, le 20 mai 1893.

CARNOT.

Par le Président de la République :
Le Ministre des Finances,
   P. PEYTRAL.

III. — Instruction du Directeur général de l'Enregistrement *du 30 mai 1893, n° 2840, relative à l'exécution : 1° des articles 28 à 35 de la loi de finances du 28 avril 1893, 2° et du règlement d'administration publique du 20 mai 1893:*

La loi de finances du 28 avril 1893, promulguée le lendemain, renferme sous les articles 28 à 35, diverses dispositions relatives à l'établissement d'un impôt sur les opérations de bourse. Un règlement d'administration publique du 20 mai 1893, publié au *Journal officiel* du 21, a été rendu pour assurer l'exécution de ces dispositions.

Déjà la loi du 2 juillet 1862 (art. 19) avait soumis à un droit de timbre les bordereaux des agents de change et des courtiers. Mais ce droit fixé en principal à 50 centimes pour les sommes de 10.000 francs et au-dessous et à 1 fr. 50 pour les sommes supérieures à 10.000 francs, ne répondait pas suffisamment au principe de la proportionnalité de l'impôt. D'autre part la délivrance du bordereau n'était pas obligatoire. C'est ainsi que le produit de la taxe n'a jamais été en rapport avec le nombre et l'importance des affaires qui se traitent journellement sur le marché des valeurs.

Les articles 28 à 35 de la loi de finances du 28 avril 1893, applicable à partir du 1ᵉʳ juin 1893, assujettissent, au contraire, à un droit proportionnel de 5 centimes par 1.000 francs ou fraction de 1.000 francs, du montant de l'opération, calculé d'après le taux de la négociation, « toute opération de bourse ayant pour objet l'achat ou la vente, au comptant ou à terme, de valeurs de toute nature ». Ce droit frappe, en principe, l'instrument officiel de la négociation, c'est-à-dire le bordereau d'agent de change.

Cette idée d'un droit de timbre proportionnel assis sur le bordereau d'agent de change est dominante dans le texte nouveau, et il faut s'en pénétrer pour retrouver l'économie de la loi, à travers un ensemble de dispositions dictées par la double préoccupation de ne pas troubler le marché et de respecter une situation légale dont l'article 35 de la loi proclame d'ailleurs le maintien.

Les articles 28 et 29 envisagent toutes les personnes qui interviennent, par profession, dans les opérations d'achat ou de vente de valeurs de bourse, parce que c'est chez elles qu'il est facile de saisir ce que l'on pourrait appeler les étapes de la circulation de la matière imposable.

La loi oblige, en principe, ces personnes à justifier de l'acquittement du droit du timbre par représentation du bordereau de l'agent de change, qu'elle suppose être nécessairement intervenu pour consommer l'opération et qui doit effectuer ce paiement, non au moyen de l'apposition effective d'un timbre, mais au moyen de versements sur états. Cette production à laquelle il peut, d'ailleurs, être suppléé par la simple indication de la date et du numéro du bordereau, prouve que le Trésor a été désintéressé, et elle affranchit, par conséquent, du paiement de l'impôt les diverses personnes qui ont préparé l'exécution de l'ordre d'achat ou de vente. Faute de représenter le bordereau d'agent de change ou d'y suppléer par les indications dont il vient d'être parlé, ces personnes sont tenues d'acquitter elles-mêmes le montant du droit, à l'exemple d'un débiteur ordinaire, qui faute de pouvoir justifier de sa libération, se trouverait obligé au paiement de la créance existant contre lui.

Mais un seul et même achat ou une seule et même vente ne sauraient autoriser plusieurs perceptions... Le règlement d'administration publique édicte donc un ensemble de dispositions qui permettent aux simples transmetteurs d'ordres de ne point acquitter eux-mêmes l'impôt, à la condition que le payement en soit assuré au moment où l'opération définitive se consomme.

Telle est l'économie générale de la loi nouvelle et du décret rendu pour son exécution.

Les explications qui vont suivre permettront au service de saisir le sens exact de chacune de leurs dispositions.

Ces dispositions sont venues élargir le champ d'action, déjà si vaste, de l'administration. Leur application imposera aux agents un surcroît d'obligations qu'ils auront à cœur de remplir avec le zèle intelligent qui leur est habituel. Appelés depuis longtemps à pénétrer les secrets des familles par le droit d'investigation qui leur est accordé dans les études de notaires et autres dépôts publics, ainsi qu'au siège et dans les agences de Sociétés et Compagnies, ils ont toujours su allier le sentiment de leurs devoirs envers le Trésor à la discrétion professionnelle la plus rigoureuse. Le directeur général ne doute pas qu'ils n'observent particulièrement cette règle de conduite dans une matière aussi délicate que celle des opérations de Bourse, et il compte sur leur tact pour qu'ils s'acquittent de leur nouvelle et difficile mission avec la prudence et tous les ménagements nécessaires.

OPÉRATIONS PRÉVUES PAR LA LOI

Observations générales. — Aux termes de l'article 28 de la loi, l'impôt frappe toute opération de Bourse ayant pour objet l'achat ou la vente de valeurs de toute nature.

Cette disposition atteint toutes les opérations relatives aux titres ou promesses de titres de la catégorie de ceux qui se négocient soit sur le marché officiel, soit sur le marché en Banque. Ces opérations comprennent, notamment, la négociation à la Bourse ou en banque : des fonds d'Etat français, rentes sur l'Etat, bons du Trésor, promesses d'inscriptions de rente ;

Des titres de rente, emprunts ou autres effets publics des gouvernements étrangers ;

Des actions et obligations des Sociétés, Compagnies ou Entreprises quelconques, françaises ou étrangères ;

Des titres d'obligation ou d'emprunts émis, sous quelque dénomination que ce soit, par les départements, communes ou établissements publics français, et par les villes, provinces et corporations étrangères ou établissements publics étrangers.

Il importe peu, d'ailleurs, au point de vue de l'impôt, qu'il s'agisse de valeurs cotées ou non cotées, ou même de valeurs non susceptibles d'être admises à la Cote officielle pour un motif quelconque, par exemple, à raison de ce que le montant de chaque coupure serait inférieur au chiffre déterminé par les lois et règlements.

D'un autre côté, l'exigibilité de la taxe n'est nullement subordonnée à la validité de l'opération, et le droit serait acquis au Trésor, encore bien que l'achat ou la vente effectuée fût entachée d'une nullité absolue et que toute action en justice tendant à obtenir l'exécution du contrat fût déniée aux parties ou à leurs intermédiaires.

Il convient de remarquer à cet égard que, quelle que soit l'époque à laquelle elles aient lieu, les cessions de promesses de titres sont passibles de l'impôt, qu'elles soient ou non licites.

En visant les ventes et achats de *valeurs*, l'article 28 donne à ce dernier mot la signification particulière qu'il revêt dans l'expression de *valeurs mobilières* employée comme terme de Bourse. Il en résulte que les négociations de marchandises (*art. 78, C. Com.*) échappent à la nouvelle taxe, de même que les négociations de marchandises (*art. 76, C. Com.*) et les ventes et achats de matières d'or ou d'argent (*ibid.*). Cette interprétation découle formellement des travaux préparatoires de la loi, de son économie même et du règlement d'administration publique rendu pour en assurer l'exécution.

M. Liotard-Wogt définit ensuite les *Opérations au comptant* et les *Opérations à terme*, qu'il subdivse en *Opérations fermes* et *Opérations à prime*. Puis il décrit le mécanisme des *Liquidations* aux diverses échéances, les *Reports*, les *Compensations* et les *Escomptes*.

Au sujet des liquidations, M. Liotard-Wogt rappelle que les liquidations se font suivant les valeurs à quinzaine ou à fin de mois.

Reports. — « Le mot *report*, employé quelquefois pour désigner le résultat d'une situation de bourse, c'est-à-dire la différence qui existe entre le prix des marchés au comptant et le prix des marchés à terme, s'applique plus ordinairement, dit M. Buchère (*op. cit.*, n° 409), à une opération spéciale, qui consiste en un achat et une revente *simultanés* de titres de même nature, à des termes différents. » C'est en ce dernier sens qu'il convient de le prendre pour l'application de la loi du 28 avril 1893.

Le report peut se faire du comptant à une liquidation, ou d'une liquidation à une autre. Dans le premier cas, le capitaliste achète au comptant un certain nombre de valeurs et les revend à terme, ou vend au comptant des titres qu'il rachète à terme. Dans le deuxième cas, il vend ou achète des titres en liquidation et les rachète ou les revend à une liquidation ultérieure (Buchère, *loc. cit.*).

Ventes ou achats en compensation. — Il arrive fréquemment qu'un même client est, au moment de la liquidation, acheteur et vendeur de titres de même nature chez deux agents de change différents. Dans ce cas, le client donne à ces derniers l'ordre de compenser entre eux. Exemple : Pierre est acheteur chez X..., agent de change, de cent actions du chemin de fer du Nord, et vendeur chez Y..., autre agent de change, d'un certain nombre des mêmes actions, cinquante par exemple. L'opération de compensation se traduit ainsi : d'après les instructions de Pierre, X..., chez qui celui-ci était acheteur, le porte vendeur à cinquante actions du Nord, tandis que Y..., chez qui il était vendeur le porte comme acheteur de cette même quantité. La position se trouve ainsi liquidée jusqu'à concurrence de cinquante titres par cette opération qui, étant de pur ordre, est affranchie de l'impôt.

Escompte. — Une autre opération d'ordre, et, par conséquent, exempte du droit, est connue à la Bourse sous le nom d'*escompte*. C'est celle par laquelle un acheteur à terme exige, moyennant paiement immédiat du prix, que son vendeur lui livre les titres avant l'époque convenue.

Cette opération se constate dans les écritures, en ce qui concerne l'acheteur, par la mention d'une vente à terme et d'un achat au comptant, et, en ce qui concerne le vendeur, par les mentions inverses.

TARIF ET BASE DE LA PERCEPTION

L'article 38 fixe la quotité du droit de timbre qu'il établit à 5 centimes par 1.000 francs ou fractions de 1.000 francs du montant de l'opération calculé d'après le taux de la négociation. Ce droit n'est pas soumis aux décimes. Il est réduit de moitié pour les opérations de report.

Toute négociation de valeur de Bourse suppose un vendeur et un acheteur, une vente et un achat correspondant. Il est essentiel de remarquer, à ce sujet, que le tarif de 5 centimes par 1.000 francs n'est pas applicable à l'ensemble de la négociation, mais à chacune des opérations distinctes dont elle se compose. En d'autres termes, il est dû 5 centimes par 1.000 francs pour l'achat et 5 centimes par 1.000 francs pour la vente.

En conséquence, si le même jour un assujetti agissant pour son compte ou pour le compte d'autrui achète en une ou plusieurs fois 20.000 francs de rente, et en revend 10.000 de la même manière, la taxe n'est pas due seulement sur le reliquat de ces opérations; elle est exigible et doit être assise distinctement sur le montant total de chaque opération d'achat et de chaque opération de vente.

De même, en cas d'*arbitrage*, c'est-à-dire de vente et d'achat simultanés de valeurs diverses par la même personne, la taxe doit être perçue, non sur le solde du marché, mais distinctement sur le montant des opérations d'achat et sur le montant des opérations de vente.

En ce qui concerne les opérations de report, le tarif réduit s'applique à chacun des quatre éléments dont elles se composent. En conséquence, il est dû 0 fr. 025 sur le montant : 1º de l'achat; 2º de la vente; 3º du rachat; 4º de la revente.

C'est ce qui ressort de ces expressions du rapport présenté au Sénat dans la séance du 18 mars 1893, au nom de la Commission des finances : » Les reports nous ont paru mériter une faveur particulière... Comme le report se caractérise juridiquement par deux *négociations* (c'est-à-dire deux ventes et deux achats), l'impôt proposé serait perçu sur chaque négociation et deviendrait fort onéreux. Nous proposons de décider que la moitié seulement de la taxe sera exigible. »

En ce qui concerne les primes, il était permis de se demander si le droit serait dû en cas d'abandon du marché sur la valeur des titres faisant l'objet de la négociation ou seulement sur le montant de la prime abandonnée.

La question a été tranchée dans ce dernier sens par l'article 5, nº 5, du règlement d'administration publique.

Si l'opération porte des titres non libérés, il y a lieu de déduire, pour la liquidation de la taxe, le montant des versements restant à effectuer.

MESURES D'EXÉCUTION

Déclaration. — Quiconque fait commerce habituel de recueillir des offres et des demandes de valeurs de bourse est tenu de le déclarer à l'Administration. Cette formalité devra être remplie dans le délai d'un mois à compter du 1er juin prochain, par ceux qui exerceront à cette époque, et préalablement à toute opération, par ceux qui entreprendront, après la date indiquée, le commerce prévu (art. 30 de la loi).

Aux termes de l'article 1er du décret, la déclaration dont il s'agit doit être passée tant au bureau de l'enregistrement du siège de l'établissement principal de l'assujetti qu'au bureau du siège de chacune des agences ou succursales qu'il possède. Elle est signée, dans chaque bureau, soit par le chef de l'établissement principal ou son mandataire, soit, s'il s'agit d'une société, par le représentant légal de l'entreprise ou son fondé de pouvoirs. Le déclarant doit justifier de sa qualité.

La déclaration faite au siège de l'établissement principal contient la désignation de chacune des agences ou succursales, ou indique qu'il n'en existe pas. En outre, s'il s'agit d'une société, elle fait connaître, le cas échéant, les noms des associés solidairement responsables et rappelle le titre constitutif de la société.

La déclaration souscrite au siège des agences ou succursales contient la désignation de l'établissement principal.

Enfin, en cas de changement du siège, soit de l'établissement principal, soit d'une agence ou succursale, de même qu'en cas de création d'une agence ou succursale nouvelle, l'assujetti doit en passer déclaration dans la forme ci-dessus déterminée. Cette déclaration doit intervenir avant que le déplacement ou la création qui y donne lieu soit accompli. Elle est souscrite, suivant les circonstances, au bureau du nouveau siège ou à celui du siège de la nouvelle agence ou succursale.

Il est bien entendu que les agents n'ont pas à provoquer les déclarations prescrites. Il appartient aux assujettis de les souscrire spontanément, sauf le droit pour l'Administration de constater les contraventions parvenues à sa connaissance par les voies légales.

Une disposition exceptionnelle de l'article 1er du règlement d'administration publique affranchit de la déclaration les agents de change qui, par cela seul qu'ils sont investis d'une mission officielle, ne sauraient être tenus de dénoncer leur existence. La déclaration est remplacée, en ce qui les concerne, par la mention, que le receveur doit inscrire lui-même sur son registre, de la date de leur nomination; il appartiendra à ce comptable de rechercher, au lendemain de la mise en vigueur de la loi, la date de la nomination de chacun des agents de change actuellement en exercice et de se tenir ensuite au courant des mutations survenues au sein de la compagnie.

Les trésoriers-payeurs généraux se chargent, pour le compte des particuliers, de l'achat et de la vente des fonds d'État français et de divers autres titres. Ils agissent, en cette matière, comme fonctionnaires, en ce qui concerne les fonds d'État français, et en leur propre et privé nom pour les autres valeurs. De ce dernier chef, ils se trouvent soumis, ainsi que le Ministre l'a reconnu, à la tenue du répertoire et au dépôt des extraits dont il sera ci-après parlé. Mais il est à peine besoin de remarquer qu'ils sont dispensés de souscrire la déclaration exigée par l'article 29 de la loi.

Répertoire. — Les personnes désignées à l'article 29 de la loi, c'est-à-dire toutes celles qui font commerce habituel de recueillir des offres et des demandes de valeurs de bourse, sont astreintes par l'article 30 à la tenue d'un répertoire sur lequel elles doivent inscrire jour par jour, sans blanc ni interligne et par ordre de numéros, toute opération par elles faites, soit pour leur propre compte, soit pour le compte d'autrui en qualité de mandataires, d'intermédiaires ou à tout autre titre.

Ce répertoire, qui doit être visé et paraphé par le Président ou par l'un des juges du Tribunal de commerce, est établi sur papier non timbré. Le modèle en est annexé au règlement d'administration publique rendu pour l'exécution de la loi. Il doit, aux termes de l'article 2 de ce règlement, présenter pour chaque opération, dans des colonnes distinctes, les indications ci-après :

1° Numéro d'ordre ;

2° Date de l'opération ;

3° Nom du donneur d'ordre ;

4° Catégorie à laquelle appartient l'opération, savoir :

Achat ou vente au comptant,

Achat ou vente à terme ferme,

Achat ou vente à prime,

Report,

Opération d'ordre ayant pour objet de compenser entre elles, au point de vue du règlement des comptes, deux ou plusieurs opérations antérieures;

5° Lorsqu'il s'agit d'une opération à terme, date de l'échéance;

6° Nature des titres;

7° Nombre ou montant des titres;

8° Taux de l'opération;

9° Valeur totale des titres sur lesquels a porté l'opération;

10° Valeur totale des titres, déduction faite des versements restant à effectuer sur les titres non entièrement libérés;

11° S'il y a lieu, soit le nom de l'agent de change qui a concouru à l'opération, soit le nom et le domicile du mandataire substitué par l'intermédiaire duquel l'opération a été faite, soit le nom et le domicile de la personne qui en a fait la contre-partie, lorsque ces deux derniers sont au nombre des personnes désignées dans l'article 29 de la loi du 28 avril 1893;

12° Montant du droit afférent à l'opération, sauf en ce qui concerne : *a)* les opérations à prime; *b)* les opérations d'ordre prévues au nº 4; *c)* les opérations qui donnent lieu à la désignation de l'agent de change qui a effectué l'opération ou du mandataire substitué.

L'attention des agents est particulièrement appelée sur les numéros 11 et 12 de l'article 2 du décret.

L'opération a-t-elle été faite *par ministère d'agent de change,* la onzième colonne du répertoire de l'agent vendeur doit mentionner le nom de l'agent acheteur, et réciproquement; en outre, si le donneur d'ordre fait lui-même commerce habituel de recueillir des offres et des demandes de valeurs de bourse, il doit de son côté indiquer, dans la onzième colonne de son propre répertoire, le nom de l'agent de change par l'entremise duquel il a fait effectuer l'opération; enfin, si ce donneur d'ordre a agi pour une autre personne également assujettie au service du répertoire, la onzième colonne du répertoire de cette dernière doit faire connaître le nom et le domicile de son mandataire, c'est-à-dire de celui qui a joué pour elle le rôle de donneur d'ordre auprès de l'agent de change; et ainsi de suite si la filière se continue.

L'opération a-t-elle été conclue *sur le Marché en banque,* la onzième colonne doit mentionner le nom et le domicile de la personne qui en a fait la contre-partie ou qui a servi de mandataire substitué, si toutefois cette personne est elle-même soumise à la tenue du répertoire.

Exemple : A..., sans profession donne un ordre d'achat à B..., banquier à Montargis; B... passe cet ordre à C..., banquier à Orléans; celui-ci transmet à D..., banquier à Paris, qui s'adresse à E..., coulissier, qui lui vend les titres demandés. E..., vendeur, fait la contre-partie de l'opération d'achat effectué par D..., et réciproquement; E... doit inscrire sur son répertoire la vente qu'il a faite, en indiquant dans la onzième colonne le nom et le domicile de D...; celui-ci doit procéder de même pour l'achat qu'il a conclu et porter dans la onzième colonne de son répertoire le nom et le domicile de E...; quant à C... et à B..., ils doivent mentionner respectivement dans cette colonne de leur propre répertoire le nom et le domicile du mandataire par l'entremise duquel ils ont agi ou qu'ils se sont substitué; en d'autres termes, C... doit faire connaître le nom et le domicile de D..., et B..., le nom et le domicile de C...

On voit par cet exemple, que le décret désigne spécialement sous le nom de mandataire substitué toute personne n'ayant pas la qualité d'agent de change, mais assujettie néanmoins à la tenue du répertoire et qui fait une opération ou transmet un ordre aux lieu et place d'une autre personne soumise elle-même à la tenue de ce document.

La onzième colonne du répertoire reste en blanc lorsque celui qui le tient a conclu l'opération de vente ou d'achat directement avec un tiers ne rentrant pas dans la catégorie des personnes désignées dans l'article 29 de la loi. Le cas est susceptible de se présenter fréquemment en ce qui concerne les établissements de crédit qui vendent et achètent des titres à guichet ouvert.

Les indications de la colonne 11 des répertoires serviront de moyen de contrôle aux agents pour la surveillance du paiement de l'impôt. Dès qu'une contradiction se manifeste entre le répertoire de l'un des assujettis et le répertoire de l'autre, les écritures de tous les deux sont ouvertes aux investigations de l'Administration, comme il sera expliqué ci-après.

On a remarqué que la douzième colonne doit faire ressortir le montant du droit applicable à chaque opération inscrite, sauf en ce qui concerne :

1º Les opérations à prime, parce qu'elles demeurent en suspens jusqu'à la réponse des primes et que, dans ces conditions, la liquidation immédiate de l'impôt est impossible, faute de base;

2º Les opérations de compensation prévues au nº 4, parce qu'elles ont un pur caractère d'ordre et ne sauraient, par suite, donner ouverture à la taxe;

3º Les opérations qui donnent lieu, dans la onzième colonne, à la désignation de l'agent de change ou du mandataire substitué. Ces opérations sont celles que la personne qui tient le répertoire a faites par l'entremise d'un agent de change ou d'un mandataire substitué et pour lesquelles le droit doit être acquitté par cet agent ou ce mandataire, sur le propre répertoire duquel elles figurent déjà.

D'après l'article 3 du décret, le répertoire peut être divisé en deux volumes destinés l'un à l'inscription des opérations au comptant, l'autre à l'inscription des opérations à terme et des reports.

Enfin, aux termes de l'article 8, celles des personnes désignées à l'article 29 de la loi qui possèdent, indépendamment de leur établissement principal, une ou plusieurs agences ou succursales, doivent y faire tenir un répertoire semblable à celui dont la forme est déterminée par l'article 2 du décret, et dont il vient d'être parlé. Ce répertoire reçoit l'inscription des opérations effectuées par l'agence ou succursale, soit directement, soit par l'intermédiaire de l'établissement principal.

On ajoute, en terminant, que rien ne s'oppose à ce que les agents de change fusionnent avec le répertoire le livre dont la tenue leur est imposée par l'article 84 du Code de commerce, mais à la condition d'y faire figurer tous les renseignements exigés par le règlement d'administration publique.

Paiement des droits. — L'article 31 de la loi porte que « la perception des droits s'effectue au vu d'extraits du répertoire déposés périodiquement au bureau désigné par l'Administration ».

Ces extraits doivent être conformes au modèle annexé au règlement d'administration publique. Aux termes de l'article 4 de ce règlement, ils sont établis le 10 et le 25 de chaque mois, et comprennent, dans l'ordre des inscriptions au répertoire, toutes les opérations, sans exception, portées sur ce document entre ces deux dates. N'y sont toutefois mentionnées que pour mémoire les opérations au comptant ayant moins de dix jours de date et les opérations à terme dont l'échéance ne serait pas survenue depuis dix jours au moins.Cette précaution de la loi était nécessaire pour laisser aux assujettis le temps de recevoir tous les renseignements à consigner sur les extraits.

Les opérations mentionnées pour mémoire sur un extrait sont reprises en tête du suivant.

Les extraits doivent obligatoirement présenter pour chaque opératioi, dans des colonnes distinctes, les indications ci-après :

1º Numéro d'ordre du répertoire ;

2º Date de l'opération ;

3º Catégorie à laquelle elle appartient, spécifiée conformément aux prescriptions de l'article 2, nº 4, du décret ;

4º Lorsqu'il s'agit d'une opération à terme, date de l'échéance ;

5º Valeur des titres sur lesquels a porté l'opération, déduction faite des versements restant à effectuer sur les titres non entièrement libérés, ou, lorsqu'il s'agit de marchés à prime et que les primes ont été abandonnées, valeur de ces primes ;

Les extraits sont totalisés et certifiés par le débiteur (art. 4 et 5 du décret).

Lorsque le répertoire a été divisé en deux volumes, en vertu de la faculté accordée par l'article 3 du règlement, il doit être établi, comme conséquence de cette division, deux extraits, présentant, l'un, les opérations au comptant et, l'autre, les opérations à terme et les reports (art. 6 du règlement).

« Les extraits du répertoire, porte l'article 7 du décret, sont produits : 1º entre le 10 et le 15 ; 2º entre le 25 et le dernier jour de chaque mois. »

« Le dépôt des extraits, ajoute la même disposition, est accompagné de la consignation des droits calculés sur le pied de 1 franc par 10.000 francs du montant des opérations qui y sont portées, si le redevable ne préfère produire des extraits comportant la perception immédiate des droits, c'est-à-dire présentant, pour chaque opération, le décompte des droits accompagné, le cas échéant, de l'indication, soit du nom de l'agent de change qui a concouru à l'opération, ainsi que de la date et du numéro du bordereau qu'il en a délivré, soit du nom et du domicile du mandataire substitué par l'intermédiaire duquel l'opération a été faite, ainsi que de la date et du numéro sous lesquels l'opération figure au répertoire de ce dernier, soit du nom et du domicile de la personne qui a fait la contre-partie de l'opération, ainsi que de la date et du numéro sous lesquels l'opération figure à son répertoire, soit en ce qui concerne les opérations d'ordre prévues au numéro 4 de l'article 2, des numéros sur lesquels figurent au répertoire les opérations qu'il s'agit de compenser. »

Il est essentiel de noter que l'article 11 du décret accorde transitoirement aux assujettis un délai d'un mois, à compter du 21 mai courant, pour opérer le premier dépôt des extraits. Quant au second dépôt, il devra être effectué à l'époque normale, c'est-à-dire du 25 au 30 juin prochain.

Les dispositions de l'article 7 ci-dessus transcrites sont faciles à expliquer. Si l'extrait n'avait contenu que les mentions prévues à l'article 31 de la loi et à l'article 5 du règlement d'administration publique, le receveur se fût trouvé dans l'impossibilité d'apprécier, même approximativement, au moment du dépôt de l'extrait, le montant des droits exigibles. Aussi, l'article 7 du décret porte-t-il que, dans ce cas, l'assujetti aurait à consigner une somme égale au montant des droits calculés à raison de 1 franc par 10.000 francs sur le chiffre total des opérations mentionnées à l'extrait. C'est pour épargner cette consignation au débiteur que l'article 7 a prévu les mentions facultatives dont la portée se conçoit aisément si l'on combine l'article 7 du décret avec le deuxième alinéa de l'article 31 de la loi ainsi conçu : « Si l'une des deux parties concourant à l'opération est seule assujettie à la déclaration prévue par l'article 30 (et par suite à la tenue du répertoire), le total des droits applicables à l'opération sera payé par elle, sauf un recours contre l'autre partie. » D'après cette dernière disposition, en effet, toute personne faisant commerce habituel de recueillir des offres et des demandes de valeurs de bourse est tenue au paiement du droit exigible à raison, tant de l'opération qu'elle a faite que de la contre-partie de cette opération, à moins qu'elle ne déclare avoir traité avec un tiers également soumis au répertoire, et ne fournisse les renseignements nécessaires au contrôle de cette assertion. Il en résulte qu'en principe, chaque opération de vente ou d'achat figurant sur un extrait doit être taxée sur le pied de 10 centimes par 1.000 francs applicables : 5 centimes à l'opération mentionnée et 5 centimes à l'opération corrélative. Toutefois, cette conséquence est évitée si l'assujetti fait connaître le nom et le domicile de la personne qui a fait la contre-partie de son opération, ainsi que de la date et le numéro sous lesquels elle a inscrit son propre marché sur son répertoire. Dans ce cas, le droit est liquidé au taux de 5 centimes, ou, s'il s'agit d'un report, au taux de 0 fr. 025 par 1.000 francs.

D'un autre côté, la même opération d'achat ou de vente ne donne, en principe, ouverture qu'à un seul droit, quel que soit le nombre des intermédiaires qui y ont concouru. L'impôt est dû par l'intermédiaire qui l'a réalisé ; les autres en sont affranchis, de même que celui pour le compte duquel elle a eu lieu, à la condition, toutefois, que ceux-ci indiquent, sur l'extrait par eux déposé, et suivant les circonstances, soit le nom de l'agent de change dont le ministère a été requis ainsi que la date et le numéro du bordereau qu'il a délivré, soit le nom et le domicile du mandataire substitué, ainsi que la date et le numéro sous lesquels il a inscrit l'opération à son répertoire.

Ainsi, en supposant que l'opération ait été faite par un agent de change au nom d'un banquier A .., agissant lui-même pour un autre banquier B .., A..., pour s'exonérer du paiement de la taxe, doit indiquer le nom de l'agent de change auquel il a eu recours ainsi que la date et le numéro du bordereau que celui-ci lui a remis, et B..., pour jouir du même bénéfice, doit faire connaître le nom et le domicile de A... ainsi que la date et le numéro sous lesquels celui-ci a inscrit l'opération sur son répertoire. Ou encore, pour reprendre l'exemple relatif au marché en banque ci-dessus, E... n'aura que 5 centimes pour 1.000 francs, au lieu de 10 centimes à verser, pour la vente par lui consentie, s'il désigne, en se conformant aux prescriptions de l'article 7 du décret, la personne D .. qui a fait la contre-partie de son opération. De même D..., relativement à l'achat par lui effectué. Quant à C... et à B..., ils pourront l'un et l'autre s'affranchir de tout paiement en fournissant chacun de la même manière les renseignements voulus, le premier, en ce qui concerne D..., son mandataire substitué, et le second, en ce qui concerne C..., qui a vis-à-vis de lui la même qualité.

Les agents ne perdront pas de vue, d'ailleurs, que, lors du dépôt des extraits, l'impôt doit être exigé, sur les opérations d'ordre, toutes les fois que les numéros sous lesquels figurent, au répertoire, les opérations qu'il s'agit de compenser ne sont pas mentionnés.

Les opérations d'achat ou de vente sur une place de l'étranger faite par un assujetti donneront lieu, en toute hypothèse, à l'application du tarif de 0 fr. 10 par 1.000 francs. D'une part, en effet, elles ne sont point dispensées de l'inscription au répertoire, puisqu'aux termes de la loi toute opération faite par un assujetti doit y figurer, et, d'autre part, elles rentrent nécessairement dans la catégorie de celles qui sont visées par le dernier alinéa de l'article 31 de la loi, puisqu'en ce qui les concerne, la contre-partie est toujours faite par une personne non soumise à la tenue du répertoire.

D'après le dernier alinéa de l'article 7 du décret, « les versements afférents aux opérations fermes qui porteraient sur des valeurs cotées à terme à la bourse de la place sur laquelle l'assujetti exerce son industrie, et qui figureraient à l'extrait pour une échéance plus éloignée que celle qui est prévue pour ces valeurs par les règlements des agents de change de ladite place doivent, à moins que ces opérations ne soient appuyées d'un bordereau d'agent de change certifiant la date de l'échéance, être effectuées sur le pied d'un bordereau pour chacune des échéances prévues par les règlements ci-dessus indiqués ». Cette disposition s'inspire de l'idée qui a présidé à la loi et au règlement d'administration publique, et qui est de considérer toujours l'opération comme si elle avait été faite par ministère d'agent de change.

Enfin, s'il dépend d'un établissement principal une ou plusieurs agences ou succursales, chaque agence ou succursale doit effectuer aux dates, dans la forme et les conditions déterminées à l'article 7, la production des extraits de son répertoire particulier, accompagnée, s'il y a lieu, du versement des droits exigibles. D'après l'économie du décret, les agences ou succursales sont à considérer, au point de vue de l'impôt, comme indépendantes de l'établissement principal, ou comme autant d'établissements principaux. Elles ne peuvent, en conséquence, se dispenser du paiement des droits applicables aux opérations figurant sur leur répertoire, qu'en ayant soin de revêtir leurs extraits des mentions prescrites à cet effet par le deuxième alinéa de l'article 7 du décret, et de faire connaître, en ce qui concerne les opérations qu'elles ont accomplies par l'intermédiaire de l'établissement principal, la date et le numéro sous lesquels ces opérations ont été portées sur le répertoire de cet établissemenr.

BORDEREAUX DES AGENTS DE CHANGE

Aux termes des articles 9 et 10 du décret, les bordereaux des agents de change sont extraits de registres à souche portant une série unique de numéros. Ils indiquent à la souche le montant des opérations qu'ils constatent et les numéros sous lesquels ces opérations figurent au répertoire. Ils doivent être délivrés dans les dix jours de la négociation en ce qui concerne les opérations au comptant, et dans les dix jours de l'échéance, en ce qui concerne les opérations à terme. Si le répertoire est divisé en deux volumes, il peut être également établi pour les bordereaux deux registres correspondants, c'est-à-dire destinés l'un aux opérations au comptant et l'autre aux opérations à terme et aux reports. Rien ne s'oppose même, en ce qui concerne le comptant, à ce que le registre des bordereaux soit subdivisé pour les achats et pour les ventes.

COMMUNICATION

Le répertoire doit être communiqué aux agents de l'Administration, à toute réquisition de ces derniers tant au siège de l'établissement principal qu'à celui des agences ou succursales (art. 30 de la loi et 8 du décret). Toutefois, aux termes de l'article 11 du décret, cette communication ne pourra pas être exigée avant le 21 juin prochain, mais il demeure bien entendu que toutes les opérations faites à partir du 1er juin 1893 devront être mentionnées jour par jour au répertoire.

Les registres à souche établis pour la délivrance des bordereaux d'agent de change par l'article 9 du décret doivent également, aux termes de la même disposition, être représentés aux agents à toute réquisition.

Tout refus de communication sera constaté par un procès-verbal.

En outre, lorsqu'un procès-verbal aura été dressé contre un assujetti, soit pour refus de communication, soit pour toute autre contravention à la loi ou au décret, ou encore lorsque le répertoire de l'un des assujettis ne mentionnera pas la contre-partie d'une opération constatée par le répertoire de l'autre, les agents auront le droit de se faire représenter les écritures des deux assujettis, à la condition de limiter leur examen à une période de deux jours au plus (art. 30 de la loi). Les agents détermineront eux-mêmes, en s'inspirant des intérêts du Trésor, la période sur laquelle ils croiront plus particulièrement utile de faire porter leurs investigations. Il suffit, en effet, pour satisfaire à cet égard aux prescriptions de la loi, que cette période n'excède pas deux jours.

PÉNALITÉS

Toute inexactitude ou omission soit au répertoire, soit à l'extrait déposé au bureau pour la perception de la taxe, est punie d'une amende égale au vingtième du montant des valeurs sur lesquelles a porté l'inexactitude ou l'omission, sans que cette amende puisse être inférieure à 3.000 francs (art. 32 de la loi).

Le refus de communication du répertoire ou des écritures que les agents sont autorisés à se faire représenter dans le cas prévu par l'article 30 de la loi est puni, par cette disposition même, de l'amende de 100 à 1.000 francs prononcée par l'article 22 de la loi du 23 août 1871.

Toute autre infraction, tant aux dispositions de la loi qu'à celles du règlement d'administration publique rendu pour son exécution, est passible d'une amende de 100 à 5.000 francs (art. 32 de la loi).

Les contraventions, ajoute l'article 32, pourront être constatées par tout agent ayant qualité pour verbaliser en matière de timbre.

PRESCRIPTION

L'action de l'Administration pour le recouvrement des droits et amendes exigibles en vertu de la loi ou du décret dont elle est accompagnée est prescrite par un délai de deux ans (art. 33 de la loi).

MESURES ADMINISTRATIVES

Réception des déclarations d'existence : constatation et recette des droits. — La réception des déclarations et la recette de l'impôt seront confiées aux receveurs qui ont dans leurs attributions l'enregistrement des actes extra-judiciaires. Ces agents tiendront un registre spécial pour les déclarations; ce registre sera arrêté le dernier jour de chaque mois.

Les receveurs ouvriront, au nom de chaque assujetti, un dossier constitué à l'aide d'une des formules aujourd'hui en usage pour les dossiers de vérifications extérieures. Ils mentionneront sur chaque formule en caractères très apparents le nom de l'assujetti, sa qualité, son domicile, la date et le numéro de la déclaration souscrite, enfin tous les renseignements généraux et pour ainsi dire permanents concernant les débiteurs des droits. Ils classeront dans ces dossiers les extraits du répertoire déposés périodiquement au bureau après les avoir émargés de la date et du numéro de la recette, ou de l'enregistrement pour ordre dans les cas où il n'y aura pas eu lieu à paiement.

Ils effectueront la recette des droits sur un registre à souche spécial et délivreront quittance des droits versés. Si l'extrait déposé ne donne pas lieu à versement, ils délivreront néanmoins la formule après y avoir constaté la remise de l'extrait et le fait de l'absence de perception. La quittance des droits sera timbrée lorsqu'elle sera supérieure à 10 francs.

Jusqu'à ce que l'Administration ait pu approvisionner de registres et d'imprimés spéciaux les bureaux où cet approvisionnement sera jugé nécessaire, les receveurs emploieront :

1° *Pour la réception des déclarations*, un registre de recette du modèle en usage pour l'enregistrement des actes sous signature privée et du visa pour timbre;

2° *Pour la confection des dossiers*, les formules actuellement en usage pour les établissements et dépôts soumis aux investigations des agents de l'Administration (Instr. n° 2721, annexe C);

3° *Pour la recette*, un registre à souche du modèle de celui affecté à la recette de l'impôt direct sur le revenu des valeurs mobilières. Les modifications nécessaires seront faites à la main. Ce registre sera arrêté le 15 et le dernier jour de chaque mois.

Les assujettis à l'impôt des opérations de bourse seront rangés sans exception parmi les redevables qui doivent être obligatoirement visités chaque année. Pour faciliter le contrôle, les dossiers seront classés dans la première catégorie des vérifications extérieures par ordre de numéro des déclarations : les agents supérieurs auront à veiller à ce qu'aucune interruption n'existe dans le numérotage des dossiers. Enfin, en vue de rendre les recherches plus rapides, le registre des déclarations sera terminé par une table alphabétique rappelant le numéro de chaque déclaration.

Des dispositions spéciales seront arrêtées pour les villes de Paris, Lyon, Marseille, Bordeaux, Lille et Toulouse, notamment en ce qui concerne la désignation et l'encaissement des produits du nouvel impôt.

Classement de la recette. — Les receveurs feront figurer le produit du nouvel impôt dans leurs écritures parmi les droits de timbre non sujets aux décimes, à la suite des produits du timbre extraordinaire proportionnel et sous le titre manuscrit : « Impôt sur les opérations de Bourse ».

IV. — Instruction du Directeur général de l'Enregistrement du 23 novembre 1893, n° 2848, *faisant suite à l'instruction n° 2840 relative à l'exécution : 1° des articles 28 à 35 de la loi de finances du 28 avril 1893 portant établissement d'un impôt sur les opérations de Bourse; 2° et du règlement d'administration publique du 20 mai 1893.*

L'exécution des dispositions de la loi du 28 avril 1893 et de celles du décret du 20 mai suivant, concernant la taxe établie sur les opérations de Bourse, a soulevé un certain nombre de questions ou de difficultés d'application qui ont été résolues par voie de décisions ministérielles et de solutions rendues par l'Administration.

Celles de ces décisions ou solutions qui présentent un intérêt général sont indiquées ci-après :

Désignation des personnes assujetties a la loi

1. Des doutes se sont élevés sur la portée des articles 29 et 30 de la loi du 28 avril 1893 qui soumettent au régime inauguré par cette loi quiconque fait commerce habituel de recueillir les offres et les demandes de valeurs de Bourse. On s'est demandé, notamment, si les établissements qui se bornent à faire exécuter, par les représentants du marché officiel ou au marché en banque, les ordres qu'ils reçoivent de leur clientèle, sont assujettis à la formalité de la déclaration préalable et à la tenue du répertoire, alors même que leur concours n'est que rarement réclamé et qu'ils le prêtent, dans tous les cas, gratuitement.

L'Administration a eu plusieurs fois l'occasion de se prononcer dans le sens de l'affirmative.

Pour tomber sous l'application de la nouvelle loi, il n'est pas indispensable, en effet, qu'une personne fasse de la réception des ordres de bourse l'objet exclusif ou même principal de ses opérations; il suffit qu'elle se livre habituellement à ce commerce. L'importance de ses affaires autant que la pensée à laquelle elle obéit en déférant au désir de ceux qui recourent à son entremise sont indifférentes. Elle rentre dans la catégorie des assujettis dès l'instant où, par profession, elle accomplit d'une manière habituelle, comme intermédiaire, sur une échelle plus ou moins grande, les opérations prévues et tarifées par la loi.

2. *Établissements étrangers.* — *Succursales ou agences françaises.* — La loi du 28 avril 1893 atteint toute personne, sans distinction de nationalité, faisant en France commerce habituel de recueillir des offres et des demandes de valeurs de bourse. Par conséquent, il est hors de doute que les établissements étrangers qui possèdent en France des agences ou succursales destinées à recevoir des ordres de bourse sont tenus de ce chef, et sous les peines de droit, de se conformer à toutes les obligations prévues par la loi et le règlement d'administration publique rendu pour son exécution.

3. *Notaires.* — Les fonctions dont les notaires sont investis leur interdisent de se livrer au commerce, de recueillir des offres et des demandes de valeurs de bourse. Lorsque ces officiers publics s'entremettent accidentellement entre leurs clients et un agent de change ou tout autre assujetti, ils ne font que rendre un service qui se rattache accessoirement à la gestion et à l'administration des intérêts qui leur sont confiés. Il en résulte qu'en principe les dispositions de la loi précitée ne leur sont point applicables, il est d'ailleurs évident que les notaires qui feraient commerce habituel de recueillir des ordres de bourse, au mépris des règlements de leur profession, devraient se soumettre à ces dispositions.

4. *Receveurs particuliers des finances.* — Les receveurs particuliers des finances autorisés à recevoir des ordres de bourse ne peuvent en accepter que pour le compte du trésorier-payeur général de leur département, auquel ils sont tenus de les transmettre, sans pouvoir correspondre directement avec les agents de change. En présence de cette situation exceptionnelle, il a semblé conforme aux intentions du législateur de reconnaître que ces fonctionnaires ne figurent pas au nombre des personnes désignées à l'article 29 de la loi.

Opérations prévues par la loi

5. *Caisses d'épargne.* — *Caisse des retraites pour la vieillesse.* — *Caisses d'assurances en cas de décès et en cas d'accidents.* — Des lois des 22 juin 1845, article 6, et 9 avril 1881, articles 20 et 21, ont dispensé du timbre les bordereaux d'agents de change intéressant les caisses d'épargne et les caisses des retraites, ces dernières actuellement représentées par la Caisse nationale des retraites pour la vieillesse. La même faveur a été accordée par l'article 19 de la loi du 11 juillet 1868, aux bordereaux concernant les caisses d'assurances en cas de décès et en cas d'accidents, dont la gestion est confiée à la Caisse des dépôts et consignations.

Ces exceptions ont cessé d'être applicables. En effet, la loi du 28 avril 1893, conçue en termes généraux et absolus, ne comporte aucune exception et, par suite, abroge d'une manière implicite les dispositions antérieures qui avaient, dans certains cas, exonéré les bordereaux d'agents de change de l'impôt du timbre.

En conséquence, la taxe établie par l'article 28 de la loi nouvelle a été reconnue exigible sur toute opération de bourse effectuée : 1° pour le compte des déposants aux Caisses d'épargne, sur l'ordre, soit de la Caisse des dépôts et consignations (déc. min. fin. du 9 juin 1893), soit de la Caisse nationale d'épargne (déc. min. fin. du 10 juillet 1893), soit des Caisses d'épargne privées (déc. min. fin. du 17 juillet 1893); 2° pour le compte de la Caisse nationale des retraites pour la vieillesse et des Caisses d'assurances en cas de décès et en cas d'accidents, par la Caisse des dépôts et consignations (déc. min. fin. du 9 juin 1893).

6. *Changeurs. — Achats et ventes conclus directement.* — D'après l'article 31 de la loi du 28 avril 1893, lorsqu'une opération intervient entre deux personnes dont l'une seulement fait commerce habituel de recueillir des offres et des demandes de valeurs de bourse, celle-ci doit acquitter l'intégralité de l'impôt applicable à l'ensemble de l'opération, soit 0,05 0/00 pour l'achat, et 0,05 0/00 pour la vente.

La question s'est posée de savoir à ce sujet si les changeurs (ou autres assujettis) qui achètent directement des titres à des particuliers et les revendent ensuite de même, font ainsi deux opérations donnant chacune ouverture à deux droits de 0,05 0/00.

L'affirmative est certaine. Dans la circonstance indiquée, les changeurs ne font pas office d'intermédiaires entre un acheteur et un vendeur. Ils achètent pour leur propre compte, sans être assurés d'une contre-partie. Lorsqu'ils trouvent acquéreur, une nouvelle opération se produit, absolument distincte de la première. Or, dès l'instant qu'il y a deux négociations indépendantes, c'est-à-dire deux ventes et deux achats, il est nécessairement dû quatre droits de 0,05 0/00. La situation des changeurs ne diffère point à cet égard de celle des établissements de crédit qui vendent ou achètent à guichet ouvert des valeurs de bourse.

7. *Ventes à crédit ou à tempérament.* — Certains établissements ont pour objet la vente à crédit ou à tempérament de valeurs à lots au porteur. Le prix des valeurs vendues, ordinairement payable par fractions mensuelles, est naturellement supérieur au cours de la Bourse, à raison du crédit plus ou moins long accordé à l'acheteur. Ce dernier est investi de la propriété des titres (dont les numéros lui sont donnés), dès le jour de l'opération, mais les titres mêmes ne lui sont livrés qu'après complet paiement. Enfin, s'il ne satisfait pas à toutes ses obligations dans les délais fixés, le marché est résolu et l'établissement vendeur conserve à titre d'indemnité les acomptes qu'il a pu recevoir.

Ce genre de transactions est incontestablement soumis à la nouvelle taxe. L'opération, telle qu'elle vient d'être analysée, présente d'ailleurs le caractère d'un marché au comptant, avec facilité de paiement, puisqu'à la différence d'un marché à terme, elle transfère immédiatement à l'acheteur la propriété de titres déterminés et individualisés.

Le prix de la vente consentie dans les conditions susindiquées, comprenant les intérêts de sommes dues par l'acheteur, les frais de courtage, etc., on peut admettre qu'il y a lieu de liquider l'impôt, seulement sur le prix principal à déterminer par une ventilation qui le dégage de ses accessoires. Enfin, il convient de remarquer que, si la résolution du marché pour défaut de paiement du prix se réalise, cette résolution ne donne pas ouverture à un nouveau droit, attendu qu'elle ne constitue juridiquement ni un achat ni une vente.

8. *Emission de titres par l'entremise d'agents de change ou autres intermédiaires.* — Les opérations visées par la loi du 28 avril 1893 sont uniquement celles qui ont pour objet l'achat ou la vente de valeurs de bourse. Il en résulte que l'émission d'un titre d'action ou d'obligation ne saurait être considérée comme donnant ouverture à l'impôt. En effet, une Compagnie de chemins de fer, par exemple, qui reçoit le montant d'une obligation qu'elle émet, n'accomplit pas une opération de vente; elle contracte un emprunt. De même, le souscripteur d'une obligation, à l'émission, ne se livre pas à une opération d'achat; il consent un prêt, car la vente ou l'achat d'un titre implique la préexistence de l'obligation constatée par ce titre, circonstance qui ne se rencontre pas dans le cas d'émission.

A ce point de vue, il importe peu que les titres soient placés directement par la Société qui les émet, ou qu'ils le soient par l'entremise d'un mandataire salarié, agent de change, banquier, établissement de crédit, etc.

La règle a toutefois besoin d'être sainement interprétée, et il est essentiel de ne pas perdre de vue qu'elle concerne exclusivement le cas d'émission. Par conséquent, si, lors d'une émission, un assujetti prend à forfait un certain nombre des titres offerts au public, dans le but de les placer ensuite, non comme mandataire de l'établissement émetteur, mais pour son propre compte, il a bien, à l'égard de cet établissement, la qualité de souscripteur des titres dont il se rend propriétaire, et cette souscription originaire est exempte d'impôt, mais le placement ultérieur qu'il effectue au mieux de ses intérêts, à ses risques et périls, ayant pour objet des valeurs déjà émises, constitue incontestablement de sa part l'opération de vente tarifée par l'article 8 de la loi du 28 avril 1893. En d'autres termes, ce placement est passible de la taxe dans les conditions ordinaires.

9. *Titres achetés puis vendus à guichet ouvert par l'établissement débiteur.* — Il arrive que certaines Sociétés faisant commerce habituel de recueillir des offres et des demandes de valeurs de bourse rachètent sur le marché, pour un motif quelconque, des titres qu'elles ont précédemment émis, puis, après les avoir conservés plus ou moins longtemps en portefeuille, les mettent de nouveau à la disposition du public et les vendent à guichet ouvert. Cette vente de titres non amortis ne saurait être confondue avec une émission proprement dite et rentre dans la catégorie des opérations de bourse prévues et taxées par la loi du 28 avril 1893.

10. *Opérations faites à l'étranger.* — Il a été reconnu que les opérations d'achat ou de vente sur une place étrangère, faites par un assujetti, ne sont passibles de l'impôt qu'autant qu'elles sont effectuées pour le compte d'autrui. Celles qui sont effectuées pour son propre compte par l'assujetti sont affranchies de l'inscription au répertoire et du paiement de la taxe.

Il reste bien entendu que toutes les opérations faites en France, à quelque titre que ce soit, c'est-à-dire soit comme intermédiaire, soit pour son compte personnel, par un assujetti, tombent, sans distinction, sous l'empire de la loi nouvelle.

11. *Transmissions par acte notarié.* — Il est à peine utile de faire observer que la loi du 28 avril 1893 est étrangère aux transmissions de titres négociables qui s'effectuent par acte notarié, soit à l'amiable, soit par voie d'adjudication publique.

TARIF ET BASE DE LA PERCEPTION

12. *Reports.* — Le report consistant en un achat et une revente simultanés de titres de même nature à des termes différents, il avait paru tout d'abord que le tarif réduit établi pour les opérations de cette nature était applicable à chacun des quatre éléments dont elles se composent et qu'il était dû, par suite, 0 fr. 025 pour 0/00 sur le montant : 1º de l'achat; 2º de la vente; 3º du rachat; 4º de la revente (Inst. nº 2840, pp. 8 et 11).

Cette règle de perception, conforme à la définition du report, donnée par les auteurs spéciaux, se déduisait également des termes du rapport présenté au Sénat, dans la séance du 18 mars 1893, au nom de la Commission des finances de la haute assemblée, rapport dont les conclusions, toutefois, n'ont pas été mises en délibération par suite de la disjonction du projet voté dans la séance du 28 mars 1893 (*J. offic.*, Déb. parl., Sénat, 29 mars 1893).

Le résultat de cette interprétation était de frapper l'ensemble du report comme l'ensemble des négociations ordinaires d'un droit total de 0 fr. 10 0/00.

Une semblable conséquence a paru contraire à l'intention bien marquée du législateur de favoriser les reports, dont le fonctionnement intéresse non seulement les spéculateurs, mais le crédit public et le Trésor lui-même.

Le report constituant, en définitive, une opération unique qui tend à différer l'exécution d'un marché à terme, le Ministre a décidé, le 19 juin 1893, sur la proposition de l'Administration, par une interprétation libérale de la loi, que le report ne donnerait lieu qu'à un seul droit à la charge de chaque partie contractante et comme, en vertu de la loi du 28 Avril 1893, il n'est imposable qu'à demi-tarif, le droit exigible sur l'ensemble de l'opération se trouve réduit à 0 fr. 05 0/00 (0,025 pour la vente et le rachat, d'une part, et 0,025 pour l'achat et la revente, d'autre part). Le droit de 0,025 0/00 à la charge de chacune des parties n'est donc exigible que sur l'une des deux opérations qu'elle a faites (vente et rachat, ou achat et revente).

13. *Opération portant sur plusieurs titres, réalisée le même jour, en exécution d'un ordre unique.* — En principe, toute opération d'achat ou de vente de valeurs de bourse est assujettie au droit de 0 fr. 05 0/00 ou fraction de

1.000 francs. Toutefois, si l'achat ou la vente de titres divers ou de même nature, à des cours différents ou non, a lieu le même jour, pour le compte d'une seule et même personne, et en exécution d'un ordre unique, l'impôt peut être liquidé sur le montant total de l'opération, alors même que la contre-partie en aurait été faite par plusieurs personnes.

Par identité de raison, les achats ou les ventes réalisées dans ces conditions peuvent figurer au répertoire de l'intermédiaire qui les a effectués, soit sur une seule ligne, soit sur plusieurs lignes réunies par une accolade, sauf indication, dans tous les cas, des diverses personnes qui ont fait la contre-partie.

14. *Opérations faites à l'étranger.* — En ce qui concerne les marchés conclus à l'étranger, la valeur imposable est représentée, suivant la règle générale, par le montant de chaque opération, calculé d'après le taux exact de la négociation. Par suite, cette valeur doit être établie d'après le cours du change au jour du règlement de l'opération, et c'est elle qui doit figurer sur le répertoire pour servir de base à la perception.

On ne saurait donc légalement substituer au cours réel du change, soit le change fixé le 31 décembre de chaque année, en exécution des lois des 13 mai 1863 et 25 mai 1872, spéciales aux matières qu'elles visent (Instr. nᵒˢ 2250 et 2446), soit un change conventionnel uniformément calculé, par exemple, sur le pied de 25 fr. 20 la livre sterling anglaise et de 1 fr. 25 le marc allemand.

D'un autre côté, il n'appartient pas à l'Administration de proroger le délai accordé pour le paiement de l'impôt qui doit être acquitté dans les conditions et aux époques prévues par l'article 4 du décret du 20 mai 1893.

Il importe donc que les assujettis se mettent en mesure de déterminer exactement la valeur imposable de leurs opérations avec l'étranger, au plus tard lors du dépôt de l'extrait qui doit être accompagné du versement des droits, sauf à laisser en blanc jusque-là les colonnes *ad hoc* du répertoire.

Au surplus, en disposant que les opérations au comptant ayant moins de dix jours de date et les opérations à terme dont l'échéance ne serait pas survenue depuis plus de dix jours au moins figureront seulement pour mémoire sur les extraits, l'article 4 précité du règlement d'administration publique laisse aux redevables un temps suffisant pour leur permettre de recevoir tous les renseignements à porter sur les extraits et de connaître notamment le cours du change.

Quoi qu'il en soit, si, dans quelques cas nécessairement isolés, l'indication du montant exact de l'opération soumise à l'impôt ne pouvait être donnée en temps utile, les parties seraient admises à y suppléer au moyen d'une évaluation aussi approximative que possible du cours probable du change au jour du règlement de l'opération, sous réserve du redressement, lors de la remise du prochain extrait, des perceptions reconnues insuffisantes.

EXTRAITS DU RÉPERTOIRE

15. *Assujettis autres que les agents de change.* — Le Ministre a décidé, le 5 octobre 1893, sur la proposition de l'Administration, que les assujettis autres que les agents de change constitués en chambres syndicales et pour lesquels des dispositions spéciales ont été notifiées antérieurement aux intéressés, pourront désormais, sauf certaines références au répertoire, s'abstenir de détailler sur les extraits fournis pour la perception : 1° les opérations exemptes de droit; 2° celles au comptant ou à terme pour lesquelles la taxe a été payée ou doit l'être par un autre assujetti, agent de change ou mandataire substitué, ce qui suppose que l'auteur de l'extrait n'a fait que jouer le rôle de simple transmetteur d'ordre; 3° celles, traitées à terme, pour lesquelles l'impôt n'est point encore exigible.

Rien ne s'oppose donc actuellement à ce que les opérations de compensation et d'escompte, affranchies de tout droit comme étant de pur ordre, figurent en bloc sur les extraits ainsi que celles qui, réalisées par ministère d'agent de change ou par l'entremise d'un mandataire substitué, ne donnent lieu à aucun paiement de la part de l'auteur de l'extrait.

Les références à établir sur les extraits consistent, en ce qui concerne ces opérations :

1° Dans l'indication des numéros sous lesquels elles figurent au répertoire, de telle manière que les extraits présentent toujours, sans lacune ni interruption, la série des numéros de ce registre;

2º En une mention faisant connaître qu'il s'agit soit de compensations, soit d'escomptes, soit d'affaires conclues par l'intermédiaire d'agents de change ou de mandataires substitués.

Les opérations à terme peuvent être également portées en bloc sur les extraits tant que la taxe y afférente n'est pas devenue exigible, et encore bien qu'elle doive être acquittée à l'échéance, non par un agent de change ou un mandataire substitué, mais par l'auteur de l'extrait.

Les opérations de cette dernière catégorie, mentionnées en bloc et pour mémoire sur un premier extrait, devront, d'ailleurs, selon le vœu de l'article 4 du décret du 20 mai 1893, être reprises, aussi en bloc, sur les extraits suivants jusqu'à ce que l'impôt soit devenu exigible.

En ce qui les concerne, les références au répertoire doivent consister dans le rappel des numéros de ce registre comme pour les opérations de compensation ou d'escompte et celles exécutées par agents de change ou mandataires substitués, et, en outre, dans cette mention : affaires non liquidées.

En résumé, à l'égard des marchés à terme autres que ceux conclus par l'entremise d'un mandataire substitué, et dont il a été précédemment question, le détail des opérations avec l'indication des renseignements spécifiés au modèle B annexé au règlement d'administration publique (Instr. nº 2840, p. 38), n'est plus obligatoire que sur l'extrait déposé pour la perception de l'impôt qu'il conviendra de calculer, le cas échéant, en tenant compte du nombre des liquidations officielles intervenues entre la date du marché et celle de son échéance (art. 7, dernier alinéa du décret; Instr. nº 2840, p. 21).

Les opérations à terme qui auront fait l'objet de mentions en bloc sur les extraits fournis par le débiteur de l'impôt seront émargées, sur le répertoire de cet assujetti, de la date de l'extrait au vu duquel la taxe aura été perçue.

Les extraits, abrégés ou non, devront toujours être totalisés en exécution du dernier alinéa de l'article 5 du décret du 20 mai 1893.

Les tempéraments ainsi admis pour la rédaction des extraits restent naturellement sans influence sur la tenue du répertoire telle qu'elle a été réglée par la loi et le décret.

Toutefois, les assujettis ne pourront profiter de ces tempéraments, en ce qui concerne les opérations accomplies par l'intermédiaire d'un agent de change ou d'un mandataire substitué, qu'à la condition, sans laquelle le contrôle serait entravé, d'indiquer sur leur répertoire soit le numéro du bordereau délivré par l'agent de change qui a concouru à l'opération, soit les date et numéro sous lesquels l'opération figure au répertoire du mandataire substitué.

16. *Extraits.* — *Dépôt.* — *Délai expirant un dimanche ou un jour férié.* — Aux termes de l'article 7 du décret du 20 mai 1893, les extraits du répertoire établis pour la perception doivent être produits : 1º entre le 10 et le 15; 2º entre le 25 et le dernier jour du mois.

Lorsque le dernier jour du délai tombe un dimanche ou un jour férié, le dépôt dont il s'agit doit avoir lieu la veille au plus tard, conformément aux principes du droit commun (V. *Chauveau et Carré*, t. II, p. 82; Instr. nº 2368, § 3, p. 20). La disposition spéciale du décret précité ne contient, en effet, aucune référence à la loi du 22 frimaire an VII, dont l'article 25 ne peut, dès lors, recevoir application dans l'hypothèse sus-indiquée.

V. — Loi du 28 décembre 1895 (*Loi de finances, art.* 8).

Art. 8. — Le droit de timbre auquel l'article 28 de la loi du 28 avril 1893 soumet toute opération de bourse ayant pour objet l'achat ou la vente, au comptant ou à terme, de valeurs de toute nature est réduit de trois quarts lorsque l'opération est relative aux rentes sur l'Etat français.

Toute fraction de centime dans la liquidation du droit donne lieu à la perception au centime entier au profit du Trésor.

Est et demeure maintenue la disposition de l'article 28 précité relative aux opérations de report.

VI. — Instruction du Directeur général de l'Enregistrement pour l'exécution de l'article 8 de la loi de finances du 28 décembre 1895.

L'article 28 de la loi du 28 avril 1893 (Instr. nº 2840) est ainsi conçu :
« A partir du 1ᵉʳ juin 1893, toute opération de bourse ayant pour objet

MENTIONS OBLIGATOIRES					DÉSIGNA-TION (3) ou de L'AGENT DE CHANGE, ou du mandataire substitué, ou de la personne qui a fait la contre-partie de l'opération	NUMÉROS du borde-reau ou du réper-toire visés col. 6	MON-TANT du DROIT
NUMÉRO du RÉPER-TOIRE	DATE de L'OPÉRA-TION	NATURE de L'OPÉRATION (1)	ÉCHÉANCE	MONTANT de L'OPÉRATION (2)			
1	2	3	4	5	6	7	8
110	3 nov. 1893	Etc..............					
111 à 115	»	Compensations					
116	4 nov. 1893	Etc.............					
117 à 134	»	Affaires exécu-tées par agents de change ou par mandatai-res substitués..					
135	6 nov. 1893	Etc.............					
136	Idem	Etc.............					
137	»	Escompte.........					
138 à 150	»	Affaires non li-quidées.					
		Total des opérations........			(Total des droits...		

(1) Opération au comptant, ou opération à terme, ou prime abandonnée, ou report, ou compensation.
(2) Valeur des titres, déduction faite du non-libéré, ou valeur des primes abandonnées.
(3) Avec numéros de bordereau ou de répertoire.

l'achat ou la vente, au comptant ou à terme, de valeurs de toute nature donnera lieu à la rédaction d'un bordereau soumis à un droit de timbre dont la quotité est fixée à 5 centimes par 1.000 francs ou fraction de 1.000 francs du montant de l'opération calculé d'après le taux de la négociation.

« Ce droit n'est pas soumis aux décimes.

« Il est réduit de moitié pour les opérations de report. »

Le Gouvernement a constaté que, tout en restant sans influence sur l'allure générale des négociations de bourse, la perception de la nouvelle taxe avait atteint l'activité du marché des rentes françaises qui intéresse au plus haut point le crédit de l'Etat.

Afin de remédier à cette situation, il a paru à propos d'abaisser des *trois quarts* le taux de l'impôt sur les opérations de bourse relatives aux rentes sur l'Etat.

Tel est l'objet de l'article 8 de la loi de finances du 28 décembre 1895 qui maintient, d'ailleurs, expressément la disposition de la loi de 1893 relative aux opérations de report et qui dispose, en outre, que, dans la liquidation du droit, toute fraction de centime donnera lieu à la perception du centime entier.

En conséquence, la quotité du tarif applicable aux opérations qui ont pour objet des rentes sur l'Etat français est abaissée de 0 fr. 05 à 0 fr. 025 par 1.000 francs, pour les opérations ordinaires, et de 0 fr. 025 à 0 fr. 00625 par 1.000 francs pour les reports.

Les agents ne perdront pas de vue que, aux termes d'une décision ministérielle du 19 juin 1893, l'opération de report ne donne lieu, dans son ensemble, qu'à un seul droit à la charge de chaque partie contractante (Instr. n° 2848-12).

VII. — **Loi du 13 avril 1898** (*Loi de finances, articles 14 et 15*).

Art. 14. — L'article 29 de la loi du 28 avril 1893 est remplacé par la disposition suivante :

Quiconque fait commerce habituel de recueillir des offres et des demandes de valeurs de bourse doit, à toute réquisition des agents de l'enregistrement, s'il s'agit de valeurs admises à la cote officielle, représenter des bordereaux d'agent de change ou faire connaître les numéros et les dates des bordereaux, ainsi que les noms des agents de change de qui ils émanent, et, s'il s'agit de valeurs non admises à la cote officielle, acquitter personnellement le montant des droits.

15. Les dispositions de l'article 14 ci-dessus ne seront applicables qu'à partir du 1er juillet 1898.

VIII. — **Instruction n° 2956 du 30 juin 1898 du Directeur général de l'Enregistrement relative à l'exécution des articles 14 et 15 de la loi du 13 avril 1898.**

L'article 28 de la loi de finances du 28 avril 1893 a assujetti à un droit proportionnel toute opération de bourse ayant pour objet l'achat ou la vente, au comptant ou à terme, des valeurs de toute nature (Instr. n° 2840).

Sans distinguer entre les valeurs qui sont admises à la cote officielle et celles qui n'y sont pas admises, l'article 29 obligeait, en principe, toutes les personnes qui interviennent, par profession, dans les opérations d'achat ou de vente, soit à justifier du paiement de l'impôt par la représentation d'un bordereau d'agent de change ou par l'indication de la date et du numéro de ce bordereau ainsi que du nom de l'agent de change, soit à payer personnellement le montant des droits.

But et portée de la loi. — Il a paru nécessaire d'établir une harmonie plus complète entre la législation fiscale et l'article 76 du Code de commerce, au terme duquel les agents de change ont seuls « le droit de faire les négociations des effets publics et autres susceptibles d'être cotés ».

Dans ce but, l'article 14 de la loi du 13 avril 1898 (Instr. n° 2953) introduit une distinction fondamentale entre les valeurs qui sont admises et celles qui ne sont pas admises à la cote officielle. Pour les premières, dont la négociation rentre dans le domaine exclusif du ministère des agents de change, tout moyen de suppléer à la représentation ou à l'indication du bordereau est supprimé. Quiconque fait commerce habituel de recueillir des offres et des demandes de valeurs de bourse doit, à toute réquisition des agents de l'enregistrement, en ce qui concerne les opérations sur valeurs cotées, soit représenter des bordereaux d'agents de change, soit faire connaître les numéros et les dates de ces bordereaux, ainsi que les noms des agents de change de qui ils émanent.

Toutefois, cette obligation ne s'applique pas aux opérations *directes* proprement dites, c'est-à-dire à celles par lesquelles les banquiers, changeurs et autres assujettis achètent réellement des titres pour leur propre compte en les revendant de même après les avoir possédés pendant un temps plus ou moins long (Comp. Inst. n° 2848-6°).

Quant aux valeurs non admises à la cote officielle, l'article 14 maintient purement et simplement la législation existante.

Conséquence de l'article 14 au point de vue de la perception. — L'article 14 n'apporte aucune dérogation aux règles générales qui gouvernent la perception de l'impôt créé par la loi du 28 avril 1893; mais il entraîne certaines modifications aux conditions dans lesquelles le paiement en était effectué.

Pour les valeurs admises à la cote, les personnes autres que les agents de change qui interviennent, par profession, dans les opérations d'achat ou de vente ne sont plus constituées débitrices du droit proportionnel qui sera désormais acquitté par les agents de change; mais elles demeurent tenues d'inscrire les opérations effectuées par leur intermédiaire sur le répertoire créé par l'article 30 de la loi du 28 avril 1893, en ayant soin d'indiquer le nom de l'agent de change dans la colonne 11 qui a pour objet de faire connaître « le nom ou de l'agent de change ou du mandataire substitué, ou de la personne qui a fait la contre-partie de l'opération ». (*Modèle A annexé au règlement d'administration publique du* 20 *mai* 1893, Instr. n° 2840.) Elles pourront, d'ailleurs, s'abstenir de détailler ces opérations sur les extraits fournis au bureau de l'enregistrement et se borner à les y porter en bloc, suivant le mode tracé par la décision ministérielle du 5 octobre 1893, toutes les fois qu'elles se trouveront dans les conditions prévues par cette décision (Instr. n° 2848-15°).

Le paiement de l'impôt reste, cependant, à la charge des assujettis autres que les agents de change, même pour les valeurs admises à la cote officielle, lorsqu'il s'agit des opérations directes visées plus haut, pour lesquelles l'obligation de représenter le bordereau n'existe pas. Il ne faut pas perdre de vue, en effet, que, tout en étant affranchies de cette obligation, ces opérations tombent sous l'application de la loi du 28 avril 1893 et doivent, par conséquent, subir le droit proportionnel sous l'empire de la loi nouvelle comme elles le subissaient auparavant (Instr. n° 2848-6°).

Quant aux valeurs non admises à la cote officielle, rien n'est changé en ce qui les concerne, et toutes les instructions antérieures continueront à recevoir leur exécution.

Communications. — Les communications que les agents de l'Administration sont autorisés à requérir comprennent :

1° Les bordereaux d'agents de change (*loi du* 13 *avril* 1898, *art.* 14);

2° Les registres à souche établis pour la délivrance de ces bordereaux (*décret du* 20 *mai* 1893, *art.* 9; Inst. n° 2840, annexe n° 2);

3° Les répertoires des agents de change et autres personnes désignées dans les articles 29 de la loi du 28 avril 1893 et 14 de la loi du 13 avril 1898.

Les rapprochements qui seront faits entre ces divers documents permettront aux agents d'exercer une surveillance active sur l'exacte application de l'article 14. Tout refus de communication sera constaté par un procès-verbal conformément aux règles tracées dans l'instruction (p. 22).

Pénalités. — L'article 14 de la loi du 13 avril 1898 n'édicte pas de pénalité spéciale pour le défaut de représentation de bordereau ou des indications en tenant lieu. Les contraventions de cette nature rentrent, dès lors, dans la catégorie des infractions que l'article 32 de la loi du 28 avril 1893 punit d'une amende de 100 à 5.000 francs.

Point de départ de l'application du nouveau régime. — Aux termes de l'article 15 de la loi du 13 avril 1898, les dispositions de l'article 14 seront applicables à partir du 1ᵉʳ juillet 1898.

B. — IMPOTS DE TIMBRE ET DE TRANSMISSION ET IMPOT SUR LE REVENU DES VALEURS MOBILIÈRES

Extrait de la loi du 5 juin 1850.

TITRE II

CHAPITRE Iᵉʳ. — *Actions dans les sociétés.*

ART. 14. — Chaque titre ou certificat d'action dans une société, compagnie ou entreprise quelconque, financière, commerciale, industrielle ou civile, que l'action soit d'une somme fixe ou d'une quotité, qu'elle soit libérée ou non libérée, émis à partir du 1ᵉʳ janvier 1851, sera assujetti au timbre proportionnel de cinquante centimes pour cent francs de capital nominal pour les sociétés, compagnies ou entreprises dont la durée n'excédera pas dix ans, et à un pour cent pour celles dont la durée dépassera dix années (1).

A défaut de capital nominal, le droit se calculera sur le capital réel, dont la valeur sera déterminée d'après les règles établies par les lois sur l'enregistrement.

---

(1) Ces droits ont été portés : à 0,60 0/0 et 1,20 0/0 par la loi du 23 août 1871 (art. 2); à 0,90 0/0 et 1,80 0/0 par la loi du 29 mars 1914 (art. 40); à 1 0/0 et 2 0/0 par la loi du 25 juin 1920 (art. 48).

L'avance en sera faite par la compagnie, quels que soient les statuts.

La perception de ce droit proportionnel suivra les sommes et valeurs de vingt francs en vingt francs inclusivement et sans fraction.

15. (Abrogé par la loi du 23 juin 1857, art. 11.)

16. Les titres ou certificats d'action seront tirés d'un registre à souche; le timbre sera apposé sur la souche et le talon (1).

Le dépositaire du registre sera tenu de le communiquer aux préposés de l'enregistrement, selon le mode prescrit par l'article 54 de la loi du 22 frimaire an VII et sous les peines y énoncées.

17. Le titre ou certificat d'action, délivré par suite de transfert ou de renouvellement, sera timbré à l'extraordinaire ou visé pour timbres gratis, si le titre ou certificat primitif a été timbré.

18. Toute société, compagnie ou entreprise qui sera convaincue d'avoir émis une action en contravention à l'article 14 et au premier paragraphe de l'article 16, sera passible d'une amende de 12 % du montant de cette action.

19. L'agent de change ou le courtier qui aura concouru à la cession ou au transfert d'un titre ou certificat d'action non timbré sera passible d'une amende de 10 % du montant de l'action.

20. Il est accordé un délai de six mois pour faire timbrer à l'extraordinaire ou viser pour timbre sans amende et au droit proportionnel de cinq centimes par cent francs, conformément à l'article 1er, les titres ou certificats d'action qui auront été, en contravention aux lois existantes, délivrés antérieurement au 1er janvier 1851.

Le droit sera perçu sur la représentation du registre à souche, ou tout autre, constatant la délivrance du certificat, et l'avance en sera faite par la compagnie, la société ou l'entreprise.

Le délai de six mois expiré, la société, la compagnie ou l'entreprise sera, en cas de contravention, passible de l'amende déterminée par l'article 18.

L'avis officiel de l'acquittement du droit inséré dans le *Moniteur*, équivaudra à l'apposition du timbre pour les titres ou certificats énoncés au premier paragraphe de cet article.

21. L'article 17 ne sera pas applicable aux renouvellements des titres énoncés en l'article 20. Ces renouvellements resteront assujettis au timbre déterminé par cet article et les cessions de titres ainsi renouvelés au droit d'enregistrement fixé par les lois anciennes, s'il résulte du titre nouveau que le titre primitif avait été émis antérieurement au 1er janvier 1851.

22. Les sociétés, compagnies ou entreprises pourront s'affranchir des obligations imposées par les articles 14 et 20, en contractant avec l'Etat un abonnement pour toute la durée de la société.

Le droit sera annuel et de cinq centimes par cent francs du capital nominal de chaque action émise; à défaut de capital nominal il sera de cinq centimes par cent francs du capital réel, dont la valeur devra être déterminée conformément au deuxième paragraphe de l'article 14 (2).

Le paiement du droit sera fait, à la fin de chaque trimestre, au bureau d'enregistrement du lieu où se trouvera le siège de la société, de la compagnie ou de l'entreprise.

Même en cas d'abonnement, les articles 16 et 18 resteront applicables. Un règlement d'administration publique déterminera les formalités à suivre pour l'application du timbre sur les actions.

23. Chaque contravention aux dispositions de ce règlement sera passible d'une amende de 50 francs.

24. Seront dispensées du droit, les sociétés, compagnies ou entreprises abonnées qui, depuis leur abonnement, se seront mises ou auront été mises en liquidation.

Celles qui, postérieurement à leur abonnement, n'auront, dans les deux dernières années, payé ni dividendes, ni intérêts, seront aussi dispensées

---

(1) Voir loi du 31 décembre 1920.

(2) Droit porté à 0,06 0/0 par la loi du 23 août 1871, à 0,09 0/0 par la loi du 29 mars 1914, à 0,10 0/0 par la loi du 25 juin 1920.

La taxe se paie actuellement dans les 20 premiers jours des mois de janvier, avril, juillet, octobre. L'abonnement est irrévocable même dans le cas de réduction du capital social.

du droit, tant qu'il n'y aura pas de répartition de dividendes ou de paiement d'intérêts.

Jouiront de la même dispense les sociétés et compagnies qui, dans les deux dernières années, antérieures à la promulgation de la présente loi, n'auront payé ni dividende, ni intérêts, à la charge, toutefois, par elles, de s'abonner dans les six mois qui suivront cette promulgation, et de payer le droit annuel à partir de la première répartition de dividende ou du premier paiement d'intérêts.

25. Les dispositions des articles précédents ne s'appliquent pas aux actions dont la cession n'est parfaite, à l'égard des tiers, qu'au moyen des conditions déterminées par l'article 1690 (1) du Code civil, ni à celles qui en ont été formellement dispensées par une disposition de loi.

26. Dans le cas de renouvellement d'une société ou compagnie constituée pour une durée n'excédant pas dix années, les certificats d'action seront de nouveau soumis à la formalité du timbre, à moins que la société ou compagnie n'ait contracté un abonnement qui, dans ce cas, se trouvera prorogé pour la nouvelle durée de la société.

CHAPITRE II. — Obligations négociables des départements, communes, établissements publics et compagnies.

27. Les titres d'obligations souscrits, à compter du 1er janvier 1851, par les départements, communes, établissements publics et compagnies, sous quelque dénomination que ce soit, dont la cession, pour être parfaite à l'égard des tiers, n'est pas soumise aux dispositions de l'article 1690 du Code civil, seront assujettis au timbre proportionnel de 1 % du montant du titre (2).

L'avance en sera faite par les départements, communes, établissements publics et compagnies.

La perception du droit suivra les sommes et valeurs de vingt francs en vingt francs inclusivement et sans fraction.

28. Les titres seront tirés d'un registre à souche.

Le dépositaire du registre sera tenu de le communiquer aux préposés de l'enregistrement, selon le mode prescrit par l'article 54 de la loi du 22 frimaire an VII, et sous les peines y énoncées.

29. Toute contravention à l'article 27 et au premier paragraphe de l'article 28 sera passible, contre les départements, communes, établissements publics et sociétés, d'une amende de 10 % du montant du titre.

30. Les départements, communes, établissements publics et compagnies auront un délai de six mois, à partir de la promulgation de la présente loi, pour faire timbrer à l'extraordinaire, sans amende, ou viser pour timbre, au droit fixé par les lois existantes, les titres compris dans l'article 27, et souscrits antérieurement au 1er janvier 1851.

Ce délai expiré, les départements, communes, établissements publics et compagnies seront passibles de l'amende déterminée par l'article 29.

31. Les départements, communes, établissements publics et compagnies pourront s'affranchir des obligations imposées par les articles 27 et 30, en contractant avec l'Etat un abonnement pour toute la durée des titres. Le droit sera annuel, et de cinq centimes par cent francs du montant de chaque titre (3).

Le paiement du droit sera fait à la fin de chaque trimestre au bureau

---

(1) Voici cet article :

1690. Le cessionnaire n'est saisi à l'égard des tiers, que par la signification du transport faite au débiteur.

Néanmoins, le cessionnaire peut être également saisi par l'acceptation du transport faite par le débiteur dans un acte authentique.

(2) Droit porté à 1,20 0/0 par la loi du 23 août 1871, à 1,80 0/0 par la loi du 29 mars 1914, à 2 0/0 par la loi du 25 juin 1920.

(3) Droit porté à 0,06 0/0, 0,09 0/0, 0,10 0/0 par les lois précitées.

Nota. — La taxe est réglée par trimestre sur le nombre des obligations non amorties.

L'improductivité d'une société ne l'exempte pas du paiement de la taxe sur les obligations.

d'enregistrement du lieu où les départements, communes, établissements publics et compagnies auront le siège de leur administration.

En cas d'abonnement, le dernier paragraphe de l'article 22 et l'article 28 seront applicables.

32. Les articles 15, 19, 23 et 25 sont applicables aux titres compris en l'article 27.

Extrait de la loi du 8 juillet 1852.

(Timbre des lettres de gage du Crédit foncier.)

Art. 29. — Le droit de timbre fixé pour les lettres de gage des compagnies de Crédit foncier à cinquante centimes par mille francs, conformément à l'article 1er de la loi du 5 janvier 1850 (1), pourra être perçu par la voie d'abonnement annuel, à raison de deux centimes par mille francs du total des lettres de gage en circulation, suivant le mode réglé par l'article 37 de la loi du 5 juin 1850.

VALEURS MOBILIÈRES. DROIT DE TRANSMISSION
Extrait de la loi du 23 juin 1857.

Art. 6. — Indépendamment des droits établis par le titre II de la loi du 5 juin 1850, toute cession de titres ou promesses d'action et d'obligation dans une société, compagnie ou entreprise quelconque, financière, industrielle, commerciale ou civile, quelle que soit la date de sa création, est assujettie, à partir du 1er juillet 1857, à un droit de transmission de vingt centimes par cent francs de la valeur négociée (2).

Ce droit, pour les titres au porteur, et pour ceux dont la transmission peut s'opérer sans un transfert sur les registres de la société, est converti en une taxe annuelle et obligatoire de douze centimes par cent francs du capital desdites actions et obligations, évalué par leur cours moyen pendant l'année précédente, et, à défaut de cours dans cette année, conformément aux règles établies par les lois sur l'enregistrement (3).

7. Le droit pour les titres nominatifs, dont la transmission ne peut s'opérer que par un transfert sur les registres de la société, est perçu, au moment du transfert, pour le compte du Trésor, par les sociétés, compagnies et entreprises, qui en sont constituées débitrices par le fait du transfert.

Le droit sur les titres mentionnés au paragraphe 2 de l'article précédent est payable par trimestre, et avancé par les sociétés, compagnies et entreprises, sauf recours contre les porteurs desdits titres (4).

A la fin de chaque trimestre, lesdites sociétés sont tenues de remettre au receveur de l'enregistrement du siège social le relevé des transferts et des conversions, ainsi que l'état des actions et obligations soumises à la taxe annuelle.

8. Dans les sociétés qui admettent le titre au porteur, tout propriétaire d'actions et d'obligations a toujours la faculté de convertir ses titres au porteur en titres nominatifs et réciproquement.

Dans l'un et l'autre cas, la conversion donne lieu à la perception du droit de transmission (5).

Néanmoins, pendant un délai de trois mois, à partir de la mise à exécu-

---

(1) Cet article n'a trait qu'aux effets de commerce. Les lettres de gage, jusqu'alors assimilées aux effets de commerce, commencent, en juillet 1852, à jouir d'un régime spécial.

(2) Droit porté à 0,50 0/0 (loi du 16 septembre 1871), à 0,75 0/0 (loi du 26 décembre 1908), à 0,90 0/0 (loi du 29 mars 1914). Enfin, la loi du 25 juin 1920 porta à 2 0/0 le droit de conversion du nominatif au porteur (à la charge du vendeur) en laissant subsister à 0,90 0/0 le droit de transfert des titres essentiellement nominatifs (à la charge de l'acheteur).

La loi du 26 décembre 1908 (article 5) exempta de tout droit la conversion des titres au porteur en titres nominatifs.

(3) Ce droit a été porté à 0,15 0/0 (loi du 16 septembre 1871), à 0,25 0/0 (30 mars 1872), 0,20 0/0 (29 juin 1872), 0,25 0/0 (26 décembre 1908), 0,30 0/0 (29 mars 1914), 0,50 0/0 (25 juin 1920).

(4) Dans la pratique, ce droit est déduit du montant du coupon.

(5) Modifié par la loi du 26 décembre 1908.

tion de la présente loi, la conversion des actions et obligations au porteur, en actions et obligations nominatives, sera affranchie de tout droit.

9. Les actions et obligations émises par les sociétés, compagnies ou entreprises étrangères, sont soumises, en France, à des droits équivalents à ceux qui sont établis par la présente loi et par celle du 5 juin 1850, sur les valeurs françaises : elles ne pourront être cotées et négociées en France qu'en se soumettant à l'acquittement de ces droits.

Un règlement d'administration publique fixera le mode d'établissement et de perception de ces droits, dont l'assiette pourra reposer sur une quotité déterminée du capital social.

Le même règlement déterminera toutes les mesures nécessaires pour l'exécution de la présente loi.

10. Toute contravention aux précédentes dispositions et à celles des règlements qui seront faits pour leur exécution, est punie d'une amende de cent francs à cinq mille francs, sans préjudice des peines portées par l'article 39 de la loi du 22 frimaire an VII, pour omission ou insuffisance de déclaration.

11. L'article 15 de la loi du 5 juin 1850 est abrogé.

(Cet article exonérait de tout droit d'enregistrement la cession de titre ou certificat d'action.)

Décret du 17 juillet 1857.

(*Droits de transmission des actions et obligations.*)

ART. 1er. — Les compagnies, sociétés et entreprises dont les actions et obligations sont assujetties au droit de transmission établi par l'article 6 de la loi du 23 juin 1857, seront tenues de faire, au bureau de l'enregistrement du lieu où elles auront le siège de leur principal établissement, une déclaration constatant :

1º L'objet, le siège et la durée de la société ou de l'entreprise;

2º La date de l'acte constitutif et celle de l'enregistrement de cet acte;

3º Les noms des directeurs ou gérants;

4º Le nombre et le montant des titres émis, en distinguant les actions des obligations, et les titres nominatifs des titres au porteur.

Cette déclaration devra être faite avant le 15 août prochain pour les compagnies et entreprises existantes au jour de la promulgation de la loi du 24 juin 1857, et dans le mois de leur constitution définitive pour les sociétés, compagnies et entreprises qui se formeront postérieurement. En cas de modifications dans la constitution sociale, de changements de siège, de remplacement du directeur ou gérant, d'émission de titres nouveaux, lesdites sociétés, compagnies et entreprises devront en faire la déclaration, dans le délai d'un mois, au bureau qui aura reçu la déclaration primitive.

2. Le droit de vingt centimes par cent francs, établi par les articles 6 et 8 de la loi du 23 juin 1857 sur les transferts des actions et obligations nominatives, ainsi que sur les conversions de titres, sera acquitté, conformément à l'article 7 de la même loi, par les sociétés, compagnies et entreprises, au bureau de l'enregistrement du siège social, après l'expiration de chaque trimestre, et dans les vingt premiers jours du trimestre suivant.

Le relevé des transferts et des conversions sera remis au receveur de l'enregistrement lors de chaque versement.

Ce relevé énoncera :

1º La date de chaque opération;

2º Les nom, prénoms et domicile du cédant et du cessionnaire ou du détenteur des titres convertis;

3º La désignation et le nombre des actions et obligations transférées ou converties;

4º Le prix de chaque transfert ou la valeur des actions et obligations converties;

5º Le total, en toutes lettres, de la somme soumise au droit de vingt centimes par cent francs.

3. La valeur des actions et obligations converties sera établie, pour celles cotées à la Bourse, d'après le dernier cours moyen constaté avant le jour de

la conversion, et, pour les autres, conformément à l'article 16 de la loi du 22 frimaire an VII (1).

A l'égard des actions et obligations dont la conversion aura été opérée sans paiement de droits, en exécution du dernier paragraphe de l'article 8 de la loi du 23 juin 1857, les sociétés, compagnies et entreprises remettront au receveur de l'enregistrement un état indicatif du nombre de ces titres, dans les vingt jours qui suivront l'expiration du délai accordé pour la conversion gratuite.

4. Les transferts faits à titre de garantie, et n'emportant pas transmission de propriété, feront l'objet d'un état spécial joint au relevé trimestriel qui doit être remis au receveur de l'enregistrement, conformément à l'article 2 du présent règlement.

Il ne sera pas tenu compte de ces transferts dans la liquidation des droits.

5. Pour l'acquittement de la taxe établie sur les titres au porteur et ceux dont la transmission peut s'opérer sans un transfert sur les registres, les sociétés formeront un état distinct des actions et obligations de cette nature existantes au dernier jour de chacun des trimestres de janvier, avril, juillet et octobre, et elles le déposeront entre les mains du receveur de l'enregistrement du lieu de l'établissement.

Cet état mentionnera le cours moyen, pendant l'année précédente, des actions et obligations cotées à la Bourse. A l'égard de celles non cotées dans le cours de cette année, il contiendra une déclaration estimative faite conformément à l'article 16 de la loi du 22 frimaire an VII.

La taxe sera payée dans les vingt jours qui suivront l'expiration de chaque trimestre, et perçue, pour le trimestre entier, d'après la situation établie conformément au premier paragraphe du présent article.

En ce qui concerne les compagnies qui seront créées, à l'avenir, après l'ouverture d'un trimestre, le droit ne sera liquidé, pour la première fois, que proportionnellement au nombre des jours écoulés depuis leur constitution.

6. Les états, relevés et déclarations qui seront fournis au receveur de l'enregistrement, conformément aux articles précédents, seront certifiés véritables par les directeurs ou gérants des sociétés, compagnies ou entreprises.

Dans ces états, relevés et déclarations, comme pour la perception des droits, il ne sera fait aucune déduction des sommes restant à verser sur les actions et obligations non libérées.

7. Le cours moyen qui, suivant l'article 6 de la loi du 23 juin 1857, doit servir de base à la perception de la taxe sur les titres au porteur, sera établi en divisant la somme des cours moyens de chacun des jours de l'année par le nombre de ces cours.

A l'égard des valeurs cotées dans les bourses des départements et à la Bourse de Paris, il sera tenu compte exclusivement des cotes de cette dernière Bourse pour la formation du cours moyen.

8. Les titres au porteur des sociétés nouvellement formées ne supporteront la taxe, dans le courant de la première année de leur constitution, que d'après une déclaration estimative, faite par ces sociétés, de la valeur de leurs titres, conformément à l'article 16 de la loi du 22 frimaire an VII.

9. Les dépositaires des registres à souche et des registres de transferts et conversions de titres de sociétés, compagnies et entreprises, seront tenus de les communiquer sans déplacement, ainsi que toutes les pièces et documents relatifs auxdits transferts et conversions, aux préposés de l'enregistrement, à toutes réquisitions, et de leur laisser prendre, sans frais, les renseignements extraits et copies, qui seront nécessaires dans l'intérêt du Trésor public, à peine de l'amende prononcée par l'article 18 de la loi du 23 juin 1857, pour chaque refus.

Le refus de la société ou de ses agents sera établi, jusqu'à inscription de faux, par le procès-verbal du préposé, affirmé dans les vingt-quatre heures.

10. Pour l'exécution de l'article 9 de la loi, les sociétés, compagnies ou entreprises étrangères qui ont été autorisées à faire coter leurs actions, et

---

(1) Voici cet article : 16. Si les sommes et valeurs ne sont pas déterminées dans un acte ou un jugement donnant lieu au droit proportionnel, les parties seront tenues d'y suppléer, avant l'enregistrement, par une déclaration estimative, certifiée et signée au bas de l'acte.

obligations, soit à la Bourse de Paris, soit aux bourses départementales, seront tenues, dans les deux mois de la promulgation de la loi, de désigner un représentant responsable en France, et de le faire agréer par le Ministre des Finances, sous peine de se voir retirer l'autorisation dont elles jouissent.

Toute compagnie qui, à l'avenir, sera autorisée à faire coter ses titres en France, devra également faire agréer par le Ministre des Finances un représentant responsable.

Les sociétés, compagnies et entreprises mentionnées aux deux paragraphes précédents, remettront au Ministre des Finances une déclaration indiquant le nombre de leurs actions et obligations qui devra servir de base à l'impôt. Ce nombre sera fixé par le Ministre des Finances.

Ces sociétés, compagnies et entreprises paieront, pour leurs actions et obligations soumises à l'impôt, une taxe annuelle et obligatoire de douze centimes par cent francs, conformément au paragraphe 2 de l'article 6 de la loi du 23 juin 1857, sans faire aucune distinction entre les titres nominatifs et les titres au porteur (1).

Les dispositions des articles 5 et 7 du présent règlement, relatives aux époques de paiement et à la fixation du cours moyen, seront applicables aux valeurs étrangères.

11. Le droit de timbre auquel sont assujetties les actions et obligations émises par les sociétés françaises, sera acquitté par les sociétés, compagnies et entreprises étrangères dont les titres sont ou seront cotés en France. Ce droit sera établi sur la quotité du capital déclaré conformément à l'article 10 du présent règlement, et payé suivant le mode prescrit par les articles 22 et 31 de la loi du 5 juin 1850.

Un avis officiel inséré au *Moniteur* équivaudra à l'apposition du timbre.

12. En cas d'infraction aux dispositions du présent règlement, ou de retard, soit dans le paiement des droits, soit dans le dépôt des états, relevés et déclarations prescrits par les articles précédents, les sociétés, compagnies et entreprises seront passibles de l'amende prononcée par l'article 10 de la loi du 23 juin 1857, sans préjudice des peines portées par l'article 39 de la loi du 22 frimaire an VII (2), pour omission ou insuffisance de déclaration.

En cas d'omission ou d'insuffisance dans les états, relevés et déclarations, la preuve en sera faite comme en matière d'enregistrement. Les dispositions du présent article seront applicables aux sociétés, compagnies ou entreprises étrangères et à leurs représentants.

Extrait du décret du 11 janvier 1862, relatif à la perception du droit de transmission établi sur les actions et obligations des sociétés, compagnies et entreprises étrangères.

ART. 2. — Les représentants des sociétés devront fournir au Ministre des Finances une déclaration émanée des conseils d'administration desdites sociétés faisant connaître l'importance du capital émis, tant en actions qu'en obligations. Cette déclaration doit être certifiée par le Consul de France du lieu où est établi le siège de ladite société.

---

(1) Droit porté à 0,15 0/0 (16 septembre 1871), 0,25 0/0 (30 mars 1872), 0,20 0/0 (29 juin 1872), 0,25 0/0 (26 décembre 1908), 0,30 0/0 (29 mars 1914), 0,50 0/0 (25 juin 1920).

(2) Voici cet article : 39. Les héritiers, donataires, ou légataires qui n'auront pas fait, dans les délais prescrits, la déclaration des biens à eux transmis par décès, paieront, à titre d'amende, un demi-droit en sus du droit qui sera dû pour la mutation.

La peine pour les omissions, qui seront reconnues avoir été faites dans les déclarations, sera d'un droit en sus de celui qui se trouvera dû pour les objets omis : il en sera de même pour les insuffisances constatées dans les estimations des biens déclarés.

Si l'insuffisance est établie par un rapport d'expert, les contrevenants paieront, en outre, les frais de l'expertise, etc.

Extrait de la loi du 13 mai 1863.

(Timbre des fonds publics étrangers.)

ART. 6. — A dater du 1er juillet 1863, sont soumis à un droit de timbre de cinquante centimes par cent francs (1) ou fraction de cent francs du montant de leur valeur nominale, les titres de rentes, emprunts et autres effets publics des gouvernements étrangers, quelle qu'ait été l'époque de leur création.

La valeur des monnaies étrangères en monnaie française sera fixée annuellement par un décret.

7. — Aucune transmission des titres énoncés en l'article précédent ne peut avoir lieu avant que ces titres aient acquitté le droit de timbre.

En cas de contravention, le propriétaire du titre et l'agent de change ou tout autre officier public qui aura concouru à sa transmission seront passibles chacun d'une amende de dix pour cent de la valeur nominale de ce titre.

Décret du 18 mars 1868, qui admet à jouir du bénéfice de l'article 24 de la loi du 5 juin 1850, relative au timbre des actions dans les sociétés, etc., les sociétés, compagnies et entreprises étrangères dont les titres sont cotés aux Bourses françaises.

ARTICLE UNIQUE. — Les sociétés, compagnies et entreprises étrangères dont les titres sont cotés aux bourses françaises, sont admises à jouir du bénéfice de l'article 24 de la loi du 5 juin 1850, en justifiant que, pendant les deux dernières années, elles n'ont pu payer ni dividendes ni intérêts.

Elles devront, à cet effet, produire à l'administration de l'enregistrement les procès-verbaux et délibérations des assemblées générales, les inventaires, balances, tous autres documents de comptabilité vérifiés et certifiés par les agents diplomatiques ou consulaires français.

Extrait de la loi du 23 août 1871 portant augmentation des droits de timbre et d'enregistrement

ART. 2. — Il est ajouté deux décimes au principal des droits de timbre de toute nature.

Extrait de la loi du 16 septembre 1871.

ART. 11. — A partir du 15 octobre 1871, les droits de vingt centimes par cent francs de la valeur négociée, sur les titres nominatifs et de douze centimes sur les titres au porteur, établis par l'article 6 de la loi du 23 juin 1857, sont respectivement élevés à 50 centimes et 15 centimes.

Ces droits seront applicables à la transmission des obligations des départements, des communes, des établissements publics et de la société du Crédit foncier.

Loi du 30 mars 1872 relative au droit de transmission sur les titres au porteur, au taux d'abonnement au timbre des lettres de gages et obligations du Crédit foncier, aux droits sur les titres émis par les villes, provinces et établissements publics étrangers.

ART. 1er. — A dater du 1er avril 1872, le droit de transmission de quinze centimes sur les titres au porteur de toute nature, établi par la loi du 23 juin 1857, et par l'article 11 de la loi du 16 septembre 1871, est fixé à vingt-cinq centimes annuellement.

Ce droit, ainsi que celui de cinquante centimes sur la transmission des titres nominatifs établi par l'article 11 de la loi du 16 septembre 1871, seront

---

(1) Droit porté à 1 0/0 (8 juin 1864), modifié par la loi du 25 mai 1872 (voir plus loin), à 0,50 0/0 (28 décembre 1895), à 1 0/0 (21 avril 1898), 2 0 0 (30 janvier 1907), 3 0/0 (30 juillet 1913), 2 0/0 (7 avril 1914).

perçus, à l'avenir, sur la valeur négociée, déduction faite des versements restant à faire sur les titres non entièrement libérés.

Le taux d'abonnement au timbre des lettres de gage et obligations du Crédit foncier, fixé par l'article 29 de la loi du 8 juillet 1852, est relevé à cinq centimes par mille francs.

Les titres émis par les villes, provinces et corporations étrangères, quelle que soit leur dénomination, et par tout autre établissement public étranger, seront soumis à des droits équivalents à ceux qui sont établis par la présente loi, et par celle du 5 juin 1850 sur le timbre. Ils ne pourront être cotés ou négociés en France qu'en se soumettant à l'acquittement de ces droits.

Un règlement d'administration publique fixera, pour ces titres, le mode d'établissement et de perception de l'impôt, dont l'assiette pourra reposer sur une quotité déterminée du capital.

2. Nul ne peut négocier, exposer en vente ou énoncer dans des actes de prêt, de dépôt, de nantissement ou dans tout autre acte ou écrit, à l'exception des inventaires, des titres étrangers qui n'auraient pas été admis à la cote ou qui n'auraient pas été dûment timbrés au droit de un pour cent du capital nominal.

Tout acte, soit public, soit sous seing privé, qui énoncera un titre de rente ou effet public d'un gouvernement étranger, ou tout autre titre étranger non coté aux bourses françaises, devra indiquer la date et le numéro du visa pour timbre apposé sur ce titre, ainsi que le montant du droit payé.

Chaque contravention à ces dispositions pourra être constatée, dans tous les lieux ouverts au public, par les agents qui ont qualité pour verbaliser en matière de timbre: elle sera punie d'une amende de cinq pour cent de la valeur nominale des titres qui seront négociés, exposés en vente, énoncés dans des actes ou dont il aura été fait usage. En aucun cas, l'amende ne pourra être inférieure à cinquante francs (1).

Toutes les parties sont solidaires pour le recouvrement des droits et amendes.

Une amende de cinquante francs sera encourue personnellement par tout officier public ou ministériel qui aura contrevenu aux dispositions qui précèdent.

3. Les deux décimes ajoutés au principal des droits de timbre de toute nature par l'article 2 de la loi du 23 août 1871 sont applicables aux taxes d'abonnement exigibles depuis la mise à exécution de cette loi, quelle que soit d'ailleurs l'époque à laquelle l'abonnement a été contracté.

4. Sont exempts du droit de timbre des quittances, reçus ou décharges de toute nature, les reconnaissances et reçus donnés, soit par lettres, soit autrement, pour constater la remise d'effets de commerce à négocier, à accepter ou à encaisser.

5. A partir du 1er janvier 1873, la taxe annuelle représentative des droits de transmission entre vifs et par décès, fixée par l'article 1er de la loi du 20 février 1849, est élevée à soixante-dix centimes par franc du principal de la contribution foncière.

Cette taxe sera, en outre, soumise, à l'avenir, aux décimes auxquels sont assujettis les droits d'enregistrement.

Décret du 24 mai 1872 portant règlement d'administration publique pour l'exécution de la loi du 30 mars 1872, relative aux droits sur les titres émis par les villes, provinces et corporations étrangères, et par tout établissement public étranger.

ART. 1er. — Le nombre des titres qui doit, en vertu de l'article 10 du décret du 17 juillet 1857, servir de base à la perception des droits de timbre et de transmission établis par les lois ci-dessus visées (2), sur les actions et obligations des sociétés étrangères, est fixé par le Ministre des Finances, sur l'avis préalable d'une commission composée ainsi qu'il suit :

Le Président de la Section des finances au Conseil d'Etat, président;

Le Directeur général de l'enregistrement, des domaines et du timbre;

---

(1) Modifié par la loi du 28 décembre 1895.
(2) Lois des 5 juillet 1850, 16 septembre 1871, et 30 mars 1872, toutes reproduites plus haut.

Le Directeur du mouvement général des fonds;

Un Régent de la Banque de France;

Le Syndic des agents de change de Paris;

La Commission désigne son secrétaire, qui a voix consultative.

2. Le nombre des titres assujettis aux droits de timbre et de transmission ne peut être inférieur, pour les actions, à un dixième, et, pour les obligations, à deux dixièmes du capital.

3. Le nombre des titres fixé par le Ministre des Finances, conformément aux articles qui précèdent, peut être revisé tous les trois ans.

S'il n'y a pas lieu à revision, la fixation précédente sert de base pour une nouvelle période de trois ans.

S'il y a lieu à revision, elle est effectuée dans le trimestre qui précède l'échéance de la troisième année, et sert de base pour une nouvelle période de trois ans.

A défaut par les sociétés, compagnies, entreprises, d'acquitter les droits, les titres sont rayés de la cote. Néanmoins le représentant établi en France, conformément à l'article 10 du décret du 17 juillet 1857, reste responsable des droits jusqu'à l'époque à laquelle les titres auront cessé d'être cotés.

4. Les droits de timbre et de transmission dus, en vertu de l'article 1er de la loi du 30 mars 1872, pour les titres émis par les villes, provinces, corporations étrangères et par tous autres établissements publics étrangers, sont fixés et perçus conformément aux dispositions du règlement d'administration publique du 17 juillet 1857 et à celles du présent règlement.

5. Le décret du 11 décembre 1864 est abrogé.

Loi du 25 mai 1872 modifiant les droits de timbre auxquels sont assujettis les titres de rentes et effets publics des gouvernements étrangers.

ART. 1er. — Le droit de timbre établi par les lois du 13 mai 1863 et 8 juin 1864 sur les titres de rentes, emprunts et tous autres effets publics des gouvernements étrangers, est fixé, à l'avenir, ainsi qu'il suit, savoir : — à soixante-quinze centimes pour chaque titre de cinq cents francs et au-dessous; — à un franc cinquante centimes pour chaque titre de cinq cents francs jusqu'à mille francs; — à trois francs pour chaque titre au-dessus de mille francs jusqu'à deux mille francs, et ainsi de suite, à raison de un franc cinquante centimes par mille francs ou fractions de mille francs.

Ce droit n'est pas assujetti aux décimes.

Il est perçu sur la valeur nominale du titre.

2. Aucune émission ou souscription de titres de rente ou effets publics des gouvernements étrangers ne peut être annoncée, publiée ou effectuée en France, sans qu'il ait été fait, dix jours à l'avance, au bureau de l'enregistrement de la résidence, une déclaration dont la date est mentionnée dans l'avis ou annonce.

Les titres ou les certificats provisoires de titres souscrits ou émis en France ne pourront être remis aux souscripteurs ou preneurs, sans avoir préalablement acquitté les droits de timbre fixés par l'article précédent.

Si le droit a été payé sur le certificat provisoire, le titre définitif correspondant sera timbré sans frais, sur la représentation de ce certificat.

3. Chaque contravention aux dispositions du paragraphe 1er de l'article précédent pourra être constatée dans les formes et conditions indiquées au 3e paragraphe de l'article 2 de la loi du 30 mars 1872. Elle sera également punie d'une amende de cinq pour cent de la valeur nominale des titres énoncés ou omis, sans que cette amende puisse être inférieure à cinquante francs.

L'amende est due personnellement et sans recours par celui qui a fait des annonces sans déclaration préalable, qui a émis ou qui a servi d'intermédiaire pour l'émission ou la souscription de titres non timbrés. La même amende sera exigible à raison d'émission ou de souscription faites sans déclaration préalable. Le souscripteur ou le preneur de titres non timbrés est tenu solidairement de l'amende sauf son recours contre celui qui a ouvert la souscription ou émis les titres.

4. Le droit de timbre des connaissements créés en France pourra être acquitté par l'apposition de timbres mobiles.

Sont applicables à ces timbres les dispositions des deux premiers paragraphes de l'article 7 de la loi du 30 mars 1872.

Loi du 29 juin 1872 relative à un impôt sur le revenu des valeurs mobilières.

ART. 1ᵉʳ. — Indépendamment des droits de timbre et de transmission établis par les lois existantes, il est établi, à partir du 1ᵉʳ juillet 1872, une taxe annuelle et obligatoire :

1° Sur les intérêts, dividendes, revenus et tous autres produits des actions de toute nature, des sociétés, compagnies ou entreprises quelconques, financières, industrielles, commerciales ou civiles, quelle que soit l'époque de leur création ;

2° Sur les arrérages et intérêts annuels des emprunts et obligations des départements, communes et établissements publics ainsi que des sociétés, compagnies, entreprises ci-dessus désignées ;

3° Sur les intérêts, produits et bénéfices annuels des parts d'intérêt et commandites dans les sociétés, compagnies et entreprises dont le capital n'est pas divisé en actions ;

4° Sur les bénéfices qui, par suite de dispositions statutaires sont distribués aux membres des conseils d'administration des sociétés, compagnies et entreprises désignées aux paragraphes précédents (loi du 13 juillet 1911).

2. Le revenu est déterminé :

1° Pour les actions, par le dividende fixé d'après les délibérations des assemblées générales d'actionnaires ou des conseils d'administration, les comptes rendus ou tous autres documents analogues ;

2° Pour les obligations ou emprunts, par l'intérêt ou le revenu distribué dans l'année ;

3° Pour les parts d'intérêt et commandites, soit par les délibérations des conseils d'administration des intéressés, soit, à défaut de délibération, par l'évaluation à raison de cinq pour cent du montant du capital social ou de la commandite, ou du prix moyen des cessions de parts d'intérêt consenties dans l'année précédente.

Les comptes rendus et les extraits des délibérations des conseils d'administration ou des actionnaires seront déposés, dans les vingt jours de leur date, au bureau de l'enregistrement du siège social.

3. La quotité de la taxe établie par la présente loi est fixée à trois pour cent (1) du revenu des valeurs spécifiées en l'article 1ᵉʳ.

Le montant en est avancé, sauf leur recours, par les sociétés, compagnies, entreprises, villes, départements ou établissements publics.

Pour l'année 1872, les revenus, intérêts et dividendes seront sujets à la taxe pour moitié seulement de leur montant, quelle que soit d'ailleurs l'époque à laquelle le payement aura lieu.

A partir de la promulgation de la présente loi, le taux des droits et taxes établis par la loi du 23 juin 1857, et par celles des 16 septembre 1871 et 30 mars 1872, est réduit ainsi qu'il suit, savoir : — à cinquante centimes par cent francs pour la transmission ou la conversion des titres nominatifs ; — à vingt centimes par cent francs pour la taxe à laquelle sont assujettis les titres au porteur.

Ces droits et taxes ne sont pas soumis aux décimes.

4. Les actions, obligations, titres d'emprunt, quelle que soit d'ailleurs leur dénomination, des sociétés, compagnies, entreprises, corporations, villes, provinces étrangères, ainsi que tout autre établissement public étranger, sont soumis à une taxe équivalente à celle qui est établie par la présente loi sur les revenus des valeurs françaises.

Les titres étrangers ne pourront être cotés, négociés, exposés en vente ou émis en France qu'en se soumettant à l'acquittement de cette taxe, ainsi que des droits de timbre et de transmission.

Un règlement d'administration publique fixera le mode d'établissement et de perception de ces droits, dont l'assiette pourra reposer sur une quotité déterminée du capital social.

Le même règlement déterminera les époques de payement de la taxe,

---

(1) 4 0/0 (loi du 26 décembre 1890), 5 0/0 (31 décembre 1916), 10 0/0 (25 juin 1920). La loi du 29 mars 1914 a étendu l'impôt cédulaire aux fonds d'État étrangers et aux valeurs étrangères non abonnées.

ainsi que toutes les autres mesures nécessaires pour l'exécution de la présente loi.

5. Chaque contravention aux dispositions qui précèdent et à celles du règlement d'administration publique qui sera fait pour leur exécution, sera punie conformément à l'article 10 de la loi du 23 juin 1857. Le recouvrement de la taxe sur le revenu sera suivi, et les instances seront introduites et jugées comme en matière d'enregistrement.

Décret du 6 décembre 1872 portant règlement d'administration publique pour l'exécution de la loi du 29 juin 1872, relative à l'impôt sur le revenu des valeurs mobilières.

ART. 1er. — La taxe de trois pour cent établie par la loi du 29 juin 1872 est avancée par les sociétés, compagnies, entreprises, départements, communes et établissements publics, et payée au bureau de l'enregistrement du siège social ou administratif désigné à cet effet, savoir :

1º Pour les obligations, emprunts et autres valeurs dont le revenu est fixé et déterminé à l'avance, en quatre termes égaux, d'après les produits annuels afférents à ces valeurs;

2º Pour les actions, parts d'intérêt, commandites et emprunts à revenu variable, en quatre termes égaux déterminés provisoirement d'après le résultat du dernier exercice réglé et calculé sur les quatre cinquièmes du revenu, s'il en a été distribué, et, en ce qui concerne les sociétés nouvellement créées, sur le produit évalué à cinq pour cent du capital appelé.

Chaque année, après la clôture des écritures relatives à l'exercice, il est procédé à une liquidation définitive de la taxe due pour l'exercice entier. Si, de cette liquidation il résulte un complément de taxe au profit du Trésor, il est immédiatement acquitté. Dans le cas contraire, l'excédent versé est imputé sur l'exercice courant ou remboursé si la société est arrivée à son terme ou si elle cesse de donner des revenus.

2. Les payements à faire en quatre termes doivent être effectués dans les vingt premiers jours des mois de janvier, avril, juillet et octobre de chaque année.

La liquidation définitive a lieu au moment du dépôt prescrit par l'article 2 de la loi du 29 juin 1872, des comptes rendus et extraits des délibérations des assemblées générales d'actionnaires ou des conseils d'administration, ou de tous autres documents analogues fixant le dividende distribué.

Cette liquidation doit être établie dans les vingt premiers jours du mois de mai pour les sociétés auxquelles leurs statuts n'imposent pas l'obligation de prendre des délibérations sur cet objet. Dans ce cas, la liquidation définitive est opérée à raison de cinq pour cent du prix moyen des cessions de parts d'intérêts consenties pendant l'année précédente et dûment enregistrées, et à défaut de cession, d'après l'évaluation à cinq pour cent du montant du capital social ou de la commandite.

3. Toutes les dispositions des deux articles précédents sont applicables aux sociétés, compagnies, entreprises, corporations, villes, provinces étrangères, ainsi qu'à tous établissements publics étrangers dont les titres sont cotés ou circulent en France, ou qui ont pour objet des biens, soit mobiliers, soit immobiliers, situés en France.

La taxe sur le revenu, pour les titres cotés à la Bourse ou émis en France, est assise sur la même base que les droits de timbre et de transmission; elle est déterminée en la forme prévue au règlement d'administration publique du 24 mai 1872.

Les sociétés, compagnies et entreprises étrangères dont les titres ne sont pas cotés, mais qui ont pour objet des biens, meubles ou immeubles situés en France, doivent la taxe sur le revenu à raison des valeurs françaises qui en dépendent et acquittent cette taxe d'après une quotité du capital social fixée par le Ministre des Finances, sur l'avis préalable de la Commission instituée par le règlement ci-dessus indiqué. Elles doivent à cet effet faire agréer par le Ministre des Finances, avant le 1er décembre 1872, si elles existent actuellement, et, dans le cas contraire, avant toute opération en France, un représentant français personnellement responsable des droits et amendes.

4. Aucune émission ou souscription de titres étrangers ne peut avoir lieu

en France qu'après qu'un représentant responsable a été agréé par le Ministre des Finances. Dans le mois qui suit la clôture de l'émission ou de la souscription, le Ministre des Finances détermine le nombre des titres qui doivent servir de base à la perception des droits de timbre et de transmission ainsi qu'à l'assiette de la taxe sur le revenu. Ce nombre est formé conformément aux dispositions des règlements d'administration publique des 17 juillet 1857 et 24 mai 1872.

5. La Caisse des dépôts et consignations est autorisée à payer directement à Paris, au bureau qui sera désigné, la taxe annuelle due à raison des prêts de toute nature qu'elle a faits à des départements, communes et établissements publics.

6. Les dispositions des articles 1, 2, 3 et 5 qui précèdent sont applicables à la taxe due, pour l'année 1872, sur la moitié des revenus, intérêts et dividendes distribués, quelle que soit d'ailleurs l'époque du paiement.

A cette époque, les sociétés qui n'auront pas encore effectué le dépôt prescrit par l'article 2 de la loi du 29 juin 1872 devront remettre au receveur de l'enregistrement les extraits ou comptes rendus des délibérations des assemblées générales d'actionnaires ou des conseils d'administration ou de tous autres documents analogues qui ont fixé le chiffre total du dividende distribué pour le dernier exercice.

Extrait de la loi du 21 juin 1875, concernant l'application de l'impôt sur le revenu aux lots et primes de remboursement attachés aux obligations et aux autres titres d'emprunt.

ART. 5. — Sont assujettis à la taxe de trois pour cent (1) établie par la loi du 29 juin 1872, les lots et primes de remboursement payés aux créanciers et aux porteurs d'obligations, effets publics et tous autres titres d'emprunt.

La valeur est déterminée pour la perception de la taxe, savoir :

1º Pour les lots, par le montant même du lot en monnaie française;

2º Pour les primes, par la différence entre la somme remboursée et le taux d'émission des emprunts.

Un règlement d'administration publique déterminera le mode d'évaluation du taux d'émission, ainsi que toutes autres mesures d'exécution.

Sont applicables à la taxe établie par le présent article, les dispositions des articles 3, 4, 5 de la loi du 29 juin 1872.

. . . .

Décret du 15 décembre 1875 portant règlement d'administration publique, pour l'exécution de l'article 5 de la loi du 21 juin 1875, qui assujettit à l'impôt sur le revenu les lots et primes de remboursement attachés aux obligations et autres titres d'emprunt.

ART. 1ᵉʳ. — Lorsque les obligations, les effets publics et tous les autres titres d'emprunt dont les lots et primes de remboursement sont assujettis à la taxe de trois pour cent par l'article 5 de la loi du 21 juin 1875 auront été émis à un taux unique, ce taux servira de base à la liquidation du droit sur les primes.

Si le taux d'émission a varié, il sera déterminé, pour chaque emprunt, par une moyenne établie en divisant par le nombre de titres correspondant à cet emprunt le montant brut de l'emprunt total, sous la seule déduction des arrérages courus au moment de chaque vente.

A l'égard des emprunts dont l'émission faite à des taux variables n'est pas terminée, la moyenne sera établie d'après la situation de l'emprunt au 31 décembre de l'année qui a précédé celle du tirage.

2. Lorsque le taux d'émission ne pourra pas être établi conformément à l'article 1ᵉʳ, ce taux sera représenté par un capital formé de vingt fois l'intérêt stipulé, lors de l'émission, au profit du porteur de titres.

A défaut de stipulation d'intérêt, il sera pourvu à la fixation du taux

---

(1) A 4 0/0 (loi du 26 décembre 1890), à 8 0/0 (pour les lots seulement, loi du 25 février 1901); à 5 0/0 (remboursements), 10 0/0 (lots), loi du 30 décembre 1916; à 10 0/0 (remboursements), 20 0/0 (lots), loi du 25 juin 1920.

d'émission dans la forme tracée par l'article 16 de la loi du 22 frimaire an VII.

3. La taxe avancée par les sociétés, compagnies, entreprises, départements, communes et établissements publics, conformément à l'article 3 de la loi du 29 juin 1872, est payée dans les vingt jours qui suivront le jour fixé pour le paiement des lots et primes de remboursement, au bureau de l'enregistrement du siège social ou administratif désigné, conformément à l'article 1er du décret du 6 décembre 1872, pour recevoir la taxe sur le revenu.

Pour l'acquittement de cette taxe, il sera remis au receveur, lors du paiement, une copie certifiée du procès-verbal de tirage au sort, avec un état indiquant pour chaque tirage : 1° le nombre des titres amortis; 2° le taux d'émission de ces titres, déterminé conformément aux articles 1 et 2, s'il s'agit de primes de remboursement; 3° le montant des lots et des primes échus aux titres sortis; 4° la somme sur laquelle la taxe est exigible.

4. Les sociétés, compagnies, entreprises et tous autres assujettis au paiement de la taxe seront tenus de communiquer aux agents de l'enregistrement, tant au siège social que dans les succursales ou agences, les documents et écritures relatifs aux lots et aux primes de remboursement, afin qu'ils s'assurent de l'exécution de toutes les dispositions qui précèdent.

5. Les dispositions des articles ci-dessus sont applicables aux sociétés, compagnies, entreprises, corporations, villes et provinces étrangères, ainsi qu'à tous autres établissements publics étrangers assujettis à la taxe de trois pour cent sur le revenu.

La taxe sur les lots et primes de remboursement est assise, comme la taxe de trois pour cent établie par la loi du 29 juin 1872, sur la même base que les droits de timbre et de transmission, d'après le nombre de titres déterminé en la forme prévue par le règlement d'administration publique du 24 mai 1872.

Les représentants responsables devront produire les documents dont le dépôt est prescrit par l'article 3, vérifiés et certifiés par les agents diplomatiques ou consulaires français, conformément à l'article 1er du décret du 28 mars 1868.

6. Dans le mois de la promulgation du présent décret, tous les assujettis à la taxe établie par l'article 5 de la loi du 21 juin 1875 seront tenus de déposer au bureau de l'enregistrement désigné pour la recette du droit : 1° la copie certifiée des tableaux d'amortissement de tous leurs emprunts; 2° le bordereau détaillé, certifié conforme aux écritures, indiquant pour chaque emprunt entièrement émis, le nombre des titres, le montant brut porté en recette sur le capital, le taux fixe ou le taux moyen de l'émission, le taux de remboursement et le montant de la prime ou des lots.

Extrait de la loi du 26 décembre 1890.

Art. 4. — A partir du 1er janvier 1891, la taxe de 3 % établie sur le revenu des valeurs mobilières par les lois du 29 juin 1872, du 21 juin 1875, du 28 décembre 1880 et du 29 décembre 1884 est fixée à 4 %.

Loi du 28 décembre 1895.

(Timbre des fonds d'États étrangers et des valeurs étrangères non abonnées.)

Art. 3. — A partir du 1er janvier 1896, le droit de timbre au comptant des titres étrangers est fixé, savoir :

1° A 2 % pour ceux désignés dans les articles 9 de la loi du 23 juin 1857 et 1er, § 4, de la loi du 30 mars 1872 (*titres émis par les villes, provinces, corporations ou établissements étrangers*);

2° A 0 fr. 50 % pour ceux désignés dans l'article 7 de la loi du 13 mai 1863 (*titres émis par les gouvernements étrangers*).

Ce droit n'est pas soumis aux décimes. Il sera perçu sur la valeur nominale de chaque titre ou coupure considéré isolément, et, dans tous les cas, sur un minimum de 100 francs.

Les titres déjà timbrés au jour de la promulgation de la présente loi tomberont sous son application, mais le droit ci-dessus ne leur sera appliqué qu'imputation faite du montant de l'impôt déjà payé.

4. Les dispositions des articles 2 et 3 de la loi du 25 mai 1872 sont appli-

cables aux titres énumérés dans l'article 9 de la loi du 23 juin 1857 et l'article 1er, § 4, de la loi du 30 mars 1872.

5. L'article 2 de la loi du 30 mars 1872 est ainsi modifié :

« Nul ne peut négocier, exposer en vente ou énoncer dans un acte ou écrit, soit public, soit sous seing privé, autre qu'un inventaire, lorsqu'ils n'ont pas été préalablement timbrés du droit spécifié dans l'article 3 de la présente loi :

« 1º Des titres de rentes, emprunts et autres effets publics des gouvernements étrangers ;

« 2º Des titres d'actions ou obligations émis par des sociétés, compagnies ou entreprises étrangères, villes, provinces et corporations étrangères qui n'acquitteraient pas la taxe d'abonnement prévue par l'article 10 du décret du 17 juillet 1857 et l'article 4 du décret du 24 mai 1872.

« Tout acte ou écrit, soit public, soit sous signature privée, qui énoncera l'un des titres visés au présent article, devra indiquer le lieu, la date et le numéro du visa pour timbre, ainsi que le montant du droit du timbre payé, ou, si la formalité a été donnée au moyen, soit du timbre extraordinaire, soit d'un timbre mobile, les mentions contenues dans l'empreinte du timbre apposé.

« Chaque contravention aux dispositions du présent article sera punie d'une amende de cinq pour cent (5 %), en principal, de la valeur nominale des titres qui seront négociés, mis en vente ou énoncés dans des actes. En aucun cas, l'amende ne pourra être inférieure à cent francs (100 francs) en principal ; toutes les parties seront solidaires pour le recouvrement des droits et amendes. Tout officier public ou ministériel qui aura contrevenu aux dispositions qui précèdent demeurera responsable des droits de timbre et sera, en outre, passible personnellement d'une amende de cent francs (100 francs) en principal. »

6. Un règlement d'administration publique déterminera toutes les mesures d'exécution des dispositions contenues dans l'article précédent. Chaque contravention aux dispositions de ce règlement sera punie d'une amende de cent à cinq mille francs (100 à 5.000) en principal.

Loi du 13 avril 1898.

Droits de timbre, de transmission et sur le revenu des valeurs mobilières.

Art. 12. — L'amende prévue à l'article 3 de la loi du 25 mai 1872 est applicable à toute personne qui effectue en France l'émission, la mise en souscription, l'exposition en vente ou l'introduction sur le marché, des titres étrangers désignés dans l'article 4 de la loi du 29 juin 1872, qui annonce au public les opérations ci-dessus, et à toute personne qui fait le service financier de ces mêmes titres, soit en opérant leur remboursement ou leur transfert, soit en faisant le paiement des coupons, tant qu'un représentant responsable des droits de timbre, de transmission et de l'impôt sur le revenu dont ces titres sont redevables n'aura pas été agréé.

Cette amende ne pourra être inférieure à cinquante francs (50 francs).

Des insertions périodiques au *Journal officiel* feront connaître la liste des valeurs pour lesquelles la formalité ci-dessus aura été remplie.

Un règlement d'administration publique déterminera les mesures d'application du présent article, notamment les conditions dans lesquelles la réalisation d'un cautionnement pourra être substituée à la désignation d'un représentant responsable.

Chaque contravention aux dispositions de ce règlement sera punie d'une amende de cent francs à cinq mille francs (100 à 5.000 francs) en principal.

Les sociétés, compagnies et entreprises étrangères visées par les articles 4 de la loi du 29 juin 1872 et 3 du décret du 6 décembre suivant sont tenues, préalablement à leur établissement en France, de déposer, au bureau de l'enregistrement dans le ressort duquel se manifeste pour la première fois leur existence, un exemplaire certifié de leur acte d'association, sous peine d'une amende de cent francs à cinq mille francs (100 à 5.000 francs) en principal.

Sont astreints à la même obligation et sous la même peine dans le délai de trois mois à partir de la promulgation de la présente loi, celles de ces sociétés, compagnies ou entreprises qui, pour une cause quelconque, n'ont pas actuellement de représentant responsable.

13. A partir du 1er janvier 1899, le droit de timbre au comptant des titres étrangers, désigné dans l'article 6 de la loi du 13 mai 1863, est fixé à un pour cent (1 %), sauf en ce qui concerne les titres déjà timbrés à cette date au tarif de 50 centimes %.

Ce droit n'est pas soumis aux décimes. Il sera perçu sur la valeur nominale de chaque titre ou coupure, considéré isolément et, dans tous les cas, sur un minimum de cent francs (100 francs).

Pour les titres déjà timbrés au 1er janvier 1899 au tarif antérieur à la loi du 28 décembre 1895, le droit de 1 % ne sera appliqué qu'imputation faite du montant de l'impôt déjà payé.

Resteront soumis au droit de 50 centimes % les fonds étrangers cotés à la Bourse officielle, dont le cours, au moment où le droit devient exigible, sera tombé au-dessous de la moitié du pair, par suite d'une diminution de l'intérêt imposé par l'Etat débiteur.

TIMBRE, VALEURS ÉTRANGÈRES
Décret du 22 juin 1898.

Art. 1er. — Les sociétés, compagnies, entreprises, corporations, villes, provinces étrangères, ainsi que tous autres établissements publics étrangers, peuvent s'affranchir de l'obligation de faire agréer un représentant responsable des droits de timbre, de transmission, ainsi que de la taxe sur le revenu dont ils sont ou pourront être redevables envers le Trésor, en déposant à la Caisse des dépôts et consignations un cautionnement en numéraire dont le montant sera déterminé par le Ministre des Finances ou, en vertu de la délégation du Ministre, par le Directeur général de l'enregistrement.

2. Ce cautionnement ne pourra être inférieur à la somme représentant approximativement le total des taxes annuelles exigibles pour une période de trois années et calculées à raison des cinq dixièmes des titres pour lesquels l'abonnement aura été demandé. Il pourra, toutefois, être réduit, s'il y a lieu, après la fixation par le Ministre des Finances du nombre des titres passibles des taxes.

3. Le versement du cautionnement à la Caisse des dépôts et consignations sera accompagné :

1° D'une copie de la décision du Ministre ou du Directeur général de l'Enregistrement qui aura fixé le montant du cautionnement;

2° D'une déclaration préalablement visée par l'Administration de l'enregistrement indiquant l'affectation spéciale de la somme déposée et contenant autorisation au profit de ladite Administration de prélever sur ce cautionnement le montant des taxes annuelles de timbre, de transmission et de revenu, ainsi que des amendes, frais et accessoires qui pourront être dus au Trésor.

Il sera délivré par la Caisse un récépissé constatant le versement de la somme déposée et son affectation spéciale au paiement des taxes annuelles de timbre, de transmission et de revenu, ainsi que des amendes, frais et accessoires qui pourront être dus au Trésor.

L'amende prévue par l'article 3 de la loi du 25 mai 1872 ne cessera d'être applicable que lorsque le récépissé délivré au déposant aura été remis par lui, à titre de pièce justificative, au service de l'enregistrement.

4. Le capital du cautionnement est seul affecté spécialement à la garantie du paiement des taxes annuelles, amendes, frais et accessoires dus au Trésor.

La Caisse des dépôts et consignations pourra, en conséquence, à défaut d'opposition, payer chaque année à la société ou collectivité étrangère déposante, au taux de 2 % fixé par l'article 60 de la loi de finances du 26 juillet 1893, les intérêts du cautionnement courus pendant l'année précédente. La personne qui aura signé la déclaration prévue par l'article 3, 2°, aura qualité, jusqu'à avis contraire donné par la société ou collectivité étrangère, pour encaisser les intérêts sans que la Caisse ait à réclamer aucune justification.

5. Les sociétés, compagnies, entreprises et autres collectivités étrangères désignées par l'article 1er pourront être autorisées à substituer au représentant responsable déjà agréé un cautionnement en numéraire dont la fixa-

tion et la réalisation auront lieu dans les conditions déterminées par les articles précédents. Elles pourront toujours renoncer à cette faculté et retirer leur cautionnement en numéraire, à la charge de faire agréer un représentant responsable par le directeur général de l'enregistrement.

6. Le cautionnement ne pourra être remboursé que sur une autorisation du directeur général de l'enregistrement. Ce remboursement sera, le cas échéant, effectué entre les mains de la personne qui aura signé la déclaration d'affectation spéciale prévue par l'article 3, 2°, et qui donnera décharge à la Caisse.

7. L'Administration de l'enregistrement pourra faire verser dans ses caisses tout ou partie du cautionnement en produisant à la Caisse des dépôts et consignations une déclaration du directeur général de l'enregistrement indiquant le montant des taxes annuelles de timbre, de transmission et de revenu, ainsi que les amendes, frais et accessoires dus au Trésor par la société ou collectivité étrangère déposante. La Caisse n'aura, pour sa libération, aucune autre justification à demander.

8. Il sera publié au *Journal officiel*, le 15 janvier et le 15 juillet de chaque année, une liste des valeurs étrangères pour lesquelles un représentant responsable aura été agréé ou un cautionnement versé et qui, au 31 décembre de l'année précédente et au 30 juin de l'année courante, acquittent les taxes annuelles.

Décret du 25 janvier 1899 relatif aux valeurs étrangères non cotées mais abonnées au timbre.

ART. 1er. — A partir du 1er janvier 1899, les sociétés, compagnies et entreprises étrangères, dont les titres, bien que non cotés aux bourses françaises, sont passibles du droit de timbre par abonnement, sont admises à jouir du bénéfice de l'article 24 de la loi du 5 juin 1850 en justifiant que pendant les deux dernières années, elles n'ont pu payer ni dividendes ni intérêts; elles devront à cet effet, produire à l'Administration de l'enregistrement, les procès-verbaux et délibérations des assemblées générales, les inventaires, balances ou tous autres documents de comptabilité vérifiés et certifiés par les agents diplomatiques ou consulaires français.

Loi du 25 février 1901 sur les lots affectés au service des obligations.

ART. 20. — La taxe établie par l'article 5 de la loi du 21 juin 1875 sur les lots payés aux créanciers et aux porteurs d'obligations, effets publics et tous autres titres d'emprunts, est fixée à huit pour cent (8 %).

Il n'est pas innové en ce qui concerne les droits applicables aux primes de remboursement.

Loi du 30 janvier 1907 sur le timbre des fonds d'Etats étrangers.

ART. 8. — A partir du 1er avril 1907 le droit de timbre au comptant des titres étrangers désignés dans l'article 6 de la loi du 13 mai 1863 est fixé à 2 %, sauf en ce qui concerne les titres déjà timbrés soit au tarif de 0,50 % avant le 1er janvier 1899, soit au tarif de 1 % avant le 1er avril 1907.

Ce droit n'est pas soumis aux décimes. Il sera perçu sur la valeur nominale de chaque titre ou coupure considéré isolément, et dans tous les cas sur un minimum de 100 francs.

Pour les titres déjà timbrés au 1er avril 1907, au tarif antérieur à la loi du 28 décembre 1895, le droit de 2 % ne sera appliqué qu'imputation faite du montant de l'impôt déjà payé.

Resteront soumis au droit de 1 % les fonds étrangers cotés à la Bourse officielle dont le cours, au moment où le droit devient exigible, sera tombé au-dessous de la moitié du pair par suite d'une diminution de l'intérêt imposée par l'Etat débiteur.

TIMBRE, VALEURS ÉTRANGÈRES
Loi du 31 décembre 1907.

ART. 7. — A l'avenir, l'énonciation dans tout inventaire de l'un des titres

\isés en l'article 5 de la loi du 28 décembre 1895 donnera ouverture au droit de timbre de ce titre, s'il n'a déjà été perçu.

Ce droit sera exigible par le seul fait de ladite énonciation et devra être acquitté, savoir :

Lorsqu'il s'agira d'un inventaire après décès, au moment de la déclaration de succession comprenant le titre, et au plus tard, dans les six mois du décès ;

Lorsqu'il s'agira d'un inventaire après déclaration de faillite, dans les quarante jours de la clôture de l'inventaire et, au plus tard, dans les six mois à partir de ladite déclaration ;

Lorsqu'il s'agira d'inventaire après divorce ou séparation de corps, dans le délai accordé par l'article 1463 du Code civil à la femme divorcée ou séparée de corps, pour accepter la communauté ou y renoncer ;

Pour tous les autres inventaires, dans le délai de deux mois, du jour de la vacation au cours de laquelle l'énonciation a eu lieu.

Chaque contravention aux dispositions qui précèdent sera punie d'une amende de 5 % en principal de la valeur nominale des titres pour lesquels le paiement des droits ou compléments de droits exigibles n'aurait pas eu lieu dans les délais ci-dessus fixés.

En aucun cas, l'amende ne pourra être inférieure à 100 francs en principal, et tous les ayants droit aux valeurs non timbrées seront solidaires pour le payement des droits et amendes.

Si l'inventaire est fait en vue du titre lui-même, il indiquera l'absence de timbre, ou, si le titre est timbré, le lieu, la date, le numéro du visa pour timbre ainsi que le montant du droit de timbre payé, ou encore, au cas où la formalité a été donnée au moyen soit du timbre extraordinaire, soit d'un timbre mobile, les mentions contenues dans l'empreinte du timbre apposé, le tout à peine de 100 francs d'amende contre le notaire contrevenant.

Dans tous les cas où l'acquit du droit de timbre ne résultera pas des énonciations de l'inventaire, les ayants droit devront justifier de cet acquit dans les délais ci-dessus fixés, soit par la représentation du titre ou de la quittance du Trésor constatant l'acquit sur déclaration, soit par la production d'un acte notarié antérieur ou postérieur à l'inventaire et relatant les mentions de timbre indiquées au paragraphe précédent.

VALEURS MOBILIÈRES, DROIT DE TRANSMISSION
Loi du 26 décembre 1908.

Art. 5. — A partir du 1er janvier 1909, le taux du droit de transmission auquel sont assujettis les titres nominatifs des actions et des obligations françaises par le paragraphe 1er de l'article 6 de la loi du 23 juin 1857 et par les articles 11 de la loi du 16 septembre 1871 et 3 de la loi du 29 juin 1872 est porté à 75 centimes par 100 francs.

La conversion des actions et obligations au porteur en actions et obligations nominatives est exempte de ce droit (1).

---

(1) Toutefois, lorsque la conversion a lieu pendant le trimestre qui précède l'échéance du coupon, la Compagnie ayant payé le droit de transmission pour le trimestre écoulé et ne pouvant le déduire du coupon nominatif en demande le remboursement lors de la conversion.

Prenons comme exemple la conversion au nominatif d'une obligation Orléans ancienne à la date du 8 mai 1922, le cours moyen de 1921 étant 320 francs.

La Compagnie a payé en avril le quart du droit de transmission, soit au taux actuel de 0,50 0/0 :

$$\frac{0,50 \times 320}{100 \times 4} = 0 \text{ fr. } 40.$$

Elle paiera au taux nominatif le coupon de juillet, et ne pourra se rembourser de l'impôt payé en avril ; elle le réclamera donc lors de la conversion.

(Par analogie, lorsqu'elle convertit un titre au porteur, dans le courant du deuxième trimestre, elle rembourse au propriétaire le droit de circulation afférent au premier trimestre.)

Elle ne paiera pas le droit de transmission en juillet, puisque le titre sera nominatif à ce moment. Si la conversion avait lieu en mars, la Compagnie ne paierait aucun droit en avril et ne réclamerait rien à l'obligataire.

6. A dater du 1er janvier 1909, le droit de vingt centimes par 100 francs (0 fr. 20 %), auquel sont assujettis les titres au porteur en vertu des articles 6 et 9 de la loi du 23 juin 1857, 11 de la loi du 16 septembre 1871, 1er de la loi du 30 mars 1872 et 3 de la loi du 29 juin 1872, est élevé à vingt-cinq centimes par 100 francs (0 fr. 25 %) sans addition de décimes.

. . . .

FONDS D'ÉTATS ÉTRANGERS

Loi du 13 juillet 1913.

ART. 13. — A partir du 1er août 1913, le droit de timbre au comptant des titres étrangers désignés dans l'article 6 de la loi du 13 mai 1863 est fixé à 3 %, sauf en ce qui concerne les titres déjà timbrés soit au tarif de 0,50 % avant le 1er janvier 1899, soit au tarif de 1 % avant le 1er avril 1907, soit au tarif de 2 % avant le 1er août 1913.

Ce tarif n'est pas soumis aux décimes. Il sera perçu sur la valeur nominale de chaque titre ou coupure considéré isolément et dans tous les cas, sur un minimum de 100 francs.

Pour les titres déjà timbrés au 1er août 1913 au tarif antérieur à la loi du 28 décembre 1895, le droit de 3 % ne sera appliqué qu'imputation faite du montant de l'impôt déjà payé.

Ne seront soumis qu'au droit de 2 %, les fonds étrangers cotés à la Bourse officielle dont le cours au moment où le droit devient exigible sera tombé au-dessous de la moitié du pair par suite d'une diminution de l'intérêt imposée par l'Etat débiteur.

Le tarif du droit de timbre au comptant des titres étrangers désignés dans l'article 6 de la loi du 13 mai 1863 devra être fixé chaque année par la loi de finances. Le tarif continuera à recevoir son application jusqu'à ce qu'une nouvelle loi de finances sera exécutoire.

Loi du 29 mars 1914.

TITRE II

Valeurs mobilières.

ART. 31. — L'impôt sur le revenu des capitaux mobiliers s'applique aux dividendes, intérêts, arrérages et tous autres produits :

1º Des actions, parts de fondateurs, parts d'intérêt, commandites, obligations et emprunts de toute nature des sociétés et collectivités françaises désignées dans l'article 1er de la loi du 29 juin 1872 et non affranchies de l'impôt sur le revenu des valeurs mobilières par les lois subséquentes;

2º Des actions, parts de fondateurs, parts d'intérêt, commandites, obligations et emprunts de toute nature des sociétés, compagnies, entreprises, corporations, villes, provinces étrangères, ainsi que tout autre établissement public étranger;

3º Des rentes, obligations et autres effets publics des colonies françaises et des gouvernements étrangers.

Il n'est pas dérogé aux articles 3 et 4 de la loi du 28 décembre 1880, 9 de la loi du 29 décembre 1884, 4 de la loi du 26 décembre 1890, 3 à 10 de la loi du 16 avril 1895, 20 de la loi du 25 février 1901, 12 de la loi du 13 juillet 1911.

32. Les intérêts, dividendes, arrérages ou tous autres produits des valeurs désignées dans l'article 31 ci-dessus sont déterminés, pour le paiement de l'impôt sur le revenu, conformément aux dispositions de l'article 2 de la loi du 29 juin 1872.

33. L'impôt sur le revenu : 1º des valeurs mobilières françaises désignées au paragraphe 1er de l'article 31; 2º des valeurs mobilières étrangères désignées au paragraphe 2 du même article, et qui sont soumises par les lois en vigueur à des droits et taxes équivalents à ceux qui sont établis sur les valeurs françaises; 3º des rentes, obligations et autres effets publics des colonies françaises, est assis et perçu sur les bases et dans les conditions fixées ou réglées par les lois du 29 juin 1872, du 21 juin 1875 et les lois subséquentes. Le taux de l'impôt est fixé à 4 %.

34. Pour les valeurs mobilières étrangères visées au paragraphe 2 de l'article 31, qui ne sont pas soumises par les lois en vigueur à des droits et

taxes équivalents à ceux qui sont établis sur les valeurs françaises, ainsi que pour les titres de rentes, emprunts et autres effets publics des gouvernements étrangers, la retenue de l'impôt est opérée par le banquier, changeur ou toute autre personne qui effectue en France le paiement des arrérages ou tous autres produits.

35. Quiconque fait profession ou commerce de recueillir, encaisser, payer ou acheter des coupons, chèques ou tous autres instruments de crédit, créés pour le paiement des dividendes, intérêts, arrérages ou produits quelconques de titres ou valeurs désignés dans l'article précédent, doit en faire la déclaration au bureau de l'enregistrement de sa résidence.

Il est interdit à toutes les personnes que désigne le premier alinéa du présent article, de recueillir, encaisser, payer, acheter ou négocier les coupons, chèques ou autres instruments de crédit visés par ledit alinéa, sans opérer immédiatement la retenue de l'impôt ou sans en faire l'avance si, par suite de contrats existants, l'impôt est à la charge de l'émetteur du titre, à moins qu'il ne leur soit justifié que cette retenue ou cette avance a déjà été effectuée par un précédent intermédiaire soumis aux prescriptions du présent article et des articles suivants.

36. Toute personne qui demandera en France le paiement de ces coupons, chèques ou instruments de crédit devra déposer, en même temps et à l'appui, un bordereau daté dont elle pourra exiger un récépissé. Ce bordereau ne portera ni le nom, ni la signature, ni l'adresse de celui qui le déposera.

Celui qui effectuera le paiement devra inscrire immédiatement sur le bordereau le montant de l'impôt qu'il aura retenu ou avancé.

Les personnes désignées dans l'article 35, qui négocieront en France des coupons, chèques ou autres instruments de crédit sur lesquels l'impôt aura déjà été retenu, soit par elles-mêmes, soit par un précédent intermédiaire, devront joindre, à l'appui de chaque transmission, un bordereau daté et signé.

Les mêmes personnes devront tenir deux registres en papier non timbré, cotés et paraphés, sur lesquels elles inscriront, jour par jour, sans blanc ni interligne, toute opération de paiement ou de négociation de coupons, chèques ou autres instruments de crédit sujets à la retenue de l'impôt.

Les registres et les bordereaux seront conservés pendant deux ans et représentés à toute réquisition aux agents de l'enregistrement.

Un règlement d'administration publique déterminera les époques du versement de l'impôt, les indications que devront contenir les bordereaux, les récépissés et les registres, le montant des remises, leur mode de paiement, ainsi que toutes les autres mesures nécessaires pour l'exécution des dispositions contenues dans les articles 34 et 35.

37. Le propriétaire ou usufruitier de titres ou valeurs mobilières étrangères, domicilié en France, qui se fera envoyer ou encaissera à l'étranger, soit directement, soit par un intermédiaire quelconque, les dividendes, intérêts, arrérages ou tous autres produits de ces valeurs, sera tenu d'apposer annuellement sur chaque titre, au moment de détacher le premier coupon annuel, un timbre mobile spécial, d'une valeur égale au montant de la taxe de 4 % sur le revenu de l'année entière. Faute de se conformer aux prescriptions précédentes, le propriétaire ou usufruitier susvisé devra, dans les trois premiers mois de l'année, souscrire au bureau de l'enregistrement la déclaration du montant total de ces dividendes, intérêts, arrérages ou produits encaissés au cours de l'année précédente et acquitter la taxe sur ce total.

En cas d'infraction aux prescriptions contenues dans l'alinéa précédent, le contrevenant sera puni d'une amende égale au quintuple des sommes dont le Trésor a été privé pour chacune des années antérieures à celles de la découverte de l'infraction sans toutefois que le droit de répétition puisse s'étendre à plus de dix années.

38. Les contraventions aux prescriptions contenues dans l'article 35 et au règlement à intervenir pour l'exécution de cet article seront constatées au moyen de procès-verbaux dressés par les agents de l'enregistrement, les agents de la force publique, ceux des contributions directes, des contributions indirectes et des douanes.

Elles donneront lieu à des poursuites correctionnelles engagées à la requête de l'Administration de l'enregistrement et seront punies d'une amende de cent à mille francs (100 à 1.000 francs), indépendamment du quintuple droit sur les coupons, chèques, instruments de crédit qui auraient été payés sans retenue de l'impôt.

Le produit des amendes prévues par le présent article sera réparti dans des conditions à déterminer par décret.

Les contraventions aux articles 36 et 37 et au règlement à intervenir en exécution de ces articles seront constatées et poursuivies comme en matière d'impôt sur les opérations de bourse et punies d'une amende de cent à dix mille francs (100 à 10.000 francs).

Les contraventions aux prescriptions contenues dans le premier paragraphe de l'article 35, si le contrevenant opérant tant pour son propre compte que pour le compte de tiers, n'a pas d'établissement en France, seront l'objet de poursuites correctionnelles et passibles d'un emprisonnement de six mois à un an et d'une amende de mille à dix mille francs (1.000 à 10.000 francs) et en cas de récidive, d'un emprisonnement de un à deux ans et d'une amende de dix mille à vingt-cinq mille francs (10.000 à 25.000 francs)

39. Le recouvrement de l'impôt sur le revenu des valeurs mobilières sera assuré et les instances seront introduites et jugées comme en matière d'enregistrement sous réserve de la procédure à suivre en ce qui concerne les contraventions visées au premier alinéa de l'article précédent.

Les dispositions de l'article 21 de la loi du 26 juillet 1893 seront applicables aux actions respectives du Trésor et des redevables, sauf le cas prévu à l'article 37.

40. Le droit de timbre proportionnel établi par l'article 14 de la loi du 5 juin 1850 sur les titres ou certificats d'actions est porté à 0 fr. 90 par 100 francs, décimes compris, ou à 1 fr. 80 par 100 francs, décimes compris, suivant la distinction mentionnée audit article.

Le droit de timbre proportionnel établi par l'article 27 de la loi du 5 juin 1850 sur les titres d'obligations est porté à 1 fr. 80 par 100 francs, décimes compris.

Le droit annuel d'abonnement établi par les articles 22 et 31 de la loi du 5 juin 1850 est porté à 0 fr. 09 par 100 francs, décimes compris.

41. Le taux du droit fixé à 0 fr. 75 par 100 francs, par l'article 5 de la loi du 26 décembre 1908 pour la transmission des titres nominatifs des actions ou obligations françaises ou leur conversion au porteur est élevé à 0 fr. 90 par 100 francs sans addition de décimes.

Le taux du droit annuel fixé par l'article 6 de la loi du 26 décembre 1908 à 0 fr. 25 par 100 francs et auquel sont assujettis les titres au porteur d'actions ou d'obligations françaises et les titres nominatifs ou au porteur étrangers visés au paragraphe 2 de l'article 31 ci-dessus est élevé à 0 fr. 30 par 100 francs, sans addition de décimes.

42. Les titres étrangers énumérés dans l'article 5, paragraphes 1er et 2, de la loi du 28 décembre 1895, restent passibles du droit de timbre au comptant établi par les lois du 30 mars 1872, article 2; du 25 mai 1872, article 1er; du 28 décembre 1895, article 3; du 13 avril 1898, article 13; du 30 janvier 1907, article 8, et du 30 juillet 1913, article 13.

Les titres visés aux paragraphes 1er et 2 de l'article 5 de la loi du 28 décembre 1895 sont assujettis, en outre, à une taxe annuelle supplémentaire de 1 % sur le revenu qui s'ajoute à l'impôt prévu par l'article 31 et qui est perçu sur la même base et dans les mêmes conditions.

43. Le droit de timbre au comptant n'est pas soumis aux décimes; il est perçu sur la valeur nominale de chaque titre ou coupure considéré isolément, mais sans minimum.

Pour les titres de rente, obligations et autres effets publics des gouvernements étrangers cotés à la Bourse officielle, dont le cours moyen pendant l'année précédente est tombé au-dessous des trois quarts du pair, la perception s'effectuera sur la valeur négociable déterminée par ce cours moyen.

44. L'émission, la mise en souscription, l'exposition en vente, l'introduction sur le marché, le remboursement ou la conversion des titres de rente, emprunts ou autres effets publics des gouvernements étrangers, ne peuvent être annoncés, publiés ou effectués en France, sans qu'il ait été fait dix jours à l'avance, au bureau de l'enregistrement de la résidence, une déclaration dont la date est mentionnée dans l'avis ou l'annonce.

Les titres ou les certificats provisoires de titres émis, souscrits, exposés en vente ou introduits sur le marché en France, les nouveaux titres délivrés après conversion, ne peuvent être remis aux souscripteurs, preneurs, acheteurs ou possesseurs sans avoir préalablement acquitté les droits de timbre fixés par les deux articles qui précèdent.

Si les droits ont été payés sur le certificat provisoire, le titre définitif correspondant est timbré sans frais sur la présentation de ce certificat.

44. La négociation, l'exposition en vente, l'énonciation dans un acte ou écrit, soit public, soit sous seing privé, le remboursement et le transfert des titres désignés dans l'article 42 ci-dessus, ne peuvent être effectués en France, lorsque ces titres n'ont pas acquitté le droit de timbre au comptant.

Il n'est pas dérogé aux dispositions de l'article 7 de la loi du 31 décembre 1907.

46. Toute contravention aux articles 44 et 45 sera punie d'une amende de 5 %, en principal, de la valeur imposable des titres émis, exposés en vente, mis en souscription, négociés, introduits en France, remboursés, convertis, cotés ou énoncés dans les actes, ou dont la feuille de coupons aura été remplacée, sans que cette amende puisse être inférieure à 100 francs en principal.

L'amende est due personnellement et sans recours par ceux qui ont émis, exposé en vente, mis en souscription, négocié, introduit, remboursé, converti, coté ou énoncé dans les actes des titres non timbrés ou qui ont servi d'intermédiaires soit pour ces opérations, soit pour le remplacement de la feuille de coupons. La même amende sera exigée de ceux qui auront publié lesdites opérations sans déclaration préalable. Le souscripteur ou preneur de titres non timbrés est tenu solidairement de l'amende, sauf son recours contre celui qui a ouvert la souscription, exposé en vente, émis ou introduit les titres. Tous les contrevenants seront solidaires pour le recouvrement des droits et amendes.

Il n'est pas dérogé aux dispositions des deux derniers alinéas de l'article 5 de la loi du 28 décembre 1895 relatif à l'énonciation dans les actes ou écrits de titres étrangers, sauf application des prescriptions de l'article 7 de la loi du 21 décembre 1907, au cas où cette énonciation est faite dans un inventaire.

47. Un règlement d'administration publique déterminera les mesures d'exécution des articles compris sous le titre II de la présente loi.

48. Les dispositions contenues dans le titre II entreront en vigueur à partir du 1er juillet 1914.

TIMBRE, FONDS D'ÉTATS ÉTRANGERS

Loi du 7 avril 1914.

ART. 5. — A partir de la promulgation de la présente loi, le droit de timbre au comptant des titres étrangers désignés dans l'article 6 de la loi du 13 mai 1863, fixé à 3 % (trois pour cent) par l'article 13 de la loi de finances du 30 juillet 1913, est réduit à 2 % (deux pour cent) sans décimes.

Instruction du 1er juin 1914.

Une loi du 29 mars 1914, promulguée au *Journal officiel* du 31 du même mois (annexe n° 1), a, par son titre Ier, organisé sur de nouvelles bases, à partir du 1er janvier 1915, la perception de la contribution foncière des propriétés bâties et non bâties, et par son titre II, elle a modifié, à compter du 1er juillet 1914, le régime fiscal des valeurs mobilières françaises et étrangères.

La présente instruction a pour but, d'une part, de porter à la connaissance du service celles des dispositions du titre Ier qui intéressent l'Administration de l'enregistrement, et, d'autre part, de tracer les règles à suivre pour l'exécution des prescriptions contenues dans le titre II.

Certaines de ces règles, toutefois, ne sont pas définitives. Un règlement d'administration publique, dont le projet est actuellement soumis aux délibérations du Conseil d'Etat, doit, en effet, déterminer le mode d'application des articles 34 à 38 de la loi nouvelle. Les prescriptions qui vont être formulées, en ce qui concerne l'exécution de ces derniers articles, ne présentent donc qu'un caractère provisoire; elles sont susceptibles d'être modifiées ou complétées par le décret à intervenir, qui sera notifié, dès son émission, par une instruction ultérieure.

OPÉRAT. DE BANQUE.   26

RÉGIME FISCAL DES VALEURS MOBILIÈRES FRANÇAISES ET ÉTRANGÈRES

§ 1er. — *Impôt sur le revenu.*

Régime antérieur à la loi du 29 mars 1914. — L'article 1er de la loi du 29 juin 1872 a établi une taxe annuelle et obligatoire dont la quotité, fixée à 3 %, a été portée à 4 % par la loi du 26 décembre 1890 : 1° sur les intérêts, dividendes, revenus et tous autres produits des actions de toute nature des sociétés, compagnies ou entreprises quelconques, financières, industrielles, commerciales ou civiles ; 2° sur les arrérages et intérêts annuels des emprunts et obligations des départements, communes et établissements publics, ainsi que des sociétés, compagnies et entreprises ci-dessus désignées ; 3° sur les intérêts, produits et bénéfices annuels des parts d'intérêt et commandites dans les sociétés, compagnies et entreprises dont le capital n'est pas divisé en actions.

Le texte qui précède n'est pas spécial aux valeurs françaises. Il atteint également les sociétés, compagnies, entreprises, corporations, villes, provinces étrangères, ainsi que tous autres établissements publics étrangers. Mais, sous le régime en vigueur, ces dernières collectivités ne sont assujetties au paiement de la taxe de 4 % dans les limites de la quotité fixée par le Ministre, que lorsqu'elles ont pour objet des biens situés en France (décrets des 6 décembre 1872, art. 3, et 10 août 1896, art. 2), ou que leurs titres sont cotés, émis, négociés, mis en souscription, exposés en vente ou introduits sur notre territoire, y font l'objet soit d'annonces ou publications, soit d'un service financier (loi du 23 juin 1857, art. 9 ; décret du 17 juillet 1857, art. 10, 11 et 12 ; lois des 30 mars 1872, art. 1er, et 29 juin 1872, art. 3 et 4 ; loi du 13 avril 1898, art. 12).

Quant aux sociétés étrangères dont les titres n'ont pas été introduits sur le marché français par la collectivité ou son mandataire, et dont la circulation en France est, en quelque sorte, accidentelle ou isolée, elles ne sont actuellement soumises à aucune des trois taxes qui grèvent les valeurs françaises et elles échappent, notamment, au paiement de l'impôt sur le revenu. Les titres d'emprunts des colonies françaises et les fonds d'États étrangers restent également en dehors des prévisions de la loi du 29 juin 1872, de sorte que la distribution de leurs intérêts et arrérages ne donne pas ouverture à la taxe de 4 %.

Nouveau régime fiscal. — L'article 31 de la loi du 29 mars 1914 met fin à ces immunités à partir du 1er juillet 1914. Aux termes de cette disposition, l'impôt sur le revenu des capitaux mobiliers s'applique aux dividendes, intérêts, arrérages et tous autres produits :

« 1° Des actions, parts de fondateurs, parts d'intérêt, commandites, obligations et emprunts de toute nature des sociétés et collectivités françaises désignées dans l'article 1er de la loi du 29 juin 1872 et non affranchies de l'impôt sur le revenu des valeurs mobilières par les lois subséquentes ;

« 2° Des actions, parts de fondateurs, parts d'intérêt, commandites, obligations et emprunts de toute nature des sociétés, compagnies, entreprises, corporations, villes, provinces étrangères ainsi que tous autres établissements publics étrangers ;

« 3° Des rentes, obligations et autres effets publics des colonies françaises et des gouvernements étrangers (1). »

Les titres des collectivités françaises que la loi nouvelle frappe de l'impôt sur le revenu y étaient déjà assujettis sous le régime antérieur. L'article 31 reproduit, en ce qui les concerne, l'énumération contenue dans l'article 1er de la loi du 29 juin 1872. Il complète toutefois cette énumération en soumettant à la taxe les dividendes et revenus de toute nature des parts de fondateurs, dont la loi précitée n'avait pas fait expressément mention. Il maintient, d'ailleurs, formellement les dispenses d'impôt accordées par les lois en vigueur. Les revenus et produits des parts d'intérêt dans les sociétés commerciales en nom collectif continueront donc, notamment, à être affranchis de la taxe par application des prescriptions de l'article 1er de la loi du 1er décembre 1875.

L'article 31 soumet, d'autre part, à l'impôt sur le revenu des capitaux

---

(1) Les titres émis en représentation des emprunts de l'Algérie et des colonies sont exempts du droit de timbre et du droit de transmission.
Les emprunts des pays de protectorat sont assimilés aux fonds d'État étrangers.

mobiliers les dividendes, intérêts, arrérages et tous autres produits des actions, parts de fondateurs, parts d'intérêt, commandites, obligations et emprunts des sociétés ou collectivités étrangères et des établissements publics étrangers. Il atteint toutes ces sociétés ou collectivités et tous ces établissements, sans aucune exception, et il importe peu, dès lors, qu'ils soient ou non placés sous le régime de l'abonnement.

Enfin, l'article 31 vise spécialement les titres de rentes, obligations et autres effets publics des colonies françaises et des gouvernements étrangers.

Le revenu imposable des différents titres désignés dans l'article précité est déterminé conformément aux dispositions de l'article 2 de la loi du 29 juin 1872 (art. 32), c'est-à-dire : pour les actions, par le dividende fixé d'après les délibérations des assemblées générales d'actionnaires, ou des conseils d'administration, les comptes rendus ou tous autres documents analogues ; pour les obligations et emprunts, par l'intérêt ou le revenu distribué dans l'année ; et, pour les parts d'intérêt et commandites, soit par les délibérations des conseils d'administration des intéressés, soit, à défaut de délibération, par l'évaluation, à raison de 5 % du montant du capital social ou de la commandite ou du prix moyen des cessions de parts d'intérêt consenties pendant l'année précédente. Mais, au point de vue du tarif de la taxe, de sa liquidation et de son mode de paiement, la loi nouvelle répartit les valeurs mobilières en deux catégories. Elle range dans la première les titres des sociétés françaises, ceux des collectivités étrangères soumises au régime de l'abonnement obligatoire et les rentes, obligations et autres effets publics des colonies françaises. Dans la seconde, elle comprend les titres des sociétés étrangères non abonnées et les fonds d'États étrangers.

Titres des sociétés françaises, des collectivités abonnées et effets publics des colonies françaises. — Aucun changement n'est apporté au régime fiscal des titres de la première catégorie qui acquittent déjà l'impôt sur le revenu (titres des sociétés françaises et des sociétés étrangères abonnées). La taxe dont ils sont passibles reste fixée à 4 %, et elle continuera à être liquidée et perçue conformément aux règles actuellement admises (art. 33). Les rentes et autres effets publics des colonies françaises sont, d'autre part, complètement assimilés aux valeurs françaises pour la perception de cette taxe (rapport de M. Dumesnil, député, annexe au *Journal officiel* du 27 mars 1914, p. 1992, 3e col. ; décl. de M. René Renoult, Ministre des Finances, Chambre, Déb. parl., *Journal officiel* du 28 mars 1914, p. 2010, 2e col.). A l'avenir, leurs intérêts et arrérages seront, en conséquence, frappés de l'impôt sur les mêmes bases et dans les mêmes conditions (même article). Des pourparlers ont été engagés entre le Département des Finances et celui des Colonies en vue de déterminer le mode d'exécution, par les gouvernements coloniaux, des dispositions de la loi nouvelle. Lorsqu'une entente se sera établie à cet égard, elle sera portée à la connaissance du service.

Titres des sociétés étrangères non abonnées et fonds d'États étrangers. — Les valeurs mobilières de la deuxième catégorie (titres des sociétés étrangères non abonnées et rentes, obligations et autres effets publics des gouvernements étrangers) sont soumises, à partir du 1er juillet 1914, à l'impôt de 4 % qui frappe les autres valeurs, et, d'autre part, à une taxe supplémentaire de 1 % sur le revenu qui s'ajoute à cet impôt et est perçu d'après les mêmes règles (art. 42). Ces valeurs supporteront donc, désormais, un impôt total de 5 % sur le revenu.

La loi du 29 mars 1914 impose aux banquiers, changeurs, et aux diverses personnes qui effectuent en France le paiement des intérêts, arrérages ou autres produits des titres de la deuxième catégorie, l'obligation de retenir la taxe de 5 % pour le compte du Trésor, ou d'en faire l'avance, si, par suite de contrats existants, cette taxe est à la charge de l'émetteur du titre (art. 34 et 35). Et elle leur interdit de recueillir, encaisser, payer, acheter ou négocier des coupons, chèques ou instruments de crédit créés pour le règlement des produits des valeurs étrangères, sans procéder à cette retenue ou à cette avance, à moins qu'il ne leur soit justifié qu'elle a déjà été opérée par un précédent assujetti (art. 35).

Afin d'assurer le versement régulier de la taxe exigible, la loi nouvelle impose aux particuliers et aux banquiers certaines formalités qui peuvent être analysées de la manière suivante :

En premier lieu, toute personne qui demande en France le paiement des coupons, chèques ou instruments de crédit visés par l'article 35 doit déposer, en même temps et à l'appui, un bordereau daté, dont elle peut exiger un récépissé, et qui ne porte ni son nom, ni sa signature, ni son adresse (art. 36, § 1er.)

Quant aux banquiers, changeurs et autres assujettis, ils sont tenus, tout d'abord d'informer l'Administration, au moyen d'une déclaration, qu'ils font profession ou commerce de recueillir, encaisser, payer ou acheter des coupons, chèques ou instruments de crédit. Lorsqu'ils effectuent le paiement des produits de titres des sociétés étrangères non abonnées ou de fonds d'Etats étrangers, ils doivent inscrire immédiatement sur le bordereau déposé par le porteur le montant de l'impôt qu'ils ont retenu ou avancé. Lorsqu'ils procèdent à la négociation des coupons, chèques ou instruments de crédit, ils ont, d'autre part, à produire, à l'appui de la transmission, un bordereau daté et signé. Enfin, ils sont astreints à la tenue de deux registres sur papier non timbré, cotés et paraphés, où sont relevées toutes les opérations de paiement ou de négociation réalisées par leur intermédiaire, et qu'ils doivent conserver pendant deux ans pour les représenter à l'Administration, ainsi que les bordereaux, à toute réquisition (art. 36).

La loi du 29 mars 1914 prévoit, d'ailleurs, l'hypothèse où les propriétaires ou les usufruitiers de titres ou valeurs mobilières étrangères, domiciliés en France, se feraient envoyer ou encaisseraient à l'étranger, soit directement, soit par un intermédiaire quelconque, les dividendes, intérêts, arrérages ou tous autres produits de ces valeurs. Les établissements qui procèdent au paiement étant installés hors de notre pays et ne pouvant, dès lors, être assujettis à la retenue ou à l'avance de l'impôt, elle accorde aux intéressés deux moyens pour se libérer vis-à-vis du Trésor. Elles les autorise à apposer annuellement sur chacun de leurs titres, au moment de détacher le premier coupon annuel, un timbre mobile spécial, d'une valeur égale au montant de la taxe sur le revenu de l'année entière. Pour le cas où ils ne profiteraient pas de cette autorisation, elle leur prescrit de passer au bureau de l'enregistrement, dans les trois premiers mois de l'année, la déclaration du montant total des dividendes, intérêts ou arrérages encaissés pendant l'année précédente, et d'acquitter la taxe sur ce total (art. 37).

La sanction de ces diverses dispositions est contenue :

1º Dans le dernier alinéa de l'article 37, qui punit le contrevenant aux prescriptions du premier alinéa de cet article « d'une amende égale au quintuple des sommes dont le Trésor a été privé pour chacune des années antérieures à celle de la découverte de l'infraction, sans toutefois que le droit de répétition puisse s'étendre à plus de dix années » ;

2º Dans l'article 38, qui est ainsi conçu :

« Les contraventions aux prescriptions contenues dans l'article 35 et au règlement à intervenir pour l'exécution de cet article seront constatées au moyen de procès-verbaux dressés par les agents de l'enregistrement, les officiers de police judiciaire, les agents de la force publique, ceux des contributions directes, des contributions indirectes et des douanes.

« Elles donneront lieu à des poursuites correctionnelles engagées à la requête de l'Administration de l'enregistrement et seront punies d'une amende de cent à mille francs (100 à 1.000 francs), indépendamment du quintuple droit sur les coupons, chèques, instruments de crédit, qui auraient été payés sans retenue de l'impôt.

« Le produit des amendes prévues par le présent article sera réparti dans des conditions à déterminer par décret.

« Les contraventions aux articles 36 et 37 et au règlement à intervenir en exécution de ces articles seront constatées et poursuivies comme en matière d'impôts sur les opérations de bourse et punies d'une amende de cent à dix mille francs (100 à 10.000 francs).

« Les contraventions aux prescriptions contenues dans le premier paragraphe de l'article 35, si le contrevenant opérant, tant pour son propre compte que pour le compte de tiers, n'a pas d'établissement en France, seront l'objet de poursuites correctionnelles et passibles d'un emprisonnement de six mois à un an et d'une amende de mille à dix mille francs (1.000 à 10.000 francs), et, en cas de récidive, d'un emprisonnement de un à deux ans et d'une amende de dix mille à vingt-cinq mille francs (10.000 à 25.000 fr.). »

Les époques de versements de l'impôt par les personnes désignées à l'article 35, les indications que devront contenir les bordereaux, les récépissés et les registres, le montant des remises allouées aux intermédiaires, leur mode de paiement, ainsi que toutes les mesures nécessaires pour l'exécution des dispositions contenues dans les articles 34 à 37 de la loi nouvelle seront déterminés par un règlement d'administration publique (art. 36, 38 et 47).

MESURES PROVISOIRES. — Il convient d'envisager, dès maintenant, l'hypothèse où le Conseil d'Etat n'ayant pu terminer en temps utile, par suite de la brièveté du délai qui lui a été imparti, l'examen du projet de règlement actuellement soumis à ses délibérations, la loi devrait quand même recevoir son application. L'Administration, en effet, ne saurait se désintéresser de cette éventualité. Chargée de sauvegarder les droits du Trésor, elle a le devoir de mettre, d'ores et déjà, les banquiers et autres assujettis à même de remplir leurs nouvelles obligations et d'effectuer à partir du 1er juillet 1914, comme la loi les y contraint, la retenue ou l'avance de l'impôt. Elle a arrêté, dans ce but, un ensemble de mesures provisoires qui permettront à ces intermédiaires de se mettre en règle à l'égard du Trésor en attendant la publication du décret prévu par l'article 47 de la loi du 29 mars 1914. Au surplus, les agents ne perdront pas de vue que la plupart de ces mesures, destinées à préparer l'application du règlement d'administration publique, pourront être modifiées ou complétées après que le Conseil d'Etat se sera prononcé et aura définitivement précisé toutes les conditions d'exécution de la loi nouvelle.

I. *Déclarations d'existence.* — En premier lieu, les banquiers, changeurs et autres personnes visées à l'article 35 seront admis immédiatement à souscrire au bureau de l'enregistrement de leur résidence la déclaration d'existence qui leur est imposée par le premier paragraphe de cet article. Dans les villes où le service est divisé, les déclarations seront reçues au bureau ayant dans ses attributions la perception des impôts exigibles sur les valeurs mobilières étrangères et, à Paris, elles seront passées au deuxième bureau des sociétés étrangères. Ces déclarations seront portées sur le registre en usage pour l'enregistrement des actes sous signature privée et du visa pour timbre et elles contiendront des indications analogues à celles qui sont prévues par l'article 1er du décret du 20 mai 1893 relatif au droit de timbre des bordereaux d'opérations de bourse (Instr. n° 2840, annexe n° II). Elles seront, s'il y a lieu, régularisées ultérieurement et mises en harmonie avec les dispositions du règlement d'administration publique.

II. *Bordereaux de paiement.* — D'un autre côté, il semble opportun de faire inscrire sur les bordereaux que les particuliers auront à déposer à partir du 1er juillet 1914, à l'appui de leur demande en paiement de coupons, chèques ou autres instruments de crédit prévus par la loi (art. 36, § 1er), tout au moins les indications essentielles ci-après :

1° Nom, prénoms ou raison sociale et domicile du banquier, changeur ou de la personne qui effectue le paiement;

2° Lieu du siège de l'établissement, agence ou succursale qui procède à ce paiement;

3° Numéro du registre du banquier, changeur ou de la personne qui procède au paiement;

4° Nature des coupons, chèques ou autres instruments de crédit dont le paiement est demandé;

5° Nombre des coupons, chèques ou autres instruments de crédit;

6° Valeur brute et sans escompte en monnaie française, et par unité, au moment du paiement ou de la négociation;

7° Somme brute totale;

8° Montant de la taxe sur le revenu retenue ou avancée.

On rappelle que la taxe est exigible sur la valeur brute et non sur le montant net des coupons (déclaration du Ministre des Finances à la première séance de la Chambre des députés du 27 mars 1914, *J. O.*, du 28, p. 2021, 2e col.).

III. *Bordereaux de négociation.* — Les bordereaux que les assujettis auront à produire, en exécution du troisième alinéa de l'article 36, à l'appui de chaque négociation de coupons, chèques ou instruments de crédit soumis antérieurement à la retenue de l'impôt devront contenir, indépendamment de la date et de la signature, la désignation des nom, prénoms ou raison sociale et domicile de l'assujetti, l'indication du siège de l'établissement, agence ou succursale qui procède à la vente. Ils mentionneront, en outre :

1° Le numéro du bordereau;

2° Le numéro du registre de la personne ou de l'établissement acheteur (mention à inscrire par l'acheteur lors de la réception du bordereau);

3° Les nom, prénoms ou raison sociale et domicile de cette personne ou de cet établissement;

4° La nature des coupons, chèques ou instruments de crédit négociés;

5° Le nombre des coupons, chèques ou instruments de crédit négociés.

IV. *Registres.* — L'un des deux registres, dont la tenue est prescrite par l'article 36, § 4, de la loi du 29 mars 1914, servira à l'inscription des opérations de paiement ayant donné lieu, de la part de l'assujetti, à une retenue directe et effective ou à une avance de l'impôt. Sur l'autre, on relèvera les négociations ultérieures de coupons, chèques et instruments de crédit sur lesquels la taxe aura été prélevée ou avancée par un précédent intermédiaire.

La loi se borne à exiger la tenue de ces deux registres à partir du 1er juillet prochain; mais, comme pour les bordereaux dont l'établissement est également obligatoire à compter de la même date, elle délègue au pouvoir réglementaire le soin de déterminer les indications que devront contenir ces documents. En attendant l'émission du décret ainsi prévu et pour en préparer l'application, l'Administration, soucieuse de faciliter aux assujettis l'accomplissement de leurs obligations légales, croit devoir les renseigner, dès maintenant, sur les conditions essentielles de forme auxquelles doit satisfaire, à son avis, la tenue des deux registres visés par l'article 36.

D'après le projet qu'elle a soumis au Conseil d'Etat, le premier de ces registres contiendra notamment les indications suivantes :

1° Numéro d'ordre;

2° Nature des coupons, chèques ou autres instruments de crédit;

3° Nombre des coupons, chèques, ou autres instruments de crédit;

4° Montant brut et sans escompte en monnaie française, et par unité, au moment du paiement ou de la négociation;

5° Valeur brute totale;

6° Montant total de la taxe sur le revenu retenue ou avancée;

7° Date de la retenue ou de l'avance.

En ce qui concerne le deuxième registre relatif aux négociations, l'Administration a proposé au Conseil d'Etat de décider que ce document énoncera notamment :

1° Le numéro d'ordre;

2° Le numéro du bordereau de négociation;

3° Les nom, prénoms ou raison sociale et domicile de la personne ou de l'établissement vendeur;

4° La nature des coupons, chèques ou instruments de crédit négociés;

5° Le nombre des coupons, chèques ou instruments de crédit négociés.

Par une interprétation bienveillante des articles 34, 36 et 48 qui atteignent les dividendes, intérêts, arrérages et autres revenus des valeurs étrangères non abonnées et des fonds d'Etats étrangers payés en France après le 30 juin 1914, il a d'ailleurs été entendu que les assujettis ne seraient pas tenus d'effectuer la retenue ou l'avance de l'impôt, ni de se conformer aux diverses prescriptions contenues dans l'article 36 de la loi nouvelle, lorsque l'échéance des coupons payés ou négociés par leur entremise, depuis la mise à exécution de cette loi, remonterait à une date antérieure au 1er juillet 1914.

Les directeurs ne manqueront pas de porter les indications qui précèdent à la connaissance des banquiers, changeurs et autres personnes qui procèdent, dans leur département, aux opérations prévues par l'article 35 de la loi nouvelle.

Il est recommandé à ces chefs de service, ainsi d'ailleurs qu'à tous les agents sous leurs ordres, de s'inspirer des instructions qui leur sont actuellement transmises pour fournir, aux assujettis et aux autres personnes qui les consulteraient, tous les renseignements et explications de nature à éclairer les intéressés sur les diverses obligations qui leur incombent en vertu des dispositions insérées sous le titre II de la loi du 29 mars 1914. En cas de difficultés, les directeurs voudront bien en référer à la Direction générale, sous le timbre du Bureau central.

INSTANCES, PRESCRIPTIONS. — L'article 39 de la loi du 29 mars 1914, qui reproduit en termes à peu près identiques, les dispositions de l'article 5 de la loi du 29 juin 1872, porte que le recouvrement de l'impôt sur le revenu des valeurs mobilières sera assuré et que les instances seront introduites et jugées comme en matière d'enregistrement. Il réserve, toutefois, la procédure relative aux contraventions visées au premier alinéa de l'article 38, qui est soumise à des règles spéciales, et il rend expressément applicable aux actions respectives du Trésor et des redevables, sauf le cas prévu à l'article 37, la prescription quinquennale établie par l'article 21 de la loi du 26 juillet 1893 (Instr. n° 2892).

« DISPOSITIONS DIVERSES. — Les agents remarqueront que la loi nouvelle n'apporte aucune dérogation au régime fiscal des congrégations, communautés ou associations religieuses, et des sociétés ou associations désignées dans les articles 3 et 4 de la loi du 28 décembre 1880 et 9 de celle du 29 décembre 1884 (art. 38, § 5). Elle laisse également subsister les dispositions de l'article 20 de la loi du 25 février 1901 (Instr. n° 3049, § IV), qui frappent d'une taxe de 8 % les lots payés aux créanciers et aux porteurs d'obligations, effets publics et titres d'emprunts, et celles de l'article 12 de la loi du 13 juillet 1911 (Instr. n° 3325, § 5, et 3853), qui assujetissent à l'impôt de 4 % les bénéfices distribués, par suite de clauses statutaires, aux membres des Conseils d'administration des sociétés, compagnies et entreprises désignées aux trois paragraphes de l'article 1er de la loi du 29 juin 1872 (même article).

§ II. — Valeurs mobilières françaises et valeurs étrangères abonnées. Majoration des droits de timbre et de transmission.

Droits de timbre. — Les titres d'actions et d'obligations des sociétés, compagnies, entreprises et collectivités françaises sont soumis par la loi du 5 juin 1850, à un droit de timbre proportionnel dont le paiement peut être effectué, soit au comptant au moment de l'émission du titre, soit annuellement par voie d'abonnement. Le taux du droit au comptant a été fixé, par la loi précitée (art. 14 et 27) et celle du 23 août 1871, dont l'article 2 a ajouté deux décimes aux droits de timbre, savoir : pour les obligations, à 1 fr. 20 % de la valeur nominale du titre et, pour les actions, à 0 fr. 60 % si la durée de la société n'excède pas dix ans, ou à 1 fr. 20 % si elle est supérieure. Le tarif de la taxe annuelle a été fixé, d'autre part, à 0 fr. 06 %, décimes compris (même loi, art. 22 et 31).

Le paiement du droit de timbre créé par la loi du 5 juin 1850 incombe aux collectivités étrangères de toute nature qui ont introduit leurs actions ou leurs obligations en France et sont assujetties, pour ce motif, à des taxes équivalentes à celles qui sont établies sur les valeurs françaises. Toutefois, ces collectivités ne peuvent se libérer de la taxe au comptant, et elles sont tenues de la verser annuellement, par voie d'abonnement, d'après une quotité de leurs titres déterminée par le Ministre des Finances sur l'avis d'une commission spéciale (loi du 23 juin 1857, art. 9; décret du 17 juillet 1857, art. 11; loi du 29 juin 1872, art. 4; décrets des 24 mai 1872, art. 1er et 4, et 6 décembre 1872, art. 4).

La loi du 29 mars 1914 ne modifie en rien les causes d'exigibilité et le mode de liquidation et de paiement de l'impôt. Mais par son article 40, elle élève le taux du droit de timbre au comptant à 1 fr. 80 %, décimes compris, pour les titres d'obligations, et à 0 fr. 90 ou à 1 fr. 80 %, décimes compris, pour les titres ou certificats d'actions, suivant la distinction ci-dessus rappelée.

Elle majore également de moitié le tarif de la taxe annuelle qui se trouve ainsi portée de 0 fr. 06 à 0 fr. 09 %, décimes compris.

Les dispositions de l'article 40 n'étant exécutoires qu'à partir du 1er juillet 1914, les sociétés et collectivités françaises qui émettront des titres d'actions ou d'obligations postérieurement au 30 juin 1914 auront seules à acquitter le droit de timbre au comptant d'après les nouveaux tarifs. Par contre, en présence des termes généraux de la loi et des déclarations formelles de M. Aimond, rapporteur de la Commission sénatoriale des finances (*J. officiel* du 19 mars 1914, Sénat, débats, p. 408. Conf. Rapport fait au nom de la Commission des finances, p. 249), on ne saurait admettre aucune distinction, pour la perception de la taxe annuelle, entre les sociétés ou établissements français et étrangers abonnés au timbre avant le 1er juillet 1914 et ceux qui contracteront leur abonnement à une date ultérieure. Quelle que soit l'époque de leur déclaration d'abonnement au timbre, toutes ces sociétés et tous ces établissements devront, en conséquence, effectuer le paiement de la surtaxe. Le versement de l'impôt annuel qui sera opéré dans les vingt premiers jours de juillet 1914 s'appliquant au deuxième trimestre (avril à juin) de ladite année, ils n'auront, d'ailleurs, à acquitter pour la première fois la taxe d'abonnement au tarif majoré de 0 fr. 09 % que dans les vingt premiers jours d'octobre 1914.

Droits de transmission. — D'après les dispositions des articles 6, § 1er, de la loi du 23 juin 1857, 11 de la loi du 16 septembre 1871, 3 de la loi du 29 juin 1872 et 5 de la loi du 26 décembre 1908, les titres nominatifs des collectivités françaises, dont la transmission ne peut s'opérer que par un transfert sur les registres de la société ou de l'établissement émetteur, supportent, au moment du transfert, un droit de 0 fr. 75 % de la valeur négociée. Le même droit atteint, en vertu des articles 8 de la loi du 23 juin 1857 et 5 de celle du 26 décembre 1908, la conversion des titres nominatifs en titres au porteur.

Le premier alinéa de l'article 41 de la loi du 29 mars 1914 élève à 0 fr. 90 %, sans décimes, le tarif de l'impôt exigible à raison de ces transferts ou de ces conversions; ses dispositions s'appliqueront à toutes les opérations de l'espèce qui interviendront à partir du 1er juillet 1914.

Le deuxième alinéa du même article porte à trente centimes pour cent (0 fr. 30 %), sans addition de décimes, le tarif de la taxe annuelle et obligatoire de 0 fr. 25 %, à laquelle les articles 6 et 9 de la loi du 23 juin 1857, 11 de la loi du 16 septembre 1871, 1er de la loi du 30 mars 1872, 3 de la loi du 29 juin 1872 et 6 de la loi du 26 décembre 1908 assujettissent les titres au porteur ou dont la transmission peut s'opérer sans un transfert sur les registres de la société ou de l'établissement émetteur, ainsi que les titres des sociétés ou établissements étrangers soumis au régime de l'abonnement.

Cette majoration de tarif ne produisant son effet qu'à partir du 1er juillet 1914, la quotité de la taxe à recouvrer dans les vingt premiers jours du mois de juillet prochain, et correspondant au deuxième trimestre de 1914 (avril à juin), reste fixée au taux de 0 fr. 25 %. C'est seulement pour la liquidation qui aura lieu dans les vingt premiers jours du mois d'octobre 1914 que le nouveau tarif commencera à être appliqué.

§ III. — *Valeurs étrangères non abonnées et fonds d'Etats étrangers.*
Droit de timbre au comptant.

Valeurs passibles du droit de timbre au comptant. — Sous l'empire de la législation actuelle, le droit de timbre au comptant est exigible sur les titres énumérés dans l'article 5, § 1er et 2, de la loi du 28 décembre 1895, c'est-à-dire, d'une part, sur les titres de rentes, emprunts et autres effets publics des gouvernements étrangers, et, d'autre part, sur les titres d'actions ou d'obligations émis par des sociétés, compagnies ou entreprises étrangères, villes, provinces et corporations étrangères, qui n'acquittent pas la taxe d'abonnement prévue par l'article 10 du décret du 17 juillet 1857 et l'article 4 du décret du 24 mai 1872.

L'article 42 de la loi du 29 mars 1914 n'apporte aucune modification à ces règles. Il résulte, d'ailleurs, de ses termes mêmes que la perception du droit de timbre au comptant restera complètement indépendante de celle de la taxe de 5 % édictée par la loi nouvelle sur les dividendes et revenus de toute nature des titres étrangers susvisés. Cette perception devra donc être effectuée, à l'avenir, alors même que les coupons des titres dont il s'agit auraient été payés en France ou touchés à l'étranger par des personnes domiciliées sur notre territoire, et qu'ils auraient été frappés, comme tels, de l'impôt sur le revenu.

Tarif. — Le taux du droit de timbre au comptant exigible sur les titres des sociétés étrangères non abonnées a été fixé à 2 % par l'article 3, n° 1, de la loi du 28 décembre 1895. L'article 13 de la loi du 30 juillet 1913 (Instr. n° 3371, § 4) avait, d'autre part, frappé d'un droit de timbre de 3 % les titres de rentes, emprunts et autres effets publics des gouvernements étrangers; mais il avait réduit ce droit à 2 % pour les titres cotés à la bourse officielle, dont le cours était tombé au-dessous de la moitié du pair par suite d'une diminution d'intérêt imposée par l'Etat débiteur. Le tarif de 3 % ayant été abaissé à 2 % par l'article 5 de la loi du 4 avril 1914 (Instr. n° 3403), les titres des sociétés étrangères non abonnées et ceux des gouvernements étrangers se trouvent actuellement régis par les mêmes règles au point de vue du taux du droit de timbre.

La loi du 29 mars 1914 laisse subsister sur ce point le régime en vigueur. Les titres des deux catégories pour lesquels l'impôt deviendra exigible à partir du 1er juillet 1914 devront, en conséquence, acquitter, comme précédemment, le droit de timbre au tarif de 2 % sans décimes.

Liquidation et assiette de l'impôt. — En vertu des dispositions des articles 3 de la loi du 28 décembre 1895, 13 de la loi du 30 juillet 1913 et 5 de la loi du 4 avril 1914, le droit de timbre au comptant dont les titres étrangers sont passibles est actuellement perçu sur la valeur nominale de chaque titre ou coupure considéré isolément, et, dans tous les cas, sur un minimum de 100 francs.

L'article 43 de la loi nouvelle modifie cette règle à compter du 1er juillet 1914.

Il décide, en premier lieu, que le droit de timbre au comptant sera perçu désormais sur la valeur nominale de chaque titre ou coupure considéré isolément, mais sans minimum.

Il spécifie, en outre, que pour les titres de rentes, obligations et autres effets publics des gouvernements étrangers cotés à la Bourse officielle, dont le cours moyen, pendant l'année précédente, est tombé au-dessous des trois quarts du pair, la perception s'effectuera sur la valeur négociable déterminée par ce cours moyen.

Les agents trouveront ci-après (annexe n° 11) la liste des fonds d'Etats étrangers dont le cours moyen, en 1913, est tombé au-dessous des trois quarts du pair et qui sont, dès lors, appelés éventuellement à bénéficier de ce dernier mode de liquidation pendant l'année courante.

Mesures spéciales aux fonds d'Etats étrangers. — D'après l'article 2 de la loi du 25 mai 1872, aucune émission ou souscription de titres de rentes ou effets publics des gouvernements étrangers ne peut, sans une déclaration préalable, être annoncée, publiée ou effectuée en France.

La loi nouvelle élargit sensiblement le champ d'application de cet article. Indépendamment de l'émission et de la souscription qui étaient seules prévues par la loi du 25 mai 1872, elle atteint les faits d'exposition en vente, d'introduction sur le marché, de remboursement ou de conversion des fonds d'Etats étrangers. Elle décide (art. 44) qu'aucune de ces opérations ne pourra être annoncée, publiée ou effectuée sans qu'il ait été fait, dix jours à l'avance, au bureau de l'enregistrement de la résidence, une déclaration dont la date sera mentionnée dans l'avis ou l'annonce. Et elle ajoute (même article) que les titres ou les certificats provisoires de titres émis, souscrits, exposés en vente ou introduits sur le marché en France, les nouveaux titres délivrés après conversion, ne pourront être remis aux souscripteurs, preneurs, acheteurs ou possesseurs, sans avoir préalablement acquitté le droit de timbre au comptant.

Les mots « exposition en vente et introduction sur le marché », qui figurent dans l'article 44 de la loi du 29 mars 1914, sont empruntés à l'article 12 de la loi du 13 avril 1898 concernant les sociétés et collectivités étrangères et ils doivent par suite, être interprétés dans le même sens. Les agents s'inspireront, à cet égard, des explications contenues dans l'instruction n° 2953, § 1er, et ils remarqueront qu'en visant le remboursement et la conversion des titres des gouvernements étrangers, la loi nouvelle a voulu atteindre, non pas des opérations accidentelles et isolées, mais un service effectué par des intermédiaires ou des représentants de l'Etat émetteur.

La disposition finale de l'article 44, d'après laquelle, si les droits ont été payés sur le certificat provisoire, le titre définitif correspondant est timbré sans frais sur la présentation de ce certificat, n'est, d'ailleurs, que la reproduction du dernier alinéa de l'article 2 de la loi du 25 mai 1872.

Causes d'exigibilité du droit de timbre communes aux titres des sociétés étrangères non abonnées et aux fonds d'Etats étrangers. — L'article 45 de la loi du 29 mars 1914 détermine les faits générateurs du droit de timbre au comptant qui sont communs aux titres des sociétés étrangères non abonnées et aux effets des gouvernements étrangers.

Cet article est ainsi conçu : « La négociation, l'exposition en vente, l'énonciation dans un acte ou écrit, soit public, soit sous seing privé, le remboursement et le transfert des titres désignés dans l'article 42 ci-dessus ne peuvent être effectués, en France, lorsque ces titres n'ont pas acquitté le droit de timbre au comptant.

« Il n'est pas dérogé aux dispositions de l'article 7 de la loi du 31 décembre 1907. »

Des diverses opérations prévues par le texte qui précède, celles qui ont pour objet le remboursement et le transfert des titres étrangers constituent seules des causes nouvelles d'exigibilité du droit de timbre. La négociation, l'exposition en vente et l'énonciation dans un acte ou écrit étaient déjà visées par l'article 5 de la loi du 28 décembre 1895 et l'article 45 s'est borné, en ce qui les concerne, à maintenir le régime en vigueur.

Aucune dérogation n'est, d'ailleurs, apportée aux dispositions de l'article 7 de la loi du 31 décembre 1907 relatives à l'énonciation dans les inventaires des valeurs étrangères (Instr. n° 3237, § 1er). Il résulte, en outre, des explications échangées au sein du Sénat, lors de la discussion de l'article 45 (séances des 18 et 19 mars 1914, *J. O.* du 19, p. 411, et du 20 mars, p. 436), que ces valeurs pourront, comme par le passé, être déposées dans une maison de banque pour leur conservation et en être ensuite retirées sans que le droit de timbre devienne pour cela exigible.

Pénalités. — Les contraventions aux articles 44 et 45 de la loi du 29 mars 1914 sont punies, par l'article 46, d'une amende de 5 %, en principal, de la valeur imposable des titres émis, exposés en vente, mis en souscription, négociés, introduits en France, remboursés, convertis, cotés ou énoncés dans les actes. Cette amende, dont le minimum est fixé à 100 francs en principal, est due personnellement et sans recours par ceux qui ont émis, exposé en vente, mis en souscription, négocié, introduit, remboursé, converti, coté ou énoncé dans les actes, des titres non timbrés ou qui ont servi d'intermédiaires pour ces opérations.

L'article 46 inflige la même pénalité à ceux qui ont publié lesdites opérations sans déclaration préalable. Il ajoute que le souscripteur ou preneur de titres non timbrés est tenu solidairement de l'amende, sauf son recours contre celui qui a ouvert la souscription, exposé en vente, émis ou introduit les titres, et que tous les contrevenants sont solidaires pour le recouvrement des droits et amendes.

L'article 46 interdit également le remplacement de la feuille de coupons sans versement du droit de timbre et il frappe de l'amende de 5 %, au minimum de 100 francs, les personnes qui ont servi d'intermédiaires pour ce remplacement ou l'ont directement effectué. Les prescriptions qu'il contient à cet égard se justifiaient dans le système primitif de la Commission sénatoriale des finances, qui comportait, pour les fonds d'Etats étrangers, la perception périodique d'un impôt de 4 % au moyen du timbrage des coupons à échoir. Mais, du moment où ce mode de perception a été définitivement abandonné par le législateur, les prescriptions dont il s'agit ne sont susceptibles, en aucun cas, de recevoir leur application.

Les agents ne perdront pas de vue cette observation. Ils remarqueront, en outre, que le paragraphe final de l'article 46 de la loi du 29 mars 1914 maintient expressément les dispositions des deux derniers alinéas de l'article 5 de la loi du 28 décembre 1895 relatifs à l'énonciation, dans les actes ou écrits, des titres étrangers et celles de l'article 7 de la loi du 31 décembre 1907, au cas où cette énonciation est faite dans un inventaire. Ils continueront à se conformer à cet égard, aux règles tracées par les instructions n°s 2897, § 1er, n° 7, et 3.237, § 1er.

VALEURS ÉTRANGÈRES

Décret du 22 juin 1914.

ART. 1er. — Les déclarations prescrites par l'article 35, paragraphe 1er, de la loi du 29 mars 1914 sont faites sur un registre spécial, tant au bureau de l'enregistrement du siège de l'établissement principal des assujettis qu'au bureau du siège de chacune des agences et succursales qu'ils possèdent.

Ces déclarations sont signées soit par l'assujetti lui-même, justifiant de son identité, soit par son mandataire, en vertu d'une procuration, soit enfin, s'il s'agit d'une société, par ses représentants légaux ou leurs mandataires.

Elles font connaître, s'il y a lieu, les noms des associés solidairement responsables et rappellent le titre constitutif de la société. Elles contiennent la désignation de chacune des agences et succursales.

Les déclarations qui sont faites au siège des agences et succursales contiennent la désignation de l'établissement principal.

En cas de changement de résidence ou de siège, soit de l'établissement principal, soit d'une agence ou succursale, de même qu'en cas de création d'une agence ou succursale nouvelle, il en est fait déclaration préalable par les assujettis aux bureaux et dans la forme ci-dessus déterminée.

Une déclaration doit être faite dans les mêmes conditions si l'assujetti cesse de se livrer aux opérations prévues au présent décret ou d'y affecter une des agences ou succursales ci-dessus visées.

2. Dans chaque département, le directeur de l'enregistrement dresse la liste des assujettis ayant fait la déclaration prévue à l'article précédent. Communication de cette liste est donnée dans les bureaux de la direction à toute personne qui en fait la demande.

3. Le bordereau prévu à l'article 36, § 1er, de la loi mentionne les nom et prénoms ou la raison sociale et le domicile de l'assujetti qui effectue le paiement des coupons, chèques ou instruments de crédit visés par l'article 35. Il porte la date du jour où il est déposé et présente, dans des colonnes distinctes, les indications ci-après :

1° Numéro d'inscription au registre n° 1, prévu à l'article 8 du présent décret, de l'assujetti qui effectue le paiement;

2° Nature des coupons, chèques ou instruments de crédit dont le paiement est demandé;

3° Nombre des coupons, chèques ou instruments de crédit;

4° Valeur par unité, sans escompte ni commission, en monnaie française au cours du jour du paiement, de chaque catégorie de coupons, chèques ou instruments de crédit, sous déduction seulement des impôts établis dans les pays étrangers où les titres ont été créés et dont le paiement incombe au porteur du coupon;

5° Valeur totale de chaque catégorie de coupons;

6° Montant total des sommes soumises à l'impôt;

7° Montant de l'impôt de 5 % retenu ou avancé sur l'ensemble des coupons;

8° Dans le cas de production de la déclaration ou affidavit dont la forme est déterminée à l'article 2, date et numéro d'ordre de cet affidavit tenant lieu des indications prévues sous les n° 4, 5, 6 et 7.

Les indications prévues sous les n° 1, 7 et 8 doivent être inscrites par celui qui procède au paiement. Les autres indications peuvent être inscrites, soit par celui qui procède au paiement, soit par celui qui présente les coupons, chèques ou instruments de crédit.

4. Le récépissé délivré, sur sa réquisition, à celui qui demande en France le paiement des coupons, chèques ou instruments de crédit désignés à l'article 35 de la loi, contient l'énonciation des nom et prénoms ou de la raison sociale et du domicile de l'assujetti qui effectue le paiement; il est signé et rappelle le nombre et la nature des coupons, chèques ou instruments de crédit, leur valeur totale telle qu'elle figure au bordereau sous le n° 6, la date de leur paiement, le montant de l'impôt de 5 0/0 retenu et le numéro sous lequel l'impôt a été pris en charge au registre n° 1 prévu au paragraphe 9 de l'article 8 ci-après. Dans le cas de production d'un affidavit par la personne qui a demandé le paiement, ces deux dernières indications sont remplacées par celle de la date et du numéro d'ordre de l'affidavit.

5. Les bordereaux dont le dépôt est prévu par l'article 36, § 3, de la loi sont établis suivant une série unique de numéros. Ils contiennent, indépendamment de la date et de la signature exigées par cet article, la désignation des nom et prénoms ou de la raison sociale et du domicile de l'assujetti et la date et le lieu de la déclaration effectuée en vertu de l'article 35, § 1er. Ils présentent en outre, dans des colonnes distinctes, les indications ci-après :

1° Numéro d'inscription au registre n° 2, prévu à l'article 8 du présent décret, de l'assujetti auquel la transmission est faite;

2° Nom, prénoms ou raison sociale et domicile de cet assujetti;

3° Nature des coupons, chèques ou instruments de crédit;

4° Nombre des coupons, chèques ou instruments de crédit.

6. L'assujetti doit, à toute réquisition des agents de l'Administration de l'enregistrement, justifier de la régulière transcription, sur l'un ou l'autre de ses registres, des coupons inscrits sur les bordereaux, et représenter, le cas échéant, les affidavit qui lui ont été produits au moment de la demande de paiement.

7. Les assujettis peuvent faire usage d'une griffe, apposée à l'encre grasse sur le bordereau dont la forme est déterminée par l'article précédent, ainsi que sur le récépissé dont il est question à l'article 4, et faisant connaître leurs nom et prénoms ou leur raison sociale et leur domicile, ainsi que la date à laquelle la griffe est apposée.

Cette apposition tient lieu de signature.

L'empreinte de la griffe dont le modèle doit être agréé par le directeur général de l'enregistrement ou, en vertu de sa délégation, par le directeur du département, est déposée, avant tout usage, au bureau de l'enregistrement où la déclaration a été souscrite.

8. Les deux registres dont la tenue est prescrite par l'article 6, § 4, de la loi du 29 mars 1914, et dont les modèles sont annexés au présent décret, sont cotés et paraphés dans les conditions établies par l'article 2 du Code de commerce et contiennent une suite ininterrompue de numéros.

Le registre n° 1 reçoit l'inscription des opérations du paiement, lorsque ces opérations ont donné lieu, de la part de l'assujetti, à une retenue ou à une avance de l'impôt, ou que la personne qui a demandé le paiement a produit à cet assujetti l'affidavit dont la forme est déterminée à l'article 11. Il présente, par jour, dans des colonnes distinctes, par nature de valeurs et pour chaque opération, les indications ci-après :

1° Numéro d'ordre ;

2° Nature des coupons, chèques ou instruments de crédit ;

3° Nombre des coupons, chèques ou instruments de crédit ;

4° Valeur par unité, sans escompte ni commission, en monnaie française au cours du jour du paiement, de chaque catégorie de coupons, chèques ou instruments de crédit, sous déduction seulement des impôts établis dans les pays étrangers où les titres ont été créés et dont le paiement incombe au porteur du coupon ;

5° Valeur totale de chaque catégorie de coupons ;

6° Montant total des sommes soumises à l'impôt ;

7° Montant de l'impôt de 5 % retenu ou avancé sur l'ensemble des coupons ;

Et, s'il y a lieu :

8° Désignation détaillée de la nature et de la valeur en monnaie française des coupons dont l'assujetti n'a pu récupérer le montant sur l'émetteur ou son représentant et dont il a obtenu le remboursement de la personne qui en avait reçu précédemment le paiement :

9° Date de ce remboursement ;

10° Montant de l'impôt de 5 % retenu ou avancé sur les coupons remboursés ;

11° Dans le cas de production de l'affidavit dont la forme est déterminée à l'article 11, date et numéro d'ordre de cet affidavit tenant lieu des indications prévues sous les numéros 4, 5, 6 et 7.

Le registre n° 2 est réservé à l'inscription des transmissions ultérieures des coupons, chèques ou instruments de crédit sur lesquels l'impôt a été prélevé ou avancé par un précédent intermédiaire. Il reçoit également l'inscription des coupons, chèques ou instruments de crédit dont le paiement a donné lieu à la production au précédent intermédiaire de l'affidavit prévu à l'article 11, dans le cas où il s'agit d'une transmission à l'établissement chargé du service financier des titres, auxquels ils se rapportent. Il contient, dans des colonnes distinctes, par nature de valeurs et pour chaque transmission, les énonciations suivantes :

1° Date de l'opération ;

2° Numéro d'ordre ;

3° Numéro du bordereau dont la forme est déterminée par l'article 5 ;

4° Nom, prénoms ou raison sociale et domicile de l'assujetti qui a fait la transmission ;

5° Nature des coupons, chèques ou instruments de crédit ;

6° Nombre des coupons, chèques ou instruments de crédit.

9. Des extraits de chacun des deux registres visés à l'article précédent sont établis à la date du dernier jour de chaque mois. Ils sont certifiés par les assujettis ou revêtus par eux de l'empreinte de la griffe prévue par l'article 7, et comprennent, dans l'ordre des numéros, toutes les opérations effectuées du premier au dernier jour du mois.

L'extrait du registre n° 1 est totalisé.

10. Les extraits sont déposés, dans les dix premiers jours de chaque mois, au bureau de l'enregistrement où la déclaration a été souscrite.

Ce dépôt est accompagné du versement de l'impôt de 5 % applicable à chacune des opérations portées sur l'extrait du registre n° 1. Toutefois ne sont pas soumises à la taxe : 1° les opérations qui, ayant été effectuées pendant le mois pour lequel l'extrait a été établi, se rapportent aux coupons mentionnés dans la colonne 8 du registre n° 1, dont l'assujetti s'est fait rembourser le montant, dans le courant du même mois, par la personne qui en avait reçu le paiement; 2° les opérations de paiement des coupons, chèques ou instruments de crédit qui ont donné lieu à la production de l'affidavit dont la forme est déterminée par l'article 11.

Si aucune opération ne figure sur l'un des registres, l'extrait de ce registre qui doit être remis au bureau de l'enregistrement, porte la mention « néant ».

11. L'affidavit, prévu par les dispositions qui précèdent, est reçu par l'agent diplomatique ou consulaire français dans la circonscription duquel réside le déclarant. Il est daté et signé et constate que la personne dont il émane n'est pas de nationalité française et qu'elle est domiciliée à l'étranger et y réside. Il constate également qu'elle ne fait ni profession ni commerce de recueillir, encaisser, payer ou négocier des coupons de titres ou valeurs mobilières, ou que, si elle exerce ce commerce ou cette profession, elle a fait la déclaration pour des titres qu'elle a remis en France en nantissement d'opérations commerciales ou civiles. Il indique, en outre, que cette personne est propriétaire ou usufruitière des titres dont les coupons ont été détachés. Il mentionne la nature, le nombre et la valeur des coupons.

Les énonciations relatives à la nationalité, au domicile et à la résidence du déclarant et à sa profession ou à son commerce sont certifiées par l'agent diplomatique ou consulaire. Celui-ci certifie également les autres mentions inscrites dans la déclaration et peut exiger, en vue de leur vérification, la présentation, soit des titres mentionnés, soit du certificat de dépôt en garde, si ces titres sont déposés dans une banque, soit de l'acte de nantissement.

L'affidavit n'est valable que pour des coupons échus depuis un an au plus au jour de sa date. Il est déposé à l'appui du bordereau dont la forme est déterminée à l'article 3, et fait l'objet sur un registre spécial, d'une inscription mentionnant la date, le nom de la personne dont il émane, la désignation de l'autorité qui l'a reçu. L'assujetti revêt l'affidavit d'un numéro d'ordre qui reproduit celui sous lequel il a été inscrit au registre spécial ci-dessus mentionné. Ce numéro est reporté en même temps que la date, sur les bordereaux et registres prévus aux articles précédents.

L'affidavit est conservé pendant deux ans par l'assujetti qui est tenu de le représenter à toute réquisition aux agents de l'enregistrement.

Pour les titres déposés en garde ou donnés en nantissement en France, et appartenant aux personnes mentionnées au premier alinéa du présent article, qui continuent d'avoir leur domicile et leur résidence à l'étranger, l'affidavit est valable pour un an à partir de sa date.

En ce qui concerne les agents diplomatiques jouissant en France du bénéfice de l'exterritorialité, les formes et les conditions de la déclaration seront arrêtées de concert par les Ministres des Finances et des Affaires étrangères.

12. Les personnes désignées au premier paragraphe de l'article 35 de la loi qui possèdent indépendamment de leur établissement principal une ou plusieurs agences ou succursales, doivent y faire tenir deux registres semblables à ceux dont la forme est déterminée à l'article 8 du présent décret. Ces registres reçoivent l'inscription des opérations prévues au présent décret qui ont été effectuées par l'agence ou succursale.

Chaque agence ou succursale doit, en outre, effectuer, à l'époque indiquée à l'article 10, la production des extraits prévus à l'article 9, accompagnée, s'il y a lieu, du versement de l'impôt.

13. Les remises attribuées aux assujettis par l'article 36 de la loi sont liquidées, pour chacun des établissements, agences ou succursales, à l'expiration de chaque année, d'après le montant des prélèvements d'impôts qui ont été effectués au cours de l'année précédente, déduction faite du montant des taxes restituées dans le cours de ladite année.

Le taux de ces remises est le suivant :

Sur les premiers cent mille francs, 1 %;

Sur la partie de l'impôt excédant 100.000 francs, 0,75 %.

14. Dans le cas prévu par l'article 31 de la loi, si lors du détachement du premier coupon, le montant du revenu annuel n'est pas connu, l'impôt est calculé d'après le revenu de l'année précédente.

15. Il est créé, pour l'exécution de l'article 37 de la loi du 29 mars 1914, des timbres mobiles à 1, 2, 3, 4, 5, 10, 15, 20, 25, 30, 35, 40, 45, 50, 55, 60,

65, 70, 75, 80, 85, 90, 95 centimes, 1 franc, 1 fr. 25, 1 fr. 50, 2, 3, 4, 5, 6, 7, 8, 9, 10 et 20 francs.

Les timbres sont annulés par l'inscription à l'encre noire, en travers du timbre, de la date de l'oblitération.

16. Les déclarations prescrites par l'article 37, § 1er, de la loi, sont faites soit au bureau de l'enregistrement de la résidence des déclarants, soit dans tout autre bureau ayant dans ses attributions la perception de la taxe sur le revenu des valeurs mobilières étrangères.

A Paris, ces déclarations sont souscrites dans un bureau désigné spécialement à cet effet par l'Administration.

17. Les déclarations reçues par le service de l'enregistrement sont inscrites sur un registre à souche. Il leur est donné un numéro d'ordre qui est reproduit sur la souche et sur le volant. Y sont également mentionnés :

1º Le bureau qui reçoit la déclaration ;

2º La date de la déclaration ;

3º La nature des titres ;

4º Le nombre et le numéro des titres ;

5º La valeur par unité, sans escompte ni commission, en monnaie française au cours du jour, sous déduction des impôts établis dans les pays étrangers où les titres ont été créés et dont le paiement incombe au porteur du coupon ;

6º Le montant total des arrérages perçus ;

7º Le montant de la taxe.

Sur la demande du déclarant, ses nom, prénoms et adresse sont inscrits sur le registre.

La liquidation est vérifiée par le service de l'enregistrement qui perçoit immédiatement le montant des droits.

18. Les receveurs de l'enregistrement ne peuvent délivrer d'extraits ou de copies des déclarations mentionnées aux deux articles précédents que sur une ordonnance du juge de paix, lorsque ces extraits ou ces copies sont demandés par d'autres personnes que les déclarants ou leurs ayants droit.

19. L'Administration de l'enregistrement, des domaines et du timbre fera déposer au greffe des cours et tribunaux des spécimens des timbres mobiles créés par le présent décret. Il sera dressé, sans frais, procès-verbal de chaque dépôt.

20. Dans le cas prévu par l'article 37 de la loi du 29 mars 1914, les timbres afférents au second semestre de 1914 devront représenter le montant de la taxe de 5 % due à raison des dividendes, intérêts, arrérages et autres produits échus à partir du 1er juillet 1914 ; ils seront apposés en même temps que ceux qui concernent l'année 1915.

Les déclarations afférentes au même semestre seront valablement faites en même temps que les déclarations relatives aux dividendes, intérêts, arrérages et autres produits encaissés au cours de l'année 1915.

21. Le ministre des Finances est chargé, etc.

Voir les modèles des registres au *Journal officiel* du 22 juin, pages 5445 et 5446.

Instruction du 22 juin 1914 (nº 3412).

OBSERVATIONS GÉNÉRALES

La loi du 29 mars 1914 a assujetti à l'impôt sur le revenu des capitaux mobiliers les dividendes, intérêts, arrérages et tous autres produits :

1º Des actions, parts de fondateurs, parts d'intérêt, commandites, obligations et emprunts de toute nature des sociétés et collectivités françaises désignées dans l'article 1er de la loi du 29 juin 1872, et non affranchies de l'impôt sur le revenu des valeurs mobilières par les lois subséquentes ;

2º Des actions, parts de fondateurs, parts d'intérêt, commandites, obligations et emprunts de toute nature des sociétés, compagnies, entreprises, corporations, villes, provinces étrangères, ainsi que tout autre établissement public étranger ;

3º Des rentes, obligations et autres effets publics des colonies françaises et des gouvernements étrangers.

La loi nouvelle ne modifie ni le tarif, ni le mode de liquidation et de versement de la taxe sur le revenu dont les titres des sociétés françaises et des collectivités étrangères abonnées étaient passibles sous l'empire de la législation antérieure, et elle assimile complètement aux valeurs françaises, pour la perception de cette taxe, les rentes, obligations et autres effets publics des colonies françaises.

En ce qui concerne les fonds d'États étrangers et les titres des sociétés ou collectivités étrangères qui ne sont pas soumis, par les lois en vigueur, à des droits et taxes équivalents à ceux qui sont établis sur les valeurs françaises, la loi du 29 mars 1914 institue un régime fiscal absolument différent. A partir du 1er juillet 1914, la taxe sera exigible sur ces deux catégories de titres, par cela seul que leurs dividendes, intérêts, arrérages et produits seront payés en France ou touchés à l'étranger par des personnes domiciliées dans notre pays. Dans le premier cas, la retenue ou l'avance de l'impôt sera effectuée par le banquier, changeur ou la personne qui procédera au paiement. Dans le second cas, la taxe devra être acquittée soit au moyen de l'apposition de timbres, soit par voie de déclarations annuelles, par le propriétaire ou l'usufruitier qui encaissera ses coupons à l'étranger ou s'en fera envoyer le montant.

Les explications qui vont suivre ont pour but de préciser les obligations fiscales qui incombent, dans chacune de ces deux hypothèses, aux diverses personnes désignées par la loi.

I

PAIEMENT EN FRANCE DES REVENUS DES VALEURS ÉTRANGÈRES NON ABONNÉES ET DES FONDS D'ÉTATS ÉTRANGERS

§ 1er. — *Personnes assujetties aux dispositions des articles 34 à 36 de la loi nouvelle.*

L'article 34 de la loi du 29 mars 1914 dispose que pour les valeurs étrangères non abonnées et les titres de rentes, emprunts et autres effets publics des gouvernements étrangers, la retenue de l'impôt est opérée par le banquier, changeur ou toute autre personne qui effectue en France le paiement des intérêts, arrérages ou tous autres produits. L'article 35 ajoute que « quiconque fait profession ou commerce de recueillir, encaisser, payer ou acheter des coupons, chèques ou tous autres instruments de crédit, créés pour le paiement des dividendes, intérêts, arrérages ou produits quelconques de titres ou valeurs désignés dans l'article précédent, doit en faire la déclaration au bureau de l'enregistrement de sa résidence ».

Enfin, d'après l'article 36, les mêmes personnes sont tenues de se conformer à toutes les prescriptions de cet article, et, notamment, d'inscrire sur des registres spéciaux leurs opérations de paiement ou de négociation de coupons, chèques ou instruments de crédit.

Pour qu'une personne soit assujettie aux dispositions de la loi nouvelle, une seule condition est donc indispensable : c'est que cette personne fasse profession ou commerce de recueillir, encaisser, payer ou acheter soit des coupons de valeurs mobilières étrangères non abonnées, ou de fonds d'États étrangers, soit des titres ou écrits créés en vue d'assurer le paiement de revenus ou produits quelconques de ces valeurs. Les articles 34, 35 et 36 n'établissent aucune distinction entre les personnes qui exercent une profession ou un commerce de cette nature et ils les atteignent toutes, quelle que soit leur qualité ou leur dénomination. Ils s'appliquent, en particulier, aux escompteurs, aussi bien qu'aux banquiers, qui sont expressément visés par l'article 34.

Les diverses obligations et formalités édictées par la loi incombent, d'ailleurs, non seulement aux personnes qui se livrent d'une manière normale et continue, aux opérations prévues par l'article 35, mais encore à celles qui y procèdent d'une façon purement accidentelle. Le texte présenté par la Commission des finances visait, en effet, ceux qui ont pour « profession ou commerce *habituel* » d'accomplir ces opérations, mais le mot « habituel » a été supprimé au cours de la discussion (Sénat, séance du 16 mars 1914, *Journ. officiel* du 17, p. 398).

Banques de dépôts. — Bien que les articles 34 et 35 de la loi du 29 mars 1914 astreignent toutes les personnes qui effectuent en France le paiement des intérêts, arrérages et autres produits des valeurs étrangères non abonnées et des fonds d'États étrangers à en faire la déclaration et à opérer la retenue de la taxe, il ne semble pas que les prescriptions de la loi nouvelle soient applicables aux banquiers qui ont des titres en dépôt dans leurs caisses et qui inscrivent le montant des coupons de ces titres au crédit du compte des déposants, après les avoir présentés au paiement dans un autre établissement installé sur notre territoire. Ces banquiers sont de simples mandataires de leurs clients et ils ne sont tenus, comme tels, que de produire à l'appui de leur demande en règlement des coupons, chèques ou instruments de crédit, le bordereau visé par le premier paragraphe de l'article 36.

Il est bien entendu, toutefois, que si cette interprétation libérale devait avoir pour conséquence d'entraîner des abus et de faciliter la fraude, l'Administration se réserve d'appliquer rigoureusement la loi et de n'admettre aucune exception à la règle générale qu'elle formule dans les articles 34, 35 et 36.

C'est du reste aux intéressés eux-mêmes qu'il appartiendra d'apprécier en première ligne si leurs opérations rentrent ou non dans les prévisions de la loi du 29 mars 1914. L'Administration n'aura pas à intervenir à ce sujet et elle se bornera à user de son droit de contrôle en examinant, d'après les circonstances propres à chaque espèce, si les banquiers, changeurs ou autres personnes ont agi régulièrement en s'abstenant de souscrire une déclaration d'existence et d'ouvrir les deux registres dont la tenue est exigée par l'article 36.

Il convient de remarquer, à cet égard, que le fait de se livrer accidentellement à une opération directe de paiement des revenus imposables entraînera, pour l'établissement ou l'agence qui y procédera, l'obligation de passer la déclaration prévue par la loi et de retenir ou d'avancer la taxe de 5 %, non seulement sur les coupons, chèques et instruments de crédit que cet établissement ou cette agence acquittera immédiatement entre les mains du porteur, mais sur ceux dont elle réglera le montant après encaissement et comme simple mandataire.

Agents de change. — L'article 85 du Code de commerce dispose qu'un agent de change ne peut, dans aucun cas, et sous aucun prétexte, faire des opérations de commerce ou de banque pour son compte. Il interdit, par là même, à cet officier ministériel d'exercer la profession ou le commerce de recueillir, encaisser, payer ou acheter des coupons de valeurs mobilières étrangères. Il en résulte que les agents de change ne sont pas, en principe, soumis aux formalités imposées par la loi nouvelle. Ils ne seraient astreints à passer une déclaration et à établir les bordereaux et les registres que si, nonobstant les prescriptions de l'article 85 précité du Code de commerce, ils accomplissaient les diverses opérations prévues par la loi et, notamment, s'ils procédaient au paiement des coupons sans en avoir reçu préalablement le montant d'un banquier installé en France ou de tout autre assujetti qui aurait effectué la retenue de la taxe.

§ 2. — *Opérations donnant lieu à la retenue ou à l'avance de l'impôt.*

Le deuxième paragraphe de l'article 35 de la loi du 29 mars 1914 énumère les faits juridiques qui rendent exigible la taxe sur le revenu. Il porte, à cet égard, que les assujettis ne peuvent « recueillir, encaisser, payer, acheter ou négocier les coupons, chèques ou autres instruments de crédit créés pour le paiement des dividendes, intérêts, arrérages ou produits quelconques des valeurs étrangères non abonnées ou des fonds d'État étrangers sans opérer immédiatement la retenue de l'impôt ou sans en faire l'avance si, par suite de contrats existants, l'impôt est à la charge de l'émetteur du titre, à moins qu'il ne leur soit justifié que cette retenue ou cette avance a déjà été effectuée par un précédent intermédiaire soumis aux prescriptions de la loi nouvelle. »

Cette disposition comporte une double observation :

Tout d'abord, en obligeant les banquiers, changeurs et autres assujettis à prendre charge de la taxe lorsqu'ils procèdent en France au paiement des coupons, chèques et autres instruments de crédit, le législateur a voulu éviter que les dividendes, intérêts ou arrérages ne pussent entrer dans le patrimoine individuel des propriétaires ou des détenteurs des titres sans acquitter l'impôt. Il importe peu, dès lors, que le paiement ait lieu au moyen de la remise effective d'une somme d'argent, ou au moyen de l'inscription de la valeur des coupons, chèques ou instruments de crédit à l'actif du compte du porteur ou d'un tiers, ou au moyen d'un procédé analogue. Dans un cas comme dans l'autre, la taxe doit être versée au Trésor par voie de retenue sur le coupon ou sous forme d'avance.

En second lieu, d'après le deuxième paragraphe de l'article 35 de la loi du 29 mars 1914, les différentes opérations qui rendent l'impôt exigible sont celles qui ont pour objet des coupons, chèques ou autres instruments de crédit. Le mot coupon est employé, dans l'article précité, avec son acception la plus générale. Il désigne à la fois les dividendes, intérêts, arrérages ou produits quelconques des valeurs mobilières étrangères et les instruments juridiques qui les représentent. Il s'applique par conséquent aussi bien aux revenus des titres nominatifs, dont le paiement est effectué sur la présentation du certificat d'inscription, et constaté au moyen de l'apposition d'une estampille, qu'aux revenus des titres au porteur ou des titres mixtes. Quant à l'expression chèques ou autres instruments de crédit, elle établit une assimilation complète entre les écrits qui revêtent, comme les chèques ou les ordres de virement, le caractère de simples instruments de paiement, et ceux qui constituent des instruments de crédit proprement dits (lettres de change, billets à ordre, etc.). En ce qui concerne plus spécialement les chèques, ou bien leur contexte même fera connaître qu'ils ont été créés en vue du paiement des dividendes, intérêts, arrérages et autres produits des valeurs étrangères non abonnées ou des fonds d'États étrangers, et, dans ce cas, aucune difficulté ne pourra s'élever au sujet de l'exigibilité et du prélèvement obligatoire de l'impôt; ou bien il n'existera pas de mentions particulières émanant du tireur et ce sera alors à l'Administration qu'il appartiendra d'établir, à l'aide de tous les moyens de preuve dont elle disposera, qu'en fait, les chèques recueillis, encaissés, payés, achetés ou négociés sans que la taxe ait été retenue ou avancée, ont été créés dans le but d'acquitter ces dividendes, arrérages ou produits. M. le Ministre des Finances a statué dans ce sens, le 2 juin 1914, en réponse à une question écrite posée par M. Gaudin de Villaine, sénateur (Sénat, débats *Journ. offic.* du 3 juin 1914, p. 691).

Affidavit. — D'après l'article 34 de la loi du 29 mars 1914, la retenue de l'impôt est opérée par le banquier, changeur ou toute autre personne qui effectue en France le paiement des intérêts, arrérages et tous autres produits. L'article 36 porte également que la taxe est due par « toute personne qui demandera en France », par une opération quelconque, le paiement des coupons, chèques ou instruments de crédit créés pour le règlement de ses intérêts, arrérages et produits. Bien que ces dispositions soient conçues en termes généraux, il a paru qu'elles ne pouvaient avoir pour effet d'assujettir les particuliers habitant en pays étranger, qui demandent en France le paiement de leurs coupons, aux mêmes obligations fiscales que les personnes domiciliées sur notre territoire.

Dans un but d'équité et dans l'intérêt même des banquiers français, le règlement d'administration publique autorise, dans cette hypothèse, sur la production d'une déclaration spéciale ou affidavit, le paiement des coupons sans retenue de la taxe de 5 %.

Cette autorisation, toutefois, est subordonnée, par l'article 11 du règlement, à une double condition.

Il faut, tout d'abord, que la personne qui en réclame le bénéfice ne soit pas de nationalité française et qu'elle ait à l'étranger tout à la fois son domicile et sa résidence. La dispense d'impôt ne profite donc ni à des Français domiciliés à l'étranger, ni à des étrangers ayant dans notre pays soit leur domicile, soit leur résidence.

Il est nécessaire, d'autre part, que le porteur du coupon ne fasse ni profession, ni commerce, de recueillir, encaisser, payer ou négocier des coupons de titres ou valeurs mobilières. S'il exerce cette profession ou ce commerce, il ne bénéficie de l'immunité d'impôt que pour les titres qu'il a remis en France en nantissement d'opérations commerciales ou civiles.

L'affidavit doit constater expressément l'accomplissement de ces deux conditions. Il contient, en outre, l'indication que la personne dont il émane est propriétaire ou usufruitière des titres dont les coupons ont été détachés. Il mentionne également la nature, le nombre et la valeur des coupons. Enfin il est daté par l'intéressé et revêtu de sa signature.

L'agent diplomatique ou consulaire français dans la circonscription duquel réside le déclarant a seul qualité, d'après les termes mêmes de l'article précité, pour recevoir l'affidavit. Cet agent doit certifier toutes les énonciations de la déclaration, et notamment celles qui ont trait à la nationalité, au domicile et à la résidence de la partie, ainsi qu'à sa profession ou à son commerce. Il peut, d'ailleurs, exiger de cette dernière la présentation soit des titres par elle mentionnés, soit du certificat de dépôt en garde, si les titres sont déposés dans une banque, soit de l'acte de nantissement.

Pour que l'affidavit soit valable, il ne suffit pas, du reste, qu'il satisfasse à toutes les conditions de forme imposées par le règlement d'administration publique. Il est encore nécessaire que sa date ne soit pas postérieure de plus d'un an à celle de l'échéance des coupons. Il importe, d'autre part, de remarquer qu'un affidavit spécial doit être déposé à l'appui de chaque demande de paiement de coupons. Il n'est fait exception à cette règle que dans le cas où les titres ont été déposés en garde ou donnés en nantissement en France par des personnes de nationalité étrangère. L'affidavit peut alors être utilisé pendant un an à partir de sa date, pourvu : 1° que le déclarant continue d'avoir son domicile et sa résidence hors de notre territoire ; 2° et que le dépôt n'ait pas été retiré ou que le nantissement n'ait pas pris fin.

L'affidavit est remis à l'établissement qui procède au paiement des coupons, en même temps que le bordereau prévu par l'article 36, § 1er, de la loi du 29 mars 1914, et dont la forme est déterminée par l'article 3 du règlement d'administration publique. L'assujetti est tenu d'en constater le dépôt sur un registre spécial où il indique sa date, le nom de la personne dont il émane et l'autorité qui l'a reçu ; il doit, en outre, reproduire, sur la déclaration, le numéro du registre sous lequel elle figure.

L'article 11 du décret du 21 juin 1914, dispose, enfin, qu'en ce qui concerne les agents diplomatiques jouissant en France du bénéfice de l'exterritorialité, les formes et les conditions de la déclaration seront arrêtées de concert par les ministres des Finances et des Affaires étrangères. Dès qu'un accord sera intervenu à ce sujet entre les deux départements ministériels intéressés, il sera porté à la connaissance du service par la voie des instructions générales.

§ 3. — Tarif et mode de liquidation de l'impôt.

Tarif. — L'article 33 de la loi du 29 mars 1914 a fixé à 4 % le tarif de l'impôt exigible, en vertu de l'article 31 de la même loi, sur les revenus des valeurs mobilières françaises, des valeurs mobilières étrangères abonnées et des rentes, obligations et autres effets publics des colonies françaises.

En ce qui concerne les titres visés aux paragraphes 1 et 2 de l'article 5 de la loi du 28 décembre 1895, c'est-à-dire, d'une part, les rentes, emprunts et autres effets publics des gouvernements étrangers et, d'autre part, les actions ou les obligations des sociétés, compagnies ou collectivités étrangères de toute nature non soumises au régime de l'abonnement, l'article 42 ajoute à cet impôt une taxe supplémentaire de 1 % qui est perçue sur les mêmes bases et dans les mêmes conditions. L'impôt dont les banquiers et autres assujettis auront à effectuer la retenue ou l'avance, s'élève donc au total à 5 %. C'est, d'ailleurs, ce qui résulte expressément des articles 3, 4, 8 et 10 du règlement d'administration publique du 21 juin 1914.

Mode de liquidation de la taxe. — Les intérêts, dividendes, arrérages ou tous autres produits imposables doivent, d'après l'article 32 de la loi du 29 mars 1914, être déterminés conformément aux dispositions de la loi du 29 juin 1872. Il suit de là, comme le Ministre l'a déclaré le 27 mars 1914, à la tribune de la Chambre des députés (Journ. offic. du 28, p. 2021), que c'est la valeur brute des coupons payés en France qui doit être prise pour base de la perception de la taxe. Les articles 3 et 8 du règlement d'administration publique portent, à cet égard, qu'il n'y a pas lieu de déduire ni l'escompte, c'est-à-dire la somme retenue par le banquier ou la personne qui procède au paiement, lorsque le coupon lui est présenté avant l'échéance, ni la commission, c'est-à-dire la rémunération prélevée par cet intermédiaire. (Lyon-Caen et Renault, Traité de droit commercial, t. IV, n°ᵉ 680 et 695.)

Le principe d'après lequel la taxe de 5 % est assise sur la valeur brute du coupon comporte, toutefois, certains tempéraments.

En premier lieu, les articles 3 et 8 du décret du 21 juin 1914 autorisent la distraction, pour le calcul de cette taxe, des impôts établis dans les pays étrangers où les titres ont été créés. Ils consacrent sur ce point une dérogation aux règles générales qui gouvernent la liquidation de l'impôt sur le revenu et ils doivent, dès lors, comme tous les textes exceptionnels, être interprétés restrictivement. Les articles précités ayant uniquement pour objet d'assurer la perception de la taxe sur les intérêts, arrérages et produits des valeurs étrangères non abonnées et des fonds d'Etats étrangers, leurs dispositions ne sont pas applicables en ce qui concerne les autres valeurs mobilières et, notamment, les titres d'actions et d'obligations des sociétés et collectivités étrangères soumises au régime de l'abonnement. Pour ces derniers titres, les agents continueront, en conséquence, à se conformer à la jurisprudence des arrêts de la Chambre civile de la Cour de cassation du 29 juillet 1912, d'après lesquels les impôts étrangers incombant à l'actionnaire ou à l'obligataire, et dont l'établissement émetteur est chargé d'opérer le recouvrement par voie de retenue, ne doivent pas être déduits du montant du revenu passible de la taxe.

En second lieu, si une collectivité étrangère ou un état étranger a réduit le taux de l'intérêt de ses titres, l'impôt ne saurait être liquidé sur une somme supérieure au revenu effectivement attribué au porteur du coupon, alors même que la diminution du revenu originaire n'aurait pas été mentionnée sur le certificat d'inscription délivré à l'obligataire ou au crédit-rentier. Cette règle de perception devra être observée, notamment, pour le calcul de la taxe exigible sur les intérêts et arrérages des titres représentatifs de la Dette égyptienne unifiée, dont l'émission a été autorisée par les décrets du khédive des 7 mai et 18 novembre 1876. Une loi de liquidation du 17 juillet 1880 ayant ramené à 4 % le taux de l'intérêt de l'emprunt, qui avait été fixé, tout d'abord, à 7 %, il importe peu que le contexte primitif des titres d'obligations n'ait pas été modifié. La réduction imposée par le Gouvernement égyptien à ses créanciers n'en produit pas moins ses effets vis-à-vis de ces derniers. Aussi les banquiers et autres assujettis ne pourront-ils refuser d'en tenir compte pour la détermination du chiffre du prélèvement qu'ils auront à effectuer au profit du Trésor français.

C'est, d'ailleurs, au moment où les dividendes, intérêts, arrérages et autres produits seront versés entre les mains du porteur, qu'il conviendra de se placer pour dégager le revenu imposable. Si la valeur du coupon est exprimée en monnaie étrangère, elle devra être convertie en monnaie française, d'après le cours du change au jour du paiement (décr. du 21 juin 1914, art. 3 et 8).

§ 4. — *Mesures d'exécution.*

Déclaration. — Quiconque fait profession ou commerce de recueillir, encaisser, payer ou acheter des coupons, chèques ou tous autres instruments de crédit créés pour le paiement des dividendes, intérêts, arrérages ou produits quelconques de valeurs étrangères non abonnées ou de rentes, obligations et autres effets publics des gouvernements étrangers, est tenu de le déclarer à l'Administration (art. 35, § 1er, de la loi). Cette formalité devra être remplie dès la mise en vigueur de la loi, pour ceux qui exerceront à cette époque et préalablement à toute opération, par ceux qui entreprendront, après le 1er juillet 1914, la profession ou le commerce prévu. C'est ce qui résulte à la fois des travaux préparatoires (v. exposé des motifs du projet déposé par le Gouvernement, le 7 février 1907, annexe n° 737, *Journ. off.* du 14 février 1907, annexes, p. 8) et de l'article 5 du règlement d'administration publique, qui oblige les assujettis à inscrire sur les bordereaux dont la rédaction leur est imposée en cas de transmission de coupons, la date et le lieu de leur déclaration.

Aux termes de l'article 1er du décret, la déclaration doit être faite sur un registre spécial, tant au bureau de l'enregistrement du siège de l'établissement principal des assujettis, qu'au bureau du siège de chacune des agences ou succursales qu'ils possèdent. Elle est signée, dans chaque bureau, soit par l'assujetti, soit par son mandataire, soit enfin, s'il s'agit d'une société, par ses représentants légaux ou leurs mandataires. L'assujetti doit justifier de son identité et les mandataires de la procuration qui leur a été donnée et qui doit être rédigée sur papier timbré, mais n'est pas soumise à l'enregistrement lorsqu'elle reste déposée au bureau.

La déclaration faite au siège de l'établissement principal contient la désignation de chacune des agences ou succursales ou indique qu'il n'en existe pas. En outre, s'il s'agit d'une société, elle fait connaître, le cas échéant, les noms des associés, solidairement responsables et rappelle le titre constitutif de la société.

Les déclarations souscrites au siège des agences et succursales contiennent la déclaration de l'établissement principal. En cas de changement de résidence ou de siège soit de l'établissement principal, soit d'une agence ou succursale, de même qu'en cas de création d'une agence ou succursale nouvelle, l'assujetti doit en faire la déclaration préalable au bureau et dans la forme ci-dessous déterminés.

Enfin, une déclaration doit être souscrite dans les mêmes conditions si l'assujetti cesse de se livrer aux opérations prévues par la loi et le décret, ou d'y affecter une des agences ou succursales susvisées.

Il est bien entendu que les agents n'ont pas à provoquer les déclarations d'existence. Il appartient aux assujettis de les faire spontanément, sauf le droit, pour l'Administration et ses auxiliaires, de constater les contraventions parvenues à leur connaissance par les voies légales. Toutefois, si les déclarations souscrites avant la publication du décret ne contiennent pas toutes les indications prescrites, les receveurs devront en informer les intéressés avec les explications et les inviter à passer, le plus tôt possible, une déclaration complémentaire.

Il convient, en outre, de remarquer que d'après l'article 2 du règlement d'administration publique, les directeurs doivent, dans chaque département, dresser la liste des assujettis ayant fait une déclaration d'existence et en donner communication dans leurs bureaux à toute personne qui en fait la demande. Les receveurs adresseront en conséquence immédiatement à ces chefs de service, un relevé des déclarations qui leur ont déjà été faites, ou un certificat négatif et, par la suite, ils les aviseront des nouvelles passées par les assujettis au fur et à mesure qu'elles interviendront.

Bordereaux de paiement. — Aux termes de l'article 36, § 1er, de la loi du 29 mars 1914, toute personne qui demande, en France, le paiement des coupons, chèques ou instruments de crédit créés pour le règlement des dividendes, intérêts, arrérages ou produits quelconques de valeurs étrangères non abonnées et de fonds d'Etats étrangers, doit déposer, en même temps et à l'appui, un bordereau non signé dont elle peut exiger un récépissé et qui ne mentionne ni son nom, ni son adresse. Ce bordereau indique les nom et prénoms ou la raison sociale et le domicile de l'assujetti qui effectue le paiement. Il porte la date du jour où il est déposé et présente, dans des colonnes distinctes, les énonciations ci-après (art. 3 du décret) :

1° Numéro d'inscription, au registre n° 1, de l'assujetti qui effectue le paiement;

2° Nature des coupons, chèques ou instruments de crédit dont le paiement est demandé;

3° Nombre des coupons, chèques ou instruments de crédit;

4° Valeur par unité sans escompte ni commission en monnaie française au cours du jour du paiement, de chaque catégorie de coupons, chèques ou instruments de crédit, sous déduction seulement des impôts établis dans les pays étrangers où les titres ont été créés, et dont le paiement incombe au porteur du coupon;

5° Valeur totale de chaque catégorie de coupons;

6° Montant total des sommes soumises à l'impôt;

7° Montant de l'impôt de 5 % retenu ou avancé sur l'ensemble des coupons;

8° Dans les cas de production de la déclaration ou affidavit, dont la forme est déterminée à l'article 11, date et numéro d'ordre de cet affidavit, tenant lieu des indications prévues sous les n°ˢ 4, 5, 6 et 7.

Le bordereau peut, d'ailleurs, être établi soit par la personne qui procède au paiement, soit par la partie elle-même. Dans ce dernier cas, c'est à l'assujetti qu'il appartient d'inscrire les indications prévues sous les n°ˢ 1, 7 et 8 (art. 3 du décret). La seconde de ces trois indications, qui est relative au montant de l'impôt retenu ou avancé, doit, en tout état de cause, être apposée immédiatement (art. 36, § 2, de la loi).

Récépissés. — Quant au récépissé, délivré sur sa réquisition, à celui qui demande le paiement des coupons, chèques et instruments de crédit visés par la loi, il contient l'indication des nom, prénoms ou de la raison sociale et du domicile de l'assujetti qui effectue le paiement. Il est signé et rappelle le nombre et la nature des coupons, chèques ou instruments de crédit, leur **valeur** totale telle qu'elle figure au bordereau sous le n° 6, la date de **leur** paiement, le montant de l'impôt de 5 % retenu, et le numéro sous lequel l'impôt a été pris en charge au registre n° 1. Dans le cas de production d'un affidavit par la personne qui a demandé le paiement, ces deux dernières indications sont remplacées par celle de la date et du numéro d'ordre de l'affidavit (art. 4 du décret).

Il convient de remarquer que l'assujetti n'est tenu d'énoncer dans le récépissé le montant de la taxe afférente aux coupons payés par ses soins que dans le cas seulement où il en a effectué le prélèvement sur le montant de ces coupons. Aucune mention de cette nature ne lui est imposée lorsque le versement de la taxe incombe, en vertu de contrats existants, à l'établissement ou à l'Etat émetteur du titre et qu'il est astreint, dès lors, à faire l'avance de la somme due au Trésor.

Les agents ne perdront pas de vue, enfin, que le récépissé constitue un reçu d'objet, rentrant dans les prévisions de l'article 18, n° 1 de la loi du 23 août 1871 et qu'il doit, comme tel, avant sa remise à la partie prenante, être revêtu du timbre de 0 fr. 10 quelle que soit la valeur des coupons, chèques et instruments de crédit présentés à l'encaissement.

Bordereaux de négociation. — Les personnes désignées dans l'article 35 de la loi nouvelle, qui négocient en France des coupons, chèques ou autres instruments de crédit, sur lesquels l'impôt a déjà été retenu soit par elles-mêmes, soit par un précédent intermédiaire, doivent joindre, à l'appui de chaque transmission, un bordereau daté et signé (art. 36, § 3, de la loi). Les bordereaux de l'espèce sont établis suivant une série unique de numéros. Ils contiennent, indépendamment de la date et de la signature exigées par la loi, la désignation des nom et prénoms ou de la raison sociale et du domicile de l'assujetti et celle de la date et du lieu de sa déclaration d'existence. Ils présentent, en outre, dans des colonnes distinctes, les indications ci-après :

1° Numéro du registre n° 2 de l'assujetti auquel la transmission est faite;

2° Nom, prénoms ou raison sociale et domicile de cet assujetti;

3° Nature des coupons, chèques ou instruments de crédit;

4° Nombre des coupons, chèques ou instruments de crédit (art. 5 du décret).

En vue de permettre à l'Administration de s'assurer que l'impôt a bien été retenu ou avancé, l'article 6 du décret du 21 juin 1914 oblige le banquier ou la personne qui a effectué la transmission et créé le bordereau à justifier, à toute réquisition des agents de l'Enregistrement, de la régulière inscription, sur l'un ou l'autre de ses registres, des coupons mentionnés sur ce bordereau. Si l'assujetti a procédé personnellement au paiement des dividendes, intérêts ou arrérages, il devra, en conséquence, établir que l'opération a été relevée sur son registre n° 1 et représenter, le cas échéant, l'affidavit qui lui aura été produit au moment de la demande de paiement. Si les coupons lui ont été cédés par un autre assujetti, il aura à indiquer le numéro de son registre n° 2 sous lequel figurera la vente qui lui aura été consentie. Au vu de ce registre, l'Administration connaîtra le nom et l'adresse du vendeur et elle pourra opérer chez ce dernier des recherches semblables.

Les assujettis peuvent, avec l'agrément de l'Administration, faire usage d'une griffe apposée à l'encre grasse, tant sur les bordereaux de négociation que sur les récépissés délivrés aux personnes qui demandent le paiement des coupons, en faisant connaître leurs nom et prénoms ou leur raison sociale et leur domicile, ainsi que la date à laquelle la griffe est apposée. Cette apposition tient lieu de signature (art. 7 du décret).

Comme il importe que la griffe contienne toutes les mentions prescrites, l'article 7 du décret dispose que les intéressés devront, préalablement à tout usage, soumettre à l'Administration le modèle de cette griffe. Si le modèle est agréé, ils seront tenus d'en déposer une empreinte au bureau de l'Enregistrement où leur déclaration d'existence aura été souscrite.

Les directeurs statueront sur les demandes qui seront présentées à cet égard. Les receveurs délivreront, sur papier timbré, après autorisation du directeur, les récépissés qui leur auront été réclamés par les assujettis, et ils conserveront soigneusement les empreintes déposées. Les directeurs feront mention, sur un registre spécial, des autorisations qu'ils auront accordées.

Registres. — Les personnes qui font profession ou commerce de recueillir, encaisser, payer ou acheter des coupons, chèques ou tous autres instruments de crédit créés pour le paiement des dividendes, intérêts, arrérages ou produits quelconques des valeurs étrangères non abonnées et des fonds d'Etats étrangers, sont astreintes par l'article 36, § 4, de la loi du 29 mars 1914, à la tenue de deux registres, en papier non timbré, sur lesquels elles doivent relever, jour par jour, sans blanc ni interligne, toutes leurs opérations de paiement ou de négociation de coupons, chèques ou autres instruments de crédit sujets à la retenue de l'impôt.

Lorsqu'il existe, indépendamment de l'établissement principal, une ou plusieurs agences ou succursales, des registres semblables sont ouverts dans chacune de ces agences ou succursales et reçoivent l'inscription des opérations prévues par la loi et le décret qui y ont été effectuées (art. 12 du décret).

Les deux registres dont les modèles sont annexés au décret du 21 juin 1914 sont cotés et paraphés dans les conditions établies par l'article 11 du Code de commerce, c'est-à-dire soit par un des juges des tribunaux de commerce, soit par le maire ou un adjoint, dans la forme ordinaire et sans frais, et ils contiennent une suite ininterrompue de numéros (art. 8 du décret).

Chacun d'eux pourra être divisé en plusieurs volumes, à la condition, toutefois, que les volumes soient clairement identifiés par une marque spéciale ou une lettre distincte de l'alphabet, et que cette marque ou cette lettre soit reproduite sur les bordereaux de paiement ou de négociation reçus ou établis par les assujettis.

1° *Registre n° 1*. — Aux termes de l'article 8 du règlement d'administration publique, l'un des registres, dit registre n° 1, reçoit l'inscription des opérations de paiement, lorsque ces opérations ont donné lieu, de la part de l'assujetti, à une retenue ou à une avance de l'impôt, ou que la personne qui a demandé le paiement a produit à cet assujetti l'affidavit dont la forme est déterminée à l'article 9. Il présente par jour, dans des colonnes distinctes, par nature de valeurs et pour chaque opération, les indications ci-après :

1° Numéro d'ordre;

2° Nature des coupons, chèques ou instruments de crédit;

3° Nombre des coupons, chèques ou instruments de crédit;

4° Valeur, par unité, sans escompte ni commission, en monnaie française, au cours du jour du paiement, de chaque catégorie de coupons, chèques ou instruments de crédit, sous déduction seulement des impôts établis dans les pays étrangers où les titres ont été créés, et dont le paiement incombe au porteur du coupon;

5° Valeur totale de chaque catégorie de coupons;

6° Montant total des sommes soumises à l'impôt;

7° Montant de l'impôt de 5 % retenu ou avancé sur l'ensemble des coupons,

et, s'il y a lieu :

8° Désignation détaillée de la nature et de la valeur en monnaie française des coupons dont l'assujetti n'a pu récupérer le montant sur l'émetteur ou son représentant et dont il a obtenu le remboursement de la personne qui en avait reçu précédemment le paiement;

9° Date de ce remboursement;

10° Montant de l'impôt de 5 % retenu ou avancé sur les coupons remboursés;

11° Dans le cas de production d'un affidavit, date et numéro d'ordre de cet affidavit tenant lieu des indications prévues sous les n°s 4, 5, 6 et 7.

2° *Registre n° 2*. — Le deuxième registre, dit registre n° 2, est réservé, d'après l'article 8 du décret, à l'inscription des transmissions ultérieures des coupons, chèques et instruments de crédit sur lesquels l'impôt a été prélevé ou avancé par un précédent intermédiaire. Il reçoit également l'inscription des coupons, chèques ou instruments de crédit dont le paiement a donné lieu à la production au précédent intermédiaire de l'affidavit prévu à l'article 11, dans le cas où il s'agit d'une transmission à l'établissement chargé du service financier des titres auxquels ils se rapportent. Il contient, dans des colonnes distinctes, par nature de valeur et pour chaque transmission, les énonciations suivantes :

1° Date de l'opération;

2° Numéro d'ordre;

3° Numéro du bordereau de négociation établi par le banquier ou l'établissement vendeur;

4° Nom, prénoms ou raison sociale et domicile de cet assujetti;

5° Nature des coupons, chèques ou instruments de crédit;

6° Nombre des coupons, chèques ou instruments de crédit.

Les agents remarqueront que, seules, les opérations d'achat de coupons, chèques ou instruments de crédit doivent figurer sur le registre n° 2. Les opérations de vente donnent lieu uniquement à la rédaction d'un bordereau qui est joint par l'assujetti aux coupons par lui négociés. D'autre part, il résulte des termes mêmes de l'article 8 du règlement d'administration publique que les coupons, chèques ou instruments de crédit payés par un précédent intermédiaire sur la production d'un affidavit ne peuvent être mentionnés sur le registre n° 2 que tout autant qu'ils sont transmis à l'établissement chargé du service financier. Si les coupons étaient cédés à tout autre assujetti, ils devraient être mentionnés au registre n° 1 et faire l'objet d'une retenue effective ou d'une avance de l'impôt.

Dépôt des extraits. - Paiement des droits.

D'après l'article 9 du règlement d'administration publique, des extraits, tant du registre n° 1 que du registre n° 2, sont établis à la date du dernier jour de chaque mois. Ils sont certifiés par les assujettis ou revêtus par eux de l'empreinte de la griffe prévue par l'article 7 et comprennent, dans l'ordre des numéros, toutes les opérations effectuées du premier au dernier jour du mois.

L'extrait du registre n° 1 est totalisé (même art.).

Les extraits sont déposés, dans les dix premiers jours de chaque mois, au bureau de l'Enregistrement où la déclaration d'existence a été souscrite. Ils seront produits, par conséquent, pour la première fois, dans la période comprise entre le 1ᵉʳ et le 10 août prochain et comprendront les opérations réalisées par l'assujetti depuis le 1ᵉʳ juillet 1914, date de la mise à exécution de la loi nouvelle, jusqu'au 31 du même mois.

Si le dernier jour du délai fixé par l'article 10 tombe un dimanche ou un jour férié, le dépôt des extraits doit être effectué la veille au plus tard, conformément aux principes du droit commun. La disposition spéciale du décret précité ne contient en effet aucune référence à la loi du 22 frimaire an VII, dont l'article 25 ne peut, dès lors, recevoir son application dans l'hypothèse envisagée.

Lorsqu'aucune opération ne figure sur l'un des deux registres, l'extrait de ce registre, qui doit être remis au bureau de l'Enregistrement, porte la mention « néant » (art. 10).

Le registre n° 2 étant réservé à l'inscription des transmissions de coupons, sur lesquels l'impôt a déjà été prélevé ou avancé par un précédent intermédiaire, l'extrait qui s'y rapporte est simplement destiné à permettre à l'Administration d'exercer ultérieurement son contrôle, et il ne donne lieu à aucune perception au profit du Trésor. Il n'en est pas de même de l'extrait du registre n° 1, qui doit être accompagné du versement de la taxe de 5 % applicable à chacune des opérations qui y sont relatées.

Toutefois, d'après le deuxième paragraphe de l'article 10 du décret, ne sont pas soumises à l'impôt :

1° Les opérations qui, ayant été effectuées pendant le mois pour lequel l'extrait a été établi, se rapportent aux coupons mentionnés dans la colonne 8 du registre n° 1, dont l'assujetti s'est fait rembourser le montant, dans le courant du même mois, par la personne qui en avait reçu le paiement;

2° Les opérations de paiement des coupons, chèques ou instruments de crédit qui ont donné lieu à la production de l'affidavit dont la forme est déterminée par l'article 11.

La première de ces immunités appelle certaines observations.

Il arrive fréquemment qu'après avoir réglé, entre les mains d'un particulier, le montant des coupons que ce dernier lui a présentés, le banquier se trouve dans l'impossibilité de récupérer son avance auprès de la société de l'établissement ou de l'État émetteur du titre ou de son représentant. C'est ce qui a lieu, notamment, lorsque les coupons ne sont pas échus, qu'ils sont mutilés, détachés de titres reconnus faux, amortis ou frappés d'opposition et non payables, ou lorsque l'établissement émetteur ne dispose pas, à l'échéance, d'une somme lui permettant de faire face au service des dividendes, intérêts ou arrérages dont il est débiteur. Dans ce cas, le banquier demande à la partie prenante le remboursement de la somme qu'il lui a versée, et ce remboursement a pour effet d'annuler l'opération primitive de paiement. Il n'est pas douteux que l'impôt retenu par l'assujetti, lors de cette opération, se trouve perçu sans cause et que la partie ne saurait en assumer la charge. L'article 10 du décret dispense, en conséquence, le banquier de tenir compte à l'Administration de la retenue ou de l'avance à laquelle il avait tout d'abord procédé et qui se trouve sans objet. Mais il subordonne expressément cette dispense à la condition que le paiement du coupon et son reversement par la personne qui l'a présenté à l'encaissement aient été effectués dans le courant du même mois. Lorsque ce paiement et ce remboursement seront intervenus pendant des mois différents, l'assujetti ne pourra donc retenir, par voie d'imputation sur son versement mensuel, une somme égale à l'impôt de 5 % qu'il aura acquitté, dans les 10 premiers jours d'un mois antérieur, sur les coupons dont il s'agit. Il devra, pour obtenir la restitution de cet impôt, formuler une demande spéciale. Par mesure de simplification, les demandes de cette nature pourront être présentées sous la forme de simples relevés collectifs. Les assujettis y joindront les extraits certifiés de leur registre nº 1, reproduisant intégralement les indications contenues dans les colonnes 8, 9 et 10 de ce registre, ainsi que toutes les pièces susceptibles d'établir, d'une part, qu'ils n'ont pu récupérer leurs avances auprès de l'émetteur et, d'autre part, que la partie prenante leur a remboursé le montant des coupons précédemment payés par leurs soins, ou que, si elle est devenue insolvable, si elle a disparu sans laisser d'adresse ou s'ils ignorent son domicile ou sa résidence véritable, ils ont fait les diligences nécessaires pour obtenir ce remboursement.

Si l'assujetti possède, indépendamment de son établissement principal, une ou plusieurs agences ou succursales, chaque agence ou succursale doit effectuer, à l'époque, dans la forme et les conditions ci-dessus déterminées, la production des extraits prévus à l'article 9 du décret, accompagnée, s'il y a lieu, du versement de l'impôt (art. 12 *in fine*).

L'attention des agents est particulièrement appelée sur ce point qu'il convient d'accorder aux assujettis les plus grandes facilités pour la confection matérielle de leurs extraits. Afin de s'épargner un travail parfois considérable, les intéressés pourront, notamment, faire usage d'un procédé employé dans un grand nombre de maisons de commerce et interposer, entre la page ouverte de leurs registres et la feuille destinée à l'Administration, une pellicule colorante au moyen de laquelle les mentions portées sur ces registres se trouveront instantanément reproduites en double au fur et à mesure de leur inscription. Les extraits ainsi établis devront, bien entendu, être certifiés par les banquiers ou revêtus par eux de la griffe autorisée par l'article 7 du décret, et il y aura lieu de veiller à ce que ceux qui se rapportent au registre nº 1 soient régulièrement totalisés.

Remises accordées aux assujettis. — Afin d'indemniser les assujettis des frais qu'ils auront à exposer pour se conformer à leurs nouvelles obligations fiscales, le dernier paragraphe de l'artice 36 de la loi du 29 mars 1914 prévoit l'allocation à ces intermédiaires de remises spéciales.

Il résulte de l'article 13 du règlement d'administration publique que ces remises seront calculées séparément pour chaque établissement, agence ou succursale et qu'elles seront liquidées à l'expiration de chaque année, d'après le montant des prélèvements d'impôts qui y auront été effectués au cours de l'année précédente, déduction faite du montant des taxes restituées dans le cours de ladite année.

L'article précité détermine ainsi qu'il suit le taux de ces allocations :
Sur les premiers 100.000 francs, 1 % ;
Sur la partie de l'impôt excédant 100.000 francs, 0 fr. 75 %.

Les assujettis n'auront aucune demande à formuler pour obtenir l'attribution de leurs remises. C'est à l'Administration qu'il appartiendra de prendre d'office toutes les mesures nécessaires en vue de leur liquidation et de leur paiement.

§ 5. — *Date de la mise en vigueur de la loi. — Communication.*
Pénalités et constatation des contraventions. — Instances. — Prescription.

Date de la mise à exécution de la loi nouvelle. — Les dispositions contenues dans le titre 2 de la loi du 29 mars 1914 sont applicables à partir du 1er juillet prochain (art. 48). A compter de cette date, les assujettis devront donc, notamment, tenir les registres dont la tenue leur est imposée et procéder aux retenues et aux avances prescrites. Il reste bien entendu, toutefois, que les intéressés pourront se dispenser d'effectuer ces retenues ou ces avances et de remplir les diverses formalités édictées par la loi et le règlement d'administration publique, lorsque l'échéance des coupons payés ou négociés par leur entremise depuis le 1er juillet 1914 remontera à une date antérieure.

Communication. — Les registres et les bordereaux doivent être conservés par les assujettis pendant deux ans et représentés à toute réquisition, aux agents de l'Enregistrement (art. 36, § 5, de la loi). Il en est de même, d'après le quatrième paragraphe de l'article 11 du décret, des affidavit déposés à l'appui des demandes en paiement des coupons, chèques ou autres instruments de crédit créés pour le paiement des dividendes, intérêts, arrérages ou produits quelconques de valeurs étrangères non abonnées ou de fonds d'Etats étrangers.

Tout refus de communication sera constaté par un procès-verba'.

Pénalités. — Constatation des contraventions. — Les contraventions aux prescriptions contenues dans l'article 35 de la loi du 29 mars 1914 (défaut de déclaration d'existence et encaissement, paiement, achat ou négociation des coupons sans retenue ou sans avance de l'impôt) ainsi qu'au règlement intervenu pour l'exécution de cet article, sont constatées au moyen de procès-verbaux dressés par les agents de l'enregistrement, les officiers de police judiciaire, les agents de la force publique, ceux des contributions directes, des contributions indirectes et des douanes. Elles donnent lieu à des poursuites correctionnelles engagées à la requête de l'Administration de l'enregistrement et sont punies d'une amende de cent à mille francs (100 à 1.000 francs), indépendamment du quintuple droit sur les coupons, chèques ou instruments de crédit qui auraient été payés sans retenue de l'impôt (art. 38, § 1 et 2, de la loi du 29 mars 1914).

Quant aux contraventions à l'article 36 et au règlement intervenu pour en assurer l'application, elles sont constatées et poursuivies comme en matière d'impôts sur les opérations de bourse, c'est-à-dire par tous les agents ayant qualité pour verbaliser en matière de timbre (L. 28 avril 1893, art. 32), et elles sont punies d'une amende de cent à dix mille francs (100 à 10.000 francs). Cette amende sera exigible dans le cas, par exemple, où l'assujetti se sera abstenu de déposer les extraits de ses deux registres aux époques prévues et elle devra être réclamée, à l'exclusion de celle de 1.000 à 10.000 francs prononcée par les articles 22 de la loi du 23 août 1871 et 5 de la loi du 17 avril 1906, si cet assujetti refuse de communiquer les registres, les bordereaux ou les affidavit.

Enfin, aux termes du dernier alinéa de l'article 38 de la loi nouvelle, les contraventions aux prescriptions contenues dans le premier paragraphe de l'article 35, si le contrevenant opérant, tant pour son propre compte que pour le compte de tiers, n'a pas d'établissement en France, seront l'objet de poursuites correctionnelles et passibles d'un emprisonnement de six mois à un an et d'une amende de mille à dix mille francs (1.000 à 10.000 francs), et, en cas de récidive, d'un emprisonnement de un an à deux ans et d'une amende de dix mille à vingt-cinq mille francs (10.000 à 25.000 francs).

Le texte qui précède est dû à l'initiative de M. Perchot, sénateur, et, d'après les explications fournies par son auteur, le 16 mars 1914, lors de la discussion de l'article 38 par la Haute Assemblée, il répond à une double préoccupation. D'une part, il a pour but d'éviter que les banques étrangères n'envoient « des agents au domicile de nos porteurs de titres, acheter chez ceux-ci les coupons de leurs valeurs étrangères, en les payant comptant en monnaie française ». D'autre part, il tend à prévenir la fraude connue sous le nom de » groupage » et qui « consiste à réunir les coupons de plusieurs porteurs entre les mains d'un seul qui se charge d'en faire l'encaissement directement ou indirectement pour le compte de tous » (Sénat, séance du 16 mars 1914, *J. O.* du 17, pp. 400 et 401).

Le produit des diverses amendes prévues par l'article 38 de la loi du 29 mars

1914 sera réparti dans des conditions à déterminer par décret (art. 38, § 3). Les dispositions de ce décret seront, dès son émission, notifiées au service par une instruction spéciale qui précisera en même temps les règles à suivre pour la constatation des infractions donnant lieu à des poursuites correctionnelles et pour le recouvrement des pénalités encourues.

Conformément aux déclarations du rapporteur général de la Commission sénatoriale des finances et du ministre (Sénat, séance du 19 mars 1914, *J. O.* du 20, p. 436), l'Administration usera de toute la bienveillance possible pour la répression des premières contraventions constatées. Les directeurs et les agents sous leurs ordres devront, d'ailleurs, fournir aux assujettis, et aux autres personnes qui les consulteraient, tous les renseignements et explications de nature à éclairer les intéressés sur leurs nouvelles obligations fiscales. En cas de difficultés, ils auront désormais à en référer à la Direction générale sous le timbre, non plus du bureau central, mais de la 1re division.

Au surplus, le service sera incessamment approvisionné de notices destinées aux assujettis et contenant le commentaire des dispositions de la loi du 29 mars 1914 et du règlement d'administration publique du 21 juin suivant. Dès la réception de ces imprimés, qui porteront le n° 145 *bis* de la nomenclature, les directeurs devront les répartir d'urgence entre les divers assujettis ayant fait une déclaration d'existence dans chacun de leurs départements.

Instances. — L'article 39 de la loi du 29 mars 1914 porte que le recouvrement de l'impôt sur le revenu des valeurs mobilières sera assuré et que les instances seront introduites et jugées comme en matière d'enregistrement. Cette disposition n'est pas applicable, toutefois, en ce qui concerne les contraventions visées au premier et au dernier alinéa de l'article 38, qui font l'objet de poursuites correctionnelles et donnent lieu, par suite, à une procédure spéciale.

Prescription. — L'action de l'Administration en recouvrement de la taxe, de même que celle des redevables en restitution de l'impôt indûment versé au Trésor, se prescrivent par cinq ans. Le deuxième paragraphe de l'article 39 de la loi nouvelle, en effet, rend applicables à ces actions les dispositions de l'article 21 de la loi du 26 juillet 1893. Il réserve, toutefois, le cas où les dividendes, intérêts, arrérages et produits des valeurs étrangères non abonnées et des fonds d'Etats étrangers auraient été touchés hors de notre territoire par des propriétaires ou des usufruitiers domiciliés en France, sans versement de la taxe (V. *infra* II *in fine*).

II

ENCAISSEMENT DES COUPONS A L'ÉTRANGER PAR DES PERSONNES DOMICILIÉES EN FRANCE

Personnes tenues au paiement de la taxe. — Ce n'est pas seulement quand les coupons des valeurs mobilières étrangères sont réglés en France que la loi du 29 mars 1914 exige le paiement de la taxe sur le revenu. Par son article 37, elle soumet également au versement de cette taxe, les propriétaires ou les usufruitiers domiciliés en France qui se font envoyer ou encaissent hors de notre pays soit directement, soit par un intermédiaire quelconque, les dividendes, intérêts et arrérages et tous autres produits des valeurs dont il s'agit.

La disposition précitée de l'article 37 est conçue en termes généraux et compréhensifs, et elle vise toutes les personnes domiciliées en France sans aucune exception. Elle exclut toute distinction entre les propriétaires ou usufruitiers, qui ont la qualité de Français et ceux qui sont de nationalité étrangère. Elle s'applique, d'autre part, aux étrangers aussi bien lorsqu'ils ont été autorisés par décret à fixer leur domicile en France pour y exercer tous les droits civils (L. 26 juin 1889, art. 13 Code civil) ou pour obtenir leur naturalisation (art. 8, § 5, Code civ.), que lorsqu'ils y ont établi le centre de leurs affaires et jouissent, sous la protection de nos lois, des avantages inhérents à un domicile de fait.

La question de savoir si un étranger possède en France un domicile de fait est, d'ailleurs, une question d'espèce au sujet de laquelle aucune règle absolue ne peut être formulée. Pour la résoudre, les agents s'inspireront de la jurisprudence qui s'est formée pour l'exécution de l'article 4 de la loi du

23 août 1871, relatif à la perception du droit de mutation par décès sur les valeurs mobilières étrangères de toute nature dépendant de la succession d'un étranger domicilié en France avec ou sans autorisation (V. notamment Trib. civ. de Versailles, 26 février 1878; Trib. civ. de Nice, 11 février 1879; D. P. 80. 3. 45; 9 juillet 1883, Journ. enreg. n° 22140; Trib. civ. de la Seine, 7 août 1903, Rép. périod. de l'enreg. n° 10679; Nancy, 1er mars 1904, Journ. enreg. n° 26922; Lyon, 3 mars 1904, Journ. enreg. n° 26839).

Tarif de la taxe. — Il résulte des explications fournies par le Gouvernement le 16 mars 1914, lors de la discussion au Sénat de l'article 37 de la loi nouvelle (séance du 16 mars 1914, *J. O.* du 17, p. 391), que cet article est uniquement relatif au paiement des dividendes, intérêts, arrérages et produits des titres de sociétés étrangères non abonnées et des fonds d'Etats étrangers. Tous les titres de ces deux catégories étant frappés, par l'article 42, d'une taxe supplémentaire de 1 % sur le revenu, les propriétaires ou les usufruitiers qui touchent leurs coupons à l'étranger ou s'en font envoyer le montant, doivent acquitter cette taxe indépendamment de l'impôt de 4 % que l'article 37 met à leur charge. Aucune contestation n'est possible à cet égard en présence des dispositions de la loi du 29 mars 1914 et de celles de l'article 20 du règlement d'administration publique qui prévoit formellement le paiement de la taxe, par les intéressés, au taux de 5 %.

Mode et époques de paiement. — Les propriétaires ou usufruitiers qui encaissent les revenus de leurs valeurs mobilières étrangères hors de notre pays, ou s'en font envoyer le montant, possèdent une faculté d'option pour le versement de l'impôt. En premier lieu, ils peuvent acquitter cet impôt sans avoir à produire leurs titres à l'administration : il leur suffit, pour cela, d'apposer annuellement, sur chaque titre, un timbre mobile spécial, d'une valeur égale à l'impôt exigible pour l'année entière. En second lieu, ils peuvent souscrire une déclaration au bureau de l'Enregistrement, dans les trois premiers mois de l'année, et acquitter, d'après cette déclaration, la taxe dont ils sont débiteurs (art. 37).

1° *Timbres mobiles.* — Les timbres mobiles sont apposés chaque année sur les titres eux-mêmes (art. 37 de la loi) et ils sont annulés par l'inscription transversale, à l'encre noire, de la date de l'oblitération (art. 15 du décret). L'apposition a lieu au moment de détacher le premier coupon annuel. Les timbres qui en sont l'objet doivent représenter le montant de la taxe de 5 % sur le revenu de l'année en cours. Il est possible, toutefois, qu'au moment du détachement du premier coupon, le chiffre du revenu annuel ne soit pas connu; dans ce cas, mais dans ce cas seulement, l'impôt doit être calculé d'après le revenu de l'année précédente (art. 14 du décret).

L'article 15 du règlement d'administration publique crée, pour l'exécution de l'article 37 de la loi nouvelle, une série de timbres mobiles à 1, 2, 3, 4, 5, 10, 15, 20, 25, 30, 35, 40, 45, 50, 55, 60, 65, 70, 75, 80, 85, 90, 95 centimes, 1 franc, 1 fr. 25, 1 fr. 50, 2, 3, 4, 5, 6, 7, 8, 9, 10 et 20 francs, qui pourront être apposés soit isolément, soit concurremment.

Les directeurs recevront prochainement des spécimens de ces timbres. Il les feront déposer sans retard aux greffes des Cours et Tribunaux de leur département et veilleront à ce que chaque dépôt fasse l'objet d'un procès-verbal dressé sans frais, conformément à l'article 19 du décret.

2° *Déclarations.* — Les propriétaires ou usufruitiers visés par la loi qui n'ont pas apposé de timbres mobiles sur chacun de leurs titres, au moment de détacher le premier coupon annuel, doivent, dans les trois premiers mois de l'année, passer la déclaration du montant des dividendes, intérêts, arrérages ou produits encaissés par eux au cours de l'année précédente (art. 37 de la loi). Ces déclarations, qui, dans le silence des textes, pourront être faites verbalement, seront passées soit au bureau de l'enregistrement de la résidence des déclarants soit dans tout autre bureau ayant dans ses attributions la perception de la taxe sur le revenu des valeurs mobilières étrangères (art. 16 du décret). Dans les villes où le service est divisé, c'est le bureau où les banquiers et autres assujettis verseront le montant de la taxe retenue ou avancée par eux qui sera compétent pour recevoir les déclarations de l'espèce. A Paris, elles seront souscrites dans un bureau désigné spécialement à cet effet par l'Administration (même article). En tout état de cause, elles seront accompagnées du paiement des droits (art. 37 de la loi et 17 du décret).

Les déclarations seront inscrites sur un registre à souche; il leur sera donné un numéro d'ordre qui sera reproduit sur la souche et sur le volant. Y seront également mentionnés (art. 17 du décret) :

1º Le bureau qui aura reçu la déclaration;

2º La date de la déclaration;

3º La nature des titres;

4º Le nombre et le numéro de titres;

5º La valeur par unité, sans escompte ni commission, en monnaie française, au cours du jour, sous déduction des impôts établis dans les pays étrangers où les titres ont été créés et dont le paiement incombe au porteur du coupon;

6º Le montant total des arrérages perçus;

7º Le montant de la taxe;

Les agents remarqueront que les déclarants ne sont pas tenus de se faire connaître. S'ils le demandent, leur nom, prénoms et adresse seront inscrits sur les registres (art. 17 *in fine* du décret).

L'article 18 du décret du 21 juin 1914, qui reproduit, en termes à peu près identiques, les dispositions de l'article 58 de la loi du 22 frimaire an VII, décide, d'ailleurs, que les receveurs de l'enregistrement ne pourront délivrer des extraits ou des copies des déclarations souscrites par les propriétaires ou les usufruitiers que sur une ordonnance du juge de paix, lorsque ces extraits ou ces copies leur seront demandés par d'autres personnes que les déclarants ou leurs ayants cause.

Dispositions transitoires. — L'article 20 du règlement d'administration publique décide que dans le cas prévu par l'article 37 de la loi du 29 mars 1914, les timbres afférents au second semestre de 1914 devront représenter le montant de la taxe de 5 % due à raison des dividendes, intérêts, arrérages et autres produits échus à partir du 1er juillet 1914, et qu'ils seront apposés en même temps que ceux qui concernent l'année 1915.

Si les propriétaires ou les usufruitiers n'ont pas procédé à cette apposition, ils devront faire, dans les trois premiers mois de l'année 1916, la déclaration des dividendes, intérêts, arrérages et autres produits qu'ils auront encaissés à l'étranger ou dont ils se seront fait envoyer le montant pendant les six derniers mois de l'année 1914 et dans le courant de l'année 1915 (même art.).

Prescriptions. Pénalités. — En cas d'infraction aux dispositions de l'article 37 de la loi du 29 mars 1914, le contrevenant est passible d'une amende égale au quintuple des sommes dont le Trésor a été privé pour chacune des années antérieures à celle de la découverte de l'infraction, sans toutefois que le droit de répétition puisse s'étendre à plus de dix années (même art.).

Il résulte, en outre, du quatrième paragraphe de l'article 36 que les contraventions à l'article 37 et aux prescriptions du règlement intervenu pour son exécution doivent être constatées et poursuivies comme en matière d'impôts sur les opérations de bourse et qu'elles sont punies d'une amende de cent à dix mille francs (100 à 10.000 fr.). Cette amende sera applicable, notamment, lorsque les timbres mobiles apposés sur un titre n'auront pas été oblitérés ou que leur oblitération sera irrégulière.

III

MESURES DE MANUTENTION ET DE COMPTABILITÉ

Réception des déclarations des assujettis. Constatation et recette des droits. — La réception des déclarations des assujettis (déclarations d'existence, de changement de résidence ou de siège, de création ou de suppression d'établissements, agences ou succursales) ainsi que la recette de la taxe de 5 % seront, en principe, confiées aux receveurs qui ont dans leurs attributions la perception des impôts exigibles sur les valeurs mobilières étrangères. Ces agents tiendront un registre spécial pour les déclarations; ce registre sera arrêté le dernier jour de chaque mois.

Les receveurs ouvriront, au nom de chaque assujetti, un dossier constitué à l'aide d'une des formules actuellement en usage pour les dossiers des vérifications extérieures (V. instruction 2879, nº 113). Ils mentionneront sur chaque formule, en caractères très apparents, le nom de l'assujetti, sa qualité, son domicile, la date et les numéros de la déclaration souscrite par lui, enfin tous les renseignements généraux et pour ainsi dire permanents le concernant. Ils classeront dans ces dossiers les extraits des registres déposés périodiquement au bureau, après les avoir émargés de la date et du numéro de la recette ou de l'enregistrement pour ordre, dans les cas où il n'y aura pas eu lieu à paiement.

Les receveurs effectueront la recette des droits sur un registre à souche spécial qui sera arrêté le 10 de chaque mois et délivreront quittance des droits versés. Si les extraits déposés ne donnent pas lieu à versement, ils délivreront néanmoins la formule après y avoir constaté la remise des extraits et le fait de l'absence de perception. La quittance des droits sera timbrée à 0 fr. 25 lorsqu'elle sera supérieure à 10 francs.

Ils emploieront, pour la réception des déclarations, un registre du modèle en usage pour l'enregistrement des actes sous signatures privées et du visa pour timbre et, pour la recette, un registre à souche du modèle de celui qui est affecté à la recette des taxes spéciales dues par les sociétés, départements, communes, etc. : les modifications nécessaires seront faites à la main. Toutefois, si les opérations visées par la loi du 29 mars 1914 paraissent devoir être peu nombreuses, les directeurs pourront, à titre exceptionnel, autoriser les receveurs à utiliser, pour la réception des déclarations et pour la recette des droits, les volumes en cours dont ils se servent pour l'enregistrement des actes sous signatures privées et pour la recette des taxes dues par les sociétés.

Des dispositions spéciales seront prises pour l'organisation du service à Paris et, s'il y a lieu, dans certaines grandes villes, notamment en ce qui concerne la désignation des bureaux compétents pour la réception des déclarations et l'encaissement des produits du nouvel impôt.

Contrôle. — Les assujettis seront rangés, sans exception, parmi les redevables qui doivent être obligatoirement visités chaque année. Pour faciliter le contrôle, les dossiers seront classés dans la première catégorie des vérifications extérieures par ordre de numéros des déclarations; les employés supérieurs auront à veiller à ce qu'une interruption n'existe pas dans le numérotage des dossiers. Enfin, en vue de rendre les recherches plus rapides, le registre affecté aux déclarations sera terminé par une table alphabétique rappelant le numéro de chaque déclaration.

La vérification du paiement de l'impôt sera assurée au moyen de la création des bulletins de contrôle qui seront établis par les employés supérieurs au vu des bordereaux de négociation, lors de leurs opérations chez les assujettis acheteurs des coupons. Ces bulletins de contrôle seront groupés dans les directions et classés par noms d'assujettis vendeurs pour être utilisés lors des vérifications faites chez ces derniers.

Toutefois, chaque année, les employés supérieurs devront remonter directement, par voie de recherches personnelles et successives pour un certain nombre de bordereaux, jusqu'à l'intermédiaire qui aura opéré la retenue de l'impôt.

Le nombre maximum de bulletins de contrôle à créer et de recherches à effectuer chaque année pour un même assujetti sera fixé par les directeurs, d'après l'importance des déclarations des assujettis, et indiqué dans les ordres de service adressés aux employés supérieurs. Mais, dans le cas où des fautes graves seraient constatées, des vérifications spéciales et approfondies devront être ordonnées.

Paiement des remises des assujettis. — Ce paiement sera effectué d'office par l'Administration. A cet effet, les receveurs formeront et adresseront au directeur, le 20 décembre de chaque année, un relevé distinct pour chaque assujetti indiquant la date et le montant : 1° des versements et 2° des remboursements de taxe opérés pendant l'année. Cet envoi pourra être différé jusqu'au 31 décembre pour les relevés que le receveur ne serait pas à même d'arrêter définitivement à la date du 20, dans le cas, par exemple, où un assujetti aurait encore à toucher le montant d'un mandat de restitution.

Les relevés, certifiés par le receveur, seront revêtus par le directeur d'un décompte faisant ressortir le montant de la remise à payer. Ils seront annexés aux mandats qui seront délivrés au profit des assujettis sur la caisse du receveur.

Les crédits nécessaires au paiement de ces remises seront demandés par les directeurs dans la forme ordinaire, au titre de l'exercice de l'année pendant laquelle auront été effectués les versements donnant droit auxdites remises.

Les directeurs recevront, d'ailleurs, ultérieurement des instructions complémentaires sur ce point, notamment en ce qui concerne le chapitre budgétaire sur lequel la dépense sera imputée.

Réception des déclarations des propriétaires ou usufruitiers. — Les receveurs seront approvisionnés en temps utile du registre à souche sur lequel devront être inscrites les déclarations prévues par le premier alinéa de l'article 37 de la loi du 29 mars 1914.

Ce registre sera arrêté le 31 mars de chaque année.

Timbres mobiles. — Des dispositions ont été prises en vue de la création des timbres mobiles prévus par l'article 37 de la loi du 29 mars 1914.

Après avoir, dès la réception de la présente instruction, recueilli auprès des receveurs tous les renseignements utiles, les directeurs demanderont à leur collègue des Domaines, chef de l'atelier général du Timbre, les quantités de timbres mobiles de chaque quotité qui leur paraîtront nécessaires pour constituer le premier approvisionnement des différents bureaux de leur département.

Dans les villes où le service est divisé, les agents chargés de recevoir les déclarations prescrites par l'article 37, premier alinéa, de la loi, seront, en principe, seuls approvisionnés de ces timbres.

Pour l'avenir, les demandes périodiques d'approvisionnement auront lieu aux mêmes époques que celles concernant les papiers timbrés et timbres mobiles ordinaires.

La comptabilité des timbres créés en exécution de l'article 37 de la loi du 29 mars 1914 sera établie mensuellement par les receveurs sur un registre spécial d'un modèle analogue à celui qui est en usage pour les autres timbres mobiles et pour les papiers timbrés. Le garde-magasin de chaque direction prendra charge également sur un registre de recette spécial des quantités reçues en magasin et il constatera sur un registre de dépense spécial les envois faits dans les bureaux. Ces différents registres porteront respectivement les numéros 515, 328 et 329 de la nomenclature des impressions non timbrées. Les directeurs recevront ultérieurement des instructions pour les commandes qu'ils auront à adresser au service du matériel.

Comme il est indiqué ci-après, le produit de la débite de ces timbres spéciaux figurera dans la comptabilité parmi les produits de la taxe sur le revenu des valeurs mobilières.

Classement dans les écritures. — Les receveurs feront figurer les recettes à provenir de la taxe de 5 % établie par la loi du 29 mars 1914 sous l'article 6 : Taxe sur le revenu des valeurs mobilières. — 1re Section. — Revenu des valeurs mobilières. — II. Valeurs étrangères. Cette section présentera désormais la disposition suivante :

Valeurs étrangères.

Actions	4 %
Obligations	4 —
Sociétés ayant des biens situés en France	4 —
Lots	8 —
Primes	4 —
Fonds d'Etats étrangers	5 —
Valeurs étrangères non abonnées	5 —
Timbres mobiles	5 —
Total (valeurs étrangères)	

Loi du 30 décembre 1916.

ART. 11. — A partir du 1er janvier 1917, la taxe de 4 francs pour 100 francs établie sur le revenu des valeurs mobilières par les lois des 29 juin 1872, 21 juin 1875, 28 décembre 1880, 29 décembre 1884, 26 décembre 1890, 13 juillet 1911 et 29 mars 1914, article 33, est fixée à 5 %.

La taxe de 8 % établie par les articles 5 de la loi du 21 juin 1875 et 20 de la loi du 25 février 1901, sur les lots payés aux créanciers et aux porteurs d'obligations, effets publics et tous autres titres d'emprunts, est fixée, à partir de la même date, à 10 %.

La taxe de 5 % établie par les articles 31, 34 et 42 de la loi du 29 mars 1914 sur le revenu des valeurs mobilières étrangères qui ne sont pas soumises au régime de l'abonnement, ainsi que sur les titres de rentes, emprunts et autres effets publics des gouvernements étrangers, est fixée, à partir de la même date, à 6 %.

12. À partir du 1er janvier 1917, les bénéfices qui, par suite de dispositions statutaires, sont distribués aux membres des conseils d'administration des sociétés, compagnies, et entreprises étrangères, visées au premier alinéa de l'article 3 du décret du 6 décembre 1872 sont soumis à une taxe équivalente à celle qui est établie par l'article 12 de la loi du 13 juillet 1911 sur les bénéfices distribués aux administrateurs des sociétés françaises. Cette taxe, dont le tarif est fixé à 5 %, est perçue, en ce qui concerne les compagnies, sociétés et entreprises étrangères susdésignées sur la quote-part des bénéfices distribués à ceux des membres de leur conseil d'administration qui sont domiciliés en France ou y résident.

Les dispositions de l'article 1er du décret du 22 août 1912 sont applicables auxdites sociétés, compagnies et entreprises étrangères, qui acquitteront la taxe au bureau de l'enregistrement où elles doivent verser la même taxe pour leurs biens français.

Toutefois, à défaut de paiement par lesdites sociétés, dans le délai prévu au même article, le recouvrement de la taxe pourra être poursuivi directement contre chacun des membres des conseils d'administration qui sont domiciliés en France ou y résident.

Loi du 27 mars 1920.

ARTICLE UNIQUE. — Les séries spéciales d'obligations émises à l'étranger par les Compagnies de Chemins de fer français d'intérêt général et l'Administration des Chemins de fer de l'État sont soumises au régime fiscal applicable aux titres émis par les sociétés étrangères qui n'acquittent pas par abonnement les taxes de timbre, de transmission et sur le revenu.

Les justifications à fournir à l'Administration de l'enregistrement par les Compagnies émettrices et les conditions de chaque émission partielle seront réglées par arrêtés pris par les Ministres des Finances et des Travaux publics.

Loi du 25 juin 1920.

TIMBRE SUR VALEURS MOBILIÈRES

ART. 48. — Le droit de timbre proportionnel, établi par l'article 14 de la loi du 5 juin 1850 sur les titres ou certificats d'actions, est porté à 1 franc par 100 francs et à 2 francs par 100 francs, décimes compris suivant les distinctions mentionnées audit article.

Le droit de timbre proportionnel, établi par l'article 27 de la loi du 5 juin 1850 sur les titres d'obligations, est porté à 2 francs par 100 francs, décimes compris.

Le droit annuel d'abonnement, établi par les articles 22 et 31 de la loi du 5 juin 1850, est porté à 10 centimes par 100 francs, décimes compris, quelle que soit l'époque à laquelle l'abonnement a été contracté.

DROIT DE TRANSMISSION

ART. 49. — Le taux du droit annuel de transmission, auquel sont assujettis les titres au porteur d'actions ou d'obligations françaises et les titres nominatifs ou au porteur étrangers, visés au paragraphe 2 de l'article 31 de la loi du 29 mars 1914, est élevé à 50 centimes par 100 francs, sans addition de décimes.

Le droit applicable à la conversion au porteur des titres nominatifs d'actions ou obligations françaises est porté à 2 francs par 100 francs, sans addition de décimes.

Un règlement d'administration publique modifiant l'article 47 du décret du 7 octobre 1890 déterminera les conditions de la négociation et du transfert, sous la forme nominative, des titres ci-dessus visés.

Les titulaires de ces titres auront la faculté de recourir, le cas échéant, à l'emploi d'un certificat de propriété dans des conditions à déterminer par le règlement d'administration publique susvisé.

IMPÔTS SUR LE REVENU ET SUR LES LOTS

ART. 50. — La taxe de 5 % établie sur le revenu des valeurs mobilières par les lois des 29 juin 1872, 21 juin 1875, 28 décembre 1880, 29 décembre 1884, 26 décembre 1890, 13 juillet 1911, 29 mars 1914, article 33, 30 décembre 1916, articles 11 et 12, 31 juillet 1917, article 38, est portée à 10 francs par 100 francs.

La taxe de 10 % établie par les articles 5 de la loi du 21 juin 1875, 20 de la loi du 25 février 1901 et 11 de la loi du 30 décembre 1916, sur les lots payés aux créanciers et aux porteurs d'obligations, effets publics et tous autres titres d'emprunts, est fixée à 20 francs par 100 francs.

La taxe de 6 % établie par les articles 31, 34 et 42 de la loi du 29 mars 1914 et l'article 11 de la loi du 30 décembre 1916, sur le revenu des valeurs mobilières étrangères qui ne sont pas soumises au régime de l'abonnement, ainsi que sur les titres de rentes, emprunts et autres effets publics des gouvernements étrangers, est fixée à 12 francs par 100 francs.

RESTITUTIONS

ART. 51. — Les titulaires de titres nominatifs d'obligations émis par les villes ou départements français, le Crédit foncier de France et les Sociétés ou Compagnies concessionnaires de Chemins de fer français ou coloniaux ont droit au remboursement de la moitié de l'impôt sur le revenu des capitaux mobiliers payé par eux par voie de retenue sur le montant des arrérages ou intérêts de leurs titres par application de l'article 1er, no 2, de la loi du 29 juin 1872 et de l'article 31 de la loi du 29 mars 1914, à la condition :

1o Qu'ils justifient avoir eu une résidence habituelle en France au 1er janvier de l'année pendant laquelle ils ont touché lesdits arrérages ou intérêts;

2o Qu'ils certifient que le montant du revenu global net dont ils ont disposé durant cette année, calculé de la manière prescrite par les lois en vigueur pour l'établissement de l'impôt général sur le revenu, n'a pas dépassé 6.000 francs.

Ce remboursement ne pourra être demandé que pendant l'année qui suivra celle de la perception des arrérages ou intérêts.

Toute déclaration inexacte sera punie d'une amende égale au quintuple des taxes dont le remboursement aura été indûment obtenu, sans que cette amende puisse être inférieure à 500 francs sans décimes.

Un règlement d'Administration publique déterminera les conditions d'application du présent article.

INTÉRÊTS DES DÉPÔTS, CRÉANCES, ETC.

ART. 52. — L'impôt édicté par l'article 38 de la loi du 31 juillet 1917 sur les intérêts, arrérages et tous autres produits des créances, dépôts et cautionnements est dû par le seul fait, soit du payement des intérêts, de quelque manière qu'il soit effectué, soit de leur inscription au débit ou au crédit d'un compte, dès lors que le créancier a son domicile ou sa résidence habituelle en France ou y possède un établissement industriel ou commercial dont dépend la créance, le dépôt ou le cautionnement.

Lorsque le payement des intérêts ou leur inscription au débit ou au crédit d'un compte est effectué en France, l'impôt est acquitté par l'apposition de timbres mobiles soit sur la quittance, soit sur le compte où l'inscription est opérée. Toutefois, un règlement d'Administration publique pourra établir des règles spéciales pour l'acquittement de l'impôt sur les intérêts portés au débit ou au crédit d'un compte.

Lorsque le payement des intérêts ou leur inscription au débit ou au crédit d'un compte est effectué hors de France, ou que le payement des intérêts a lieu en France sans création d'un écrit pour le constater, le créancier doit souscrire au bureau de l'enregistrement la déclaration du montant de ces intérêts et acquitter la taxe sur ce montant dans les trois premiers mois de l'année suivante.

53. Les amendes édictées par le dernier alinéa de l'article 40 de la loi du 31 juillet 1917 sont applicables aux cas de contravention aux dispositions, tant de l'article qui précède, que des règlements d'Administration publique prévus par l'article 43 de cette loi et par l'article 52 de la présente loi.

PÉNALITÉS

Art. 110. — Il est ajouté deux décimes et demi au principal de toutes les pénalités fiscales, y compris celles prononcées par la présente loi, qu'elles soient ou non déjà assujetties aux décimes par les lois en vigueur.

Le montant des amendes pénales prononcées par les cours et tribunaux sera majoré de 20 décimes.

112. Quiconque se sera frauduleusement soustrait ou aura tenté de se soustraire frauduleusement au payement total ou partiel des impôts établis par les lois au profit du Trésor public sera puni d'une amende de 1.000 francs au moins et de 5.000 francs au plus, sans préjudice des droits du Trésor.

En cas de récidive dans un délai de cinq ans, il sera puni, en outre d'un emprisonnement d'un an au moins et de cinq ans au plus, et pourra être privé en tout ou en partie, pendant cinq ans au moins et dix ans au plus, des droits civiques énumérés par l'article 42 du Code pénal.

Le tribunal pourra, de plus, ordonner que le jugement sera publié intégralement ou par extraits dans les journaux qu'il désignera et qu'il sera affiché dans les lieux qu'il indiquera, le tout aux frais du condamné, sans toutefois que les frais de la publication et de l'affichage puissent dépasser 5.000 francs.

Les dispositions des six derniers alinéas de l'article 7 de la loi du 1ᵉʳ août 1905 sur la répression des fraudes dans les ventes de marchandises et des falsifications des denrées alimentaires et des produits agricoles seront applicables.

L'article 463 du Code pénal pourra être appliqué.

Les poursuites seront engagées à la requête de l'Administration compétente et portées devant le tribunal correctionnel dans le ressort duquel l'impôt aurait dû être acquitté.

Il n'est pas dérogé, en matière de douanes, de contributions indirectes et de culture de tabac autorisée, aux pénalités et au mode de répression édictés par les lois en vigueur dont les dispositions demeureront applicables.

COUPONS, TITRES ET AVOIRS EN BANQUE ATTEINTS PAR LA PRESCRIPTION

Art. 111. — Sont définitivement acquis à l'Etat, exception faite pour les Sociétés d'habitations à bon marché :

1º Le montant des coupons, intérêts ou dividendes atteints par la prescription quinquennale et afférents à des actions ou à des obligations négociables émises par toute société commerciale ou civile ou par toute collectivité soit privée, soit publique;

2º Les actions, parts de fondateurs, obligations et autres valeurs mobilières des mêmes sociétés ou collectivités lorsqu'elles sont atteintes par la prescription trentenaire;

3º Les dépôts de sommes d'argent et, d'une manière générale, tous avoirs en espèces dans les banques, les établissements de crédit et tous autres établissements qui reçoivent des fonds en dépôt ou en compte courant, lorsque ces dépôts ou avoirs n'ont fait l'objet, de la part des ayants droit, d'aucune opération ou réclamation depuis trente années.

Les agents de l'enregistrement, des domaines et du timbre ont droit de prendre communication au siège des banques, établissements ou collectivités visés au présent article ou dans leurs agences ou succursales, de tous registres, délibérations, etc., documents quelconques pouvant servir au contrôle des sommes ou titres à remettre à l'Etat.

Un règlement d'administration publique déterminera les conditions d'application des dispositions ci-dessus.

Toute contravention aux dispositions du présent article ou du règlement d'administration publique prévu au paragraphe précédent sera punie d'une amende de 100 à 5.000 francs augmentée, le cas échéant, d'une somme égale au montant des coupons, intérêts, dividendes, dépôts ou avoirs ou à la valeur nominale des titres pour le versement ou la remise desquels une omission, une dissimulation ou une fraude quelconque aura été commise au préjudice de l'Etat par la société, la collectivité ou l'établissement intéressé.

Loi du 31 juillet 1920.

REMBOURSEMENT DU DROIT DE TRANSMISSION

Art. 17. — Lorsque le titulaire d'un titre nominatif a dû le convertir au porteur en vue de le vendre et qu'il a acquitté de ce chef le droit de 2 % établi par l'article 49 de la loi du 25 juin 1920, il pourra obtenir le remboursement de ce droit si, dans le délai d'un mois à compter de la conversion, il a employé le prix de la vente intégralement en valeurs mises au même nom et dont la conversion au porteur est assujettie au droit proportionnel. Un règlement d'administration publique déterminera les conditions de ce remboursement qui pourra être effectué par l'établissement ou la société qui a opéré la conversion sur simples déclarations de l'agent de change ou du banquier vendeur et de l'agent de change ou du banquier acquéreur établies sur papier libre et sans frais.

27. Lorsqu'une société française par actions a reçu, en représentation de versements ou d'apports en nature ou en numéraire par elle faits à une autre société par actions, des actions, des obligations ou des parts bénéficiaires nominatives de cette dernière société, les dividendes distribués par la première société sont, pour chaque exercice, exonérés de la taxe du revenu des capitaux mobiliers établie par les lois des 29 juin 1872 (art. 1er) et 29 mars 1914 (art. 31), dans la mesure des produits de ces parts, obligations ou actions touchés par elle au cours de l'exercice, à la condition que ces parts, obligations ou actions soient restées inscrites au nom de la société.

28. Les actions, obligations ou parts bénéficiaires nominatives attribuées à une société française par actions en représentation de versements ou d'apports en nature ou en numéraire par elle faits à une autre société française dans les conditions prévues à l'article qui précède sont, lors de leur conversion au porteur, affranchies du droit établi par le paragraphe 1er de l'article 6 de la loi du 23 juin 1857, l'article 5 de la loi du 26 décembre 1908 et l'article 41 de celle du 29 mars 1914.

29. Sont exonérés de l'impôt sur le revenu des capitaux mobiliers : les arrérages, intérêts et autres produits des prêts consentis sous une forme quelconque à des commerçants ou industriels français ou résidant en France par des sociétés françaises de banque ou de crédit constituées par actions, qui émettent, en représentation de ces prêts, des obligations ou autres titres d'emprunt, soumis eux-mêmes à l'impôt sur le revenu des capitaux mobiliers.

Les prêts exonérés ne pourront jamais excéder le montant des obligations et titres émis, et il devra être justifié par la Société de Banque ou de Crédit de la qualité de ces emprunteurs.

30. Lorsqu'une société française réunit, en vue d'assurer les droits des porteurs français les actions ou obligations d'une ou plusieurs sociétés étrangères et qu'elle délivre, en représentation de ces actions ou obligations, des titres spéciaux émis par elle-même, comportant l'indication précise des titres que chacun d'eux a pour but de remplacer, ces titres sont exemptés du droit de timbre proportionnel édicté par la loi du 5 juin 1850 (art. 14 et 27), et les produits de ces titres seront, pour chaque exercice, exonérés de la taxe sur le revenu dans la mesure où il sera justifié qu'ils correspondent aux dividendes et intérêts distribués par la ou les sociétés étrangères pour le même exercice et que ces revenus ont acquitté l'impôt prévu par les articles 31, 33 et 42 de la loi du 29 mars 1914, par l'article 11 de la loi du 30 décembre 1916 et l'article 50 de la loi du 25 juin 1920.

Décret du 14 avril 1921.

Art. 1er. — Le délai d'un mois accordé pour le remploi du prix de vente des titres nominatifs convertis au porteur sera compté entre la date de l'inscription de la conversion sur le registre tenu en exécution de l'article 36 du Code de commerce au siège social de la société, compagnie ou entreprise de laquelle émanent les titres et la date de l'inscription soit du transfert, soit de la conversion du porteur au nominatif, sur le registre correspondant de la société, compagnie ou entreprise dont les titres sont acquis en remploi.

Remarque. — Il résulte d'une note de la Direction de l'enregistrement que pour obtenir le remboursement du droit de conversion, il est nécessaire que la conversion ait précédé la vente.

C'est d'ailleurs le cas le plus fréquent, puisque les titres non essentiellement nominatifs ne peuvent circuler que sous la forme au porteur. Toutefois, il arrivait que le client, notamment en cas d'ordre à cours limité, demandait à l'agent de change de n'opérer la conversion qu'après exécution de la vente. Il ne peut alors obtenir le remboursement des droits.

Loi du 31 décembre 1920.

Art. 10. — Les sociétés, compagnies, entreprises et les départements, communes et établissements publics qui auront contracté un abonnement pour l'acquittement des droits de timbre exigibles sur les titres d'actions ou d'obligations, émis par eux, pourront être dispensés par l'Administration de l'enregistrement, par dérogation aux prescriptions des articles 16, 22 et 28 de la loi du 5 juin 1850, de l'apposition du timbre à l'extraordinaire sur la souche et sur le talon desdits titres et autorisés à remplacer cette apposition par une mention imprimée sur ces titres dont le texte sera fixé par un décret.

Chaque autorisation fera l'objet d'un avis inscrit au *Journal officiel*.

En cas d'énonciation des titres visés au premier paragraphe du présent article dans un acte public, judiciaire ou extra-judiciaire, la déclaration prescrite par l'article 49 de la loi du 5 juin 1850 s'applique à la mention inscrite sur le titre (1).

Résumé des dispositions précédentes

En résumé, il y a trois impôts qui frappent les titres :

1º Le droit de timbre payé par le débiteur s'il s'agit de valeurs françaises et de valeurs étrangères abonnées, et payé par le débiteur ou par le propriétaire s'il s'agit de fonds d'Etats et de valeurs non abonnées;

2º Le droit de transmission payé au moment du transfert (0,90 % titres essentiellement nominatifs), ou au moment de la conversion au porteur (2 % titres occasionnellement nominatifs), ou droit forfaitaire payé par la compagnie par trimestres et déduit du montant du coupon (0,50 % l'an sur la valeur des titres, ceux-ci étant au porteur);

3º L'impôt sur les primes de remboursement et sur les lots.

En outre, il existe un impôt cédulaire sur le revenu, déduit du montant du coupon (10 % ou 12 % du coupon).

Certaines sociétés ont pris à leur charge les impôts qui se déduisent du coupon (impôt forfaitaire et impôt cédulaire), le porteur est ainsi assuré de toucher toujours le même revenu.

D'autres ont pris à leur charge l'impôt sur les primes de remboursement et sur les lots.

______

(1) Cet article 49 est ainsi conçu : lorsqu'un effet, certificat d'action, titre, livre, bordereau, police d'assurance ou tout autre acte sujet au timbre et non enregistré sera mentionné dans un acte public, judiciaire ou extra-judiciaire et ne devra pas être représenté au receveur lors de l'enregistrement de cet acte, l'officier public ou officier ministériel sera tenu de déclarer expressément dans l'acte si le titre est revêtu du timbre prescrit et d'énoncer le montant du droit de timbre payé. En cas d'omission, les notaires, avoués, greffiers, huissiers et autres officiers publics seront passibles d'une amende de 10 francs par chaque contravention.

En pratique, dans les actes notariés, on ne reproduit que les mentions de timbre des valeurs étrangères non abonnées.

TROISIÈME PARTIE

LOIS, DÉCRETS ET CIRCULAIRES CONCERNANT LES VALEURS MOBILIÈRES, LEUR NÉGOCIATION, ET L'ENCAISSEMENT DES COUPONS

(DISPOSITIONS SPÉCIALES A L'ÉTAT DE GUERRE ET A L'APRÈS-GUERRE)
AOUT 1914 — MAI 1922

Loi du 5 août 1914 relative à la prorogation des échéances des valeurs commerciales.

ART. 1er. — Sont considérées comme valeurs négociables pour l'application des lois des 27 janvier et 24 décembre 1910, les chèques, reçus ou tous autres instruments établis en vue de constater soit la délivrance de dépôts, espèces ou de soldes créditeurs des comptes courants dans les banques et établissements de crédit ou de dépôts, soit le remboursement des bons ou contrats d'assurances, de capitalisation ou d'épargne à terme fixe ou stipulés remboursables au gré du titulaire ou du porteur.

2. Pendant la durée de la mobilisation et jusqu'à la cessation des hostilités, le Gouvernement est autorisé à prendre, dans l'intérêt général, par décret au Conseil des Ministres, toutes les mesures nécessaires pour faciliter l'exécution ou suspendre les effets des obligations commerciales ou civiles, pour suspendre toutes prescriptions ou péremptions en matière civile, commerciale et administrative, tous délais impartis pour attaquer, signifier ou exécuter les décisions des tribunaux de l'ordre judiciaire ou administratif.

La suspension des prescriptions et péremptions pourra s'appliquer aux inscriptions hypothécaires, à leur renouvellement, aux transcriptions, et généralement à tous les actes qui, d'après la loi, doivent être accomplis dans un délai déterminé.

3. Le Gouvernement est autorisé à rendre ces mesures applicables seulement à une partie du territoire.

4. Dans les circonstances prévues à l'article 2, aucune instance, sauf l'exercice de l'action publique par le ministère public, ne pourra être engagée ou poursuivie, aucun acte d'exécution ne pourra être accompli contre les citoyens sous les drapeaux.

5. La présente loi est applicable à l'Algérie, et par décret spécial aux colonies des Antilles, de la Guadeloupe et de la Réunion.

PAIEMENT DES COUPONS ET REMBOURSEMENT DES TITRES

Décret du 29 août 1914 relatif au paiement des coupons et au remboursement des obligations des sociétés françaises, des départements, des communes et des établissements publics.

ART. 1er. — A dater de la promulgation du présent décret et jusqu'à la date qui sera fixée après la cessation des hostilités, les sociétés régies par les lois françaises, les départements, les communes et les établissements publics, ont la faculté de suspendre le remboursement de leurs obligations et, s'il y a lieu, le paiement des lots y afférents.

Cette faculté s'applique sans distinction : 1° aux obligations remboursables avant la publication du présent décret; 2° à celles qui le deviendront dans les soixante jours francs qui suivront cette publication.

Les tirages au sort prévus par les contrats d'emprunt auront lieu, à la date fixée, sous réserve de la faculté inscrite au paragraphe 1er ci-dessus de suspendre les remboursements.

Le porteur d'une obligation sortie au tirage peut exiger que mention en soit faite sur son titre.

Le bénéficiaire d'un lot a le droit d'exiger la reconnaissance de sa créance sous forme, soit d'un bon non productif d'intérêts, soit d'une inscription sur le titre lui-même.

Les obligations sorties au tirage continuent à porter intérêt dans les mêmes conditions que précédemment et jusqu'au jour où le remboursement sera exigible. Toutefois, cette disposition ne s'applique pas aux obligations qui, étant remboursables, avaient cessé de produire intérêt au 1er juillet 1914.

2. Les sociétés régies par les lois françaises ont la faculté de suspendre le remboursement de leurs actions dans les délais et conditions fixés à l'article précédent.

3. Pendant la période sus-indiquée, celles desdites sociétés qui, en raison des circonstances, ne pourraient pas assurer le service de leurs obligations, peuvent suspendre le paiement de leurs coupons ou ne délivrer qu'un acompte sur le montant desdits coupons.

Elles doivent en faire sous leur responsabilité, et sauf recours des obligataires devant les tribunaux, la déclaration, au bureau d'enregistrement du siège social :

1° Dans les quinze jours qui suivront la publication du présent décret pour les coupons échus avant cette publication ou qui viendront à échéance dans ces quinze jours ;

2° Pour tous autres coupons, quinze jours francs au moins avant l'échéance.

Les sommes dont le paiement aura été différé en vertu de la disposition ci-dessus sont productives, au profit des obligataires, d'un intérêt de 5 % à dater de l'échéance des coupons.

4. Les dispositions de l'article 3 ci-dessus s'appliquent aux sommes auxquelles ont droit, à la date de la publication du présent décret, à titre de dividendes ou d'intérêts, les porteurs d'actions ou de parts de fondateurs.

5. Les dispositions du présent décret sont applicables à l'Algérie.

Décret du 23 septembre 1914 portant suspension de paiement d'intérêts et de dividendes.

Art. 1er. — Est suspendu le paiement de toutes sommes à titre d'intérêts ou de dividendes, même pour les exercices écoulés, au profit des porteurs de parts de fondateurs ou d'actions des sociétés qui, en vertu des décrets du 29 août 1914, bénéficient de la faculté de suspendre le paiement des coupons de leurs obligations ou du délai accordé pour la délivrance des dépôts, espèces et soldes créditeurs des comptes courants dans les banques ou établissements de crédit ou de dépôts.

2. Les sociétés qui auront effectué le paiement desdites sommes à titre d'intérêts ou de dividendes, seront réputées avoir renoncé aux bénéfices résultant pour elles des décrets du 29 août 1914 et visés dans l'article précédent.

Décret du 27 octobre 1914 relatif au paiement des coupons et au remboursement des obligations des sociétés régies par les lois françaises, ainsi que des départements, des communes et des établissements publics.

Art. 1er. — Les délais accordés par le décret du 29 août 1914 sont étendus, dans les conditions prévues par ledit décret, par le décret du 23 septembre 1914 et par l'article 5 du décret du 27 septembre 1914 (1), au remboursement des obligations, à la délivrance du montant des lots, au paiement des coupons, dividendes et intérêts qui viendront à échéance avant le 1er janvier 1915.

____

(1) Sur le règlement des opérations à terme.

2. Les dispositions du présent décret sont applicables à l'Algérie.

3. Les Ministres de la Justice, etc. (1).

Décret du 23 mars 1915 (2).

ART. 1ᵉʳ. — Les délais accordés par les décrets des 29 août, 27 octobre et 21 décembre 1914 sont étendus, sous les mêmes conditions, au remboursement des obligations, à la délivrance des lots, à l'amortissement des actions, au paiement des coupons, dividendes et intérêts qui viendront à échéance jusqu'à une date qui sera fixée après la cessation des hostilités.

2. Les obligations qui, étant remboursables, avaient cessé de produire intérêt au 1ᵉʳ juillet 1914, porteront de nouveau intérêt, dans les mêmes conditions que précédemment, à partir du jour où la Société débitrice, saisie par le porteur d'une demande de remboursement, aura invoqué le bénéfice du délai accordé par l'article 1ᵉʳ du décret du 29 août 1914, modifié par les décrets des 27 octobre et 21 décembre 1914 et par le présent décret.

Décret du 10 février 1920.

ART. 1ᵉʳ. — Sont abrogées, à partir du 1ᵉʳ avril 1920, les dispositions des décrets des 29 août, 23 et 27 septembre, 27 octobre et 21 décembre 1914 et du 23 mars 1915 accordant aux sociétés régies par les lois françaises, aux départements, aux communes et aux établissements publics des délais pour le remboursement des obligations, la délivrance des lots, l'amortissement des actions, le paiement des coupons, dividendes, et intérêts venus à échéance jusqu'au 31 mars 1920.

2. Toutefois sont prorogés pour une période de trois mois à compter du 1ᵉʳ avril 1920, les délais prévus par les décrets cités à l'article 1ᵉʳ, en ce qui concerne les sociétés régies par les lois françaises dont l'exploitation se trouve dans les territoires qui ont été envahis par l'ennemi ou particulièrement atteints par les hostilités et qui sont énumérés dans la liste annexée au présent décret (3), ainsi que les départements, communes et établissements publics situés dans les mêmes territoires.

Nota. — Un décret du 19 juin 1920 a prorogé ces délais jusqu'au 30 septembre 1920; à partir d'octobre 1920, ces sociétés sont donc régies par le droit commun à moins qu'elles n'aient été admises au régime du règlement transactionnel.

MORATORIUM DES OPÉRATIONS A TERME

Décret du 27 septembre 1914.

Vu la loi du 5 août 1914,

ART. 1ᵉʳ. — Sont provisoirement suspendues toutes demandes en paiement et toutes actions judiciaires relatives aux ventes et achats à terme antérieurs au 4 août 1914 de rentes, fonds d'Etats et autres valeurs mobilières, ainsi qu'aux opérations de report s'y rattachant.

Les sommes dues à raison de ces ventes, achats et reports seront augmentées d'un intérêt moratoire de 5 %.

RÈGLEMENT DES OPÉRATIONS A TERME

Décret du 14 septembre 1915.

ART. 1ᵉʳ. — Les intérêts moratoires dus à raison des opérations à terme effectuées dans les bourses de valeurs et dont le règlement a été ajourné seront exigibles à partir du 4 octobre prochain.

---

(1) Le décret du 21 décembre 1914 a étendu ces dispositions au remboursement des obligations, délivrance des lots..... qui viendront à échéance avant le 1ᵉʳ avril 1915.

(2) Modifié D. 10 février 1920. Cf. *infra.*

(3) Aisne, Ardennes, Marne, Meurthe-et-Moselle, Meuse, Nord, Oise (arrondissements de Compiègne et de Senlis), Pas-de-Calais (arrondissements d'Arras, de Béthune et de Saint-Pol), Seine-et-Marne (arrondissements de Coulommiers, Meaux, Melun et Provins), Somme (arrondissements d'Amiens, Doullens, Montdidier et Péronne), territoire de Belfort, Vosges (arrondissements d'Épinal et de Saint-Dié).

2. Les différences dues à la suite de la liquidation qui aura lieu à la fin du présent mois seront payables :

10 % le jour des règlements de ladite liquidation;

10 % le jour des règlements des liquidations de fin octobre 1915 à fin juin 1916.

Les différences dues à la suite des liquidations postérieures à celle de fin septembre seront exigibles lors de ces liquidations conformément aux règlements en vigueur.

3. Les débiteurs pourront, conformément à l'article 1244, § 2, du Code civil, obtenir des délais supplémentaires.

4. Les sommes dues de la fin d'octobre 1915 à la fin de juin 1916, ainsi que celles pour lesquelles des délais supplémentaires auront été accordés par le Président du Tribunal civil, seront augmentées d'intérêts moratoires à raison de 6 % par an.

5. Les dispositions de l'article 69 du décret du 7 octobre 1890 seront applicables aux débiteurs qui n'auront pas rempli les obligations résultant des articles ci-dessus.

6. Sont suspendues provisoirement toutes demandes en payement à l'égard des débiteurs présents sous les drapeaux ou habitant des portions du territoire envahi.

7. Sous réserve des dispositions ci-dessus concernant le paiement des intérêts moratoires et des différences, demeurent provisoirement suspendues, sauf à l'égard des sujets des nations ennemies, toutes demandes en payement et toutes actions judiciaires relatives aux ventes et achats antérieurs à la publication du présent décret, de rentes, fonds d'État et autres valeurs mobilières, ainsi qu'aux opérations de report s'y rattachant.

Décret du 3 février 1920.

ART. 1er. — Sont abrogés, à partir du 1er avril 1920, les articles 6 et 7 du décret du 14 septembre 1915 relatif au paiement des sommes dues à raison des opérations à terme dans les Bourses de valeurs.

2. A partir du 1er avril 1920 :

1º Toutes demandes de paiements et toutes actions judiciaires relatives aux ventes et achats à terme antérieurs au 4 août 1914, ainsi qu'aux opérations de report s'y rattachant peuvent être exercées contre tous débiteurs autres que ceux qui ont été mobilisés ou qui habitaient des territoires envahis sous réserve pour ces débiteurs du droit de demander l'application de l'article 1244, § 2, du Code civil dans les conditions prévues à l'article 3 de la loi du 23 octobre 1919;

2º Les dispositions du décret du 7 octobre 1890 et notamment celles de l'article 69 dudit décret seront applicables à tous les donneurs d'ordres, y compris ceux qui étaient présents sous les drapeaux ou qui habitaient des portions du territoire envahi.

3. Sont suspendues, pour une nouvelle période de trois mois à compter du 1er avril 1920, toutes demandes en paiement et toutes actions judiciaires contre les débiteurs qui ont été mobilisés ou qui habitaient des territoires envahis par l'ennemi ou particulièrement atteints par les hostilités et qui sont énumérés dans la liste annexée au présent décret (1).

Nota. — Le décret du 19 juin 1920 a prorogé ce moratorium jusqu'à fin septembre; celui du 19 septembre l'a prorogé jusqu'à fin décembre 1920; la loi qui devait fixer les conditions de règlement n'a été votée que le 14 juin 1922.

---

(1) Tableau dressé en exécution de l'article 3 du décret du 3 février 1920 : Aisne, Ardennes, Marne, Meurthe-et-Moselle, Meuse, Nord, Oise (arrondissements de Compiègne et de Senlis), Pas-de-Calais (arrondissements d'Arras, de Béthune et de Saint-Pol), Seine-et-Marne (arrondissements de Coulommiers, Meaux, Melun et Provins), Somme (arrondissements d'Amiens, Doullens, Montdidier et Péronne), territoire de Belfort, Vosges (arrondissements d'Épinal et de Saint-Dié).

Loi du 14 juin 1922 relative au règlement des sommes demeurées impayées par application des décrets suspendant toutes demandes en payement et toutes actions judiciaires relatives aux ventes et aux achats à terme antérieurs au 4 août 1914, ainsi qu'aux opérations de report s'y rattachant, en ce qui concerne les débiteurs qui ont été mobilisés ou domiciliés dans les régions précédemment envahies ou particulièrement atteintes par les hostilités.

ART. 1er. — Les demandes en payement et les actions judiciaires relatives aux ventes et achats à terme effectués dans les Bourses de valeurs antérieurement au 4 août 1914, ainsi qu'aux opérations de report s'y rattachant, visées par les décrets des 27 septembre 1914, 14 septembre 1915, 3 février, 19 juin et 19 septembre 1920, peuvent être formées contre les débiteurs qui étaient présents sous les drapeaux ou qui habitaient des territoires envahis par l'ennemi, ou particulièrement atteints par les hostilités, dans les conditions prévues aux articles ci-après.

2. Au plus tard, à l'expiration du premier mois qui suivra la promulgation de la présente loi, le créancier fera parvenir à son débiteur, par lettre recommandée avec accusé de réception, le relevé de son compte en principal et intérêts établi conformément aux décrets des 27 septembre 1914 et 14 septembre 1915.

3. A dater du jour de cette notification, la dette en principal et intérêts portera intérêt à un taux annuel de 6 %.

4. Au plus tard, à l'expiration du premier mois qui suivra la date de l'avis de réception de la lettre recommandée, le débiteur qui, par suite des circonstances dues à la guerre, ne pourra payer le montant de sa dette, fera connaître au créancier, par lettre recommandée avec accusé de réception, les raisons pour lesquelles il ne peut payer immédiatement et les délais qu'il demande pour le payement. L'échelonnement des échéances ne devra pas dépasser cinq ans à dater de l'expiration du délai prévu au présent article. Un sixième au moins de la dette totale devra être payé annuellement pendant les quatre premières années.

Les intérêts visés à l'article 3 sont exigibles à chaque échéance pour la portion du principal payée par le débiteur. Il sera donné quittance pour chaque payement partiel; cette quittance sera exemptée du droit de timbre.

5. Le créancier, s'il n'accepte pas les propositions de son débiteur, ou si celui-ci n'en a pas présenté dans le délai qui lui est imparti par l'article 4, saisira le Président du Tribunal de commerce de son domicile, qui citera devant lui les parties, par lettre recommandée, adressée par le greffier, avec accusé de réception.

6. Le Président du Tribunal de commerce pourra accorder des délais, qui ne devront pas dépasser cinq années, pour le payement du principal et des intérêts; il statuera par ordonnance motivée qui devra être notifiée au débiteur dans un délai de huit jours, par lettre recommandée, adressée par le greffier, avec accusé de réception. Cette ordonnance est dispensée des droits de timbre et d'enregistrement.

Le Président du Tribunal de commerce pourra également, et dans la même forme, exonérer les débiteurs visés par la présente loi de tout ou partie des intérêts ayant couru en vertu des décrets des 27 septembre 1914 et 14 septembre 1915, lorsque ces débiteurs justifieront que, du fait de leur mobilisation ou de leur résidence en pays envahi, il leur a été matériellement impossible, soit de connaître leur position de bourse, soit d'effectuer le payement des différences restant à leur passif au moment de l'invasion ou de leur mobilisation.

7. Si le débiteur ne s'acquitte pas à l'une des échéances fixées soit par un accord amiable, soit par une décision judiciaire, la totalité de la dette devient immédiatement exigible.

RESTRICTION DU DROIT D'ÉMISSION

Loi du 31 mai 1916.

ART. 1er. — L'émission, l'exposition, la mise en vente, l'introduction sur emarché en France, de titres de rente, emprunts et autres effets publics des Gouvernements étrangers, d'obligations ou de titres de quelque nature qu'ils soient, de villes, corporations ou sociétés françaises ou étrangères (1) sont interdites à partir de la promulgation de la présente loi jusqu'à une date à fixer par décret en conseil des Ministres après la cessation des hostilités.

Toutefois, il peut être dérogé à cette disposition par arrêté du Ministre des Finances.

2. Les infractions à la présente loi seront passibles d'un emprisonnement de six mois à un an et d'une amende de mille à dix mille francs (1.000 à 10.000 francs) et en cas de récidive d'un emprisonnement de un à deux ans et d'une amende de dix mille à vingt-cinq mille francs (10.000 à 25.000 francs).

L'article 463 du Code pénal sera applicable.

CIRCULAIRES DE LA CHAMBRE SYNDICALE DES AGENTS DE CHANGE SUR LES VENTES DE TITRES PENDANT LA GUERRE

31 décembre 1914.

La Chambre syndicale invite les agents de change à n'exécuter d'ordres de vente émanant des pays neutres qu'après livraison des titres, ceux-ci devant être accompagnés d'un certificat délivré par le *Consul* de la ville où réside le donneur d'ordre.

Ce certificat constatera que les titres appartiennent à une personne dont la nationalité n'est ni allemande, ni austro-hongroise, ni turque. (Cette disposition a été étendue aux coupons en février 1915.)

D'une façon générale, il est recommandé aux agents de change de ne procéder à aucune vente de titres pour le compte de personnes qui ne seraient pas connues d'eux sans s'assurer au préalable de l'identité du vendeur et des conditions dans lesquelles les titres se trouvent en sa possession.

22 février 1915.

Provisoirement, il ne sera plus exécuté d'ordres de vente que pour le compte de personnes de nationalité française ayant leur domicile en France et pouvant justifier de la propriété des titres.

Justifications à demander :

1° Qu'ils sont Français;

2° Qu'ils ont leur domicile en France;

3° Que les titres en leur possession proviennent d'acquisitions régulières.

(Autant que possible faire présenter bordereaux d'achat ou documents pouvant établir la propriété.)

Les banques devront fournir l'engagement de ne transmettre des ordres de vente que pour le compte de personnes remplissant les conditions ci-dessus.

8 et 13 janvier 1916.

1° *Vente de titres émanant de l'étranger.* — Il est interdit pour quelque cause que ce soit de négocier des titres pour le compte d'un habitant des pays alliés ou neutres ou d'un Français domicilié dans ces pays.

S'il s'agit d'un allié ou neutre habitant la France les agents de change ne doivent procéder qu'à des ventes nécessitées par les besoins de l'existence et jusqu'à concurrence de ces besoins.

Cette interdiction ne s'applique pas :

1° Aux titres qui auraient été souscrits par l'un d'eux en France depuis le 1er août 1914.

2° Aux titres qu'il pourrait justifier avoir achetés à la Bourse de Paris depuis cette date.

2° *Titres timbrés allemands ou autrichiens.* — Il est interdit d'accepter dans les livraisons des titres de fonds d'Etats étrangers timbrés allemands

---

(1) L'article 32 de la loi du 31 décembre 1920 a supprimé le mot françaises. Les autres dispositions restent en vigueur.

ou autrichiens, lorsqu'ils sont revêtus d'un timbre français entier ou complémentaire postérieure au 1er juin 1915.

Cette interdiction formelle est absolue et ne saurait comporter aucune dérogation alors même que les donneurs d'ordres justifieraient d'une possession des titres antérieure à la guerre ou que les titres eux-mêmes seraient revêtus du premier timbre français de 0 fr. 75 par 500 francs créé par la loi du 25 mai 1872.

Si les titres sont revêtus d'un timbre français entier ou complémentaire portant une date comprise entre le 1er août 1914 et le 31 mai 1915, ils devront être soumis avec justifications à l'appui à l'examen d'un membre de la Chambre syndicale.

22 août 1919.

A partir du 25 août 1919 les ventes de titres sur le marché de Paris seront autorisées pour tous les donneurs d'ordres habitant ou non la France à l'exception des personnes de nationalités ennemies, sous la condition formelle que les vendeurs se conformeront aux prescriptions de la loi du 3 avril 1918 en matière d'importation de titres et justifieront d'une acquisition régulière effectuée avant le 1er août 1914 ou d'un dépôt dans une banque antérieur à cette date.

En ce qui concerne les opérations pour le compte de personnes n'habitant pas la France les capitaux provenant des ventes de titres ne pourront être exportés quant à présent, mais devront être employés à l'achat de rentes françaises, lesdites rentes devant être conservées en France jusqu'à ce que les dispositions de la loi du 3 avril 1918 aient été abrogées.

D'une façon générale, les dispositions du présent avis ne s'appliquent pas aux titres achetés ou souscrits en France depuis le début des hostilités.

A partir de la même date les livraisons de titres de fonds d'Etats étrangers munis d'un timbre allemand ou autrichien pourront être acceptées, quelle que soit la date du timbre français, moyennant l'obligation pour les vendeurs de fournir des justifications relativement à la propriété des titres.

La vente de tous titres achetés ou souscrits à l'étranger depuis le 1er août 1914 demeure interdite.

TABLEAU RÉSUMANT CES DISPOSITIONS

Français, alliés ou neutres domiciliés en France. — Peuvent vendre les titres en dépôt à l'étranger à la condition qu'ils aient été achetés ou souscrits en France, mais ne peuvent exporter les capitaux.

Ne sont pas obligés au remploi.

Français, alliés ou neutres domiciliés hors de France. — Peuvent vendre les titres en dépôt à l'étranger à la condition qu'ils aient été achetés ou souscrits en France, mais ne peuvent exporter les capitaux.

Doivent remployer en rentes françaises qui ne peuvent être exportées.

Cette obligation de remploi n'existe pas pour les titres achetés ou souscrits en France depuis le 1er août 1914.

15 janvier 1920.

Par suite de nouvelles instructions données par M. le Ministre des Finances, le remploi dont il s'agit pourra désormais s'effectuer non seulement en rentes françaises, mais aussi en valeurs cotées à Paris.

Les valeurs ainsi achetées devront, comme les rentes, être conservées en France tant que les dispositions de la loi du 3 avril 1918 n'auront pas été abrogées.

Circulaire relative à la réouverture de la Bourse le 7 décembre 1914.

L'argent employé en reports pourra être utilisé à l'achat de valeurs cotées à terme et seulement par quantités négociables à terme.

Ces affaires se traiteront sous forme d'opérations liées :

1° Achat au comptant;

2° Opération sous forme d'escompte permettant de ne rendre exigible le montant de l'achat que le jour où se fera la liquidation des affaires engagées à terme (1).

L'exécution de ces ordres ne pourra être exigée en raison de l'obligation de les faire liés et par quantités négociables à terme. L'intérêt de 5 % sur les sommes en reports cesse, bien entendu, sur les sommes employées en achats nouveaux.

Pour faciliter la liquidation des opérations en cours vous pourrez accepter tous ordres ayant pour but de liquider les opérations engagées à terme.

Ces ordres ne pourront être exécutés que si l'opération peut être passée au moyen d'un escompte au compte de liquidation (2).

Circulaire du 16 septembre 1915 sur la réouverture du marché à terme.

Le marché est rouvert à partir du 20 septembre 1915 et exclusivement tenu pour toutes les valeurs par les agents de change (3).

Les négociations sont strictement limitées à la liquidation des opérations engagées, étant entendu que ces nouvelles négociations auront pour but de diminuer les positions existantes et ne pourront en aucun cas les augmenter.

Seuls des ordres d'achats devant faire l'objet d'une levée de titres seront acceptés. Aucune réclamation ne pourra être admise au sujet de la non-exécution des ordres limités ou non limités.

Toutefois, les titres achetés pourront être revendus chez le même agent à condition que la vente soit reportée jusqu'à la fin du moratorium de façon à ne faire l'objet d'aucune livraison.

Il est interdit de livrer aucun titre qui ne provient pas d'une position de vendeur ou de reporteur (emploi d'argent).

Le vendeur ne devra livrer que des titres dont il était propriétaire avant le 14 septembre 1915 (date du décret) (4).

Il est interdit de :

Mettre en report ou faire escompter des titres ne provenant pas d'opérations déjà existantes ;

Acheter des titres au comptant pour les revendre à terme ;

Liquider un client vendeur en achetant les titres au comptant et faisant escompter.

Circulaire relative à la réouverture normale du marché à terme.

La réouverture partielle du marché à terme est fixée au vendredi 2 janvier 1920.

Pour toutes les valeurs sans exception, les opérations à terme ferme se liquideront deux fois par mois.

Les négociations à primes pourront se traiter du jour pour le lendemain ainsi que pour la liquidation en cours et les liquidations suivantes sans pouvoir dépasser le terme de la quatrième liquidation à partir du jour où le marché est conclu.

Dépôt préalable d'une couverture d'une valeur égale à 20 % au minimum de l'opération à effectuer (espèces, bons de la Défense nationale ou titres de bonne catégorie cotés à Paris). Dans ce dernier cas, les titres seront calculés à raison de 80 % de leur valeur du moment. La couverture devra être complétée, s'il y a lieu, à ce taux à chaque liquidation.

La vente à découvert est interdite aux étrangers résidant en France ; les ventes doivent donc toujours comporter la livraison des titres.

Mêmes règlements que pour les ordres au comptant.

---

(1) Le vendeur des titres au comptant devenait donc en quelque sorte reporteur aux lieu et place de son acheteur qui cessait son emploi soit en partie, soit en totalité.

(2) Le vendeur au comptant devenait, au moyen de l'escompte, vendeur à terme. Le premier vendeur liquidait sa position.

(3) En 1922, il a été créé un groupe spécial comprenant les actions Rio, les valeurs russes et quelques autres valeurs ; ce groupe est tenu par un commis principal.

(4) Par circulaire du 4 avril 1919, la Chambre syndicale a autorisé les livraisons de titres à terme sous les seules restrictions en vigueur pour les ventes au comptant.

A titre transitoire, les positions moratoriées sont dispensées de l'obligation de la couverture et restent soumises à l'ancien tarif des courtages.

(En outre de la copie de cette circulaire, on adressa aux clients un tarif des nouveaux courtages.)

Circulaire du 8 mai 1916.

Prêt à l'Etat de titres neutres.

Les prêteurs pourront-vendre sur le marché le certificat de prêt au porteur qui leur sera remis par le Trésor.

Pour faciliter la livraison des titres, il sera possible d'obtenir du Trésor la division des certificats.

Les titres contenus dans les certificats seront cotés suivant l'usage habituel mais sous une rubrique spéciale.

La cote indiquera la jouissance du titre et, en même temps, l'époque à laquelle la prochaine bonification annuelle pourra être touchée en cas de continuation du prêt.

Des titres de même nature pouvant porter suivant l'époque du dépôt des dates de bonification différentes, il y aura lieu de les inscrire à la cote sous des rubriques distinctes.

MESURES PRISES EN FAVEUR DES PROPRIÉTAIRES
DE VALEURS MOBILIÈRES
DÉPOSSÉDÉS PAR SUITE DE FAITS DE GUERRE

RENTES AU PORTEUR SUR L'ETAT

Arreté du 7 février 1915.

ART. 1er. — Le remplacement de titres au porteur de rente sur l'Etat pourra exceptionnellement être obtenu par les propriétaires dépossédés à la suite de faits de guerre qui se trouveraient empêchés de fournir le cautionnement réglementaire. Il sera délivré aux lieu et place des titres au porteur, une inscription purement nominative du montant de la même somme de rente.

2. Cette rente nominative ne sera mise en paiement que cinq ans et demi après son émission (non compris le délai prévu par le décret du 10 août 1914) et sous la condition que le Trésor n'ait été saisi, dans l'intervalle, d'aucune réclamation de la part d'un tiers porteur.

3. Quant aux arrérages représentant les coupons non prescrits, restés attachés aux titres disparus, ils seront réordonnancés, s'il y a lieu, au profit et sur demande de l'ayant droit, dès que le Trésor se trouvera couvert de tout danger de double paiement, par la prescription acquise.

4. Des remplacements des rentes sur l'Etat au porteur ne seront plus autorisés dans la forme sus-énoncée à l'expiration du semestre qui suivra la cessation des hostilités.

5. Tout rentier admis à bénéficier de ces dispositions exceptionnelles conservera la faculté de réaliser le cautionnement prévu par la décision du Ministre des Finances en date du 8 juillet 1890.

Loi du 4 avril 1915 tendant à protéger les propriétaires de valeurs mobilières dépossédés par suite de faits de guerre dans des territoires occupés par l'ennemi. (Promulguée au *Journal Officiel* portant les dates des lundi 5, mardi 6 et mercredi 7 avril 1915.)

Le SÉNAT et la CHAMBRE DES DÉPUTÉS ont adopté;
Le PRÉSIDENT DE LA RÉPUBLIQUE promulgue la loi dont la teneur suit :

ART. 1er. — Dans les cas où la faculté de recourir aux lois des 15 juin 1872 et 8 février 1902 est ouverte à raison d'un événement de la guerre déclarée par l'Allemagne en août 1914, la procédure est modifiée dans la mesure et sous les conditions de la présente loi.

2. S'il s'agit de valeurs françaises au porteur, le propriétaire doit aviser par lettre recommandée l'établissement débiteur des circonstances qui le

mettent dans l'impossibilité de représenter soit les titres, soit les coupons. Avis de la remise de cette lettre au destinataire doit lui être donné par la poste, et le destinataire doit accuser lui-même réception à l'envoyeur, dans les cinq jours au plus tard de la remise.

Cette lettre contiendra les nom, prénoms, profession, le lieu de résidence actuelle et celui du domicile du déclarant, le nombre, la nature, la valeur nominale, le numéro et, s'il y a lieu, la série des titres, ainsi que la date d'échéance du plus ancien coupon exigible.

Le déclarant indiquera aussi, s'il est possible :

1º Les circonstances dans lesquelles il est devenu propriétaire des titres et celles dans lesquelles il a été dépossédé;

2º L'époque et le lieu où il a reçu les derniers dividendes ou intérêts.

Il fera élection de domicile dans la localité du siège de l'établissement débiteur.

La signature du déclarant doit être légalisée par le maire ou par un officier ministériel, ou encore, à Paris, par le commissaire de police. Le lieu de sa résidence et de son domicile seront certifiés par les mêmes personnes, ou établis par toutes pièces et certificats dont l'intéressé a le droit de demander et d'obtenir, sans frais, la délivrance aux autorités compétentes.

La déclaration ainsi faite emporte, pendant la durée des hostilités et les six mois qui suivront leur terme définitif, opposition au paiement tant du capital que des intérêts ou dividendes à toute autre personne que le déclarant. Elle autorise, d'autre part, le déclarant à percevoir de l'établissement débiteur les intérêts ou dividendes exigibles dans les conditions indiquées par les articles suivants.

Un double de la lettre indiquée ci-dessus, et dans les mêmes conditions, est adressé par le déclarant au Syndicat des agents de change de Paris, qui fait, le quinzième jour au plus tard, la publication prévue par l'article 11 de la loi du 15 juin 1872 modifiée par l'article 1er de la loi du 8 février 1902.

3. 1º S'il s'agit de titres au porteur mis en dépôt dans une banque, représentés par un récépissé de ladite banque dépositaire, le déclarant doit produire à l'établissement débiteur ce récépissé. A défaut de ce récépissé, il doit produire une attestation de la banque dépositaire établissant d'une manière précise que les titres visés dans la déclaration ont bien fait l'objet d'un dépôt effectué dans ses caisses par le déclarant et que celui-ci ne les a pas retirés;

2º Sur la remise de cette pièce signée par lui et après justification, qui pourra être réclamée si besoin est, de l'existence et de l'identité de la banque dépositaire, les dividendes ou intérêts seront payés au déclarant, après trois mois écoulés depuis l'échéance de chaque coupon, si personne ne s'est présenté pendant ce délai comme propriétaire des titres ou coupons;

3º Les payements ainsi faits libèrent l'établissement débiteur envers tout tiers qui se présenterait ultérieurement. Si ce tiers porteur établissait que lesdits payements ont été faits à son préjudice, il n'aurait qu'une action personnelle contre le déclarant et contre la banque dépositaire;

4º Si, avant le payement au déclarant par l'établissement débiteur, les titres ou coupons sont présentés par un tiers audit établissement, il doit provisoirement retenir ces titres ou coupons contre récépissé. Ce dernier doit, de plus, avertir le déclarant, par lettre recommandée, de la présentation des titres ou coupons, en lui faisant connaître le nom et l'adresse du tiers porteur. Les effets de la déclaration primitive restent alors suspendus jusqu'à ce qu'une solution amiable ou judiciaire soit intervenue entre le déclarant et le tiers porteur;

5º Si les coupons représentant les dividendes ou intérêts payés au déclarant sont ultérieurement retrouvés, la banque dépositaire et le déclarant seront tenus de les remettre à l'établissement débiteur. S'ils ne sont pas retrouvés, le déclarant devra accomplir les formalités prévues par l'article 8 de la présente loi pour le cas de dépossession;

6º Dans le cas où les titres auraient été déposés chez un officier public ou ministériel, les dispositions précédentes sont également applicables;

7º Il n'est dérogé en rien aux dispositions des articles 1915 à 1946 du Code civil.

4. Pour les titres qui n'ont pas fait l'objet d'un dépôt ou pour les titres qui, ayant fait l'objet d'un dépôt, ne sont plus représentés par un récépissé

ni par aucune attestation de la banque dépositaire, le déclarant doit produire à l'établissement débiteur une attestation motivée délivrée par le juge de paix de sa résidence actuelle ou de son domicile, auquel il aura fourni, par les indications mentionnées dans l'article 2, ou par tous autres moyens, les justifications de son droit de propriété. En cas de refus de cette attestation, le déclarant peut saisir le président du Tribunal civil, qui statuera par ordonnance rendue sur simple requête. Ces magistrats peuvent, s'ils le jugent nécessaire, n'accorder leur attestation que moyennant la caution prévue par l'article 4 de la loi du 15 juin 1872 modifiée par la loi du 8 février 1902.

Dans le cas où le montant des coupons à payer s'élève à plus de 300 francs, le président du tribunal civil est seul compétent pour délivrer l'attestation et il statue comme il est dit au paragraphe précédent.

Sur le vu de l'expédition de cette attestation, qui doit être délivrée sur papier libre et sans frais, les dividendes ou intérêts sont payés au déclarant après trois mois écoulés depuis l'échéance de chaque coupon, si personne ne s'est présenté pendant ce délai comme propriétaire des titres ou coupons.

Les payements ainsi faits libèrent l'établissement débiteur envers tout tiers qui se présenterait ultérieurement, sauf le recours personnel de ce tiers contre le déclarant dans les conditions prévues au paragraphe 3 de l'article précédent.

Si, avant le payement au déclarant par l'établissement débiteur, les titres ou coupons sont présentés par un tiers audit établissement, il sera procédé conformément au paragraphe 4 du même article 3.

Le déclarant est tenu de remettre à l'établissement débiteur les coupons représentant les dividendes ou intérêts payés, s'il les retrouve ultérieurement. S'il ne les retrouve pas, il devra justifier de l'accomplissement des formalités requises par l'article 8 de la présente loi pour le cas de dépossession.

5. S'il s'agit de valeurs étrangères dont le service des titres et coupons est fait en France, la déclaration prévue par l'article 2 de la présente loi est adressée au siège principal de chacun des établissements chargés de ce service.

Ceux-ci, s'il se présente un tiers porteur des titres et coupons, sont tenus de procéder conformément au paragraphe 3 de l'article 3 de la présente loi.

La déclaration à eux adressée doit être transmise par leurs soins à l'Etat ou à l'établissement étranger qui les a chargés du service des titres et coupons.

6. S'il s'agit de titres nominatifs ou de certificats nominatifs de titres au porteur délivrés par l'établissement débiteur, le propriétaire doit aviser cet établissement par lettre recommandée conformément aux dispositions de l'article 2 de la présente loi.

Il sera procédé, pour le payement des coupons et pour la délivrance des nouveaux titres ou certificats, conformément aux règles suivies par l'établissement débiteur.

7. Les dispositions de l'article 2 de la loi du 8 février 1902, relatives à la procédure de mainlevée des titres au porteur, sont applicables dans les cas prévus par la présente loi.

8. 1° Dans les six mois qui suivront la cessation des hostilités, le déclarant qui aura fait usage des dispositions de la présente loi devra, — s'il est dépossédé, — faire, tant au Syndicat des agents de change de Paris qu'à l'établissement débiteur, une opposition conforme à la loi du 15 juin 1872, modifiée par la loi du 8 février 1902;

2° Dans le mois qui suivra l'expiration du délai ci-dessus, les numéros des titres frappés de cette opposition seront publiés dans un bulletin spécial par le Syndicat des agents de change de Paris;

3° Par le fait de cette publication, toute personne qui prétendrait avoir des droits sur ces titres est mise en demeure de les faire valoir;

4° Si dans le délai de deux ans, à partir de la publication du bulletin spécial susvisé, l'opposition n'a pas été contredite, le propriétaire pourra exiger de l'établissement débiteur, soit le payement du capital du titre devenu exigible, soit la remise d'un titre duplicata;

5° Les titres primitifs seront frappés de déchéance et seront publiés dans le même bulletin spécial. Le titre délivré en duplicata conférera les mêmes droits que le titre primitif et sera négociable dans les mêmes conditions;

6° Le payement du capital ou la remise du titre duplicata effectués dans les conditions ci-dessus prescrites libèrent l'établissement débiteur, et le tiers qui, après ce payement ou cette remise, représenterait le titre primitif n'aura qu'une action personnelle contre l'opposant au cas où l'opposition aurait été faite sans droit;

7º Si, dans le même délai de deux ans, un tiers présente le titre frappé d'opposition, ce titre sera retenu par les soins de l'établissement débiteur qui en délivrera récépissé et avertira l'opposant par lettre recommandée. Les effets de l'opposition resteront alors suspendus jusqu'à ce qu'une solution amiable ou judiciaire intervienne entre le tiers porteur et l'opposant;

8º Si, à l'expiration de ce délai, le tiers porteur ne justifie pas qu'il a fait valoir ses droits, le titre sera remis à l'opposant;

9º Les mêmes formalités seront accomplies pour les valeurs étrangères. L'opposition sera faite, en ce qui les concerne, tant au Syndicat des agents de change qu'au siège principal des établissements faisant en France le service des titres et coupons. Ces établissements devront en aviser les États ou établissements étrangers qui les ont chargés de ce service, et adresser auxdits États ou établissements la publication spéciale ci-dessus prescrite;

10º Le déclarant qui remplira les formalités prévues par le présent article continuera à toucher les dividendes et intérêts dans les conditions indiquées par les articles précédents;

11º Tout propriétaire dépossédé par événement de guerre qui n'aura pas eu recours à la déclaration visée par l'article 2 et n'aura pas, quelle que soit la procédure suivie par lui auparavant, rempli, dans les délais prescrits, les formalités indiquées par ce présent article 8, ne pourra bénéficier de ses dispositions exceptionnelles et il sera soumis aux règles de la loi du 15 juin 1872, modifiée par celle du 8 février 1902.

Un règlement d'administration publique déterminera les conditions d'application du présent article.

9. Les divers actes et formalités prévus par la présente loi sont exempts de tout droit de timbre, d'enregistrement et frais de toute nature, tant de la part du Syndicat des agents de change que des officiers ministériels requis à cet effet.

10. Les dispositions de l'article précédent ne sont applicables qu'en ce qui concerne les valeurs mobilières dont les propriétaires avaient leur domicile ou leur résidence dans les pays envahis ou pillés par l'ennemi.

11. Toute personne qui, par une déclaration ou opposition faite ou maintenue de mauvaise foi, aura obtenu ou tenté d'obtenir, soit le payement des dividendes ou intérêts, ou du capital du titre devenu exigible, soit la délivrance d'un titre duplicata, sera punie de la peine portée contre l'escroquerie par l'article 405 du Code pénal.

L'article 463 du Code pénal est applicable.

La présente loi, délibérée et adoptée par le Sénat et par la Chambre des députés, sera exécutée comme loi de l'État.

Fait à Paris, le 4 avril 1915.

R. POINCARÉ,

Par le Président de la République :
Le Garde des Sceaux, Ministre de la Justice,
Aristide BRIAND.

Le Ministre des Finances,
A. RIBOT.

Avis du 24 avril 1915,

aux propriétaires de rentes au porteur sur l'État dépossédés par suite d'événements de guerre.

Le Ministre des Finances a décidé que les propriétaires de rentes au porteur sur l'État dépossédés par suite de faits de guerre pourraient, moyennant une simple déclaration de perte adressée à la direction de la Dette inscrite au ministère des Finances, faire obstacle aux opérations concernant leurs titres qui seraient demandées au Trésor.

Des formules de déclaration de perte seront envoyées aux intéressés, sur leur demande, par la direction de la Dette inscrite.

Les modèles de ces formules et de la lettre d'envoi qui sera adressée aux intéressés sont reproduits ci-dessous :

(Voir modèles, p. 2558 du *Journal officiel* du 24 avril 1915.)

Arrêté ministériel du 23 octobre 1916,

relatif au payement des arrérages de rentes dont les propriétaires ont été dépossédés à la suite de faits de guerre.

ART. 1er. — Les propriétaires de titres au porteur de rente sur l'État à qui une inscription nominative est délivrée en remplacement de leurs titres adirés, dans le cas visé par l'arrêté ministériel du 7 *février* 1915, peuvent être autorisés à toucher les arrérages sans avoir à fournir le cautionnement prévu par la décision ministérielle du 8 février 1890.

2. La dispense de cautionnement est accordée sur la production des pièces ci-après :

1° Récépissé de dépôt de titres souscrits par une banque ou par un officier public;

2° Certificat délivré par la banque ou par l'officier public dépositaire attestant la réalité du dépôt et faisant connaître que les titres déposés n'ont pas été retirés;

3° Certificat établi par le président du Tribunal civil du domicile ou de la résidence actuelle de l'intéressé, attestant son droit de propriété et relatant les circonstances de sa dépossession.

Ces pièces doivent contenir la désignation exacte de chacun des titres adirés, par fonds, numéro et chiffre de rente annuelle et, en outre, par série, s'il s'agit de rente 3 % amortissable.

3. En cas de réclamation d'un tiers porteur, les payements autorisés par l'article 1er du présent arrêté seront suspendus, s'il y a lieu, jusqu'à décision du tribunal compétent.

4. Le présent arrêté sera déposé au bureau chargé du contre-seing pour être notifié à qui de droit.

Loi du 16 février 1917,

relative à la publication au Bulletin officiel des oppositions des numéros des titres au porteur de rente sur l'État déclarés perdus ou volés à la suite de faits de guerre.

ART. 1er. — Les numéros des titres au porteur de rente sur l'État déclarés au Trésor comme perdus ou volés à la suite de faits de guerre sont notifiés par le Ministre des Finances au Syndicat des agents de change de Paris pour être publiés au *Bulletin officiel des oppositions.*

La publication doit être faite dans les quinze jours qui suivront la notification des numéros.

2. Toute négociation, transmission ou affectation en gage, postérieure au jour où le *Bulletin* est parvenu ou aurait pu parvenir par la voie de la poste dans le lieu où elle a été faite, sera sans effet vis-à-vis du déclarant, sauf le recours du tiers détenteur contre le vendeur ou débiteur. Le tiers détenteur pourra contester la déclaration faite irrégulièrement ou sans droit.

3. Les divers actes et formalités prévus par la présente loi sont exempts de tout droit de timbre, d'enregistrement et de frais de toute nature, tant de la part du Syndicat des agents de change que des officiers ministériels requis à cet effet.

4. Les dispositions de la présente loi cesseront d'être en vigueur six mois après la cessation des hostilités, telle qu'elle sera fixée par un décret.

Nota. — Cette loi a cessé d'être en vigueur le 30 juin 1920 et aucune inscription ne figure plus à ce sujet au *Bulletin des oppositions* depuis le 30 juillet 1920.

La suppression de toute publicité au sujet des titres de rente française perdus ou volés laisse subsister le régime de l'empêchement administratif tel qu'il existait avant la guerre. (*Voir annexes, 4e* PARTIE.)

OPPOSITIONS

Décret du 19 octobre 1919.

ART. 1er. — Dans le délai de six mois, à dater de la cessation des hostilités, telle qu'elle sera fixée par une loi ou par un décret, les propriétaires de titres au porteur, dépossédés, qui auront fait la déclaration prévue par l'article 2 de la loi du 4 avril 1915, ou, à leur défaut, leurs héritiers ou leurs ayants droit, feront l'opposition exigée par l'article 8, 1°, de la loi du 4 avril 1915, conformément aux dispositions de l'article 2 de la loi du 15 juin 1872, modifiée par la loi du 8 février 1902.

L'acte d'opposition contient :

1° Les mentions prévues à l'article 2 de la loi du 15 juin 1872, modifiée par la loi du 8 février 1902, et à l'article 1er du décret du 10 avril 1873. Toutefois, à la mention des circonstances qui ont accompagné la dépossession est substitué un extrait de la déclaration faite en exécution de l'article 2 de la loi du 4 avril 1915;

2° L'énumération des pièces produites ou établies en exécution des articles 3 et 4 de cette loi;

3° L'indication, s'il y a lieu, que les intérêts ou dividendes sont payés au déclarant en exécution des mêmes articles;

4° Dans le cas prévu par l'article 10 de la loi du 4 avril 1915, la copie certifiée des documents établissant le domicile ou la résidence du déclarant dans les pays envahis ou pillés par l'ennemi.

2. Si l'opposant se trouve dans le cas prévu par l'article 10 de la loi du 4 avril 1915, la quittance du coût de publication est remplacée par une pièce délivrée par le Syndicat des agents de change de Paris constatant l'accomplissement des formalités prescrites par l'article précédent.

3. Dans le cours du septième mois qui suivra la cessation des hostilités, le Syndicat des agents de change de Paris publiera un recueil qui portera pour titre : *Bulletin spécial des oppositions sur les valeurs mobilières dont les propriétaires ont déclaré être dépossédés par suite de faits de guerre.*

Ce bulletin comprendra deux rubriques :

1° Rubrique des titres frappés d'opposition;

2° Rubrique des titres frappés de déchéance.

Sous la première rubrique seront insérés les numéros des titres frappés d'opposition conformément aux dispositions de l'article 8 de la loi du 4 avril 1915.

La rubrique des titres frappés de déchéance ne paraîtra au *Bulletin spécial des oppositions* qu'à l'expiration du délai prévu par le même article 4.

A dater de la publication du *Bulletin spécial des oppositions*, l'insertion des numéros des titres visés par les déclarations faites en exécution de la loi du 4 avril 1915 cessera au *Bulletin officiel des oppositions*.

4. Les déclarants qui n'ont pas fait d'opposition dans le délai légal cessent d'avoir droit aux avantages résultant de leur déclaration jusqu'à ce qu'ils se soient conformés aux dispositions de l'article 8 de la loi du 4 avril 1915 et de l'article 1er du présent décret. Les effets de la mise en demeure résultant aux termes de l'article 8, 3°, de la loi du 4 avril 1915, de la publication du *Bulletin spécial des oppositions*, sont suspendus jusqu'à la notification de l'opposition au Syndicat des agents de change, et le délai de deux ans prévu par l'article 8, 4°, de la loi du 4 avril 1915 est prorogé du temps écoulé entre la première publication du *Bulletin spécial* et la date de la notification.

5. La retenue des titres frappés d'opposition et présentés dans le délai de deux ans depuis l'insertion de leurs numéros au *Bulletin spécial des oppositions* est faite, conformément aux dispositions de l'article 10 de la loi du 15 juin 1872, et des articles 6 et 8 de la loi du 4 avril 1915, par l'établissement débiteur, s'il s'agit de valeurs françaises, et par les établissements chargés, en France, du service des titres ou des coupons, s'il s'agit de valeurs étrangères.

6. La publication, à la première rubrique du *Bulletin spécial*, des numéros des titres, prend fin par les causes qui font cesser l'opposition.

7. La radiation du *Bulletin spécial* des numéros des titres est opérée par le Syndicat des agents de change de Paris, d'office, ou sur l'avis de la décision ou de l'accord intervenu, donné au Syndicat des agents de change, à la diligence soit de l'intéressé, soit de l'établissement qui a opéré la retenue du titre, soit du Procureur de la République près du Tribunal qui a prononcé une condamnation par application de l'article 11 de la loi du 4 avril 1915. Dans ces derniers cas, l'avis est appuyé de la copie de la décision ou de l'accord.

8. La justification exigée à l'article 8, 8°, de la loi du 4 avril 1915, consiste dans la notification, à l'établissement qui a retenu le titre frappé d'oppo-

sition, d'une copie de la sommation prévue par l'article 17 de la loi du 15 juin 1872, modifiée par la loi du 8 février 1902.

La remise du titre à l'ayant droit est faite conformément aux dispositions de l'article 18 de cette même loi.

9. La délivrance d'un duplicata ou le payement du capital devenu exigible doivent, par application de l'article 8, 4°, 5°, 6°, de la loi du 4 avril 1915, être effectués par l'établissement débiteur sur la production des pièces prévues par l'article 15 de la loi du 15 juin 1872 modifiée par la loi du 8 février 1902.

10. A l'expiration du délai de deux années depuis la première insertion au *Bulletin spécial*, si l'opposition n'a pas été contredite, avis est donné par le Syndicat des agents de change à l'opposant, qu'il peut se faire délivrer un duplicata ou se faire payer le capital devenu exigible par l'établissement débiteur, et que les numéros des titres seront rayés du *Bulletin* dans un délai de trois mois si le versement prescrit par l'article 15 de la loi du 15 juin 1872 n'a pas été effectué. En cas de silence de l'intéressé, il est procédé conformément aux dispositions de l'article 11 de la loi du 15 juin 1872. Si l'opposant verse le coût de la publication, les numéros des titres sont rayés de la rubrique des titres frappés d'opposition et publiés à dater du plus prochain *Bulletin* sous la rubrique des titres frappés de déchéance. La publication est prolongée pendant le nombre d'années représenté par la feuille de coupons attachée au titre et au moins pendant dix ans.

11. Les titres qui, pendant la durée de l'insertion au *Bulletin spécial* sous la rubrique des titres frappés de déchéance, sont présentés par des tiers porteurs, sont retenus par l'établissement débiteur s'il s'agit de valeurs françaises, par les établissements chargés en France du service des titres ou des coupons s'il s'agit de valeurs étrangères. L'établissement qui a opéré la retenue donne à ces tiers tous les renseignements sur le duplicata, et sur les versements qui ont pu être effectués à l'opposant, en vue de leur permettre d'introduire une instance en revendication.

Il est procédé à l'égard de ces titres conformément aux dispositions de la loi du 15 juin 1872, modifiée par la loi du 8 février 1902.

La partie à laquelle le titre est définitivement attribué soit à l'amiable, soit par décision devenue définitive, peut demander la radiation des numéros des titres du *Bulletin spécial*. La radiation en est effectuée de droit sur la production d'une copie de la décision ou de l'accord intervenus. Le coût de la publication postérieure à cette production est remboursé à l'opposant.

12. Dans les délais prévus par l'article 8, 1°, et 8, 2°, de la loi du 4 avril 1915, les propriétaires dépossédés de coupons détachés du titre sont tenus de transformer leurs déclarations en oppositions conformément aux dispositions de l'article 2, paragraphe dernier, de la loi du 15 juin 1872, modifiée par la loi du 8 février 1902.

13. Les propriétaires de titres ou coupons, dépossédés par suite d'un événement de guerre, visés par l'article 8, 11°, de la loi du 4 avril 1915, devront faire, dans le délai de six mois à dater de la cessation des hostilités, une opposition dans les formes fixées par l'article 2 de la loi du 15 juin 1872, modifiée par la loi du 8 février 1902.

Dans cet acte d'opposition devra être indiquée la procédure que l'opposant aura suivie depuis sa dépossession pour le recouvrement de son titre. Dans le cas où il n'aurait fait antérieurement ni déclaration ni opposition, cette omission sera expressément rappelée dans l'acte d'opposition.

Cette opposition donnera aux propriétaires désignés au paragraphe 1er du présent article les droits et avantages conférés aux opposants par l'article 8 de la loi du 4 avril 1915.

A l'expiration du délai de six mois, les propriétaires de titres ou coupons ne pourront recourir qu'à l'opposition prévue par la loi du 15 juin 1872, modifiée par la loi du 8 février 1902.

14. Le Garde des sceaux, etc.

Loi du 28 mai 1920.

ART. 1er. — Le délai de six mois prévu à l'article 8, premier alinéa, de la loi du 4 avril 1915 est prorogé jusqu'au 30 juin 1920.

2. A partir de l'expiration de ce délai, aucune opposition faite en vertu de la loi du 4 avril 1915, qu'il y ait eu ou non une déclaration antérieure, n'est plus recevable.

PRESCRIPTION

Loi du 25 juin 1920
ayant pour objet la création de nouvelles ressources fiscales.

Art. 111. — Sont définitivement acquis à l'État, exception faite pour les sociétés d'habitation à bon marché :

1° Le montant des coupons, intérêts ou dividendes atteints par la prescription quinquennale et afférents à des actions ou à des obligations négociables émises par toute société commerciale ou civile ou par toute collectivité soit privée, soit publique;

2° Les actions, parts de fondateurs, obligations et autres valeurs mobilières des mêmes sociétés ou collectivités lorsqu'elles sont atteintes par la prescription trentenaire;

3° Les dépôts de sommes d'argent et, d'une manière générale, tous avoirs en espèces dans les banques, les établissements de crédit et tous autres établissements qui reçoivent des fonds en dépôt ou en compte courant, lorsque ces dépôts ou avoirs n'ont fait l'objet, de la part des ayants droit, d'aucune opération ou réclamation depuis trente années.

Loi du 18 juillet 1921 relative à l'établissement d'un régime transitoire pour la perception des impôts dans les régions libérées.

Art. 7. — Par dérogation aux articles 2 du décret du 10 août 1914, 3 de la loi du 4 juillet 1915 et 111 de la loi du 25 juin 1920, la prescription des coupons, intérêts et dividendes, non prescrits au 1er août 1914, mais qui le seraient d'après les dispositions en vigueur avant le 1er janvier 1922, ne sera acquise qu'à ladite date du 1er janvier 1922 pour toutes les valeurs mobilières appartenant, avant le 1er août 1914, aux habitants des régions occupées qui sont demeurés dans ces régions pendant l'occupation ou qui, eux-mêmes évacués, ont été contraints d'y laisser leurs valeurs.

Le même délai de prorogation s'appliquera aux valeurs dépendant de successions dans lesquelles ces mêmes personnes sont intéressées.

La preuve de ces faits sera établie soit au moyen d'un acte de notoriété délivré sans frais par le juge de paix du domicile des demandeurs, soit au moyen d'un acte de notoriété après décès, ou d'un extrait d'intitulé d'inventaire dressé par un notaire.

8. Bénéficieront également de la prorogation du délai de la prescription jusqu'au 1er janvier 1922, quel que soit le domicile de l'ayant droit, les détenteurs de coupons, intérêts et dividendes de valeurs mobilières, émises par les départements, communes et toutes sociétés ou collectivités qui avaient, pendant la durée de l'occupation, leur siège ou leur principal établissement dans les régions envahies par l'ennemi.

Bénéficieront également de la même prorogation les détenteurs de coupons, intérêts ou dividendes qui, bien que non domiciliés ou non résidant en région envahie, justifieront n'avoir pu encaisser, pendant et par suite de l'occupation, le montant des coupons de leurs valeurs mobilières déposées dans des banques ou au domicile de particuliers situés sur le territoire envahi par l'ennemi.

Le demandeur devra justifier du dépôt au moyen soit d'un récépissé délivré par la banque, soit d'un acte de dépôt, soit de toute autre pièce jugée équivalente par le juge de paix du lieu de son domicile.

Nota. — La loi du 10 mars 1922 a prorogé ces délais jusqu'au 1er janvier 1923.

QUATRIÈME PARTIE

SOCIÉTÉS PAR ACTIONS

Code Civil.

LIVRE TROISIÈME

TITRE IX. — Du contrat de société.

CHAPITRE I. — *Dispositions générales.*

ART. 1832. — La société est un contrat par lequel deux ou plusieurs personnes conviennent de mettre quelque chose en commun, dans la vue de partager le bénéfice qui pourra en résulter.

1833. Toute société doit avoir un objet licite, et être contractée pour l'intérêt commun des parties. Chaque associé doit y apporter ou de l'argent, ou d'autres biens, ou son industrie.

1834. Toutes sociétés doivent être rédigées par écrit, lorsque leur objet est d'une valeur de plus de cent cinquante francs.

La preuve testimoniale n'est point admise contre et outre le contenu en l'acte de société, ni sur ce qui serait allégué avoir été dit avant, lors ou depuis cet acte, encore qu'il s'agisse d'une somme ou valeur moindre de cent cinquante francs.

CHAPITRE II. — *Des diverses espèces de sociétés.*

ART. 1835. — Les sociétés sont universelles ou particulières.

. . . .

Section II. — De la société particulière.

ART. 1841. — La société particulière est celle qui ne s'applique qu'à certaines choses déterminées, ou à leur usage, ou aux fruits à en percevoir.

1842. Le contrat par lequel plusieurs personnes s'associent, soit pour une entreprise désignée, soit pour l'exercice de quelque métier ou profession, est aussi une société particulière.

CHAPITRE III. — *Des engagements des associés entre eux
et à l'égard des tiers.*

SECTION Ire. — *Des engagements des associés entre eux.* — ART. 1843. — La société commence à l'instant même du contrat, s'il ne désigne une autre époque.

1844. S'il n'y a pas de convention sur la durée de la société, elle est censée contractée pour toute la vie des associés, sous la modification portée en l'article 1869, ou, s'il s'agit d'une affaire dont la durée soit limitée, pour tout le temps que doit durer cette affaire.

1845. Chaque associé est débiteur envers la société de tout ce qu'il a promis d'y apporter.

Lorsque cet apport consiste en un corps certain, et que la société en est évincée, l'associé en est garant envers la société, de la même manière qu'un vendeur l'est envers son acheteur.

1846. L'associé qui devait apporter une somme dans la société, et qui ne l'a point fait, devient, de plein droit et sans demande, débiteur des intérêts de cette somme, à compter du jour où elle devait être payée.

. . . .

1847. Les associés qui se sont soumis à apporter leur industrie à la société, lui doivent compte de tous les gains qu'ils ont faits par l'espèce d'industrie qui est l'objet de cette société.

. . . .

1850. Chaque associé est tenu envers la société des dommages qu'il lui a causés par sa faute, sans pouvoir compenser avec ces dommages les profits que son industrie lui aurait procurés dans d'autres affaires.

1851. Si les choses dont la jouissance seulement a été mise dans la société sont des corps certains et déterminés, qui ne se consomment point à l'usage elles sont aux risques de l'associé propriétaire.

Si ces choses se consomment, si elles se détériorent en les gardant, si elles ont été destinées à être vendues, ou si elles ont été mises dans la société sur une estimation portée par un inventaire, elles sont aux risques de la société.

Si la chose a été estimée, l'associé ne peut répéter que le montant de son estimation.

1852. Un associé a action contre la société, non seulement à raison des sommes qu'il a déboursées pour elle, mais encore à raison des obligations qu'il a contractées de bonne foi pour les affaires de la société, et des risques inséparables de sa gestion.

1853. Lorsque l'acte de société ne détermine point la part de chaque associé dans les bénéfices ou pertes, la part de chacun est en proportion de sa mise dans le fonds de la société.

A l'égard de celui qui n'a apporté que son industrie, sa part dans les bénéfices ou dans les pertes est réglée comme si sa mise eût été égale à celle de l'associé qui a le moins apporté.

1854. Si les associés sont convenus de s'en rapporter à l'un d'eux ou à un tiers pour le règlement des parts, ce règlement ne peut être attaqué s'il n'est évidemment contraire à l'équité.

Nulle réclamation n'est admise à ce sujet, s'il s'est écoulé plus de trois mois depuis que la partie qui se prétend lésée a eu connaissance du règlement, ou si ce règlement a reçu de sa part un commencement d'exécution.

1855. La convention qui donnerait à l'un des associés la totalité des bénéfices est nulle.

Il en est de même de la stipulation qui affranchirait de toute contribution aux pertes les sommes ou effets mis dans le fonds de la société par un ou plusieurs des associés.

1856. L'associé chargé de l'administration par une clause spéciale du contrat de société peut faire, nonobstant l'opposition des autres associés, tous les actes qui dépendent de son administration, pourvu que ce soit sans fraude.

Ce pouvoir ne peut être révoqué, sans cause légitime, tant que la société dure; mais s'il n'a été donné que par acte postérieur au contrat de société, il est révocable comme un simple mandat.

1857. Lorsque plusieurs associés sont chargés d'administrer, sans que leurs fonctions soient déterminées, ou sans qu'il ait été exprimé que l'un ne pourrait agir sans l'autre, ils peuvent faire chacun séparément tous les actes de cette administration.

1858. S'il a été stipulé que l'un des administrateurs ne pourra rien faire sans l'autre, un seul ne peut, sans une nouvelle convention, agir en l'absence de l'autre, lors même que celui-ci serait dans l'impossibilité actuelle de concourir aux actes d'administration.

1859. A défaut de stipulations spéciales sur le mode d'administration, l'on suit les règles suivantes :

1° Les associés sont censés s'être donné réciproquement le pouvoir d'administrer l'un pour l'autre. Ce que chacun fait est valable, même pour la part de ses associés, sans qu'il ait pris leur consentement, sauf le droit qu'ont ces derniers, ou l'un d'eux, de s'opposer à l'opération avant qu'elle soit conclue;

2° Chaque associé peut se servir des choses appartenant à la société, pourvu qu'il les emploie à leur destination fixée par l'usage, et qu'il ne s'en serve pas contre l'intérêt de la société, ou de manière à empêcher ses associés d'en user selon leur droit;

3° Chaque associé a le droit d'obliger ses associés à faire avec lui les dépenses qui sont nécessaires pour la conservation des choses de la société;

4° L'un des associés ne peut faire d'innovations sur les immeubles dépendant de la société, même quand il les soutiendrait avantageuses à cette société, si les autres associés n'y consentent.

1860. L'associé qui n'est point administrateur ne peut aliéner ni engager les choses même mobilières qui dépendent de la société.

1861. Chaque associé peut, sans le consentement de ses associés, s'associer une tierce personne relativement à la part qu'il a dans la société; il ne peut pas, sans ce consentement, l'associer à la société, lors même qu'il en aurait l'administration.

Section II. — *Des engagements des associés à l'égard des tiers.* — Art. 1862. — Dans les sociétés autres que celles de commerce, les associés ne sont pas tenus solidairement des dettes sociales, et l'un des associés ne peut obliger les autres, si ceux-ci ne lui en ont conféré le pouvoir.

1863. Les associés sont tenus envers le créancier avec lequel ils ont contracté, chacun pour une somme et parts égales, encore que la part de l'un d'eux dans la société fût moindre, si l'acte n'a pas spécialement restreint l'obligation de celui-ci sur le pied de cette dernière part.

1864. La stipulation que l'obligation est contractée pour le compte de la société ne lie que l'associé contractant et non les autres, à moins que ceux-ci ne lui aient donné pouvoir, ou que la chose n'ait tourné au profit de la société.

CHAPITRE IV. — *Des différentes manières dont finit la société.*

Art. 1865. — La société finit :

1° Par l'expiration du temps pour lequel elle a été contractée;

2° Par l'extinction de la chose ou la consommation de la négociation;

3° Par la mort naturelle de quelqu'un des associés;

4° Par la mort civile (1), l'interdiction ou la déconfiture de l'un d'eux;

5° Par la volonté qu'un seul ou plusieurs expriment de n'être plus en société.

1866. La prorogation d'une société à temps limité ne peut être prouvée que par un écrit revêtu des mêmes formes que le contrat de société.

1867. Lorsque l'un des associés a promis de mettre en commun la propriété d'une chose, la perte survenue avant que la mise en soit effectuée, opère la dissolution de la société par rapport à tous les associés.

La société est également dissoute dans tous les cas par la perte de la chose, lorsque la jouissance seule a été mise en commun, et que la propriété en est restée dans la main de l'associé.

Mais la société n'est pas rompue par la perte de la chose dont la propriété a déjà été apportée à la société.

1868. S'il a été stipulé qu'en cas de mort de l'un des associés, la société continuerait avec son héritier, ou seulement entre les associés survivants, ces dispositions seront suivies; au second cas, l'héritier du décédé n'a droit qu'au partage de la société, eu égard à la situation de cette société lors du décès, et ne participe aux droits ultérieurs qu'autant qu'ils sont une suite nécessaire de ce qui s'est fait avant la mort de l'associé auquel il succède.

1869. La dissolution de la société par la volonté de l'une des parties ne s'applique qu'aux sociétés dont la durée est illimitée, et s'opère par une renonciation notifiée à tous les associés, pourvu que cette renonciation soit de bonne foi et non faite à contre-temps.

1870. La renonciation n'est pas de bonne foi lorsque l'associé renonce pour s'approprier à lui seul le profit que les associés s'étaient proposé de retirer en commun.

Elle est faite à contre-temps, lorsque les choses ne sont plus entières, et qu'il importe à la société que sa dissolution soit différée.

1871. La dissolution des sociétés à terme ne peut être demandée par

---

(1) La mort civile a été abolie par la loi du 31 mai 1854.

l'un des associés avant le terme convenu, qu'autant qu'il y en a de justes motifs, comme lorsqu'un autre associé manque à ses engagements, ou qu'une infirmité habituelle le rend inhabile aux affaires de la société ou autres cas semblables, dont la légitimité et gravité sont laissées à l'arbitrage des juges.

1872. Les règles concernant le partage des successions, la forme de ce partage, et les obligations qui en résultent entre les cohéritiers, s'appliquent au partage entre associés.

Dispositions relatives aux sociétés de commerce. — Art. 1873. — Les dispositions du présent titre ne s'appliquent aux sociétés de commerce que dans les points qui n'ont rien de contraire aux lois et usages de commerce.

Code de Commerce.

LIVRE PREMIER

TITRE III. — Des sociétés.

Section Ire. — *Des diverses sociétés et de leurs règles.* — Art. 18. — Le contrat de société se règle par le droit civil, par les lois particulières au commerce, et par les conventions des parties.

19. La loi reconnaît trois espèces de sociétés commerciales : la société en nom collectif, la société en commandite, la société anonyme.

. . . .

23. La société en commandite se contracte entre un ou plusieurs associés responsables et solidaires, et un ou plusieurs associés simples bailleurs de fonds, que l'on nomme commanditaires ou associés en commandite.

Elle est régie sous un nom social, qui doit être nécessairement celui d'un ou plusieurs des associés responsables et solidaires.

24. Lorsqu'il y a plusieurs associés solidaires et en nom, soit que tous gèrent ensemble, soit qu'un ou plusieurs gèrent pour tous, la société est, à la fois, société en nom collectif à leur égard, et société en commandite à l'égard des simples bailleurs de fonds.

25. Le nom d'un associé commanditaire ne peut faire partie de la raison sociale.

26. L'associé commanditaire n'est passible des pertes que jusqu'à concurrence des fonds qu'il a mis ou dû mettre dans la société.

27. L'associé commanditaire ne peut faire aucun acte de gestion, même en vertu de procuration (1).

28. En cas de contravention à la prohibition mentionnée dans l'article précédent, l'associé commanditaire est obligé, solidairement avec les associés en nom collectif, pour les dettes et engagements de la société qui dérivent des actes de gestion qu'il a faits, et il peut, suivant le nombre et la gravité de ces actes, être déclaré solidairement obligé pour tous les engagements de la société ou pour quelques-uns seulement.

Les avis et conseils, les actes de contrôle et de surveillance n'engagent point l'associé commanditaire.

29. La société anonyme n'existe point sous un nom social; elle n'est désignée par le nom d'aucun des associés.

30. Elle est qualifiée par la désignation de l'objet de son entreprise.

31. (Abrogé par la loi du 24 juillet 1867, art. 47.)

32. Les administrateurs ne sont responsables que de l'exécution du mandat qu'ils ont reçu. — Ils ne contractent, à raison de leur gestion, aucune obligation personnelle ni solidaire relativement aux engagements de la société.

33. Les associés ne sont passibles que de la perte du montant de leur intérêt dans la société.

34. Le capital de la société anonyme se divise en actions et même en coupons d'action d'une valeur nominale égale.

_____

(1) Les articles 27 et 28 ont été modifiés, conformément au texte que nous reproduisons, par la loi du 6 mai 1863.

Toute société par actions peut, par délibération de l'Assemblée générale, constituée dans les conditions prévues par l'article 31 de la loi du 24 juillet 1867, créer des actions de priorité jouissant de certains avantages sur les autres actions ou, conférant des droits d'antériorité soit sur les bénéfices, soit sur l'actif social, soit sur les deux, si les statuts n'interdisent point, par une prohibition directe et expresse, la création d'actions de cette nature.

Sauf dispositions contraires des statuts, les actions de priorité et les autres actions ont, dans les assemblées, un droit de vote légal.

Dans le cas où une décision de l'Assemblée générale comporterait une modification dans les droits attachés à une catégorie d'actions, cette décision ne sera définitive qu'après avoir été ratifiée par une assemblée spéciale des actionnaires de la catégorie visée.

Cette Assemblée spéciale, pour délibérer valablement, doit réunir au moins la portion du capital que représentent les actions dont il s'agit déterminé par les paragraphes 2, 3, 4 de la loi du 24 juillet 1867.

Ces dispositions s'appliquent aux sociétés déjà constituées sous l'empire de la loi du 24 juillet 1867 (loi du 22 novembre 1913) (1).

35. L'action peut être établie sous la forme d'un titre au porteur.

Dans ce cas, la cession s'opère par la tradition du titre.

36. La propriété des actions peut être établie par une inscription sur les registres de la société. Dans ce cas, la cession s'opère par une déclaration de transfert inscrite sur les registres et signée de celui qui fait le transport ou d'un fondé de pouvoir.

37. (Abrogé par la loi du 24 juillet 1867, art. 47.)

38. Le capital des sociétés en commandite pourra être aussi divisé en actions, sans aucune autre dérogation aux règles établies pour ce genre de société.

39. Les sociétés en nom collectif ou en commandite doivent être constatées par des actes publics ou sous signatures privées, en se conformant, dans ce dernier cas, à l'article 1325 (2) du Code civil.

40. (Abrogé par la loi du 24 juillet 1867, art. 47.)

41. Aucune preuve par témoins ne peut être admise contre et outre le contenu dans les actes de société, ni sur ce qui serait allégué avoir été dit avant l'acte, lors de l'acte ou depuis, encore qu'il s'agisse d'une somme au-dessous de 150 francs.

42 et 46. (Abrogés par la loi du 24 juillet 1867, art. 64.)

. . . .

Section II. — *Des contestations entre associés, et de la manière de les décider.* — Art. 51 à 63. — (Abrogés par la loi du 17 juillet 1858, art. 1er.)

64. Toutes les actions contre les associés non liquidateurs et leurs veuves, héritiers ou ayants cause, sont prescrites cinq ans après la fin ou la dissolution de la société, si l'acte de société qui en énonce la durée, ou l'acte de dissolution, a été affiché et enregistré conformément aux articles 42, 43, 44 et 46 et si, depuis cette formalité remplie, la prescription n'a été interrompue, à leur égard, par aucune poursuite judiciaire.

Loi du 17 juillet 1856, relative à l'arbitrage forcé.

Art. 1er. — Les articles 51 à 63 du Code de commerce sont abrogés.

2. L'article 631 du même Code est modifié ainsi qu'il suit :

Les tribunaux de commerce connaîtront des contestations entre associés, pour raison d'une société de commerce...

---

(1) La partie imprimée en italiques a été ajoutée à l'article 34 en vertu des lois des 16 novembre 1903 et 9 juillet 1907.

(2) Voici cet article : 1325. Les actes sous seing privé, qui contiennent des conventions synallagmatiques, ne sont valables qu'autant qu'ils ont été faits en autant d'originaux qu'il y a de parties ayant un intérêt distinct.

Il suffit d'un original pour toutes les personnes ayant le même intérêt.

Chaque original doit contenir la mention du nombre des originaux qui en ont été faits.

Néanmoins, le défaut de mention que les originaux ont été faits doubles, triples, etc., ne peut être opposé par celui qui a exécuté de sa part la convention portée dans l'acte.

du 20 mai 1857, qui autorise les sociétés anonymes et autres associations commerciales, industrielles ou financières, légalement constituées en Belgique, à exercer leurs droits en France.

Art. 1er. — Les sociétés anonymes et les autres associations commerciales, industrielles ou financières qui sont soumises à l'autorisation du gouvernement belge, et qui l'ont obtenue, peuvent exercer tous leurs droits et ester en justice en France, en se conformant aux lois de l'Empire.

2. Un décret impérial, rendu en Conseil d'État, peut appliquer à tous autres pays le bénéfice de l'article 1er (1).

A. — Loi du 24 juillet 1867 avec les modifications apportées par les lois des 1er août 1893, 9 juillet 1902 et 16 novembre 1903 relatives aux actions d'apport, 22 novembre 1913 et 26 avril 1917 (sociétés à participation ouvrière).

B. — Loi du 26 avril 1917 relative aux sociétés à participation ouvrière.
(Les additions et modifications sont indiquées en caractères italiques.)

A. — Loi sur les Sociétés.

TITRE Ier. — DES SOCIÉTÉS EN COMMANDITE PAR ACTIONS.

Art. 1er. — Les sociétés en commandite ne peuvent diviser leur capital en actions ou coupures d'actions de moins de 25 *francs*, lorsque ce capital n'excède pas 200.000 francs, et de moins de 100 *francs*, lorsqu'il est supérieur.

Elles ne peuvent être définitivement constituées qu'après la souscription *de la totalité du capital social et le versement en espèces, par chaque actionnaire, du montant des actions ou coupures d'actions souscrites par lui, lorsqu'elles n'excèdent pas 25 francs,* et *d'un quart au moins des actions lorsqu'elles sont de 100 francs et au-dessus.*

Cette souscription et ces versements sont constatés par une déclaration du gérant dans un acte notarié.

A cette déclaration sont annexés la liste des souscripteurs, l'état des versements effectués, l'un des doubles de l'acte de société s'il est sous seing privé et une expédition s'il est notarié et s'il a été passé devant un notaire autre que celui qui a reçu la déclaration.

L'acte sous seing privé, quel que soit le nombre des associés, sera fait en double original, dont l'un sera annexé, comme il est dit au paragraphe qui précède, à la déclaration de souscription du capital et de versement du quart et l'autre restera déposé au siège social.

2. Les actions ou coupures d'actions sont négociables après le versement du quart.

3. *Les actions sont nominatives jusqu'à leur entière libération. Les actions représentant des apports devront toujours être intégralement libérées au moment de la constitution de la Société.*

Ces actions ne peuvent être détachées de la souche et ne sont négociables que deux ans après la constitution définitive de la Société.

---

(1) En conformité de cet article, chacun des pays suivants a été admis au bénéfice de l'article précité :
Egypte et Turquie (D. I. du 7 mai 1859); —
Etats sardes (D. I. du 8 septembre 1860);
Portugal et grand-duché de Luxembourg (D. I. du 27 février 1861);
Suisse (D. I. du 11 mai 1861);
Espagne (D. I. du 5 août 1864);
Grèce (D. I. du 9 novembre 1861);
Etats romains (D. I. du 5 février 1862);
Pays-Bas (D. I. du 22 juillet 1863); —
Russie (D. I. du 25 février 1865);
Prusse (D. I. du 19 décembre 1866);
Saxe-Royale (D. I. du 23 mai 1868);
Autriche (D. I. du 20 juin 1866);
Suède et Norvège (D. P. du 14 juin 1882);
Etats-Unis (D. P. du 5 août 1882)].
L'Angleterre jouit du même bénéfice aux termes du traité du 3 mai 18...

Pendant ce temps, elles devront, à la diligence des administrateurs, être frappées d'un timbre indiquant leur nature et la date de cette constitution.

En cas de fusion de Sociétés par voie d'absorption ou de création d'une Société nouvelle englobant une ou plusieurs Sociétés préexistantes, l'interdiction de détacher les actions de la souche et de les négocier ne s'applique pas aux actions d'apport attribuées à une Société par actions ayant, lors de la fusion, plus de deux ans d'existence (loi du 16 novembre 1908 complétant le paragraphe 3 de la loi du 24 juillet 1867 modifié par la loi du 1er août 1893) (1).

Les titulaires, les cessionnaires intermédiaires et les souscripteurs sont tenus solidairement du montant de l'action.

Tout souscripteur ou actionnaire qui a cédé son titre cesse, deux ans après la cession, d'être responsable des versements non encore appelés.

4. Lorsqu'un associé fait un apport qui ne consiste pas en numéraire, ou stipule à son profit des avantages particuliers, la première Assemblée générale fait apprécier la valeur de l'apport ou la cause des avantages stipulés.

La Société n'est définitivement constituée qu'après l'approbation de l'apport ou des avantages donnée par une autre Assemblée générale, après une nouvelle convocation.

La seconde Assemblée générale ne pourra statuer sur l'approbation de l'apport ou des avantages qu'après un rapport qui sera imprimé et tenu à la disposition des actionnaires cinq jours au moins avant la réunion de cette Assemblée.

Les délibérations sont prises par la majorité des actionnaires présents. Cette majorité doit comprendre le quart des actionnaires et représenter le quart du capital social en numéraire.

Les associés qui ont fait l'apport ou stipulé des avantages particuliers soumis à l'appréciation de l'Assemblée n'ont pas voix délibérative.

A défaut d'approbation, la Société reste sans effet à l'égard de toutes les parties.

L'approbation ne fait pas obstacle à l'exercice ultérieur de l'action qui peut être intentée pour cause de vol ou de fraude.

Les dispositions du présent article relatives à la vérification de l'apport qui ne consiste pas en numéraire ne sont pas applicables au cas où la Société à laquelle est fait ledit apport est formée entre ceux seulement qui en étaient propriétaires par indivis.

5. Un Conseil de surveillance, composé de trois actionnaires au moins, est établi dans chaque Société en commandite par actions.

Ce Conseil est nommé par l'Assemblée générale des actionnaires immédiatement après la constitution définitive de la Société et avant toute opération sociale.

Il est soumis à la réélection aux époques et suivant les conditions déterminées par les statuts.

Toutefois le premier Conseil n'est nommé que pour une année.

6. Ce premier Conseil doit, immédiatement après sa nomination, vérifier si toutes les dispositions contenues dans les articles qui précèdent ont été observées.

7. Est nulle et de nul effet à l'égard des intéressés toute Société en commandite par actions constituée contrairement aux prescriptions des articles 1er, 2, 3, 4 et 5 de la présente loi.

Cette nullité ne peut être opposée aux tiers par les associés.

8. Lorsque la Société est annulée, aux termes de l'article précédent, les membres du Conseil de surveillance peuvent être déclarés responsables, avec le gérant, du dommage résultant, pour la Société ou pour les tiers, de l'annulation de la Société.

La même responsabilité peut être prononcée contre ceux des associés dont les apports ou les avantages n'auraient pas été vérifiés et approuvés conformément à l'article 4 ci-dessus.

L'action en nullité de la Société ou des actes et délibérations postérieurs

---

(1) V. *supra* l'article 34 du Code de commerce autorisant la création des actions de priorité. L'article 34 a été rapporté dans le présent ouvrage conformément aux dispositions de la loi du 16 novembre 1903.

à sa constitution n'est plus recevable lorsque, avant l'introduction de la demande, la cause de nullité a cessé d'exister. L'action en responsabilité, pour les faits dont la nullité résultait, cesse également d'être recevable lorsque, avant l'introduction de la demande, la cause de nullité a cessé d'exister, et en outre que trois ans se sont écoulés depuis le jour ou la nullité était encourue.

Si, pour couvrir la nullité, une Assemblée générale devait être convoquée, l'action en nullité ne sera plus recevable à partir de la date de la convocation régulière de cette Assemblée.

Ces actions en nullité contre les actes constitutifs des Sociétés sont prescrites par dix ans.

Cette prescription ne pourra, toutefois, être opposée avant l'expiration des dix années qui suivront la promulgation de la présente loi.

9. Les membres du Conseil de surveillance n'encourent aucune responsabilité en raison des actes de la gestion et de leurs résultats.

Chaque membre du Conseil de surveillance est responsable de ses fautes personnelles, dans l'exécution de son mandat, conformément aux règles du droit commun.

10. Les membres du Conseil de surveillance vérifient les livres, la caisse, le portefeuille et les valeurs de la Société.

Ils font chaque année, à l'Assemblée générale, un rapport dans lequel ils doivent signaler les irrégularités et inexactitudes qu'ils ont reconnues dans les inventaires, et constater, s'il y a lieu, les motifs qui s'opposent aux distributions des dividendes proposés par le gérant.

Aucune répétition de dividendes ne peut être exercée contre les actionnaires, si ce n'est dans le cas où la distribution en aura été faite en l'absence de tout inventaire ou en dehors des résultats constatés par l'inventaire.

L'action en répétition, dans le cas où elle est ouverte, se prescrit par cinq ans, à partir du jour fixé pour la distribution des dividendes.

Les prescriptions commencées à l'époque de la promulgation de la présente loi, et pour lesquelles il faudrait encore, suivant les lois anciennes, plus de cinq ans, à partir de la même époque, seront accomplies par ce laps de temps.

11. Le Conseil de surveillance peut convoquer l'Assemblée générale et, conformément à son avis, provoquer la dissolution de la Société.

12. Quinze jours au moins avant la réunion de l'Assemblée générale, tout actionnaire peut prendre, par lui ou par un fondé de pouvoir, au siège social, communication du bilan, des inventaires et du rapport du Conseil de surveillance.

13. L'émission d'actions ou de coupures d'actions d'une Société constituée contrairement aux prescriptions des articles 1er, 2 et 3 de la présente loi, est punie d'une amende de 5.000 à 10.000 francs.

Sont punis de la même peine :

Le gérant qui commence les opérations sociales avant l'entrée en fonctions du Conseil de surveillance;

Ceux qui, en se présentant comme propriétaires d'actions ou de coupures d'actions qui ne leur appartiennent pas, ont créé frauduleusement une majorité factice dans une Assemblée générale, sans préjudice de tous dommages-intérêts, s'il y a lieu, envers la Société ou envers les tiers;

Ceux qui ont remis les actions pour en faire l'usage frauduleux.

Dans les cas prévus par les deux paragraphes précédents, la peine de l'emprisonnement de quinze jours à six mois peut, en outre, être prononcée.

14. La négociation d'actions dont la valeur ou la forme serait contraire aux dispositions des articles 1er, 2 et 3 de la présente loi, ou sur lesquelles le versement du quart n'aurait pas été effectué conformément à l'article 2 ci-dessus, est punie d'une amende de 5.000 à 10.000 francs.

Sont punies de la même peine toute participation à ces négociations et toute publication de la valeur desdites actions.

15. Sont punis des peines portées par l'article 405 du Code pénal, sans préjudice de l'application de cet article à tous les faits constitutifs du délit d'escroquerie :

1° Ceux qui, par simulation de souscriptions ou de versements ou par publication, faite de mauvaise foi, de souscriptions ou de versements qui n'existent pas ou de tous autres faits faux, ont obtenu ou tenté d'obtenir des souscriptions ou des versements;

2° Ceux qui, pour provoquer des souscriptions ou des versements ont, de mauvaise foi, publié les noms de personnes désignées, contrairement à la vérité, comme étant ou devant être attachées à la Société à un titre quelconque;

3° Les gérants qui, en l'absence d'inventaires ou au moyen d'inventaires frauduleux, ont opéré entre les actionnaires la répartition de dividendes fictifs.

Les membres du Conseil de surveillance ne sont pas civilement responsables des délits commis par le gérant.

16. L'article 463 du Code pénal est applicable aux faits prévus par les trois articles qui précèdent.

17. Des actionnaires représentant le vingtième au moins du capital social peuvent, dans un intérêt commun, charger à leurs frais un ou plusieurs mandataires de soutenir, tant en demandant qu'en défendant, une action contre les membres du Conseil de surveillance, et de les représenter, en ce cas, en justice, sans préjudice de l'action que chaque actionnaire peut intenter individuellement en son nom personnel.

18. Les Sociétés antérieures à la loi du 17 juillet 1856, et qui ne se seraient pas conformées à l'article 15 de cette loi, seront tenues, dans un délai de six mois, de constituer un Conseil de surveillance, conformément aux dispositions qui précèdent.

A défaut de constitution du Conseil de surveillance dans le délai ci-dessus fixé, chaque actionnaire a le droit de faire prononcer la dissolution de la société.

19. Les sociétés en commandite par actions antérieures à la présente loi, dont les statuts permettent la transformation en société anonyme autorisée par le Gouvernement, pourront se convertir en société anonyme dans les termes déterminés par le titre II de la présente loi, en se conformant aux conditions stipulées dans les statuts pour la transformation.

20. Est abrogée la loi du 17 juillet 1856.

TITRE II. — DES SOCIÉTÉS ANONYMES.

21. A l'avenir, les sociétés anonymes pourront se former sans l'autorisation du Gouvernement.

Elles pourront, quel que soit le nombre des associés, être formées par un acte sous seing privé fait en double original.

Elles seront soumises aux dispositions des articles 29, 30, 32, 33, 34 et 36 du Code de commerce et aux dispositions contenues dans le présent titre.

22. Les sociétés anonymes sont administrées par un ou plusieurs mandataires à temps, révocables, salariés ou gratuits, pris parmi les associés.

Ces mandataires peuvent choisir parmi eux un directeur, ou, si les statuts le permettent, se substituer un mandataire étranger à la société et dont ils sont responsables envers elle.

23. La société ne peut être constituée si le nombre des associés est inférieur à sept.

24. Les dispositions des articles 1er, 2, 3 et 5 de la présente loi sont applicables aux sociétés anonymes. La déclaration imposée au gérant par l'article 1er est faite par les fondateurs de la société anonyme; elle est soumise, avec les pièces à l'appui, à la première Assemblée générale, qui en vérifie la sincérité.

25. Une Assemblée générale est, dans tous les cas, convoquée, à la diligence des fondateurs, postérieurement à l'acte qui constate la souscription du capital social et le versement du quart du capital, qui consiste en numéraire. Cette Assemblée nomme les premiers administrateurs; elle nomme également, pour la première année, les commissaires institués par l'article 32 ci-après.

Ces administrateurs ne peuvent être nommés pour plus de six ans; ils sont rééligibles, sauf stipulation contraire.

Toutefois, ils peuvent être désignés par les statuts, avec stipulation formelle que leur nomination ne sera pas soumise à l'approbation de l'Assemblée générale. En ce cas, ils ne peuvent être nommés pour plus de trois ans.

Le procès-verbal de la séance constate l'acceptation des administrateurs et des commissaires présents à la réunion.

La société est constituée à partir de cette acceptation.

26. Les administrateurs doivent être propriétaires d'un nombre d'actions déterminé par les statuts.

Ces actions sont affectées en totalité à la garantie de tous les actes de la gestion, même de ceux qui seraient exclusivement personnels à l'un des administrateurs.

Elles sont nominatives, inaliénables, frappées d'un timbre indiquant l'inaliénabilité et déposées dans la caisse sociale.

27. Il est tenu, chaque année au moins, une Assemblée générale à l'époque fixée par les statuts. Les statuts déterminent le nombre d'actions qu'il est nécessaire de posséder, soit à titre de propriétaire, soit à titre de mandataire, pour être admis dans l'Assemblée et le nombre de voix appartenant à chaque actionnaire, eu égard au nombre d'actions dont il est porteur.

Tous propriétaires d'un nombre d'actions inférieur à celui déterminé pour être admis dans l'Assemblée pourront se réunir pour former le nombre nécessaire et se faire représenter par l'un d'eux. Cette disposition est applicable même aux sociétés constituées avant le 1ᵉʳ août 1893.

Néanmoins, dans les Assemblées générales appelées à vérifier les apports, à nommer les premiers administrateurs et à vérifier la sincérité de la déclaration des fondateurs de la société, prescrite par le deuxième paragraphe de l'article 24, tout actionnaire, quel que soit le nombre des actions dont il est porteur, peut prendre part aux délibérations avec le nombre de voix déterminé par les statuts, sans qu'il puisse être supérieur à dix.

28. Dans toutes les Assemblées générales, les délibérations sont prises à la majorité des voix.

Il est tenu une feuille de présence; elle contient les noms et les domiciles des actionnaires et le nombre d'actions dont chacun d'eux est porteur.

Cette feuille, certifiée par le bureau de l'Assemblée, est déposée au siège social et doit être communiquée à tout requérant.

29. Les Assemblées générales qui ont à délibérer dans des cas autres que ceux qui sont prévus par les deux articles qui suivent doivent être composées d'un nombre d'actionnaires représentant le quart au moins du capital social.

Si l'Assemblée générale ne réunit pas ce nombre, une nouvelle Assemblée est convoquée dans les formes et avec les délais prescrits par les statuts et elle délibère valablement, quelle que soit la portion du capital représentée par les actionnaires présents.

30. Les Assemblées qui ont à délibérer sur la vérification des apports, sur la nomination des premiers administrateurs, sur la sincérité de la déclaration faite par les fondateurs, aux termes du paragraphe 2 de l'article 24, doivent être composées d'un nombre d'actionnaires représentant la moitié au moins du capital social.

Le capital social, dont la moitié doit être représentée pour la vérification de l'apport, se compose seulement des apports non soumis à vérification.

Si l'Assemblée générale ne réunit pas un nombre d'actionnaires représentant la moitié du capital social, elle ne peut prendre qu'une délibération provisoire. Dans ce cas, une nouvelle Assemblée générale est convoquée. Deux avis, publiés à huit jours d'intervalle, au moins un mois à l'avance, dans l'un des journaux désignés pour recevoir les annonces légales, font connaître aux actionnaires les résolutions provisoires adoptées par la première Assemblée, et ces résolutions deviennent définitives si elles sont approuvées par la nouvelle Assemblée, composée d'un nombre d'actionnaires représentant le cinquième au moins du capital social.

31. *Sauf dispositions contraires des statuts, l'Assemblée générale délibérant comme il est dit ci-après peut modifier les statuts dans toutes leurs dispositions. Elle ne peut toutefois changer la nationalité de la société ni augmenter les engagements des actionnaires.*

Nonobstant toute clause contraire de l'acte de société, dans les Assemblées générales qui ont à délibérer sur les modifications aux statuts, tout actionnaire quel que soit le nombre des actions dont il est porteur peut prendre part aux délibérations avec un nombre de voix égal aux actions qu'il possède, sans limitation.

Les assemblées qui ont à délibérer sur les modifications touchant à l'objet ou à la forme de la société ne sont régulièrement constituées et ne délibèrent valablement qu'autant qu'elles sont composées d'un nombre d'actionnaires représentant les trois quarts au moins du capital social. Les résolutions, pour être valables, doivent réunir les deux tiers au moins des voix des actionnaires présents ou représentés.

Dans tous les cas autres que ceux prévus par le précédent paragraphe, si une première assemblée ne remplit pas les conditions ci-dessus fixées une nouvelle assemblée peut être convoquée dans les formes statutaires et par deux insertions à quinze jours d'intervalle dans le Bulletin annexe du Journal officiel et dans un journal d'annonces légales du lieu où la société est établie.

Cette convocation reproduit l'ordre du jour en indiquant la date et le résultat de la précédente assemblée. La seconde assemblée délibère valablement si elle se compose d'un nombre d'actionnaires représentant la moitié au moins du capital social. Si cette seconde assemblée ne réunit pas la moitié du capital, il peut être convoqué dans les formes ci-dessus une troisième assemblée qui délibère valablement si elle se compose d'un nombre d'actionnaires représentant le tiers du capital social.

Dans toutes ces assemblées, les résolutions pour être valables devront réunir les deux tiers des voix des actionnaires présents ou représentés.

Les dispositions du présent article, § 4, s'appliquent aux sociétés déjà constituées sous l'empire de la loi du 24 juillet 1867.

Loi du 22 novembre 1913.

ART. 32. — L'Assemblée générale annuelle désigne un ou plusieurs commissaires associés ou non, chargés de faire un rapport à l'Assemblée générale de l'année suivante sur la situation de la société, sur le bilan et sur les comptes présentés par les administrateurs.

La délibération contenant approbation du bilan et des comptes est nulle, si elle n'a été précédée du rapport des commissaires.

A défaut de nomination des commissaires par l'Assemblée générale, ou en cas d'empêchement ou de refus d'un ou de plusieurs des commissaires nommés, il est procédé à leur nomination ou à leur remplacement par ordonnance du Président du Tribunal de commerce du siège de la société, à la requête de tout intéressé, les administrateurs dûment appelés.

33. Pendant le trimestre qui précède l'époque fixée par les statuts pour la réunion de l'Assemblée générale, les commissaires ont droit, toutes les fois qu'ils le jugent convenable dans l'intérêt social, de prendre communication des livres et d'examiner les opérations de la société.

Ils peuvent toujours, en cas d'urgence, convoquer l'Assemblée générale.

34. Toute société anonyme doit dresser, chaque semestre, un état sommaire de sa situation active et passive.

Cet état est mis à la disposition des commissaires.

Il est, en outre, établi chaque année, conformément à l'article 9 du Code de commerce (1), un inventaire contenant l'indication des valeurs mobilières et immobilières et de toutes les dettes actives et passives de la société.

L'inventaire, le bilan et le compte des profits et pertes sont mis à la disposition des commissaires le quarantième jour au plus tard, avant l'assemblée générale. Ils sont présentés à cette assemblée.

35. Quinze jours au moins avant la réunion de l'Assemblée générale, tout actionnaire peut prendre au siège social communication de l'inventaire et de la liste des actionnaires, et se faire délivrer copie du bilan résumant l'inventaire et du rapport des commissaires.

36. Il est fait annuellement sur les bénéfices nets un prélèvement d'un vingtième au moins, affecté à la formation d'un fonds de réserve.

Ce prélèvement cesse d'être obligatoire lorsque le fonds de réserve a atteint le dixième du capital social.

37. En cas de perte des trois quarts du capital social, les administrateurs sont tenus de provoquer la réunion de l'Assemblée générale de tous les

---

(1) Voici cet article : « Il est tenu (tout commerçant) de faire, tous les ans, sous seing privé, un inventaire de ses effets mobiliers et immobiliers, et de ses dettes actives et passives, et de le copier, année par année, sur un registre spécial à ce destiné.

actionnaires, à l'effet de statuer sur la question de savoir s'il y a lieu de prononcer la dissolution de la société.

La résolution de l'Assemblée est, dans tous les cas, rendue publique.

A défaut par les administrateurs de réunir l'Assemblée générale, comme dans le cas où cette Assemblée n'aurait pu se constituer régulièrement, tout intéressé peut demander la dissolution devant les tribunaux.

38. La dissolution peut être prononcée sur la demande de toute partie intéressée, lorsqu'un an s'est écoulé depuis l'époque où le nombre des actionnaires est réduit à moins de sept.

39. L'article 17 est applicable aux Sociétés anonymes.

40. Il est interdit aux administrateurs de prendre ou de conserver un intérêt direct ou indirect dans une entreprise ou dans un marché fait avec la Société ou pour son compte, à moins qu'ils n'y soient autorisés par l'Assemblée générale.

Il est, chaque année, rendu à l'Assemblée générale un compte spécial de l'exécution des marchés ou entreprises par elle autorisés, aux termes du paragraphe précédent.

41. Est nulle et de nul effet à l'égard des intéressés toute société anonyme pour laquelle n'ont pas été observées les dispositions des articles 22, 23, 24 et 25 ci-dessus.

42. Lorsque la nullité de la Société ou des actes et délibérations a été prononcée aux termes de l'article précédent, les fondateurs auxquels la nullité est imputable et les administrateurs en fonctions au moment où elle a été encourue sont responsables solidairement envers les tiers *et les actionnaires du dommage résultant de cette annulation.*

La même responsabilité solidaire peut être prononcée contre ceux des associés dont les apports ou les avantages n'auraient pas été vérifiés et approuvés conformément à l'article 24.

L'action en nullité et celle en responsabilité en résultant sont soumises aux dispositions de l'article 8 ci-dessus.

43. L'étendue et les effets de la responsabilité des commissaires envers la Société sont déterminés d'après les règles générales du mandat.

44. Les administrateurs sont responsables, conformément aux règles du droit commun, individuellement ou solidairement suivant les cas, envers la Société ou envers les tiers, soit des infractions aux dispositions de la présente loi, soit des fautes qu'ils auraient commises dans leur gestion, notamment en distribuant ou en laissant distribuer sans opposition des dividendes fictifs.

45. Les dispositions des articles 13, 14, 15 et 16 de la présente loi sont applicables en matière de sociétés anonymes, sans distinction entre celles qui sont actuellement existantes et celles qui se constitueront sous l'empire de la présente loi. Les administrateurs qui, en l'absence d'inventaire ou au moyen d'inventaire frauduleux auront opéré des dividendes fictifs, seront punis de la même peine qui est prononcée dans ce cas par le n° 3 de l'article 15 contre les gérants des sociétés en commandite.

Sont également applicables en matière de sociétés anonymes les dispositions des trois derniers paragraphes de l'article 18.

46. Les sociétés anonymes actuellement existantes continueront à être soumises, pendant toute leur durée, aux dispositions qui les régissent.

Elles pourront se transformer en sociétés anonymes dans les termes de la présente loi en obtenant l'autorisation du gouvernement et en observant les formes prescrites pour la modification de leurs statuts.

47. Les sociétés à responsabilité limitée pourront se convertir en sociétés anonymes dans les termes de la présente loi, en se conformant aux conditions stipulées pour la modification de leurs statuts.

Sont abrogés les articles 31, 37 et 40 du Code de commerce et la loi du 23 mai 1863, sur les sociétés à responsabilité limitée.

TITRE III. — DISPOSITIONS PARTICULIÈRES AUX SOCIÉTÉS A CAPITAL VARIABLE.

48. Il peut être stipulé, dans les statuts de toute Société, que le capital social sera susceptible d'augmentation par des versements successifs faits

par les associés ou l'admission d'associés nouveaux, et de diminution par la reprise totale ou partielle des apports effectués.

Les sociétés dont les statuts contiendront la stipulation ci-dessus seront soumises, indépendamment des règles générales qui leur sont propres suivant leur forme spéciale, aux dispositions des articles suivants.

49. Le capital social ne pourra être porté par les statuts constitutifs de la Société au-dessus de la somme de 200.000 francs.

Il pourra être augmenté par des délibérations de l'Assemblée générale prises d'année en année; chacune des augmentations ne pourra être supérieure à 200.000 francs.

50. Les actions ou coupures d'actions seront nominatives, même après leur entière libération.

Elles ne seront négociables qu'après la constitution définitive de la Société.

La négociation ne pourra avoir lieu que par voie de transfert sur les registres de la Société, et les statuts pourront donner, soit au Conseil d'administration, soit à l'Assemblée générale, le droit de s'opposer au transfert.

51. Les statuts détermineront une somme au-dessous de laquelle le capital ne pourra être réduit par les reprises des apports autorisées par l'article 48.

Cette somme ne pourra être inférieure au dixième du capital social.

La Société ne sera définitivement constituée qu'après le versement du dixième.

52. Chaque associé pourra se retirer de la Société lorsqu'il le jugera convenable, à moins de conventions contraires et sauf l'application du paragraphe 1er de l'article précédent.

Il pourra être stipulé que l'Assemblée générale aura le droit de décider, à la majorité fixée pour la modification des statuts, que l'un ou plusieurs des associés cesseront de faire partie de la Société.

L'associé qui cessera de faire partie de la Société, soit par l'effet de sa volonté, soit par suite de décision de l'Assemblée générale, restera tenu, pendant cinq ans, envers les associés et envers les tiers, de toutes les obligations existant au moment de sa retraite.

53. La Société, quelle que soit sa forme, sera valablement représentée en justice par ses administrateurs.

54. La Société ne sera point dissoute par la mort, la retraite, l'interdiction, la faillite ou la déconfiture de l'un des associés; elle continuera de plein droit entre les autres associés.

TITRE IV. — DISPOSITIONS RELATIVES A LA PUBLICATION DES ACTES DE SOCIÉTÉS.

55. Dans le mois de la constitution de toute Société commerciale, un double de l'acte constitutif, s'il est sous seing privé, ou une expédition, s'il est notarié, est déposé aux greffes de la justice de paix et du tribunal de commerce du lieu dans lequel est établie la Société.

A l'acte constitutif des sociétés en commandite par actions et des sociétés anonymes sont annexées : 1° une expédition de l'acte notarié constatant la souscription du capital et le versement du quart; 2° une copie certifiée des délibérations prises par l'Assemblée générale dans les cas prévus par les articles 4 et 24.

En outre, lorsque la société est anonyme, on doit annexer à l'acte constitutif la liste nominative, dûment certifiée, des souscripteurs, contenant les nom, prénoms, qualité, demeure et le nombre d'actions de chacun d'eux.

56. Dans le même délai d'un mois, un extrait de l'acte constitutif et des pièces annexées est publié dans l'un des journaux désignés pour recevoir les annonces légales.

Il sera justifié de l'insertion par un exemplaire du journal certifié par l'imprimeur, légalisé par le maire et enregistré dans les trois mois de sa date.

Les formalités prescrites par l'article précédent et par le présent article seront observées, à peine de nullité, à l'égard des intéressés; mais le défaut d'aucune d'elles ne pourra être opposé aux tiers par les associés.

57. L'extrait doit contenir les noms des associés autres que les actionnaires ou commanditaires; la raison de commerce ou de dénomination

adoptée par la Société et l'indication du siège social; la désignation des associés autorisés à gérer, administrer et signer pour la Société; le montant du capital social et le montant des valeurs fournies ou à fournir par les actionnaires ou commanditaires; l'époque où la Société commence, celle où elle doit finir et la date du dépôt fait aux greffes de la justice de paix et du tribunal de commerce.

18. L'extrait doit énoncer que la Société est en nom collectif ou en commandite simple, ou en commandite par actions, ou anonyme, ou à capital variable. Si la Société est anonyme, l'extrait doit énoncer le montant du capital social en numéraire et en autres objets, la quotité à prélever sur les bénéfices pour composer le fonds de réserve. Enfin, si la société est à capital variable, l'extrait doit contenir l'indication de la somme au-dessous de laquelle le capital ne peut être réduit.

59. Si la société a plusieurs maisons de commerce situées dans divers arrondissements, le dépôt prescrit par l'article 55 et la publication prescrite par l'article 56 ont lieu dans chacun des arrondissements où existent les maisons de commerce. Dans les villes divisées en plusieurs arrondissements, le dépôt sera fait seulement au greffe de la justice de paix du principal établissement.

60. L'extrait des actes et pièces déposés est signé, pour les actes publics, par le notaire, et, pour les actes sous seing privé, par les associés en nom collectif, par les gérants des sociétés en commandite ou par les administrateurs des sociétés anonymes.

61. Sont soumis aux formalités et aux pénalités prescrites par les articles 55 et 56 : Tous actes et délibérations ayant pour objet la modification des statuts, la continuation de la société au delà du terme fixé pour sa durée, la dissolution avant ce terme et le mode de liquidation, tout changement ou retraite d'associés et tout changement à la raison sociale. Sont également soumises aux dispositions des articles 55 et 56 les délibérations prises dans les cas prévus par les articles 19, 37, 46, 47 et 49 ci-dessus.

62. Ne sont pas assujettis aux formalités de dépôt et de publication les actes constatant les augmentations ou les diminutions du capital social opérées dans les termes de l'article 48, ou les retraites d'associés, autres que les gérants ou administrateurs, qui auraient lieu conformément à l'article 52.

63. Lorsqu'il s'agit d'une société en commandite par actions ou d'une société anonyme, toute personne a le droit de prendre communication des pièces déposées aux greffes de la justice de paix et du Tribunal de commerce ou même de s'en faire délivrer à ses frais expédition ou extrait par le greffier ou par le notaire détenteur de la minute. Toute personne peut également exiger qu'il lui soit délivré au siège de la société une copie certifiée des statuts moyennant paiement d'une somme qui ne pourra excéder 1 franc. Enfin, les pièces doivent être affichées d'une manière apparente dans les bureaux de la société.

64. Dans tous les actes, factures, annonces, publications et autres documents *imprimés* ou *autographiés*, émanés des sociétés anonymes ou des sociétés en commandite par actions, la dénomination sociale doit toujours être précédée ou suivie immédiatement de ces mots, écrits lisiblement en toutes lettres : *Société anonyme*, ou *Société en commandite par actions* et de l'énonciation du montant du capital social. Si la société a usé de la faculté accordée par l'article 48, cette circonstance doit être mentionnée par l'addition de ces mots : *à capital variable*. Si la société use de la faculté d'émettre des actions de travail, cette circonstance doit être mentionnée par l'addition de ces mots : *à participation ouvrière*. Toute contravention aux dispositions qui précèdent est punie d'une amende de 50 francs à 1.000 francs.

65. Sont abrogées les dispositions des articles 42, 43, 44, 45 et 46 du Code de commerce.

TITRE V. — Des tontines et des sociétés d'assurances.

66. Les associations de la nature des tontines et des sociétés d'assurances sur la vie, mutuelles ou à primes, restent soumises à l'autorisation et à la surveillance du Gouvernement (abrogé par la loi du 17 mars 1905). Les autres sociétés d'assurances pourront se former sans autorisation. Un

règlement d'administration publique déterminera les conditions sous lesquelles elles pourront être constituées.

67. Les sociétés d'assurances désignées dans le paragraphe 2 de l'article précédent, qui existent actuellement, pourront se placer sous le régime qui sera établi par le règlement d'administration publique, sans l'autorisation du Gouvernement, en observant les formes et les conditions prescrites pour la modification de leurs statuts.

DISPOSITIONS DIVERSES

68. *Quel que soit leur objet, les sociétés en commandite ou anonymes qui seront constituées dans les formes du Code de commerce ou de la présente loi seront commerciales et soumises aux lois et usages du commerce.*

69. *Il pourra être consenti hypothèque au nom de toute société commerciale en vertu des pouvoirs de son acte de formation, même sous seing privé, ou des délibérations et autorisations constatées dans les formes réglées par ledit acte. L'acte d'hypothèque sera passé en forme authentique, conformément à l'article 2127 du Code civil.*

70. *Dans les cas ou les sociétés ont continué à payer les intérêts ou dividendes des actions, obligations ou tous autres titres remboursables par suite d'un tirage au sort, elles ne peuvent répéter ces sommes lorsque le titre est présenté au remboursement.*

71. *Dans l'article 50, § 1ᵉʳ, sont supprimés les mots : Elles ne pourront être inférieures à 50 francs...*

DISPOSITIONS TRANSITOIRES

Pour les sociétés par actions en commandite ou anonymes déjà existantes, sans distinction entre celles antérieures à la loi du 24 juillet 1867 et celles postérieures, il n'est pas dérogé à la faculté qu'elles peuvent avoir de convertir leurs actions en titres au porteur avant libération intégrale.

Quant aux actions nominatives des mêmes sociétés, les deux ans après lesquels tout souscripteur ou actionnaire qui a cédé son titre cesse d'être responsable des versements appelés ne courront, à l'égard des créanciers antérieurs à la présente loi, qu'à partir de l'entrée en vigueur de la loi, et sauf l'application de l'article 2257 du Code civil pour les créances conditionnelles ou à terme et les actions en garantie.

Les dispositions de l'article 8 et celles de l'article 42 s'appliquent aux sociétés déjà constituées sous l'empire de la loi du 24 juillet 1867.

Dans les mêmes sociétés, l'action en nullité résultant des articles 7 et 41 ne sera plus recevable si les causes de nullité ont cessé d'exister au moment de la présente loi.

En tout cas, l'action en responsabilité pour les faits dont la nullité résultait ne cessera d'être recevable que trois ans après la présente loi.

Les sociétés civiles actuellement constituées sous d'autres formes pourront, si leurs statuts ne s'y opposent pas, se transformer en sociétés en commandite ou en sociétés anonymes par décision d'une Assemblée générale spécialement convoquée et réunissant les conditions tant de l'acte social que de l'article 31 ci-dessus.

TITRE VI. — DES SOCIÉTÉS ANONYMES A PARTICIPATION OUVRIÈRE.

Loi du 26 avril 1917.

ART. 72. — Il peut être stipulé dans les statuts de toute société anonyme que la société sera « à participation ouvrière ».

Les sociétés dont les statuts ne contiendront pas cette stipulation pourront se transformer en sociétés à participation ouvrière, en procédant conformément aux paragraphes 2, 3 et 4 de l'article 31 de la loi du 24 juillet 1867, modifié par la loi du 22 novembre 1913.

Les sociétés à participation ouvrière seront soumises, indépendamment des règles générales, applicables aux sociétés anonymes, aux dispositions des articles suivants :

73. Les actions de la société se composeront :

1° D'actions ou de coupures d'actions de capital ;

2° D'actions dites « actions de travail ».

74. Les actions de travail sont la propriété collective du personnel salarié (ouvriers et employés des deux sexes) constitué en société commerciale coopérative de main-d'œuvre en conformité de l'article 68 de la loi du 24 juillet 1867, modifié par la loi du 1er août 1893. Cette société de main-d'œuvre comprendra, obligatoirement et exclusivement, tous les salariés attachés à l'entreprise depuis au moins un an et âgés de plus de vingt et un ans.

La perte de l'emploi salarié fait perdre au participant, et sans indemnité, tous ses droits dans la coopérative de main-d'œuvre sous la réserve de l'article 79 de la présente loi.

Lorsqu'une société se constituera dès son début sous le régime de la présente loi, c'est-à-dire sous la forme de société anonyme à participation ouvrière, les statuts de la société anonyme devront prévoir la mise en réserve jusqu'à l'expiration de l'année, des actions de travail attribuées à la collectivité des salariés. A l'expiration de ce délai, les actions seront remises à la coopérative de main-d'œuvre légalement constituée.

Les dividendes attribués aux ouvriers et employés faisant partie de la coopérative ouvrière sont répartis entre eux conformément aux règles fixées par les statuts de la société ouvrière et aux décisions de ses assemblées générales. Toutefois, les statuts de la société anonyme devront disposer que, préalablement à toute distribution de dividende, il sera prélevé sur les bénéfices, au profit des porteurs d'actions de capital, une somme correspondant à celle que produirait, à l'intérêt qu'ils fixeront, le capital versé.

En aucun cas, les actions de travail ne pourront être attribuées individuellement aux salariés de la société, membres de la coopérative de main-d'œuvre.

75. Les actions de travail sont nominatives, inscrites au nom de la société coopérative de main-d'œuvre, inaliénables pendant toute la durée de la société à participation ouvrière et frappées d'un timbre indiquant l'inaliénabilité et l'incessibilité de ces actions.

76. Les participants à la société coopérative de main-d'œuvre sont représentés aux assemblées générales par des mandataires élus par ces participants, chacun de ceux-ci disposant pour cette élection d'autant de voix que son salaire annuel établi sur les comptes arrêtés quinze jours avant l'assemblée générale, comprend de fois le chiffre du salaire le plus faible attribué par la société aux salariés âgés de plus de vingt et un ans. Ces élections ne sont valables que si les deux tiers des participants au moins ont assisté à la réunion où il y a été procédé.

Les mandataires élus doivent être choisis parmi les participants. Leur nombre est fixé par les statuts de la société anonyme.

Le nombre de voix dont disposent ces mandataires à chaque assemblée est au nombre des voix attribuées au capital qui y est représenté dans la même proportion que le nombre des actions de travail est à celui des actions de capital. Il est déterminé au début de chaque assemblée d'après les indications de la feuille de présence.

Les mandataires présents partagent également entre eux les voix qui leur sont ainsi attribuées, les plus âgés bénéficiant des voix restantes.

En cas d'action judiciaire, les mandataires élus à la dernière assemblée générale désignent un ou plusieurs d'entre eux pour représenter les participants. Si aucune élection n'avait encore été faite, ou si aucun des mandataires élus ne faisait plus partie de la coopérative de main-d'œuvre, il serait procédé à l'élection de mandataires spéciaux dans les formes et conditions prévues au paragraphe 1er du présent article. Toutes les décisions des assemblées générales coopératives de main-d'œuvre devront d'ailleurs être prises dans ces mêmes formes et conditions.

77. Toutefois, les assemblées générales des sociétés anonymes à participation ouvrière délibérant sur des modifications à apporter aux statuts ou sur des propositions de continuation de la société au delà du terme fixé pour sa durée ou de dissolution avant ce terme, ne sont régulièrement constituées et ne peuvent valablement délibérer qu'autant qu'elles comprendront un nombre d'actionnaires représentant les trois quarts des actions de capital. Il en pourra être décidé autrement par les statuts.

Dans le cas où une décision de l'assemblée générale comporterait une modification dans les droits attachés aux actions de travail, cette décision ne sera définitive qu'après avoir été ratifiée par une assemblée générale de la coopérative de main-d'œuvre.

78. Le Conseil d'administration de la société anonyme à participation ouvrière comprend un ou plusieurs représentants de la société coopérative de main-d'œuvre; ces représentants sont élus par l'assemblée générale des actionnaires et choisis parmi les mandataires qui représentent la coopérative à cette assemblée générale.

Le nombre en est fixé par le rapport qui existe entre les actions de travail et les actions de capital. Ils sont nommés pour le même temps que les autres administrateurs et sont comme eux rééligibles; toutefois, leur mandat prend fin s'ils cessent d'être salariés de la société, et, par suite, membres de la coopérative. Si le Conseil d'administration ne se compose que de trois membres, il devra comprendre tout au moins un représentant de la société ouvrière.

79. En cas de dissolution, l'actif social n'est réparti entre les actionnaires qu'après l'amortissement intégral des actions du capital.

La part représentative des actions de travail, conformément aux décisions prises par l'assemblée générale de la coopérative ouvrière convoquée à cet effet est alors répartie entre les participants et anciens participants comptant au moins dix ans de services consécutifs dans les établissements de la société, ou tout au moins une durée de services sans interruption égale à la moitié de la durée de la société et ayant quitté la société pour cause de maladie ou de vieillesse.

Toutefois, les anciens participants remplissant les conditions prévues à l'alinéa précédent ne figureront à la répartition que pour 9/10, 8/10, 7/10, etc., d'une part correspondant à la durée de leurs services, suivant qu'ils auront cessé leurs services depuis un an, deux ans, trois ans, etc...

La dissolution de la société anonyme amène la dissolution de la coopérative de main-d'œuvre.

80. Les sociétés qui se conformeront aux dispositions précédentes seront affranchies, en ce qui concerne leurs statuts ou actes d'augmentation de capital des droits de timbre et d'enregistrement, exclusivement applicables au montant des actions de travail.

Celles dans lesquelles le nombre des actions de travail sera égal au moins au quart des actions de capital bénéficieront, en outre, pour leurs actions de travail, des avantages accordés par l'article 21 de la loi du 30 décembre 1903, complété par l'article 25 de la loi de finances du 8 avril 1910, aux parts d'intérêts ou actions dans les sociétés de toute nature dites de coopération, formées exclusivement entre ouvriers et artisans. Ces mêmes titres seront, de plus, affranchis du droit proportionnel de timbre édicté par la loi du 5 juin 1850 et du droit de transmission établi par la loi du 23 juin 1857. Indépendamment des immunités fiscales ci-dessus prévues au paragraphe précédent, les sociétés à participation ouvrière bénéficieront des avantages accordés par les lois et décrets en vigueur aux sociétés coopératives, en ce qui concerne les adjudications et soumissions de travaux publics.

Loi du 30 janvier 1907, relative à la publicité préalable aux émissions, mises en vente et introductions (loi de finances).

. . . .

ART. 3. — L'émission, l'exposition, la mise en vente, l'introduction sur le marché en France d'actions, d'obligations ou de titres de quelque nature qu'ils soient, de sociétés françaises ou étrangères, seront, en ce qui concerne ceux de ces titres offerts au public à partir du 1er mars 1907, assujetties aux formalités ci-après :

Préalablement à toute mesure de publicité, les émetteurs, exposants, metteurs en vente et introducteurs devront faire insérer dans un *Bulletin annexe au Journal officiel*, dont la forme sera déterminée par décret, une notice contenant les énonciations suivantes :

1º La dénomination de la société ou la raison sociale;

2º L'indication de la législation (française ou étrangère) sous le régime de laquelle fonctionne la société;

3º Le siège social;

4º L'objet de l'entreprise;

5º La durée de la société;

6° Le montant du capital social, le taux de chaque catégorie d'actions et le capital non libéré;

7° Le dernier bilan certifié pour copie conforme ou la mention qu'il n'en a pas été dressé encore.

Devront être également indiqués le montant des obligations qui auraient déjà été émises par la société avec énumération des garanties qui y sont attachées et, s'il s'agit d'une nouvelle émission d'obligations, le nombre ainsi que la valeur des titres à émettre, l'intérêt à payer pour chacun d'eux, l'époque et les conditions de remboursement et les garanties sur lesquelles repose la nouvelle émission.

Il devra, en outre, être fait mention des avantages stipulés au profit des fondateurs et des administrateurs, du gérant et de toute autre personne, des apports en nature et de leur mode de rémunération, des modalités de convocation aux assemblées générales et de leur lieu de réunion.

Les émetteurs, exposants, metteurs en vente et introducteurs devront être domiciliés en France; ils seront tenus de revêtir la notice ci-dessus de leur signature et de leur adresse.

Les affiches, prospectus et circulaires devront reproduire les énonciations de la notice et contenir mention de l'insertion de ladite notice au *Bulletin annexe au Journal officiel*, avec référence au numéro dans lequel elle aura été publiée.

Les annonces dans les journaux devront reproduire les mêmes énonciations ou, tout au moins, un extrait de ces énonciations avec référence à ladite notice et indication du numéro du *Bulletin annexe au Journal officiel* dans lequel elle aura été publiée.

Toute société étrangère qui procède en France à une émission publique, à une exposition, à une mise en vente ou à une introduction d'actions, d'obligations ou de titres de quelque nature qu'ils soient, sera tenue, en outre, de publier intégralement ses statuts, en langue française, au même *Bulletin annexe au Journal officiel* et avant tout placement de titre.

Les infractions aux dispositions édictées ci-dessus seront constatées par les agents de l'enregistrement : elles seront punies d'une amende de dix mille à vingt mille francs (10,000 francs à 20,000 francs).

L'article 463 du Code pénal est applicable aux peines prévues par le présent article.

(Bulletin annexe, n° 40.)

Décret du 27 février 1907 portant création du « Bulletin annexe au Journal officiel » prévu par la loi de finances du 30 janvier 1907.

Le Président de la République française,

Sur le rapport du Président du Conseil, Ministre de l'Intérieur, et du Ministre des Finances,

Vu la loi de finances du 30 janvier 1907;

Vu le décret du 29 décembre 1896;

Vu le décret du 7 avril 1902;

Vu le décret du 10 décembre 1902;

Vu l'arrêté du 2 janvier 1889, relatif aux annonces du *Journal officiel*,

Décrète :

ART. 1er. — Les insertions prévues à l'article 3 de la loi de finances du 30 janvier 1907 seront publiées en feuilles annexes au *Journal officiel* sous le titre de *Bulletin annexe au Journal officiel de la République française*. Ces insertions obligatoires sont à la charge des sociétés financières.

2. Le tarif des insertions est fixé à deux francs (2 francs) la ligne de corps sept, la ligne ordinaire du *Journal officiel* prise comme justification.

3. Le *Bulletin annexe* paraîtra le lundi de chaque semaine. *Les insertions, établies sous la responsabilité des signalaires,* devront être transmises au plus tard le mercredi de chaque semaine à la direction du *Journal officiel.*

4. Le *Bulletin annexe* sera donné sans augmentation de prix aux abonnés à l'édition complète du *Journal officiel.*

Le prix de l'abonnement spécial au *Bulletin annexe* est fixé en France

Algérie et Tunisie à 12 francs par an (11 francs pour les libraires et commissionnaires) et à 18 francs par an dans les autres pays de l'union postale (17 francs pour les libraires et commissionnaires). Les abonnements seront invariablement d'une durée d'un an et partiront du 1er de chaque mois.

5. Le *Bulletin* sera vendu par feuille ou cahier de seize pages au maximum. Le prix de chaque feuille ou cahier est fixé à 5 centimes pour l'année courante et à 50 centimes pour les années écoulées, à partir du 1er février de l'année qui suit.

Le prix de la feuille ou cahier légalisé du *Bulletin annexe* justificatif d'insertion est fixé à 75 centimes.

6. Il sera dressé un répertoire alphabétique annuel du *Bulletin annexe*; ce répertoire figurera dans les tables annuelles du *Journal officiel*, dont le prix reste fixé à 6 francs.

7. Le Président du Conseil, Ministre de l'Intérieur, et le Ministre des Finances sont chargés, chacun en ce qui le concerne, de l'exécution du présent décret, qui sera inséré au *Journal officiel* et publié au *Bulletin des lois*.

Décret du 3 février 1912.

ART. 1er. — L'article 1er du décret du 27 février 1907 est remplacé par les dispositions suivantes :

« Les insertions prévues à l'article 3 de la loi de finances du 30 janvier 1907 seront publiées en feuilles annexes du *Journal officiel*, sous le titre de « Bulletin des annonces légales obligatoires à la charge des sociétés financières, « publié en exécution de la loi du 30 janvier 1907 et du décret du 27 février « 1907, modifié par le décret du 3 février 1912 ». Ces insertions obligatoires sont à la charge des sociétés financières.

« Les signatures apposées au bas des notices devront être légalisées. »

CINQUIÈME PARTIE

TITRES PERDUS, VOLÉS, DÉTRUITS, etc.

La revendication des titres perdus, volés, détruits est soumise à des formalités et des conditions différentes suivant qu'il s'agit de titres nominatifs ou de titres au porteur.

I. — TITRES NOMINATIFS

La délivrance des titres nominatifs par duplicata présentant peu d'inconvénients, quand un propriétaire de titres nominatifs a été dépossédé, il doit en aviser immédiatement l'établissement débiteur qui lui indique les mesures qu'il considère comme les plus pratiques pour s'éviter à lui-même toute contestation au cas où un porteur se présenterait et prétendrait être propriétaire.

Le plus souvent, l'établissement débiteur exige qu'une opposition lui soit signifiée par huissier par laquelle défense sera faite de payer capital et intérêts afférents aux titres. Puis une demande de nouveau certificat sera adressée au directeur ou au fonctionnaire compétent, appuyée de pièces justificatives de l'identité du propriétaire, établissant, en d'autres termes, que la personne dépossédée était propriétaire des titres et que c'est la même personne qui en demande un duplicata. Le titre remplacé sera frappé de déchéance.

II. — TITRES AU PORTEUR

La condition générale du propriétaire de titres au porteur est régie par les articles 2279 et 2280 du Code civil ainsi conçus :

2279. En fait de meubles, la possession vaut titre. — Néanmoins, celui qui a perdu ou auquel il a été volé une chose peut la revendiquer pendant trois ans, à compter du jour de la perte ou du vol, contre celui dans les mains duquel il la trouve; sauf à celui-ci son recours contre celui duquel il la tient.

2280. Si le possesseur actuel de la chose volée ou perdue l'a achetée dans une foire ou dans un marché, ou dans une vente publique, ou d'un marchand, vendant des choses pareilles, le propriétaire originaire ne peut se la faire rendre qu'en remboursant au possesseur le prix qu'elle lui a coûté.

Mais ces deux articles règlent la situation du porteur dépossédé *tant qu'il n'a pas fait opposition*. Pour faciliter la revendication, deux lois sont intervenues, l'une le 15 juin 1872, l'autre le 9 février 1902.

La loi du 9 février 1902 ayant modifié la loi du 15 juin 1872, nous publions ci-après la loi telle qu'elle résulte des modifications, mettant en italique les dispositions de la loi nouvelle.

Loi relative aux titres au porteur du 15 juin 1872,
modifiée par la loi du 8 février 1902.

ART. 1er. — Le propriétaire de titres au porteur, qui en est dépossédé par quelque événement que ce soit, peut se faire restituer contre cette perte dans la mesure et sous les conditions déterminées dans la présente loi.

2. *Le propriétaire dépossédé fera notifier par huissier, au Syndicat des agents de change de Paris, un acte d'opposition indiquant le nombre, la nature, la valeur nominale, le numéro et, s'il y a lieu, la série des titres, avec réquisition, sous la condition de payement du coût, de publier, dans la forme qui sera ci-après déterminée, les numéros des titres dont il a été dépossédé.*

---

(1) Voir aux annexes, 3e partie, la législation spéciale à la période de guerre.

Il devra aussi, autant que possible, énoncer :

1° L'époque et le lieu où il est devenu propriétaire, ainsi que le mode de son acquisition;

2° L'époque et le lieu où il a reçu les derniers intérêts ou dividendes;

3° Les circonstances qui ont accompagné sa dépossession.

Cet acte contiendra une élection de domicile à Paris.

Notification sera également faite par huissier, au nom du propriétaire dépossédé, à l'établissement débiteur.

L'acte contiendra les indications ci-dessus requises pour l'exploit notifié au Syndicat des agents de change et, de plus, à peine de nullité, une copie certifiée par l'huissier instrumentaire de la quittance délivrée par le Syndicat, du coût de la publication prévue par l'article 11 ci-après. Cette quittance, soumise au seul droit de timbre de dix centimes (1), s'il y échet, sera dispensée d'enregistrement. Il sera fait dans l'acte élection de domicile dans la commune du siège de l'établissement débiteur.

La notification ainsi faite emportera opposition au payement tant du capital que des intérêts ou dividendes échus ou à échoir, jusqu'à ce que mainlevée en ait été donnée par l'opposant ou ordonnée par justice, ou jusqu'à ce que déclaration ait été faite, par le Syndicat des agents de change, à l'établissement débiteur, de la radiation de l'opposition.

S'il s'agit de coupons détachés du titre, il n'y aura pas lieu à la notification au Syndicat des agents de change, ni à l'insertion au bulletin quotidien. Le porteur dépossédé ne sera tenu que de l'opposition à l'établissement débiteur.

3. Lorsqu'il se sera écoulé une année depuis l'opposition *sans qu'elle ait été formellement contredite par un tiers se prétendant propriétaire du titre frappé d'opposition,* et que, dans cet intervalle, deux termes au moins d'intérêts ou de dividendes auront été mis en distribution, l'opposant pourra se pourvoir auprès du président du Tribunal civil du lieu de son domicile *ou, s'il habite hors de France, auprès du président du Tribunal civil du siège de l'établissement débiteur,* afin d'obtenir l'autorisation de toucher les intérêts ou dividendes échus ou même le capital des titres frappés d'opposition, dans le cas où ledit capital serait ou deviendrait exigible. *Le même droit appartiendra au porteur dépossédé de titres ne donnant pas droit à des intérêts ou dividendes, ou à l'égard desquels il y a eu cessation des distributions périodiques. Mais, en ce cas, il ne pourra être exercé que lorsqu'il se sera écoulé trois ans depuis l'opposition sans qu'elle ait été contredite dans les termes indiqués ci-dessus.*

4. Si le président accorde l'autorisation, l'opposant devra, pour toucher les intérêts ou dividendes, fournir une caution solvable, dont l'engagement s'étendra au montant des annuités exigibles et, de plus, à une valeur au double de la dernière annuité échue. Après deux ans écoulés depuis l'autorisation, *sans que l'opposition ait été contredite dans les termes de l'article 3,* la caution sera de plein droit déchargée. Si l'opposant ne veut ou ne peut fournir la caution requise, il pourra, sur le vu de l'autorisation, exiger de la compagnie le dépôt à la Caisse des dépôts et consignations des intérêts ou dividendes échus et de ceux à échoir, au fur et à mesure de leur exigibilité.

Après deux ans écoulés depuis l'autorisation *sans que l'opposition ait été contredite dans les termes de l'article 3,* l'opposant pourra retirer de la Caisse des dépôts et consignations les sommes déposées, et percevoir librement les intérêts ou dividendes à échoir, au fur et à mesure de leur exigibilité.

5. Si le capital des titres frappés d'opposition est devenu exigible, l'opposant qui aura obtenu l'autorisation ci-dessus pourra en toucher le montant à charge de fournir caution. Il pourra, s'il le préfère, exiger de la compagnie que le montant dudit capital soit déposé à la Caisse des dépôts et consignations.

Lorsqu'il se sera écoulé dix ans depuis l'époque de l'exigibilité et cinq ans au moins à partir de l'autorisation *sans que l'opposition ait été contredite dans les termes de l'article 3,* la caution sera déchargée et, s'il y a eu dépôt, l'opposant pourra retirer de la Caisse des dépôts et consignations les sommes en faisant l'objet.

6. La solvabilité de la caution à fournir, en vertu des dispositions des articles précédents sera appréciée comme en matière commerciale. S'il

---

(1) Droit de quittance modifié ultérieurement.

s'élève des difficultés, il sera statué en référé par le président du Tribunal du domicile de l'établissement débiteur.

Il sera loisible à l'opposant de fournir un nantissement aux lieu et place d'une caution. Ce nantissement pourra être constitué en titres de rentes sur l'État. Il sera restitué à l'expiration des délais fixés pour la libération de la caution.

7. En cas de refus de l'autorisation dont il est parlé en l'article 3, l'opposant pourra saisir, par voie de requête, le Tribunal civil de son domicile, *ou, s'il habite hors de France, le tribunal civil du siège de l'établissement débiteur,* lequel statuera après avoir entendu le ministère public. Le jugement obtenu dudit tribunal produira les effets attachés à l'ordonnance d'autorisation.

8. Quand il s'agira de coupons au porteur détachés du titre, si l'opposition n'a pas été contredite, l'opposant pourra, après trois années à compter de l'échéance et de l'opposition, réclamer le montant desdits coupons de l'établissement débiteur, sans être tenu de se pourvoir d'autorisation.

9. Les payements faits à l'opposant, suivant les règles ci-dessus posées, libèrent l'établissement débiteur envers tout tiers porteur qui se présenterait ultérieurement. Le tiers porteur au préjudice duquel lesdits payements auraient été faits conserve seulement une action personnelle contre l'opposant qui aurait formé son opposition sans cause.

10. Si, avant que la libération de l'établissement débiteur ne soit accomplie, il se présente un tiers porteur des titres frappés d'opposition, ledit établissement doit provisoirement retenir ces titres contre un récépissé remis au tiers porteur; il doit, de plus, avertir l'opposant, par lettre chargée, de la présentation du titre en lui faisant connaître le nom et l'adresse du tiers porteur. Les effets de l'opposition restent alors suspendus jusqu'à ce que la justice ait prononcé entre l'opposant et le tiers porteur.

11. *Sur le vu de l'exploit mentionné en l'article 2 et de la réquisition y contenue, le Syndicat des agents de change de Paris sera tenu de publier les numéros des titres dont la dépossession lui est notifiée.*

Cette publication, qui aura pour effet de prévenir la négociation ou la transmission desdits titres, sera faite le surlendemain, au plus tard, par les soins et sous la responsabilité du Syndicat des agents de change de Paris, dans un bulletin quotidien, établi et publié dans les formes et sous les conditions déterminées par un règlement d'administration publique.

Le même règlement fixera le coût de la rétribution annuelle due par l'opposant pour frais de publicité. Cette rétribution annuelle sera payée d'avance à la caisse du Syndicat, faute de quoi la dénonciation de l'opposition ne sera pas reçue ou la publication ne sera pas continuée à l'expiration de l'année pour laquelle la rétribution aura été payée. *Un mois après l'échéance de la publication non renouvelée, le Syndicat fera parvenir à l'établissement débiteur la liste des titres qui n'auront pas été maintenus au Bulletin des oppositions; avis lui sera donné, en même temps, que cette notification lui tient lieu de mainlevée pour tous payements de coupons, remboursement de capital, conversions, transferts, etc., et lui donne pleine et entière décharge, à condition que les numéros signalés comme rayés du bulletin concordent bien avec ceux inscrits sur les registres de la compagnie comme frappés d'opposition.*

12. Toute négociation ou transmission postérieure au jour où le bulletin est parvenu ou aurait pu parvenir, par la voie de la poste, dans le lieu où elle a été faite, sera sans effet vis-à-vis de l'opposant, sauf le recours du tiers porteur contre son vendeur et contre l'agent de change par l'intermédiaire duquel la négociation aura eu lieu. Le tiers porteur pourra également, au cas prévu par le présent article, contester l'opposition faite irrégulièrement ou sans droit.

Sauf le cas où la mauvaise foi serait démontrée, les agents de change ne seront responsables des négociations faites par leur entremise qu'autant que les oppositions leur auront été signifiées personnellement ou qu'elles auront été publiées dans le bulletin par les soins du Syndicat.

13. Les agents de change doivent inscrire sur leurs livres les numéros des titres qu'ils achètent ou qu'ils vendent.

Ils mentionneront sur les bordereaux d'achat les numéros livrés. Un règlement d'administration publique déterminera le taux de la rémunération qui sera allouée à l'agent de change pour cette inscription des numéros.

La négociation qui rend sans effet toute publication postérieure de l'opposition sera réputée accomplie dès le moment où aura été opérée sur les livres des agents de change l'inscription des numéros des titres vendus pour compte du donneur d'ordre et livrés par lui.

Si la publication, bien que postérieure à cette inscription, survient avant la livraison ou l'attribution au donneur d'ordre, ou à l'agent de change acheteur, l'opposant pourra, sur la demande de mainlevée formulée par l'agent de change ou par tout autre ayant droit, réclamer les titres contre remboursement du prix, par application de l'article 2280 du Code civil.

14. A l'égard des négociations ou transmissions de titres antérieures à la publication de l'opposition, il n'est pas dérogé aux dispositions des articles 2279 et 2280 du Code civil.

15. Lorsqu'il se sera écoulé dix ans depuis l'autorisation obtenue par l'opposant, conformément à l'article 3, et que, pendant ce laps de temps, l'opposition aura été publiée *sans être contredite dans les termes dudit article,* l'opposant pourra exiger de l'établissement débiteur qu'il lui soit remis un titre semblable et subrogé au premier. Ce titre devra porter le même numéro que le titre originaire, avec la mention qu'il est délivré par duplicata.

Le titre délivré en duplicata conférera les mêmes droits que le titre primitif et sera négociable dans les mêmes conditions.

Dans le cas du présent article, le titre primitif sera frappé de déchéance, et le tiers qui le présentera après la remise du nouveau titre à l'opposant n'aura qu'une action personnelle contre celui-ci au cas où opposition aurait été faite sans droit.

L'opposant qui réclamera de l'établissement un duplicata paiera les frais qu'il occasionnera.

Il devra, de plus, payer à l'avance la publication faite au bulletin, à la rubrique des titres frappés de déchéance pour le nombre d'années représenté par la feuille des coupons attachée au titre, sans que cette publication puisse, en aucun cas, être limitée à une durée inférieure à dix ans.

Un règlement d'administration publique fixera le coût de la somme à payer au Syndicat pour la publication supplémentaire au delà de dix ans.

Pour les titres qui ne portent aucun coupon, l'opposant devra verser au Syndicat, à l'avance, le prix de la publication pendant dix ans à la rubrique des titres frappés de déchéance.

16. Les dispositions de la présente loi sont applicables aux titres au porteur émis par les départements, les communes et les établissements publics, mais elles ne sont pas applicables aux billets de la Banque de France, ni aux billets de même nature émis par des établissements légalement autorisés, ni, sauf en ce qui concerne les obligations émises pour les besoins des chemins de fer de l'État, aux rentes et autres titres au porteur émis par l'État, lesquels continueront à être régis par les lois, décrets et règlements en vigueur.

Toutefois, les cautionnements exigés par l'administration des finances pour la délivrance des duplicata de titres perdus, volés ou détruits, seront restitués si, dans les vingt ans qui auront suivi, il n'a été formé aucune demande de la part des tiers porteurs, soit pour les arrérages, soit pour le capital. Le Trésor sera définitivement libéré envers le porteur des titres primitifs, sauf l'action personnelle de celui-ci contre la personne qui aura obtenu le duplicata.

17. *Le porteur d'un titre frappé d'opposition peut poursuivre la mainlevée de cette opposition de la manière suivante :*

Il fera sommation à l'opposant d'avoir à introduire, dans le mois, une demande en revendication qui sera portée devant le Tribunal civil du domicile du porteur actuel du titre.

Cette sommation sera signifiée au domicile de l'opposant et, si celui-ci n'a pas de domicile connu en France, au domicile élu dans l'opposition notifiée au Syndicat des agents de change de Paris.

Elle indiquera, autant que possible, l'origine et la cause de la détention du titre, ainsi que la date à partir de laquelle le porteur est à même d'en justifier; en cas d'acquisition par achat, elle indiquera le montant du prix d'achat et contiendra aussi copie d'un certificat délivré par le Syndicat des agents de change mentionnant la date à laquelle les titres ont paru pour la première fois au bulletin, ledit certificat non soumis au droit d'enregistrement.

Si la sommation est faite à la requête d'un agent de change dans les conditions prévues au paragraphe 4 de l'article 13, elle devra contenir un extrait certifié conforme des livres de l'agent de change constatant l'inscription des titres sur les livres avant leur publication au bulletin.

Cette sommation contiendra, en outre, assignation à l'opposant à comparaître, dans un délai qui ne pourra pas être moindre d'un mois, à l'audience des référés, devant le président du tribunal du domicile du porteur, pour y entendre, dans les cas qui sont ci-après spécifiés, prononcer la mainlevée de l'opposition.

18. Si au jour de l'audience fixée par l'assignation pour la comparution en référé, l'opposant ne justifie pas avoir introduit une demande en revendication, le juge des référés devra prononcer la mainlevée immédiate.

Il en sera de même, quoique l'opposant ait introduit sa demande en revendication, si le porteur justifie, par un bordereau d'agent de change ou par d'autres actes probants et non suspects, antérieurs à l'opposition, qu'il est propriétaire des valeurs revendiquées, depuis une date antérieure à celle de la publication de l'opposition, et si l'opposant n'offre pas le remboursement du prix d'achat dans les conditions prévues par l'article 2280 du Code civil.

Le juge des référés pourra prononcer la mainlevée même en dehors de toute justification de propriété de la part du porteur, si l'opposant n'allègue à l'appui de sa demande en revendication aucun fait, ou ne produit aucune pièce de nature à rendre vraisemblable le bien fondé de sa prétention.

Dans tous les cas où la mainlevée sera prononcée, le juge des référés aura le droit de statuer sur les dépens.

Sur la signification de l'ordonnance à l'établissement débiteur et au Syndicat accompagnée d'un certificat de non-appel, délivré conformément aux dispositions de l'article 548 du Code de procédure civile, l'établissement débiteur et le Syndicat devront considérer l'opposition comme nulle et non avenue.

Ils seront quittes et déchargés sans pouvoir exiger d'autres pièces ou justifications.

19. Un décret en forme de règlement d'administration publique déterminera :

1° Les formes et les conditions de l'avis à donner en vertu du dernier paragraphe de l'article 11;

2° Les formes et les conditions dans lesquelles seront tenus les livres visés par l'article 13, et destinés à l'inscription des titres vendus et livrés par les donneurs d'ordres, ainsi que le contrôle auquel ils seront soumis.

Décret du 10 avril 1873 réglant l'exécution des articles 11 et 13 de la loi du 15 juin 1872 relative aux titres au porteur.

11. L'opposant qui voudra prévenir la négociation ou la transmission des titres dont il a été dépossédé devra notifier, par exploit d'huissier, au Syndicat des agents de change de Paris, une opposition renfermant les énonciations prescrites par l'article 2 de la présente loi; l'exploit contiendra réquisition de faire publier les numéros des titres.

Cette publication sera faite un jour franc au plus tard, par les soins et sous la responsabilité du Syndicat des agents de change de Paris, dans un bulletin établi et publié dans les formes et sous les conditions déterminées par un règlement d'administration publique. Le même règlement fixera le coût de la rétribution annuelle due par l'opposant pour frais de publicité. Cette rétribution annuelle sera payée d'avance à la caisse du Syndicat, faute de quoi la dénonciation de l'opposition ne sera pas reçue ou la publication ne sera pas continuée à l'expiration de l'année pour laquelle la rétribution a été payée.

13. Les agents de change doivent inscrire sur leurs livres les numéros des titres qu'ils achètent ou qu'ils vendent.

Ils mentionnent sur les bordereaux d'achat les numéros livrés. Un règlement d'administration publique déterminera le taux de la rémunération qui sera allouée à l'agent de change pour cette inscription des numéros.

Le Conseil d'Etat entendu, décrète :

ART. 1er. L'exploit signifié au Syndicat des agents de change de Paris, en exécution de l'article 11 de la loi du 15 juin 1872, mentionnera en toutes lettres et en chiffres les numéros des titres dont la publication sera requise.

2. Le recueil quotidien que publiera la Compagnie des agents de change de Paris, conformément au même article de loi, portera pour titre : *Bulletin officiel des oppositions sur les titres au porteur, publié par le Syndicat des agents de change de Paris.*

3. Le prix de l'insertion sera de cinquante centimes par numéro de valeur et par an.

En cas de mainlevée de l'opposition avant l'échéance de l'année, le prix payé restera acquis au Syndicat.

4. Le bulletin publiera les oppositions par catégories de valeurs.

Tous les numéros d'une même valeur seront inscrits à la suite les uns des autres par ordre augmentatif et en chiffres.

5. Il ne pourra être inséré dans le bulletin ni annonce, ni réclame, ni article quelconque.

6. Les parties intéressées ne pourront faire cesser la publication des numéros frappés d'opposition qu'en justifiant de la mainlevée de l'opposition dans l'une des trois formes suivantes :

1º Par acte notarié;

2º Par la remise de l'original de l'opposition ou de sa notification au Syndicat, avec mention de la mainlevée, ladite mention légalisée soit par un agent de change près la Bourse de Paris, soit par le président du tribunal civil, par le préfet ou le juge de paix du domicile de l'opposant;

3º Par la signification d'une décision judiciaire devenue définitive.

Néanmoins, lorsqu'il s'agira d'une mainlevée partielle, l'opposant pourra arrêter la publication partielle de son opposition par un simple acte extra-judiciaire, mais à la condition de représenter au Syndicat l'original de l'opposition à restreindre ou de sa notification, et d'inscrire sur ledit original, qui continuera de rester en ses mains, mention de la mainlevée partielle par lui consentie.

7. Le prix de l'abonnement au bulletin ne pourra pas dépasser 70 francs par an; le prix du numéro ne pourra pas dépasser 50 centimes.

Ces deux maxima sont fixés pour toute la France continentale, les droits de poste compris. Pour les colonies et l'étranger, les droits de poste seront perçus en sus.

8. Le Syndicat sera tenu de donner à tout requérant communication gratuite, sans déplacement, des numéros du bulletin dont le tirage serait épuisé.

9. L'opposant et les tiers porteurs successifs du titre frappé d'opposition ou leurs ayants cause pourront obtenir du Syndicat une copie certifiée ou un extrait des actes d'opposition ou de mainlevée les intéressant, moyennant un droit de 1 franc en sus du timbre.

10. Toute personne pourra obtenir, moyennant un droit de 50 centimes, l'indication du nom et du domicile de l'opposant, ainsi que la date de l'opposition.

11. Le taux de la rémunération allouée aux agents de change pour mentionner sur les bordereaux d'achat les numéros livrés est fixé à 5 centimes par titre.

12. Les prix et tarifs fixés par le présent règlement seront revisés, s'il y a lieu, après la première année de leur mise à exécution.

Décret du 8 mai 1902 rendu en exécution de l'article 15, § 6, de la loi du 15 juin 1872, modifié par l'article 1ᵉʳ de la loi du 8 février 1902.

15, § 6. Un règlement d'administration publique fixera le coût de la somme à payer au syndicat pour la publication supplémentaire au delà de dix ans.

Vu le décret du 10 avril 1873;

Le Conseil d'Etat entendu, décrète :

ART. 1ᵉʳ. Le coût de la publication supplémentaire, après l'expiration de la deuxième période de dix ans prévue à l'article 15, § 5, de la loi susvisée, pour les titres frappés de déchéance, est de 25 centimes par numéro de valeur et par an.

Décret du 8 mai 1902 rendu en exécution des articles 11, 13 et 19 de la loi du 15 juin 1872, modifiée par la loi du 8 février 1902.

19. Un décret en forme de règlement d'administration publique déterminera :

1º Les formes et les conditions de l'avis à donner, en vertu du dernier paragraphe de l'article 11 ;

2º Les formes et les conditions dans lesquelles seront tenus les livres visés par l'article 13 et destinés à l'inscription des titres vendus et livrés par les donneurs d'ordre, ainsi que le contrôle auquel ils seront soumis.

Vu le décret du 10 avril 1873 ;

Le Conseil d'Etat entendu, décrète :

ART. 1er. L'avis notifié par le Syndicat des agents de change de Paris à l'établissement débiteur, conformément au § 4 de l'article 11 de la loi du 15 juin 1872, modifié par celle du 8 février 1902, est extrait d'un registre à souches et contient les énonciations ci-après :

1º Date de l'exploit d'opposition et indication des noms de l'huissier et de l'opposant ;

2º Date de l'échéance de la publication non renouvelée ;

3º Date de la radiation au bulletin ;

4º Désignation, par nature et par numéro, des titres radiés.

Ces énonciations figureront également sur la souche.

L'avis mentionne que, conformément au § 4 de l'article 11 précité, la notification à l'établissement débiteur lui tient lieu de mainlevée pour tous paiements de coupons, remboursement de capital, conversions, transferts, etc. et lui donne pleine et entière décharge, à condition que les numéros signalés comme rayés du bulletin concordent bien avec ceux inscrits sur les registres de la compagnie comme frappés d'opposition.

L'avis, daté du jour de sa délivrance et signé, est envoyé par lettre recommandée.

2. Les livres tenus par les agents de change conformément aux prescriptions de l'article 13 de la loi susvisée, sont cotés et paraphés par le président du Tribunal de commerce ou par le juge qui le remplace ; ils doivent contenir dans des colonnes distinctes :

Les noms des donneurs d'ordres vendeurs ;

La nature des titres vendus et leurs numéros, qui sont inscrits les uns à la suite des autres, sans aucun blanc ni interligne ;

La date de la livraison par le vendeur et celle de la vente.

Ils sont arrêtés chaque jour, de manière à ne laisser subsister aucun blanc ni interligne, par l'agent de change ou l'un de ses fondés de pouvoir, accrédité auprès de la Chambre syndicale des agents de change et agréé spécialement par elle à cet effet.

Ces livres seront soumis au contrôle permanent de la Chambre syndicale des agents de change.

Loi du 22 février 1912.

ART. 1er. — La loi du 8 février 1902 portant modification de la loi du 15 juin 1872 sur les titres au porteur est rendue applicable et exécutoire dans les colonies françaises.

2. Tout propriétaire dépossédé qui, provisoirement, voudra prévenir dans une colonie la négociation ou la transmission des titres devra notifier par exploit d'huissier, au syndic des agents de change, ou à défaut, au syndic des notaires, ou, s'il n'y a dans la colonie ni syndic des agents de change ni syndic des notaires, au chef du service judiciaire, une opposition renfermant les énonciations que doivent contenir, aux termes de l'article 2 de la loi du 15 juin 1872, modifiée par celle du 8 février 1902, les oppositions notifiées au syndicat des agents de change de Paris.

L'exploit visé au précédent paragraphe contiendra réquisition, sous la condition de payement du coût, de publier les numéros des titres perdus ou volés et élection de domicile dans la résidence du syndic des agents de change ou des notaires, ou du chef du service judiciaire de la colonie.

La forme et les conditions de la publication ainsi que le tarif et le mode de rétribution seront déterminés par un arrêté du chef de la colonie en conseil ; les attributions du chef de la colonie seront exercées par le gouverneur général dans les possessions réunies sous un gouvernement commun.

L'opposition notifiée dans les conditions indiquées ci-dessus ne pourra produire d'effet que pendant une année. Elle ne pourra pas être renouvelée.

Toute opposition au payement, tant du capital que des intérêts ou dividendes faite à un établissement débiteur ayant son siège dans une colonie, devra contenir, à peine de nullité, une copie certifiée par l'huissier instrumentaire de la quittance délivrée, en vue de la publication des numéros des titres, soit par le Syndicat des agents de change de Paris, soit par le Syndicat des agents de change ou des notaires ou le chef du service judiciaire de la colonie.

Si l'opposition notifiée à l'établissement débiteur n'a été précédée que d'une opposition à la négociation ou à la transmission des titres faite dans la colonie par mesure provisoire, elle cessera d'être valable en même temps que cette dernière opposition. Elle ne pourra être renouvelée que sur la preuve du payement au Syndicat des agents de change de Paris, du coût de la publication prévue par l'article 2 de la loi du 15 juin 1872 modifiée par celle du 8 février 1902.

III. — RENTES FRANÇAISES

Titres nominatifs. — Le rentier doit produire une déclaration sur papier timbré faite devant le maire de sa commune en présence de deux témoins (1) et former opposition au transfert. Le Trésor délivre un nouveau certificat dans le délai de six mois.

Les principes à cet égard sont formulés dans le décret du 3 thermidor an XII ci-après :

Art. 1er. — A l'avenir il ne sera plus délivré de duplicata des extraits d'inscription aux grands-livres du 5 % consolidé et de la dette viagère.

2. Les rentiers qui auraient perdu leurs extraits d'inscription en feront la déclaration devant le maire de la commune de leur domicile.

Cette déclaration faite en présence de deux témoins, qui constateront l'individualité du déclarant, sera assujettie au droit fixe d'un franc.

3. Ladite déclaration sera rapportée au Trésor public; après en avoir fait constater la régularité, le ministre du Trésor public autorisera le directeur du grand-livre à débiter le compte de l'inscription perdue et à la porter à compte nouveau par un transfert de forme; il sera remis au réclamant un extrait original de l'inscription de ce nouveau compte.

4. Le transfert de forme, autorisé par l'article précédent, aura lieu dans le semestre qui suivra celui pendant lequel la demande d'un nouvel extrait d'inscription aura été adressée au ministre du Trésor public.

Titres mixtes. — Même marche à suivre, mais on doit, en plus, déposer un cautionnement représentant le montant des coupons attenant au titre perdu. Ce cautionnement est alors représenté par une rente nominative dont le rentier touche les arrérages; il est restitué cinq ans après l'échéance des coupons qu'il représente.

Titres au porteur. — Note de la Dette inscrite du 8 août 1873.

Les règles admises par le Trésor et confirmées par l'article 16 de la loi du 15 juin 1872 qui traite du remplacement des titres de rentes au porteur sont basées sur deux avis du Conseil d'État, l'un du 1er février 1822, l'autre du 5 février 1852.

Ces deux avis consacraient ce principe que le Trésor ne doit qu'au titre; mais ils en tempéraient la rigueur, en reconnaissant au Ministre des Finances le droit de remplacer, et conséquemment de faire payer ou rembourser dans certaines circonstances et sous sa responsabilité, les titres ou effets

---

(1) En voici la formule (sur papier timbré de 2 francs) :

Aujourd'hui, le... 19..., a comparu devant nous, maire de la commune de..., département de..., le sieur..., demeurant à..., lequel nous a déclaré avoir perdu l'extrait d'une inscription..., n°..., dont il est propriétaire, et nous a dit qu'il désirait en obtenir le remplacement dans la forme prescrite par le décret du 8 messidor an XII, s'obligeant à rapporter l'extrait adiré, s'il se retrouve. Ladite déclaration faite en présence de... *(noms, prénoms et domiciles des deux témoins)*, lesquels nous ont attesté l'individualité du requérant et ont ainsi que lui signé avec nous les jour, mois et an que dessus.

Suivent les signatures. Celle du maire sera légalisée par le préfet ou le sous-préfet, excepté à Paris.

perdus ou volés, moyennant les justifications et garanties qu'il jugera nécessaires pour mettre le Trésor à l'abri de toute répétition.

La première application de ces principes fut faite en 1850 par M. Fould, alors Ministre des Finances, sur le rapport de l'agent judiciaire du Trésor. La marche tracée par cette décision primordiale a été constamment suivie depuis lors, et elle vient d'être sanctionnée par la Commission législative chargée de l'examen de la loi sur le remplacement des titres au porteur.

Voici les conditions de remplacement des titres de rente au porteur perdus ou détruits par un accident quelconque :

Le requérant est tenu de fournir un cautionnement réalisé en une inscription nominative représentant à la fois le capital des titres à remplacer et les cinq années d'arrérages que le Trésor pourrait être tenu de payer à celui qui lui produirait les inscriptions perdues si elles venaient à être retrouvées.

L'acte de cautionnement est dressé par l'agent judiciaire du Trésor qui remet à la partie, indépendamment d'un double de l'engagement, un titre spécial, dit *bordereau d'annuel*, sur la représentation duquel sont payés, aux échéances ordinaires, les arrérages de la rente affectée au cautionnement. Le titre même de cette rente reste en dépôt dans la caisse du Trésor.

La durée du cautionnement était illimitée, parce qu'il résultait de la jurisprudence que le capital des rentes était imprescriptible ; mais l'article 16 de la loi du 15 juin 1872 dispose que « ces cautionnements seront restitués si, dans les vingt ans qui auront suivi, il n'a été formé aucune demande de la part des tiers porteurs, soit pour les arrérages, soit pour le capital et que, passé ce délai, le Trésor sera définitivement libéré envers le porteur des titres primitifs, sauf l'action personnelle de celui-ci contre la personne qui aura obtenu le remplacement ».

Lorsque le cautionnement est constitué, le requérant reçoit une inscription nouvelle dont il est libre de disposer.

Il peut arriver que l'inscription remplacée soit retrouvée ; dans ce cas, si elle est reproduite par le requérant, l'annulation en est opérée aussitôt, et le cautionnement en est restitué.

Si elle est reproduite et réclamée par un tiers, le Trésor annule la rente affectée au cautionnement qui est devenue sa propriété, et les parties sont renvoyées à se pourvoir devant qui de droit, pour la question de propriété que peut soulever entre eux le titre retrouvé.

Formalités à remplir pour obtenir le remplacement des rentes françaises au porteur adirées.

Faire une demande d'empêchement administratif à la Direction de la Dette inscrite en signalant le numéro du titre et la date du premier coupon échu ou à échoir attaché.

Après autorisation ministérielle de remplacement, produire un titre de rente d'une valeur égale au montant des coupons restés attachés et cinq années d'arrérages (arrêté ministériel du 8 juillet 1890).

Remettre au service du contentieux (agent judiciaire) du ministère des finances ce titre nominatif avec déclaration sur timbre d'affectation en cautionnement pendant vingt ans de :

1° La rente nominative à délivrer en remplacement des rentes au porteur déclarées adirées ;

2° La rente nominative destinée à garantir le payement des arrérages.

Quand le délai de vingt années est expiré sans que l'ancien titre ou les coupons aient été présentés, les certificats nominatifs sont libérés de l'affectation de cautionnement.

Les signatures doivent être légalisées par le maire ou un notaire.

Dans les départements autres que le département de la Seine, la signature du maire sera légalisée par le Préfet ou le Sous-Préfet, celle du notaire par le Président du Tribunal civil ou par le juge de paix du canton.

Si les rentes adirées sont représentées par des certificats provisoires, la demande d'empêchement administratif doit être adressée au caissier payeur central du Trésor public, dont dépend le service des émissions de la Défense nationale.

Loi du 31 juillet 1918.

Bons de la Défense nationale perdus, détruits ou volés.

ART. 1er. — Les propriétaires de bons de la Défense nationale, dont les titres auront été perdus, détruits ou volés, pourront en obtenir le remboursement dans les conditions suivantes :

2. Ils adresseront au Ministre des Finances une déclaration de perte indiquant pour chaque bon la valeur nominale, la série et le numéro, la date d'émission et le terme d'échéance.

3. Après l'expiration d'un délai de six mois à compter de l'échéance du bon, et si ce dernier n'a pas fait l'objet d'autre part d'une demande de remboursement, le montant du bon sera employé, sur la demande du déclarant, à l'achat d'une inscription nominative de rente sur l'Etat qui restera affectée à la garantie du Trésor jusqu'à la fin du délai prévu à l'article 4 ci-dessous. Le déclarant fournira l'appoint nécessaire pour que l'achat porte sur un nombre entier de francs de rente.

4. Lorsque cinq années se seront écoulées depuis l'échéance du bon ou depuis la date de la cessation des hostilités, telle qu'elle sera fixée par décret, si cette dernière date est postérieure à l'échéance du bon, l'affectation en garantie visée à l'article 3 prendra fin, pourvu qu'il n'ait été formé de la part de tiers aucune demande de remboursement. Le Trésor sera définitivement libéré et les tiers qui représenteraient ultérieurement les titres primitifs n'auraient de recours que contre la personne ayant obtenu le remplacement du titre adiré.

5. Les bons de la Défense nationale présentés aux comptables du Trésor plus de cinq années après leur échéance ne pourront être remboursés entre les mains du porteur ou dernier bénéficiaire qu'après visa de l'Administration centrale des finances.

6. Les dispositions de la présente loi sont applicables aux obligations de la Défense nationale.

En outre, jusqu'à l'époque de l'échéance normale de l'obligation perdue, détruite ou volée, le service des intérêts s'effectuera comme suit :

Après constitution, au cours moyen de la Bourse de Paris, d'un cautionnement en rente sur l'État représentant en capital la valeur des coupons adirés, il sera délivré au déclarant une obligation nominative affectée elle-même en cautionnement à la garantie du Trésor. Lors de l'échéance, la valeur de remboursement de cette obligation sera remployée dans les conditions déterminées par l'article 3.

Les deux cautionnements exigés pour la sûreté tant des intérêts que du capital prendront fin à l'expiration du délai prévu à l'article 4.

IV. — VALEURS ÉTRANGÈRES

Les formalités destinées à empêcher la négociation en France des valeurs étrangères volées ou perdues sont les mêmes que pour les valeurs mobilières françaises. Mais pour prévenir la négociation à l'étranger et pour obtenir un duplicata de son titre, un propriétaire dépossédé doit nécessairement s'adresser à l'établissement débiteur étranger (État ou établissement privé) dans le plus bref délai, et accomplir les formalités exigées par la loi du pays de l'établissement débiteur.

Ces formalités sont différentes suivant les pays, et dans beaucoup de cas le porteur dépossédé est loin d'avoir un recours aussi complet qu'en France. En outre, la délivrance de duplicata est bien souvent laissée à la décision des sociétés.

La publication des numéros dans un bulletin ou un journal ne permet pas toujours le recours contre les intermédiaires qui auraient négocié les valeurs volées ou perdues, elle risque donc d'être sans effet dans bien des cas.

Une entente internationale est donc désirable. Elle a été préconisée par M. Ch. Lyon-Caen, doyen de la Faculté de droit de l'Université de Paris, au Congrès international des valeurs mobilières tenu à Paris en 1900; par M. Alfred Neymarck aux sessions de l'Institut international de statistique; par M. Emmanuel Vidal, membre d'honneur de la Chambre syndicale des banquiers en valeurs, à la Société d'économie politique (séance du 5 janvier 1909) et au Congrès de la propriété minière (Nancy, juillet 1909).

L'utilité de cette entente internationale est reconnue par tout le monde, mais le moyen de la réaliser paraît assez compliqué en raison des points de vue différents. Certains voudraient supprimer le recours contre le porteur de bonne foi, celui-ci étant considéré comme propriétaire indiscutable. Un autre système, s'inspirant de la législation française, soutient au contraire les droits du propriétaire dépossédé.

L'Association nationale des Porteurs français de valeurs étrangères a constitué en 1909 une Commission d'études chargée de réunir tous les renseignements possibles sur les législations des divers États en matière de titres perdus ou volés et d'examiner comment ces réglementations pourraient être complétées, notamment par la création d'un bulletin international des oppositions.

La loi du 4 avril 1915 relative aux titres disparus par faits de guerre ne pouvait avoir d'effet sur la négociation à l'étranger ou sur la création d'un duplicata lorsqu'il ne s'agissait pas de valeurs françaises.

Mais certains pays ont modifié leur législation pour l'adapter à la situation spéciale résultant de la guerre; toutefois, ces dispositions restent temporaires et applicables seulement aux cas de dépossession par suite des hostilités. La question d'entente internationale reste donc à solutionner.

SIXIÈME PARTIE

LOIS ET DÉCRETS RELATIFS AUX OPÉRATIONS DE CHANGE ET A L'EXPORTATION DES CAPITAUX ET MONNAIES

Lois des 15 novembre 1915 et 12 avril 1916.

La loi du 15 novembre 1915 ratifia le décret du 3 juillet 1915 qui prohibait la sortie ainsi que la réexportation sous un régime douanier quelconque de l'or brut en masses, lingots, barres, poudre, objets détruits ainsi que des monnaies d'or, et le décret du 25 août 1915 qui prohibait la sortie des monnaies d'argent.

La loi du 12 avril 1916 ratifia le décret du 18 novembre 1915 qui prohibait la sortie ainsi que la réexportation de l'argent brut en masses, lingots, barres, poudre, objets détruits.

CHANGE. COMMISSION DES CHANGES

Arrêté du 17 juillet 1917.

Art. 1er. — Il est institué, auprès du Ministre des Finances, une commission des changes qui sera chargée d'étudier tous les moyens propres à sauvegarder la valeur d'échange de la monnaie nationale contre les devises étrangères et à parer aux conséquences financières du déficit de la balance commerciale.

La commission adressera au Ministre les propositions qu'elle aura adoptées et donnera son avis sur les questions qui lui seront soumises.

Un comité exécutif servira d'organe permanent à la commission.

2. Sont nommés membres de la commission :

MM...

3. Sont nommés membres du comité exécutif :

MM...

4. La commission aura la faculté de s'adjoindre temporairement les personnes d'une compétence spéciale qu'elle désirera consulter sur un objet déterminé.

5. M... remplira les fonctions de secrétaire de la commission.

OPÉRATIONS DE CHANGE

Loi du 1er août 1917.

Art. 1er. — Quiconque fait profession ou commerce de recueillir, acheter ou vendre, négocier, escompter, encaisser ou payer des monnaies ou devises étrangères : coupons, titres d'actions ou d'obligations négociables ou non négociables, quels que soient leur dénomination et le lieu de leur création, dont le montant ou le prix est payable à l'étranger en monnaies étrangères ou payable en France en monnaie française, ou après négociation à l'étranger, sur une disposition de l'étranger, est tenu d'en faire la déclaration au bureau de l'enregistrement de sa résidence et, s'il y a lieu, au bureau de l'enregistrement de chacune de ses succursales ou agences, soit avant toute opération, soit, s'il exerçait avant la promulgation de la présente loi, dans les quinze jours à compter de cette promulgation.

2. Les personnes désignées à l'article qui précède doivent exiger de toute personne avec laquelle elles effectuent l'une des opérations énumérées audit article, la déclaration de son identité, de sa nationalité, de son domicile et tenir un registre en papier non timbré, visé et paraphé par le président ou l'un des juges du Tribunal de commerce, sur lequel elles inscriront,

jour par jour, sans blanc ni interligne, chacune desdites opérations, sous réserve des dispositions spéciales de l'article 3.

Devront également être inscrits sur ce registre les ordres donnés de France pour la vente à l'étranger de francs ou devises en francs contre des monnaies ou devises étrangères.

3. Seront exceptées de l'inscription au registre les négociations des titres d'actions et d'obligations libellés en monnaie étrangère, lorsque ces négociations n'auront d'autre but que d'en transférer la propriété en France, sans aucune opération de change sur l'étranger.

En ce qui concerne les opérations de change portant sur l'encaissement de la valeur des titres et de la valeur des dividendes, intérêts et arrérages de ces titres, il suffira de les grouper par journée et par nature de monnaies étrangères et d'en inscrire, pour chacune de ces monnaies, le montant total au répertoire prescrit par l'article 2, sans aucune indication.

4. Le registre prescrit par l'article 2 est communiqué à toute réquisition aux agents désignés à cet effet par arrêté du Ministre des Finances.

De même, un arrêté du Ministre des Finances déterminera le modèle de ce registre et les indications à y porter, ainsi que la forme des états récapitulatifs dont la remise périodique pourra être réclamée aux personnes désignées à l'article 1er.

5. Les contraventions aux prescriptions des articles qui précèdent ainsi qu'à celles des arrêtés ministériels prévus à l'article 4, seront constatées par des procès-verbaux dressés par les agents dont la désignation est prévue audit article.

Elles seront punies d'une amende de cent à cinq mille francs (100 francs à 5.000 francs). Les dispositions de l'article 463 du Code pénal sont applicables à la présente loi.

OPÉRATIONS DE CHANGE. RÉPERTOIRE

Arrêté du 4 septembre 1917.

ART. 1er. — Le répertoire dont la tenue est prescrite aux personnes désignées dans l'article premier de la loi du 1er août 1917, par les articles 2 et 3 de la même loi, est divisé en trois parties.

2. La première partie du répertoire reçoit l'inscription des opérations ayant pour résultat de procurer à celui qui tient le répertoire : des monnaies ou devises étrangères, coupons, titres d'actions ou d'obligations, etc., visés à l'article 1er de la loi du 31 juillet 1917 et dont le montant est payable à l'étranger en monnaies étrangères.

Conformément au premier alinéa de l'article 3 de ladite loi, ne sont pas inscrites sur le registre les négociations de titres d'actions ou d'obligations libellés en monnaies étrangères lorsqu'elles n'ont pas d'autre but que d'effectuer en France un simple transfert de propriété sans aucune opération de change sur l'étranger.

Cette partie du répertoire présente dans deux catégories distinctes :

1° Les opérations conclues avec des personnes non astreintes à la tenue du répertoire;

2° Les opérations conclues avec des personnes astreintes à la tenue du répertoire.

Doit être assimilée à une des opérations visées au premier alinéa du présent article et inscrite avec les opérations de la première catégorie, toute affectation à usage de change par la personne qui tient le répertoire de titres d'actions ou d'obligations libellés en monnaies étrangères.

3. La deuxième partie du répertoire reçoit l'inscription des ventes de monnaies ou devises étrangères, coupons, titres d'actions ou d'obligations, etc., visés à l'article 1er de la loi ainsi que des ventes de titres d'actions ou d'obligations libellés en monnaies étrangères que l'acheteur déclare vouloir affecter à des opérations de change.

Les opérations conclues avec des personnes astreintes à la tenue du répertoire et celles conclues avec d'autres personnes y sont représentées en deux catégories comme dans la première partie.

4. La troisième partie du répertoire reçoit les inscriptions suivantes, quel qu'en soit le montant.

1° Tous chèques et effets (traites, mandats, billets, etc., quelle qu'en soit l'échéance) créés en France et présentés en France à l'encaissement après avoir été négociés à l'étranger;

2° Tous chèques et effets (traites, mandats, billets, etc., quelle qu'en soit l'échéance) tirés de l'étranger sur France;

3° Tous versements ou virements en francs sur ordre de l'étranger ou en faveur de l'étranger. (Arrêté du 4 avril 1918.)

5. Le répertoire est conforme pour ces trois parties aux modèles nᶜˢ 1, 2 et 3 annexés au présent arrêté. Un registre distinct peut être affecté à chacune des parties.

10. Les banques et sociétés sont autorisées à utiliser simultanément autant de registres que l'exige l'organisation de leurs services.

. . . .

13. La tenue du répertoire sera obligatoire à partir du 6 octobre 1917 au matin.

N. B. — Cet arrêté a été complété par l'instruction du 27 septembre 1917 et par les deux arrêtés du 4 avril 1918.

CAPITAUX — EXPORTATION, RÉGLEMENTATION

Loi du 3 avril 1918.

TITRE PREMIER

Exportation des capitaux.

ART. 1ᵉʳ. — Sauf autorisation écrite du Ministre des Finances, et sous réserve des dispositions de l'article 4, il est interdit à toute personne résidant en France, qu'elle agisse pour son propre compte ou pour le compte de tiers :

1° De constituer hors de France, par un moyen quelconque de crédit ou de changer à son profit ou au profit de tous tiers, un avoir en titres ou en fonds, pour dépôt ou placement, y souscrire à une émission, consentir un prêt à une personne résidant hors de France, acheter hors de France tous titres, biens ou produits quelconques, si l'opération implique, pour la personne qui l'effectue ou pour le compte de laquelle elle est effectuée, un transfert quelconque de fonds ou de titres hors de France;

2° D'expédier hors de France, en vue de leur réalisation, par l'entremise d'une personne résidant hors de France, des titres dont la contrevaleur ne ferait pas l'objet d'une remise en francs, ou donnerait lieu à un crédit en monnaies étrangères dont l'emploi ne serait pas conforme aux dispositions de la présente loi.

2. Une personne résidant en France, même après avoir reçu, s'il y a lieu, toutes autorisations utiles du Ministre des Finances ne peut, si l'opération qu'elle a en vue est d'un montant supérieur à 1.000 francs, acheter ou se procurer, directement ou indirectement, des devises en monnaies étrangères, envoyer ou transférer hors de France des monnaies, valeurs ou titres, mettre des francs à la disposition d'une personne résidant hors de France, que par l'intermédiaire d'une personne astreinte à la tenue du répertoire des opérations de change.

Avant toute exécution d'ordre de cette nature, l'intermédiaire exigera de son client une déclaration écrite indiquant l'objet pour lequel les fonds ou titres sont envoyés hors de France ou mis en France à la disposition d'une personne résidant hors de France.

Les déclarations et, s'il y a lieu, les autorisations du Ministre des Finances seront conservées par l'intermédiaire qui les tiendra à la disposition des agents dont il est question à l'article 5.

A l'appui de toute déclaration d'achat de marchandises hors de France, l'importateur devra fournir une licence d'importation et en faire mention dans ladite déclaration, ou mentionner expressément, sous sa responsabilité, dans sa déclaration écrite, qu'il s'agit de marchandises dont l'importation est libre.

Cette licence sera visée par l'intermédiaire qui apposera sur ladite pièce un timbre à date et y indiquera la nature et le montant du règlement pour lequel il est intervenu.

3. Par les mots « personne résidant en France », il faut entendre, pour l'application de la présente loi, non seulement les particuliers résidant en France, mais encore toutes sociétés françaises ou étrangères, pour ceux de leurs établissements qui fonctionnent en France.

Par ces mots « personne résidant hors de France », il faut entendre, pour l'application de la présente loi, non seulement les particuliers résidant hors de France, mais encore toutes sociétés françaises ou étrangères, pour ceux de leurs établissements qui fonctionnent hors de France.

4. La prohibition édictée par l'article 1er de la présente loi ne s'applique pas :

1° Aux fonds et aux titres que les particuliers et les sociétés résidant ou fonctionnant hors de France ont ou pourront avoir en France;

2° Aux fonds qui seraient envoyés dans les colonies françaises et les pays de protectorat pour être utilisés sur place dans l'agriculture, le commerce ou l'industrie;

3° Au règlement des produits, denrées ou marchandises destinées à être importées, dans un délai maximum de six mois, en France, dans les colonies ou les pays de protectorat, conformément aux lois et règlements en vigueur.

5. Les déclarations visées à l'article 2, ainsi que les autorisations éventuelles du Ministre des Finances, devront être communiquées, à toute réquisition, aux agents désignés à cet effet par le Ministre des Finances.

Les personnes ou sociétés qui tiennent le Répertoire des opérations de change devront, pour les opérations qu'elles ont effectuées, pour leur propre compte, fournir à ces agents, qui en feraient la demande, des déclarations analogues, ainsi que les autorisations du Ministre des Finances, s'il y a lieu.

Il ne pourra en aucun cas être fait usage, pour un motif autre que l'application de la présente loi, des déclarations et autorisations ci-dessus, ainsi que de tous autres documents dont la communication aura été demandée par ces agents au cours d'enquête concernant les opérations visées par ladite loi.

TITRE II.

Importations des titres et valeurs mobilières.

ART. 6. — L'importation en France de tous titres (actions, obligations ou bons) et en général de toutes valeurs représentant, directement ou indirectement, une part de propriété ou une créance est interdite.

La création en France d'un certificat conférant à son porteur un droit sur des biens ou des valeurs existant à l'étranger est assimilée à l'importation prohibée au paragraphe précédent.

7. Sont exceptés de la prohibition édictée par l'article précédent :

1° Les valeurs émises depuis le début des hostilités par l'Etat français;

2° Les titres échus remboursables en France et les coupons payables en France;

3° Les titres dont la personne qui en poursuit l'introduction en France était propriétaire avant la promulgation de la présente loi ou en est devenue propriétaire par succession depuis cette date;

4° Les titres achetés ou souscrits en France depuis le début des hostilités;

5° Les titres pour lesquels une autorisation générale ou spéciale aura été accordée par le Ministre des Finances.

TITRE III

Dispositions communes.

ART. 8. — Les contraventions aux prescriptions des articles qui précèdent seront constatées par des procès-verbaux dressés par les agents dont la désignation est prévue par l'article 5.

Ces agents auront le droit de demander à tous les services publics d'exercer, en vue de leur fournir tous les renseignements qui leur seront nécessaires, les droits de communication autorisés par les lois existantes.

9. Les infractions aux dispositions des articles 1er et 2, toute tentative en vue de les commettre, ainsi que les déclarations ou justifications prévues à l'article 2, qui auront été reconnues fausses ou incomplètes, seront passibles d'une amende qui ne pourra être supérieure à 25 % du montant de la somme

ou de la valeur des titres dont l'exportation aura été réalisée ou tentée, sans qu'en aucun cas l'amende puisse être inférieure à 16 francs (1).

Les infractions aux dispositions de l'article 6 et toutes tentatives en vue de les commettre seront passibles de la même amende calculée sur la base effective des titres dont l'importation aura été effectuée ou tentée.

En cas de récidive, cette amende sera doublée.

Les dispositions de l'article 463 du Code pénal sont applicables aux délits prévus par la présente loi.

11. Les dispositions de la présente loi resteront en vigueur jusqu'à l'expiration d'un délai de trois mois à compter de la promulgation du décret qui fixera la date de la cessation des hostilités.

12. Il est ouvert au ministère des Finances, sur l'exercice 1918, en addition aux crédits provisoires alloués par la loi du 31 décembre 1917 pour les dépenses du budget ordinaire des services civils, un crédit de 50.000 fr., savoir :

CHAP. 55. — Commission des changes. Personnel : 45.000 francs.

CHAP. 56. — Commission des changes. Matériel : 5.000 francs.

ART. 13. — La présente loi est applicable en Algérie.

A partir du moment où des dispositions analogues auront été rendues exécutoires dans les pays de protectorat de l'Afrique du Nord, le territoire de ces pays sera comme celui de l'Algérie, assimilé à celui de la métropole pour l'application de la présente loi.

14. Le Ministre des Finances adressera trimestriellement au Président de la République un rapport qui sera communiqué aux Commissions financières des deux Chambres, sur l'exécution de la présente loi.

CAPITAUX. — EXPORTATION, RÉGLEMENTATION

Arrêté ministériel du 4 avril 1918.

ART. 1er (2). — Le comité exécutif de la Commission des changes, instituée par arrêté du 6 juillet 1917, est désigné pour instruire les demandes de dérogations à la loi du 3 avril 1918, accepter ou rejeter ces demandes.

Le président de la Commission des changes ou, à son défaut, un membre du Comité exécutif de cette commission, est délégué pour signer, au nom du Ministre, les autorisations qui seraient accordées en exécution des articles 1er et 7 de ladite loi.

2 (2). Les demandes de dérogations, avec motifs à l'appui, devront être formulées par écrit et adressées au Ministre des Finances sous le timbre de la Commission des changes. Lorsque ces demandes auront fait l'objet d'une démarche verbale ou téléphonique auprès du secrétariat de la Commission des changes, elles devront être confirmées par lettre.

3. Sont désignés pour exercer le droit de communication prévu aux articles 5 et 8 de la loi du 3 avril 1918 et constater les contraventions conformément audit article 8 :

1° Les agents de l'Administration de l'enregistrement et de l'Administration des douanes;

2° Les agents spéciaux qui seront munis d'une lettre de service signée par le Ministre des Finances.

Note communiquée par le Ministère des Finances, insérée dans les journaux du 4 avril 1918.

Ce projet est essentiellement une mesure de défense nationale dont la durée d'application est limitée aux trois mois qui suivront le décret fixant la cessation des hostilités.

Ce qui est interdit, en principe, c'est l'exportation de capitaux ou de titres, pour les déposer ou pour les placer hors de France; c'est l'ouver-

(1) Ce minimum a été porté à 1.000 francs par la loi du 28 février 1921 (art. 13). Les poursuites ne pourront être exercées qu'à la requête du Ministre des Finances; celui-ci est autorisé à transiger et le retrait de sa plainte avant le jugement entraînera l'abandon des poursuites.

(2) Abrogé. Arrêté du 11 mars 1920. Cf. infra.

ture de crédits en faveur de l'étranger, c'est l'achat ou la souscription de titres hors de France; c'est l'acquisition hors de France de biens ou de produits qui ne sont pas destinés à être importés dans un délai de six mois.

Cette interdiction ne vise pas les envois de fonds qui ont pour but de régler des dettes civiles ou commerciales, ou de faire face à des besoins alimentaires; elle ne s'applique pas non plus aux fonds et aux titres que les étrangers ou les Français, résidant hors de France, possèdent ou pourront posséder en France, ni aux capitaux qui seraient destinés à la mise en valeur de nos colonies et pays de protectorat.

Les fonds ou titres déposés actuellement à l'étranger par des Français ne sont pas visés par la loi; leurs propriétaires pourront continuer à en disposer librement.

D'ailleurs, en dehors de ces dérogations permanentes, des dérogations spéciales pourront être accordées sur autorisation du Ministre des Finances et le seront avec un grand libéralisme toutes les fois où les intérêts privés en cause se concilieront avec l'intérêt national.

Quant aux formalités qu'entraînera l'application du projet de loi, elles sont fort simples. Il suffira aux particuliers ou commerçants ayant à transférer des fonds à l'étranger de s'adresser à une banque établie en France; celle-ci en effectuera la remise à l'étranger sur simple déclaration s'il s'agit d'une opération bénéficiant d'une autorisation générale; dans le cas où une autorisation spéciale serait nécessaire, elle transmettra la demande au ministère des Finances où une décision sera prise immédiatement.

Ces mesures ont d'ailleurs été préparées par la loi qui a institué le Répertoire du change; elles s'inspirent des dispositions analogues qui ont été adoptées successivement par la Grande-Bretagne, l'Italie et les Etats-Unis.

EXPORTATION DES CAPITAUX

Avis aux banquiers.

12 avril 1918.

La note suivante, émanant de la Commission des changes, répond à diverses questions qui ont été posées au sujet de l'interprétation de la loi du 3 avril :

« Le Comité exécutif de la Commission des changes a l'honneur de faire connaître aux banquiers qui tiennent le répertoire des opérations de change que, pour les opérations qu'ils traitent entre eux et qui comportent transmission de fonds, ils n'ont pas à se produire réciproquement les déclarations et justifications prévues par la loi du 3 avril réglementant l'exportation des capitaux.

« C'est au premier banquier tenant le répertoire des opérations de change qu'il incombe de se procurer auprès du donneur d'ordre les déclarations ou justifications qui peuvent être requises pour l'opération à effectuer. Le ou les autres banquiers, qui reçoivent ou transmettent successivement les fonds sur lesquels porte l'opération, sont suffisamment couverts par le fait que l'ordre qu'ils exécutent émane d'un banquier tenant le répertoire des opérations de change, et c'est à ce seul banquier qui a engagé l'opération sur l'intervention directe du donneur d'ordre, qu'incombe, conjointement avec celui-ci, l'obligation de se mettre en règle avec les prescriptions de la loi. »

CHANGE. RÉPERTOIRE

Instruction spéciale du 1er mai 1918

Relative aux chèques ou effets créés de France sur France et négociés à l'étranger et aux chèques et effets tirés de l'étranger sur France.

S'il s'agit d'une opération d'un montant supérieur à 1.000 francs, aucun envoi ou transfert de fonds à l'étranger, aucune mise de fonds à la disposition de l'étranger, ne peuvent, en vertu de l'article 2 de la loi du 3 avril 1918, être effectués par une personne résidant en France que par l'intermédiaire d'une banque qui tient le répertoire des opérations de change.

Il en résulte qu'aucun chèque créé de France sur France ne peut être envoyé à l'étranger que si ledit chèque est tiré sur une banque qui tient le répertoire des opérations de change, et seulement après que la personne tireur ou endosseur, qui négocie ce chèque à l'étranger, aura justifié auprès de la banque le but de ce transfert de fonds à l'étranger.

Mêmes dispositions en ce qui concerne les effets créés de France sur France.

Une personne ou société résidant ou fonctionnant en France ne peut autoriser une personne ou société résidant ou fonctionnant hors de France, à disposer sur elle par chèque ou effet, que si le paiement dudit chèque est domicilié auprès d'une banque qui tient le répertoire des opérations de change, et à laquelle, avant la domiciliation, toutes justifications utiles devront avoir été fournies. En ce qui concerne les achats à l'étranger de marchandises exportées dans d'autres pays étrangers, une autorisation spéciale du Ministre des Finances est nécessaire. Quant aux achats à l'étranger de marchandises exportées ou à exporter dans les six mois dans les colonies françaises ou pays de protectorat, il suffit d'exiger une déclaration écrite certifiant le but du transfert de fonds, avec communication des factures pour visa et estampillage et, s'il y a lieu, l'autorisation d'importation.

Par suite, tout chèque négocié à l'étranger, tiré sur une banque, de même que tout chèque ou effet tiré de l'étranger sur des sociétés ou des particuliers, mais domicilié auprès d'une banque, doit être considéré comme régulier par la banque chargée de l'encaisser.

Une banque chargée de l'encaissement de chèques ou d'effet créés en France sur France, non tirés sur une banque et qui ont été négociés à l'étranger, doit en encaisser le montant et en créditer le donneur d'ordre. Elle n'a aucune justification à demander au tiré, mais, pour se couvrir, signalera sur le répertoire des opérations de change, que le chèque ou effet — qui sera inscrit séparément de toute autre opération de la journée — a été irrégulièrement créé (indication du nom et de l'adresse du tiré, du nom et de l'adresse de l'endosseur en faveur de l'étranger).

Il en sera de même en ce qui concerne les chèques ou effets tirés de l'étranger, sur des sociétés ou des particuliers fonctionnant ou résidant en France, et non domiciliés dans une banque.

En raison des mêmes principes, une banque sur laquelle un chèque, négocié à l'étranger, a été tiré sans justification préalable, doit le payer si elle a provision, mais le signalera comme il est dit ci-dessus, sur le répertoire des opérations de change. Elle agira de même pour des chèques ou effets domiciliés à ses caisses pour le compte de tiers, qui ne lui auraient pas fourni au préalable toutes justifications utiles.

Il convient d'ajouter que les effets, billets, traites et chèques, créés avant le 4 avril 1918, ne sont pas visés par la loi réglementant l'exportation des capitaux.

D'autre part, lorsqu'une banque reçoit de l'étranger des documents à délivrer contre paiement d'un effet libellé en monnaie étrangère, elle n'a aucune justification à demander au tiré si le règlement a lieu en chèque ou effet payable en la monnaie étrangère. C'est à la banque qui délivre le chèque ou l'effet qui sera remis en paiement, à exiger, lors de la cession du chèque ou de l'effet, toutes justifications utiles. Si la banque qui a reçu les documents encaisse la contrevaleur en francs au cours du jour, elle doit exiger la déclaration prescrite par la loi.

EXPORTATION DES CAPITAUX

Instruction du 15 juin 1918.

BUT ET MÉCANISME DE LA LOI

La loi du 3 avril 1918, en soumettant à une réglementation l'exportation des capitaux, fonds ou titres, et, par voie de conséquence, l'importation des titres et valeurs mobilières, a eu pour objet d'empêcher l'émigration des capitaux motivée, soit par une spéculation sur le change, soit par des dépôts, des placements à l'étranger, soit par des achats de marchandises en vue de constituer des stocks.

Le mécanisme de la loi est basé :

1° Sur la tenue du répertoire des opérations de change institué par la loi du 1er août 1917 et réglementé par les arrêtés ministériels des 4 septembre 1917 et 4 avril 1918;

2° Sur l'obligation pour les particuliers, quand il s'agit d'opérations dont le règlement exige un transfert de fonds supérieur à 1.000 francs, de recourir aux banques tenant le répertoire des opérations de change et de fournir à ces banques une déclaration écrite précisant l'objet pour lequel les fonds ou titres sont envoyés à l'étranger.

Afin d'éviter toute interprétation erronée de la loi du 3 avril 1918, le Comité exécutif de la Commission des changes chargé, par arrêté ministériel en date du 4 avril 1918, de l'application de ladite loi, croit devoir préciser les points suivants :

Titre I.

EXPORTATION DE CAPITAUX ET DE TITRES

A. *Principes généraux.*

D'après l'article 2 de la loi, toute personne résidant en France ne peut acheter des monnaies ou devises étrangères ou transférer hors de France des fonds, valeurs ou titres, pour un montant supérieur à 1.000 francs, sans recourir à l'intermédiaire d'un banquier qui tient le répertoire des opérations de change.

Est assimilée à un achat de devises étrangères, la mise à la disposition d'une personne résidant hors de France de sommes en francs, sous quelque forme que ce soit.

Le banquier doit, dans tous les cas, sauf s'il s'agit d'une opération isolée d'un montant maximum de 1.000 francs, exiger de son client une déclaration écrite précisant l'objet de l'opération et, dans certains cas seulement, des justifications à l'appui de cette déclaration.

En outre, si l'opération est soumise à autorisation, le banquier ne peut y prêter son concours qu'après l'obtention de cette autorisation (spéciale ou générale) du Ministre des Finances (Commission des changes).

B. *Exceptions générales.*

La nouvelle réglementation ne s'applique pas aux envois hors de France de fonds ou titres, quel qu'en soit le montant, que les particuliers ou sociétés résidant ou fonctionnant hors de France ont ou pourront avoir en France (art. 4, § 1er).

Ces opérations continuent à pouvoir être faites librement comme auparavant.

Cependant, si les détenteurs de fonds ou titres appartenant à des particuliers ou sociétés résidant ou fonctionnant hors de France ne tiennent pas le répertoire des opérations de change, ils devront, pour effectuer des transferts, s'adresser, conformément à la loi, à une banque ou à un banquier assujetti et fournir la déclaration prévue au n° 3, lettre B, du chapitre ci-après relatif aux « transferts de fonds ou de titres pouvant être effectués sur simple déclaration écrite précisant l'objet de l'envoi ».

En ce qui concerne les colonies et possessions françaises, le régime est le suivant :

a) L'Algérie est assimilée entièrement à la métropole;

b) Pour les autres colonies ou pays de protectorat :

1° Le règlement des produits, denrées ou marchandises destinés à y être importés est soumis aux conditions stipulées pour les importations dans la métropole et précisées ci-après;

2° Les fonds destinés à être utilisés sur place dans l'agriculture peuvent y être transférés sur simple déclaration, comme il est indiqué plus loin.

Toutefois, les pays de protectorat de l'Afrique du Nord seront entièrement assimilés à la Métropole à partir du moment où les dispositions de la loi du 3 avril 1918 auront été étendues à ces pays (1).

La résidence « en France » ou « hors de France » dans le sens de la loi doit s'entendre d'une résidence habituelle, prolongée, et non d'une résidence accidentelle ou provisoire.

---

(1) *a)* L'assimilation de la Tunisie à la Métropole résulte de la promulgation au *Journal officiel tunisien* du 27 avril 1918, du décret beylical du 24 avril.

b) La ville de Tanger conservera en tout cas son caractère international et devra, en conséquence, être considérée pour l'application de la loi comme territoire étranger.

C'est là une question de fait.

Dans les cas douteux, les banques pourront demander toutes justifications utiles à leurs clients ou provoquer une autorisation spéciale de la Commission des changes.

Mais d'ores et déjà, peuvent être considérés comme « résidant hors de France » pour l'application de la loi :

1º Les représentants en France des Gouvernements étrangers (chefs de mission diplomatique, conseillers ou secrétaires d'ambassade, consuls de carrière ou leurs représentants dûment accrédités) à condition qu'ils agissent ès qualités ;

2º Les officiers et soldats des armées alliées, mobilisés en France, à condition qu'ils agissent exclusivement pour leur compte personnel.

C. *Division des cas d'application.*

Tous les autres envois ou transferts de fonds ou de titres effectués par une personne résidant en France et visés par la loi du 3 avril 1918 peuvent rentrer dans une des trois catégories ci-après :

1º Ceux qui sont soumis à une autorisation préalable de la Commission des changes, indépendamment de la déclaration écrite du client précisant l'objet pour lequel les fonds sont envoyés ;

2º Ceux qui peuvent être faits sans autorisation, sur la simple production de la déclaration écrite précitée et de certaines justifications prévues par la loi ;

3º Ceux pour lesquels la déclaration écrite indiquant le but de l'envoi est suffisante, sans autres justifications immédiates.

I. *Transferts de fonds ou de titres soumis à autorisation préalable* (*Art.* 1er, nº 1).

Rentrent dans cette catégorie, tous transferts ou remises, directs ou indirects de fonds ou de titres à l'étranger :

a) Pour dépôt ou placement (dépôt libre ou en garantie d'avances, cautionnement, commandite, primes d'assurances sur la vie ou en cas de décès souscrites depuis la loi du 3 avril 1918, etc.) ;

b) Pour souscription à une émission (actions, bons, obligations, etc., émis à l'étranger) ;

c) A titre de prêt, pour quelque cause que ce soit (ouverture de crédits, avances, à l'exception des facilités de caisse dites de courrier, etc.) ;

d) Pour acquisition de tous titres, biens et produits quelconques, autres que des produits, denrées ou marchandises, soit importés, soit destinés à être importés dans un délai maximum de six mois, en France, dans les colonies ou les pays de protectorat, conformément aux lois et règlements en vigueur ;

e) L'interdiction d'exportation, sauf autorisation, frappe également les titres et coupons dont la contrevaleur doit rester à l'étranger et servir à des opérations visées par l'article 1er (nº 1) de la loi du 3 avril.

Il s'ensuit qu'une autorisation est indispensable pour les envois de fonds ou de titres à l'étranger correspondant à des acquisitions à l'étranger :

1º De tous titres, créances, fonds publics, actions, obligations, bons, etc. (En cas de remploi de titres amortis, l'autorisation n'est nécessaire que dans le cas où il y a un transfert de fonds supplémentaire) ;

2º De biens de toute nature, y compris les navires ;

3º De produits, denrées ou marchandises quelconques destinés à être :

Soit importés en France, dans les colonies ou pays de protectorat, dans un délai supérieur à six mois, soit stockés à l'étranger ;

Soit exportés d'un pays étranger dans un autre pays étranger, avec ou sans transit par la France.

(Règlement du prix des marchandises par les commissionnaires exportateurs, règlement de différences sur les marchés étrangers, même s'il s'agit d'engagements pris en couverture d'opérations de livraison réelle, etc.)

FORME DE L'AUTORISATION.

L'autorisation donnée par la Commission des changes peut être spéciale ou générale : spéciale, si elle concerne un transfert déterminé ; générale, si elle s'applique soit à des transferts ou envois successifs de même nature, soit à des besoins en devises sur différents pays pour un laps de temps déterminé.

L'autorisation spéciale sera conservée par la banque.

Au contraire, l'autorisation générale, devant servir à des opérations multiples pouvant être faites dans plusieurs banques, sera conservée par le bénéficiaire.

Dans ce cas, les banques se borneront, d'une part, à exiger des intéressés qu'ils mentionnent sur leur déclaration écrite la date, le numéro de l'autorisation et le solde encore disponible, pour chaque devise étrangère, sur le montant accordé, et, d'autre part, à inscrire elles-mêmes sur l'autorisation générale qu'elles rendront à leurs clients, après l'avoir visée et estampillée, la date et le montant de l'opération faite par leur intermédiaire.

Une fois l'autorisation générale épuisée, les bénéficiaires la renverront à la Commission à l'appui de toute nouvelle demande d'autorisation.

II. — Transferts de fonds ou de titres pouvant être effectués sans autorisation préalable, mais sur la production de la déclaration écrite précisant l'objet de l'envoi et de certaines justifications légales.

Il s'agit des transferts de fonds destinés à régler le prix des produits, denrées ou marchandises, déjà importés dans un délai maximum de six mois en France, dans les colonies ou pays de protectorat, conformément aux lois et règlements en vigueur :

1° Dans le cas de marchandises dont l'importation est réglementée, l'importateur doit le mentionner expressément, sous sa responsabilité, sur la déclaration d'achat qu'il remet à la banque et que celle-ci doit conserver;

2° Dans le cas de marchandises dont l'importation est réglementée, l'importateur devait, avant le 17 juin 1918, présenter, à l'appui de sa déclaration d'achat, une licence d'importation et faire mention de cette licence dans sa déclaration.

Ladite licence était visée par la banque qui y apposait un timbre à date et y indiquait la nature et le montant du règlement fait par son intermédiaire.

Elle était rendue ensuite à l'intéressé.

A partir du 17 juin 1918, tous les comités ou commissions intéressés délivreront aux importateurs, en même temps que les originaux des autorisations d'importation destinés aux services de la douane, une copie spéciale (sur papier rose) qui servira exclusivement pour l'application de la loi du 3 avril 1918 et que les importateurs garderont.

Ce n'est que sur présentation aux banques de cette copie spéciale et non plus de l'original que les importateurs pourront obtenir de celles-ci, à partir du 20 juin, les moyens de change ou de crédit nécessaires au règlement des marchandises pour lesquelles une autorisation d'importation aura été accordée.

En ce qui concerne les autorisations d'importation délivrées antérieurement au 17 juin 1918, les copies délivrées mentionneront les montants indiqués sur l'original, pour lesquels des transferts de fonds à l'étranger auraient déjà été effectués.

Il est recommandé aux banques de s'assurer de la réalité de l'achat pour lequel une autorisation d'importation est représentée et en vue duquel les transferts de fonds sont demandés (par exemple : production de factures d'achat, demandes de versement, de provision ou d'acompte, etc.).

Les banques veilleront à ce que la déclaration de leurs clients :

a) Indique le numéro de l'autorisation d'importation dont l'origina ou la copie a été communiqué, ainsi que l'autorité qui a délivré cette autorisation;

b) Mentionne expressément que les marchandises ont été importées ou doivent être importées dans un délai maximum de six mois. Cette indication est indispensable pour que le règlement puisse être effectué sans autorisation préalable;

c) Précise s'il s'agit d'acomptes ou de versements pour solde.

Dans le cas de production de justifications, mention en sera faite dans la déclaration.

III. — *Transferts de fonds ou de titres*
pouvant être effectués sur simple déclaration écrite
précisant l'objet de l'envoi.

Il s'agit des transferts qui ne rentrent pas dans les cas expressément prévus aux numéros 1 et 2 de la présente instruction.

Le transfert de fonds ou de titres sur simple déclaration écrite précisant l'objet de l'envoi est donc le droit commun en la matière.

Mais il est de toute nécessité que la déclaration écrite de l'intéressé soit aussi complète et détaillée que possible de manière à engager la responsabilité du déclarant en cas d'inexactitude, et à permettre aux banques et aux agents de contrôle de s'assurer que l'opération n'est pas soumise à autorisation ou à production de plus amples justifications.

Cette déclaration devra préciser notamment : les noms et adresses de l'expéditeur et du destinataire, le montant, la nature, l'objet et le but de l'envoi et, le cas échéant, la date et la nature du titre de la dette à régler à l'étranger. Elle mentionnera également toutes les pièces ou documents que les banques exigeraient des intéressés à titre de justifications complémentaires à l'appui de leur affirmation.

Les banques peuvent donc transférer, sur simple déclaration précisant l'objet de l'envoi :

a) Dans les colonies et les pays de protectorat, les fonds destinés à être utilisés sur place dans l'agriculture, le commerce et l'industrie;

b) A l'étranger :

1° Les fonds ou titres destinés à régler tout engagement pris antérieurement à la loi du 3 avril 1918 pour toute autre cause que l'acquisition des marchandises dont l'importation était prohibée ainsi que :

Les redevances pour brevets d'invention;

Les frais de transport, d'emmagasinage et de douanes (principal et accessoires, etc.);

Les indemnités dues par les compagnies d'assurances;

Les dépenses urgentes à faire par les armateurs au port de départ ou en cours de route (frais d'armement, de personnel, réparation de navires, charbon de soute, etc.);

Les primes d'assurances terrestres ou maritimes, autres que les primes d'assurances sur la vie;

Toutes primes dues par les compagnies d'assurances aux compagnies de réassurances à l'étranger;

Les appointements et frais de personnel séjournant à l'étranger;

Les impôts de toute nature (droits de mutation, etc.);

Les legs faits à des personnes résidant à l'étranger.

2° Les coupons ou titres amortis en vue de leur encaissement, à condition d'en rapatrier le montant en France, ainsi que les titres dont le service se fait à l'étranger, en vue de simples opérations de régularisations, telles que conversions, échanges, renouvellement de feuilles de coupons, etc.

Les banquiers devront faire rentrer en France les titres ainsi exportés, après régularisation, ou les nouveaux titres délivrés en remplacement et, par dérogation à l'article 6 de la loi du 3 avril 1918, ils sont autorisés à effectuer cette opération sans avoir besoin d'en référer à la Commission des changes, et sous les garanties prévues au titre ci-après, à fournir, le cas échéant, aux agents de surveillance de la frontière;

3° Les titres ou fonds que les particuliers ou les Sociétés résidant ou fonctionnant hors de France, ont ou pourront avoir en France, lorsque les détenteurs en France des fonds ou des titres ne sont pas des banques ou banquiers assujettis au Répertoire :

a) Parts de bénéfices dans les sociétés fonctionnant en France, revenus de leurs propriétés, de leurs titres, sommes consignées en France;

b) Sommes, titres prêtés ou déposés en France, ou provenant de la vente de marchandises précédemment envoyées, consignées ou achetées en France :

Par les maisons étrangères;

Par les succursales établies à l'étranger de maisons françaises;

Par les établissements principaux de maisons étrangères ayant des succursales en France.

Dans ce cas, la déclaration devra être très précise et contenir l'engagement exprès des intéressés de fournir toutes justifications utiles sur la question de résidence et sur la cause du règlement, à première réquisition des banques ou des agents du contrôle du ministère des Finances.

Cette énumération est simplement énonciative et non limitative.

En cas de doute, les banques devront provoquer des autorisations spéciales.

Pour les frais de voyage et les besoins alimentaires qui ne peuvent donner lieu à aucune justification autre que la déclaration écrite des intéressés, les banques pourront solliciter une autorisation générale en vue de dispenser leurs clients, s'il s'agit de montants réduits, de demander une autorisation spéciale à la Commission des changes.

En tout cas, les transferts de fonds pour frais de voyage ne peuvent être effectués que sur communication du passeport délivré par les autorités compétentes et pour les étrangers, visé par les autorités françaises; les envois de fonds pour besoins alimentaires ne peuvent l'être qu'à destination des pays alliés ou neutres.

Les transferts de fonds pour besoins alimentaires en pays occupé ou ennemi doivent faire l'objet d'une demande spéciale à la Commission des changes, qui se mettra d'accord avec le ministère du Blocus.

IV. — *Chèques ou effets créés de France sur France et négociés à l'étranger.*
Chèques ou effets tirés de l'étranger sur France.

Ces opérations sont soumises aux dispositions de l'instruction spéciale du 1er mai 1918. (Voir pages 487, 488).

V. — *Opérations faites pour leur propre compte*
par les banques astreintes à la tenue du Répertoire des changes.

De même que les particuliers, les banques ne peuvent faire une des opérations visées par l'article 1er (n° 1) de la loi, qu'après autorisation préalable du Ministre des Finances (Commission des changes).

Pour les autres opérations qui rentrent dans l'exercice de leur profession, elles sont dispensées de toutes déclarations et justifications immédiates, mais, à la première réquisition des agents du contrôle, elles pourront avoir à fournir toutes autorisations, déclarations et justifications utiles sur ces opérations.

Ainsi, elles peuvent, comme par le passé :

Acheter des monnaies ou devises étrangères (chèques, effets, coupons, etc.);

En effectuer l'envoi à l'étranger en vue d'alimenter leurs comptes courants chez leurs correspondants, sous la réserve toutefois que la contre-valeur desdits achats et envois soit, dans un délai raisonnable, remise à la disposition du marché français et sans qu'en aucun cas elle puisse servir à une des opérations prohibées par l'article premier (n° 1) de la loi du 3 avril 1918;

Envoyer à l'étranger tous titres ou valeurs mobilières, en vue de simples opérations de régularisation, telles que conversions, échanges, renouvellement de feuilles de coupons, etc. Sous réserve des justifications sur l'origine des titres, que les agents de surveillance à la frontière pourront demander, le cas échéant, les banques, par dérogation à l'article 6 de la loi du 3 avril 1918, sont autorisées à faire rentrer en France les nouveaux titres délivrés en remplacement de ceux transmis à l'étranger pour ces opérations de régularisation.

Pour toutes les opérations qu'ils traitent eux-mêmes et qui comportent transmission de fonds, les banquiers qui tiennent le Répertoire des opérations de change n'ont pas à se produire réciproquement les déclarations et justifications prévues par la loi.

C'est seulement au premier banquier, qui a engagé l'opération sur l'intervention directe du donneur d'ordre, qu'il incombe d'exiger de ce dernier toutes déclarations et justifications utiles.

Les autres banquiers qui concourent à la même opération sont suffisamment couverts du fait que l'ordre émane d'un banquier tenant le Répertoire de change.

L'attention des banquiers est appelée sur la nécessité de faire préciser par leurs clients la résidence des bénéficiaires de versements ou de virements à effectuer au crédit d'un compte tenu par une autre banque fonctionnant en territoire français ou assimilé.

VI. — Prescriptions spéciales relatives à l'envoi ou au transfert de fonds ou de titres à effectuer à l'étranger par l'intermédiaire des banques tenant le Répertoire des opérations de change.

I. — Transport par voyageurs.

Sous réserve des dispositions précédemment arrêtées ou qui le seront ultérieurement en ce qui concerne l'or, l'argent, certaines catégories de billets de banque ou de titres, et la vérification à opérer par les agents de surveillance de la frontière, un banquier qui tient le Répertoire des opérations de change ou son représentant peut, en quittant la France, emporter du numéraire, des billets ou des titres :

1° Jusqu'à concurrence de 1.000 francs sans aucune formalité, comme tout particulier;

2° Pour une somme supérieure à 1.000 francs, en remettant à la douane une déclaration de sortie en triple exemplaire détaillant la nature et le montant des monnaies, valeurs, titres transportés et indiquant le but de l'opération.

Il peut également transporter à l'étranger des lettres de crédit ou des chèques sans limitation de montant, du moment où ces valeurs sont délivrées par lui-même ou par un autre banquier astreint à la tenue du Répertoire des opérations de change et, par conséquent, inscrites sur ledit répertoire. Il va de soi que ces transferts de fonds ou de titres ne pourront concerner des opérations visées par l'article 1er (n° 1) de la loi du 3 avril 1918 qu'après autorisation préalable du ministère des Finances (Commission des changes).

II. — Expéditions par colis et par lettre.

Sous les mêmes réserves que ci-dessus, notamment en ce qui concerne l'or, l'argent, certaines catégories de billets de banque ou de titres et la vérification des agents de surveillance de la frontière, les banquiers tenant le Répertoire des changes peuvent envoyer à l'étranger des fonds, valeurs ou titres, pour une somme supérieure à 1.000 francs :

S'il s'agit d'expéditions par lettre, en mettant dans le pli une note dûment signée indiquant la nature, le montant et le but de l'envoi;

S'il s'agit d'un colis, en remettant à la douane une déclaration de sortie en triple exemplaire indiquant la nature, la valeur de l'envoi, ainsi que son utilisation à l'étranger.

Dans les deux cas, la banque devra, soit dans la note ci-dessus visée, soit dans la déclaration de sortie à remettre à la douane, indiquer le numéro de l'autorisation du ministère des Finances, si les envois effectués ont nécessité une autorisation préalable.

Titre II.

IMPORTATION DE TITRES ET VALEURS MOBILIÈRES

Sauf autorisation spéciale du Ministre des Finances, sont interdites :

1° L'importation des titres et valeurs mobilières en France;

2° La création en France d'un certificat conférant à son porteur un droit sur des biens ou des valeurs situés à l'étranger. (art. 6 de la loi du 3 avril 1918).

Toutefois, cette interdiction ne frappe pas :

1° Les valeurs émises depuis le début des hostilités par l'État français;

2° Les titres échus remboursables en France et les coupons payables en France;

3° Les titres dont la personne qui en poursuit l'introduction en France était propriétaire avant la promulgation de la loi du 3 avril 1918 ou en est devenue propriétaire par succession depuis cette date;

4° Les titres achetés ou souscrits en France depuis le début des hostilités;

5° Et par dérogation spéciale accordée par la présente instruction, les titres rapatriés après régularisation, par les banquiers, pour le compte de leurs clients ou pour leur compte personnel.

Les exceptions prévues sous les numéros 3, 4 et 5 ci-dessus restent elles-mêmes sujettes à l'observation des garanties exigées pour l'application des lois et décrets interdisant le commerce avec l'ennemi. En conséquence, la déclaration réglementaire à faire aux agents de surveillance à la frontière et les justifications relatives à l'origine des titres et coupons, continueront à être exigées.

En tout cas, l'introduction en France de tous titres et coupons peut être faite sans l'intervention d'une banque astreinte à la tenue du Répertoire des opérations de change. La réglementation édictée par l'article 2 de la loi du 3 avril 1918, pour l'exportation des capitaux et des titres, ne s'applique pas, en effet, à l'importation en France des titres et valeurs mobilières.

Paris, le 15 juin 1918.

Le Président de la Commission des changes,
Octave HOMBERG.

CAPITAUX, EXPORTATION, RÉGLEMENTATION

Avis du 17 juin 1918.

Les importateurs de marchandises dont l'entrée dans la Métropole est soumise à autorisation préalable sont prévenus qu'à dater de ce jour, tous les comités ou commissions intéressés leur délivreront, en même temps que les originaux des autorisations d'importations destinées aux services de la douane, une copie spéciale du modèle ci-après (sur papier rose) qui servira exclusivement pour l'application de la loi du 3 avril 1918, qui réglemente l'exportation des capitaux.

Ce n'est que sur présentation, aux banques, de cette copie spéciale que les importateurs pourront obtenir de celles-ci, à partir du 20 juin 1918, les moyens de change ou de crédit nécessaires au règlement des marchandises pour lesquelles une autorisation d'importation aura été accordée.

En ce qui concerne les autorisations d'importation délivrées antérieurement à ce jour, les intéressés devront remettre aux comités ou commissions sur l'avis desquels ont été délivrées les autorisations, les originaux de ces titres avec un exemplaire de l'imprimé du modèle nouveau, en vue de la délivrance de la copie spéciale.

Lesdits originaux seront communiqués à cet effet aux titulaires par le service des douanes lorsqu'il en sera détenteur.

(Voir modèle d'autorisation d'importation, *Journal officiel* du 17 juin 1918.)

EXPORTATION DES CAPITAUX

Ministère des Finances.

Avis aux voyageurs.

En vertu des dispositions de la loi du 3 avril 1918 et sous réserve des dispositions précédemment arrêtées en ce qui concerne l'or, l'argent et certaines catégories de billets de banque ou de titres, toute personne quittant la France ne peut emporter avec elle, sauf autorisation spéciale du Ministre des Finances, du numéraire, des billets ou des titres « que pour un montant maximum de 1.000 francs ».

Tout voyageur qui aurait sur lui plus de 1.000 francs en numéraire, en billets ou en titres, doit renvoyer l'excédent ou le déposer dans une banque, en territoire français.

Il lui est d'ailleurs loisible d'emporter une lettre de crédit ou un chèque d'un montant supérieur à 1.000 francs, à condition que ces valeurs soient délivrées par une banque tenant le Répertoire des opérations de change.

Les voyageurs venus de l'étranger, traversant le territoire français, peuvent obtenir au point d'entrée, après déclaration au service des douanes, du numéraire, des valeurs ou des titres qu'ils possèdent, une attestation qui vaudra titre pour en permettre ultérieurement la sortie. Toutefois, en ce qui concerne les billets de banque français, ces voyageurs ne pourront, lorsqu'ils quitteront le territoire français, en emporter avec eux, sauf autorisation spéciale du Ministre des Finances, un montant supérieur à 1.000 francs.

(*Journal officiel,* 27 juin 1918.)

MONNAIES

Loi du 16 octobre 1919.

Art. 1er. — Sont maintenues en vigueur, après l'acte de la cessation des hostilités, les dispositions, prévues pour le temps de guerre, de la loi du 12 février 1916 tendant à réprimer le trafic des monnaies et espèces nationales.

2. La présente loi est applicable aux colonies et aux pays de protectorat autres que la Tunisie et le Maroc.

Loi du 20 octobre 1919.

Art. 1er. — Toute personne convaincue d'avoir, sans autorisation spéciale du Ministre des Finances, procédé à la fusion, la refonte et la démonétisation, dans un but industriel ou privé, de monnaies nationales sera condamnée aux peines prévues par la loi du 12 février 1916.

2. La présente loi est applicable aux colonies et aux pays de protectorat autres que la Tunisie et le Maroc.

MONNAIES

Avis aux voyageurs.

Prohibition d'exportation des monnaies d'or ou d'argent et des billets de banque.

Il est interdit d'exporter des monnaies d'or ou d'argent françaises ou étrangères, sous peine d'un emprisonnement d'un mois à deux ans et d'une amende de 100 à 5.000 francs, ou de l'une de ces deux peines seulement. En outre, l'or ou l'argent saisis sont confisqués ainsi que les moyens de transport (lois du 17 août 1915 et du 12 juillet 1919).

Sauf autorisation spéciale du Ministre des Finances (Commission des changes), il est également interdit aux voyageurs se rendant à l'étranger d'emporter une somme supérieure à 1.000 francs par personne en billets de la Banque de France ou la contre-valeur de cette somme en billets de banque étrangers (loi du 3 avril 1918 et arrêté du 3 juillet 1918).

Une tolérance est accordée pour les monnaies d'argent jusqu'à concurrence d'une somme maximum de 10 francs par personne.

Les voyageurs qui ne se conformeraient pas à ces prescriptions s'exposeraient à l'emprisonnement et à une forte amende.

CHANGE, EXPORTATION DES CAPITAUX

Loi du 29 décembre 1919.

TITRE V

Dispositions spéciales.

Art. 16. — Les dispositions de la loi du 3 avril 1918 resteront en vigueur jusqu'au 1er janvier 1921 (1).

---

(1) Les dispositions de la loi du 4 avril 1918 ont été prorogées jusqu'au 31 décembre 1922, avec quelques atténuations :

1° L'application de la loi peut être suspendue par simple décret rendu sur la proposition du Ministre des Finances;

2° Des titres ou coupons peuvent être expédiés hors de France, mais à condition que dans les trois mois la contre-partie soit réimportée sous la forme de francs, de devises étrangères ou de titres.

Ces opérations ne peuvent être effectuées, tant à l'entrée qu'à la sortie, que par l'intermédiaire d'une banque tenant le répertoire des opérations de change;

3° Est autorisée, d'autre part, la réexportation par les industriels et commerçants non banquiers résidant en France, de fonds possédés à l'étranger, qui auraient fait l'objet d'un transfert préalable en France.

Mais il faut pour cela qu'ils soient en compte dans une maison tenant un répertoire de change.

Arrêté du 11 mars 1920.

Le Ministre des Finances,

Vu les articles 1er, 5, 7, 8 et 10 de la loi du 3 avril 1918 réglementant l'exportation des capitaux et l'importation des titres et valeurs mobilières;

Vu l'article 16 de la loi de finances du 29 décembre 1919, maintenant en vigueur jusqu'au 1er janvier 1921 les dispositions de la loi du 3 avril 1918;

Vu l'arrêté du 4 avril 1918, relatif à l'application de la loi du 3 avril 1918,

Arrête :

ART. 1er. — Les dispositions de l'article 1er et du premier alinéa de l'article 2 de l'arrêté du 4 avril 1918, relatif à l'application de la loi du 3 avril 1918, sont rapportées à dater de ce jour,

2. Il est institué auprès du Ministre des Finances un comité chargé de l'application de la loi du 3 avril 1918 et composé de la manière suivante :

Président :
M.
Membres :
MM.
Secrétaire :
M.

3. Le comité chargé de l'application de la loi du 3 avril 1918 est désigné pour instruire les demandes des dérogations à ladite loi, accepter ou rejeter ces demandes.

Le Président ou, à son défaut, un membre du comité est délégué pour signer, au nom du Ministre, les autorisations qui seraient accordées en exécution des articles 1er et 7 de ladite loi.

4. Les demandes de dérogation avec motifs à l'appui devront être formulées par écrit et adressées au Ministre des Finances sous le timbre du service du contrôle de l'exportation des capitaux.

5. Le présent arrêté sera déposé au bureau du contre-seing pour être notifié à qui de droit.

Instruction sur l'exportation des capitaux appartenant aux personnes ou sociétés résidant ou fonctionnant hors de France (février 1920).

La loi du 3 avril 1918 qui prohibe l'exportation des capitaux excepte de cette prohibition générale les fonds ou titres appartenant aux personnes ou sociétés résidant ou fonctionnant hors de France (art. 4, § 1er).

Le transfert à l'étranger de ces fonds ou titres peut donc être effectué sans autorisation spéciale; toutefois, cette faculté ne dispense pas les intéressés de recourir à l'intermédiaire d'une banque tenant le répertoire des opérations de change à laquelle ils doivent justifier qu'ils sont dans les conditions requises pour bénéficier des dispositions de l'article 4, paragraphe premier, de la loi.

Dans le but de permettre à ces personnes d'emporter elles-mêmes les titres et valeurs mobilières achetés ou souscrits en France ou qu'elles y possèdent par toute autre voie régulière, le Comité exécutif de la Commission des changes a décidé, d'accord avec la Direction générale des douanes, que la sortie leur en serait permise sans autre formalité que la remise par elles-mêmes d'une attestation établie et signée par une banque tenant le répertoire des changes.

Cette attestation devra préciser que les porteurs des titres résident habituellement hors de France et qu'ils sont régulièrement propriétaires des titres et valeurs mobilières à exporter. Elle sera valable pour une durée de quatre jours pleins dont elle fera mention et qui seront fixés par la banque.

Les intéressés devront laisser entre les mains de la banque une déclaration établie conformément aux dispositions de l'article 2 de la loi.

Cette déclaration stipulera notamment la nature et la désignation exacte des titres à exporter ainsi que la date à laquelle le déclarant en est devenu propriétaire. La déclaration fera mention de toutes pièces justificatives communiquées par les intéressés, tant en ce qui concerne leur résidence que leur droit de propriété sur les titres.

Avis du 31 juillet 1920.

CHANGE. — EXPORTATION DE CAPITAUX

(*Ministère des Finances.*)

Avis aux voyageurs. — Par dérogation aux dispositions de la loi du 3 avril 1918 et de l'arrêté du 3 juillet 1918, est élevée de 1.000 à 5.000 francs par personne, la somme que les voyageurs munis de passe-port, se rendant à l'étranger, peuvent emporter sans être munis d'une autorisation spéciale.

Cette somme de 5.000 francs peut être constituée soit en billets de la Banque de France, soit en devises étrangères (billets de banque étrangers, chèques, lettres de crédit, virements), soit partie en billets de la Banque de France, et partie en devises étrangères.

Les voyageurs se rendant à l'étranger peuvent, par voie de conséquence, se faire délivrer sans autorisation spéciale, par les banques tenant le répertoire des changes, des billets de banque étrangers, ou leur demander des chèques, lettres de crédit ou virements sur l'étranger, dans la limite de la contre-valeur de 5.000 francs français sur la remise d'une déclaration écrite précisant l'objet de l'opération et sur la communication d'un passe-port régulièrement visé en vue d'un voyage à l'étranger.

Il doit rester bien entendu que l'ensemble des valeurs (billets de la Banque de France, billets étrangers, chèques ou accréditifs) qu'emporte à l'étranger chaque voyageur, ne peut excéder, sauf autorisation spéciale, un maximum de 5.000 francs.

Les demandes d'autorisation d'exportation de sommes supérieures à 5.000 francs par personne pour frais de voyage et de séjour à l'étranger doivent être adressées comme précédemment, avec motif à l'appui, au Ministre des Finances, sous le timbre du service du contrôle de l'exportation des capitaux.

Il est rappelé que la tolérance accordée pour la sortie des monnaies d'argent reste fixée à 10 francs par personne. L'exportation des monnaies d'or reste formellement interdite.

TABLE DES MATIÈRES

Paris. — Imp. PAUL DUPONT (Cl.). 61.5.1923. (France).

www.ingramcontent.com/pod-product-compliance
Lightning Source LLC
LaVergne TN
LVHW050825060726
842527LV00001BA/123